AF524229

FI-CA in SAP S/4HANA®

SAP PRESS ist eine gemeinschaftliche Initiative von SAP SE und der Rheinwerk Verlag GmbH. Unser Ziel ist es, Ihnen als Anwendern qualifiziertes SAP-Wissen zur Verfügung zu stellen. SAP PRESS vereint das Know-how der SAP und die verlegerische Kompetenz von Rheinwerk. Die Bücher bieten Ihnen Expertenwissen zu technischen wie auch zu betriebswirtschaftlichen SAP-Themen.

Damit Sie nach weiteren Büchern Ihres Interessengebiets nicht lange suchen müssen, haben wir eine kleine Auswahl zusammengestellt:

Daniela Klose
SAP Billing and Revenue Innovation Management
399 Seiten, 2018, gebunden
ISBN 978-3-8362-5906-4
https://www.sap-press.de/4489

Thomas Kunze, Daniela Reinelt, Kathrin Schmalzing
SAP S/4HANA Finance – Customizing
973 Seiten, 2018, gebunden
ISBN 978-3-8362-6108-1
https://www.sap-press.de/4578

Thomas Schneider, Werner Wolf
Erweiterungen für SAP S/4HANA. Das Praxishandbuch
510 Seiten, 2018, gebunden
ISBN 978-3-8362-6204-0
https://www.sap-press.de/4613

Michael Utecht, Tobias Zierau
SAP für Energieversorger. Herausforderungen, Lösungsarchitekturen, Werkzeuge
975 Seiten, 2018, gebunden
ISBN 978-3-8362-6260-6
https://www.sap-press.de/4631

Aktuelle Angaben zum gesamten SAP PRESS-Programm finden Sie unter *www.sap-press.de*.

Simona Kohmann, Sebastian Pelmer

FI-CA in SAP S/4HANA®

Prozesse und Customizing des Vertragskontokorrents

Rheinwerk Publishing

Liebe Leserin, lieber Leser,

Handyverträge, Versicherungen, Stromrechnungen – als Konsumenten kennen wir alle die Anwendungsfälle für Massenabrechnungen. Dabei verschwenden viele von uns keinen Gedanken daran, welche Meisterleistung es ist, Millionen von Abrechnungen korrekt zu verwalten.

Als Leser dieses Buches ist das Vertragskontokorrekt für Sie natürlich kein Fremdwort. Daher tauchen Sie hier direkt tief in die SAP-Komponente FI-CA ein: Simona Kohmann und Sebastian Pelmer zeigen Ihnen, welche Einstellungen Sie vornehmen müssen, um offene Posten zu verwalten. Sie machen Sie mit dem notwendigen Customizing für Mahnungen, Ratenzahlungen und die Inkassoübergabe vertraut. Nicht zuletzt lernen Sie, wie FI-CA mit CRM-Systemen zusammenspielt. Ich bin mir sicher, dass dieses Buch Sie bestens dabei unterstützen wird, Ihr FI-CA-Projekt zum Erfolg zu führen!

Wir freuen uns stets über Lob, aber auch über konstruktive kritische Anmerkungen, die uns helfen, unsere Bücher zu verbessern. Scheuen Sie sich nicht, mich zu kontaktieren. Ihre Fragen und Anmerkungen sind jederzeit willkommen.

Ihre Eva Tripp
Lektorat SAP PRESS

eva.tripp@rheinwerk-verlag.de
www.rheinwerk-verlag.de
Rheinwerk Verlag • Rheinwerkallee 4 • 53227 Bonn

Auf einen Blick

Wir hoffen, dass Sie Freude an diesem Buch haben und sich Ihre Erwartungen erfüllen. Ihre Anregungen und Kommentare sind uns jederzeit willkommen. Bitte bewerten Sie doch das Buch auf unserer Website unter **www.rheinwerk-verlag.de/feedback**.

An diesem Buch haben viele mitgewirkt, insbesondere:

Lektorat Eva Tripp
Korrektorat Monika Klarl, Köln
Herstellung Nadine Preyl
Typografie und Layout Vera Brauner
Einbandgestaltung Nadine Kohl
Coverbild iStock:687871370 © zhudifeng
Satz Typographie & Computer, Krefeld
Druck Beltz Grafische Betriebe, Bad Langensalza

Dieses Buch wurde gesetzt aus der TheAntiquaB (9,35/13,7 pt) in FrameMaker. Gedruckt wurde es auf chlorfrei gebleichtem Offsetpapier (90 g/m²). Hergestellt in Deutschland.

Bibliografische Information der Deutschen Nationalbibliothek:
Die Deutsche Nationalbibliothek verzeichnet diese Publikation in der Deutschen Nationalbibliografie; detaillierte bibliografische Daten sind im Internet über *http://dnb.d-nb.de* abrufbar.

ISBN 978-3-8362-6222-4

1. Auflage 2019

Informationen zu unserem Verlag und Kontaktmöglichkeiten finden Sie auf unserer Verlagswebsite **www.rheinwerk-verlag.de**. Dort können Sie sich auch umfassend über unser aktuelles Programm informieren und unsere Bücher und E-Books bestellen.

Inhalt

16 Archivierung 475

Anhang 483

Einleitung

Stellen Sie sich ein Telekommunikationsunternehmen oder einen Energielieferanten vor: Diese versorgen ihre gigantische Kundenzahl mit ähnlichen oder gleichartigen Leistungen, die sich häufig nur durch den Preis von der Konkurrenz abheben. Hier können Sie nur durch Gruppierungen von Vorgängen und gleichartige Prozesse für die Abarbeitung von debitorischen Aufgaben und somit für Kosteneinsparungen sorgen, um sich von den Mitbewerbern zu unterscheiden.

Eines wird schnell klar: Die effiziente Abwicklung von Geschäftsprozessen ist ein wesentlicher Faktor für die Wettbewerbsfähigkeit eines Unternehmens. Dabei stoßen jedoch IT-Systeme bei hohem Belegvolumen und der Verarbeitung von Massendaten oftmals an ihre Grenzen. Die Folge ist, dass die angestrebte effiziente Abwicklung der Geschäftsprozesse durch Performanceschwierigkeiten ausgebremst wird.

Die Herausforderungen im B2C-Geschäft

Gerade Branchen, die auf das *Business-to-Customer-Geschäft* (*B2C*) ausgerichtet sind und in denen, auf Verträgen basierend, wiederkehrende Abrechnungen erfolgen, haben ein hohes Belegvolumen in der Debitorenbuchhaltung zu verarbeiten. Um auf diese speziellen Bedürfnisse der Massenverarbeitung im B2C-Geschäft zu antworten, hat SAP das Vertragskontokorrent (FI-CA) entwickelt. FI-CA reagiert auf die verschiedenen Anforderungen der Debitorenbuchhaltung im Hinblick auf eine übersichtliche und flexible Verarbeitung der Geschäftsprozesse mit einer Vielzahl an Automatisierungsmöglichkeiten.

Ziel von FI-CA ist es daher, die Massenverarbeitung zu unterstützen, und das weitestgehend automatisiert. Dabei sollen manuelle Eingriffe nur erforderlich sein, wenn eine Entscheidung des Sachbearbeiters notwendig ist. Um dieses Ziel zu erreichen, hat SAP mit dem Vertragskontokorrent zwei wesentliche Neuerungen gegenüber der klassischen Lösung von FI-AR (Accounts Receivable, Debitorenbuchhaltung) eingeführt:

FI-CA als separates Nebenbuch

Im Gegensatz zu FI-AR ist FI-CA zum einen ein separates Nebenbuch, das nicht direkt in das Hauptbuch (FI-GL) integriert ist. Somit kann abseits des Hauptbuches und der klassischen Tabellen der Finanzbuchhaltung eine eigene technische Struktur geschaffen werden, die die Massenverarbeitung hoher Belegvolumen technisch ermöglicht. Anstelle einzelner Belege werden in das Hauptbuch nur aggregierte Summen überwiesen.

Anforderungen verschiedener Branchen

Neben eigenen Tabellen unterscheidet sich FI-CA zum anderen durch eine Zeitpunktsteuerung, die innerhalb der verschiedenen Anwendungen eigene Kundenerweiterungen anbietet. SAP stellt auf diesem Weg sicher, dass FI-CA flexibel auf die verschiedenen branchenspezifischen Anforderungen reagiert und darüber den gewünschten hohen Automatisierungsgrad gewährleisten kann.

Unternehmen, die vorwiegend im B2C-Geschäft tätig sind, erhalten so eine neue Flexibilität in der Abbildung ihrer debitorischen Geschäftsprozesse.

Verbesserung des Kundenmanagements

Gleichzeitig kann die Performance des Systems verbessert werden. Mit der Einführung von FI-CA können Sie den Fokus der Debitorenbuchhaltung neu ausrichten und die Zufriedenheit der Kunden als Teil des Kundenmanagements durch einen reibungslosen und schnellen Ablauf der Prozesse gewährleisten. Mit Blick auf das ausnahmenbasierte Eingreifen der Sachbearbeiter werden Freiräume für die Klärung offener Posten geschaffen. Die Performancesteigerung trägt zudem wesentlich zur Liquidität bei.

Das vorliegende Buch stellt die Implementierung von FI-CA in den Vordergrund. Sie werden bei der Einführung des SAP-Vertragskontokorrents unterstützt und begleitet. Wir möchten sicherstellen, dass Sie die richtigen Fragen im Implementierungsprojekt stellen können, um FI-CA gewinnbringend einzusetzen.

Releasestand SAP S/4HANA 1709

Der vorliegende Implementierungsleitfaden wurde auf der Basis von Release SAP S/4HANA 1709 geschrieben. Wie Sie in Abschnitt 1.3, »Das Vertragskontokorrent unter SAP S/4HANA«, noch im Detail lesen können, wurde das SAP-Vertragskontokorrent mit der Einführung von SAP S/4HANA nicht wesentlich geändert. Die grundsätzlichen Einstellungen der einzelnen Funktionen können somit auch in den kleineren Releaseständen von SAP S/4HANA sowie in SAP ERP 6.0 durchgeführt werden. Auch für die höheren Releasestände kann dieses Buch als Grundlage verwendet werden. Änderungen im Vergleich zu SAP S/4HANA 1709 werden dabei von SAP in der Simplification List beschrieben. So finden Sie die Änderungen in Release SAP S/4HANA 1809 unter *https://help.sap.com/doc/f45c88b65643403d976824-84273216d0/1809.000/en-US/SIMPL_OP1809.pdf* (*http://s-prs.de/simplification_list*).

Zielgruppe des Buches

Das Buch richtet sich an alle, die sich für die Implementierung der debitorischen Prozesse im SAP-System interessieren, wobei der Fokus auf die

Implementierung und Abbildung dieser Prozesse im Customizing mit dem SAP-Vertragskontokorrent ausgerichtet ist.

IT-Abteilungen und SAP-Finance-Berater

Als Implementierungsleitfaden richtet sich das Buch zunächst an die *Fachabteilungen der IT* und die *funktionalen Berater*, die aus technischer und fachlicher Sicht die Implementierung betreuen und umsetzen. Hinweise in den Infoboxen geben dabei immer wieder Ratschläge, die bei einer Implementierung wichtig zu beachten sind. Diese Infoboxen sind mit den folgenden Icons gekennzeichnet:

- **Tipp**
  Kästen mit diesem Icon geben Ihnen Empfehlungen zu Einstellungen oder Tipps aus der Berufspraxis.

- **Hinweis**
  Dieses Icon weist Sie auf zusätzliche Informationen hin.

- **Beispiel**
  Mit diesem Icon haben wir ausführlichere Beispiele gekennzeichnet.

Auch werden wir versuchen die Implementierung in den fachlichen Zusammenhang zu stellen, sodass sichergestellt wird, dass die richtigen Fragen in Bezug auf die Prozesse gestellt werden. Nur wenn der fachliche und technische Gesamtzusammenhang verständlich ist, können die richtigen Entscheidungen während der Implementierung getroffen werden, um die eigenen Prozesse optimal innerhalb von FI-CA zu integrieren.

Aktive Beteiligung der Key-User

Als Implementierungsleitfaden richtet sich das Buch auch an die *Key-User der Fachabteilungen*, die aktiv am Design und der Implementierung der debitorischen Prozesse teilnehmen und somit das Zusammenspiel zwischen betriebswirtschaftlich-organisatorischen Anforderungen und der technischen Umsetzung in der Software sicherstellen. Nur mit der Grundkenntnis der Vorteile aber auch mit den technischen Limitationen von FI-CA können die Key-User die Gestaltungsmöglichkeiten ausnutzen und somit die bestmögliche Lösung implementieren. Auch müssen die Key-User aktiv dazu beitragen, einen Unternehmenswandel einzuführen, der den Fokus auf das Kundenmanagement und das ausnahmenbasierte Arbeiten richtet. Die Einführung von FI-CA ist somit nicht nur eine technische Gestaltung, sondern muss aktiv durch den Fachbereich gestaltet werden – und nur durch das Zusammenspiel zwischen Prozessvereinheitlichung und Ausnutzung der technischen Gestaltungsmöglichkeiten können die Vorteile von FI-CA optimal greifen.

Ziel des Buches

Implementierungsleitfaden

Mit dem vorliegenden Buch möchten wir ein Standardwerk schaffen, das die buchhalterischen Begrifflichkeiten mit der SAP-Terminologie verknüpft, um Ihnen die grundlegenden Kenntnisse im Customizing von FI-CA zu vermitteln. Wir möchten Ihnen somit die Gestaltungsmöglichkeiten aufzeigen, die sich Ihnen bei der Abbildung Ihrer Geschäftsprozesse mit dem SAP-Vertragskontokorrent bieten. Dabei stellen wir den Zusammenhang zwischen den Einstellungen im Customizing und im Ablauf der Funktionen und Prozesse der Debitorenbuchhaltung anhand des Beleglebenszyklus dar. Explizit werden anhand des Belegzyklus die Schritte von der Belegherkunft, mit der Übernahme von internen und externen Fakturen, über die Verarbeitung dieser Belege im SAP-Vertragskontokorrent bis zur Hauptbuchüberleitung durchlaufen.

Häufige Problemstellungen

Neben der Vermittlung des Customizing-Know-hows hat das Buch in diesem Rahmen auch zum Ziel, häufige Problemstellungen im SAP-Vertragskontokorrent zu diskutieren und Lösungsansätze darzustellen. Mit der Herausstellung der fachlichen Aspekte soll der Leser zudem befähigt werden, die Buchungslogik des SAP-Vertragskontokorrents mit seinen Haupt- und Teilvorgängen im Unterschied zum klassischen FI-AR zu verstehen und somit die Transformation vom Buchhalter zum Sachbearbeiter zu vollziehen.

Automatisierung und kundenspezifische Erweiterungen

Darüber hinaus ist es uns auch wichtig, die vielfältigen Automatisierungsprozesse des SAP-Vertragskontokorrents mit den Möglichkeiten der Massenverarbeitung darzustellen. Diese Automatisierungsmöglichkeiten beziehen wir auf die Aufgabenfelder der Debitorenbuchhaltung. Hierzu gehört auch die technische Erweiterbarkeit des SAP-Vertragskontokorrents mit Zeitpunktbausteinen im Bereich des Eventkonzepts, die eine Individualisierung über den Eingriff auf die verschiedenen Programmzeitpunkte ermöglicht. Somit soll Ihnen das Buch eine Hilfestellung zum Vorgehensmodell im SAP-Vertragskontokorrent liefern und anhand der Kapitel eine einfache und verständliche Durchführung der einzelnen Implementierungsschritte ermöglichen. Wir schreiben dieses Buch daher, um unsere Erfahrung und unser Wissen an Interessierte weiterzugeben, um Innovationen zu fördern und den Einstieg in eine neue, spannende und zukunftsfähige SAP-Komponente leichter zu gestalten.

Das Buch ersetzt dabei keine vollständige Dokumentation (siehe *http://help.sap.com*) und auch keine Schulung in der Anwendung. Der Fokus liegt auf dem Customizing, um IT-Abteilungen, Berater und Key-Usern in ihren Rollen in der Implementierung und Erweiterung von FI-CA zu unterstützen. Grundkenntnisse des SAP-Systems und in der Anwendung von FI-CA sind daher erforderlich, um das SAP-Vertragskontokorrent zu verstehen und auch in den Gesamtzusammenhang von SAP einordnen zu können.

Aufbau des Buches

Einführung in FI-CA und Beleglebenszyklus

In **Kapitel 1**, »Grundlagen«, geben wir Ihnen eine Übersicht über die Merkmale von FI-CA, insbesondere im Vergleich zur klassischen Lösung FI-AR. Mit der Kenntnis der Vorteile des SAP-Vertragskontokorrents möchten wir Sie zu Beginn des Buches befähigen, die richtigen Schwerpunkte in der Implementierung zu setzen, um diese Vorteile optimal in der Gestaltung der Geschäftsprozesse ausnutzen zu können. Auch lernen Sie die Möglichkeit von FI-CA in der Umsetzung branchenspezifischer Anforderungen kennen. Schlussendlich nehmen Sie gemeinsam mit uns die Aktivierung von FI-CA als Business Function als Startpunkt der Implementierung vor.

Bevor wir in dem nachfolgenden Kapitel in die Implementierung innerhalb des Customizings von FI-CA einsteigen, gehen wir in **Kapitel 2**, »Der Beleglebenszyklus in FI-CA«, auf die betriebswirtschaftlichen Zusammenhänge ein. Unser Buch orientiert sich im Aufbau, genauso wie der Einführungsleitfaden des Customizings (Implementation Guide, kurz IMG), am Beleglebenszyklus innerhalb der Debitorenbuchhaltung. Mit der Vorstellung der verschiedenen möglichen Schritte innerhalb dieses Beleglebenszyklus möchten wir die fachliche Grundlage vor dem Start der Implementierung sicherstellen.

Organisationseinheiten und Stammdaten

Mit **Kapitel 3**, »Organisationseinheiten«, steigen wir schließlich in das Customizing ein, wobei wir mit den wesentlichen Grundeinstellungen der allgemeinen Finanzbuchhaltung starten, die den organisatorischen Rahmen und die Basis für die Einstellungen innerhalb des SAP-Vertragskontokorrents vorgeben.

In **Kapitel 4**, »Stammdaten«, lernen Sie den SAP-Geschäftspartner und die Vertragskonten als zentrale Stammdatenobjekte kennen. Neben dem Zusammenspiel des SAP-Geschäftspartners als übergeordnetes Stammdatenobjekt aller Komponenten und dem Vertragskonto als spezifisches Objekt von FI-CA lernen Sie vor allem die wesentlichen Funktionen und Merkmale kennen, die die verschiedenen Geschäftsprozesse steuern.

Einführung in den Beleg

Die Ausprägung dieser Funktionen im Customizing wird anschließend in den nachfolgenden Kapiteln dargestellt, wobei wir in **Kapitel 5**, »Grundfunktionen«, zunächst mit den Einstellungen zum Beleg beginnen. Dabei wird der Beleg als Informationsträger der einzelnen Transaktionen innerhalb der Geschäftsprozesse dargestellt. Sowohl der Aufbau des Belegs als auch die zugrundeliegende Kontenfindung zur Steuerung des finanzbuchhalterischen *Werteflusses* stehen dabei im Vordergrund. Des Weiteren besprechen wir in diesem Kapitel die Offene-Posten-Verwaltung über die Kontenstandsanzeige, die Ihren Sachbearbeitern alle relevanten Informationen über die Kunden und deren getätigte Transaktionen zur Verfügung stellt. Sie ist somit ein zentrales Steuerungselement im Kundenmanagement.

Zahlwesen und Rückläuferverarbeitung

Kapitel 6, »Zahlwesen«, stellt anschließend den Ausgleich der offenen Posten aus Kapitel 5 über die Erstellung sowie Verarbeitung von Ein- und Ausgangszahlungen in den Mittelpunkt. Sie lernen dabei die wesentlichen Einstellungen kennen, um Zahlungsdateien zu erstellen oder sie beim Einlesen des elektronischen Kontoauszugs zu verarbeiten. Zudem lernen Sie in diesem Kapitel den *Zahlungsstapel* sowie das *Klärungskonto* als wesentliche Steuerungselemente in der Verarbeitung von Ein- und Ausgangszahlungen kennen.

Kapitel 7, »Rückläuferverarbeitung«, nimmt den Zahlungsstapel und das Klärungskonto näher in den Blick. Ein- und Ausgangzahlungen, die bei der Erstellung und Übergabe an die Bank aufgrund falscher Bankinformationen inkorrekt oder nicht verarbeitet werden konnten, lösen den in Kapitel 6 gebuchten Ausgleich wieder auf und öffnen die Forderung erneut. Mittels der Verarbeitung von Bankgebühren können die entstanden Kosten an den Kunden übertragen werden.

Forderungsmanagement

Der Umgang mit Forderungen, die über das Zahlwesen nicht ausgeglichen werden können, wird als Teil des Forderungsmanagements in **Kapitel 8**, »Mahnungen und Inkasso«, behandelt. Neben der Automatisierung von Mahnungen mit der Einstellung der verschiedenen Mahnstufen und der dazugehörigen Berechnung von Mahngebühren steht die Abgabe an externe Inkassounternehmen im Vordergrund.

Als weiterer Teil des Forderungsmanagements und als Sonderform der Buchung offener Posten behandelt **Kapitel 9**, »Stundung und Ratenplan«, die Verschiebung von Fälligkeiten über die Stundung und Aufteilung von Forderungen über Ratenpläne innerhalb von FI-CA.

Kontenpflege und Abschlussarbeiten

Nach dem Durchlauf des Beleglebenszyklus und dem Abschluss des Forderungsmanagements betrachten wir in **Kapitel 10**, »Verrechnungssteuerung«, die Verrechnungssteuerung. Diese bietet in FI-CA vielfältige Möglichkeiten zur Automatisierung, unterstützt durch ein umfassendes Regelwerk zur flexiblen Anpassung an die verschiedenen Fälle der Kontenpflege. Die Verrechnungssteuerung ist somit ein zentrales Steuerungselement der verschiedenen Geschäftsprozesse und stellt sicher, dass nur Sonderfälle in der Verrechnung von Forderungen und Gutschriften bzw. Zahlungseingängen durch die Sachbearbeiter behandelt werden müssen.

Diese Sonderfälle werden anschließend in **Kapitel 11** »Sonstige Geschäftsvorfälle«, näher betrachtet, um für die verbleibenden Forderungen die notwendigen Korrekturen über die Einzelwertberichtigung, das Ausbuchen oder die Verzinsung vornehmen zu können. **Kapitel 12**, »Integration«, schließt am Ende den Beleglebenszyklus mit der Einordnung von FI-CA in die End-to-End-Betrachtung. Neben der Integration von Faktura, CRM und Stammdatensystemen wird auch die Integration von FI-CA in das Hauptbuch sowie das Controlling mit den notwendigen Abschluss-, aber auch Abstimmarbeiten behandelt.

Erweiterungen

In **Kapitel 13**, »Erweiterungen«, betrachten wir die technischen Erweiterungsmöglichkeiten, die Ihnen zur Verfügung stehen. Mit der Zeitpunktsteuerung lernen Sie einen wesentlichen Teil von FI-CA kennen, der Ihnen während der verschiedenen Geschäftsvorfälle flexible kundenspezifische Erweiterungen ermöglicht, basierend auf den individuellen Anforderungen Ihrer Branche.

Automatisierung

Kapitel 14, »Jobkonzept und Automatisierung«, zeigt Ihnen, wie Sie mithilfe von Jobs Ihre Arbeit im SAP-Vertragskontokorrekt automatisieren können.

Migration

Mit der Migration und somit der Übernahme der Stamm- und Bewegungsdaten aus Ihren aktuellen Systemen nehmen Sie FI-CA operativ in Betrieb. Das bedeutet nicht nur eine einfache Übernahme von Altinformationen, sondern vor allem deren strukturelle Anpassung an die fachlich und technisch neu definierten Datenstrukturen. Nur wenn die Übernahme mit den notwendigen Strukturänderungen verbunden ist, können die operativen Prozesse auf den bestehenden Datensätzen aufsetzen. Fehler in der Datenübernahme führen meist noch nach Monaten zu Problemen in der Datenverarbeitung und erfordern aufwendige manuelle Korrekturen. Deshalb führen wir Sie in **Kapitel 15**, »Migration«, in die wichtigsten Aspekte ein.

Archivierung

Fachlich steht am Ende des Beleglebenszyklus der Ausgleich und die Überleitung in das Hauptbuch. Technisch ist das Ende eines Belegs jedoch erst mit der Archivierung erreicht. Somit schließt unser Buch mit **Kapitel 16**, »Archivierung«, mit der Belegübernahme in Ihr Archivsystem.

Tabellen und Funktionsbausteine

Im **Anhang** finden Sie eine Übersicht über die wesentlichen Tabellen des SAP-Vertragskontokorrents sowie die Erweiterungsmöglichkeiten der Funktionsbausteine, die innerhalb die Zeitpunktsteuerung von FI-CA genutzt werden können.

Danksagung

Als Autoren dieses Buches schmücken unsere Namen das Cover, aber bedanken möchten wir uns bei allen unseren Kollegen der Capgemini Deutschland GmbH für ihre unentbehrliche Unterstützung in den vielen gemeinsamen Implementierungsprojekten. Der einzigartige Teamgeist sowie der gemeinsame fachliche und technische Austausch haben wesentlich zur Erstellung dieses Werks beigetragen. Dabei möchten wir uns insbesondere auch bei unserem Basis-Team für die Bereitstellung der Sandbox bedanken sowie bei unserem Management-Team, das uns von Anfang an in der Idee und Umsetzung dieses Buches unterstützt hat. Der größte Dank gilt zum Schluss unseren Ehepartnern und Familien, deren Zuspruch uns jederzeit gestärkt hat und die uns auch an den Wochenenden den Rücken freigehalten haben.

Kapitel 1
Grundlagen

Mit dem Einsatz von FI-CA können Unternehmen, die ein großes Belegvolumen zu bewältigen haben, ihre debitorischen Aufgaben effizient unterstützen. Dieses Kapitel bietet Ihnen einen Einstieg in die Debitorenbuchhaltung des SAP-Vertragskontokorrents mit FI-CA.

Um das SAP-Vertragskontokorrent erfolgreich einführen zu können, ist ein Verständnis der Funktionen und insbesondere der Unterschiede im Vergleich zur Debitorenbuchhaltung (Accounts Receivable, kurz FI-AR) entscheidend. Nur mit diesem Grundverständnis können Sie die richtigen Entscheidungen während der Implementierung treffen, um die Vorteile von FI-CA optimal nutzen zu können.

Vor allem gilt es, die verschiedenen Prozesse des Beleglebenszyklus innerhalb der Debitorenbuchhaltung effizient zu unterstützen. Ausgerichtet auf die Verarbeitung von hohen Belegvolumen, bietet das SAP-Vertragskontokorrent verschiedene Möglichkeiten der Massenverarbeitung, der automatisierten Jobsteuerung sowie einer vereinfachten Handhabung der Geschäftsprozesse innerhalb der Debitorenbuchhaltung.

Im Folgenden führen wir Sie daher zunächst in die wichtigsten Funktionen des SAP-Vertragskontokorrents ein (siehe Abschnitt 1.1, »Einführung in das SAP-Vertragskontokorrent«). In Abschnitt 1.2, »Das SAP-Vertragskontokorrent im Vergleich zu FI-AR«, vergleichen wir die Funktionen von FI-CA mit den Funktionen von FI-AR, sodass Sie die Gemeinsamkeiten, aber auch Unterschiede der beiden Komponenten klar benennen und die Vor- und Nachteile in Bezug auf Ihre Anforderungen identifizieren können. In Abschnitt 1.3, »Das Vertragskontokorrent unter SAP S/4HANA«, stellen wir die Neuerungen von FI-CA in SAP S/4HANA vor und zeigen Ihnen insbesondere, was es für die Einführung von SAP S/4HANA bedeutet.

Zum Abschluss dieses Kapitels nehmen wir schließlich in Abschnitt 1.4, »Das SAP-Vertragskontokorrent aktivieren«, gemeinsam mit Ihnen den ersten Schritt in Ihrem System vor und aktivieren FI-CA als Business Function, sodass die Implementierung starten kann.

[»]

SAP-S/4HANA-Release des Implementierungsleitfadens

Die im Implementierungsleitfaden vorgestellten Funktionen und Einstellungen wurden auf Basis des Release SAP S/4HANA 1709 vorgenommen. Im Vergleich zu SAP S/4HANA 1809 haben sich keine wesentlichen Änderungen ergeben, die in Bezug zu den im vorliegenden Buch besprochenen Funktionen stehen.

1.1 Einführung in das SAP-Vertragskontokorrent

Das SAP-Vertragskontokorrent (FI-CA) ist ein Nebenbuch, mit dem die debitorischen Prozesse eines Unternehmens abgebildet werden. Als Teil der Finanzbuchhaltung fokussieren sich die debitorischen Prozesse auf die buchhalterische Erfassung von *Forderungen* und *Gutschriften* mit anschließender Realisierung dieser Posten durch die Verarbeitung von *Ein- und Ausgangszahlungen*.

Anforderungen der Debitorenbuchhaltung

Das *Forderungsmanagement*, d. h. das Nachverfolgen und Einbringen von ausstehenden Zahlungen über Mahnverfahren, ist ebenso Teil der Debitorenbuchhaltung wie die Neubewertung von ausstehenden Forderungen, die Abgabe von ausstehenden Forderungen an Inkassounternehmen und die Abschreibung von uneinbringlichen Forderungen. Mit einem effizient gesteuerten Forderungsmanagement beeinflussen Sie die Liquidität Ihres Unternehmens wesentlich. Auch bei einem großen Belegvolumen müssen die Prozesse einfach und übersichtlich gestaltbar und steuerbar sein.

Darüber hinaus muss ein System technisch die Performance der Verarbeitungsprozesse unterstützen, um ein schnelles Abarbeiten des Belegaufkommens zu ermöglichen. Eine *automatisierte Steuerung* erfordert außerdem ein hohes Maß an Flexibilität, um die standardisierten Prozesse des SAP-Systems an kunden- oder branchenspezifische Anforderungen anpassen zu können. Ein umfangreiches Regel-Set, sowohl zum Buchen als auch zur Weiterverarbeitung der Belege, sollte eine möglichst automatisierte Abarbeitung ermöglichen. Auf diese Weise ist ein ausnahmenbasiertes Arbeiten mit Fokus auf die Klärung von nicht zu verarbeitenden offenen Posten, auf die Nachverfolgungen im Forderungsmanagement sowie auf die Auswertung und Analyse der Verkehrszahlen möglich.

Neben der Betrachtung und dem Management der Belege muss die Debitorenbuchhaltung auch durch ein effizientes *Kundenmanagement* unterstützt werden. So können Sie eine einfache und schnelle Kommunikation mit den Kunden sicherstellen. Ziel ist es dabei nicht nur, die Klärung von ausstehenden Forderungen zu beschleunigen, sondern auch, einen Beitrag zu einem kundenfreundlichen Customer-Relationship-Management (CRM) zu leisten.

Hohes Belegvolumen innerhalb des B2C-Geschäfts

Das SAP-Vertragskontokorrent ist besonders für Unternehmen im Bereich *Business-to-Customer* (*B2C*) geeignet. Im B2C-Geschäft hat man es mit einem großen und festen Kundenstamm zu tun, der wiederum auf der Basis von Verträgen regelmäßig ein hohes Transaktionsvolumen innerhalb definierter Perioden in den verschiedenen Geschäftsbereichen Ihres Unternehmens produziert. Zur Verarbeitung dieser Belege bietet das SAP-Vertragskontokorrent die folgenden Funktionen:

- einheitliche Stammdatenhaltung
- optimierte Belegstruktur durch vorgangsbasiertes Buchen
- regelbasiertes Arbeiten
- Parallelisierung von Verarbeitungsschritten
- flexible Erweiterung der Prozesse auf Ihre kunden- oder branchenspezifischen Anforderungen
- vereinfachte Systemintegration des Fakturasystems
- Systemintegration in die Hauptbuchhaltung

Stammdatenhaltung

Zunächst betrachten wir die *Stammdatenhaltung* im SAP-Vertragskontokorrent. Auf Basis des Geschäftspartnerkonzepts wird ein einheitlicher und integrativer Blick auf Ihre Kunden hergestellt. Wie in Abbildung 1.1 dargestellt, können über die Vertragskontenhierarchie jedem Geschäftspartner unterschiedliche Verträge aus Ihren verschiedenen Geschäftsbereichen zugeordnet werden. Die Verträge werden dabei über die sogenannten Vertragskonten gespiegelt und enthalten die aus Sicht der Debitorenbuchhaltung wesentlichen Informationen zu den Zahlungskonditionen sowie den Zahlungsinformationen zur Abwicklung der Zahlungstransaktionen.

Da die Vertragskonten eine geschlossene und unabhängige Betrachtungsweise ermöglichen, können Sie die Aussteuerung der Vertragskonditionen innerhalb der Vertragskonten individuell vornehmen. Über die hierarchische Betrachtung haben Sie außerdem zu jedem Zeitpunkt die Möglichkeit, einen Prozess auf der Ebene des Geschäftspartners über alle Vertragskonten oder auf der Ebene einzelner Vertragskonten durchzuführen. Sie erhalten somit die volle Flexibilität in Bezug auf das Management von offenen Posten, die Verrechnung von Zahlungen und das Forderungsmanagement, mit einer vollständigen Betrachtung Ihrer Geschäftspartner, wobei Sie zwischen einer detaillierten und übergeordneten Betrachtung entlang der Hierarchie zwischen Geschäftspartner und Vertragskonten wechseln können.

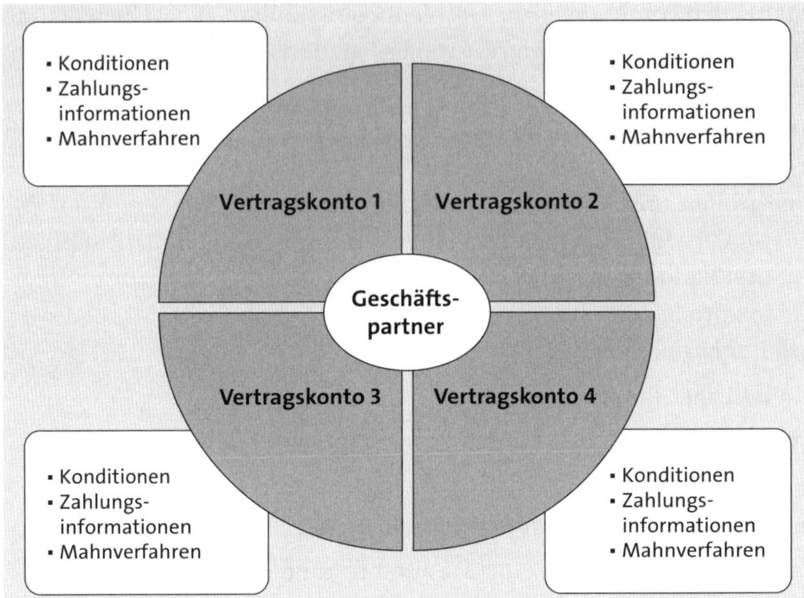

Abbildung 1.1 Vertragskontenhierarchie: den Geschäftspartnern die Verträge zuordnen

Stammdaten des SAP-Vertragskontokorrents

In Kapitel 4, »Stammdaten«, führen wir Sie ausführlich in das Konzept des SAP-Geschäftspartners mit der Integration der Vertragskonten als führendes Stammdatenobjekt von FI-CA ein. Sie lernen dabei die verschiedenen Funktionen, die wichtigsten Aspekte, die es bei der Integration der Stammdatenobjekte in die Prozesse des SAP-Vertragskontokorrents zu beachten gilt, sowie die Einstellungen im Customizing kennen.

Optimierte Belegstruktur

Die *Belegstruktur* des SAP-Vertragskontokorrents bietet aufgrund des technischen Aufbaus mit der Trennung der Geschäftspartnerpositionen und der Hauptbuchsicht eine performante Verarbeitung innerhalb des Systems. Auch für Ihre Endanwender ist die Belegstruktur einfacher zu handhaben, da die Beleginformationen dabei aus der oben genannten Betrachtungsperspektive der Geschäftspartner- und Vertragskontenebene auch visuell im System geführt werden. Abbildung 1.2 zeigt Ihnen ein Beispiel dieser geteilten Belegstruktur. Während Ihnen der Bereich **Verdichtete Geschäftspartnerpostitionen** eine Übersicht über Ihre Debitorenposition gibt, zeigt der Bereich **verdichtete Hauptbuchpositionen** die Gegenposition der Hauptbuchhaltung, inklusive der Steuerbuchung in steuerrelevanten Vorgängen.

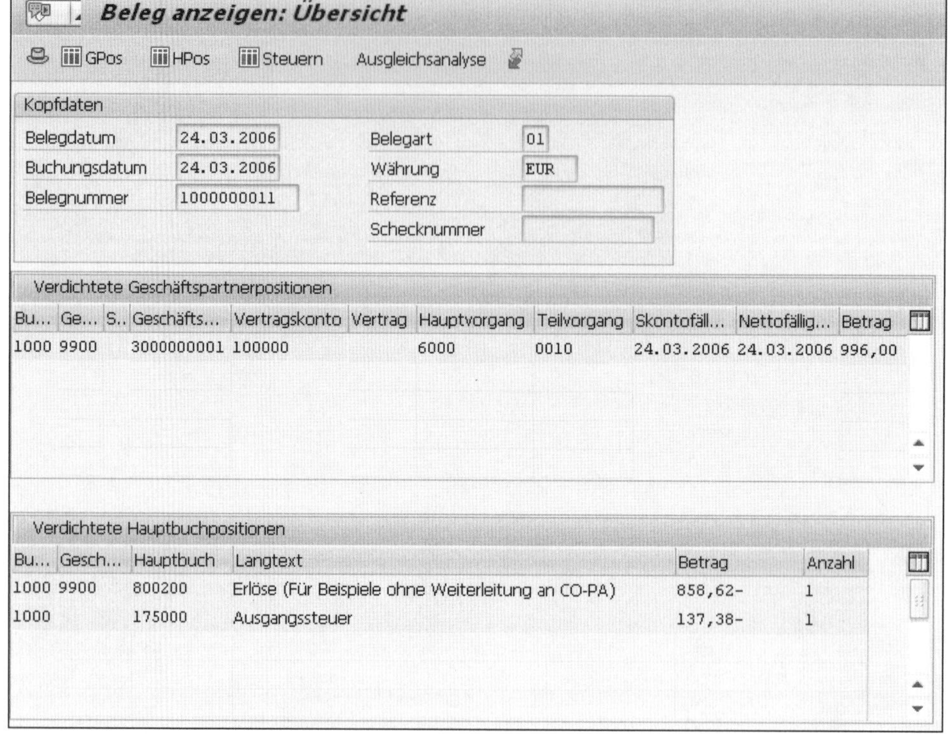
Beleg anzeigen: Übersicht

GPos HPos Steuern Ausgleichsanalyse

Kopfdaten

Belegdatum	24.03.2006	Belegart	01
Buchungsdatum	24.03.2006	Währung	EUR
Belegnummer	1000000011	Referenz	
		Schecknummer	

Verdichtete Geschäftspartnerpositionen

Bu...	Ge...	S..	Geschäfts...	Vertragskonto	Vertrag	Hauptvorgang	Teilvorgang	Skontofäll...	Nettofällig...	Betrag
1000	9900		3000000001	100000		6000	0010	24.03.2006	24.03.2006	996,00

Verdichtete Hauptbuchpositionen

Bu...	Gesch...	Hauptbuch	Langtext	Betrag	Anzahl
1000	9900	800200	Erlöse (Für Beispiele ohne Weiterleitung an CO-PA)	858,62-	1
1000		175000	Ausgangssteuer	137,38-	1

Abbildung 1.2 Optimierte Belegstruktur

Über einen Doppelklick können Sie zudem in die einzelnen Positionen springen, um dort detaillierte Informationen zu Grunddaten, Zahldaten, Steuerdaten und Mahndaten zu erhalten. Abbildung 1.3 zeigt beispielhaft die Detaillierung einer Geschäftspartnerposition.

Über die Buttons **GPos** für Geschäftspartnerposition, **HPos** für Hauptbuchposition und **Steuern** für die Steuerbuchung in der Kopfebene können Ihre Endanwender flexibel zwischen den verschiedenen Sichten hin- und herspringen.

Aus technischer Sicht teilt sich der Beleg in drei Ebenen auf und umfasst die folgende Tabellenstruktur:

- DFKKKO: Kopftabelle zum Vertragskontobeleg
- DFKKOP: Beleginformationen zur Kontokorrentposition, d.h. zur Geschäftspartner- und Vertragskontoposition, inklusive des dahinterliegenden Forderungskontos
- DFKKOPK: Hauptbuchpositionen zu einem Beleg (Gegenposition sowie Steuerinformationen)

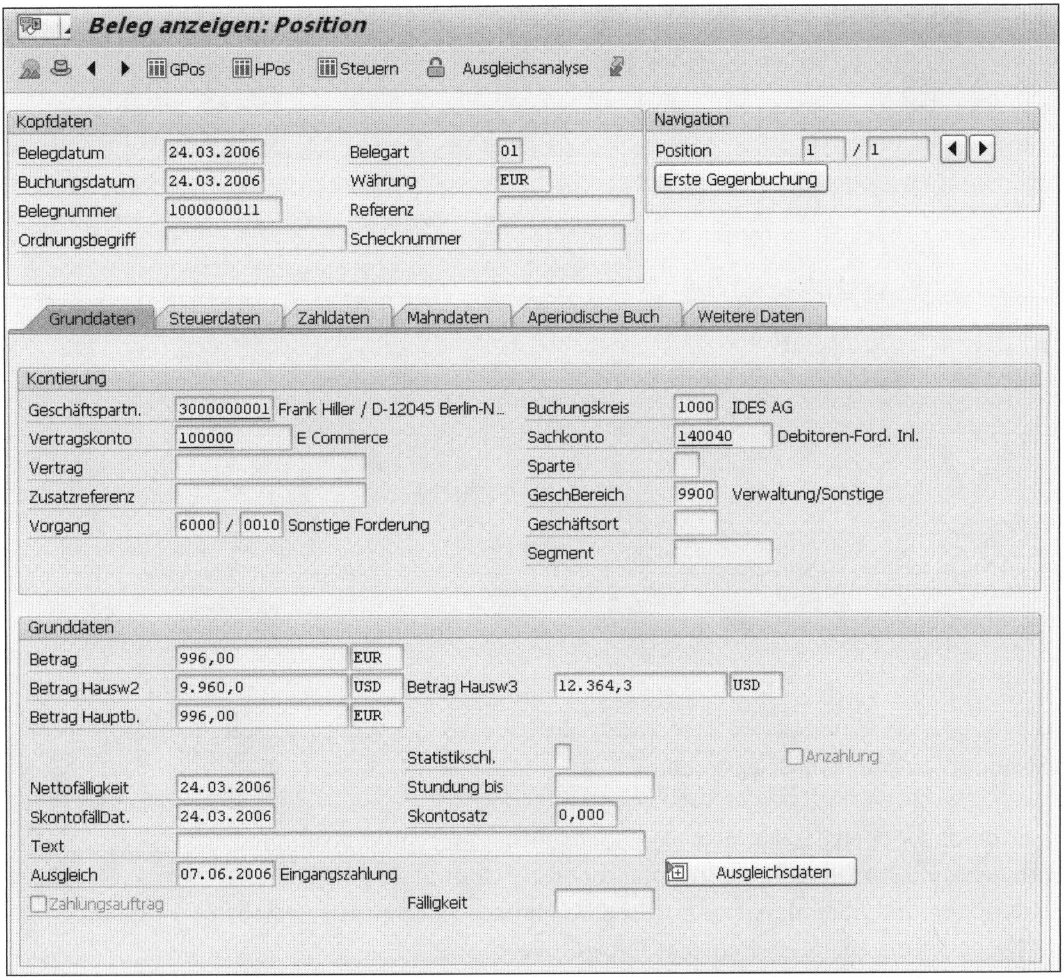

Abbildung 1.3 Detailansicht einer Geschäftspartnerposition

Diese Tabellenstruktur gewährleistet nicht nur für Ihre User ein schnelles und einfaches Wechseln zwischen der visuellen Darstellung, sondern ermöglicht den Programmen auch technisch ein vereinfachtes Selektieren und Abarbeiten der debitorischen Beleginformationen. Die Tabellen sind dabei, wie es in Abbildung 1.4 zu sehen ist, eindeutig über die Belegnummern miteinander verknüpft.

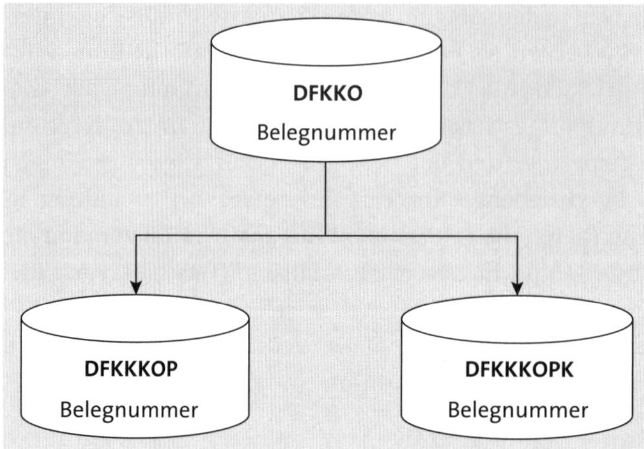

Abbildung 1.4 Belegstruktur in der Debitorenbuchhaltung

Vorgangsbasiertes Arbeiten

Zudem arbeitet das SAP-Vertragskontokorrent *vorgangsbasiert*. Anstelle von Buchungsschlüsseln und Konten mit komplexen Buchungssätzen werden innerhalb eines Belegs betriebswirtschaftliche Vorgänge reflektiert. Die Erfassung der Belege wird in vielen Fällen zudem automatisiert auf dem zugrundeliegenden Geschäftsvorfall, wie z. B. Fakturierung, Verrechnung, Anzahlung, etc., gesteuert. Dieser Geschäftsvorfall ist internen Vorgängen innerhalb des SAP-Vertragskontokorrents zugeordnet. Während der Hauptvorgang den übergeordneten Geschäftsvorgang repräsentiert, wird mit der Wahl des Teilvorgangs ein Subprozess innerhalb des Geschäftsvorgangs angesteuert.

Fakturierung als Geschäftsvorfall

Betrachten wir das Beispiel der Fakturierung einer bestimmten Produktsparte A. Als Geschäftsvorfall bilden Sie die Fakturierung über einen Hauptvorgang – Fakturierung Produktsparte A – ab, während die Unterscheidung zwischen der Fakturierung von Forderungen und Gutschriften über zwei verschiedene Teilvorgänge dargestellt wird. Ihr Sachbearbeiter wählt nun zur Erfassung einer Faktura, anstelle von Buchungsschlüsseln und Konten, die sprechende Kombination aus Haupt- und Teilvorgang aus. Dahinter werden über die Kontenfindung die zu diesem Geschäftsvorfall dazugehörigen Forderungs- und Erlöskonten der Hauptbuchhaltung zugeordnet und gebucht. Soll eine andere Produktkategorie fakturiert werden, wählt der Sachbearbeiter einen weiteren Geschäftsvorfall aus und entscheidet, ob der Kunde eine Rechnung oder Gutschrift über den definierten Teilvorgang erhalten soll.

Die Konten spielen, wie in dem obigen Beispiel dargestellt, nur eine untergeordnete Rolle und werden als rein buchhalterische Informationen des externen Rechnungswesens über die eingestellte Kontenfindung automatisiert im Hintergrund mitgeschrieben und bereitgestellt. Im Vordergrund stehen der Geschäftspartner und der Geschäftsvorfall. Dies spiegelt sich auch in der oben beschriebenen Struktur des Belegs aus Abbildung 1.2 wider. Dabei repräsentieren die Felder **Hauptvorgang** und **Teilvorgang** die angesprochene Unterteilung in Geschäftsvorfall und Geschäftsvorfalldetaillierung mit einem technischen Schlüssel. Die eigentlichen buchhalterischen Informationen finden Sie im Detail nur in der Detailansicht bzw. in der gesonderten Sicht der Hauptbuchposition.

[»]

Die vorgangsbasierte Kontenfindung

Die vorgangsbasierte Kontenfindung mit einer Unterteilung der Geschäftsvorgänge in Haupt- und Teilvorgänge sowie die Trennung zwischen der Geschäftspartner-/Vertragskontensicht und der Hauptbuchpositionen lernen Sie in Abschnitt 5.2, »Kontenfindung« kennen. Nachdem Sie den grundlegenden Aufbau der Vorgänge innerhalb von FI-CA kennengelernt haben, führen wir Sie im Anschluss innerhalb der weiteren Kapitel im Detail durch die Einstellungen zu den einzelnen Geschäftsvorgängen, die durch die Vorgänge repräsentiert werden.

Regelbasiertes und parallelisiertes Arbeiten

Das *vorgangsbasierte Arbeiten* ermöglicht die Automatisierung und Massenverarbeitung gleichwertiger Geschäftsvorgänge. FI-CA stellt Ihnen dabei ein umfangreiches Set an Regeln und Varianten zur Verfügung, mit denen Sie die einzelnen Geschäftsprozesse steuern können. Um die Massenverarbeitung verschiedener Geschäftsprozessvarianten durchführen zu können, unterstützt das SAP-Vertragskontokorrent zusätzlich die Parallelisierung von Prozessen über die Jobsteuerung.

Jede Transaktion kann somit als Einzeltransaktion, aber auch als Massentransaktion durchgeführt werden. Je mehr Unternummernkreise Sie einer Belegart für die Massenverarbeitung zugeordnet haben, desto mehr parallele Verarbeitungsprozesse kann das SAP-System gleichzeitig durchführen. Dies ist vor allem zur Beschleunigung der Faktura-, Zahl- und Mahnläufe sinnvoll, innerhalb derer ein hohes Belegvolumen verarbeitet werden muss. Der Druck der Korrespondenzen wird dabei über einen separaten Joblauf gesteuert, sodass Sie mittels Jobketten den Prozess vom Zahllauf bis zum Korrespondenzdruck automatisieren können.

Das *regelbasierte Arbeiten* unterstützt Sie zusätzlich darin, Ihre Geschäftspartner, Vertragskonten und Belegpositionen auf der Basis von verschiedenen Selektionsmerkmalen aus Stammdaten und Beleginformationen zu gruppieren, um ein effizientes Abarbeiten innerhalb der Parallelisierung der Massenverarbeitung zu ermöglichen.

[zB]

Beispiel für eine regelbasierte Verarbeitung

Die Verrechnungssteuerung, die Sie in Kapitel 10 kennenlernen, ist ein Beispiel für eine regelbasierte Abarbeitung und Steuerung von Massenprozessen. Auf der Basis der Kombination von Merkmalen bestimmen Sie die anzuwendenden Regeln zur Selektion und zum Ausgleich von Posten. Dabei können Sie ein Set an Regeln bilden, die Sie über Varianten miteinander verknüpfen und in vorgegebener Reihenfolge abspielen lassen. Das SAP-System durchläuft anschließend die verschiedenen Regeln und versucht die größtmögliche Anzahl von Belegen automatisiert zuzuordnen und innerhalb eines Ausgleichs zu schließen. Das regelbasierte Arbeiten des SAP-Systems ermöglicht es Ihren Endanwendern somit, den Fokus auf die Belege zu legen, die nicht innerhalb des Regel-Sets automatisiert durch das SAP-System verarbeitet werden können und somit als Sonderfälle gelten.

Flexible Erweiterungen durch Eventsteuerung

Um ein umfangreiches Set an Regeln zur Automatisierung der Geschäftsprozesse zur Verfügung zu stellen, ist das SAP-Vertragskontokorrent *eventgesteuert*. Das heißt, jeder Geschäftsvorgang wird aus verschiedenen Events oder auch Zeitpunkten zusammengesetzt. Zu den einzelnen Zeitpunkten können Sie mittels Funktionsbausteinen individuelle Kundenerweiterungen oder branchenspezifische Anpassungen vornehmen. Jeder Zeitpunkt bietet dabei Standardfunktionsbausteine, die Ihnen die Integration von Kundenerweiterungen vereinfachen sollen. Das SAP-Vertragskontokorrent bietet somit eine releasefähige Flexibilität, die ohne SAP-Modifikationen auskommt. Der technische Name der Musterfunktionsbausteine, die Sie als Vorlage für die Erweiterung innerhalb eines Zeitpunkts wählen können, setzt sich aus dem Kürzel FKK_SAMPLE_ und der Nummer des Zeitpunkts zusammen.

Erweiterungen und Jobsteuerung

In Kapitel 13, »Erweiterungen«, lernen Sie die technischen Details der kundenspezifischen Erweiterungen und in Kapitel 14 die Massenverarbeitung mittels Parallelisierung und die Automatisierung mittels Jobsteuerung kennen. Pro Geschäftsvorgang innerhalb der einzelnen Kapitel zur Implementierung des Beleglebenszyklus zeigen wir Ihnen aber auch immer wieder Hinweise zur Steuerung der Massenverarbeitung und zu möglichen kundenindividuellen Erweiterungen innerhalb der Funktionsbausteine auf.

Vereinfachte Systemintegration von Fakturasystem

Die einfache Integration des SAP-Vertragskontokorrents in die *vorgelagerten Fakturasysteme* ist eine weitere wichtige Funktion von FI-CA. Insbesondere auf der Grundlage der vorgangsbasierten Betrachtung geschieht die Anreicherung der finanzbuchhalterischen Daten nur innerhalb von FI-CA.

Das Fakturasystem muss, wie es in Abbildung 1.5 zu sehen ist, nur den Geschäftsvorfall und den Vertragspartner in der Schnittstelle zu FI-CA mitgeben.

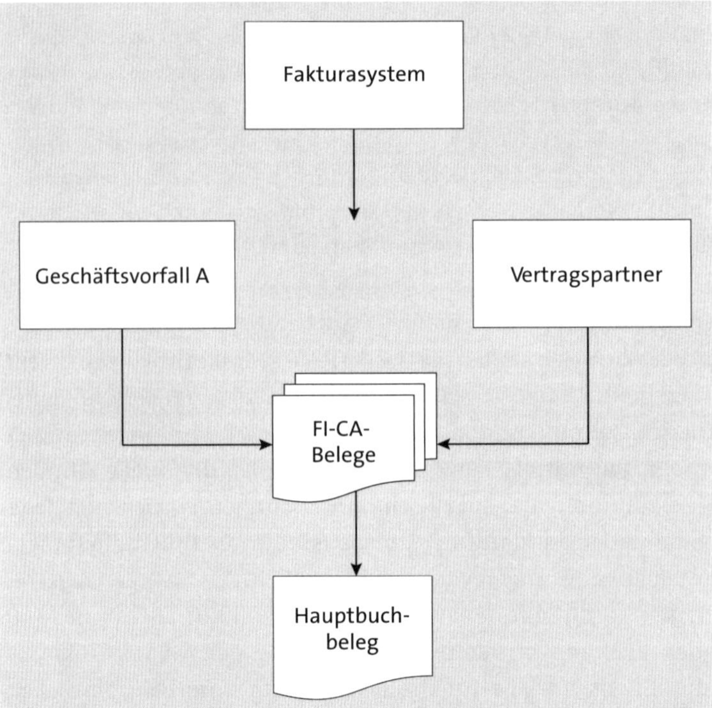

Abbildung 1.5 Integration des Fakturasystems in FI-CA

Die Geschäftspartnerinformation sowie die Konten der Hauptbuchhaltung bauen sich basierend auf diesen beiden Informationen auf. Sie enthalten im Anschluss alle relevanten debitorischen Zahlungsinformationen sowie die Kontierung des externen Rechnungswesens. Die anschließende Überleitung in das Hauptbuch erfolgt, wie dargestellt, aggregiert, sodass dem externen Rechnungswesen nur die wesentlichen Informationen zur Verfügung gestellt werden.

Die prozessbasierte Betrachtung vereinfacht somit auch auf der Ebene der Stammdatenharmonisierung das Zusammenspiel zwischen den Vertriebskomponenten und FI-CA, insbesondere da auch eine Integration der verschiedenen Komponenten über ein CRM-System möglich ist.

Die bisher besprochenen Vorteile der einfachen vorgangsbasierten Integration, der Möglichkeit einer vertragsbasierten Stammdatenbetrachtungsweise und der Verarbeitung hoher Belegaufkommen führen häufig zu einem Einsatz von FI-CA im Zusammenspiel mit den Branchenkomponenten der SAP-Branchenlösungen (SAP Industry Solutions):

Branchenspezifische Prozessintegration

Wichtige *Branchen*, die in FI-CA für die Darstellung des Nebenbuches verwendet werden, sind:

- IS-U-WA: Abfallbeseitigung
- IS-U: Energieversorger
- IS-M: Medienunternehmen
- IS-T: Telekommunikation
- IS-PS: Öffentliche Verwaltung
- IS-IS-CD: Versicherungen

Hohes, wiederkehrendes Transaktionsvolumen

Alle diese Branchen zeichnen sich durch ein hohes, wiederkehrendes *Transaktionsvolumen* auf der Basis von verschiedenen Verträgen aus. Zudem verfügen die Geschäftspartner in den meisten Fällen über verschiedene Verträge unterschiedlicher Geschäftsbereiche, die Sie über die angesprochenen Vertragskonten steuern können. Die Flexibilität über die Zeitpunktsteuerung im SAP-Vertragskontokorrent spiegelt sich auch in der Integration der Branchenkomponenten wider. So wird FI-CA individuell als eigner Anwendungsbereich ausgeliefert und die Zeitpunktsteuerung zur Abdeckung branchenspezifischer Anforderungen schon im Standard individuell ausgeprägt.

Auch unterscheiden sich die internen Vorgänge zur Abwicklung der Geschäftsvorgänge, die auf die jeweiligen branchenspezifischen Prozesse angepasst sind. Achten Sie daher bei der Aktivierung von FI-CA (siehe Abschnitt 1.4, »Das SAP-Vertragskontokorrent aktivieren«) auf den zu verwendenden Anwendungsbereich in Abhängigkeit der eingesetzten Branchenkomponente. Die Anwendungsbereiche von FI-CA gliedern sich dabei wie folgt:

- M: Medienunternehmen
- P: Öffentliche Verwaltung
- R: Versorgungsunternehmen

- T: Telekommunikationsunternehmen
- V: Versicherungsunternehmen

Wenn Sie FI-CA ohne den Einsatz einer branchenspezifischen Komponente der SAP-Branchenlösungen nutzen möchten, aktivieren Sie *Extended FI-CA* im Anwendungsbereich S. Springen Sie in Abschnitt 1.4, »Das SAP-Vertragskontokorrent aktivieren«, um detaillierte Informationen zur Aktivierung zu finden.

Integration in das Hauptbuch

Die *Integration in das Hauptbuch* erfolgt, wie in Abbildung 1.5 aufgezeigt, asynchron als Verdichtung der Buchungssummen. Aggregiert auf die Kontierungsmerkmale des externen und internen Rechnungswesens, werden die Einzelbelege von FI-CA zusammengefasst und als Summenbuchung in das Hauptbuch übergeleitet.

Ein sogenannter *Abstimmschlüssel* bestimmt daher den Zeitrahmen, unter dem Buchungen zusammengefasst und für die Überleitung gemeinsam betrachtet werden. Dies erhöht die Performance, da die debitorischen Prozesse der Nebenbuchhaltung gekapselt vom Hauptbuch ausgeführt werden können. Die Konten und Tabellen des Hauptbuches werden wiederum nicht durch das massive Belegvolumen belastet und eingeschränkt. Über die Definition der Verdichtungsmerkmale für die Summenbildung kann der Grad der Verdichtung für die Informationsübergabe vom Nebenbuch in das Hauptbuch gesteuert werden.

Integration von FI-CA

Sie lernen die integrierte Systemlandschaft von FI-CA in Kapitel 12, »Integration«, kennen. Hier finden Sie alle relevanten Informationen zur Anbindung der Fakturasysteme zur Integration des CRM-Systems als Teil der Stammdatenharmonisierung und die Steuerung der Belegaggregation zur Übergabe in das externe Rechnungswesen von FI-GL und in das interne Rechnungswesen von CO.

1.2 Das SAP-Vertragskontokorrent im Vergleich zu FI-AR

Nachdem Sie in Abschnitt 1.1, »Einführung in das SAP-Vertragskontokorrent«, die zentralen Funktionen von FI-CA kennengelernt haben, stellen wir die Komponente nun in den direkten Vergleich mit der *debitorischen Nebenbuchhaltung von FI-AR*. FI-AR ist die Standardlösung für die Debitorenbuchhaltung innerhalb des SAP Finance Cores.

Im Gegensatz zu FI-CA ist für FI-AR keine separate Aktivierung notwendig. Vor dem Implementierungsstart müssen Sie entscheiden, ob Sie Ihre debitorischen Prozesse innerhalb von FI-CA oder von FI-AR umsetzen wollen. Es ist möglich, beide Komponenten parallel einzusetzen. In diesem Abschnitt nehmen wir die folgenden Themen für den Vergleich von FI-CA und FI-AR in den Blick:

- einheitliche Stammdatenhaltung
- optimierte Belegstruktur durch vorgangsbasiertes Buchen
- regelbasiertes Arbeiten
- Parallelisierung von Verarbeitungsschritten
- flexible Erweiterung der Prozesse auf Ihre kunden- oder branchenspezifischen Anforderungen
- Systemintegration in die Hauptbuchhaltung

Stammdatenhaltung

Auch wenn unter SAP S/4HANA das *Geschäftspartnerkonzept* für die Debitorenbuchhaltung von FI-AR als verpflichtende Komponente wirksam geworden ist, bietet FI-AR weiterhin keine Möglichkeit einer hierarchischen Betrachtung der verschiedenen Rollen eines Geschäftspartners. Sie können somit zwar unter einem Geschäftspartner mehrere debitorische Partnerrollen mit der entsprechenden buchhalterischen Finanzsicht ausprägen. Um die Partnerrollen jedoch unabhängig voneinander und entsprechend den vereinbarten Konditionen innerhalb eines Buchungskreises ausprägen zu können, müssen Sie pro Rolle einen abweichenden Nummernkreis definieren. Eine gemeinsame Verarbeitung über den zentralen Geschäftspartner ist dann aber nicht möglich. Innerhalb der Verarbeitungsprozesse von FI-AR werden die einzelnen Rollen als eigene individuelle Debitoren behandelt, die nicht über den zentralen Geschäftspartner zusammen betrachtet und verarbeitet werden können. Es gibt somit keine Möglichkeit einer rollenübergreifenden Betrachtung des Geschäftspartners.

Aufgrund der gleichen Datenstruktur der Stammdaten ermöglicht Ihnen FI-AR jedoch eine direkte Integration in FI-AP (Accounts Payable, Kreditorenbuchhaltung). Das Zusammenspiel mit der Kreditorenbuchhaltung über FI-CA kann nur über Verrechnungskonten innerhalb des Hauptbuches durchgeführt werden, da das SAP-Vertragskontokorrent als separates Nebenbuch ohne synchrone Integration in das Hauptbuch geführt wird.

Wählen Sie daher:

- *FI-AR*, wenn Ihr Kundenstamm gleichzeitig auch als Kreditor auftritt (vor allem in der verarbeitenden Industrie).

- *FI-CA*, wenn Sie im B2C-Geschäft unterwegs sind und sich Ihr Kundenstamm durch wiederkehrende Geschäfte unter unterschiedlichen Verträgen auszeichnet.

Sie können sich auch für einen parallelen Einsatz von FI-AR und FI-CA entscheiden. Bilden Sie in diesem Fall über FI-AR vor allem Ihre B2B-Kunden sowie die Kunden, die auch als Lieferanten bei Ihnen auftreten, ab. Die Verarbeitung des debitorischen Massengeschäfts verlagern Sie wiederum nach FI-CA.

Optimierte Belegstruktur

Der Beleg von FI-AR orientiert sich am klassischen Aufbau eines Buchungssatzes des Rechnungswesens. Die vorgangsbasierte Verarbeitung lässt sich allein aus der Belegart ableiten. Zusammen mit dem Buchungsschlüssel stellen die beiden Merkmale den Geschäftsvorfall da. Im Vordergrund des Belegs steht jedoch die Sicht auf die Konten und die Kontierungsobjekte des externen und internen Rechnungswesens.

Die manuelle Eingabe von Belegen erfordert daher ein tiefes Verständnis von Buchungslogiken. Die eigentlichen Informationen, die für die debitorischen Prozesse relevant wären, sind nur in der Detailansicht der Debitorenbelegzeile zu erkennen. Der Einsatz von FI-AR ist daher sinnvoll, wenn den Prozessen Ihrer Debitorenbuchhaltung anstelle einer vorgangsbasierten eine kontenbasierte Steuerung zugrunde liegt. Dies ist vor allem dann der Fall, wenn Geschäftsvorgänge nicht vereinheitlicht werden können und eine Vielzahl von unterschiedlichen Kontierungsobjekten für die richtige Darstellung in Hauptbuch und Controlling erfordern. Anstelle von Massenprozessen stehen individuelle Einzelvorgänge im Vordergrund. Die Transaktionen zum Ausführen der Geschäftsvorgänge sind daher auch immer an der Buchhaltungssicht und nicht an der Prozesssicht orientiert.

Während Sie für FI-AR Buchhalter benötigen, kann FI-CA auch durch Sacharbeiter ohne jegliches buchhalterische Wissen, nur auf der Basis des Geschäftsvorfalls, ausgeführt werden. Viele individuelle Geschäftsvorfälle erschweren jedoch das Arbeiten in FI-CA aufgrund einer unübersichtlichen Anzahl an auszuwählenden Vorgängen. Dies zeigt sich auch im nächsten Punkt, dem regelbasierten Arbeiten.

Regelbasiertes Arbeiten

Auch hat die individuelle Betrachtung von Einzelvorgängen einen direkten Bezug und Auswirkungen auf das *regelbasierte Arbeiten*. Wenn Sie die einzelnen Prozesse innerhalb der Geschäftsvorgänge nicht harmonisieren, vereinheitlichen und in Gruppen zusammenfassen können, kann die Viel-

zahl an Möglichkeiten zur Variantensteuerung innerhalb von FI-CA trotz kundenindividueller Programmiererweiterungen nicht in seiner vollen Funktionalität greifen. Der Aufwand zur Einführung von FI-CA steht dann nicht im Verhältnis zu dessen Nutzen, sondern in vielen Fällen verkompliziert FI-CA sogar den Prozess. Als ausnahmenbasiertes Tool stellt FI-CA die automatisierte Abarbeitung von gleichartigen Vorgängen in den Vordergrund und richtet den Fokus nicht auf eine individuelle Betrachtung der einzelnen Posten.

Parallelisierung

Da der Fokus von FI-AR nicht auf der Massenverarbeitung liegt, ist eine *Parallelisierung von Verarbeitungsprozessen* innerhalb der verschiedenen Transaktionen zum Zahllauf, zur Rückläuferverarbeitung und zum Mahnlauf nicht vorgesehen. Auch wenn sich die Performance der transaktionalen Verarbeitung unter SAP S/4HANA durch die geänderte Tabellenstruktur verbessert hat, ist weiterhin keine Parallelisierung möglich. FI-CA verarbeitet ein hohes Belegvolumen daher immer mit einer erhöhten Performance im Vergleich zu FI-AR. Des Weiteren sind die Prozesse von FI-CA gekapselt, sodass die Verarbeitungsprozesse keine Auswirkungen auf die Prozesse der Kreditoren- und Hauptbuchhaltung haben.

Individuelle und branchenspezifische Erweiterungen

Auch FI-AR stellt *BAdIs* (*Business Add-Ins*) als objektorientierte Erweiterungsoptionen von verschiedenen Business Functions zur Verfügung. Mittels *User-Exits* können diese *Funktionsbausteine* implementiert werden. Der ausgelieferte Quelltext der Business Functions wird dabei nicht verändert, sodass diese kundenspezifischen Erweiterungen keine SAP-Modifikation darstellen und daher releasefähig sind. Eine zeitpunktgesteuerte Verarbeitung mit standardisierten Musterfunktionsbausteinen bietet jedoch nur FI-CA. Die Integration der Branchenkomponenten ist daher immer mit dem erweiterten Anwendungsbereich von FI-CA durchzuführen.

Integration in die Hauptbuchhaltung

Die Integration von FI-AR in die Hauptbuchhaltung erfolgt synchron auf Einzelbelegebene. Sie haben somit keinen erhöhten Abstimmaufwand zwischen Nebenbuch und Hauptbuch bei dem Einsatz von FI-AR. Auch werden die getätigten Umsätze direkt auf den Konten der GuV (Gewinn- und Verlustrechnung) gespiegelt. Insbesondere die Abschlussprozesse mit Abstimmung der Verrechnungskonten sind im Vergleich zu FI-CA performanter, und die einzelnen Schritte können schneller durchlaufen werden.

In Tabelle 1.1 fassen wir die wichtigsten Unterschiede von FI-CA und FI-AR im Überblick zusammen.

Funktion	FI-CA	FI-AR
Aktivierung	FI-CA muss als Business Function Set aktiviert werden.	Es ist keine separate Aktivierung notwendig. FI-AR ist Teil der SAP-Core-Komponenten.
Erweiterungen	FI-CA bietet die zeitpunktgesteuerte Verarbeitung mit standardisierten Musterfunktionsbausteinen für die einzelnen Branchen.	Die Nutzung von Business Add-Ins (BAdIs) ist als objektorientierte Erweiterungsoption für Eigenentwicklungen möglich, jedoch gibt es keine standardisierten Erweiterungen, ausgerichtet auf die Anforderungen der einzelnen Branchen.
Stammdatenhaltung – einheitliche Betrachtung eines Geschäftspartners mit verschiedenen Verträgen und Vertragskonditionen	Einem Geschäftspartner können verschiedene Verträge zugeordnet werden. Über die Verknüpfung zum Geschäftspartner ist eine einheitliche Betrachtung über alle Vertragskonten gesichert.	Einem Geschäftspartner können zwar mehrere Debitoren zugeordnet werden, um die unterschiedlichen Vertragskonditionen darzustellen, technisch sind die einzelnen Debitoren jedoch nicht miteinander verbunden, sodass keine einheitliche Betrachtung möglich ist. Jeder Debitor muss einzeln betrachtet werden.
Integration von FI-AP zur Verrechnung von Forderungen und Verbindlichkeiten	Es ist keine direkte Integration möglich.	Eine direkte Integration mit FI-AP ist im Standard verfügbar.
Belegstruktur	Die Geschäftspartnerposition und der Geschäftsvorfall stehen im Vordergrund; über eigene Schlüssel werden diese dargestellt.	Ein Geschäftsvorfall ist nur über die Konten und die Belegart lesbar. Es gibt jedoch keinen eigenen Schlüssel, der den Geschäftsvorfall eindeutig darstellt.

Tabelle 1.1 Die Unterschiede von FI-CA und FI-AR auf einen Blick

Funktion	FI-CA	FI-AR
Belegbuchung	Die Buchung erfolgt durch die Auswahl des Geschäftsvorfalls. Der Sachbearbeiter muss kein spezifisches buchhalterisches Wissen aufweisen, denn das SAP-System stellt über die automatisierte Kontenfindung die richtige finanzbuchhalterische Darstellung sicher.	Die Buchung erfolgt über die Auswahl von Konten und Buchungsschlüssel. Der Sachbearbeiter muss somit die Konten hinter einem Geschäftsvorfall identifizieren können, um die Buchung finanzbuchhalterisch richtig zu erfassen.
Parallelisierung	Eine Parallelisierung von Prozessen ist technisch möglich, um die Massenverarbeitung von Belegen zu ermöglichen.	Eine Parallelisierung ist nicht möglich; Belege können nur sequenziell verarbeitet werden.
Integration Hauptbuchhaltung	Asynchron und aggregiert	Synchron und auf Einzelpostenebene

Tabelle 1.1 Die Unterschiede von FI-CA und FI-AR auf einen Blick (Forts.)

1.3 Das Vertragskontokorrent unter SAP S/4HANA

Mit SAP S/4HANA hat sich die *Tabellenstruktur* der Finanzbuchhaltung grundlegend geändert. Während FI-CA schon von Anfang an mit einer optimierten Belegstruktur für eine erhöhte Performance gearbeitet hat, wurden nun auch die Tabellenstrukturen von SAP S/4HANA für die Finanzbuchhaltung nachgezogen.

Universal Journal und Tabelle ACDOCA

Alle Belege werden nun in einem vereinheitlichen *Universal Journal* unter einer zentralen Tabelle (Tabelle ACDOCA) gespeichert. Wie es in Abbildung 1.6 zu sehen ist, werden dabei die Einzeltabellen des Hauptbuches (FI-GL), der Ergebnis- und Marktsegmentrechnung (CO-PA), des Controllings (CO), der Anlagenbuchhaltung (FI-AA, Asset Accounting) und des Material-Ledgers in einer gemeinsamen Tabelle zusammengefasst.

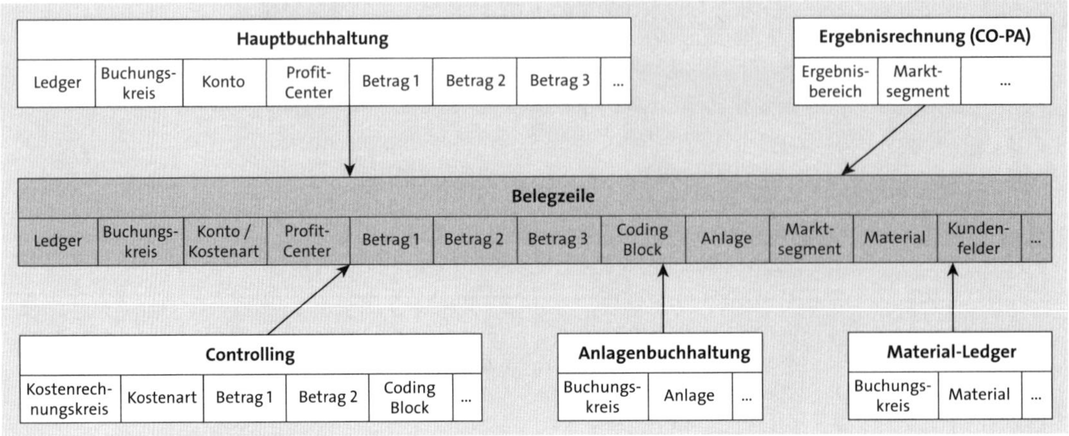

Abbildung 1.6 Universal Journal – die Tabellenstruktur von Tabelle ACDOCA; Quelle: SAP

Die veränderte Tabellenstruktur hat jedoch zunächst keine direkten Auswirkungen auf FI-CA, da nur die Belege der Hauptbuchintegration in dieser Tabelle gespeichert werden. Wie in Abschnitt 1.1, »Einführung in das SAP-Vertragskontokorrent«, aufgezeigt, erfolgt die Integration von FI-CA in das Hauptbuch asynchron mittels einer separaten Überleitung. Die vorgangsbasierte und geschäftspartnerorientiere Belegstruktur und Betrachtungsweise innerhalb von FI-CA hat sich nicht geändert.

Integration in die Hauptbuchhaltung

Allein in der Integration von FI-CA in die *Hauptbuchhaltung* ergeben sich aufgrund der geänderten Tabellenstruktur im Hauptbuch neue Möglichkeiten.

Bei der Verarbeitung und Vorhaltung hoher Belegvolumen in den Tabellen des Hauptbuches spielen *Performanceeinschränkungen* unter SAP S/4HANA keine Rolle mehr. Die Integration von FI-CA ist daher auch bei hohen Belegvolumen nicht länger limitiert. Eine Überleitung auf Einzelpostenbasis in Echtzeit anstelle einer asynchronen und aggregierten Integration kann somit ein alternatives Implementierungsszenario sein.

Die *Aggregation* bietet jedoch weiterhin eine vereinfachte Betrachtungsweise im Hauptbuch und erleichtert die Analyse der Verkehrszahlen innerhalb von Bilanz- und GuV. Eine Einzelpostenüberleitung sollte daher überlegt sein und für Einzelfälle bestimmt werden, in denen es auch aus Hauptbuchsicht wirklich sinnvoll erscheint, eine Einzelsicht auf Erlöse und Forderungen zu gewährleisten. Denn aus betriebswirtschaftlicher Sicht stellt eine Verdichtung auf der Hauptbuchebene alle relevanten Informationen zur Verfügung. Die Übersichtlichkeit mittels Buchungssummen pro Geschäftsvorgang über eine definierte Periode ist also herzustellen.

Trotzdem sind nun eine Überleitung auch in kürzeren Abständen und auch das Aufbrechen der *Summenüberleitung* in eine Einzelpostenbetrachtung für bestimmte Abstimmprozesse denkbar. SAP S/4HANA erhöht somit die Flexibilität der Nutzung des SAP-Vertragskontokorrents. Die Vorteile der vorgangsbasierten Verarbeitung debitorischer Geschäftsprozesse kann um eine Echtzeitintegration in das Hauptbuch erweitert werden.

SAP Fiori

Zusätzlich bietet SAP S/4HANA mit dem SAP Fiori Launchpad ein neues *User Interface*. Aktuell stehen dort mehr als 495 transaktionale und analytische SAP-Fiori-Apps für FI-CA zur Verfügung. Da das vorliegende Buch einen Implementierungsleitfaden darstellt und nicht die Betrachtung der Endanwender widerspiegelt, sind die Beispiele innerhalb des Buches auf der Basis des SAP GUI entstanden. Auch legen wir keinen Fokus auf die Aktivierung und Integration von SAP-Fiori-Apps und verweisen Sie deshalb auf entsprechende Fachbücher zu SAP Fiori.

1.4 Das SAP-Vertragskontokorrent aktivieren

Systemarchitektur

Bevor Sie FI-CA nutzen können, müssen Sie es im System aktivieren. Sie haben verschiedene Möglichkeiten, um FI-CA in Ihre Systemarchitektur einzubinden. Dazu gehören:

- FI-CA als Bestandteil einer Branchenlösung
- FI-CA-Integration in eine klassische Komponentenlandschaft
- Bereitstellung von FI-CA auf einem separaten Server

Alle diese systemseitigen Rahmenbedingungen und die hinzukommenden funktionalen, prozessualen Anforderungen an die Lösung müssen Sie bei der Aktivierung des SAP-Vertragskontokorrents berücksichtigen.

Die Aktivierung nehmen Sie im *Switch Framework* vor, das Sie mit Transaktion SFW5 aufrufen oder über den Pfad **Business Functions** des Einführungsleitfadens (Implementation Guide, kurz IMG) aktivieren.

[«]

Vorsicht bei der Aktivierung

Die Aktivierung der Business Functions und Sets hat weitreichende Auswirkungen auf das SAP-System. Sie sollten sich im Vorhinein mit allen beteiligten Gruppen abstimmen und die bekannten Anforderungen an das System in Ihre Entscheidung, welche Funktion aktiviert werden soll, einbeziehen. Im Nachhinein sind viele der Funktionen nicht mehr zu deaktivieren und können nur durch eine Rücksetzung oder das Einspielen einer zuvor gemachten Systemkopie wieder in den ursprünglichen Zustand versetzt werden.

Bestandteile des Switch Frameworks

Das *Switch Framework* ist in verschiedene Bestandteile aufgeteilt, die ineinandergreifen und voneinander abhängig sind.

- **Switch Framework**
  Das Switch Framework ist der Rahmen für die Business Function Sets und erlaubt es Ihnen, die Industrielösungen und Erweiterungen zu aktivieren.
- **Business Function Set**
  Ein Business Function Set repräsentiert eine Industrie- bzw. Branchenlösung und beinhaltet verschiedene Business Functions. Sie können, im Gegensatz zur Enterprise Extension, für eine SAP-Instanz nur ein Business Function Set nutzen.
- **Business Function**
  Die Business Functions können über verschiedene Schalter aktiviert und mit anderen Funktionen kombiniert werden. Je nachdem, welches Business Function Set Sie aktiviert haben, können Sie auf verschiedene Business Functions und Kombinationen aus Business Functions zurückgreifen.

Nachdem Sie die gewünschten Funktionen aktiviert haben, baut das System, je nach Kombination, die Masken, Programme und auch das Customizing im System auf, das dann den Benutzern und Ihnen zur Verfügung steht. Wie in Abschnitt 1.1, »Einführung in das SAP-Vertragskontokorrent«, erläutert, wird FI-CA oftmals in Kombination mit einer Branchenlösung von SAP verwendet. Da FI-CA in Abhängigkeit der Branchenlösung spezielle Funktionen bildet, um die branchenspezifischen Prozesse dieser Industrien abbilden zu können, müssen Sie bei der Aktivierung des Business Function Sets darauf achten, das SAP-Vertragskontokorrent entsprechend Ihrer eingesetzten Industrielösung zu verwenden. Im vorliegenden Buch haben wir, wie es in Abbildung 1.7 im Feld **Business Function Set** zu sehen ist, das *branchenneutrale Vertragskonto* (FICAX) aktiviert.

Branchenneutrales Vertragskonto

Das branchenneutrale SAP-Vertragskontokorrent bietet Ihnen die Grundfunktionen, die Sie unabhängig von bestimmten Branchen einsetzen und implementieren können. Die damit einhergehenden Funktionen sind in Abbildung 1.7 gelb markiert.

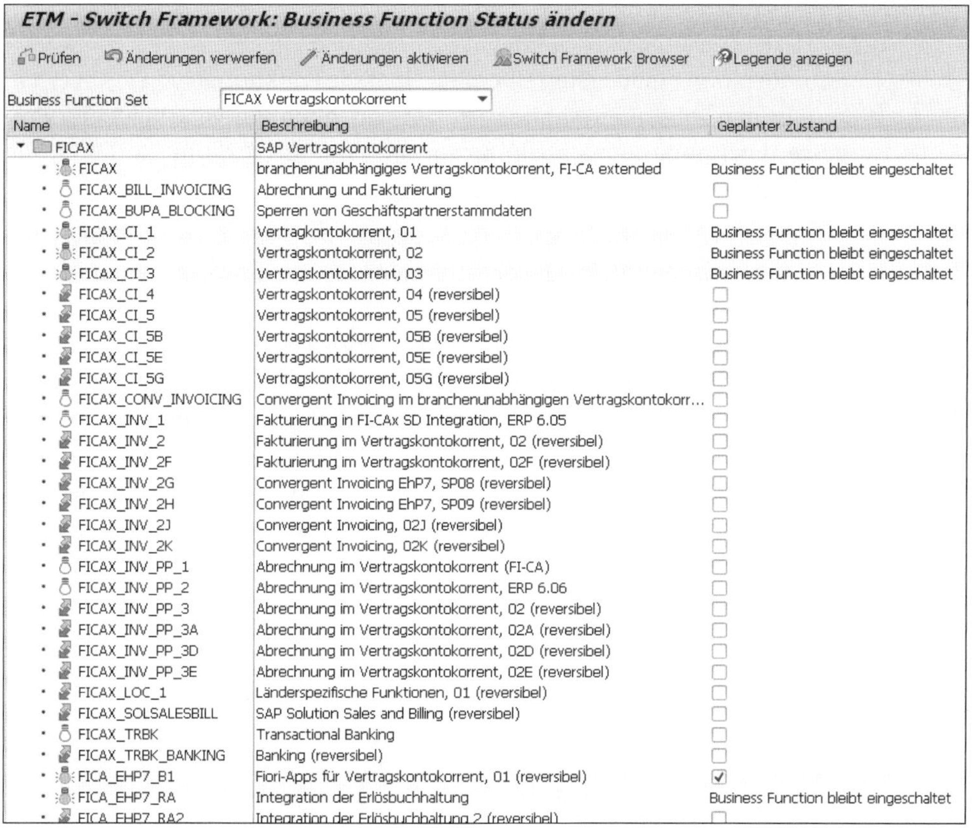

ETM - Switch Framework: Business Function Status ändern

Prüfen | Änderungen verwerfen | Änderungen aktivieren | Switch Framework Browser | Legende anzeigen

Business Function Set: FICAX Vertragskontokorrent

Name	Beschreibung	Geplanter Zustand
FICAX	SAP Vertragskontokorrent	
FICAX	branchenunabhängiges Vertragskontokorrent, FI-CA extended	Business Function bleibt eingeschaltet
FICAX_BILL_INVOICING	Abrechnung und Fakturierung	☐
FICAX_BUPA_BLOCKING	Sperren von Geschäftspartnerstammdaten	☐
FICAX_CI_1	Vertragkontokorrent, 01	Business Function bleibt eingeschaltet
FICAX_CI_2	Vertragskontokorrent, 02	Business Function bleibt eingeschaltet
FICAX_CI_3	Vertragskontokorrent, 03	Business Function bleibt eingeschaltet
FICAX_CI_4	Vertragskontokorrent, 04 (reversibel)	☐
FICAX_CI_5	Vertragskontokorrent, 05 (reversibel)	☐
FICAX_CI_5B	Vertragskontokorrent, 05B (reversibel)	☐
FICAX_CI_5E	Vertragskontokorrent, 05E (reversibel)	☐
FICAX_CI_5G	Vertragskontokorrent, 05G (reversibel)	☐
FICAX_CONV_INVOICING	Convergent Invoicing im branchenunabhängigen Vertragskontokorr…	☐
FICAX_INV_1	Fakturierung in FI-CAx SD Integration, ERP 6.05	☐
FICAX_INV_2	Fakturierung im Vertragskontokorrent, 02 (reversibel)	☐
FICAX_INV_2F	Fakturierung im Vertragskontokorrent, 02F (reversibel)	☐
FICAX_INV_2G	Convergent Invoicing EhP7, SP08 (reversibel)	☐
FICAX_INV_2H	Convergent Invoicing EhP7, SP09 (reversibel)	☐
FICAX_INV_2J	Convergent Invoicing, 02J (reversibel)	☐
FICAX_INV_2K	Convergent Invoicing, 02K (reversibel)	☐
FICAX_INV_PP_1	Abrechnung im Vertragskontokorrent (FI-CA)	☐
FICAX_INV_PP_2	Abrechnung im Vertragskontokorrent, ERP 6.06	☐
FICAX_INV_PP_3	Abrechnung im Vertragskontokorrent, 02 (reversibel)	☐
FICAX_INV_PP_3A	Abrechnung im Vertragskontokorrent, 02A (reversibel)	☐
FICAX_INV_PP_3D	Abrechnung im Vertragskontokorrent, 02D (reversibel)	☐
FICAX_INV_PP_3E	Abrechnung im Vertragskontokorrent, 02E (reversibel)	☐
FICAX_LOC_1	Länderspezifische Funktionen, 01 (reversibel)	☐
FICAX_SOLSALESBILL	SAP Solution Sales and Billing (reversibel)	☐
FICAX_TRBK	Transactional Banking	☐
FICAX_TRBK_BANKING	Banking (reversibel)	☐
FICA_EHP7_B1	Fiori-Apps für Vertragskontokorrent, 01 (reversibel)	☑
FICA_EHP7_RA	Integration der Erlösbuchhaltung	Business Function bleibt eingeschaltet
FICA_EHP7_RA2	Integration der Erlösbuchhaltung 2 (reversibel)	☐

Abbildung 1.7 Switch Framework

Im Verlauf des Buches verweisen wir immer wieder auf Besonderheiten der Branchenlösungen, die bei der Aktivierung des entsprechenden Business Function Sets von SAP ausgeliefert werden und in der Implementierung beachtet werden müssen. Es wird jedoch nicht auf die mit FI-CA integrierte Fakturierungskomponente *Convergent Invoicing* eingegangen.

[+]

Weiterführende Informationen zu BRIM

Nähere Informationen zur Implementierung der Abrechnungsszenarien mit der Fakturierungskomponente Convergent Invoicing finden Sie im Implementierungsleitfaden zu *SAP Billing and Revenue Innovation Management* (ehemals SAP Hybris Billing). Lernen Sie dabei den Prozessfluss des Order-to-Cash-Prozesses mit SAP CRM, FI-CA, Convergent Invoicing, Convergent Charging und Convergent Mediation kennen, und stellen Sie somit die Integration mit SAP Billing and Revenue Innovation Management sicher. Das Buch *SAP Billing and Revenue Innovation Management* von Daniela Klose ist 2018 bei SAP PRESS erschienen.

1.5 Fazit

Sie haben nun einen ersten Überblick über die Funktionen von FI-CA erhalten. In den folgenden Kapiteln stellen wir Ihnen die verschiedenen Prozesse der Debitorenbuchhaltung im SAP-System vor, um Sie durch die Einführung von FI-CA zu begleiten.

Dafür betrachten wir in Kapitel 2, »Der Beleglebenszyklus in FI-CA«, den Beleglebenszyklus. Dabei geben wir Ihnen Hilfestellungen zu einem Vorgehensmodell für die Implementierung von FI-CA. Die nachfolgenden Kapitel orientieren sich anschließend an dem vorgestellten Beleglebenszyklus, sodass Sie am Ende von der Belegerstellung über dessen Weiterverarbeitung bis hin zum Ausgleich oder Ausbuchen von Belegpositionen die einzelnen Schritte im Customizing von FI-CA hinterlegen können. Übergreifende technische Einstellungen, wie Fragen zu kundenindividuellen Programmiererweiterungen, zur automatischen Jobsteuerung und zur Archivierung, werden am Ende des Buches in Kapitel 13 bis Kapitel 16 aufgegriffen. Wir möchten Sie somit in die Lage versetzen, die einzelnen Zusammenhänge im Komponentenaufbau zu verstehen und die transaktionalen und stammdatenbezogenen Datenflüsse von FI-CA in einer integrierten Systemlandschaft zu designen.

Neben der Vermittlung des Customizing-Know-hows hat das Buch auch zum Ziel, häufige Problemstellungen im SAP-Vertragskontokorrent zu diskutieren und Lösungsansätze darzustellen. Mit der Herausstellung der fachlichen Aspekte möchten wir Sie zudem befähigen, die Transformation einer vorgangs- und regelbasierten Arbeit innerhalb der Debitorenbuchhaltung zu vollziehen. Die einzelnen Kapitel verweisen daher auf die vielfältigen Automatisierungsprozesse des SAP-Vertragskontokorrents mit den Möglichkeiten der Massenverarbeitung und verdeutlichen die technische Erweiterbarkeit des SAP-Vertragskontokorrents mit Zeitpunktbausteinen im Bereich des Eventkonzepts anhand verschiedener betriebswirtschaftlicher Beispiele.

Kapitel 2
Der Beleglebenszyklus in FI-CA

Der Beleglebenszyklus ist Grundlage für die Durchführung und Implementierung der debitorischen Prozesse in FI-CA. Wenn Sie die einzelnen Prozessschritte und die Zusammenhänge verstehen, haben Sie bereits den Grundstein für eine erfolgreiche FI-CA-Einführung gelegt.

In Kapitel 1, »Grundlagen«, haben Sie gelernt, dass das SAP-Vertragskontokorrent vorgangsbasiert gesteuert wird. Das heißt, Sie betrachten vorrangig Prozesse und Geschäftsvorfälle anstelle von Buchungssätzen. Diese Betrachtungsweise nimmt vor einer Implementierung die einzelnen Schritte in den Blick, die ein offener Posten innerhalb der debitorischen Prozesse in Ihrem Unternehmen durchlaufen kann.

Abschnitt 2.1, »Beleglebenszyklus«, gibt Ihnen eine Übersicht über die möglichen Schritte innerhalb der debitorischen Prozesse, die ein Beleg durchlaufen kann. Dabei orientieren wir uns an den Best-Practice-Prozessen von SAP, die Sie auch in der Implementierungsstruktur des Einführungsleitfadens (Implementation Guide, kurz IMG) für FI-CA wiederfinden. An dieser Struktur orientiert sich auch die Gliederung unseres Buches. In diesen Abschnitten beleuchten wir auch fachliche Fragestellungen, die an die einzelnen Schritte innerhalb des Beleglebenszyklus geknüpft sind und die eine technische Auswirkung auf die Customizing-Einstellungen und die Implementierung haben.

Abschnitt 2.2 konzentriert sich anschließend auf das Forderungsmanagement, das auf den Informationen aus den vorangegangenen debitorischen Prozessen aufbaut.

Im Unterschied zum klassischen FI-AR (Accounts Receivable, Debitorenbuchhaltung) hat FI-CA einige wesentliche Vorteile, die wir in die Betrachtung einfließen lassen. Abschnitt 2.3, »Vorgehensmodell zur Implementierung«, stellt abschließend ein Vorgehensmodell dar, in dem Sie einige Tipps für die Erfassung der fachlichen Anforderungen an die Implementierung des SAP-Vertragskontokorrents finden.

2.1 Beleglebenszyklus

Der Beleglebenszyklus setzt sich im Wesentlichen aus drei Hauptetappen zusammen, wie sie auch in Abbildung 2.1 dargestellt sind.

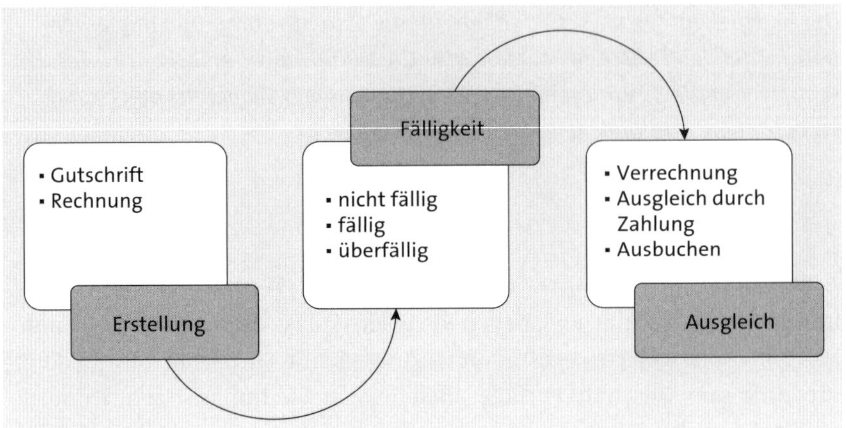

Abbildung 2.1 Die Hauptetappen des Beleglebenszyklus

Mit der Erstellung des Belegs als offener Posten beginnt dessen Lebenszyklus. Grundsätzlich werden dabei zwei Arten von Belegen unterschieden:

- Gutschrift
- Rechnung

Nach der Erstellung durchläuft der Beleg verschiedene Phasen der Fälligkeit – von nicht fällig bis hin zu überfällig. Je nach Phase ergeben sich unterschiedliche Aktivitäten, die im System durchgeführt werden müssen, von der Verrechnungssteuerung über die Kontenpflege und Durchführung von Zahlungen bis hin zur Übergabe der Belege in das Mahnverfahren bei Überfälligkeit. Am Ende des Zyklus steht der Ausgleich des offenen Postens, wobei verschiedene Arten unterschieden werden können. Der Ausgleich mittels Zahlung stellt den Normalfall da. Alternativ können Posten verrechnet werden oder bei Nicht-Zahlung im äußersten Fall ein Ausbuchen und somit die Abschreibung der Forderung erfolgen.

Beginnen wir mit der einfachsten Ausprägung des Beleglebenszyklus, der auf den Großteil der Belege zutrifft.

Die Fakturierung als Ausgangspunkt

Wie Sie Abbildung 2.2 erkennen, ist die *Fakturierung*, d. h. die Rechnungserstellung der Ausgangspunkt.

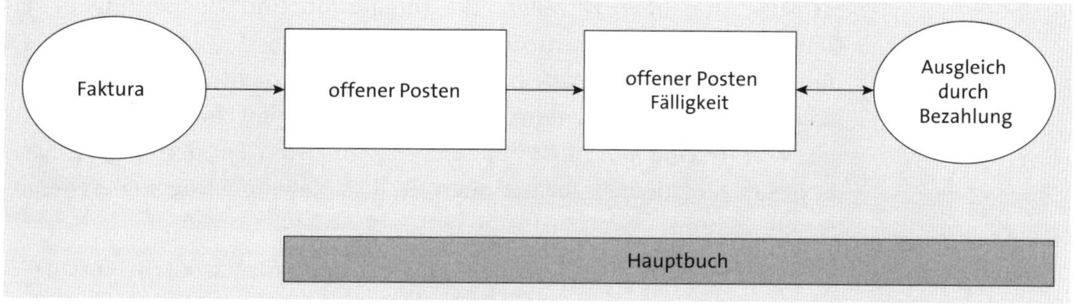

Abbildung 2.2 Beleglebenszyklus – Grundausprägung

Dies gilt für alle Arten der Ausprägung eines Beleglebenszyklus: Der Startpunkt ist immer die Erfassung einer Rechnung. Überlegen Sie sich daher als ersten Schritt, wie Ihr Unternehmen bei der Rechnungserstellung vorgeht. In der Regel haben Sie folgende Möglichkeiten der *Rechnungserstellung*:

- Die Rechnung wird manuell erstellt.
- Die Rechnung wird in der SAP-Vertriebskomponente SD (Sales and Distribution) oder in einer anderen SAP-Komponente erstellt.
- Die Rechnung wird in einem Nicht-SAP-System erstellt.

Abhängig davon, welche dieser Möglichkeiten in Ihrem Unternehmen genutzt wird, unterscheidet sich die Anbindung an die Komponente FI-CA, in der die finanzbuchhalterischen Daten, die hinter einer Rechnung stehen, weitergegeben werden (siehe Abschnitt 12.2, »Vertriebskomponenten und Abrechnungsdaten«). Mit der Übergabe der Rechnungsinformationen wird der offene Posten im SAP-Vertragskontokorrent als Forderung gegenüber Ihrem Geschäftspartner erzeugt.

Der offenen Posten als zentrale Informationsquelle

Der erstellte offene Posten muss dabei alle *Rechnungsinformationen* enthalten, die für die weitere Verarbeitung in der Debitorenbuchhaltung notwendig sind. Diese spiegeln die mit dem Kunden vertraglich vereinbarten Zahlungskonditionen wider. Harmonisieren Sie daher vor der Implementierung die verschiedenen Zahlungskonditionen, die Ihr Vertrieb mit den Kunden vereinbart hat; diese müssen sich in den Zahlungskonditionen des SAP-Vertragskontokorrents widerspiegeln. Im Anschluss steuern Sie die Fälligkeiten und die Art des Ausgleichs. Die dahinterliegenden Customizing-Einstellungen, mit denen Sie definieren, wie die einzelnen Konditionen in den offenen Posten abgebildet werden, besprechen wir in Abschnitt 5.1, »Buchungen und Belege«. Neben den Zahlungskonditionen enthält der offenen Posten alle wichtigen Informationen, die das Hauptbuch betreffen, um die Daten für das Bilanz- und GuV-Reporting (GuV = Gewinn- und Verlustrechnung) bereitzustellen. Die Integration und Überleitung in das Hauptbuch erfolgt asynchron und unabhängig von den einzelnen Phasen innerhalb des Zyklus. Zudem werden die Belege nicht einzeln im Hauptbuch gespiegelt, sondern nur als Summen aggregiert. In Abbildung 2.2 ist das Hauptbuch daher nicht in den Zyklus integriert, sondern nur als Basis dargestellt, in der die Informationen aus dem Nebenbuch aggregiert bereitgestellt werden.

Bilanz- und GuV-Reporting

Zur Bereitstellung der relevanten Informationen für das Bilanz- und GuV-Reporting des externen aber auch des internen Rechnungswesens stimmen Sie sich im Vorfeld einer Implementierung mit den Verantwortlichen aus Hauptbuch- und Controlling-Abteilung ab. Überlegen Sie gemeinsam, für welche Vorgänge Rechnungen erstellt werden und welche davon gegebenenfalls in der Erlösrealisierung und auf den Kontierungsebenen des Controllings gesondert betrachtet werden. Dazu ist es notwendig zu verstehen, welche Geschäftsvorfälle im Vertrieb eine Rechnungserstellung auslösen und wie diese am Ende in FI-GL und CO zum korrekten Ausweis des Betriebsergebnisses und zur Kalkulation operativer Margen dargestellt werden müssen.

Ausgleich durch Zahlung

Der Lebenszyklus einer offenen Forderung endet in Abbildung 2.2 mit dem *Ausgleich* durch die Bezahlung. Dabei kann die Bezahlung aktiv durch den Kunden mittels Barzahlung erfolgen, per Überweisung angestoßen werden oder im Rahmen des Lastschrifteinzugs, d. h. durch die Erstellung von Eingangszahlungen durch Ihr Unternehmen, erfolgen. Sowohl die Erstellung als auch die Verarbeitung von Eingangszahlungen werden in Kapitel 6, »Zahlwesen«, behandelt. Erfolgt der Ausgleich einer Forderung per Zahlung in der exakten Höhe des in der Forderung ausgewiesenen Betrags schließt sich der Beleglebenszyklus. Neben der Erstellung von Forderungen durch die Fakturierung, können auch Gutschriften erstellt werden.

Gutschrifts-erstellung

Gutschriften werden in den meisten Fällen in Bezug auf eine Rechnung gestellt, um die Höhe der Forderung zugunsten des Kunden zu korrigieren. Gründe können fehlerhaften Rechnungen, Reklamationsansprüche oder Qualitätsmängel sein. Gutschriften können jedoch auch unabhängig von einer zuvor erstellen Rechnung geschrieben werden. Dies ist bei einem *Bonus- oder Provisionsverfahren* der Fall: Hier erhält ein Kunde aus Gründen der Kundenbindung einen nachträglichen Rabatt für eine besondere Leistung. Eine solche Leistung kann in der Abnahme einer vertraglich vereinbarten Stückzahl oder einer kaufmännischer Vermittlungsdienstleistung bestehen, für die eine Provision in Form einer Beteiligung am Umsatz des Unternehmens gezahlt wird. Die Gutschrift stellt somit eine Verbindlichkeit des Unternehmens gegenüber dem Debitor dar. Wie mit dieser Verbindlichkeit umgegangen wird, muss im Beleglebenszyklus und im SAP-System definiert werden (siehe Abbildung 2.3). Der Beleglebenszyklus wird dabei um die Etappe der Verrechnungssteuerung erweitert.

Verrechnung von Forderung und Gutschrift

Gutschriften werden häufig mit Bezug auf eine vorausgegangene Rechnung automatisch mit der ursprünglichen Forderung verrechnet. Hier spielt die *Verrechnungssteuerung* der Kontenpflege eine wesentliche Rolle (siehe Abschnitt 5.3, »Offene-Posten-Verwaltung«, und Kapitel 10, »Verrechnungssteuerung«). In diesem Fall wird nur noch der Saldo aus Forderung und Verbindlichkeit als offener Posten geführt und durch die Zahlung ausgeglichen.

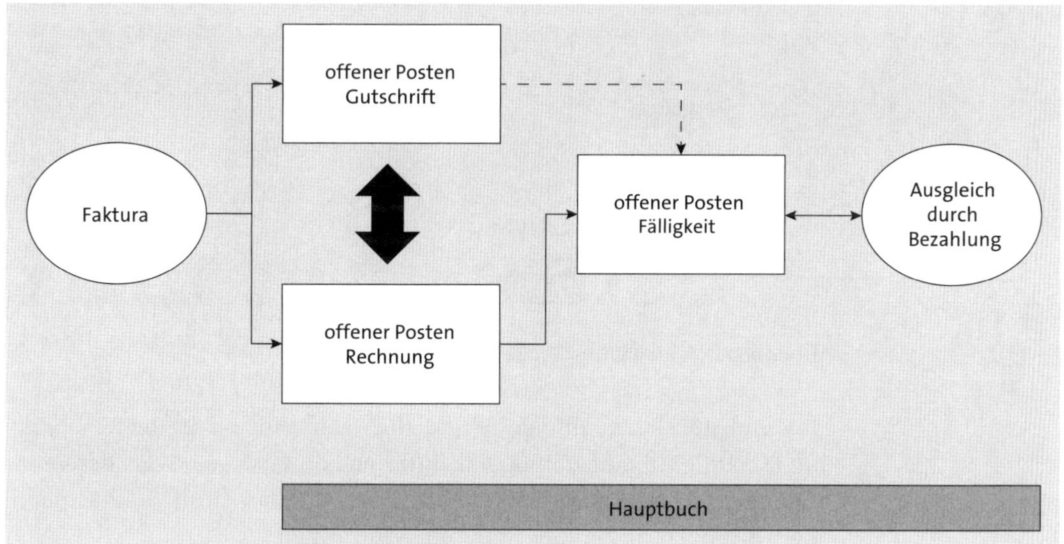

Abbildung 2.3 Gutschriftsverrechnung im Beleglebenszyklus

Findet keine Verrechnung mit einer Forderung statt, wird, wie es in Abbildung 2.3 zu sehen ist, der offene Gutschriftsposten, ebenso wie die Rechnung, als fälliger Posten geführt. Der Ausgleich erfolgt anschließend über die Anweisung einer Bezahlung, wobei im Falle der Gutschrift eine Ausgangszahlung anstelle einer Eingangszahlung erfolgen muss.

Rückläuferverarbeitung

Fehlerhafte Stammdateninformationen, wie sie in Kapitel 4, »Stammdaten«, besprochen werden, können jedoch zur Nicht-Ausführung der Ein- und Ausgangszahlungen der offenen Posten bei der Bank führen. Die im System als ausgeglichen ausgewiesene Forderung oder Gutschrift wird über die Rückläuferverarbeitung, d. h. die Rückmeldung von nicht verarbeiteten Zahlungen über die Banken, wieder geöffnet (siehe Abbildung 2.4). FI-CA bietet verschiedene Möglichkeiten, um *Rückläufer* automatisiert der ursprünglichen Forderung bzw. Gutschrift zuzuordnen und diese wieder als offen auszuweisen. Außerdem ist es möglich, die dazugehörige Bank-gebühr zur Verarbeitung fehlerhafter Informationen zu buchen (siehe Kapitel 7, »Rückläuferverarbeitung«).

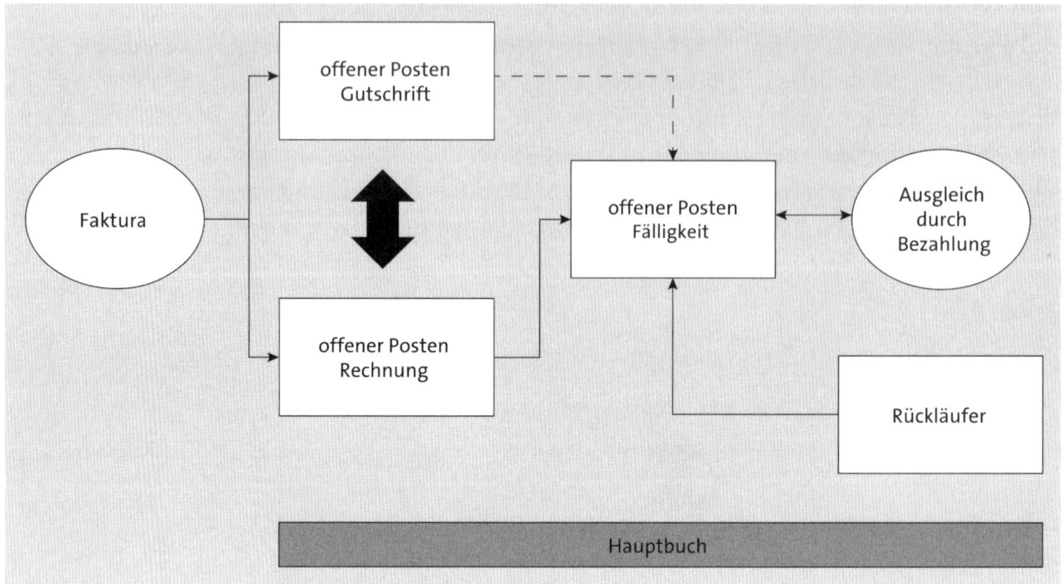

Abbildung 2.4 Rückläufer im Beleglebenszyklus

Während Rückläufer infolge fehlerhafter Stammdaten in der Erstellung von Ein- und Ausgangszahlungen auftreten können, kann es bei der Verarbeitung von Eingangszahlungen, d.h. bei der Verarbeitung von Kundenüberweisungen, zu Zahlungsdifferenzen kommen.

Zahlungsdifferenzen

Überweist der Kunde Ihnen einen von der ursprünglichen Forderung abweichenden Betrag (zu hoch oder zu niedrig) spricht man von *Zahlungsdifferenzen* in der Zuordnung und im Ausgleich des offenen Postens.

Der in Abbildung 2.5 dargestellte Vorgang der Zahlungsdifferenz wird in Abschnitt 6.3, »Erstellung von Ein- und Ausgangszahlungen« besprochen. Abhängig von der Höhe der Zahlungsdifferenz können Sie unterschiedliche Regeln zum Umgang mit diesen Differenzen definieren. Während geringfügige Differenzen in der Regel ausgebucht werden, können größere Differenzen gegen eine bestehende Forderung verrechnet werden oder als neuer offener Posten auf dem Vertragskonto des Geschäftspartners gebucht werden. Der durch die Zahlungsdifferenz erstellte offene Posten wird Teil des Beleglebenszyklus und erwartet einen Ausgleich durch Zahlung.

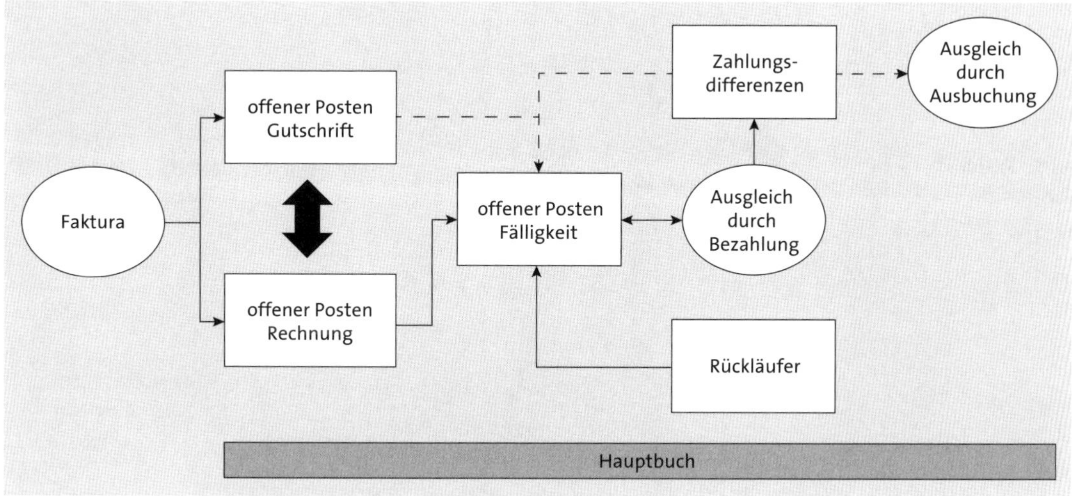

Abbildung 2.5 Zahlungsdifferenzen im Beleglebenszyklus

Die Regeln zum Umgang mit Zahlungsdifferenzen können Sie weitestgehend automatisieren, sodass Ihre Debitorenbuchhaltung nur noch in Sonderfällen manuell eingreifen muss, um eine Klärung und einen Ausgleich herbeizuführen.

Die Zahlung als wesentlicher Bestandteil zum Ausgleich von Forderungen muss im Rahmen der definierten Fälligkeit, die als Information bei der Rechnungserstellung im offenen Posten gespeichert wird, erfolgen.

Mahnung

Registriert das SAP-System keinen Ausgleich eines offenen Postens über Zahlung oder Verrechnung innerhalb des definierten Zeitrahmens, wird der Beleg im SAP-System als *überfällig* gekennzeichnet. Der Beleg wird in diesem Fall, wie es in Abbildung 2.6 zu sehen ist, zur *Mahnung* freigegeben.

Sie können zwischen verschiedenen Mahnstufen und unterschiedlichen Kommunikationskanälen für den Versand von Mahnungen wählen. Von der einfachen Zahlungserinnerung über die Berechnung von Mahngebühren bis hin zur Verzinsung der offenen Forderung bietet Ihnen FI-CA verschiedenste Möglichkeiten, die wir in Abschnitt 8.1, »Mahnungen«, näher beschreiben.

Begleitend zur korrekten Darstellung im Hauptbuch können Sie Einzelwertberichtigungen vornehmen und die Forderungen nach ihrer Restlaufzeit gliedern. Erfolgt nach der Mahnung eine Zahlung, wird die Forderung über den normalen Prozess ausgeglichen und als geschlossen betrachtet. Bei erfolgslosen Mahnungen können Sie die Forderung an Inkassounternehmen abtreten.

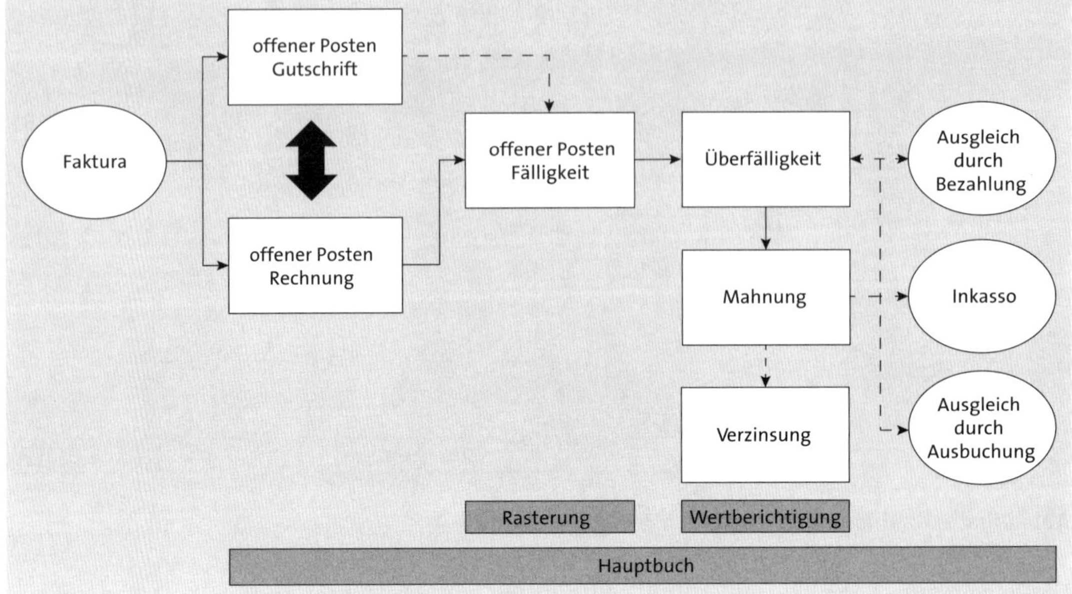

Abbildung 2.6 Mahnungen im Beleglebenszyklus

Die Ausbuchung der Forderung und die Übergabe an externe Dienstleister besprechen wir in Abschnitt 8.2, »Inkassoabgabe«. Mit der Abgabe an das Inkassounternehmen oder alternativ mit der Ausbuchung der Forderung als uneinbringlich über die Wertberichtigung wird die Forderung geschlossen, und der Beleglebenszyklus endet.

2.2 Forderungsmanagement

In Abschnitt 2.1, »Beleglebenszyklus«, haben Sie gesehen, dass das Mahnwesen innerhalb des Beleglebenszyklus eine Sonderstellung einnimmt. Nur überfällige Belege durchlaufen diesen Geschäftsprozess. Das Mahnwesen ist ein Kernbestandteil des *Forderungsmanagements*.

Die Informationen über das Zahlungsverhalten des Kunden haben nicht nur Auswirkungen auf die Liquidität des Unternehmens, sondern beeinflussen auch den Umgang mit zukünftigen Vertragsabschlüssen. So ist nicht nur der Rückfluss der Informationen über das Zahlungsverhalten an die Fakturasysteme sicherzustellen, sondern auch eine effiziente Abwicklung der Mahnungen in der Kommunikation mit dem Kunden zur Klärung ausstehender Forderungen.

Umfangreiche Funktionen im Mahnwesen

FI-CA ermöglicht im Standard und durch die technischen Erweiterungsmöglichkeiten über die Zeitpunktsteuerung eine detaillierte Aussteuerung des Mahnwesens. Das Mahnwesen muss sowohl auf die Bedürfnisse Ihrer Kunden, aber auch auf die Anforderungen des Forderungsmanagements abgestimmt sein. Im *Mahnlauf* können somit neben den Standardfunktionen des Mahnschreibens, der Berechnung von Mahngebühren und der Verzinsung weitergehende Funktionen genutzt werden. Hierzu gehören die Erstellung von Telefonlisten zur Klärung offener Forderungen, die Anforderung von Barsicherheiten, die Erzeugung von Sperrbelegen, sodass in den Fakturasystemen keine weiteren Aufträge erzeugt werden können, und das automatisierte Setzen von Zahlungs- aber auch Mahnsperren. Auch können Sie frei definieren, wie der Umgang mit Nebenforderungen innerhalb des Mahnverfahrens und die Berechnung von Gebühren erfolgen sollen.

Ratenpläne und Stundungen

Zur Unterstützung Ihrer Kunden bei vorübergehenden Liquiditätsengpässen können Sie des Weiteren *Ratenpläne* anlegen oder *Stundungen* von Forderungen, d. h. das Aussetzen der Fälligkeit bis zu einem gegebenen Zeitpunkt, vereinbaren. In diesem Prozess wird zudem das automatisierte Setzen von befristeten Mahn-, Zahl- und Buchungssperren durch das SAP-System unterstützt. Auch die automatisierte Verrechnungssteuerung kommt hier wieder zum Tragen, und Sie können bestimmen, wie das SAP-System Gutschriften mit gemahnten Forderungen und Mahngebühren verrechnet.

Einbindung von Inkassounternehmen

Am Schluss wird die automatisierte Abgabe an externe *Inkassounternehmen* über standardisierte Schnittstellen erleichtert und ein automatisches Ausbuchen der Forderung mit gleichzeitiger Buchung der Verbindlichkeit gegenüber dem Inkassounternehmen ermöglicht. Dabei wird die Verbindung der Ursprungsforderung zu der umgebuchten Verbindlichkeit auf der Ebene des Inkassounternehmens beibehalten, sodass der Belegfluss und somit die Transparenz innerhalb der Vorgänge gesichert ist. Neben der Prozessautomatisierung bei der Abarbeitung der Forderungen steht folglich ein umfangreiches und flexibles Mahnwesen zur Unterstützung des Forderungsmanagements und zur Sicherstellung des Cashflows im Vordergrund.

Kapitel zum Forderungsmanagement

Das vorliegende Buch widmet sich in Kapitel 8, »Mahnungen und Inkasso«, und Kapitel 9, »Stundung und Ratenplan«, den einzelnen Themen des Forderungsmanagements. Anhand von Beispielen werden Ihnen die Umsetzung des Forderungsmanagements im SAP-System verdeutlicht und die verschiedenen Funktionen aufgezeigt.

2.3 Vorgehensmodell zur Implementierung

Die verschiedenen FI-CA-Geschäftsprozesse rund um Erstellung, Verrechnung und Ausgleich von offenen Posten sollen Sie optimal in der Verarbeitung der Belege unterstützen.

Prozess- und Vorgangsübersicht

Auch das Customizing orientiert sich daher an diesen Geschäftsprozessen mit ihren einzelnen Vorgängen. Machen Sie sich zu Beginn Ihres FI-CA-Projekts mit den verschiedenen Geschäftsprozessen in Ihrer Debitorenbuchhaltung vertraut, und informieren Sie sich über die einzelnen möglichen Vorgänge und Varianten. Unterstützen Sie Ihren Fachbereich, indem Sie insbesondere die Verrechnungssteuerung in den Blick nehmen: Wie sollen Forderungen und Gutschriften miteinander verrechnet werden, wie soll mit Zahlungsdifferenzen umgegangen werden, und wie werden dem Kunden Mahn- und Bankgebühren in Rechnung gestellt? Nur ein vollständiger Überblick ermöglicht es Ihnen, die richtigen Einstellungen zu finden, um die Kontenpflege und die Verrechnung innerhalb des Zahlwesens weitestgehend zu automatisieren.

Regelwerk zur Automatisierung

Helfen Sie daher dem Fachbereich, *Regeln zur Verrechnungssteuerung* zu finden, diese auch zu standardisieren und trotz der Flexibilität von FI-CA einfach und übersichtlich zu halten. Schaffen Sie mit dem Fachbereich ein Regelwerk, um die Prozesse zu automatisieren, und lassen Sie FI-CA die Entscheidungen zum Umgang mit offenen Forderungen innerhalb des Beleglebenszyklus treffen. Nur dann kann am Ende die Arbeit Ihrer Fachabteilungen der Debitorenbuchhaltung auf die Ausnahmen gelenkt werden, die nicht innerhalb des definierten Regelwerks zur Verrechnungssteuerung durch das SAP-System geklärt und zum Ausgleich geführt werden konnten. Dabei helfen Ihnen auch die umfangreichen Kommunikationsmöglichkeiten in FI-CA, die den Kunden automatisiert über die einzelnen Vorgänge informieren. So erreichen Sie auch eine Vereinheitlichung der Prozesse. Denn viele Ausnahmen und Varianten führen zu Unübersichtlichkeit und erschweren die Regeldefinition und Implementierung innerhalb der Verrechnungssteuerung.

Harmonisierung der Stammdaten

Ein wichtiger Teil der Vorbereitung ist die Harmonisierung der *Stammdaten* und *Beleginformationen*. Sollten Sie mehrere Fakturasysteme im Einsatz haben (manuelle Vorgänge, Nicht-SAP-Systeme und SAP-Vertriebskomponenten) kann eine Verrechnung nur erfolgen, wenn alle Fakturasysteme die Beleginformationen einheitlich zur Verfügung stellen und den gleichen Stammdatensatz verwenden. Eine Verrechnung in FI-CA wird erschwert, wenn Forderungen durch unterschiedliche Fakturasysteme auf unterschiedlichen Konten gebucht werden, obwohl sie denselben Kunden betreffen. Hierbei hilft Ihnen der in Abschnitt 4.2, »Geschäftspartner«, vorgestellte zentrale SAP-Geschäftspartner.

Aggreagtion der Informationen im Hauptbuch

Beachten Sie auch, dass FI-CA als separat geführtes *Nebenbuch* alle detaillierten Kundeninformationen der Debitorenbuchhaltung trägt. Die abgetrennte und aggregierte Überführung der Informationen in das Hauptbuch und in das Controlling hat zum Ziel, nur noch die wesentlichen und für das Reporting relevanten Informationen zu übergeben. Versuchen Sie daher nicht, die Informationen des Nebenbuches 1:1 auf den Konten des Hauptbuches darzustellen. Eine kleinteilige und detaillierte Kontenfindung wird Ihnen die Implementierung erschweren. FI-CA »denkt« in Vorgängen innerhalb der Geschäftsprozesse, die aber nicht über Konten wie in FI-AR, sondern über Haupt- und Teilvorgänge (siehe Abschnitt 5.2, »Kontenfindung«) dargestellt werden. Diese beinhalten alle wesentlichen Informationen zum Geschäftsvorfall und zur Vorgehensweise innerhalb des Geschäftsprozesses. Die Konten sind daher nur Träger der finanzbuchhalterischen Informationen, die Sie in der GuV-Rechnung benötigen. Betrachten Sie daher vor einer Implementierung von FI-CA Ihren Kontenplan, und definieren Sie in Abstimmung mit dem Controlling, auf welchen Ebenen und Kontierungsobjekten Ihre Umsätze reportet werden sollen.

2.4 Fazit

Sie haben in diesem Kapitel einen Überblick über den Beleglebenszyklus erhalten. Dabei haben Sie verschiedene funktionale Betrachtungsweisen und wichtige Fragestellungen, die Sie bei einer Implementierung des SAP-Vertragskontokorrents berücksichtigen müssen, kennengelernt. Machen Sie sich daher vor der Implementierung mit Ihren Geschäftsprozessen, den verschiedenen Geschäftsvorfällen sowie der Ausprägung der Geschäftsvorfälle über Varianten in den einzelnen Schritten des Beleglebenszyklus vertraut. Berücksichtigen Sie, dass Sie eine Vereinheitlichung der verschiedenen Geschäftsvorfälle bei einer Implementierung vorantreiben müssen, um die Vorteile des SAP-Vertragskontokorrents voll ausschöpfen zu können. Fokussieren Sie sich daher auf die Definition von Regelprozessen. Ausnahmen sollten in der Betrachtung erstmal eine untergeordnete Rolle spielen. Das Change-Management auf Ebene der Prozessbetrachtung ist daher ein wesentlicher Aspekt während der Einführung des SAP-Vertragskontokorrents.

Kapitel 3
Organisationseinheiten

Ebenso wie die Stammdaten des Vertragskontokorrents, stellen auch die Organisationseinheiten die Basis für Buchungen auf einem Vertragskonto dar. Sie verknüpfen die Buchungen mit der Unternehmensorganisation und deren Rahmenbedingungen.

Eine notwendige Voraussetzung, um die Buchungen und Geschäftsprozesse, wie z. B. die Zahlungsabwicklung, im SAP-Vertragskontokorrent ausführen zu können, ist die Abbildung der Strukturen des Unternehmens im SAP-System.

Um diese Strukturen abbilden zu können, legen Sie in der Anwendung und im Customizing die sogenannten *Organisationseinheiten* an und verknüpfen diese, je nach Aufbau des Unternehmens, miteinander, sodass sie im SAP-System einen gleichen oder ähnlichen Aufbau wie im »realen Leben« haben.

In den folgenden Abschnitten gehen wir auf den Buchungskreis und die Buchungskreisgruppen im Vertragskontokorrent ein. Diese Einstellungen basieren auf den zuvor im Finanzwesen (FI) angelegten Buchungskreisen.

3.1 Übergreifende Einstellungen

Das SAP-Vertragskontokorrent ist im Regelfall ein Bestandteil einer für das Unternehmen zusammengestellten Systemlandschaft, in der u. a. verschiedene SAP-Komponenten eingesetzt werden. Ein Großteil der für das Unternehmen relevanten Organisationseinheiten ist daher übergreifend gültig und wird in mehreren SAP-Komponenten gleichzeitig verwendet.

Hierzu hat SAP im Customizing-Menüpunkt **Unternehmensstruktur** des Einführungsleitfadens (Implementation Guide, kurz IMG) verschiedene Customizing-Aktivitäten übergreifend zusammengestellt. Diese stellen z. B. Einstellmöglichkeiten im Finanzwesen und Controlling bereit, die u. a. auch im Vertragskontokorrent genutzt werden müssen.

Buchungskreis

Der *Buchungskreis* ist die Organisationseinheit, die die rechtliche Unternehmenseinheit repräsentiert und für die ein vollständiger buchhalterischer Abschluss durchgeführt werden kann. Im Vertragskontokorrent werden alle Buchungen mit der Buchungskreisnummer erfasst und gebucht.

Um den Buchungskreis im Vertragskonto nutzen zu können, müssen Sie, wie von SAP vorgeschlagen, einen *Vorlagenbuchungskreis* kopieren. Die Einstellungen nehmen Sie über den folgenden Customizing-Pfad im IMG vor:

IMG • Unternehmensstruktur • Definition • Finanzwesen • Buchungskreis bearbeiten, kopieren, löschen, prüfen

Da der Buchungskreis komponentenübergreifend genutzt wird, müssen die Einstellungen mit den anderen Teams oder Abteilungen abgestimmt werden.

3.2 Buchungskreise und Buchungskreisgruppen in FI-CA

Ähnlich wie auch im SAP-Finanzwesen (FI), werden im SAP-Vertragskontokorrent alle Buchungen in einem Buchungskreis erfasst und gebucht. Dabei können Sie in einem Beleg mehrere Geschäftspartnerzeilen in unterschiedlichen Buchungskreisen buchen. Dies ermöglicht Ihnen die Speicherung des Buchungskreises pro Position und nicht nur auf der Belegkopfebene.

Organisationsdaten im Vertragskontokorrent

Um den Buchungskreis im Vertragskontokorrent nutzen zu können, führen Sie die im folgenden Abschnitt aufgeführten Customizing-Einstellungen durch.

3.2.1 Buchungskreise definieren

Zusätzlich zu den übergreifenden Buchungskreiseinstellungen in FI können Sie im Vertragskontokorrent weitere Eigenschaften pro Buchungskreis definieren. Die Eigenschaften werden vom SAP-System z. B. bei einer Buchung berücksichtigt.

Sie können die in den folgenden Abschnitten beschriebenen Einstellungen sowohl für mehrere Buchungskreise als auch für jeden Buchungskreis einzeln hinzufügen. Es stehen Ihnen alle Buchungskreise, die Sie zuvor in den übergreifenden Einstellungen angelegt haben, zur Verfügung.

Navigieren Sie zur Definition der Buchungskreise über den folgenden IMG-Pfad:

IMG • Finanzwesen • Vertragskontokorrent • Organisationseinheiten • Buchungskreise für das Vertragskontokorrent einrichten

Nachdem Sie diesen Customizing-Punkt aufgerufen haben, können Sie über einen Klick auf den Button **Neue Einträge** im Feld **Buchungskreis** den gewünschten Buchungskreis definieren. Anschließend prägen Sie die im folgenden beschriebenen Customizing-Punkte für das Vertragskontokorrent aus.

Kontierung für die Hauptbuchhaltung

Steuerposition im Hauptbuch

Im Bereich **Kontierung für die Hauptbuchhaltung** bestimmen Sie im Feld **Profit-Center in Geschäftspartnerpos**, ob das Profit-Center in der Geschäftspartnerposition geändert werden darf und im Feld **Steuerposition** wie die Steuerposition aufgeteilt wird. Die Aufteilung kann anhand der in der Erlöszeile mitgegebenen Kontierung erfolgen, z.B. nach Segment, Profit-Center oder Geschäftsbereich. Anhand dieser Kriterien wird die Steuerposition bei der Überleitung und Buchung des Belegs in das Hauptbuch gesplittet oder, je nach Ihrer Auswahl, keine Aufteilung vorgenommen.

In dem in Abbildung 3.1 gezeigten Fall können Sie das Profit-Center nicht nach der Buchung abändern. Es findet keine Aufteilung der Steuerposition anhand der Kontierungskriterien statt. Bei der Buchung im Hauptbuch werden die Steuerpositionen nur pro Steuerkennzeichen in der Erlöszeile generiert.

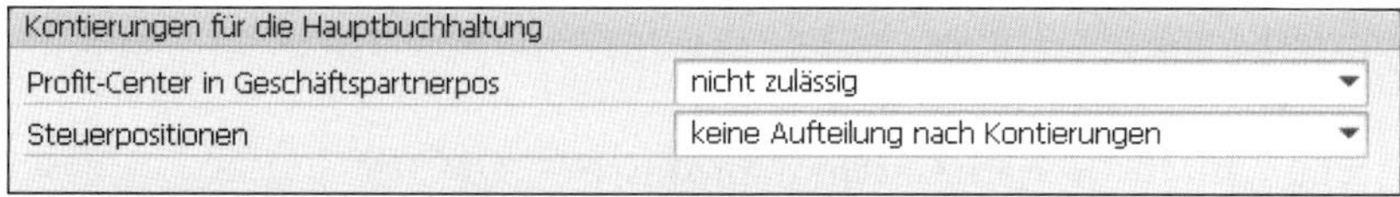

Abbildung 3.1 Profit-Center und Kontierung der Steuerposition

Buchung und Bearbeitung von Zahlungen

Im zweiten Bereich der Einstellungen zum Buchungskreis definieren Sie die ersten Einstellungen zum Zahlungsprozess (siehe Abbildung 3.2).

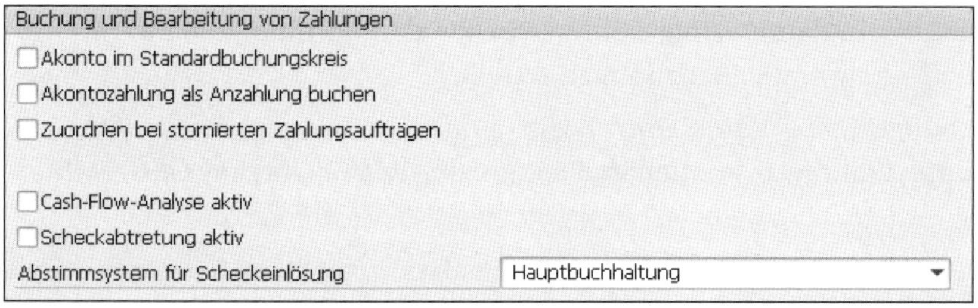

Abbildung 3.2 Zahlungsverhalten im Buchungskreis

Akonto-Steuerung

Wenn *Akonto-Zahlungen* für einen Kunden immer im Standardbuchungskreis des im Vertragskontostammsatzes im Feld FKKVKP-STDBK hinterlegten Buchungskreises gebucht werden sollen, aktivieren Sie die Option **Akonto im Standardbuchungskreis**.

Wenn Sie die Option nicht aktivieren, werden die Akonto-Buchungen mit dem Buchungskreis der Bankbuchung erzeugt. Dies gilt auch bei der Rücknahme eines Ausgleiches in einem zum Standardbuchungskreis abweichenden Beleg, wenn die Gegenbuchung über eine Akonto-Buchung erfolgt.

Wenn Sie die Option **Akontozahlung als Anzahlung buchen** aktivieren, werden alle Akonto-Zahlungseingänge in diesem Buchungskreis als Anzahlung gebucht.

Um den Ausgleich von offenen Posten oder die Akonto-Buchung trotz storniertem Zahlungsauftrag zu ermöglichen, aktivieren Sie die Option **Automatische Zuordnung auch bei storniertem Zahlungsauftrag**.

Im abschließenden Zahlungsteil entscheiden Sie, ob die Scheckverarbeitung **Scheckabtretung aktiv** im Vertragskontokorrent oder im Hauptbuch **Abstimmsystem für Scheckeinlösung** aktiviert wird.

Scheckverwaltung

Wenn Sie sich dafür entscheiden, die *Scheckverwaltung* im Vertragskonto zu aktivieren, werden die Tabellen und Funktionen aktiv und die Buchungen als Sammelbuchungen an das Hauptbuch übergeleitet. Anderenfalls findet die Scheckverwaltung im Hauptbuch statt und wird hier auch als Einzelbuchung erfasst.

Einstellungen für weitere Geschäftsprozesse

Rechnungsstellungstermine

Bei dem Einsatz der Komponente *Fakturierung* oder in den SAP-Branchenlösungen können Sie im Vertragskontokorrent Rechnungen erstellen und über die Korrespondenzsteuerung an den Kunden versenden. Die Option **Alle Forderungen in Gesamtrechnung aufnehmen** verhindert, dass offene Posten erst ausgeglichen, gemahnt oder verzinst werden, wenn die Rechnung im Vertragskontokorrent erstellt wurde. Zusätzlich werden für Buchungen auf dem Vertragskonto zwischen den Rechnungsstellungsterminen keine separaten Rechnungen erstellt.

Akonto Zahlungen

Buchungen, die von dieser Logik ausgenommen werden sollen, z. B. Akonto-Zahlungen, können im Customizing des Teilvorgangs ausgeschlossen werden.

Um zu verhindern, dass das Ausgleichsdatum vor dem Buchungsdatum des offenen Postens liegt, der ausgeglichen werden soll, aktivieren Sie die Option **Kein rückwirkender Ausgleich**.

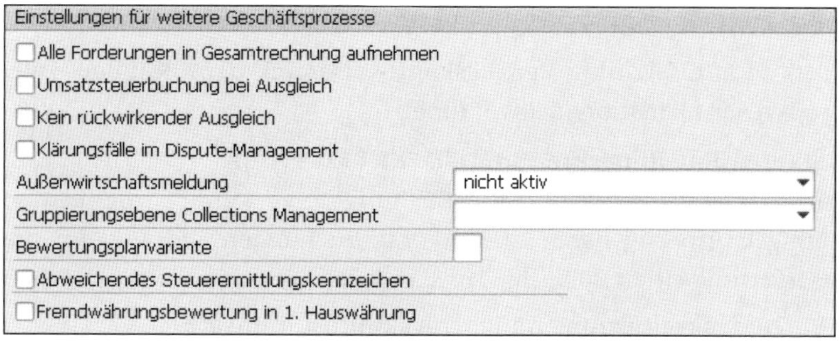

Einstellungen für weitere Geschäftsprozesse
- [ ] Alle Forderungen in Gesamtrechnung aufnehmen
- [ ] Umsatzsteuerbuchung bei Ausgleich
- [ ] Kein rückwirkender Ausgleich
- [ ] Klärungsfälle im Dispute-Management

Außenwirtschaftsmeldung	nicht aktiv
Gruppierungsebene Collections Management	
Bewertungsplanvariante	

- [ ] Abweichendes Steuerermittlungskennzeichen
- [ ] Fremdwährungsbewertung in 1. Hauswährung

Abbildung 3.3 Weitere Geschäftsprozesse im Buchungskreis

AWV-Meldepflicht

Um die Fortschreibung der Meldedatei für Auslandsgeschäfte zu starten, aktivieren Sie die Option **Außenwirtschaftsmeldung**. Nach der Aktivierung werden die Buchungen in die Meldedatei aufgenommen.

Den Stichtag für die Neubewertung von Belegen mit Fremdwährungen bestimmen Sie im Auswahlfeld **Bewertungsplanvariante**. Bevor Sie die Variante zuordnen können, müssen Sie im Customizing-Pfad die folgenden Einstellungen vornehmen:

IMG • Finanzwesen • Vertragskontokorrent • Abschlussarbeiten • Bewertungsplanvariante definieren

Hierzu erstellen Sie eine oder mehrere Bewertungsvarianten, indem Sie eine eindeutige Identifikation im Feld **BwPlanVariante** erstellen. Dieser Bewertungsvarianten ordnen Sie anschließend die jeweiligen Stichtage in der Tabelle **Perioden** zu, an denen die Neubewertung wirksam sein soll (siehe Abbildung 3.4).

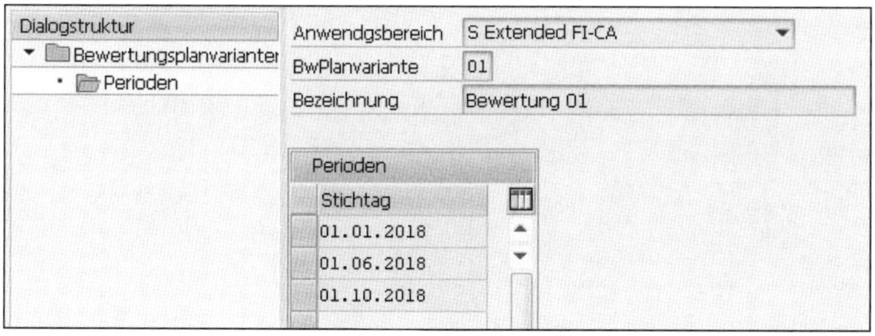

Dialogstruktur
- Bewertungsplanvarianten
  - Perioden

Anwendgsbereich	S Extended FI-CA
BwPlanvariante	01
Bezeichnung	Bewertung 01

Perioden

Stichtag
01.01.2018
01.06.2018
01.10.2018

Abbildung 3.4 Bewertungsvariante anlegen

Sie können nun die zuvor angelegte Variante dem Buchungskreis zuordnen. Hinterlegen Sie die Variante anschließend im Feld **Bewertungsvariante** (siehe Abbildung 3.3).

3.2.2 Buchungskreisgruppen definieren

Über den Stammsatz des Vertragskontos werden dem Kunden zwei Buchungskreisinformationen zugeordnet:

- **Der Standardbuchungskreis im Feld FKKVKP-STDBK**
  Dieser Buchungskreis wird für Buchungen verwendet, die keinen Buchungskreisbezug haben, z. B. Akonto-Buchungen, die aber für die Belegerfassung einen Buchungskreis im Beleg benötigen.
- **Die Buchungskreisgruppe im Vertragskontostammsatz**
  Die Buchungskreisgruppe definiert die Buchungskreise, in denen Belege für das Vertragskonto gebucht werden können.

Erfassung von Buchungen in unterschiedlichen Buchungskreisen

Wie Sie in Abbildung 3.5 sehen, können einer *Buchungskreisgruppe* mehrere Buchungskreise zugeordnet werden. Damit ist es möglich, Buchungen auf einem Vertragskonto in unterschiedlichen Buchungskreisen zu erfassen. Demgegenüber wird jeder Buchungskreisgruppe genau ein zahlender Buchungskreis zugeordnet. Über diesen zahlenden Buchungskreis wird der Zahlungsverkehr für die Buchungskreisgruppe abgewickelt.

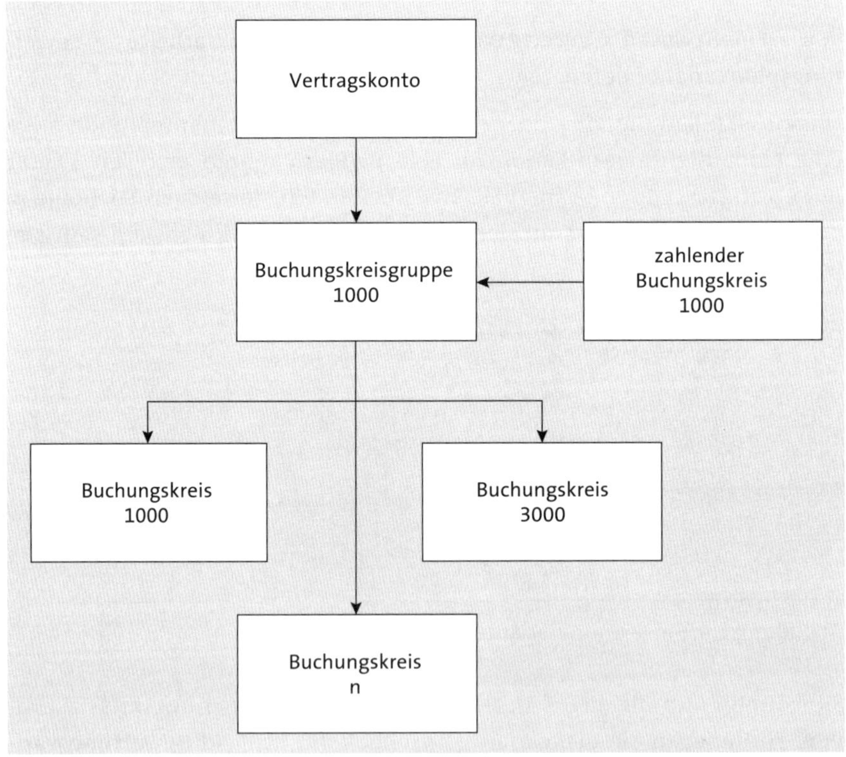

Abbildung 3.5 Aufbau und Zuordnung von Buchungskreisgruppen

Durch die Verknüpfung im Vertragskontostammsatz ist auch jedem Vertragskonto ein zahlender Buchungskreis zugeordnet.

[«]

Vertragskonto pro Buchungskreis

Wenn Sie Buchungen auf Vertragskonten in nur einem Buchungskreis erlauben möchten, richten Sie eine Buchungskreisgruppe pro Buchungskreis ein. Hierdurch können Sie bestimmte oder alle Vertragskoten auf Buchungskreise verteilen.

Die Buchungskreisgruppe legen Sie unter dem folgenden Customizing-Pfad an:

IMG • Finanzwesen • Vertragskontokorrent • Organisationseinheiten • Buchungskreisgruppen definieren

Vergeben Sie, wie es in Abbildung 3.6 zu sehen ist, ein alphanumerisches Kürzel für die Gruppe im Feld **BukrGruppe**, und ordnen Sie einen zahlenden Buchungskreis **Zahlend Bk** per [F4]-Wertehilfe zu. Dabei können Sie auch einen zahlenden Buchungskreis mehreren Buchungskreisgruppen zuordnen. Hierzu ordnen Sie, wie im Beispiel aufgeführt, den zahlenden Buchungskreis mehreren Buchungskreisgruppenzeilen zu.

Buchungskreisgruppen

BukrGruppe	Bezeichnung	Zahlend Bk
1000	Gruppe 1000	1000
3000	Gruppe 3000	1000

Abbildung 3.6 Buchungskreisgruppen definieren

Nachdem Sie die Buchungskreisgruppen angelegt haben, ordnen Sie über den folgenden Customizing-Pfad die Buchungskreise zu:

IMG • Finanzwesen • Vertragskontokorrent • Organisationseinheiten • Buchungskreise den Buchungskreisgruppen zuordnen

In Abbildung 3.7 sehen Sie die Möglichkeit, mehrere Buchungskreise einer Gruppe zuzuordnen und auch einen Buchungskreis in mehreren Gruppen zu organisieren.

Buchungskreise zu Buchungskreisgruppe

Buchungskreisgruppe	Buchungskreis
1000	1000
1000	3000
3000	3000

Abbildung 3.7 Buchungskreise zuordnen

Durch die Einstellungen im vorangehenden Customizing sind die möglichen Buchungskreise im Feld **Buchungskreis** und Buchungskreisgruppen im Feld **Buchungskreisgruppe** über die [F4]-Wertehilfe auswählbar. Durch diese Auswahl werden die beiden Organisationseinheiten miteinander verbunden.

3.3 Fazit

Im ersten Teil des Kapitels haben Sie übergreifende Einstellungen kennengelernt. Im zweiten Teil des Kapitels haben wir die organisatorischen Einstellungen für das Unternehmen vorgestellt. Mithilfe der organisatorischen Einstellungen bauen Sie die Strukturen des Unternehmens auf und entscheiden über die Zahlungs- und Buchungsmöglichkeiten. Da diese Einstellungen grundlegend für den späteren Betrieb sind, ist hier eine ausführliche Analyse und Abstimmung erforderlich.

Kapitel 4
Stammdaten

Das SAP-Vertragskontokorrent bildet debitorische Geschäftsprozesse ab – somit kommt den Kundenstammdaten eine besondere Bedeutung zu. Sie werden in FI-CA in Form von Geschäftspartnern und Vertragskonten verwaltet. In diesem Kapitel erfahren Sie, wie Sie diese Stammdaten pflegen.

In diesem Kapitel lernen Sie die beiden zentralen Stammdatenobjekte innerhalb von FI-CA kennen: den *SAP-Geschäftspartner* und das *Vertragskonto*. Wir erläutern Ihnen die wichtigsten Merkmale dieser beiden Objekte und zeigen Ihnen die dazugehörigen Customizing-Einstellungen. Da diese Einstellungen, die Sie in den Stammdatenobjekten hinterlegen, die verschiedenen Prozesse des SAP-Vertragskontokorrents wesentlich beeinflussen, verweisen wir an verschiedenen Stellen immer auch auf die Einstellungen der nachfolgenden Prozesse des Beleglebenszyklus, die in großer Abhängigkeit zu den Funktionen der Stammdaten stehen. Sie erhalten somit einen Überblick über die Zusammenhänge zwischen den Stammdaten und den dazugehörigen Geschäftsvorfällen des SAP-Vertragskontokorrents.

In Abschnitt 4.2, »Geschäftspartner«, lernen Sie zunächst den SAP-Geschäftspartner als zentrales Stammdatenobjekt kennen. Da der SAP-Geschäftspartner ein komponentenübergreifendes Stammdatenobjekt mit vielen Einstellungen und Steuerungselementen darstellt, konzentrieren wir uns im vorliegenden Buch auf die Felder und Customizing-Einstellungen, die einen direkten Einfluss auf die Prozesse des SAP-Vertragskontokorrents haben. Als Hauptschwerpunkt lernen Sie daher in diesem Abschnitt die Einstellungen zur technischen Verknüpfung zwischen dem SAP-Geschäftspartner und dem Vertragskonto kennen. Neben automatisierten Integrationsszenarien zur wechselseitigen Übernahme von Wertfeldern sollen auch die Verknüpfungsrestriktionen besprochen werden, die in Abhängigkeit der angewendeten SAP-Branchenlösung auftreten können.

Nach dieser ersten Einführung in den SAP-Geschäftspartner und seiner Integration in FI-CA wenden wir uns in Abschnitt 4.3, »Vertragskonto«, den Vertragskonten zu. Lernen Sie hier den Aufbau der Vertragskonten mit den verschiedenen Registerkarten kennen. Die hier hinterlegten Informationen beeinflussen insbesondere den Ausgleich der offenen Posten über das Zahlwesen und die Steuerung des Forderungsmanagements bei Überfälligkeit. Zur weitestgehenden Automatisierung der Ausprägung von Vertragskonten erläutern wir Ihnen außerdem Methoden zur Implementierung und Anwendung von *Default-Werten*.

Am Ende des vorliegenden Kapitels sind Sie in der Lage, die einzelnen Funktionen des SAP-Geschäftspartners und der Vertragskonten mit ihren Einflussfaktoren auf die nachfolgenden Prozesse des Beleglebenszyklus zu benennen. Mit dem Wissen um die Verknüpfung der beiden Stammdatenobjekte und dem Prozesswissen der nachfolgenden Kapitel können Sie zudem die richtigen Entscheidungen zum Aufsetzen der Stammdaten treffen.

4.1 Kundenstammdaten – Funktion und Aufbau

Bedeutung von Kundenstammdaten

Kundenstammdaten enthalten die wesentlichen betriebswirtschaftlichen Informationen über die Kunden, die notwendig sind, um die debitorischen Geschäftsprozesse abzuwickeln. Adress- und Kommunikationsdaten sowie die vertraglich geregelten Zahlungsvereinbarungen sind dabei von besonderer Bedeutung, um eine effektive und schnelle Prozessabwicklung sicherzustellen.

Als Beispiel zur Sicherstellung einer effizienten Prozessabwicklung ist der Zahlungsprozess zu nennen, der eine zentrale Rolle in der Liquiditätssicherung des Unternehmens spielt. Die Kundenstammdaten helfen mit ihren Informationen zu den Vertragskonditionen und den Bankinformationen der Kunden, den Zahlungsprozess zeitgerecht bei Erreichen der Fälligkeit von offenen Positionen abzuwickeln. Die bei jeder Zahlung gewonnenen Informationen über das Zahlungsverhalten der Kunden dienen zudem dem Vertrieb als wichtige Unterstützung bei aktuellen und zukünftigen Verhandlungen und Vertragsabschlüssen. Als Teil des Forderungsmanagements sollten Kunden, die sich in einem Mahn- oder sogar Inkassoverfahren in FI-CA befinden, z. B. automatisiert an das Stammdatensystem gemeldet werden. Die dort ausgelösten Sperren verhindern die weitere Erfassung von Kundenaufträgen. Die wechselseitige Bereitstellung der Informationen aus Vertrieb und Debitorenbuchhaltung ist folglich ein wichtiger Aspekt, der durch die zugrundeliegende Technik unterstützt werden sollte.

Der Kunde als Mitarbeiter oder Lieferant

Dies kann mit der Einführung eines zentralen Stammsatzes sichergestellt werden, der einen ganzheitlichen Blick auf Ihre Kunden ermöglicht, der nicht an den Abteilungsgrenzen endet. Der zentrale Stammsatz sollte sich dabei jedoch nicht nur auf Informationen beschränken, die mit der Eigenschaft als Kunde zusammenhängen: Personen oder Unternehmen, die in Vertrieb und Debitorenbuchhaltung von FI-CA als Kunden gespeichert sind, können weitere Geschäftsbeziehungen mit Ihrem Unternehmen unterhalten. Beispielsweise können diese Kunden gleichzeitig Mitarbeiter oder Lieferanten (Kreditoren) sein. Das Wissen um diese Beziehungen aus anderen Geschäftsprozessen unterstützt nicht nur das Kundenbeziehungsmanagement, sondern ermöglicht es der Finanzbuchhaltung auch, eventuell ausstehende Forderungen mit vorhandenen Verbindlichkeiten gegenüber demselben Kunden, die aus der kreditorischen Geschäftsbeziehung veranlasst werden, zu verrechnen.

Der zentrale Geschäftspartner

Um diese ganzheitliche Betrachtung technisch zu unterstützen, ist in SAP S/4HANA der sogenannte *zentrale Geschäftspartner* (*Business Partner*) als die verpflichtende Komponente für die verschiedenen Stammdatenobjekte (Kunde/Debitor sowie Lieferant/Kreditor) eingeführt worden. Es ist nun mit dem SAP-System möglich, alle Geschäftspartner zentral unter einer eindeutigen und einheitlichen Nummer zu erfassen. Eine Separierung der kreditorischen und debitorischen Sichten in zwei getrennte Stammdatenobjekte, wie es noch in den ECC-Systemen der Fall ist, wurde mit SAP S/4HANA abgeschafft.

Geschäftspartner sind dabei nach der Definition von SAP juristische oder natürliche Personen, mit denen Ihr Unternehmen geschäftliche Beziehungen unterhält. Die Geschäftsbeziehung kann unterschiedlicher Art sein. Das heißt, dass der Geschäftspartner gegenüber Ihrem Unternehmen in unterschiedlichen Rollen auftritt, die im SAP-System technisch über sogenannte *Partnerrollen* abgebildet werden.

Partnerrollen

Diese Partnerrollen definieren Sie dabei nach Ihren individuellen Anforderungen. Sie spiegeln zunächst nur die klassische Rollenverteilung nach Kunde (Debitor) oder Lieferant (Kreditor) wieder. Neben dieser sehr klassischen Aufteilung ist auch eine Aufteilung nach verschiedenen Geschäftsbereichen (Online-Kunde, CpD-Kunde (CpD = Conto pro Diverse), Vertriebskunde) oder nach Beteiligungsverhältnissen (Intercompany-Kunde) denkbar. Abbildung 4.1 zeigt Ihnen beispielhaft den Aufbau des Geschäftspartners als zentrales Stammdatenobjekt. Einem allgemeinen (übergreifenden) Geschäftspartner sind die verschiedenen Partnerrollen zugeordnet.

Branchenspezifische Rollen

Betrachten wir zunächst die branchenspezifischen Rollen aus dem Beispiel aus Abbildung 4.1. Diese Rollen werden im SAP-Standard bei der Aktivierung einer der Branchenlösungen ausgeliefert und bilden die branchenspezifischen Anforderungen ab, die von den branchenspezifischen Vertriebskomponenten zur Abwicklung der Geschäftsprozesse am Stammsatz benötigt werden.

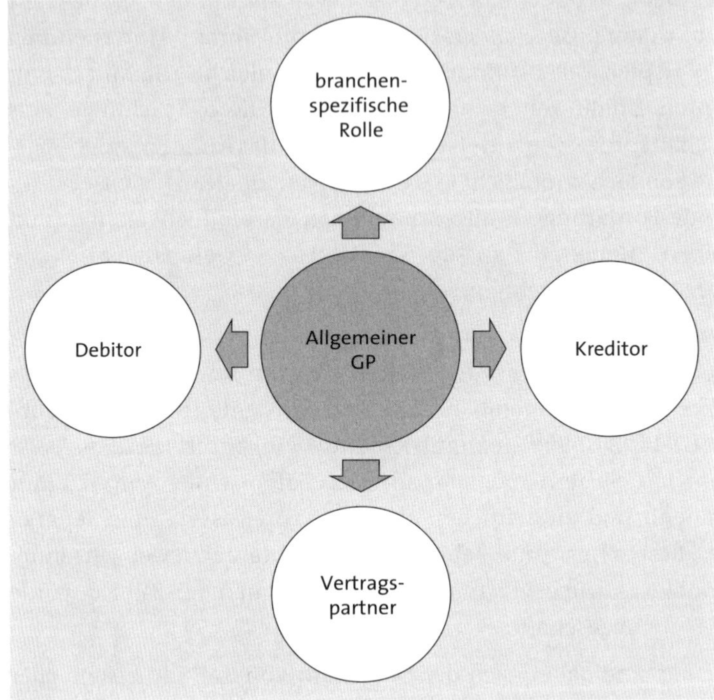

Abbildung 4.1 Die Rollengruppierung des Geschäftspartners

[»]

Einsatz des branchenspezifischen Geschäftspartners

Schon vor SAP S/4HANA hat SAP für die Branchenlösungen einen zentralen Geschäftspartner eingeführt, der als *branchenspezifischer Geschäftspartner* bekannt ist. Dabei werden branchenspezifische Funktionen aktiviert, die sich jedoch ausschließlich auf die Vertriebsfunktionen der SAP-Branchenlösungen beziehen. Aus diesem Grund ist die Integration des SAP-Vertragskontokorrents mit den Geschäftspartnerstammdaten nicht betroffen und wird in diesem Buch daher auch nicht weiter besprochen.

Neben den branchenspezifischen Rollen zeigt Abbildung 4.1 auch die klassischen Partnerrollen *Debitor* und *Kreditor*. Debitor und Kreditor werden genutzt, um in den SAP-Komponenten Materials Management (MM, Materialwirtschaft) und Sales and Distribution (SD, Vertrieb) – und somit aus Finanzbuchhaltungssicht – in FI-AR und FI-AP die Stammdaten des Geschäftspartners abzubilden.

Vertragskonten in FI-CA

Im Gegensatz zu der klassischen Debitorenbuchhaltung (FI-AR) hinterlegen Sie die spezifischen Kundeninformationen in FI-CA jedoch nicht in einer debitorischen Partnerrolle, sondern in separaten Stammdatenobjekten, den sogenannten *Vertragskonten*. Das Vertragskonto ist somit das zentrale Stammdatenobjekt von FI-CA, das die notwendigen debitorischen Informationen zur Abwicklung der Geschäftsprozesse innerhalb des SAP-Vertragskontokorrents enthält.

Partnerrolle Vertragspartner (MKK)

Zur Integration von FI-CA und SAP-Geschäftspartner benötigen Sie die eigens von SAP definierte Partnerrolle *Vertragspartner* (technischer Name: MKK) aus Abbildung 4.1. Über diese technische Partnerrolle wird die Vertragskontenanlage ausgelöst und die Verbindung zwischen den beiden Objekten hergestellt. Das Vertragskonto wird dabei immer in Bezug auf einen Geschäftspartner angelegt und kann nicht als alleinstehendes Stammdatenobjekt betrachtet werden. Damit müssen Sie auch in FI-CA zunächst den allgemeinen Geschäftspartner ausprägen und die Partnerrolle MKK (Vertragspartner) zuweisen.

[«]

Migration von Kundenstammdaten

Bei einer Neueinführung des SAP-Vertragskontokorrents sollten Sie Ihre Stammdaten bereinigen und harmonisieren. Um Ihre Geschäftsprozesse effizient abzuwickeln und einen abteilungsübergreifenden Blick auf Ihre Geschäftspartner sicherzustellen, sollten Sie eine redundante Datenhaltung vermeiden. Die Zusammenführung unterschiedlicher Verträge eines Kunden unter einem zentralen Geschäftspartner erfordert Zeit und eine wirksame Qualitätssicherung. Daher sollten Sie gegebenenfalls externe Tools zur Datenharmonisierung einsetzen.

Auch im operativen Betrieb gilt es sicherzustellen, dass es zu keiner Doppelanlage von Kundenstammdaten kommen kann. Neben den Komponenten SAP NetWeaver Master Data Management (SAP NetWeaver MDM) und SAP Master Data Governance, können Sie auch ein Customer-Relationship-Management-System (CRM) verwenden. Die Integration von SAP CRM wird Ihnen in Abschnitt 12.1, »Customer Relationship Management«, vorgestellt.

4.2 Geschäftspartner

Nach der allgemeinen Einführung mit einem ersten Kennenlernen der wichtigsten Begrifflichkeiten rund um die Beziehung von Geschäftspartner, Partnerrollen und Vertragskonten, lernen Sie im Folgenden den SAP-Geschäftspartner als grundlegendes Stammdatenobjekt kennen.

Der allgemeine Geschäftspartner

Für die dargestellte Zuordnung von Partnerrollen zu einem übergeordneten Geschäftspartner aus Abbildung 4.1 legen Sie den Geschäftspartner über Transaktion BP zunächst in der Rolle **allgemeiner Geschäftspartner** an. Auf diese Weise können Sie rollenübergreifende Informationen wie Adress-, Kommunikations- und Bankverbindungsdaten hinterlegen. Alle Partnerrollen und deren zugeordnete debitorischen und kreditorischen Geschäftsprozesse greifen auf die Informationen des allgemeinen Geschäftspartners zu. Der allgemeine Geschäftspartner steht somit über den Partnerrollen mit einer eindeutigen und übergeordneten Geschäftspartnernummer (siehe Abbildung 4.2). Über diese Geschäftspartnernummer finden Sie in Tabelle BUT100 die eindeutige Zuordnung der Partnerrollen zu einem Geschäftspartner.

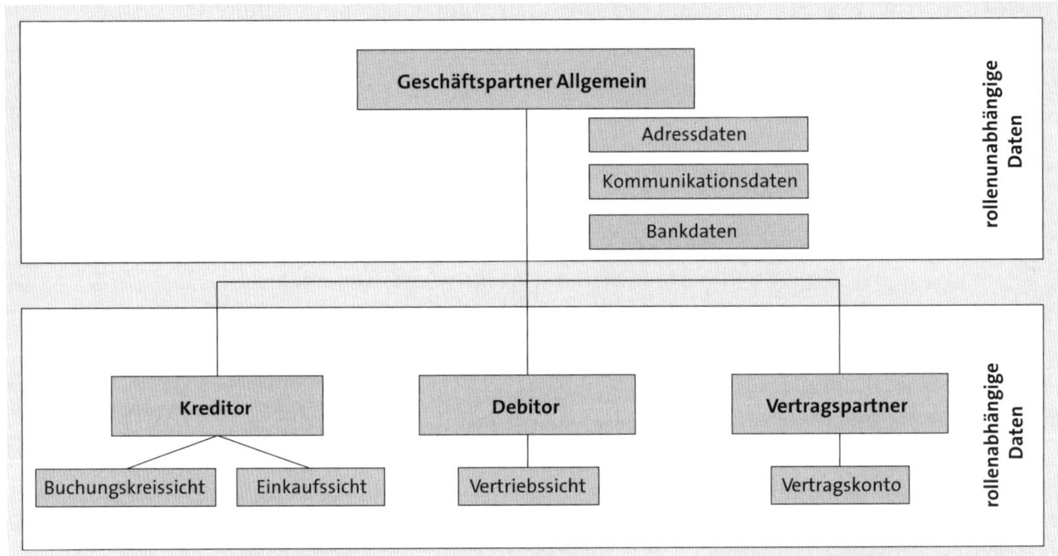

Abbildung 4.2 Unterscheidung rollenunabhängiger und -abhängiger Daten

Die rollenabhängigen Daten

In den Partnerrollen, die Sie dem allgemeinen Geschäftspartner zuordnen, prägen Sie anschließend die vertriebs- und einkaufseigenen sowie die finanzbuchhalterisch relevanten Daten aus, die zur Abwicklung der jeweiligen Prozesse benötigt werden. Die aus Abbildung 4.2 dargestellten rollenabhängigen Daten werden nur von den zugeordneten kreditorischen und debitorischen Prozessen einer Partnerrolle aufgegriffen. Sie stellen somit die geschäftsprozessspezifischen Informationen dar. Dabei wird jeweils noch einmal zwischen der Buchungskreissicht, d. h. der Buchhaltungssicht und der Vertriebs- und Einkaufssicht, unterschieden. Als Beispiel zur Verdeutlichung können die folgenden spezifischen Daten pro Sicht genannt werden:

- **Buchungskreissicht**
  Abstimmkonto, Zahlungsbedingung, Zahlweginformationen, Buchungssperren
- **Vertriebssicht**
  Liefer- und Rechnungsadresse, Preiskonditionen, Auftragssperren
- **Einkaufssicht**
  Lieferadresse, Incoterms, Zahlungsbedingungen, Mengen- und Preistoleranzen

Während Sie die Informationen für die Buchungskreis- und Einkaufssicht des Kreditors zusammen in einer Partnerrolle speichern können, müssen die Vertriebsdaten und die Finanzbuchhaltungsdaten für die Ausprägung der Kundendaten in FI-CA in zwei getrennten Partnerrollen dargestellt werden. Dabei ist die Partnerrolle des Vertragspartners (MKK), wie bereits erwähnt, nur eine technische Rolle, die die angesprochenen separaten Vertragskontenanlagen in Bezug auf den Geschäftspartner ermöglicht.

4.2.1 Allgemeinen Geschäftspartner anlegen

Die Ausprägung der allgemeinen Daten

Starten wir zunächst mit der Anlage des allgemeinen Geschäftspartners und der Ausprägung der in Abbildung 4.2 dargestellten rollenunabhängigen Daten. Diese Daten gliedern sich in die folgenden Kategorien:

- Adressdaten
- Kommunikationsdaten
- Steuernummern
- Bankdaten

Partnertyp festlegen

Nach dem Aufruf von Transaktion BP können Sie einen Geschäftspartner über die folgenden drei Buttons neu anlegen: Person Organisation Gruppe. Entscheiden Sie dabei, ob es sich bei Ihrem Geschäftspartnern um einen der folgenden *Partnertypen* handelt:

- Organisation
- Person
- Gruppe

Je nachdem, welchen Partnertyp Sie auswählen, steuert die Bildmodifikation des Geschäftspartners die Felder der allgemeinen Daten aus Abbildung 4.3. So wählen Sie z. B. das Feld **Anrede** in Abhängigkeit des zuvor gewählten Partnertyps. Während Sie eine Person im Standard nach »Frau/Herr« unterscheiden, können Sie im Fall einer Organisation z. B. nur die Anrede

»Firma« oder »Gesellschaft« verwenden. Die Ausprägung der Anrede pro Partnertyp finden Sie im Customizing über den Pfad des Einführungsleitfadens (Implementation Guide, kurz IMG):

IMG • Anwendungsübergreifende Komponenten • SAP Geschäftspartner • Geschäftspartner • Grundeinstellungen • Anreden • Anreden pflegen

Zugeordnet zu einem vierstelligen alphanumerischen technischen Schlüssel aus dem Feld **Schlüssel**, der die Anrede in den Datenbanktabellen hinterlegt, pflegen Sie im Feld **Anrede** die zu verwendeten Anreden. Über die Felder **Person**, **Org.** und **Grp.** legen Sie die Zuordnung zum Partnertyp fest, wobei Sie eine Anrede auch zwei oder allen Partnertypen zuordnen können.

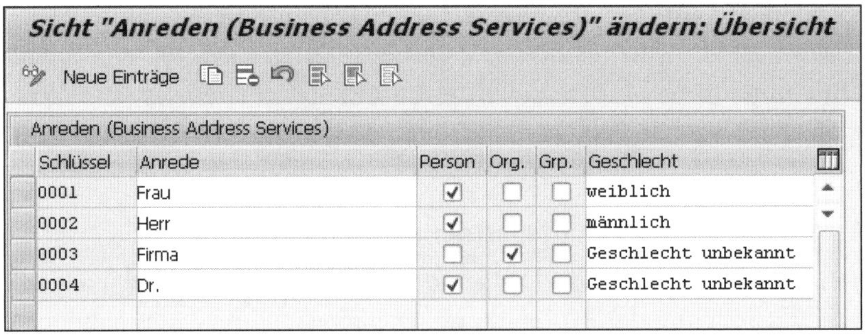

Sicht "Anreden (Business Address Services)" ändern: Übersicht

Neue Einträge

Anreden (Business Address Services)

Schlüssel	Anrede	Person	Org.	Grp.	Geschlecht
0001	Frau	☑	☐	☐	weiblich
0002	Herr	☑	☐	☐	männlich
0003	Firma	☐	☑	☐	Geschlecht unbekannt
0004	Dr.	☑	☐	☐	Geschlecht unbekannt

Abbildung 4.3 Anrede pflegen

Adressdaten pflegen

Tragen Sie nach der Auswahl des Partnertyps als nächsten Schritt die allgemeinen Geschäftspartnerdaten ein, beginnend auf der Registerkarte **Anschrift**, in der Sie die Adresse Ihres Geschäftspartners erfassen (siehe Abbildung 4.4).

Die hier hinterlegte Adresse wird im Standard des SAP-Vertragskontokorrents für die automatisierte Kommunikation auf Formularen verwendet. Zudem greifen die Fakturasysteme zur automatisierten Ableitung des Steuerkennzeichens auf das hier hinterlegte Land als Teil der Lieferadresse zu. Vom Standard abweichende oder zusätzliche Adressen für die Kommunikation, das Versenden von Rechnungen oder Mahnschreiben sowie zum Erfassen der Lieferanschrift können Sie auf der Registerkarte **Adressübersicht** hinterlegen (siehe Abbildung 4.5). Klicken Sie hierzu im Bereich **Adressübersicht** auf den Button (**Neue Einträge**), und pflegen Sie im erscheinenden Dialogfenster die zusätzlichen Adressdaten.

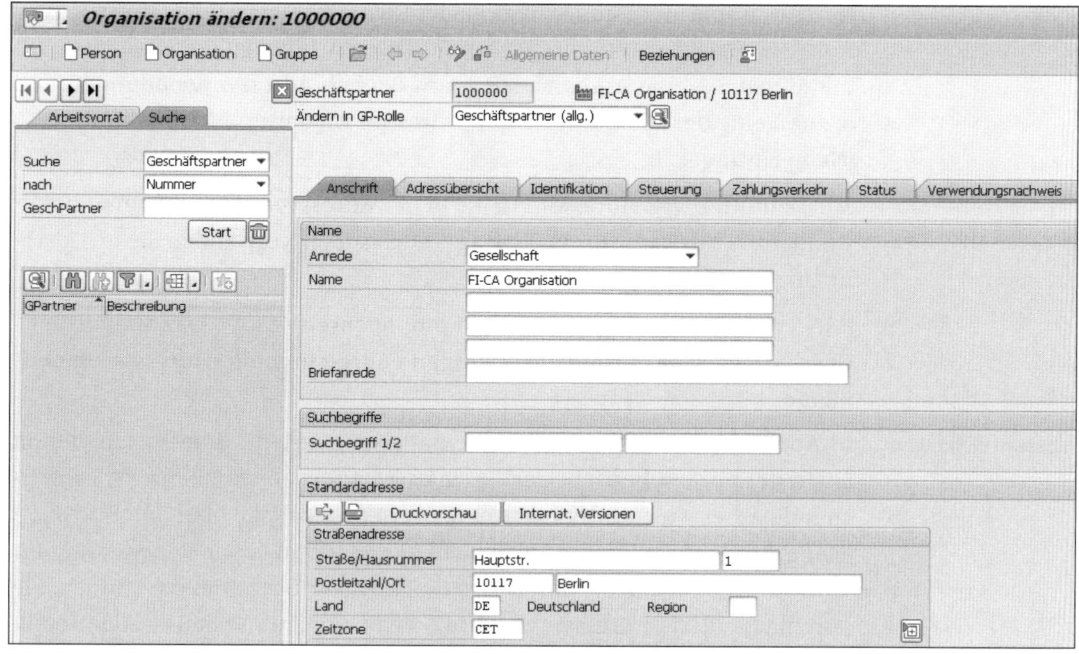

Abbildung 4.4 Anschrift allgemeiner Geschäftspartner pflegen

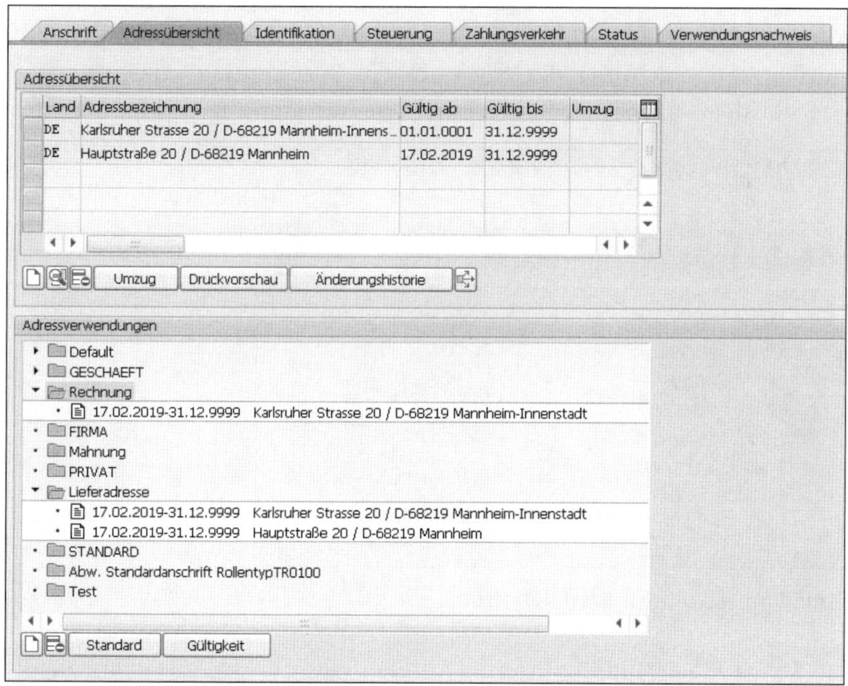

Abbildung 4.5 Adressübersicht

Nach dem Speichern und Schließen des Dialogfensters ist die Adresse in der Adressübersicht unterhalb der Standardadresse hinzugefügt. Anschließend markieren Sie eine Adressart aus dem Bereich **Adressverwendungen** und ordnen eine der zuvor angelegten Adressen wiederum über den Button (**Neue Einträge**) zu.

Zur Definition von *Adressarten*, die in der Adressverwendung dem Endanwender zur Auswahl zur Verfügung stehen sollen, verwenden Sie im Customizing des Geschäftspartners den Pfad:

IMG • Anwendungsübergreifende Komponenten • SAP Geschäftspartner • Geschäftspartner • Grundeinstellungen • Adressfindung • Adressarten definieren

Adressarten pflegen

In Abbildung 4.6 sehen Sie beispielhaft verschiedene Adressarten, denen Sie in der Adressübersicht des Geschäftspartners aus Abbildung 4.5 abweichende Adressen zuordnen können. Bei der Neuanlage über den Button (**Neue Einträge**) definieren Sie im Feld **Adressart** eine neue Verwendung für eine Adresse, wie z. B. »RECHNUNG«. Im Feld **Bezeichnung** können Sie anschließend die Adressverwendung weiter für Ihre Endanwender detaillieren. Über das Feld **Mehrere Verwendungen** geben Sie zudem an, ob für eine Adressart mehrere Adressen in der Adressverwendung aus Abbildung 4.5 zugeordnet werden können. So sehen Sie beispielhaft, dass für die Adressart »SHIP_TO« die Funktion **Mehrere Verwendungen** zugeordnet wurde. Angezeigt unter der zugeordneten Bezeichnung »Lieferadresse« konnten der Adressart »SHIP_TO« mehrere Adressen zugeordnet werden.

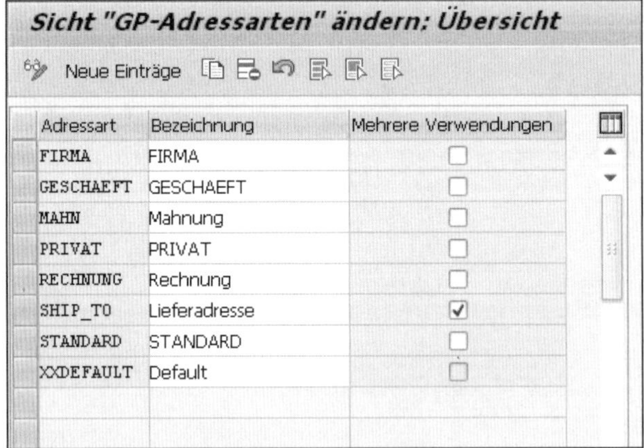

Sicht "GP-Adressarten" ändern: Übersicht

Neue Einträge

Adressart	Bezeichnung	Mehrere Verwendungen
FIRMA	FIRMA	☐
GESCHAEFT	GESCHAEFT	☐
MAHN	Mahnung	☐
PRIVAT	PRIVAT	☐
RECHNUNG	Rechnung	☐
SHIP_TO	Lieferadresse	☑
STANDARD	STANDARD	☐
XXDEFAULT	Default	☐

Abbildung 4.6 Adressarten definieren

Zuordnung von Adressart zu Vorgang

Zur Steuerung der automatisierten Adressfindung müssen Sie über den folgenden Pfad die Adressart noch einem Vorgang zu ordnen:

IMG • Anwendungsübergreifende Komponenten • SAP Geschäftspartner • Geschäftspartner • Grundeinstellungen • Adressfindung • Vorgang zu Adressart zuordnen

In dem Feld **Adressart** in Abbildung 4.7 verknüpfen Sie die zuvor angelegte Adressart mit einem Vorgang aus dem gleichnamigen Feld **Vorgang**.

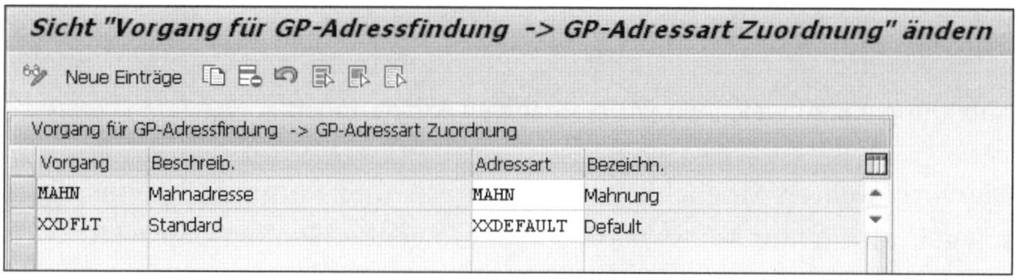

Sicht "Vorgang für GP-Adressfindung -> GP-Adressart Zuordnung" ändern

Neue Einträge

Vorgang für GP-Adressfindung -> GP-Adressart Zuordnung

Vorgang	Beschreib.	Adressart	Bezeichn.
MAHN	Mahnadresse	MAHN	Mahnung
XXDFLT	Standard	XXDEFAULT	Default

Abbildung 4.7 Zuordnung von Adressart zu Vorgang

Der Vorgang stellt dabei einen technischen Schlüssel zur Ermittlung der richtigen Adresse dar, der von den Anwendungsprogrammen aufgerufen wird. Beachten Sie, dass das SAP-System Ihnen im Standard nur den Vorgang XXDFLT vorgibt, hinter dem die Standardadresse der Registerkarte **Anschrift** aus Abbildung 4.4 steht. Für eigenentwickelte Programme bzw. Programmerweiterungen des SAP-Standards können Sie über den folgenden Pfad weitere Vorgänge pflegen:

IMG • Anwendungsübergreifende Komponenten • SAP Geschäftspartner • Geschäftspartner • Grundeinstellungen • Adressfindung • Vorgänge definieren

Wenn Sie einen Vorgang anschließend über Funktionsbausteine oder über Eigenentwicklungen in Ihren kundenspezifischen Programmierungen hinterlegen, können Sie die Adresse aus der Adressübersicht, die diesem Vorgang zugeordnet ist, aufrufen.

Abweichende Adresse in Partnerrollen

Neben der vorgestellten Standardadresse und der Adressübersicht haben Sie zusätzlich die Möglichkeit, in den Partnerrollen *abhängige Kommunikationsdaten* zu Rechnungsanschrift, Lieferung oder Mahnung zu hinterlegen. Im Gegensatz zu den zusätzlich angelegten Adressen der Adressübersicht, müssen die abweichenden Adressempfänger innerhalb der Partnerrollen zuvor meist als eigene Geschäftspartner angelegt werden. Die jeweilige Geschäftspartnernummer wird anschließend in das Feld für die abweichende Kommunikation eingetragen, wie z. B. in das Feld **Mahnempfänger** (siehe Abbildung 4.8).

In der angezeigten Partnerrolle **Kreditor** zu einem Geschäftspartner wird im Fall einer Mahnung die Kommunikation an den hier hinterlegten abweichenden Geschäftspartner gesendet.

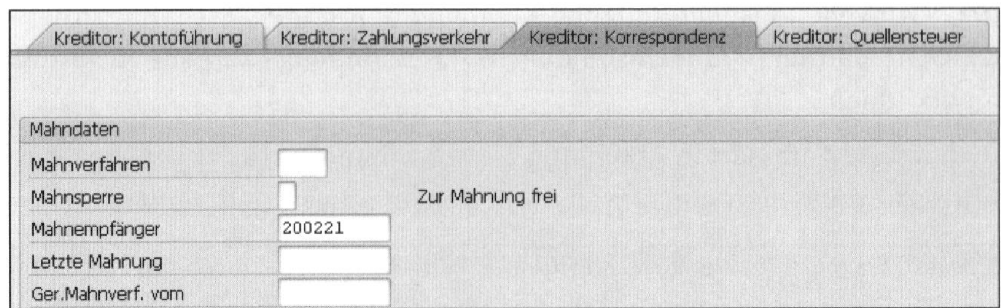

Abbildung 4.8 Abweichende Adresse in den Partnerrollen

Adressfindung

Die vorgestellten Möglichkeiten zur Adress- und Kommunikationspflege spiegeln sich in der *Adressfindung* in der folgenden Reihenfolge wider:

1. **Partnerrolle**
   Ist in der Partnerrolle eine abweichende Adresse zu einem im Standard ausgelieferten Vorgang wie Mahnung oder Rechnungsanschrift hinterlegt, wird diese Adresse vom SAP-System ermittelt und gezogen.
2. **Adressart aus der Adressverwendung**
   Haben Sie die Adressart der Registerkarte **Adressübersicht** innerhalb einer Eigenentwicklung über die Verknüpfung zum Vorgang in Verwendung, wird die Adresse aus der Adressverwendung durch das SAP-System ermittelt und verwendet.
3. **Standardadresse**
   Sind keine abweichenden Adressen gepflegt und mittels Vorgängen Anwendungsprogrammen zugeordnet, wird die Standardadresse aus der Registerkarte **Anschrift** durch das SAP-System verwendet.

Kommunikationsmittel

Nach der Pflege der Adressdaten springen wir zurück auf die Registerkarte **Anschrift** aus Abbildung 4.4 und pflegen die restlichen Kommunikationsdaten, wobei Ihnen die folgenden *Kommunikationsmittel* aus Abbildung 4.9 im Standard zur Verfügung stehen:

- Telefon
- Mobiltelefon
- Fax
- E-Mail

Neben diesen Kommunikationsmitteln können Sie auch adressunabhängige Kommunikationswege im Bereich **Adressunabhängigen Kommunikation** aus Abbildung 4.9 pflegen. Während Sie die Daten im Bereich **Kommunikation** nur in Verbindung mit einer Postadresse pflegen, können Sie die adressunabhängigen Kommunikationswege auch ohne Eingabe einer postalischen Adresse am Geschäftspartner hinterlegen.

Kommunikation

Sprache	Deutsch			Weitere Kommunikation...
Telefon		Nebenstelle		
Mobiltelefon				
Fax		Nebenstelle		
E-Mail	Kunde@FICA.de			
				Abhängig -> Unabhängig...

Bemerkungen			
Adresse gültig ab	08.05.2018	Adresse gültig bis	31.12.9999
Externe Adressnummer			

Adressunabhängige Kommunikation

Telefon		Nebenstelle		Land DE
Mobiltelefon				Land DE
Fax		Nebenstelle		Land DE
E-Mail				

Weitere Kommunikation...

Unabhängig -> Abhängig...

Abbildung 4.9 Kommunikationsdaten pflegen

Adressunabhängige Kommunikationsdaten in Partnerrollen

Wie auch bei der Adressverwendung haben Sie auch bei den Kommunikationsdaten die Möglichkeit, *adressunabhängige Kommunikationsdaten* innerhalb der Partnerrollen zu pflegen. In diesem Fall nutzen Sie nicht die Felder der adressunabhängigen Kommunikation des allgemeinen Geschäftspartners. Stattdessen verwenden Sie die möglichen Einstellungen innerhalb der Partnerrollen. Des Weiteren finden Sie Informationen zur Kommunikationssteuerung innerhalb des SAP-Vertragskontokorrents in Abschnitt 5.4, »Korrespondenzen«.

Steuernummer

Nach der Anlage der Adress- und Kommunikationsdaten wenden wir uns in der Ausprägung des allgemeinen Geschäftspartners der Registerkarte **Identifikation** zu, in der Sie die Steuernummern Ihres Geschäftspartners im gleichnamigen Feld **Steuernummer** hinterlegen (siehe Abbildung 4.10).

Das Feld **Typ** gibt dabei an, um welche Steuerart es sich handelt. Im Standard werden die europäischen Steuernummern ausgeliefert. So steht der ausgewählte Typ **DE0** aus Abbildung 4.10 für die deutsche Umsatzsteueridentifikationsnummer, kurz USt.-ID.

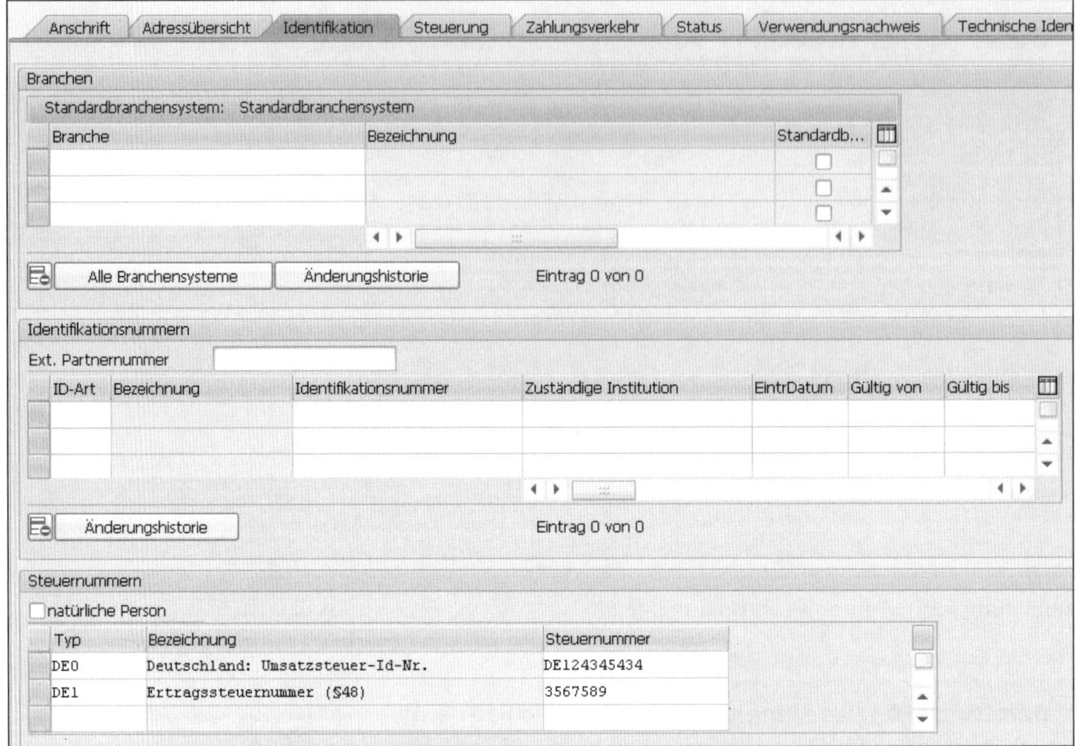

Abbildung 4.10 Steuernummer am Geschäftspartner definieren

Die am Geschäftspartner zu hinterlegenden Steuernummern mit ihren technischen Abkürzungen, d. h. dem *Steuernummertyp*, finden Sie über den Pfad:

IMG • Anwendungsübergreifende Komponenten • SAP Geschäftspartner • Geschäftspartner • Grundeinstellungen • Steuernummern • Steuernummertypen pflegen

Steuernummertyp definieren

Hier finden Sie zunächst die im Standard ausgelieferten Steuertypen in der Spalte **Typ**, wobei der Länderschlüssel meist in der dreistelligen alphanumerischen Bezeichnung hinterlegt ist (siehe Abbildung 4.11).

Die Spalte **Bezeichnung** detailliert die eigentliche betriebswirtschaftliche Funktion des Steuertyps und wird nach der Auswahl des Typs in Abbildung 4.10 den Endanwendern in der gleichnamigen Spalte **Bezeichnung** angezeigt. Im Sinne des zentralen Geschäftspartners, der es zum Ziel hat, dass jeder Geschäftspartner nur einmal unter einer eindeutigen Nummer angelegt wird, kann über den Steuernummerntyp auch eine Dublettenprüfung durchgeführt werden. Die Steuernummer gilt dabei neben der Adresse, dem Namen und der Bankverbindung als Wert, der ein Unternehmen eindeutig identifiziert und somit einmalig einem Geschäftspartner zugeordnet werden kann. Wünschen Sie somit eine Dublettenprüfung über die Steuernummer, sodass eine Steuernummer auch immer nur eindeutig einem Geschäftspartner zugeordnet werden kann, aktivieren Sie das Feld **Dublettenprüfung** mit der Auswahl der Wertehilfe **Ein**.

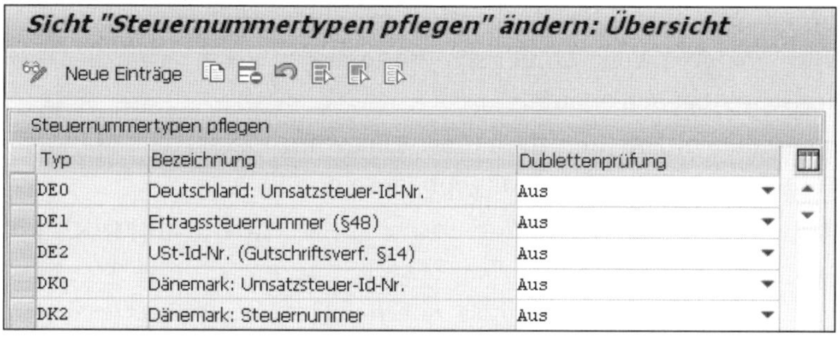

Sicht "Steuernummertypen pflegen" ändern: Übersicht

Neue Einträge

Steuernummertypen pflegen

Typ	Bezeichnung	Dublettenprüfung
DE0	Deutschland: Umsatzsteuer-Id-Nr.	Aus
DE1	Ertragssteuernummer (§48)	Aus
DE2	USt-Id-Nr. (Gutschriftsverf. §14)	Aus
DK0	Dänemark: Umsatzsteuer-Id-Nr.	Aus
DK2	Dänemark: Steuernummer	Aus

Abbildung 4.11 Steuernummerntypen festlegen

Zusätzliche Steuernummerntypen können Sie zudem über den Button (**Neue Einträge**) anlegen. Die Anlage des Typs sollte dabei nicht aus der Kombination Länderkürzel mit fortlaufender Nummer erfolgen, da diese dem SAP-Standard vorbehalten sind und mit dem Punkt **Länderspezifische Prüfregeln** zur Überprüfung der Richtigkeit verknüpft sind (siehe Abbildung 4.12).

Länderspezifsche Prüfungen

So ist die angesprochene USt.-ID nicht nur eindeutig einem Geschäftspartner zuordenbar, sondern setzt sich wie viele Steuernummern nach länderspezifischen Regeln zusammen. In Deutschland setzt sich z. B. die USt.-ID immer aus dem Kürzel DE sowie einer nachfolgenden neunstelligen Zahlenkombination zusammen (siehe Abbildung 4.10).

Das SAP-Vertragskontokorrent greift bei Belegbuchungen, abhängig von dem Steuerkennzeichen, auf die hinterlegten Steuernummern zurück und speichert diese auf der Basis legaler Anforderungen im Beleg. So werden z. B. die Informationen für die zusammenfassende Meldung, die Sie in Abschnitt 12.5, »Abstimmarbeiten und Abschluss«, unter dem Abschnitt zu Abstimmarbeiten und Abschluss kennenlernen, mit den Daten aus dem Bereich **Steuernummern** erfasst und dem Finanzamt gemeldet. Die Plausibilitätsprüfungen der länderspezifischen Prüfregeln stellen dabei die Richtigkeit dieses legalen Reportings sicher. Die Einstellungen zu den länderspezifischen Prüfungen finden Sie im Customizing unter:

IMG • SAP NetWeaver • Allgemeine Einstellungen • Länder einstellen • Länderspezifische Prüfungen einstellen

Wählen Sie hier das entsprechende Land aus, und springen Sie mit einem Doppelklick auf das Land in die Detailansicht der länderspezifischen Prüfungen. Im Feld **Länge** können Sie die Länge der USt.-ID pro Land hinterlegen (siehe Abbildung 4.12). Dabei gibt das Feld zunächst nur die maximal zulässige Länge an. Über das Feld **Prüfregel** können Sie im Anschluss zwischen verschiedenen Prüfregeln unterscheiden:

- 1: Länge Maximalwert, lückenlos – Länge muss lückenlos sein und innerhalb des angegebenen Maximalwertes des Feldes **Länge** liegen.
- 2: Länge Maximalwert, numerisch, lückenlos – wie 1; zusätzlich nur numerische Angaben erlaubt.
- 3: Länge exakt einzuhalten, lückenlos – Länge muss exakt dem Maximalwert entsprechen und lückenlos gepflegt sein.
- 4: Länge exakt einzuhalten, numerisch, Lücke – wie 3; zusätzlich nur numerische Angabe erlaubt.
- 5: Länge Maximalwert – Wert muss innerhalb des Maximalwertes liegen; kann lückenhaft gepflegt sein.
- 6: Länge Maximalwert, numerisch – wie 5; zusätzlich nur numerische Angaben erlaubt.
- 7: Länge exakt einzuhalten – Länge muss exakt dem definierten Maximalwert entsprechen, kann jedoch lückenhaft geführt werden.
- 8: Länge exakt einzuhalten, numerisch – wie 7; zusätzlich nur numerische Angaben erlaubt.

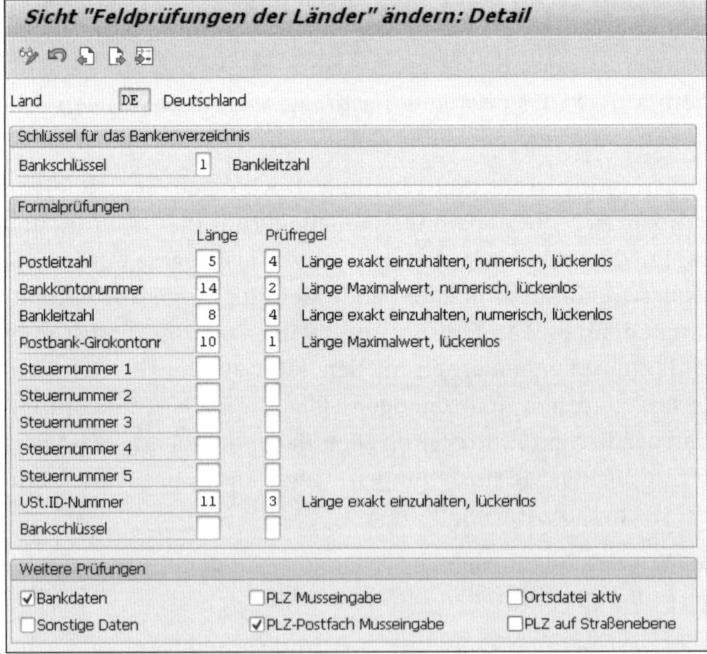

Abbildung 4.12 Plausibilitätsprüfung – USt.-ID

Mit der Einstellung der länderspezifischen Prüfungen stellen Sie sicher, dass falsche Eingaben durch den Endanwender nicht gespeichert werden und nur, basierend auf den festgelegten Regeln, eine gültige USt.-ID eingetragen werden kann. Neben der USt.ID können Sie auch Prüfregeln für die Steuernummern 1–5 der Steuertypen 1–5 (z. B. »DE1«) hinterlegen (siehe Abbildung 4.11).

Zahlungsverkehr

Springen Sie nun auf die Registerkarte **Zahlungsverkehr**, und hinterlegen Sie die für die Debitorenbuchhaltung wesentlichen Informationen über die Bankverbindungsdaten Ihres Geschäftspartners (siehe Abbildung 4.13). Im Zahllauf des SAP-Vertragskontokorrents werden auf der Basis dieser Bankdaten der Lastschrifteinzug, Gutschriftsüberweisungen oder Rückläufer verarbeitet. Neben dem Land geben Sie für den europäischen Bankverkehr die IBAN in den gleichnamigen Feldern ein.

Bankverbindung

Zusammen mit der *Bankverbindungs-ID* (auch Partnerbank-ID genannt) aus dem Feld **ID** bilden diese Informationen die *Bankverbindung* im SAP-System. Der vierstellige technische Schlüssel wird durch das SAP-System automatisiert und hochzählend vergeben. Er ist in Kombination mit dem Geschäftspartner die eindeutige Referenz zu einer Bankverbindung in den Geschäftsvorgängen des SAP-Vertragskontokorrents. Zur Angabe einer Bankverbindung in den Stammdaten des Vertragskontos oder in den Zahlungsinformationen eines offenen Postens geben Sie immer nur diesen Schlüssel an, hinter dem die Bankverbindung gespeichert ist.

Abbildung 4.13 Bankverbindungsdaten auf der Registerkarte »Zahlungsverkehr«

Bankverbindungsdaten als rollenunabhängige Daten

Beachten Sie, dass es sich bei der Bankverbindung um rollenunabhängige Daten handelt. Sie können im Standard nicht nach der Verwendung der Bankdaten Ihres Kunden über die Komponenten oder Organisationseinheiten unterscheiden. Verwendet Ihr Geschäftspartner in Abhängigkeit der Geschäftsbeziehung unterschiedliche Bankverbindungen, müssen Sie die Zuordnung der richtigen Bankverbindungs-ID mit entsprechend gültigem SEPA-Mandat für Lastschrifteinzüge über die Vertriebskomponenten sicherstellen. Zur besseren Zuordnung im SAP-Vertragskontokorrent haben Sie ferner die Möglichkeit, die für den Vertragspartner gültige Bankverbindungs-ID im Vertragskonto zu hinterlegen. Die genauen Einstellungen hierzu finden Sie in Abschnitt 6.2.4.

Zeitabhängige Informationen

Viele der vorgestellten Daten des allgemeinen Geschäftspartners können Sie als zeitabhängige Daten pflegen, d. h. einen Gültigkeitszeitraum vergeben. Dies ist immer dann der Fall, wenn Ihnen neben dem Datenobjekt über die Felder **Gültig ab**, **Gültig bis** die Eingabe eines Gültigkeitszeitraums ermöglicht wird.

Ein Beispiel hierzu finden Sie in der Adressübersicht aus Abbildung 4.5, bei der die einzelnen zusätzlichen Adressdaten mit einem Gültigkeitszeitraum gepflegt werden können. Die Nutzung einer zeitlichen Beschränkung von Daten ist jedoch zu prüfen, wenn Sie eine der Branchenlösungen von SAP mit erweiterter Komponente des branchenspezifischen Geschäftspartners im Einsatz haben. So kann beispielsweise u. a. die Medienlösung von SAP (IS-M, Industry Solution Media) Zeitscheiben bei der Synchronisation der allgemeinen Daten mit den Tabellen des medienspezifischen Geschäftspartners nicht verarbeiten. Eine Vorabprüfung muss daher an dieser Stelle individuell für die Branchenlösungen erfolgen, bevor Sie sie über die Funktionalität von zeitabhängigen Daten am allgemeinen Geschäftspartner einsetzen.

4.2.2 Partnerrollen MKK definieren und anlegen

Die Ausprägung der Partnerrolle MKK

Nach der Anlage des allgemeinen Geschäftspartners prägen Sie im Anschluss die Partnerrollen aus, wobei Sie für FI-CA die Partnerrolle MKK dem zuvor angelegten allgemeinen Geschäftspartner zuordnen. Wählen Sie hierzu über das Feld **Ändern in GP-Rolle** im Änderungsmodus von Transaktion BP die Partnerrolle MKK aus, und speichern Sie die Änderung über den Button ▣ (**Sichern**), siehe Abbildung 4.14.

Weitere Pflegepunkte sind an dieser Stelle nicht notwendig, da die Rolle MKK allein die technische Verbindung zwischen dem Geschäftspartner und dem Vertragskonto als Stammdatenobjekt in FI-CA herstellt. Alle finanzbuchhalterischen Informationen für die Debitorenbuchhaltung werden anschließend in den Vertragskonten gespeichert. Die Einstellungen zu den Vertragskonten mit Vertragskontotyp und Nummernkreis finden Sie in Abschnitt 4.3, »Vertragskonto«.

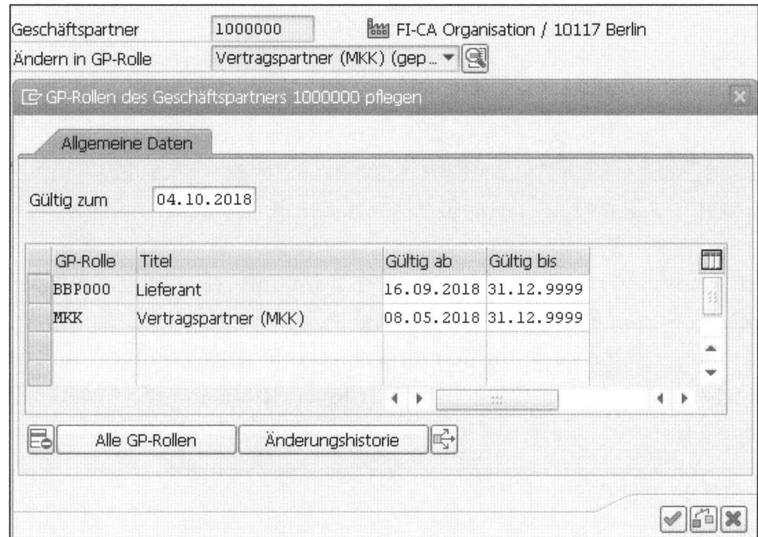

Abbildung 4.14 Partnerrolle »Vertragspartner (MKK)« dem allgemeinen Geschäftspartner zuordnen

Navigieren Sie zur technischen Ausprägung der Partnerrolle MKK innerhalb des Customzings zu der folgenden Einstellung im IMG-Pfad:

IMG • Anwendungsübergreifende Komponenten • SAP Geschäftspartner • Geschäftspartner • Grundeinstellungen • Geschäftspartnerrollen • GP Rollen definieren

Hier definieren Sie zunächst im Allgemeinen den betriebswirtschaftlichen Zweck der verschiedenen Partnerrollen, die einem Geschäftspartner zugeordnet werden können. Das SAP-System stellt eine standardisierte Vorauswahl verschiedener möglicher Partnerrollen für verschiedene Geschäftsbeziehungen zur Verfügung (siehe Abbildung 4.15). Diese Vorauswahl sehen Sie in den Spalten **Titel** und **Bezeichnung**.

Stellen Sie für das SAP-Vertragskontokorrent in diesem Menüpunkt nur sicher, dass die Partnerrolle MKK, die im Standard mit der Aktivierung der Business Function für das SAP-Vertragskontokorrent ausgeliefert wird, im Customizing ausgeprägt wurde.

Abbildung 4.15 Standard-SAP-Partnerrollen in der Sicht »GP-Rollen ändern«

Durch einen Klick auf den Button Positionieren... am unteren Bildrand mit der Eingabe der **GP-Rolle** MKK springen Sie zur Partnerrolle MKK. Mit einem anschließenden Doppelklick auf den angezeigten Eintrag gelangen Sie auf die im Standard eingestellten Eigenschaften der Partnerrolle MKK aus Abbildung 4.16. Sie müssen hier in der Regel keine Änderungen vornehmen.

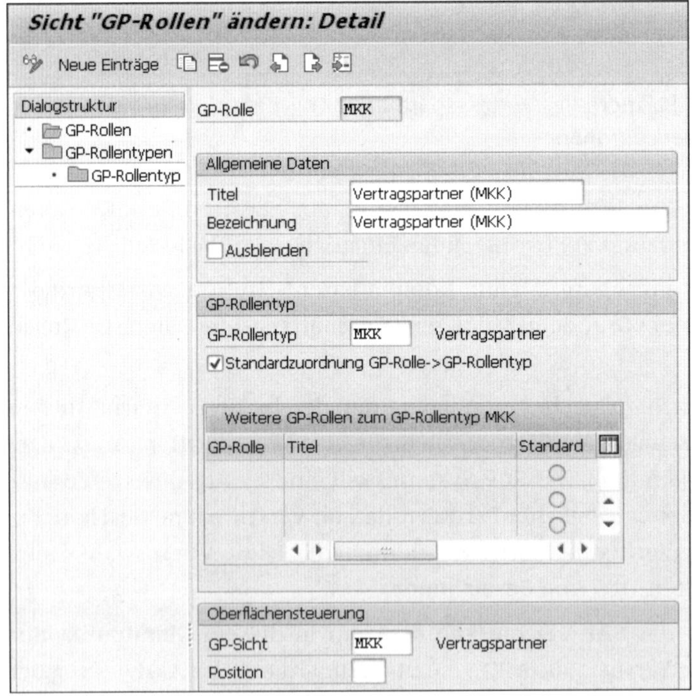

Abbildung 4.16 Rollenausprägung MKK im Customizing

Ausprägung des GP-Rollentyps

Unter **GP-Rollentyp** aus der Dialogstruktur der Abbildung 4.16 zu den GP-Rollen hinterlegen Sie zusätzlich, für welche Partnertypen (siehe Abschnitt 4.2.1, »Allgemeinen Geschäftspartner anlegen«) die Partnerrolle MKK und somit die Anlage von Vertragskonten gültig ist. Sie können dabei die Zuordnung zu den folgenden Geschäftspartnertypen vornehmen, indem Sie das jeweilige Kennzeichen aus Abbildung 4.17 unter **Mögliche Geschäftspartnertypen** markieren:

- Organisation
- Person
- Gruppe

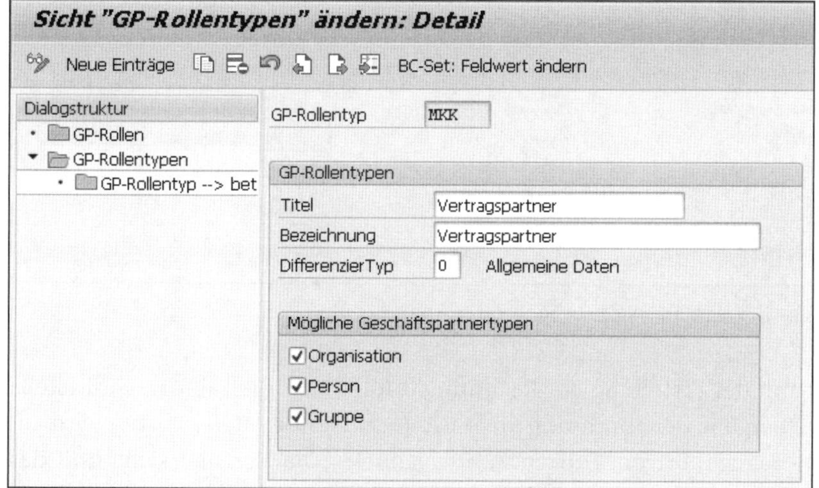

Abbildung 4.17 Rollentypen zur Definition der gültigen Geschäftspartnertypen

Gruppierung von Rollen

Da die Rolle MKK eine rein technische Rolle ist, die nur die Integration der Vertragskonten zum Geschäftspartner sicherstellt, sollte eine manuelle Anlage durch Ihre Endanwender in Transaktion BP zur Reduktion des Pflegeaufwands vermieden werden. Sie haben daher die Möglichkeit, über die Funktion **GP-Rollengruppierungen definieren** die Partnerrolle MKK mit anderen Rollen zu verknüpfen.

Die gruppierte Partnerrolle steht im Anschluss bei der Ausprägung des SAP-Geschäftspartners zur Verfügung. Bei der Auswahl werden alle Partnerrollen, die dieser Gruppierung zugeordnet sind, automatisiert angelegt. Stellen Sie somit über diese Funktion sicher, dass bei der Anlage von Partnerrollen des Vertriebes, die aus Sicht der Finanzbuchhaltung über die debitorischen Prozesse des SAP-Vertragskontokorrents abgewickelt werden sollen, automatisiert die technische Rolle MKK zur Integration von FI-CA über den SAP-

Geschäftspartner mitangelegt wird. Verdeutlichen wir die Funktion an einem Beispiel, und verwenden wir den SD-Vertriebskunden als Partnerrolle der SAP-Komponente SD. Ihr Endanwender wählt in Abbildung 4.18 die Partnerrolle **Kunde (neu)** des Feldes **Ändern in GP-Rolle** innerhalb von Transaktion BP aus, um die vertriebsspezifischen Daten zur Auftragsanlage, zum Versand und zur Rechnungserstellung in den jeweiligen Vertriebseinheiten zu hinterlegen. Diese Daten werden anschließend von der Vertriebskomponente SD zur Steuerung der Vertriebsprozesse aufgegriffen.

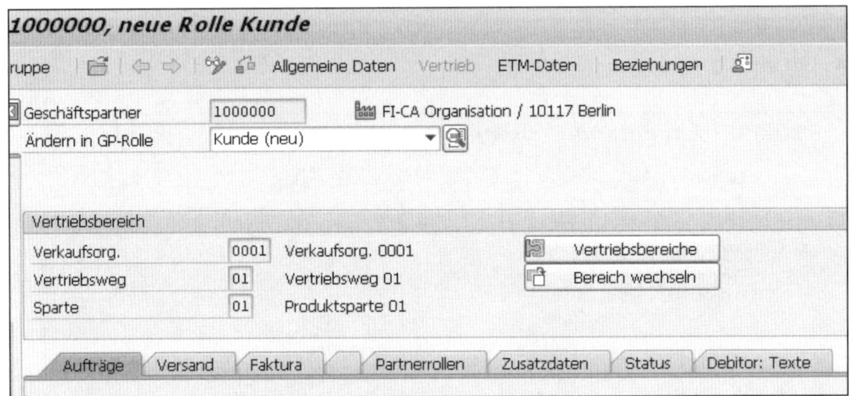

Abbildung 4.18 Vertriebssicht – debitorischer Rollen

Erst mit der Erstellung der Rechnung erfolgt über die Fakturaschnittstelle die Übergabe der Forderung an FI-CA. Der erstellte offene Posten wird auf dem dazugehörigen Vertragskonto gebucht. Die Vertriebssicht und das Vertragskonto sind dabei über den allgemeinen Geschäftspartner miteinander verknüpft, der daher neben der GP-Partnerrolle **Kunde (neu)** aus Abbildung 4.18 auch die GP-Partnerrolle MKK aus Abbildung 4.16 ausweisen muss. Um nun die zuvor angesprochene automatische Anlage der Partnerrolle MKK bei der Anlage der Vertriebspartnerrolle **Kunde** sicherzustellen, navigieren Sie im Customizing zur folgenden Einstellung:

IMG • Anwendungsübergreifende Komponenten • SAP Geschäftspartner • Geschäftspartner • Grundeinstellungen • Geschäftspartnerrollen • GP-Rollengruppierungen definieren

Rollengruppierung anlegen

Über den Button **Neue Einträge** können Sie Rollengruppierungen anlegen. Das Feld **Rollengruppierung** aus Abbildung 4.19 stellt dabei zunächst nur den technischen Schlüssel dar, der in den Datenbanken hinterlegt wird. Die Informationen aus dem Feld **Titel** werden jedoch als auswählbare Partnerrolle in Transaktion BP Ihren Endanwendern zur Ausprägung der Partnerrollen zur Verfügung gestellt.

Sicht "GP-Rollengruppierungen" ändern: Übersicht

Neue Einträge

Dialogstruktur
- GP-Rollengruppierungen
  - GP-Rollengruppierungen --> GP-Rollen
- GP-Rollengruppierungstypen

GP-Rollengruppierungen

Rollengruppierung	Titel	Bezeichnung
BKK001	Bankkunde Privat	Bankkunde Privat
BKK002	Bankkunde Unternehmen	Bankkunde Unternehmen
DEB001	Kunde	SD Kunde

Abbildung 4.19 Rollengruppierung anlegen

Anstelle der einzelnen Partnerrollen **Vertriebskunde** und **Vertragspartner** wählt Ihr Endanwender somit nur noch die Rollengruppierung **Kunde** bei der Ausprägung des Geschäftspartners aus. Im Hintergrund haben Sie im Customizing dieser Rollengruppierung im Ordner **GP-Rollengruppierungen** → **GP-Rollen** der Dialogstruktur aus Abbildung 4.19 die entsprechenden Einzelrollen des Vertragspartners und des SD-Vertriebskunden hinzugefügt. Diese werden über den Button **Neue Einträge** aus Abbildung 4.20 im Feld **GP-Rolle** aus der Auswahlliste des zuvor beschriebenen Customizing-Punkts **GP Rollen definieren** hinzugefügt.

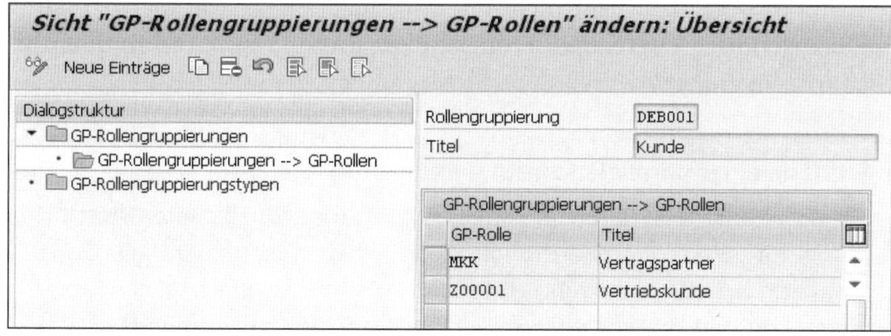

Abbildung 4.20 Einzelrollen einer Gruppierung zuordnen

Während der Endanwender in dem zuvor beschriebenen Beispiel auf der Oberfläche von Transaktion BP den allgemeinen Geschäftspartner um die Partnerrolle **Kunde (neu)** erweitert hat, wurden technisch dem Geschäftspartner im Hintergrund die hinter der Rollengruppierung liegenden Einzelrollen des Vertragspartners (MKK) und des Vertriebskunden (Z00001) hinzugefügt, wie es in Abbildung 4.21 zu sehen ist. Diese zeigt die Einzelansicht der Partnerrollen des in Abbildung 4.18 angelegten Geschäftspartners 100000 mit der Ausprägung der Partnerrolle **Kunde (neu)** innerhalb von Transaktion BP.

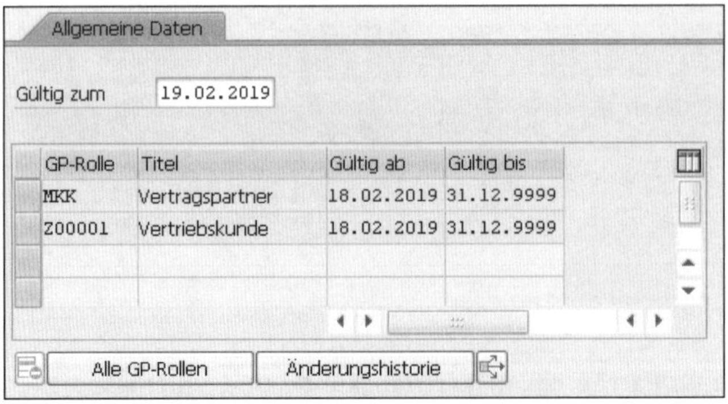

Allgemeine Daten

Gültig zum 19.02.2019

GP-Rolle	Titel	Gültig ab	Gültig bis
MKK	Vertragspartner	18.02.2019	31.12.9999
Z00001	Vertriebskunde	18.02.2019	31.12.9999

Alle GP-Rollen Änderungshistorie

Abbildung 4.21 Einzelrollen hinter der Rollengruppierung »Kunde«

Partnerrolle in FI-AR

Mit dem zuvor beschriebenen Beispiel wurden bei einem Kunden die Vertriebssicht und der Vertragspartner zur Ausprägung der debitorischen Sicht innerhalb des Vertragskontos angelegt. Die Buchungskreissicht, wie sie aus dem klassischen FI-AR bekannt ist, wird dabei nicht beachtet. Diese muss nur ausgeprägt werden, wenn Sie parallel zum SAP-Vertragskontokorrent auch die Debitorenbuchhaltung (FI-AR) im Einsatz haben. In diesem Fall ist die Finanzsicht nicht über die Rolle des Vertragspartners und die dazugehörigen Vertragskonten gegeben und muss weiterhin über die bekannte Buchungskreissicht von FI-AR gepflegt werden.

[zB]

Szenario eines parallelen Einsatzes von FI-CA und FI-AR

Zur Abbildung Ihrer Intercompany-Geschäfte und zur besseren Abstimmung mit der Kreditorenbuchhaltung (FI-AP) kann es sinnvoll sein, FI-AR zusätzlich zu FI-CA zu nutzen. FI-CA und FI-AR sind über eine ähnliche Tabellenstruktur und die synchrone sowie auf Einzelposten basierende Integration in das Hauptbuch eng miteinander verbunden. Viele Geschäftsvorfälle werden zudem über dieselben Transaktionen abgewickelt, sodass eine direkte Verrechnung von Forderungen und Verbindlichkeiten, die demselben Geschäftspartner zugeordnen werden können, vereinfacht wird. Eine Abstimmung der Intercompany-Forderungen und Verbindlichkeiten ist daher über die Abbildung der Komponenten FI-AR und FI-AP leichter zu bewerkstelligen. Eine Abstimmung innerhalb des Intercompany Reconciliation Cockpits (ICR Cockpit) ist im SAP-Standard außerdem nur für FI-AR und FI-AP möglich. Eine Integration von FI-CA in das ICR Cockpit ist aufgrund der eigenen Tabellenstruktur des Belegaufbaus sowie der asynchronen und aggregierten Integration in das Hauptbuch im Standard nicht vorgesehen.

4.2.3 Automatisierung der Übernahme von Wertefeldern aus dem Geschäftspartner in das Vertragskonto

Über die zuvor automatisiert vorgestellte Anlage der Partnerrolle MKK über die Rollengruppierung kann nicht die Vertragskontenart ausgesteuert werden, die in Abhängigkeit zu der zugeordneten Vertriebsrolle variieren kann. Außerdem wird dabei die finanzbuchhalterische Sicht des Vertragskontos nicht automatisch mit Daten aus dem Stammsatz des Geschäftspartners und den Vertriebsrollen vorbelegt.

Um auch hier den manuellen Aufwand für Ihre Endanwender zu reduzieren, können Sie einen Funktionsbaustein nutzen. Hinterlegen Sie den Funktionsbaustein BAPI_CTRACCONTRACTACCOUNT_CR1, wenn Sie eine Partnerrolle zum Zeitpunkt DSAVE zum allgemeinen Geschäftspartner in Transaktion BP hinzufügen. Dieser legt ein *Intermediate Document* (*IDoc*) zur Anlage des Vertragskontos an, wobei Sie die Wertefelder zur Anlage über das IDoc innerhalb des Funktionsbausteins individuell füllen können.

Wählen Sie z. B. den Vertragskontotyp, die Sie in Abschnitt 4.3, »Vertragskonto«, kennenlernen, in Abhängigkeit der Rolle oder der Verkaufsorganisation. Zusätzlich können Sie auch den Buchungskreis des Vertragskontos aus Tabelle TVKO mithilfe der Verkaufsorganisation (VKORG) ableiten und weitere Felder aus der Tabelle der Vertriebssicht, wie die Zahlungsbedingungen oder Kontierungsmerkmale, aus Tabelle KNVV auslesen und über das IDoc in das Vertragskonto schreiben und speichern. Somit ist eine automatisierte Anlage aus dem Geschäftspartner heraus mit der Datenharmonisierung zwischen Vertrieb und debitorischer Sicht innerhalb des Vertragskontos ohne weiteren Zuordnungsaufwand möglich.

Nach der erfolgreichen Aussteuerung des Geschäftspartners beim Anlegen des Vertragspartners über die Partnerrolle MKK lernen Sie im nächsten Abschnitt die Ausprägung der Vertragskonten zu einem Geschäftspartner kennen.

4.3 Vertragskonto

Kundendaten für Zahlungsprozesse

Das *Vertragskonto* ist das zentrale Stammdatenobjekt in FI-CA und wird bei allen Aktivitäten einbezogen, die auf vertragspartnerrelevanten Bestandteilen basieren. In FI-CA werden Kundendaten zur Verarbeitung von Zahlungsprozessen in den Vertragskonten erfasst. Das Vertragskonto stellt bei der Verarbeitung zusammen mit dem Geschäftspartnerobjekt Informationen zur Verfügung, die bei der Erfassung von transaktionalen Daten, im Rahmen von Auswertungen oder für die Ausführung von debitorischen

Prozessen notwendig sind. Kurz gesagt: Das Vertragskonto ist eine debitorische Sicht auf den Kunden.

Das Vertragskonto ist Grundlage für die offene Postenverwaltung in FI-CA. Alle kundenrelevanten Geschäftsvorfälle auf der Postenebene werden mit dem Vertragskonto gespeichert und können über dieses gesucht und eingesehen werden.

Die meisten Informationen, die am Vertragskonto gespeichert werden, um die Geschäftsprozesse abzuwickeln, werden durch Ihr Customizing bereitgestellt und in den folgenden Abschnitten beschrieben.

Zusätzlich besteht die Möglichkeit, weitere Informationen am Vertragskonto zu speichern, die vom Anwender hinzugefügt werden können und weitestgehend ohne vorheriges Customizing nutzbar sind. Hierzu gehören die Notizen direkt am Vertragskonto oder Notizen und Dateien bzw. Dokumente in der Anlagenliste.

4.3.1 Vertragskontostammsatz einrichten

In den Kopfdaten des Vertragskontos werden grundlegende Ausprägungen bereitgestellt. Dies beinhaltet die Vertragskontonummer aus dem Feld **Vertragskonto**, den Vertragskontotyp (**Vrtgskontotyp**) und die Verknüpfung zum Vertragspartner/Geschäftspartner über das Feld **Adresse**. Die Verknüpfung wird über die Geschäftspartnernummer hergestellt (**Partner/Adresse**), siehe Abbildung 4.22.

Vertragskontokopfdaten

Das Vertragskonto erhält die Gültigkeit ab Speicherungsdatum. Dies steuert das Feld **Gültigkeit ab** in der Stammdatentransaktion. Alle Änderungen, die zu einem bestimmten Datum gespeichert werden, werden auch erst dann wirksam. So kann man z. B. zukünftige Änderungen an den Bankdaten setzen, wenn der Kunde seine Bankverbindung ab dem nächsten Monat ändern, in diesem Monat aber noch mit seiner bestehenden Bankverbindung zahlen möchte.

Das Vertragskonto wird mit den Transaktionen CAA1 bis CAA3 verwaltet. Die Kopfdaten werden in der Datenbanktabelle FKKVKP gespeichert.

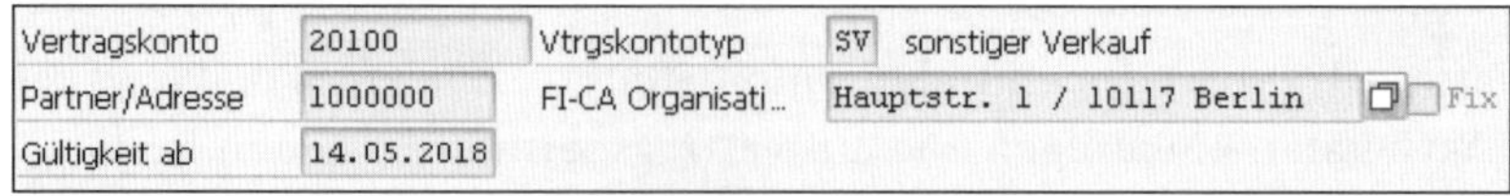

Abbildung 4.22 Vertragskontokopf

Vertragskontonummer

Um ein Vertragskonto zu identifizieren, zu verwenden oder zuzuordnen, erhält es eine eindeutige, mandantenabhängige *Vertragskontoummer*, die auch buchungskreisübergreifend gültig sein kann.

Um die Vertragskontonummer bei der Anlage generieren oder eingeben zu können, müssen Sie Nummernkreise definieren. Diese beschreiben, wie die Vertragskontonummern aufgebaut sein dürfen und ob sie automatisch vom System oder manuell vergeben werden. Die Intervalle konfigurieren Sie im Customizing unter dem folgenden IMG-Pfad:

IMG • Finanzwesen • Vertragskontokorrent • Grundfunktionen • Vertragskonten • Nummernkreise definieren

Nummernkreisintervall

In der Standardauslieferung stellt das SAP-System vordefinierte *Nummernkreisintervalle* bereit. Ein Nummernkreisintervall wird über eine eindeutige Nummer definiert und in späteren Customizing-Einstellungen weiter verknüpft (siehe Abbildung 4.23). Ein Nummernkreisintervall definiert einen Bereich von einem alphanumerischen Startwert bis zu einem Endwert. Über diesen Bereich werden sich die Vertragskontonummern erstrecken. Es können maximal 12 alphanumerische Stellen definiert werden.

Nr	von Nummer	bis Nummer	Nummernstand	Ext
01	000000010000	000000019999	0	☐
02	000000020000	000000029999	0	☐
03	000000030000	000000039999	0	☐
04	000000040000	000000049999	0	☐
05	000000E10000	000000E19999	0	☑

Abbildung 4.23 Nummernkreisintervalle für Vertragskonten

Legen Sie zuerst die Nummernkreisbezeichnung an, die später dem Vertragskontotyp zugeordnet wird. In den beiden folgenden Feldern **von Nummer** und **bis Nummer** bestimmen Sie, ab welcher Nummer oder Ziffer das Intervall beginnt und endet. Das Feld **Nummernstand** zeigt Ihnen an, ob bereits Vertragskontonummern genutzt wurden (siehe Abbildung 4.23).

Das Kennzeichen **Ext** definiert das Intervall als *externer Nummernkreis*. Dies bedeutet, dass der Anwender oder eine Programmlogik die Vertragskontonummer benennen dürfen. Andernfalls würde das System die nächste freie Nummer/Ziffer automatisch auswählen und vergeben.

Es gibt zwei Arten von Intervallen:

- **Interne Nummernvergabe**
  Die interne Nummernvergabe wird vom SAP-System verwaltet. Das heißt, das System vergibt die Nummern automatisch nacheinander im Intervall.
- **Externe Nummernvergabe**
  Bei der externen Nummernvergabe vergibt der Anwender oder z. B. eine Schnittstelle die Nummer aus einem bestimmten Intervall frei. Um die externe Nummernvergabe für ein bestimmtes Intervall zu aktivieren,

setzen Sie das Kennzeichen **Ext**. Da die Nummern in diesem Fall nicht durch das SAP-System verwaltet werden, können Lücken zwischen den einzelnen Vertragskontonummern im Intervall entstehen. Es ist überdies möglich, dass eine bestimmte Nummer bereits durch jemand anderen angelegt wurde.

[»]

Intervalle aufbauen

Um die Vertragskontonummernkreise sinnvoll für den Kunden aufzubauen, ist es wichtig, die spätere Verwendung im Betrieb zu kennen. Hieraus können Sie ableiten, ob eine externe oder interne Nummernvergabe sinnvoll ist und wie groß die einzelnen Intervalle sein müssen.

Vertragskontotyp

Um nun die Vertragskontonummer verwenden zu können, wird sie mit dem *Vertragskontotyp* verknüpft. Der Vertragskontotyp beschreibt die Eigenschaften und Art des Vertragskontos. Nehmen Sie die Einstellungen zum Vertragskontotyp unter dem folgenden Customizing IMG-Pfad vor:

IMG • Finanzwesen • Vertragskontokorrent • Grundfunktionen • Vertragskonten • Nummernkreise und Vertragskontotypen • Vertragskontotypen konfigurieren und Nummernkreisen zuordnen

Abbildung 4.24 zeigt die Customizing-Tabelle, in der Sie die Vertragskontotypen einrichten und den Nummernkreisintervallen zuordnen. Diese verbinden Sie dann durch Eingabe der Intervallbezeichnung mit den zuvor angelegten Nummernkreisen.

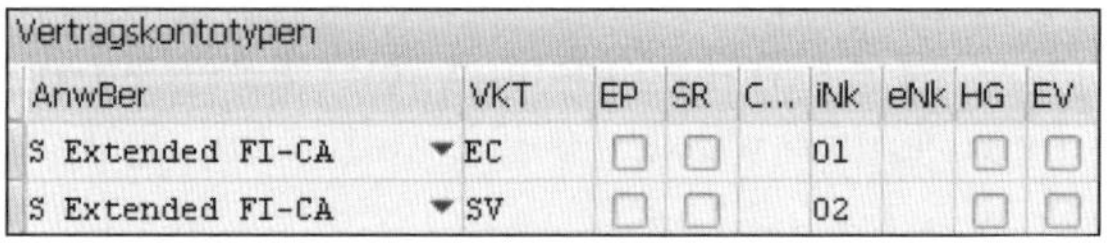

Vertragskontotypen

AnwBer	VKT	EP	SR	C...	iNk	eNk	HG	EV
S Extended FI-CA	EC	☐	☐		01		☐	☐
S Extended FI-CA	SV	☐	☐		02		☐	☐

Abbildung 4.24 Zuordnung der Intervalle zu den Vertragskontotypen

Tabelle 4.1 beschreibt die weiteren Customizing-Einstellungen, die Sie beim Anlegen des Vertragskontotyps ausprägen können.

Feld	Beschreibung
AnwBer	Wählen Sie den hinterlegten Anwendungsbereich aus. Er definiert, für welche Branche FI-CA ausgeprägt ist.
VKT	Identifikations-ID des Vertragskontotyps. Dieser wird bei der Anlage des Vertragskontos ausgewählt und bestimmt die Art des Vertragskontos.

Tabelle 4.1 Customizing des Vertragskontotyps

Feld	Beschreibung
Kontotyp Text	In diesem Textfeld bestimmen Sie die Benennung der jeweiligen Vertragskonten. Der Text wird in der [F4]-Hilfe angezeigt und kann dem Anwender bei der Auswahl des Vertragskontos die Art beschreiben.
EP	Wenn Sie diese Funktion aktivieren, können Vertragskonten von diesem Typ nur jeweils einem Geschäftspartner zugeordnet werden. Dies ist in einigen Branchenausprägungen mandatorisch.
SR	Um ein Vertragskonto einem anderen Vertragskonto als Sammelrechnungskonto zuzuordnen, müssen Sie das Feld **SR** aktivieren.
CpD	Das Geschäftspartner/Vertragskontoprinzip ist dafür geschaffen worden, eine große Anzahl von Kundendaten aufzunehmen und zu verarbeiten. Dennoch kann es notwendig werden, Conto-pro-Diverse-Konten (CpD)-Konten einzurichten; hierzu aktivieren sie das Feld **CpD**. In dieser Ausprägung ist es dann für die Branchen IS-T/IS-U möglich, mehrere Geschäftspartner als Kontoinhaber des Vertragskontos zu führen.
iNk	In diesem und im nächsten Punkt verknüpfen Sie nun den Vertragskontotyp mit dem zuvor definierten Nummernkreis. Hierzu wählen Sie die Nummernkreis-ID aus, die Sie bei der Vertragskontenanlage für *interne Nummernvergabe* bestimmt haben. Sie können einen Nummernkreis auch verschiedenen Vertragskontotypen zuordnen. Hierdurch kann im Betrieb aber nicht mehr alleine anhand der Vertragskontonummer erkannt werden, um welchen Typ es sich handelt.
eNk	Wie im Punkt zuvor verbinden Sie hier den Nummernkreis mit dem Vertragskontotyp. Es handelt sich aber um die Nummernkreise für eine *externe Verwaltung*. Auch hier können Sie mehrere Vertragskontotypen mit einem Nummernkreis verknüpfen.
HG	Durch die Aktivierung des Feldes **HG** verhindern Sie die Auswahl des Vertragskontotyps in der Dialogverarbeitung. Anwender können diese Vertragskontoart nicht manuell anlegen. Dies macht z. B. Sinn, wenn Sie eine Vertragskontoart über eine Schnittstelle per externe Nummernvergabe anlegen.
EV	In bestimmen Branchenausprägungen, z. B. IS-U, werden zusätzlich zum Vertragskonto noch Verträge als Stammdatenobjekte angelegt. Hier kann es notwendig sein, dass nur ein Vertrag pro Vertragskonto genutzt werden muss. In diesem Fall müssen Sie im Feld **EK** den Haken setzen.

Tabelle 4.1 Customizing des Vertragskontotyps (Forts.)

Feld	Beschreibung
VKTYP Ber.	Das Vertragskonto als Stammdatenobjekt verfügt über ein Berechtigungsobjekt F_KKVK_VKT; dieses kann in der Berechtigungsverwaltung ausgeprägt werden und z. B. die Anzeige des Vertragskontos für bestimmte Anwendergruppen unterdrücken. Wenn Sie die Prüfung aktivieren möchten, müssen Sie das Feld aktivieren. Zusätzlich sind in der Benutzerverwaltung Einstellungen vorzunehmen.

Tabelle 4.1 Customizing des Vertragskontotyps (Forts.)

Nachdem Sie die beiden Customizing-Aktivitäten zur Intervallanlage und Vertragskontotypdefinition ausgeführt und eingestellt haben, können Sie Vertragskonten im SAP-System anlegen.

Feldmodifikationen

Bei der Bearbeitung und Verwaltung der Vertragskonten ist es sinnvoll, je nach benötigtem Umfang durch die Fachabteilung den Bildaufbau anzupassen, also eine *Feldmodifikation* vorzunehmen. Die Modifikation kann auf die Felder des Vertragskontos angewendet werden und steuert die Darstellung auf der Oberfläche oder das Verhalten bei der Befüllung der Felder. Es sind folgende Ausprägungen pro Feld möglich:

- nur anzeigen
- ausblenden
- Feld kann gefüllt werden (Kann-Eingabe)
- Feld muss gefüllt werden (Muss-Eingabe)
- nicht spezifiziert

Hierdurch erleichtern Sie dem Anwender die manuelle Anlage von Vertragskonten und verringern die fehlerhafte Aussteuerung der Vertragskonten, z. B. wenn Sie vergessen haben, benötigte Felder zu befüllen. Die Feldsteuerung/Modifikation stellen Sie unter dem folgenden Pfad ein:

IMG • Finanzwesen • Vertragskontokorrent • Grundfunktionen • Vertragskonten • Feldmodifikation

Um die Feldsteuerung/Modifikation auszuprägen, stehen drei Arten zur Verfügung:

- **Feldattribute pro Vertragskontotyp konfigurieren**
  Bei dieser Art können Sie die Feldmodifikation für die zuvor eingerichteten Vertragskontotypen definieren.

- **Feldattribute pro Aktivität konfigurieren**
  In diesem Customizing-Punkt können Sie die Felder unterschiedlich aussteuern, wenn der Anwender das Vertragskonto anlegt, bearbeitet oder anzeigt. Es kann sinnvoll sein, bei der Anlage einen Wert in ein Feld eintragen zu müssen, bei der Bearbeitung dieses Feld aber für Änderungen zu sperren. Hierdurch bleibt der initiale Wert erhalten.
- **Feldgruppen für die Berechtigungsprüfung definieren**
  Wenn Sie die Feldmodifikationen anhand der Anwenderberechtigungen steuern möchten, wählen Sie diesen Customizing-Punkt. Das Berechtigungsobjekt F_KKVK_FDG wird für spezielle Anwender oder Anwendergruppen geprüft und Ihre Feldmodifikationen berücksichtigt.

Nachdem Sie sich für eine oder mehrere Varianten entschieden haben, ist das Customizing innerhalb der Varianten gleich aufgebaut.

Sie setzen für jedes relevante Feld die zuvor genannten Ausprägungen. Nachdem Sie die Einstellungen gespeichert haben, können Sie die Ergebnisse, z. B. mit der Anlagetransaktion CAA1, überprüfen.

Feldgruppen

Bezeichnung	Fel...	Ausblend...	Musseingabe	Kanneingabe	Anzeigen	nicht spez.
Abbuchungslimit	45	○	○	○	○	◉
Abweichende Korrespondenzempfänger	150	○	○	○	○	◉
Abweichender Korrespondenzempfäng...	152	○	○	○	○	◉
Abweichender Rechnungsempfänger	25	◉	○	○	○	○
Abweichender Zahler	40	○	○	○	○	◉
Abweichender Zahlungsempfänger	50	○	○	○	○	◉
Abweichendes Vertragskonto für Sam...	28	○	○	○	○	◉
Ausgangszahlsperren	138	○	○	○	○	◉
Ausgleichsrestriktion	143	○	○	○	○	◉
Bankverbindungs-ID für Ausgangszahlu...	52	○	○	○	○	◉
Bankverbindungs-ID für Eingangszahlun...	42	○	○	○	○	◉
Beliefertes Land (für Steuermeldungen)	35	○	○	○	○	◉
Berechtigungsgruppe	106	○	○	○	○	◉
Beziehung Geschäftspartner zum Vertr...	102	○	○	○	○	◉
Biller Direct: Benachrichtigungsart	199	○	○	○	○	◉
Biller Direct: Eventsteuerung	198	○	○	○	○	◉
Buchungskreisgruppe	21	○	○	○	○	◉
Buchungssperre	144	○	○	○	○	◉
Business Place	158	○	○	○	○	◉
Dispositionsgruppe	100	○	○	○	○	◉
Eigene Bankverbindung	110	○	○	○	○	◉

Abbildung 4.25 Customizing der Feldmodifikationen

Sie können für jedes auf der Oberfläche enthaltene Feld festlegen, ob es ausgeblendet (**Ausblend...**), ob es gefüllt werden muss (**Musseingabe**), ob die Eingabe nicht zwingend erforderlich sein soll (**Kanneingabe**) oder ob es nur angezeigt wird und somit nicht verändert werden kann (**Anzeigen**) (siehe

Abbildung 4.25). Sie können auch die Auswahl **nicht spez.** beibehalten; dann finden keine Anwendungen seitens des Systems auf das Feld statt.

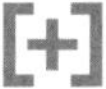

Varianten testen

Sie sollten die Einstellungen für alle von der Fachabteilung angeforderten Varianten testen, um z. B. sicherzustellen, dass keine Pflichtfelder ausgeblendet werden und diese Werte später bei der Verarbeitung von Vertragskontodaten fehlen.

Vertragskontoaufbau

Die Feldinformationen sind hauptsächlich in Tabelle FKKVK für die Kopfdaten, wie z. B. die Vertragskontonummer im Feld **Vertragskonto** und der Geschäftspartner im Feld **Partner/Adresse** hinterlegt. In der Datenbanktabelle FKKVKP sind die Felder, die das Vertragskonto spezifizieren (partnerspezifischen Daten) gespeichert. Hierzu gehört z. B. das Feld **Vtrgskontobez.**, das dem Vertragskonto eine Bezeichnung oder Namen gibt. Des Weiteren werden Customizing-Werte, z. B. im Feld **Zahlungskondition**, hinzugefügt, die bei der Prozessierung des Vertragskontos durch die Geschäftsprozesse verwendet werden. In der Benutzeroberfläche werden die Vertragskontokopfdaten immer über den partnerspezifischen Daten angezeigt. Die partnerspezifischen Daten verteilen sich auf drei Registerkarten unterhalb der Kopfdaten. Im weiteren Customizing-Verlauf definieren Sie die Auswahlmöglichkeiten zur Befüllung dieser Felder. Abbildung 4.26 zeigt die Darstellung in der Benutzeroberfläche in Transaktion CAA3.

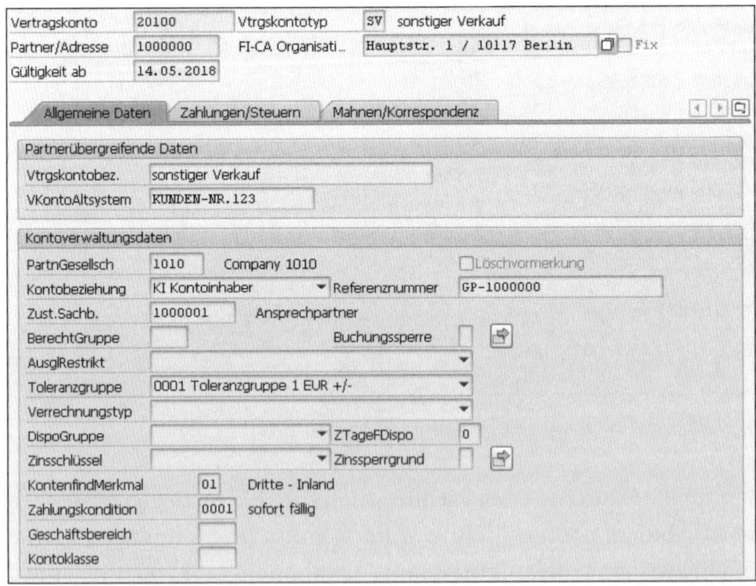

Abbildung 4.26 Aufbau des Vertragskontos

Nachdem Sie den Aufbau des Vertragskontos kennengelernt haben, definieren Sie nun die Verknüpfung des Objekts mit dem zuvor beschriebenen Geschäftspartner.

Vertragskontobeziehungen

Die Zuordnung der Vertragskonten zu einem Geschäftspartner über die Partnerrolle MKK finden Sie in Tabelle FKKVKP über die technischen Felder VKONT für Vertragskonto und GPART für Geschäftspartner. Sie können sowohl einem Geschäftspartner mehrere Vertragskonten zuweisen als auch ein Vertragskonto mehreren Geschäftspartnern.

Ein Geschäftspartner – mehrere Vertragskonten

Einen Geschäftspartner mit *mehreren Vertragskonten* nutzen Sie, um die unterschiedlichen Geschäftsbeziehungen darzustellen und zu steuern, die ein Kunde mit Ihrem Unternehmen haben kann. Den einzelnen Geschäftsvorfall unterscheiden Sie auf der Ebene des Vertragskontos mit dem *Vertragskontotyp*. Des Weiteren können Sie für jeden Vertragskontotyp einen spezifischen Nummernkreis definieren, um somit die Vertragsbeziehung eindeutig anhand der Nummer identifizieren zu können.

Mehrere Geschäftspartner – ein Vertragskonto

Umgekehrt kann es aber auch sein, dass ein Vertragskonto *mehreren Geschäftspartnern* zugewiesen werden muss. Als Beispiel wäre hier eine Familie zu nennen, deren Familienmitglieder als einzelne Geschäftspartner geführt werden. Dies kann z. B. der Fall im Bereich der Mobilfunkanbieter sein. Über einen Familienvertrag werden mehrere Mobilfunknummern, die unterschiedlichen Familienmitgliedern und somit Geschäftspartnern zugeordnet sind, unter einem einzelnen Vertrag geführt. Die buchhalterische Abwicklung erfolgt jedoch nur über einen Vertrag und somit über ein Vertragskonto. Mit der Zuordnung der Vertragskonten zu einem Geschäftspartner können Sie anschließend die debitorischen Prozesse im SAP-Vertragskontokorrent immer auf der Ebene des Geschäftspartners oder auf der Ebene einzelner Vertragskonten ausführen. Sie können somit entscheiden, die Zahlungs-, Kommunikations- und Mahnprozesse Ihrer Kunden zentral über alle Vertragskonten über den Geschäftspartner zu steuern oder auch nur auf der Ebene einzelner Vertragskonten.

Einschränkungen innerhalb der SAP-Branchenlösungen

Nicht alle SAP-Branchenlösungen unterstützen die n:n-Beziehung zwischen Vertragskonto und Geschäftspartner. Im Folgenden geben wir Ihnen daher eine Übersicht über den Funktionsumfang innerhalb der einzelnen SAP-Branchenlösungen:

- **Branchenkomponente Telekommunikation (SAP IS-T)**
  Ein Vertragskonto kann immer nur einem Geschäftspartner zugeordnet sein; ein Geschäftspartner kann jedoch über mehrere Vertragskonten verfügen.

- **Branchenkomponente Versorgungsindustrie (SAP IS-U)**
  Ein Geschäftspartner kann über mehrere Vertragskonten verfügen. Dabei fasst das Vertragskonto alle Verträge eines Geschäftspartners zusammen, bei denen Sie die gleichen Zahl- und Mahnungsbedingungen hinterlegt haben. Jeder Vertrag kann jedoch immer nur genau einem Vertragskonto zugeordnet werden. Der Vertrag ist dabei ein Objekt aus den Branchenkomponenten.
- **Branchenkomponente Versicherung (SAP FS-CD)**
  Ein Geschäftspartner kann über mehrere Vertragskonten verfügen, und den Vertragskonten können mehrere Verträge zugeordnet werden. Umgekehrt kann ein Vertrag aber immer nur genau einem Vertragskonto zugeordnet werden, während wiederum ein Vertragskonto mehreren Geschäftspartnern zugeteilt werden kann.
- **Branchenkomponente Public Sector Collection and Disbursement (SAP PSCD)**
  Die Vertragskonten eines Geschäftspartners werden für die jeweiligen Abgaben (Grundsteuer, Einkommenssteuer etc.) angelegt. Ein Geschäftspartner kann daher in Abhängigkeit der Anzahl der Abgaben über mehrere Vertragskonten verfügen, und umgekehrt können auch Vertragskonten mehreren Geschäftspartnern zugeordnet werden.

Die Art der Beziehung von Geschäftspartner und Vertragskonto definieren Sie unter folgendem IMG-Pfad:

IMG • Finanzwesen • Vertragskontokorrent • Grundfunktionen • Vertragskonten • Vertragskontobeziehungen

Um ein Vertragskonto nur einem Geschäftspartner und somit als alleinigem Kontoinhaber zuzuordnen, setzen Sie im Bereich **Kontobeziehungen eines Partners** das Kennzeichen **KI** (siehe Abbildung 4.27).

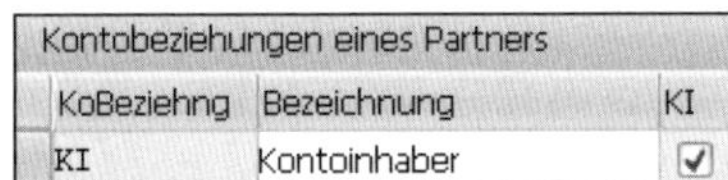
Kontobeziehungen eines Partners

KoBeziehng	Bezeichnung	KI
KI	Kontoinhaber	☑

Abbildung 4.27 Kontoinhaber festlegen

Anschließend können Sie Ihren zuvor definierten Kontobeziehungstyp im Feld **Kontobeziehung** auswählen und für dieses Vertragskonto speichern (siehe Abbildung 4.28).

Abbildung 4.28 Kontobeziehung zuordnen

Kontenfindungsmerkmal

Kontenfindungsinformationen

Im SAP-Vertragskontokorrent werden Belegbuchungen auf einem Vertragskonto anhand verschiedener Informationen abgeleitet. Diese bestimmen, welche Sachkonten, Nebenkontierungen und Steuerbuchungen später an das Hauptbuch weitergeleitet werden.

Die Kombination dieser Informationen ist zentraler Bestandteil der Kontenfindung im SAP-Vertragskontokorrent. Ein Kriterium ist das *Kontenfindungsmerkmal*, das im Stammsatz des Vertragskontos gespeichert wird.

Da sich die Buchungslogik immer aus einer Kombination von Feldern ableitet, sollten Sie erst die Kontenfindung fachlich aufbauen (siehe Abschnitt 5.2, »Kontenfindung«). Führen Sie danach die einzelnen Customizing-Schritte im Vertragskonto durch.

Das Kontenfindungsmerkmal wird über den folgenden IMG-Pfad zugeordnet:

IMG • Finanzwesen • Vertragskontokorrent • Grundfunktionen • Vertragskonten • Kontenfindungsmerkmale definieren

Geben Sie hierzu einen alphanumerischen Wert im Feld **Kontenfindungsmerkmal** sowie eine Bezeichnung im Feld **Text** ein, die später im User Interface angezeigt wird (siehe Abbildung 4.29). Das Kontenfindungsmerkmal wird u. a. für die Ableitung des Abstimmkontos herangezogen.

Kontenfindungsmerkmale

K..	Text
01	Dritte - Inland
02	Dritte - Ausland
03	Verbundene Unternehmen

Abbildung 4.29 Kontenfindungsmerkmal für Vertragskontostammsatz einrichten

Im Stammsatz kann der Anwender oder ein Automatismus einen der Customizing-Einträge im Vertragskonto speichern. Im Beispiel in Abbildung 4.30 wurde das Kontenfindungsmerkmal (Feld **KontenfindMerkmal**) 01 vergeben und wird somit bei den Buchungen zur Kontenfindung berücksichtigt.

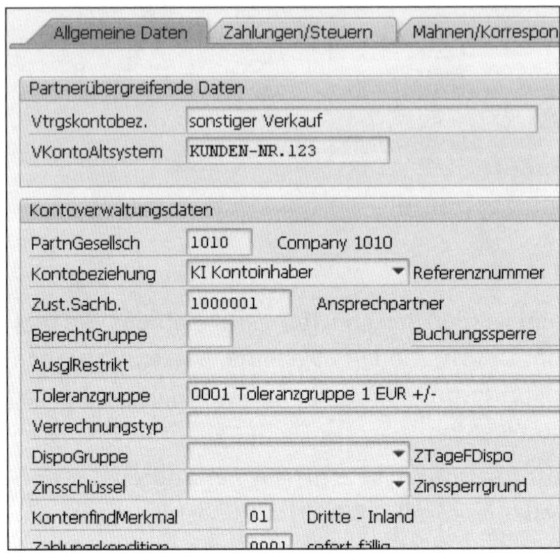

Abbildung 4.30 Kontenfindungsmerkmal einem Vertragskonto zuordnen

Kontoklasse

Sicherheitsleistungen

Die Kontoklasse im Vertragskonto ist ein Steuerungselement für die *Sicherheitsleistungen*. Wenn Sie die FI-CA-Sicherheitsleistungen nutzen möchten, müssen Sie im Customizing für das Vertragskontoobjekt die Kontoklasse definieren und diese beim Anlegen des Vertragskontos auswählen. Sie können dabei bare oder unbare Leistungen verwenden, die eine Forderungsbegleichung garantieren. Hierzu hinterlegen Sie im Customizing die gewünschten Kontoklassen über den folgenden Pfad:

IMG • Finanzwesen • Vertragskontokorrent • Grundfunktionen • Vertragskonten • Kontoklassen definieren

Sie gelangen in das Bild aus Abbildung 4.31. Um die Kontoklasse anzulegen, tragen Sie in das Feld **Kontoklasse** eine vierstellige Bezeichnung ein und hinterlegen wie in unserem Beispiel »0001«. Die Beschreibung **Sonstige Kontoklasse** wird in der Wertehilfe in der Oberfläche des Vertragskontos angezeigt.

Kontoklassen

Kon...	Text
0001	Sonstige Kontoklasse

Abbildung 4.31 Kontoklasse am Vertragskonto

4.3.2 Customizing außerhalb des Vertragskontostammsatzes

Vertragskonto-Einstellungen

Zusätzlich zum Customizing, das direkt unter dem Vertragskontopunkt im IMG-Menübaum zu finden ist, sind weitere Einstellungen relevant, die anderen Customizing-Abschnitten zugeordnet, aber dennoch im Vertragskontostammsatz von Belang sind. Im Folgenden beschreiben wir die wichtigsten Felder im Überblick.

Vertragskontonummer im Altsystem

Referenzfeld im Vertragskonto

Im Feld FKKVK-VKONA können Sie bei der Datenübernahme aus einer Migration eine Nummer hinterlegen, die z. B. die alte Debitorennummer aus einem Legacy-System repräsentiert. Bei einer Zusammenführung von mehreren Stammdatenobjekten zu einem Vertragskonto stößt das Feld mit seinen 20 Stellen an seine Grenzen.

Toleranzgruppe

Toleranzgruppen ermöglichen es, z. B. bei einer Über- oder Unterzahlung einer Forderung durch den Kunden, den Posten auszugleichen und einen Restbetrag als Verlust oder Ertrag »wegzubuchen«. Hierdurch ersparen Sie dem Unternehmen aufwendige manuelle Nacharbeiten bei Kleinstabweichungen. Jedem Vertragskonto kann eine Toleranzgruppe zugewiesen werden. Diese wird unter der Offene-Posten-Verwaltung über den folgenden IMG-Pfad definiert:

IMG • Finanzwesen • Vertragskontokorrent • Grundfunktionen • Offene-Posten-Verwaltung • Toleranzgruppen pflegen

Um die erlaubten Differenzen bei einer Über-/Unterzahlung in den Feldern **bei Unterzahlung** bzw. **bei Überzahlung** durch den Kunden zu definieren, tragen Sie die Grenzen absolut und/oder prozentual in die Felder **Aufwand**, **Erlös** und **Prozent** ein (siehe Abbildung 4.32).

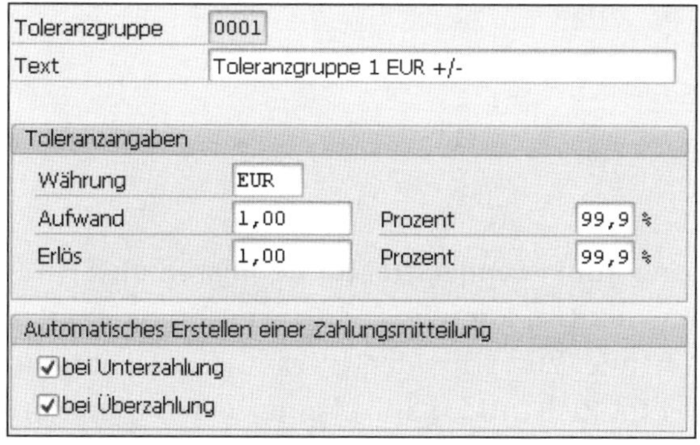

Abbildung 4.32 Toleranzen definieren

Wenn Sie beide Felder pflegen, wird immer die kleinere Differenz zur Prüfung herangezogen. Wenn Sie nur ein Feld verwenden möchten, muss das jeweils andere Feld mit dem maximalen Wert, z. B. »99,9« (Prozent) gefüllt werden.

Die Toleranzgruppe ordnen Sie bei der Stammdatenanlage oder -änderung dem Vertragskonto zu. Danach wird bei jeder Zahlungsregulierung die eingestellte Toleranz geprüft und entweder der Posten mit der Differenz ausgeglichen oder bei zu hoher/niedriger Abweichung nicht direkt ausgeglichen. Mehr Informationen zu Toleranzgruppen finden Sie in Abschnitt 5.3.3.

4.3.3 Datenübernahme

Wie in Abschnitt 4.3, »Vertragskonto«, beschrieben, gibt es mehrere Varianten, um die Vertragskontostammdaten im System anzulegen.

Stammdaten einspielen

Dies kann entweder über SAP-intergierte, zentrale Stammdatensysteme wie SAP CRM, über eine manuelle Anlage oder über eigene programmierte Lösungen realisiert werden. In der Analysephase ihres Projekts müssen Sie die verschiedenen Rahmenbedingungen berücksichtigen und die für den Kunden bestmögliche Lösung auswählen und spezifizieren. FI-CA wurde speziell zur Verarbeitung von Massendaten im debitorischen Bereich entwickelt. Um die Stammdaten in großer Anzahl mit möglichst geringem manuellen Aufwand bereitzustellen, gibt es in der Standardausprägung im IMG über den Customizing-Pfad die entsprechende Funktion:

IMG • Finanzwesen • Vertragskontokorrent • Grundfunktionen • Vertragskonten • Datenübernahme

Die Funktion kann sowohl zur regelmäßigen Verarbeitung als auch zu einmaligen Migrationszwecken verwendet werden. Das Customizing gliedert sich in die folgenden Schritte, die wir auf den nächsten Seiten genauer vorstellen:

1. Senderstruktur definieren
2. Übertragungsregeln festlegen
3. Übernahme starten
4. Protokolle anzeigen

Senderstruktur definieren

Legen Sie in dem Customizing-Punkt **Senderstruktur definieren** die Struktur der anzuliefernden Daten an. Um komplexere Konvertierungen oder Feldabhängigkeiten untereinander zu vermeiden ist es ratsam, schon die angelieferten Daten in der FI-CA-Zielstruktur aufzubauen. Bei diesem Vorgehen können Sie auch schnell prüfen, ob das liefernde System über alle erforderlichen Daten zur Vertragskontoanlage verfügt oder ob Sie diese hinzulesen oder als Festwert setzen müssen.

Legen Sie pro Lieferstruktur eine Senderstruktur im Customizing an. Sie können die im SAP-System hinterlegten Tabellen und Strukturen als Vorlagen verwenden.

Um ein Vertragskonto anzulegen, wählen Sie, wie in Abbildung 4.33 dargestellt, die Struktur CONTRACTACC im Feld **Senderstruktur** aus. Diese beinhaltet die zuvor beschriebenen Vertragskontokopfdaten und partnerspezifischen Datenbereiche und wird unter **Dictionary-Struktur** angezeigt.

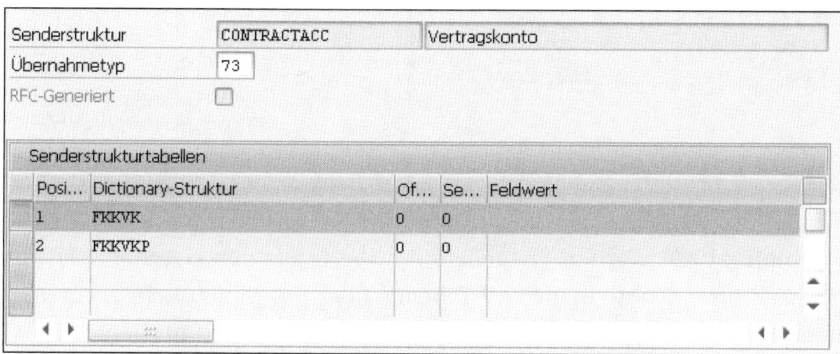

Abbildung 4.33 Senderstruktur definieren

In der nun generierten Struktur können Sie die Felder aus dem Vertragskontokopf erkennen. Diese werden beim Auslesen der Dateien in dieser Reihenfolge erwartet.

Im Standard werden vom SAP-System eine Vielzahl von Strukturen ausgeliefert (siehe Abbildung 4.34). Sie können die Strukturen und das Übernahmeverfahren auch für andere Stammdatenobjekte im SAP-Vertragskontokorrent verwenden.

Genau wie bei der manuellen Anlage von Stammdaten, ist auch bei der maschinellen Anlage die Reihenfolge der verschiedenen, aufeinander aufbauenden Objekte zu beachten: So kann ein Vertragskonto nicht ohne zugehörigen Geschäftspartner und MKK-Rollenausprägung angelegt werden.

Übertragungsregeln festlegen

Wenn die Senderstruktur nicht zum SAP-Aufbau im System passt, legen Sie in diesem Customizing-Punkt einfache Mapping-Regeln und Konstanten an. Wählen Sie hierzu die zuvor angelegte Datenstruktur aus, und tragen Sie die Regel in dem jeweiligen Feld ein.

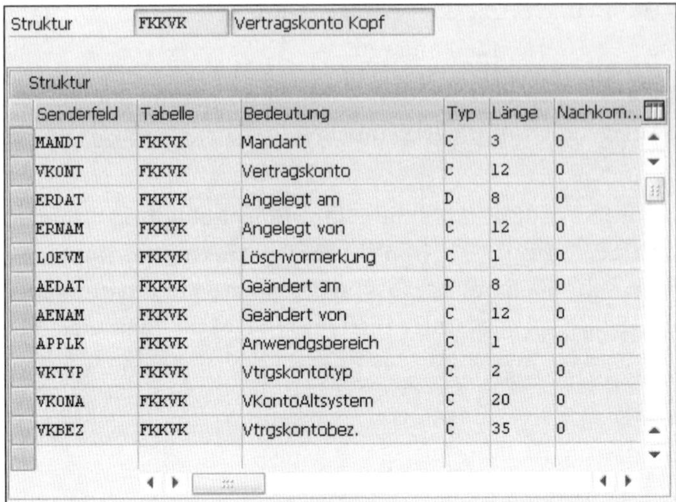

Struktur FKKVK Vertragskonto Kopf

Struktur

Senderfeld	Tabelle	Bedeutung	Typ	Länge	Nachkom...
MANDT	FKKVK	Mandant	C	3	0
VKONT	FKKVK	Vertragskonto	C	12	0
ERDAT	FKKVK	Angelegt am	D	8	0
ERNAM	FKKVK	Angelegt von	C	12	0
LOEVM	FKKVK	Löschvormerkung	C	1	0
AEDAT	FKKVK	Geändert am	D	8	0
AENAM	FKKVK	Geändert von	C	12	0
APPLK	FKKVK	Anwendgsbereich	C	1	0
VKTYP	FKKVK	Vtrgskontotyp	C	2	0
VKONA	FKKVK	VKontoAltsystem	C	20	0
VKBEZ	FKKVK	Vtrgskontobez.	C	35	0

Abbildung 4.34 Verfügbare Inhalte der Senderstruktur

In Abbildung 4.35 werden die gelieferten Werte für den Geschäftspartner und das Vertragskonto in die SAP-Tabellen übernommen und in die beiden Felder **Vtrgskontotyp** und **VKontoAltsystem** die jeweils hinterlegten Festwerte eingetragen.

Regeln für CONTRACTAC pflegen

Regelvorschlag erzeugen

Empf.Feld	Bedeutung	Typ	Länge	Senderfeld	Senderfeldwert	Konstante
AKTYP	Aktivitätstyp	C	2			
RLTP1	Objektteil	C	6			
RLTP2	Objektteil	C	6			
RLTP3	Objektteil	C	6			
RLTP4	Objektteil	C	6			
RLTP5	Objektteil	C	6			
RLTP6	Objektteil	C	6			
RLTP7	Objektteil	C	6			
RLTP8	Objektteil	C	6			
RLTP9	Objektteil	C	6			
VKONT	Vertragskonto	C	12	VKONT		
GPART	Geschäftspartn.	C	10	BU_PARTNER		
VKTYP	Vtrgskontotyp	C	2			SV
VKONA	VKontoAltsystem	C	20			123
GPART_HDR	Externe Nummer	C	20			

Abbildung 4.35 Mapping und Konstantenzuordnung der Vertragskontofelder

Übernahme starten Wenn Sie die beiden vorangehenden Punkte ausgeprägt haben, starten Sie das Übernahmeprogramm, um die Daten in das SAP-Vertragskontokorrent einzuspielen. Sie können zwischen verschiedenen Modi und Varianten wählen.

Protokolle anzeigen

Die bei den Test- und Echtläufen zur Datenübernahme erzeugten Protokolle, die Sie im IMG über den folgenden Customizing-Pfad finden können, geben Ihnen Rückmeldung zu den umgesetzten Strukturen und Regeln:

IMG • Finanzwesen • Vertragskontokorrent • Grundfunktionen • Vertragskonten • Datenübernahme • Protokolle auswerten

Die Fehlerkorrektur erfolgt dann in Schritt 1 (Senderstruktur definieren) und 2 (Übertragungsregeln festlegen) und wird durch einen erneuten Test verifiziert.

[+]

Alternative Datenübernahmen

Häufig stehen bei der Datenübernahme oder bei einer Migration die benötigten Werte nicht in der Zielstruktur und Ausprägung zur Verfügung, sodass aufwendige Datensammlungen und Bereinigungen erforderlich sind. Bei der Migration von FI-AR-Debitorenkonten mit Vertragskonten kann es auch vorkommen, dass Stammdaten aufgeteilt werden und aus einem Objekt mehrere Vertragskontokorrent-Stammdatenobjekte abgeleitet werden müssen. Diese Konstellationen können nur durch den Einsatz von externen Komponenten, Tools oder Eigenentwicklungen gelöst werden.

Für das Vertragskontenstammdatenobjekt bietet SAP die Funktionsgruppe FKK_BOR_CONTACC an. Diese beinhaltet Funktionsbausteine zur Anlage und Verwaltung von Vertragskonten.

4.3.4 Archivierung

Je nachdem, welchen Ansatz Sie zur Archivierung in Ihrem Projekt verfolgen, gibt es unterschiedliche Standardeinstellungen in FI-CA für die Archivierung des Vertragskontostammdatenobjekts.

Archivfunktion

Sie können die Archivfunktion aktivieren und mit dem Archivsystem verknüpfen; dies macht auch einen Absprung ins Archiv möglich. Hierzu verwenden Sie im IMG den folgenden Pfad:

IMG • Finanzwesen • Vertragskontokorrent • Grundfunktionen • Vertragskonten • Archivinfostruktur für Vertragskontoarchiv aktivieren

Wählen Sie das Vertragskontoobjekt und die gewünschten Felder aus. Anschließend aktivieren Sie das Objekt in der Übersichtstransaktion. Weitere Einstellungen im Zusammenhang mit der Archivierung müssen mit dem zuständigen Teilprojekt, das die Archivierung betreut, abgestimmt werden. In Abbildung 4.36 sind die vom System voreingestellten Einstellungen hinterlegt, die in der Regel ausreichen, um die Infostruktur aufzubauen.

Abbildung 4.36 Vertragskonto archivieren

Ausschlaggebend dafür, ob ein Vertragskonto archiviert werden kann, ist das Kennzeichen **Löschvormerkung** im Vertragskonto (siehe Abbildung 4.37). Ist dieses Kennzeichen gesetzt und sind keine abhängigen Daten mehr mit dem Vertragskonto verknüpft, kann das Vertragskonto in das Archivsystem kopiert und aus dem FI-CA-System gelöscht werden.

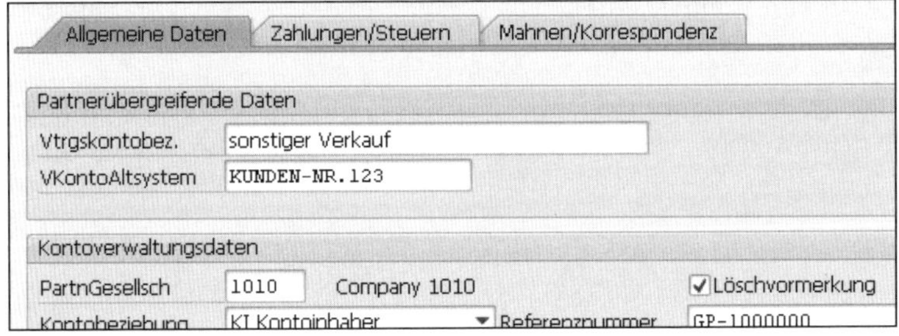

Abbildung 4.37 Löschkennzeichen im Vertragskonto auswählen

Das Löschen und Übertragen wird erst vom Archivierungsreport ausgelöst; das Setzen des Kennzeichens markiert das Objekt nur und kann auch wieder entfernt werden.

4.4 Vertragspartner

In Abschnitt 4.2.3 sind wir bereits auf die Verbindung von Geschäftspartner und Vertragskonto eingegangen.

Im Folgenden werden Einstellungen beschrieben, die im Zusammenhang mit dem Geschäftspartner stehen, aber aus dem Vertragskonto heraus gestartet werden.

MKK-Rolle

Im SAP-System wird diese Verbindung durch die betriebswirtschaftliche Partnerrolle MKK angezeigt. Diese ermöglicht es auch, die Geschäftspartner und Vertragskontostammdaten automatisch durch FI-CA-Prozesse zu ändern. Um z.B. Bankverbindungsänderungen automatisch ins SAP-Vertragskontokorrent überzuleiten und Folgeprozesse, wie z.B. Formularversendungen, zu nutzen, nehmen Sie die Einstellungen über den folgenden IMG-Pfad vor:

IMG • Finanzwesen • Vertragskontokorrent • Grundfunktionen • Vertragspartner

Im Folgenden werden die verfügbaren Einstellungen zum Vertragspartner beschrieben.

4.4.1 Änderungen zum Zahlungsverkehr

Im Folgenden beschreiben wir die Einstellungen, die bei der Änderung, z. B. am Geschäftspartnerbankenstammsatz, ausgelöst werden.

Vorschlagswerte für Zahlwege hinterlegen

Wenn die Anwender im Betrieb die Zahlungsdaten aus dem Vertragskonto heraus ändern (Transaktion FPP4), können Sie verschiedene automatische Ableitungen für diese Zahlungsänderungen hinterlegen. Um Vorschlagswerte für Zahlwege zu hinterlegen, nutzen Sie den folgenden IMG-Pfad:

IMG • Finanzwesen • Vertragskontokorrent • Grundfunktionen • Vertragspartner • Vorschlagswerte für Zahlwege hinterlegen

Zahlwege vorbelegen

Dort nehmen Sie die in Abbildung 4.38 gezeigten Einstellungen pro Buchungskreisgruppe vor. Hierzu wählen Sie in den Feldern **Eingangszahlweg** und **Ausgangszahlweg** die gewünschten Zahlwege aus. Aktivieren Sie anschließend den Punkt **Vertragskonto ändern**; hierdurch werden bei Änderungen die Werte ins Vertragskonto übernommen.

Bei der Anlage oder Änderung von Zahlungsinformationen am Geschäftspartnerstammsatz über Transaktion FPP4 werden diese Vorschlagswerte in die Felder des ausgewählten Vertragskontos übernommen und gespeichert.

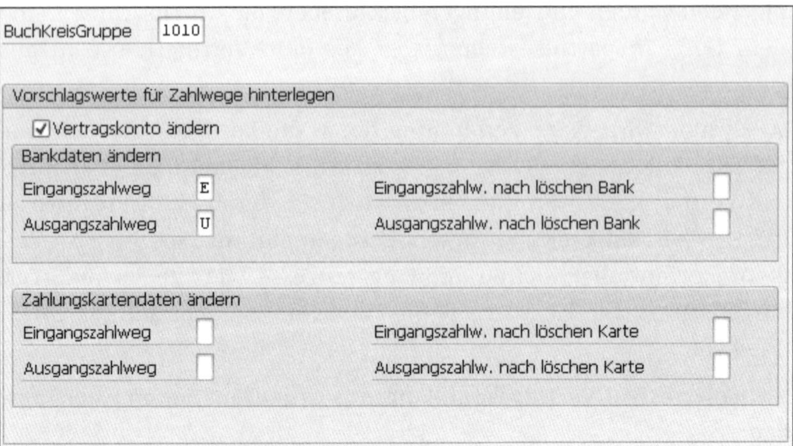

Abbildung 4.38 Vorschlagswerte für Zahlwege hinterlegen

Bearbeitungsvarianten definieren

Benutzermenü

In den Fachabteilungen können verschiedene Gruppen oder Sachbearbeiter unterschiedliche Aktionen ausführen. Im Customizing-Punkt **Bearbeitungsvarianten definieren** legen Sie die Vorbelegungen für die Transaktion FPP4 zur Verarbeitung von Zahlungsinformationen am Geschäftspartner fest. Dies erleichtert es dem Sachbearbeiter, Werte einzugeben oder schlägt Werte vor. Sie können dabei verschiedene Varianten für verschiedene Sachbearbeitergruppen anlegen. Die Zuordnung der Variante zum Benutzer steuern Sie in Transaktion SU01 (siehe Abbildung 4.39). Tragen Sie die Bearbeitungsvariante für den Parameter 8UV im Feld **Set-/Get-Parameter-Id** und den **Parameterwert**, z. B. »S«, ein.

Abbildung 4.39 Parameter für einen Benutzer hinterlegen

Die Parameterzuordnung kann für eine Vielzahl von Feldern komponentenübergreifend ausgeprägt werden und vereinfacht die Auswahl im User Interface.

Regelwerk für Folgeaktionen definieren

Regelableitungen

Änderungen, die am Geschäftspartner durchgeführt werden, können fachliche Auswirkungen auf die verbundenen Vertragskonten haben. Um diese automatisiert durchführen zu lassen, definieren Sie in diesem Customizing-Punkt die Regel, anhand derer bestimmte Aktionen am Vertragskonto ausgeführt werden. Legen Sie hierzu im Customizing ein Regelwerk entweder für **Bankdaten ändern** oder **Zahlkarten ändern** an, und aktivieren Sie es (siehe Abbildung 4.40).

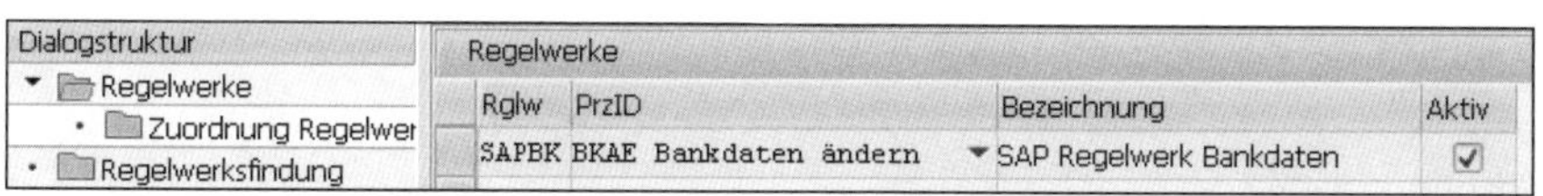

Abbildung 4.40 Regelwerk für Folgeaktionen definieren

Im zweiten Schritt bestimmen oder definieren Sie im Feld **AktTp** den Aktivitätentyp mit einer Variante **AVar** (siehe Abbildung 4.41).

Zuordnung Regelwerk/Aktivitätsvarianten

AktTp	AVar	Bezeichnung	VAu...	Aus...	Varia...
2	100	SAP Regelwerk Bankdaten Sperren löschen	☑	☑	▦
3	300	SAP Regelwerk Mahnung löschen	☑	☑	▦
4	400	SAPRegelwerk Rückläufer stornieren	☑	☑	▦

Abbildung 4.41 Aktion zuordnen

Sie haben die Möglichkeit, zwischen verschiedenen Aktivitätstypen auszuwählen:

1. Bankdaten aus GP löschen
2. Sperren entfernen
3. Mahnungen stornieren
4. Rückläufer zurücknehmen

Sperren

Nachdem Sie die Aktionsvariante ausgewählt haben, die vom Aktionstyp abhängt, setzen Sie die Restriktionen für die Vorauswahl. Hier können Sie definieren, ob die Regel für den Sachbearbeiter vorbelegt und/oder änderbar ist.

Nachdem Sie die Zuordnungen verknüpft haben, stellen Sie die gewünschten Folgeaktionen ein (siehe Abbildung 4.42). In unserem Beispiel werden – nachdem die Bankdatensperre am Geschäftspartner aufgehoben worden ist – auch die Sperren am Vertragskonto und an allen Posten des Geschäftspartners aufgehoben.

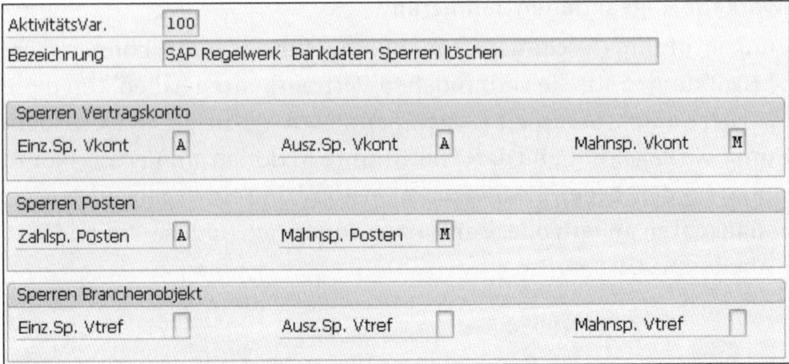

Abbildung 4.42 Variante ausprägen

Um den Customizing-Vorgang abzuschließen, weisen Sie nun das erstellte Regelwerk einem Buchungskreis im Feld **BuKr** zu (siehe Abbildung 4.43).

Dialogstruktur
- Regelwerke
  - Zuordnung Regelwer
- Regelwerksfindung

Regelwerksfindung

PrzID	BuKr	Rglw
BKAE Bankdaten ändern	1010	SAPBK
BKAE Bankdaten ändern	1025	SAPBK
BKAE Bankdaten ändern	1027	SAPBK
BKAE Bankdaten ändern	1099	SAPBK

Abbildung 4.43 Regelwerk zuweisen

4.4.2 Zusatzprüfungen bei Stammsatzänderungen des Geschäftspartners aktivieren

Es gibt eine Reihe von Zusatzprüfungen, die Sie im Zusammenhang mit Änderungen am Geschäftspartnerstammsatz einrichten können. Diese Zusatzprüfungen dienen zur Steuerung der jeweiligen Programmlogik und Tabellen im Hintergrund. In Abbildung 4.44 sehen Sie die zentralen technischen Einstellungen zum SAP-Vertragskontokorrent. In den folgenden Abschnitten gehen wir diese Konfigurationsmöglichkeiten nacheinander durch.

Zentrale technische Einstellungen z
- [ ] GP-Schattentab.
- [ ] Letzte Bankverb
- [ ] Abhängigkeit prf.
- [ ] Spool-Aggr.
- [ ] Zentrale Steuerdatentabelle
- [ ] Geänderte GP

Abbildung 4.44 Zusätzliche Einstellungen zum Vertragspartner

Schattentabelle für Geschäftspartnerdaten verwenden

Technische Einstellungen

Der zentrale Geschäftspartner hält Stammdateninformationen aus mehreren Komponenten vor. Um die Verarbeitungsgeschwindigkeit des Geschäftspartnerobjektes, z. B. in Zahlläufen, zu verbessern, können Sie die Customizing-Einstellung **Schattentabelle für Geschäftspartnerdaten verwenden (GP-Schattentab.**) aktivieren. Hierdurch werden die für FI-CA relevanten Geschäftspartnerdaten in Tabelle FKK_GPSHAD geschrieben und für die Verarbeitung genutzt.

Wenn Sie die Funktion nutzen möchten, nachdem bereits Geschäftspartnerstammdaten im System gespeichert oder relevante Geschäftspartnerdaten durch externe Programme auf Tabellenebene geändert worden sind, müssen Sie den Report GPSHAD_NEW ausführen, der die Schattentabelle aktualisiert.

Letzte Bankverbindung verwenden

Bankdaten wiederverwenden

In der Schattentabelle FKK_GPSHAD wird immer die erste Bankverbindung des Geschäftspartners vorgehalten. Wenn Sie den letzten Bankdateneintrag des Geschäftspartners verwenden möchten, aktivieren Sie das Kennzeichen **Letzte Bankverb** (letzte Bankverbindung verwenden). Nach der Aktivierung wird die Bankverbindung genutzt, die bei der vorangegangenen Aktion verwendet wurde.

Abhängigkeiten zu Geschäftspartneränderungen prüfen

Änderungen prüfen

Im Stammsatz des Vertragskontos werden Daten aus dem zugeordneten Geschäftspartner hinterlegt. Wenn Sie das Kennzeichen **Abhängigkeit prf.** (Abhängigkeiten zu Geschäftspartneränderungen prüfen) aktivieren, überprüft das System bei einer Änderungen am Geschäftspartner, ob diese Änderungen Auswirkungen auf die Vertragskonten haben und meldet diese im Dialog an den Anwender zurück.

Spool-Aggregation

Das Kennzeichen **Spool-Aggr.** (Spool-Aggregation auf Jobebene erwünscht) fasst *Spool-Aufträge* zusammen; es wird pro Job ein Spool-Auftrag anstelle pro Intervall erzeugt. Hierdurch werden mehrere Spools zusammengefasst und in der Spool-Verwaltung angezeigt.

Zentrale Steuerdatentabelle

Die *zentrale Steuerdatentabelle* steuert die Verwendung der Tabelle zur Ablage der Steuerinformationen. Diese werden dann zusammengefasst.

Aktuell ist die zentrale Steuertabelle nur für Telekommunikationsunternehmen mit Rechnungsstellung in den USA relevant.

Geänderte Geschäftspartner

Informationen über Änderungen, die am Geschäftspartner durchgeführt werden, können nach der Aktivierung mit den beiden Zeitpunktbausteinen 1025 und 1052 verteilt werden.

4.5 Fazit

Sie haben in diesem Kapitel die beiden Hauptstammdatenobjekte in FI-CA, den Geschäftspartner und das Vertragskonto kennengelernt und wie Sie eine oder mehrere Verknüpfungen zwischen den Objekten herstellen können. Der Aufbau und die Eigenschaften der Stammdaten haben einen erheblichen Einfluss auf die prozessuale Ausprägung der Prozesse in FI-CA. So liefern Sie z. B. die Eigenschaften und Werte eines Geschäftspartners und Vertragskontos Kriterien für das Verhalten bei der Durchführung eines Zahlungsprozesses eines Kunden.

Vorrangiges Ziel von FI-CA ist es, eine sehr große Anzahl von Kunden zu gruppieren und automatisiert im Forderungsprozess zu behandeln. Um verschiedene Gruppen bilden zu können und diese unterschiedlichen Varianten zu zuordnen, ist es wesentlich, die Stammdaten anhand der Kundenprozesse, Systemabhängigkeiten und unter integrativen Aspekten zu betrachten.

Mit der zwingenden Einführung des SAP-Geschäftspartners bei SAP-S/4HANA-Implementierungen müssen Sie zukünftig den SAP-Geschäftspartner auch komponentenübergreifend implementieren und die gemeinsam genutzten Daten am SAP-Geschäftspartner abstimmen.

Kapitel 5
Grundfunktionen

Mit den Grundfunktionen legen Sie die Rahmenbedingungen für die Belegsteuerung und die Belegverwaltung fest. Die hier definierten Grundlagen werden von all Ihren Geschäftsprozessen rund um das SAP-Vertragskontokorrent als Ausgangsbasis verwendet.

In diesem Kapitel lernen Sie zunächst die Grundeinstellungen kennen, die den Rahmen für Buchungen im SAP-Vertragskontokorrent vorgeben (Abschnitt 5.1, »Buchungen und Belege«). Außerdem stellen wir Ihnen den FI-CA-Buchungsbeleg mit seinen Kopf- und Positionsdaten vor. Im Zusammenhang mit dem Aufbau der Kopfdaten erläutern wir die notwendigen Customizing-Einstellungen zu Belegarten und Nummernkreisen.

In Abschnitt 5.2, »Kontenfindung«, erhalten Sie eine Einführung in den Aufbau der Kontenfindung, die sich mit Haupt- und Teilvorgängen wesentlich von der Kontenfindung des Hauptbuches sowie der klassischen Debitorenbuchhaltung von FI-AR unterscheidet, die auf Buchungsschlüsseln basieren.

In Abschnitt 5.3, »Offene-Posten-Verwaltung«, stellen wir Ihnen in die Offene-Posten-Verwaltung zum Management der gebuchten Forderungen auf den Geschäftspartnerpositionen und den Vertragskonten vor. Das Customizing der Kontenstandanzeige als wesentliches Instrument zur Auswertung der Posten anhand der vorgestellten Belegarten sowie Haupt- und Teilvorgängen steht dabei im Mittelpunkt. Zudem zeigen wir Ihnen die Möglichkeiten einer automatisierten Kontenpflege auf, um Posten auf den Vertragskonten automatisiert auszugleichen und miteinander verrechnen zu können. Wir schließen das Kapitel in Abschnitt 5.4, »Korrespondenzen«, mit den Einstellungen zu den Korrespondenzen ab, die im SAP-System als Teil der Grundeinstellungen geführt werden, da sie geschäftsprozessunabhängig die Steuerung des Korrespondenzdrucks übernehmen.

Am Ende haben Sie eine Übersicht über die grundlegenden Buchungslogiken und -funktionen erhalten und kennen den Aufbau der Offene-Posten-Verwaltung. Sie können den Beleglebenszyklus auf den Konten der Vertrags- und Geschäftspartner steuern und die Einstellungen zu den Korrespondenzen ausschöpfen.

5.1 Buchungen und Belege

Nachweis einer Transaktion

Ein *Beleg* ist der Nachweis einer durchgeführten und abgeschlossenen Transaktion im SAP-System. Alle relevanten Informationen zu dem getätigten Geschäftsvorfall finden Sie in dem generierten Beleg, der unter einer eindeutigen Nummer gespeichert wird.

Keine Buchung ohne Beleg

Gemäß dem *Belegprinzip* als Teil der Grundsätze ordnungsmäßiger Buchführung (kurz GoB) muss zudem jedem realisierten Geschäftsvorfall ein Beleg zugrunde liegen und des Weiteren dem Prinzip der *Klarheit* und *Übersichtlichkeit* genügen. Auf diese Weise muss es auch sachverständigen Dritten möglich sein, den Geschäftsprozess nachzuvollziehen. Der Beleg muss also zu jedem Zeitpunkt Auskunft über die Inhalte des betreffenden Geschäftsvorfalls geben können. Zudem bildet er die Basis zur Weiterverarbeitung im Beleglebenszyklus, d. h., dass er alle Informationen tragen muss, die notwendig sind, um einen offenen Posten zum Ausgleich zu führen.

Ihre gebuchten Forderungen werden folglich auf einem Geschäftspartnerkonto mit der Angabe zu Zahlung, Steuer und Fälligkeit gebucht und im weiteren Verlauf über den Zahlprozess ausgeglichen oder bei ausstehender Forderung gemahnt. Alle diese weiteren Prozesse, wie Ausgleich, Mahnung, Zinsberechnung oder Ausbuchung werden immer mit Bezug auf den Ursprungsbeleg gebucht. Anhand der Belegkette können Sie die Bearbeitung der Forderung im Lebenszyklus eindeutig auf den Konten der Vertragspartner nachvollziehen und bis zum Ursprungsbeleg, der Rechnung, zurückverfolgen.

Im Folgenden geben wir Ihnen zunächst einen Überblick über den Aufbau des Belegs im SAP-Vertragskontokorrent und erläutern Ihnen die notwendigen Customizing-Einstellungen, die für die Buchung von Belegen und zur Einhaltung der GoB notwendig sind.

5.1.1 Buchungsgrundeinstellungen vornehmen

Zentrale Buchungseinstellungen

Ein Beleg ist der Nachweis eines getätigten Geschäftsvorfalls in Ihrem Unternehmen. Das SAP-Vertragskontokorrent deckt im Standard eine Vielzahl von Geschäftsprozessen unterschiedlicher Branchen ab. Deshalb sollten Sie zunächst in den zentralen Buchungseinstellungen wichtige Grundfunktionen in Bezug auf die Buchung von Belegen gemäß Ihren spezifischen

Buchungsprozessen erlauben oder einschränken. Navigieren Sie hierzu über den folgenden Pfad des Einführungsleitfadens (Implementation Guide, kurz IMG):

IMG • Finanzwesen • Vertragskontokorrent • Grundfunktionen • Buchungen und Belege • Grundeinstellungen • Zentrale Buchungseinstellungen pflegen

Entscheiden Sie, wie in Abbildung 5.1 gezeigt, welche grundlegenden Funktionen Sie im SAP-Vertragskontokorrent erlauben möchten, indem Sie einen Haken an das entsprechende Kennzeichen setzen. Die von Ihnen getroffene Auswahl ist eine zentrale Einstellung, die für alle Benutzer gültig ist.

Neue Einträge: Detail Hinzugefügte

Zentrale Einstellungen zum Vertragskontokorrent

- [ ] Sammelrechnungen / Bündelungen genutzt
- [ ] Ratenpläne werden genutzt
- [ ] Belege mit Wiederholung sind möglich
- [ ] Wiederholungsgruppen sind erlaubt
- [ ] Skonto bei Zahlungen ist möglich
- [ ] Zahlbetragsvereinbarung ist möglich
- [ ] Asynchrone Summenfortschreibung
- [ ] Offizielle Belegnummern werden verwendet
- [ ] Zinsbuchung beim Ausgleich ist möglich
- [ ] Forderungsbeträge sind Nettobeträge
- [ ] Nebenforderungen im StandardbuchKrs
- [ ] Quittungsverwaltung wird genutzt
- [ ] Zahlung durch externe Zahlstellen
- [ ] Keine partnerübergreifende Regulierung
- [ ] Fakturierung ist aktiv
- [ ] Parallelisierte Steuerfortschreibung USA
- [ ] Erweiterte Guthabenbearbeitung
- [ ] Erweiterte Guthabenklärung
- [ ] Rückbuchung auf Klärung in Guthabenbearb. aktiv
- [ ] Komplettstorno Gebühren
- [ ] Workflow Wiedervorlage

Abbildung 5.1 Zentrale Buchungseinstellungen pflegen

Neben allgemeinen buchhalterischen Entscheidungen zum Einsatz von Ratenplänen und Skontobuchungen finden Sie in dieser Customizing-Einstellung auch Kennzeichen, die nur für bestimme SAP-Branchenlösungen von Relevanz sind. Tabelle 5.1 erläutert Ihnen die Bedeutung der einzelnen Kennzeichen, die Sie im Customizing zu den zentralen Buchungseinstellungen wählen können.

Customizing-Einstellung	Beschreibung
Sammelrechnungen/ Bündelungen genutzt	Sie können in FI-CA verschiedene Vertragskonten zur gemeinsamen Bearbeitung unter einem Sammelrechnungskonto zusammenfassen. Auf diesem Sammelrechnungskonto werden die Belege der zugeteilten Vertragskonten unter einem statistischen Beleg zur gemeinsamen Abwicklung zusammengefasst. Des Weiteren benötigen Sie dieses Kennzeichen, falls Sie eine der folgenden Funktionalitäten aus den nachstehenden Vertriebskomponenten verwenden: ■ Vertrieb (SD): Am Ende einer Periode wird wiederkehrend ein Fakturabeleg für mehrere Lieferungen an einen Kunden erstellt. ■ SAP-Branchenlösung Krankenhaus (IS-H): Sie erstellen eine Sammelrechnung, die mehrere Einzelrechnungen zusammenfasst. Bei der Überleitung der Einzelrechnungen in das SAP-Vertragskontokorrent werden dabei die Einzelrechnungen mit Bezug zur Sammelrechnung übergeleitet und gebucht. Es wird jedoch kein eigener Buchhaltungsbeleg für die Sammelrechnung erstellt.
Ratenpläne werden genutzt	Sie erstellen für Ihre Kunden Ratenpläne und möchten diese aus den Anwendungskomponenten in die Buchhaltung übernehmen und buchen.
Belege mit Wiederholungen sind möglich	Sie ermöglichen es Ihrer Buchhaltung, Musterbelege zu erfassen, um daraus wiederkehrende Geschäftsprozesse abzuleiten und zu buchen (z. B. Dauerbuchungen, Ratenpläne).
Wiederholungsgruppen sind erlaubt	Sie möchten aus einem Musterbeleg verschiedene Wiederholungsbuchungen ableiten. Hierzu fassen Sie den Musterbeleg zu Wiederholungsgruppen zusammen und weisen anschließend diese unterschiedlichen Positionen im SAP-Vertragskontokorrent zu.
Skonto bei Zahlungen ist möglich	Sie möchten Ihren Kunden Skonto gewährleisten. Mit der Pflege dieser Option werden Ihnen im Beleg des SAP-Vertragkontokorrents die Felder zur Erfassung und Bearbeitung von Skontobedingungen angezeigt.

Tabelle 5.1 Die zentralen Buchungseinstellungen im Überblick

Customizing-Einstellung	Beschreibung
Zahlbetragsvereinbarung ist möglich	Sie erlauben Zahlungsvereinbarungen für offene Posten in Fremdwährung. Vereinbarte Zahlungsbeträge werden im Zahllauf und in der Kontenpflege berücksichtig und Ihnen in der Kontenstandanzeige angezeigt. Da die Daten jedoch in separaten Tabellen gespeichert werden, aktivieren Sie diesen Punkt nur, wenn dies für Ihr Unternehmen von Relevanz ist. Die Verarbeitung kann ansonsten zu einer Verschlechterung der Performance durch die zusätzlichen Datenbankzugriffe führen.
Asynchrone Summenfortschreibung	Die Summenfortschreibung des Vertragskontos bei Massenbuchungen wird asynchron verarbeitet. Diese Einstellung wird nur bei erheblichen Performanceproblemen empfohlen, da eine asynchrone Fortschreibung Dateninkonsistenzen hervorrufen kann, die manuell von den Usern korrigiert werden muss.
Offizielle Belegnummern werden verwendet	Die Verwendung von offiziellen Belegnummern ist in bestimmen Ländern wie Argentinien, Brasilien, Spanien, Italien oder Portugal staatlich vorgegeben.
Zinsbuchung bei Ausgleich ist möglich	Mit dem Setzen des Kennzeichens wird der Funktionsbaustein FKK_SAMPLE_2055 aktiviert, der prüft, ob die ausgeglichenen Positionen verzinst werden müssen.
Forderungsbeträge sind Nettobeträge	Beträge, die Sie in einem Beleg im Geschäftspartner erfassen, werden als Nettobeträge eingegeben. Ansonsten wird der Betrag immer als Bruttobetrag behandelt.
Nebenforderungen im Standardbuchungskreis	Für die SAP-Branchenlösung Versicherungen (SAP Insurance Analyzer) können Sie mit dieser Funktion Nebenforderungen wie Gebühren und Zinsen im Standardbuchungskreis des Vertragskontos buchen – und nicht im Buchungskreis der auslösenden Hauptforderung.
Quittungsverwaltung wird genutzt	Sie nutzen die Quittungsverwaltung. Beim Druck von Quittungen der Barkasse, und bei Zahlungen über den Zahllauf wird Tabelle DFKKREPT entsprechend mit der Quittungsnummer fortgeschrieben.

Tabelle 5.1 Die zentralen Buchungseinstellungen im Überblick (Forts.)

Customizing-Einstellung	Beschreibung
Zahlung durch externe Zahlstellen	Erweiterte Funktionen, wie die Berechnung von Provisionen, stehen Ihnen im Zahlungsstapel zur Verfügung, um die Abwicklung von Zahlungen durch externe Zahlstellen abbilden zu können.
Keine partnerübergreifende Regulierung	Einträge im Vertragskonto und in den Verträgen mit abweichenden Regulierern werden ignoriert, um die Performance im Zahllauf zu verbessern.
Fakturierung ist aktiv	Die Anwendungskomponente Fakturierung ist aktiv.
Parallelisierte Steuerfortschreibung USA	Diese Einstellung ist nur für die externe Steuerfortschreibung in den USA relevant.
Erweiterte Guthabenbearbeitung/Erweiterte Guthabenklärung	Ihre Anwender können in der Guthabenbearbeitung von FI-CA mehrere Guthaben gleichzeitig markieren, um sie als Paket in Auszahlung, Bearbeitung oder im Workflow zur Guthabenklärung zu behandeln. Zudem können mehrere Teilbeträge eingegeben werden. Der zu bearbeitende Gesamtbetrag ergibt sich dabei als Summe der einzelnen markierten Guthaben und Teilbeträge. Dies hat zum Vorteil, dass einzelne Belege nicht mehr geändert werden müssen, um eine Auszahlung zu veranlassen (Ändern des Zahlwegs, Eintragen der Bankverbindung). Mit der Zusammenfassung der Belege wird eine Zahlungsfestlegung erstellt, die alle relevanten Angaben zur Auszahlung erhält. Beachten Sie nur, dass Sie im Zahllauf über die Selektionsbedingungen die Funktion **Zahlungsfestlegungen** mitberücksichtigen.
Rückbuchung auf Klärung in Guthabenbearb. aktiv	Mit dieser Funktion können Sie innerhalb der oben genannten Funktion der Guthabenbearbeitung Akonto-Buchungen auf das Klärungskonto zurückbuchen.
Workflow Wiedervorlage	Diese Funktionalität ist nur bei Einsatz der Workflow-Komponente als Teil der generischen Objektdienste von SAP von Interesse. Setzen Sie Workflows in Ihrem Unternehmen ein, kann mit der Funktion der Wiedervorlage ein Datum definiert werden, an dem das Objekt dem Benutzer im Workflow nochmal zur Prüfung/Freigabe vorgelegt wird.

Tabelle 5.1 Die zentralen Buchungseinstellungen im Überblick (Forts.)

Customizing-Einstellung	Beschreibung
Komplettstorno Gebühren	Mit dieser Funktion können Sie im Massenstorno von Gebührenbelegen auch die Belege stornieren, die bereits gezahlte und somit ausgeglichene Positionen enthalten. Erlauben Sie das Komplettstorno, nimmt das SAP-System zuerst automatisch die geschlossenen Positionen zurück und storniert dann den kompletten Beleg. Diese Funktion ist nur für statistische Belege relevant und gilt nur für das Massenstorno. In der Einzelbearbeitung des Dialogs können Sie manuell entscheiden, wie die Rücknahme des Ausgleichs für das Storno erfolgen soll.

Tabelle 5.1 Die zentralen Buchungseinstellungen im Überblick (Forts.)

Beachten Sie, dass Sie in der Customizing-Einstellung **Zentrale Buchungseinstellungen pflegen** die zentralen Buchungsfunktionen nur aktivieren. Wie Sie die Funktionen im Einzelnen ausprägen, erfahren Sie in den Einstellungen der folgenden Abschnitte, die die Ausprägung der verschiedenen Geschäftsprozesse des Beleglebenszyklus in FI-CA thematisieren.

Benutzerspezifische Buchungseinstellungen

Neben den soeben vorgestellten allgemeinen Funktionen zur zentralen Buchungsverwaltung können Sie auch *benutzerspezifische Buchungseinstellungen* über den folgenden IMG-Pfad vornehmen:

IMG • Finanzwesen • Vertragskontokorrent • Grundfunktionen • Buchungen und Belege • Grundeinstellungen • Benutzerspezifische Buchungseinstellungen pflegen

Sie haben die Möglichkeit, für jeden einzelnen Benutzer die Steuerungselemente zum Erfassen von Belegen, aber auch zur Beleg- und Kontenstandanzeige vorzunehmen (siehe Abbildung 5.2). Nutzen Sie nach dem Aufruf des Pflege-Menüpunkts den Button **Neue Einträge**, sodass Sie im Anschluss im Fenster von Abbildung 5.2 die benutzerspezifischen Buchungseinstellungen vornehmen können.

Sie steuern dabei die Buchungskontrolle, abhängig pro Benutzer, den Sie im Feld **Benutzername** eintragen. Mit dem Kennzeichen **Beträge nur in Belegwährung** im Bereich **Steuerung der Belegerfassung** steuern Sie, ob Ihr Benutzer zusätzlich zur Transaktionswährung auch den Betrag in der Hauswährung des Buchungskreises eingeben kann.

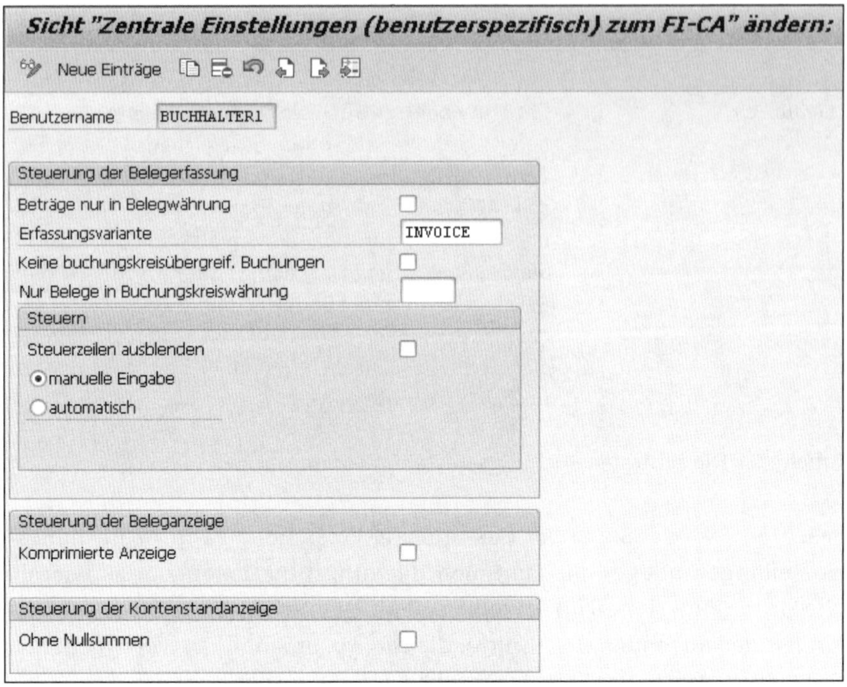

Sicht "Zentrale Einstellungen (benutzerspezifisch) zum FI-CA" ändern:

Neue Einträge

Benutzername BUCHHALTER1

Steuerung der Belegerfassung

Beträge nur in Belegwährung

Erfassungsvariante INVOICE

Keine buchungskreisübergreif. Buchungen

Nur Belege in Buchungskreiswährung

Steuern

Steuerzeilen ausblenden

manuelle Eingabe

automatisch

Steuerung der Beleganzeige

Komprimierte Anzeige

Steuerung der Kontenstandanzeige

Ohne Nullsummen

Abbildung 5.2 Benutzerspezifische Buchungseinstellungen pflegen

Transaktionswährung in Hauswährung umrechnen

Möchten Sie, dass das SAP-System bei der Belegerfassung eine Umrechnung von der Transaktionswährung in die *Hauswährung* vornimmt, können Sie mit dem Ankreuzen des Kennzeichens das Feld **Hauswährung** für Ihre Benutzer ausblenden. Das Kennzeichen **Keine buchungskreisübergreif. Buchungen** definiert, dass der Benutzer nur Buchungen innerhalb einer Gesellschaft vornehmen darf. Setzen Sie einen Haken in dem Feld, wäre es dem Benutzer nicht möglich, buchungskreisübergreifendes Zahlen oder Ausgleichen zu erfassen. Dies ist sinnvoll, wenn Sie diese Buchungen z. B. auf die Benutzer der Konzernbuchhaltung beschränken möchten oder der Benutzer nur Berechtigung für einen Buchungskreis hat. Sie können außerdem im Feld **Nur Belege in Buchungskreiswährung** eine Währung hinterlegen, sodass der angegebene Benutzer nur Belege in den Buchungskreisen erfassen kann, in denen die angegebene Währung die Hauswährung, d. h. die lokale Währung darstellt. Zudem können Sie im Bereich **Steuern** entscheiden, ob die Steuer immer automatisiert berechnet werden soll oder vom Benutzer manuell einzugeben ist. Wählen Sie hier zwischen den Kennzeichen **manuelle Eingabe** oder **automatisch**. Während ein Haken im Feld **automatisch** bewirkt, dass die Steuer bei der Belegbuchung immer vom SAP-System automatisiert errechnet wird, kann Ihr Benutzer bei einem

Haken im Feld **manuelle Eingabe** selbst entscheiden, ob er den Steuerbetrag durch das SAP-System berechnen lässt oder ob er ihn manuell eingibt.

Erfassungsvarianten definieren

Mittels der Zuweisung von Erfassungsvarianten im Feld **Erfassungsvariante** im Bereich **Steuerung der Belegerfassung** und dem damit verbundenen Ausblenden von nicht genutzten Feldern können Sie außerdem den operativen Arbeitsablauf in Ihrer Debitorenbuchhaltung optimieren. Die Erfassungsvariante mit einer Zuordnung der Felder müssen Sie zuvor im Customizing über den folgenden IMG-Pfad definieren

IMG • Finanzwesen • Vertragskontokorrent • Grundfunktionen • Buchungen und Belege • Beleg • Vorbereiten der Bearbeitungsbilder • Erfassungsvarianten für Buchen Beleg definieren

Über den Button **Neue Einträge** definieren Sie eine Erfassungsvariante zunächst nur als technischen Schlüssel über das Feld **Variante** mit einer entsprechenden Erläuterung über das Feld **Bezeichnung**. Im Anschluss ordnen Sie über den Customizing-Punkt **Auszublendende Felder für Erfassungsvariante auswählen** des obig vorgestellten IMG-Pfads die Felder der angelegten Erfassungsvariante zu, die während der Belegerfassung ausgeblendet werden sollen. Sie gehen hier somit auf der Basis des Ausschlussprinzips vor, und ordnen über die Felder **Tabelle** und **Feld** einer Erfassungsvariante aus dem Feld **Variante** alle Felder der Belegtabellen zu, die bei der Anlage eines Belegs nicht angezeigt werden sollen. Die entsprechenden Belegtabellen finden Sie in Abschnitt 5.1.2, »Belege«.

Des Weiteren könnten Sie den Arbeitsablauf Ihrer Debitorenbuchhaltung optimieren, indem Sie in der Beleganzeige nicht genutzte und leere Felder, die während der Erfassung nicht gepflegt wurden, über das Kennzeichen **Komprimierte Anzeige** aus Abbildung 5.2 ausblenden lassen. Diese Felder werden dann nur im Änderungsmodus eingeblendet.

Eine übersichtliche Darstellung im Reporting erreichen Sie über das Feld **Ohne Nullsummen** des Bereichs **Steuerung der Kontenanzeige** aus Abbildung 5.2. Wenn Sie dieses Kennzeichen markieren, blenden Sie Nullsummen im Summenblock der Kontenstandsanzeige aus. Weitere Informationen zur Kontenstandsanzeige finden Sie in Abschnitt 5.3, »Offene-Posten-Verwaltung«.

5.1.2 Belege

Aufbau des Belegs: Kopf- und Positionsdaten

Nachdem Sie die wichtigsten Grundeinstellungen zum Buchen von Belegen kennengelernt haben, stellen wir Ihnen nun den Aufbau des Belegs im SAP-Vertragskontokorrent vor. Der von Ihnen erfasste Beleg setzt sich aus

Kopfdaten und *Positionsdaten* zusammen. Die Positionsdaten unterscheiden sich zudem noch in Geschäftspartnerpositionen und Positionen zur Kontokorrentposition (auch Hauptbuchpositionen genannt).

Die Belegtabellen

Im Hintergrund werden die Informationen in den folgenden *Belegtabellen* gespeichert:

- Kopftabelle: DFKKKO
- Geschäftspartnerposition: DFKKOP
- Positionen zur Kontokorrentposition: DFKKOPK

In der Kopfposition finden Sie alle dem getätigten Geschäftsvorfall übergeordneten Informationen, wie Buchungskreis, Währung und Buchungsdatum. Auf der Positionsebene sind individuelle Informationen mit der Darstellung der angesprochenen Konten gespeichert. Außerdem sind auf der Positionsebene die Merkmale hinterlegt, die zur Ausprägung des Geschäftsvorfalls benötigt werden. Neben dem Forderungsbetrag und dem Vertragskonto des Geschäftspartners hinterlegen Sie auf der Ebene der Geschäftspartnerposition u. a. die folgenden Informationen:

- Zahlungsverkehr
- Fälligkeit
- Skontobedingungen
- Bankverbindungsdaten
- Zahlart (Überweisung, Lastschrift, Verrechnung etc.).

Die Hauptbuchposition, das heißt die Position zur Kontokorrentposition, gibt Ihnen wiederum Auskunft über die berechnete Umsatzsteuer und den realisierten Erlös. Sie trägt alle relevanten Kontierungen wie Konto, Profit-Center, Segment oder Innenauftrag zum Ausweis der Umsätze in Hauptbuch und Controlling.

Kopfdaten

Beginnend mit dem übergeordneten Grundaufbau des Belegs, lernen Sie nun zunächst alles über die *Kopfdaten* mit den notwendigen Customizing-Einstellungen zu Nummernkreis und Belegart. Die Kopfdaten setzen sich im Wesentlichen aus den folgenden Informationen zusammen (siehe Abbildung 5.3):

- Buchungskreis
- Währung
- Belegart
- Belegnummer
- Referenzbelegnummer

- Abstimmschlüssel
- Belegdatum- und Buchungsdatum
- Verwaltungsdaten
- Weitere Daten

Beleg anzeigen: Kopf

GPos HPos

Belegdatum	22.03.2006	Belegart	01	Währung	EUR
Buchungsdatum	22.03.2006	ÜbernBelegart.		Umrechnungsdat	
Belegnummer	1000000012	Filiale		Umrechnungskurs	
Referenz		Einzelbeleg		Abstimmschlüss.	060324-001

Verwaltungsdaten

Erfasst am	24.03.2006	Referenzvorgang	FKKKO
Erfaßt um	16:48:33	Ref.Schlüssel	001000000012
Angelegt von	D024714	Belegklasse	
Herkunft	01	Manuelle Buchung	
Ausgleichsinfo		Beleg hat keine Positionen ausgeglichen	

Weitere Daten

Rückläufergrund		
Stornobeleg zu		
Storniert mit		
Buchungsgrund		
Bewertungsbeleg		
Vorgangsklasse		Nicht spezifiziert

Offizielle Belegnummer

Offiz. Belegnr	

Abbildung 5.3 Der Belegkopf in der Erfassungssicht des FI-CA-Belegs

Belegnummernkreise pflegen

Jeder Beleg wird im Feld **Belegnummer** unter einer eindeutigen Nummer gespeichert. So kann jedem Geschäftsvorfall ein eindeutiger Beleg zugeordnet werden. Die Belegnummer leitet sich bei der Buchung in Abhängigkeit der Belegart, die im gleichnamigen Feld **Belegart** zu finden ist, ab. Die Belegart repräsentiert dabei die Art des Geschäftsvorfalls. Legen Sie daher zunächst im SAP-System unter der Customizing-Einstellung **Belegnummernkreise pflegen** Intervalle für die Belegnummernkreise fest, und ordnen Sie diese anschließend ein oder mehreren Belegarten im Menüpunkt **Belegarten pflegen und Nummernkreise zuordnen** zu.

Sie benötigen dabei Nummernkreise für die *Einzelverarbeitung* und die *Massenverarbeitung*. Da die Massenverarbeitung in parallelen Prozessen durchgeführt wird, müssen Sie jedem Geschäftsprozess, der durch eine eigene Belegart repräsentiert und über Massenverarbeitungsprozesse im SAP-System abgearbeitet wird, mehrere Nummernkreise zuordnen. Beispiele für Massenprozesse sind Prozesse mit hohem Belegaufkommen, wie der Zahllauf oder die Verarbeitung von Zahlungsstapeln und Rückläufern. Ohne die Zuweisung mehrerer Nummernkreise könnte das SAP-System keine lückenlose Vergabe der Belegnummern sicherstellen.

[»]

Nummernkreise für die Massenverarbeitung

Prüfen Sie für die Zuteilung von Nummernkreisen für Belegarten der Massenverarbeitung, welche Geschäftsprozesse für die Parallelisierung in der Verarbeitung infrage kommen. Es empfiehlt sich pro Massenverarbeitungsprozess, zehn unterschiedliche Nummernkreise vorzusehen.

Unter der Berücksichtigung dieser Faktoren pflegen Sie die entsprechende Anzahl an Nummernkreisen über den folgenden MG-Pfad:

IMG • Finanzwesen • Vertragskontokorrent • Grundfunktionen • Buchungen und Belege • Grundeinstellungen • Belegnummernkreise pflegen

Nummernkreisschlüssel

Die Schlüsselnummer des Nummernkreisintervalls aus der Spalte **Nr** (auch Nummernkreisobjekt genannt), ist ein zweistelliges alphanumerisches Kürzel, über das später die Verknüpfung der Nummernkreise zu den Belegarten erfolgt (siehe Abbildung 5.4).

[»]

Regel zur Erstellung des Nummernkreisschlüssels

Beachten Sie bei der Erstellung des Schlüssels die folgenden zwei Regeln:

- **Einzelverarbeitung**
  Für die Einzelverarbeitung kann der Schlüssel alphanumerisch sein.
- **Massenverarbeitung**
  Für die Belege der Massenverarbeitung muss der Nummernkreis mit einem Buchstaben beginnen.

Die Intervalle müssen zudem überlappungsfrei eingegeben werden.

Im Unterschied zu den Nummernkreisen der klassischen Debitorenbuchhaltung (FI-AR) pflegen Sie die Nummernkreise im SAP-Vertragskontokorrent weder jahres- noch buchungskreisabhängig. Vor der Pflege der Nummernkreisintervalle analysieren Sie daher Ihr Belegaufkommen für die verschiedenen Geschäftsvorfälle und wählen anschließend ein ausreichend großes Intervall, das mindestens die nächsten zehn Jahre genutzt werden kann, um der Aufbewahrungspflicht in der Buchhaltung nachzukommen.

Mit einer Feldlänge von 20 Ziffern stehen Ihnen jedoch ausreichend Kombinationsmöglichkeiten für die Wahl von Intervallen zur Verfügung.

Nummernkreis für Belege im Vertragskontokorrent

Nummernkreisobjekt Belege Vertragskont.

Nr	Von Nummer	Bis Nummer	Nummernstand	Extern
01	001000000000	001999999999	1000000026	
02	002000000000	002999999999	2000000001	
03	003000000000	003999999999		
04	004000000000	004999999999		
05	005000000000	005999999999		
06	006000000000	006999999999		
07	007000000000	007999999999	7000000001	
08	008000000000	008999999999		
09	009000000000	009999999999		
10	010000000000	010999999999		
M0	100000000000	109999999999		
M1	110000000000	119999999999	110000000004	
M2	120000000000	129999999999		
M3	130000000000	139999999999		
M4	140000000000	149999999999	140000000000	
M5	150000000000	159999999999		
M6	160000000000	169999999999		
M7	170000000000	179999999999		
M8	180000000000	189999999999		
M9	190000000000	199999999999		

Abbildung 5.4 Nummernkreisintervalle pflegen

Zur Pflege der Nummernkreise wählen Sie im Einstiegsbild des Customizing-Punkts **Belegnummernkreise pflegen** den Button Intervalle.

Externe und interne Nummernkreisvergabe

Für die Nummernkreisvergabe der Einzelverarbeitung haben Sie die Wahl einer internen oder externen Vergabe. Bei einer *internen Nummernvergabe* vergibt das SAP-System automatisiert eine fortlaufende Nummer. Die *externe Nummernvergabe* erfolgt manuell oder durch externe Programme sowie Schnittstellen. In diesem Fall aktivieren Sie das Kennzeichen **Extern**. Nutzen Sie die externe Nummernvergabe jedoch nur für automatische Prozesse. Eine externe manuelle Nummernvergabe durch die Benutzer im operativen Tagesgeschäft ist nicht zu empfehlen, da eine fortlaufende Nummerierung nur schwer sicherzustellen ist. Für Nummernkreise, die für die Belege der Massenverarbeitung vorgesehen sind, ist wiederum keine externe Nummernkreisvergabe möglich.

Die Spalte **Nummernstand** wird nicht durch Sie gepflegt, sondern durch das SAP-System automatisch hochgezählt. Es repräsentiert den aktuellen Nummernstand der Belege, d. h. die letzte Belegnummer, die innerhalb des

Belegnummernkreises vergeben wurde. Beachten Sie auch, dass die Nummernkreise nur manuell transportiert werden können oder pro System gepflegt werden müssen. Für den manuellen Transport von Nummernkreisen wählen Sie im Bild **Nummernkreis** den Menüpfad **Intervall • Transport**.

[»]

Die Integration von Nummernkreisen anderer Komponenten

Die Nummernkreisvergabe erfolgt pro Komponente. Die Fakturanummer aus der Vertriebskomponente SD oder die Vergabe von Rechnungsnummern aus den fakturierenden Komponenten der SAP-Branchenlösungen wird über separate Nummernkreise gesteuert. Dabei wird die Fakturanummer als Information in den FI-CA-Beleg im Feld **Referenznummer** übernommen.

Des Weiteren steuern Sie mit den Nummernkreisen im Vertragskonto nur die Belege, die in FI-CA gebucht werden. Belege des Hauptbuches haben eigene Nummernkreise, die Sie in den Customizing-Einstellungen des Hauptbuches vornehmen. Die Buchung der Summenüberleitung aus FI-CA in das Hauptbuch wird daher mit dem Nummernkreis der entsprechenden Hauptbuchbelegart gespeichert, die Sie in den Buchungseinstellungen zur Integration in das Hauptbuch in Abschnitt 12.4, »Hauptbuch und Controlling«, hinterlegen.

Belegarten pflegen

Nach der Pflege der Nummernkreisintervalle definieren Sie nun im zweiten Schritt die *Belegarten* über den folgenden IMG-Pfad:

IMG • Finanzwesen • Vertragskontokorrent • Grundfunktionen • Buchungen und Belege • Beleg • Pflegen der Belegkontierungen • Belegarten • Belegarten pflegen und Nummernkreise zuordnen

Verwenden Sie die Belegart, um die Belege nach Ihren Geschäftsvorfällen zu klassifizieren und darzustellen. Dabei wird die Belegnummer als zweistelliges alphanumerisches Kürzel im SAP-System angelegt, wobei dieses Kürzel am besten sprechend den jeweiligen Geschäftsvorfall repräsentiert.

So kann z. B. eine Belegart mit dem Buchstaben »G« eine Gutschrift darstellen und eine Belegart mit dem Buchstaben »Z« den Ausgleich im Rahmen des Zahlungsprozesses. Dies vereinfacht dem Betrachter die Auswertung der Vorgänge und Bewegungen auf den Konten der Geschäftspartner und Vertragskonten.

[zB]

Beispiel für die Klassifizierung von Geschäftsvorfällen mittels der Belegarten

Die Belegart wird genutzt, um die wichtigsten debitorischen Geschäftsprozesse nach Herkunft und Art auf einen Blick auf der Ebene des Belegs unterscheiden zu können. Die Vorgänge und Bewegungen auf den Konten der Geschäftspartner können somit eindeutig ausgewertet und einfach zugeordnet werden.

Zudem tragen Sie dem Prinzip der Klarheit und Übersichtlichkeit der GoB genüge. Pflegen Sie daher eigene Belegarten für die Fakturaprozesse – mit der Unterscheidung der Herkunft der Fakturen über Schnittstellen, manuell gebuchte Forderungen oder Fakturen aus den Vorgängerkomponenten wie SD oder den Rechenschreibkomponenten der SAP-Branchenlösungen. Dies gilt auch für Gutschriften, die manuell oder über fakturierende Vorgängerkomponenten gebucht werden.

Des Weiteren sollten Ausgleichsprozesse von offenen Forderungen über eigene Belegarten verfügen. Belege aus dem Zahllauf sollten sich dabei von Belegen aus dem Zahlungsstapel unterscheiden. Gebühren, Zinszahlungen sowie die Prozesse rund um Ratenbuchung und Rückläuferverarbeitung können des Weiteren unter eigenen Belegarten klassifiziert werden.

Schließlich sollten Sie im Bereich der Kontenpflege zwischen Ausbuchungen, Stornos und der Rücknahme von Ausgleichen unterscheiden. In den Kapiteln zu den angesprochenen Geschäftsvorfällen werden Sie lernen, wie Sie die Belegarten den Geschäftsvorfällen automatisiert zuweisen können.

Belegart zu Nummernkreis zuordnen

Mit einem Klick auf **Neue Einträge** legen Sie eine Belegart an. Nach der Anlage des zweistelligen alphanumerischen Kürzels einer Belegart in der Spalte **BA** ordnen Sie, wie in Abbildung 5.5 gezeigt, den im zuvor beschriebenen Customizing-Punkt angelegten Nummernkreis in der Spalte **NK** der Belegart zu.

Nummernkreise der Massenverarbeitung pflegen

Sollte die Belegart in Massenverarbeitungsprozessen wie Zahllauf oder Mahnlauf verwendet werden, müssen Sie zur Parallelisierung von Prozessen der Belegart weitere Nummernkreise zuordnen. Markieren Sie hierzu die entsprechende Belegart, indem Sie die Zeile über die graue Box vor dem jeweiligen Feld der Spalte **BA** auswählen.

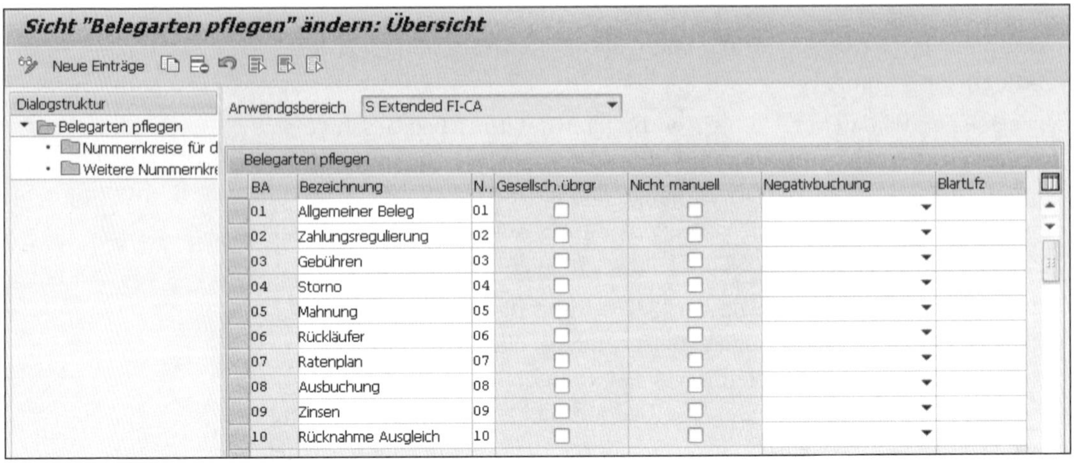

Sicht "Belegarten pflegen" ändern: Übersicht

Neue Einträge

Dialogstruktur
- Belegarten pflegen
  - Nummernkreise für d
  - Weitere Nummernkr

Anwendgsbereich: S Extended FI-CA

Belegarten pflegen

BA	Bezeichnung	N..	Gesellsch.übrgr	Nicht manuell	Negativbuchung	BlartLfz
01	Allgemeiner Beleg	01	☐	☐		
02	Zahlungsregulierung	02	☐	☐		
03	Gebühren	03	☐	☐		
04	Storno	04	☐	☐		
05	Mahnung	05	☐	☐		
06	Rückläufer	06	☐	☐		
07	Ratenplan	07	☐	☐		
08	Ausbuchung	08	☐	☐		
09	Zinsen	09	☐	☐		
10	Rücknahme Ausgleich	10	☐	☐		

Abbildung 5.5 Pflege der Belegarten

Springen Sie anschließend mit einem Doppelklick in der Dialogstruktur auf der linken Seite des Bildes in den Unterpunkt **Nummernkreise der Massenverarbeitung pflegen**. Hier können Sie weitere Nummernkreise eintragen, wobei diese mit einem Buchstaben beginnen und als interne Vergabe gepflegt sein müssen. Neben den Nummernkreisen steuert die Belegart des Weiteren, ob eine manuelle Eingabe unterschiedlicher Partnergesellschaftsinformationen bei *gesellschaftsübergreifenden Buchungen* innerhalb eines Belegs zugelassen ist.

Veerberung der Partnerinformation

Setzen Sie somit das Kennzeichen **Gesellsch.übrgr** (gesellschaftsübergreifende Belege), wenn Sie Geschäftspartnerpositionen mit unterschiedlichen Partnerinformationen zulassen möchten. In diesem Fall kann die im Vertragskonto hinterlegte Partnerinformation jedoch nicht mehr eindeutig und automatisiert in die Hauptbuchpositionen vererbt werden. Setzen Sie daher das Kennzeichen nur, wenn gesellschaftsübergreifend kontiert werden muss und somit die Partnerinformation in den Hauptbuchpositionen manuell gesetzt werden soll. Stellen Sie in diesem Fall gleichzeitig sicher, dass über Kontierungsregeln die manuelle Mitgabe der Partnergesellschaft für alle relevanten Positionen sichergestellt wird, um Schwierigkeiten in der Konsolidierung zu vermeiden.

[zB]

Belegart mit gesellschaftsübergreifenden Buchungen

Ein Geschäftspartner hat seinen Status von einem sonstigen dritten Unternehmen zu einem verbundenen Unternehmen gewechselt. Bei gleichzeitiger Regulierung von alten und neuen Positionen ist die Partnergesellschaft im Beleg nicht mehr eindeutig, da die alten Geschäftspartnerpositionen eine fehlende Partnerinformation aufweisen. Die neue Position trägt als verbundenes Unternehmen die Partnerinformation in der Geschäftspartnerposition. In diesem Fall sollte die Zahlungsregulierung mit einer Belegart gebucht werden, die gesellschaftsübergreifenden Buchungen mit der Partnerinformation »leer« und der Partnerinformation »gefüllt« erlaubt.

Belegarten für manuelle Buchung sperren

Über das Kennzeichen **Nicht manuell** können Sie zudem Belegarten für manuelle Buchungen sperren. In diesem Fall können diese Belegarten nur von Programmen oder Schnittstellen verwendet werden. Setzen Sie das Kennzeichen somit, wenn Sie verhindern wollen, dass sich interne Buchungen mit Buchungen, die durch Programme oder externe Schnittstellen erzeugt werden, vermischen. Zudem können Sie auf diesem Weg die Belegübernahme bei der externen Nummernvergabe durch Schnittstellen und Programme sicherstellen, da eine manuelle Belegnummernvergabe durch Benutzer und dadurch die Gefahr von Überschneidungen mit der Vergabe durch Drittsysteme oder Programme verhindert wird.

Negativbuchungen zulassen

Wünschen Sie für eine Belegart *Negativbuchungen*, d. h. die Buchung negativer Beträge im Soll, müssen Sie dies explizit für die entsprechende Belegart durch das Ankreuzen des Kennzeichens **Negativbuchung** erlauben.

Im Falle eins Stornos kann für diese Belegart die Bilanz verkürzt und die Erfassung der Verkehrszahl mit einer Negativbuchung im Soll zurückgenommen werden. In allen anderen Fällen schreibt ein Storno die Verkehrszahlen fort und erzeugt als Umkehrbuchung mit Ausgleich die Rücknahme des gebuchten Wertes.

[«]

Negativbuchungen innerhalb eines Buchungskreises

Um Negativbuchungen nutzen zu können, müssen Sie diese auch in den globalen Buchungskreiseinstellungen der Grundeinstellungen des Finanzwesens im Feld **Negativbuchungen zulässig** erlauben. Die entsprechenden Einstellungen finden Sie im Finanzwesen über den Pfad:

IMG • Finanzwesen • Grundeinstellungen Finanzwesen • Buchungskreis • Globale Parameter prüfen und ergänzen

Archivierung von Belegen

Als Letztes können Sie über die Spalte **BlartLfz** die Mindestverweilzeit definieren, die für Belege dieser Belegart einzuhalten ist, bevor sie archiviert werden können. Tragen Sie entsprechend die Anzahl der gewünschten Laufzeit in Jahren in die Spalte **BlartLfz** ein, wenn Sie einen Archivierungsschutz einstellen möchten.

Neben Nummernkreis und Belegart setzt sich der Belegkopf, wie in Abbildung 5.3 zu Beginn des Kapitels dargestellt, aus weiteren Feldern zusammen. Diese Felder unterliegen jedoch keinen Customizing-Einstellungen, weshalb die Felder und Bereiche in Tabelle 5.2 nur kurz erläutert werden.

Feld	Beschreibung
Belegdatum	Datum des Rechnungsbelegs, das als Ausstellungsdatum auf der Rechnung für den Kunden vermerkt wird.
Buchungsdatum	Datum, zu dem der Beleg in der Buchhaltung als Leistung erfasst wird. Ein Beleg im SAP-Vertragskontokorrent kann nur erfasst werden, wenn die Buchungsperiode für das Vertragskonto im Hauptbuch geöffnet ist. Pflegen Sie daher unter der Buchungsperiodenvariante Ihres Buchungskreises in der Transaktion zum Öffnen und Schließen von Buchungsperioden im Hauptbuch die Zeile der Kontoart V, um Buchungen im SAP-Vertragskontokorrent zuzulassen.
Belegnummer	Fortlaufende externe oder interne Nummernvergabe, die einen Beleg eindeutig identifiziert und die zuvor über die Nummernkreisintervalle definiert wurde.
Belegart	Alphanumerisches zweistelliges Kürzel, mit dem der Geschäftsvorfall klassifiziert wird und den Sie zuvor im Customizing-Punkt zu den Belegarten definiert haben.
Referenz	Faktura- oder Rechnungsnummer aus der fakturierenden Vorgängerkomponente oder der Rechnungsschnittstelle. Die Mitgabe der Rechnungsnummer aus den Vorgängerkomponenten SD und der SAP-Branchenlösungen wird über die Kopiersteuerung der Komponenten eingestellt.
Abstimmschlüss.	Schlüssel, über den eine Vielzahl von Belegen erfasst wird. Nach dem Schließen des Abstimmschlüssels werden alle über ihn erfassten Belege als Summe in das Hauptbuch übergeleitet (siehe Abschnitt 12.4, »Hauptbuch und Controlling«.
Ausgleichsinfo	Zeigt, ob der Beleg ausgeglichen, d. h. ob die Forderung auf dem Geschäftspartnerkonto beglichen worden ist. In diesem Fall wird von einem geschlossenen Posten gesprochen.
Weitere Daten	Klassifiziert, ob es sich bei einem Beleg um einen Storno- oder einen Rückläuferbeleg handelt.

Tabelle 5.2 Feldbeschreibung des Belegkopfes

Feld	Beschreibung
Verwaltungsdaten	Die Verwaltungsdaten enthalten die technischen Informationen zum Zeitpunkt der realen Erfassung im System, d. h. zum Zeitpunkt, an dem die Informationen des Belegs in die Tabellen geschrieben wurden. Zudem wird der Benutzer hinterlegt, der den Beleg erfasst hat. Der Referenzvorgang und die Herkunft geben schließlich Auskunft über den Ursprung des Belegs, damit die Belegkette zu den auslösenden Vorgängerkomponenten hergestellt werden kann (siehe Kapitel 12, »Integration«).

Tabelle 5.2 Feldbeschreibung des Belegkopfes (Forts.)

5.1.3 Sperrgründe für Buchungssperren definieren

Mittels einer *Buchungssperre* und/oder *Ausgleichssperre* können Sie die Erfassung von Belegen auf einem Vertragskonto oder die Weiterverarbeitung der Belege mittels Ausgleichs verhindern. Während Buchungssperren auf der Ebene Ihrer Vertragskonten hinterlegt werden, können Ausgleichssperren auch individuell auf der Ebene der Belege hinterlegt werden.

Beispiele für Buchungssperren

Buchungssperren verwenden Sie, um die Erfassung von Forderungen auf einem Geschäftspartner zu verhindern. Dies kann der Fall sein, wenn Sie sich mit dem Geschäftspartner in einem Rechtsstreit befinden oder der Geschäftspartner offene und nicht bezahlte Forderungen mit entsprechender Mahnstufe aufweist.

Das Setzen der Buchungssperre auf der Ebene des Vertragskontenstammsatzes kann auch integrativ über die Vorgängerkomponenten über *Vertriebssperren* erfolgen. In diesem Fall wird schon in der Vorgängerkomponente die Erfassung des Auftrags verhindert (siehe Kapitel 4, »Stammdaten«).

Ausgleichssperren verwenden Sie z. B. bei der Buchung von Gutschriften. Um eine automatisierte Verrechnung von Gutschriften mit Forderungen während der Kontenpflege zu verhindern, können Sie eine Ausgleichssperre setzen. Sie haben hier die Möglichkeit, individuell auf der Ebene der einzelnen Belegpositionen des Geschäftspartners Ausgleichssperren zu setzen. Buchungssperren können Sie wiederum nur auf der Ebene des Vertragskontos pflegen.

Buchungssperrgründe definieren

Um die Buchungssperren nach Gründen differenzieren zu können, haben Sie die Möglichkeit, im Customizing über den folgenden IMG-Pfad einzelne Sperrschlüssel mit entsprechenden Gründen zu definieren:

IMG • Finanzwesen • Vertragskontokorrent • Grundfunktionen • Buchungen und Belege • Beleg • Pflegen der Belegkontierungen • Belegarten • Belegarten pflegen und Nummernkreise zuordnen

Wie es in Abbildung 5.6 gezeigt wird, ist der Sperrschlüssel im Feld **BuSp** Buchungssperre ein einstelliger alphanumerischer Schlüssel, der in der Belegposition oder im SAP-Vertragskontokorrent hinterlegt wird. Die Bezeichnung ist frei wählbar und sollte dem Benutzer (sprechend) den Grund für die Buchungssperre darstellen. Klicken Sie auf **Neue Einträge**, um eine Buchungssperre anzulegen.

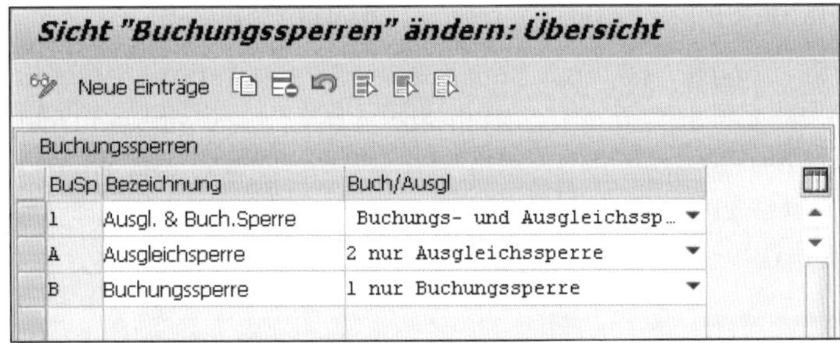

Abbildung 5.6 Buchungssperre

Nach der Definition des Sperrschlüssels mit der Eingabe der Bezeichnung ordnen Sie in der Spalte **Buch/Ausgl** (Buchungs- oder Ausgleichsperre) den Umfang und die Art der Buchungssperre zu. Sie unterscheiden hierbei in:

- Buchungs- und Ausgleichssperre
- nur Ausgleichssperre
- nur Buchungssperre

5.1.4 Besondere Belegformen

Statistische Buchungen

Neben den Buchungen, die als real getätigter Geschäftsvorfall die Verkehrszahlen auf den Geschäftspartnerkonten und im Hauptbuch fortschreiben, gibt es auch *statistische Buchungen*, die für die Erzeugung von Folgebuchungen notwendig sind. Sie tragen demzufolge wichtige Informationen für zukünftige und eventuell zu realisierende Geschäftsprozesse.

Beispiele für statistische Buchungen sind Anzahlungsanforderungen, die benötigt werden, um eine Anzahlung im Zahllauf über Lastschrift einzuziehen. Da die Forderung einer Anzahlung noch nicht buchhalterisch erfasst werden darf, wird sie erst mit der Akonto-Buchung über den Lastschrifteinzug auf dem Geschäftspartnerkonto wirksam und als reale Buchung mit dem Fortschreiben der Verkehrszahlen erfasst. Auch eine statistische Gebührenforderung löst erst bei Ausgleich, d.h. bei Zahlung, die Buchung der Forderung mit dem direkten Ausgleich über den Zahlungseingang aus. Statistische Buchungen können daher auch als Merkpositionen bezeichnet werden, die Sie separat in der Kontenstandsanzeige des Vertragskontos selektieren müssen. Zudem können diese Belege Wiederholungsgruppen beinhalten, wenn Sie dies in den zentralen Buchungseinstellungen aus Abschnitt 5.1.1, »Buchungsgrundeinstellungen vornehmen« erlaubt haben.

Wie im Beispiel einer Ratenzahlung repräsentiert der statistische Beleg eine zeitliche Abfolge strukturgleicher Vorgänge. Die zeitlichen Varianten für die Skonto- und Nettofälligkeit zur Buchung der einzelnen Raten erfassen Sie dabei in einem zusätzlichen Positionstyp auf der Registerkarte **Weitere Daten** der Geschäftspartnerposition. Lesen Sie Kapitel 9, »Stundung und Ratenplan«, um mehr über den Umgang mit statistischen Belegen zu lernen.

Buchungskreisübergreifende Belege

Als weitere Sonderform des Belegs gilt der *buchungskreisübergreifende Beleg*. Es handelt sich hierbei um einen Intercompany-Geschäftsvorfall, der innerhalb eines Belegs dargestellt wird. Dabei wird innerhalb der Buchung mit zwei verschiedenen Buchungskreisen, die zusammen die Intercompany-Beziehung darstellen, gebucht.

Dies ist z.B. der Fall, wenn die Zahlung einer Forderung von externen Geschäftspartnern in einem anderen Buchungskreis gebucht wird als die eigentliche Erfassung der Forderung. Um die Forderung dennoch ausgleichen zu können, wird eine Verrechnung zwischen zwei Buchungskreisen benötigt. Um dies nicht über verschiedene Buchungen mittels Verrechnungskonten darstellen zu müssen, gibt es die Möglichkeit, die Forderung buchungskreisübergreifend auszugleichen.

Die Einstellungen hierzu und eine Detaillierung des Beispiels für buchungskreisübergreifende Zahlungen finden Sie in Abschnitt 6.3.3, »Weitere Kontenfindung«. Der buchungskreisübergreifende Beleg und das notwendige Customizing werden hier im Zusammenhang mit der Kontenfindung von Ausgleichszahlungen erklärt und dargestellt.

5.2 Kontenfindung

Nachdem Sie in Abschnitt 5.1, »Buchungen und Belege«, den grundlegenden Aufbau des Belegs sowie die Kopfposition im Detail kennengelernt haben, erläutern wir Ihnen nun den Aufbau der Belegpositionen. Dabei unterscheidet das SAP-Vertragskontokorrent zwei Arten von Belegpositionen, die in Abbildung 5.7 dargestellt sind:

- Geschäftspartnerposition
- Hauptbuchposition (auch Positionen zur Kontokorrentposition)

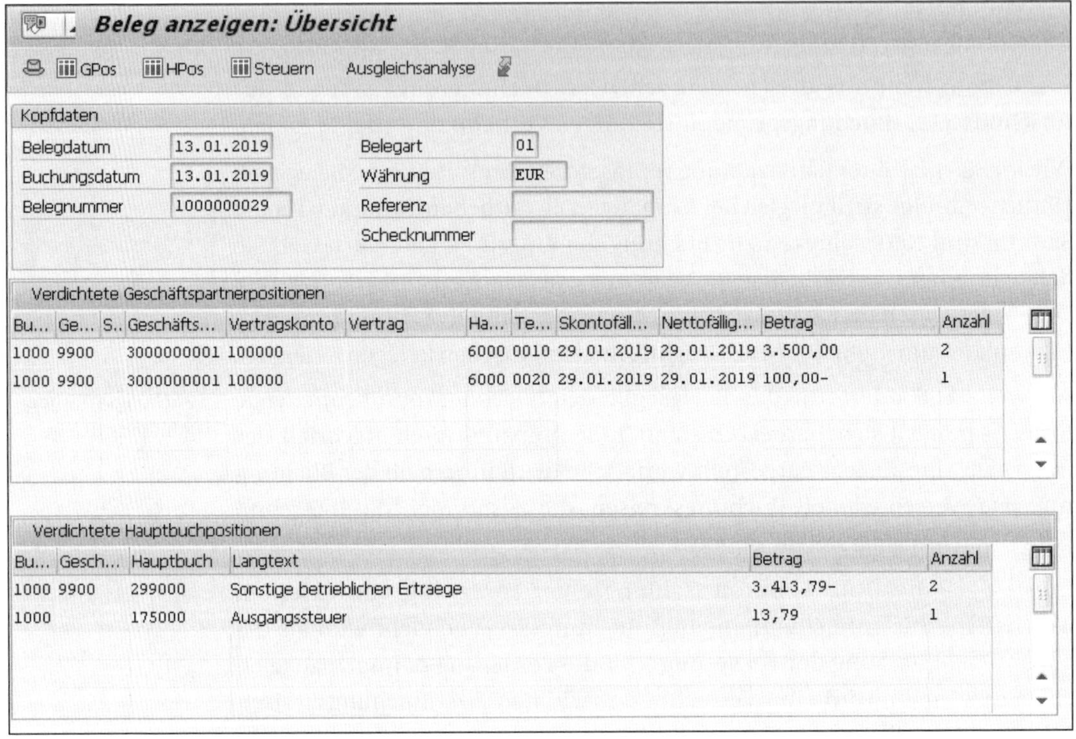

Abbildung 5.7 Belegpositionen in der Anzeigensicht des FI-CA-Belegs

Im Einstiegsbild werden Ihnen die verdichteten Positionen angezeigt. So können für einen Geschäftspartner mehrere Positionen erfasst worden sein, die im Einstiegsbild als verdichtete Gesamtsumme dargestellt werden. Über die Spalte **Anzahl** zeigt Ihnen das SAP-System, wie viele Positionen hinter der Geschäftspartnerposition stehen.

Die Geschäftspartnerposition

Mit einem Doppelklick auf die Geschäftspartnerzeile aus dem Bereich **Verdichtete Geschäftspartnerpositionen** aus Abbildung 5.8 mit der Anzeige des Geschäftspartners in der Spalte **Geschäfts** und des dazugehörigen Vertragskontos aus der Spalte **Vertragskonto** springen Sie in die Einzelansicht der erfassten Positionen unter dieser Kombination von Geschäftspartner und Vertragskonto ab. Hier haben Sie pro Position eine Detailansicht, die sich u. a.

in die Registerkarten **Grunddaten**, **Zahldaten** und **Mahndaten** unterteilt. Abbildung 5.8 zeigt Ihnen ein Beispiel dieser Detailansicht. Unterteilt in verschiedene Registerkarten finden Sie alle aus buchhalterischer Sicht wichtigen Informationen, die zur Weiterbehandlung des Belegs im Beleglebenszyklus dienen. Neben der Fälligkeit der Forderung stehen Ihnen Angaben zu Skonto, Zahlart, zum Ausgleichsstatus und zur Mahnhistorie zur Verfügung.

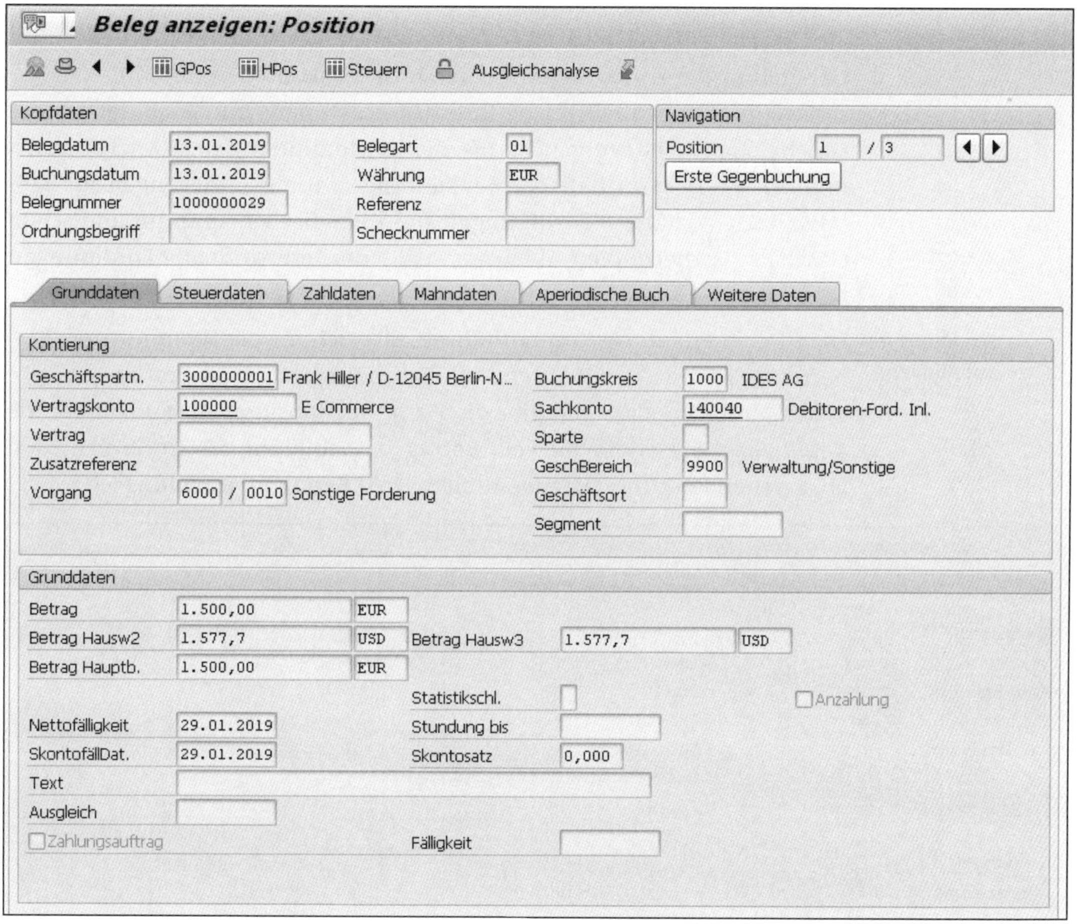

Abbildung 5.8 Detailansicht der Geschäftspartnerposition

Während Sie die Registerkarten **Zahldaten** und **Mahndaten** in Kapitel 6, »Zahlwesen«, und Kapitel 8, »Mahnungen und Inkasso«, im Detail kennenlernen, erfahren Sie hier alles über die Informationen auf der Registerkarte **Grunddaten**. Über das Feld **Vorgang**, das sich in sogenannte *Hauptvorgänge* und *Teilvorgänge* einteilt, lernen Sie die Zuordnung der Abstimmkontenfindung kennen.

Das Abstimmkonto hinter dem Geschäftspartner

Wir stellen Ihnen außerdem die *Sparte*, dargestellt im gleichnamigen Feld **Sparte**, als weiteres Grundelement der Abstimmkontenfindung vor. Unter einem *Abstimmkonto* versteht man dabei das im Feld **Sachkonto** gepflegte Konto. Das Abstimmkonto stellt ein Forderungskonto des Hauptbuches dar, auf dem einzelne Forderungen, die auf den Geschäftspartnern des Nebenbuches erfasst werden, summiert dargestellt sind. Das Abstimmkonto stellt somit die Verbindung zwischen Haupt- und Nebenbuch dar. Es gibt Ihnen in der Bilanz Auskunft über alle ausstehenden Forderungen. Zur Darstellung der Forderungen auf den Abstimmkonten unterteilt in die verschiedenen Geschäftsbereiche Ihres Unternehmens und nach der Art des Geschäftspartners unterstützt Sie die Kontenfindung der Geschäftspartnerposition. Der Geschäftspartner kann sich z. B. auf Forderungen aus B2B- oder B2C-Geschäften, Forderungen bei inländischen und ausländischen Geschäftspartnern oder den Ausweis von Intercompany-Forderungen beziehen.

Hauptbuchpositionen

Die soeben erläuterte Kontenfindung gilt auch für die Hauptbuchpositionen des FI-CA-Belegs. Während die Geschäftspartnerposition die erfasste Bruttoforderung darstellt, gibt die Hauptbuchposition Auskunft über die anteiligen Nettoerlöse im Feld **Betrag** in Abbildung 5.9 sowie über den abzuziehenden Umsatzsteueranteil im Feld **Betrag** in Abbildung 5.10.

Abbildung 5.9 Detailansicht der Hauptbuchposition

Steuerkennzeichen

Das zu ermittelte Sachkonto aus dem Feld **Sachkonto** zur Buchung Ihrer Umsatzerlöse wird, ebenso wie das Abstimmkonto der Geschäftspartnerposition, über Haupt- und Teilvorgänge nach der Art des Geschäftsvorfalls und nach der Sparte als Geschäftsbereich abgeleitet. Die Steuerkontenfindung der Steuerposition aus dem Feld **Sachkonto** in Abbildung 5.10 hängt hingegen ausschließlich von dem zugrundeliegenden *Steuerkennzeichen* aus dem Feld **Steuerkennz** ab. Das Steuerkennzeichen stellt dabei die Steuerkategorie dar, über die der Umsatz in der Umsatzsteuervoranmeldung dem Finanzamt als Verbindlichkeit gemeldet wird. Den dahinterliegenden Prozentsatz finden Sie im Feld **Steuerprosatz** (Steuerprozentsatz); dieser wird durch das SAP-System in Abhängigkeit des Steuerkennzeichens automatisch ermittelt.

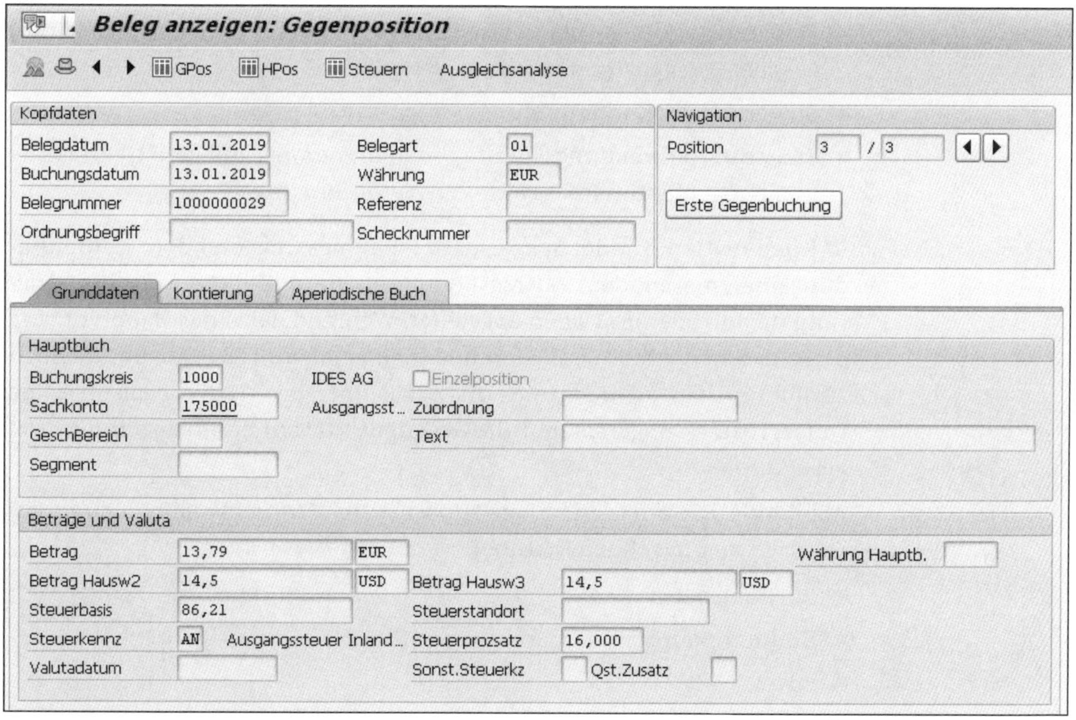

Beleg anzeigen: Gegenposition

GPos HPos Steuern Ausgleichsanalyse

Kopfdaten
Belegdatum 13.01.2019 Belegart 01
Buchungsdatum 13.01.2019 Währung EUR
Belegnummer 1000000029 Referenz
Ordnungsbegriff Schecknummer

Navigation
Position 3 / 3
Erste Gegenbuchung

Grunddaten Kontierung Aperiodische Buch

Hauptbuch
Buchungskreis 1000 IDES AG Einzelposition
Sachkonto 175000 Ausgangsst... Zuordnung
GeschBereich Text
Segment

Beträge und Valuta
Betrag 13,79 EUR Währung Hauptb.
Betrag Hausw2 14,5 USD Betrag Hausw3 14,5 USD
Steuerbasis 86,21 Steuerstandort
Steuerkennz AN Ausgangssteuer Inland... Steuerprozsatz 16,000
Valutadatum Sonst.Steuerkz Qst.Zusatz

Abbildung 5.10 Detailansicht der Steuerposition

5.2.1 Steuerung der Kontenfindung

Die Kontenfindung im SAP-Vertragskontokorrent wird, im Gegensatz zu Buchungen in der klassischen SAP-Debitorenbuchhaltung (FI-AR) und des Hauptbuches (FI-GL), nicht über Buchungsschlüssel, sondern über die zuvor schon angesprochenen, in Abbildung 5.8 dargestellten Haupt- und Teilvorgänge gesteuert.

Buchungsschlüssel als Steuerungselement von FI-AR

Buchungsschlüssel in FI-AR oder auch im Hauptbuch (FI-GL) geben als zweistellige alphanumerische Schlüssel Auskunft darüber, ob es sich um eine Soll- oder um eine Haben-Buchung handelt. Zudem wird der Vorgang dem Hauptbuch oder der Debitorenzeile über die dahinter definierte Kontoart zugeordnet. Der Beleg besteht hier aus der klassischen Buchung »Soll an Haben« mit direkter Auswahl und Eingabe der zu bebuchenden Konten.

Der Beleg im SAP-Vertragskontokorrent splittet sich, wie bereits erwähnt, in eine Geschäftspartnerposition sowie in eine separate Hauptbuchposition auf. Die Steuerung der Konten auf Geschäftspartnerposition mit dem dahinterliegenden Abstimmkonto sowie der Gegenposition im Hauptbuch wird über Haupt- und Teilvorgänge gesteuert.

Funktionen von Haupt- und Teilvorgang

Haupt- und Teilvorgang erfüllen dabei drei wesentliche Funktionen:

- Dokumentation, welcher Geschäftsvorfall oder welcher Geschäftsprozess der Belegposition zugrunde liegt
- Steuerung der Kontenfindung
- Steuerung anwendungsspezifischer Programme, mit der Überleitung von Buchungsstoff in das SAP-Vertragskontokorrent

In Kombination mit der Sparte, dem Buchungskreis und dem Kontenfindungsmerkmal aus dem Vertragskonto werden das Konto sowie die Kontierung im Soll oder im Haben abgeleitet. Während dabei der Hauptvorgang den Geschäftsvorfall klassifiziert und für die Ableitung des Abstimmkontos zuständig ist, wird der Geschäftsvorfall über den Teilvorgang in seine Unterprozesse eingeteilt und die Gegenposition zur Kontokorrentposition gesteuert.

Abstimmkontenfindung

Abbildung 5.11 erläutert Ihnen zunächst die *Abstimmkontenfindung* auf Basis der vier folgenden Faktoren:

- Buchungskreis
- Kontenfindungsmerkmal
- Sparte
- Geschäftsvorfall, repräsentiert mittels Hauptvorgang

Während das Kontenfindungsmerkmal den Geschäftspartner kategorisiert (siehe Kapitel 4, »Stammdaten«) dient die Sparte als organisatorische Einheit zur Klassifizierung der vertrieblichen Zuständigkeit oder der Gewinnverantwortung von Produkt- oder Dienstleistungsgruppen. Diese wird über die SAP-Komponente SD (Vertrieb) oder die fakturierenden Komponenten der SAP-Branchenlösung mitgegeben. Aus der Kombination dieser Faktoren leiten Sie das Abstimmkonto ab.

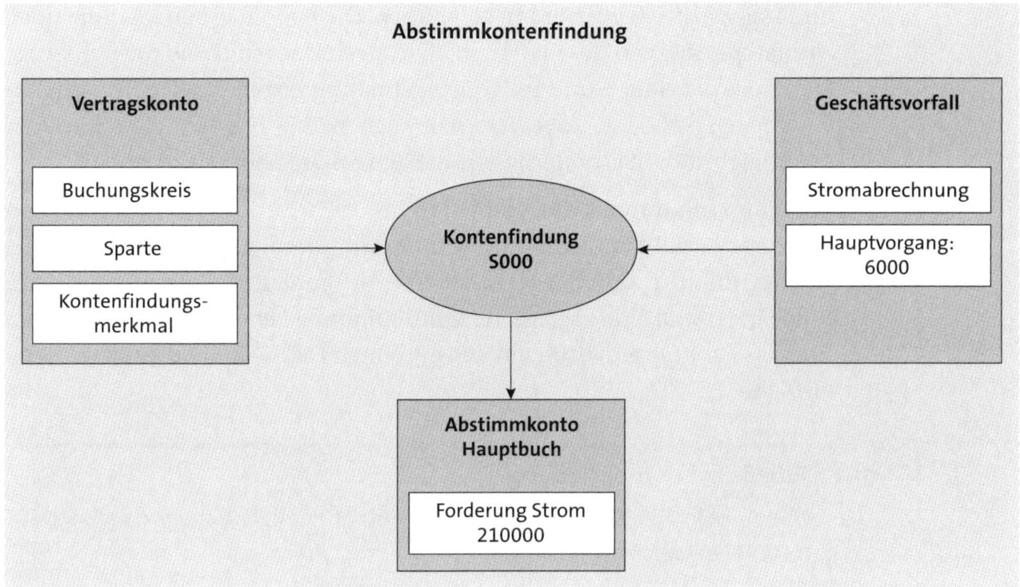

Abbildung 5.11 Die Abstimmkontenfindung mittels Hauptvorgang

Somit wird das Abstimmkonto nicht wie in der klassischen Debitorenbuchhaltung (FI-AR) in Abhängigkeit des Buchungskreises über die Geschäftspartner-Stammdaten definiert, sondern über verschiedene Faktoren ermittelt. Sie müssen daher pro Geschäftsvorfall, den Sie auf den Forderungskonten in der Bilanz darstellen wollen, eine Übersetzung in der Kontenfindung in Form von Sparte, Kontenfindungsmerkmal und/oder Hauptvorgang finden.

Buchungsbereich S000

Aus technischer Sicht wird im SAP-System vom Buchungsbereich S000 bei der Abstimmkontenfindung gesprochen, wobei der Buchstabe vor der dreistelligen Ziffer des Buchungsbereichs, den in Kapitel 1, »Grundlagen«, aktivierten Anwendungsbereich des Vertragkontokorrents repräsentiert. Mit dem Buchungsbereich wird technisch somit eine bestimmte Kontenfindung im SAP-System klassifiziert, die an Geschäftsvorfälle gebunden ist. Die Geschäftsvorfälle werden dabei als *interne Vorgänge* definiert. Neben der Hauptvorgangskontenfindung (S000) und der im Folgenden vorgestellten Teilvorgangskontenfindung (S001), die übergeordnet für alle ihr zugeteilten Geschäftsvorfälle gilt, gibt es weitere Buchungsbereiche. Diese weiteren Buchungsbereiche repräsentieren die Kontenfindung für bestimmte Geschäftsvorfälle, wie Zahlung, buchungskreisübergreifende Buchungen oder auch Einzelwertberichtigungen. Diese bestimmten Geschäftsvorfälle benötigen weitere Schlüsselfelder oder zusätzliche Konten, um die Kontenfindung spezifisch aussteuern zu können. Die Buchungsbereiche, die noch einmal spezifischen Geschäftsvorfällen zugeordnet sind und nicht über die Merkmale der Haupt- und Teilvorgangsfindung gesteuert werden, variieren in Abhängigkeit der eingesetzten Branchenkomponenten und somit in Abhängigkeit der Besonderheiten, die diese Branchen erfordern.

Die Kontenfindung kann somit jeweils, wenn erforderlich, durch den Geschäftsvorfall oder durch bestimme Anforderungen der zugrunde liegenden Branche durch weitere Merkmale gesteuert werden. Sollte ein Geschäftsvorfall eine spezifische Kontenfindung benötigen, finden Sie den Hinweis zur Kontenfindung in den einzelnen Hauptkapiteln der jeweiligen Prozesse.

[»]

Tabelle zur Kontenfindung

Über Tabelle TFK033D können Sie die Kontenfindung unter der Angabe des Buchungsbereichs technisch auslesen.

Hauptbuchkontenfindung

Die Gegenposition zur Geschäftspartnerposition auf der Ebene des Hauptbuches – d. h. in den meisten Fällen die Erlösbuchung zur Forderungsbuchung – wird über den Teilvorgang gesteuert. Der Teilvorgang wird dabei als Ausprägung des Hauptvorgangs dargestellt. Er kann als Teilprozess des übergeordneten Vorgangs bezeichnet werden. Ebenso wie bei der Abstimmkontenfindung, steuern Sie die Findung des Erlös- oder auch Bilanzkontos mithilfe der folgenden Faktoren (siehe Abbildung 5.12):

- Buchungskreis
- Kontenfindungsmerkmal
- Sparte
- Geschäftsvorfall, repräsentiert mittels Hauptvorgang

Technisch wird diese über den Buchungsbereich S001 gesteuert.

Neben der Steuerung des Hauptbuchkontos der Kontokorrentposition bestimmen Sie auch, ob es sich um eine Soll- oder Haben-Buchung handelt. Möchten Sie das Hauptbuchkonto für einen Teilvorgang sowohl im Soll- als auch im Haben bebuchen, benötigen Sie zwei verschiedene Teilvorgänge.

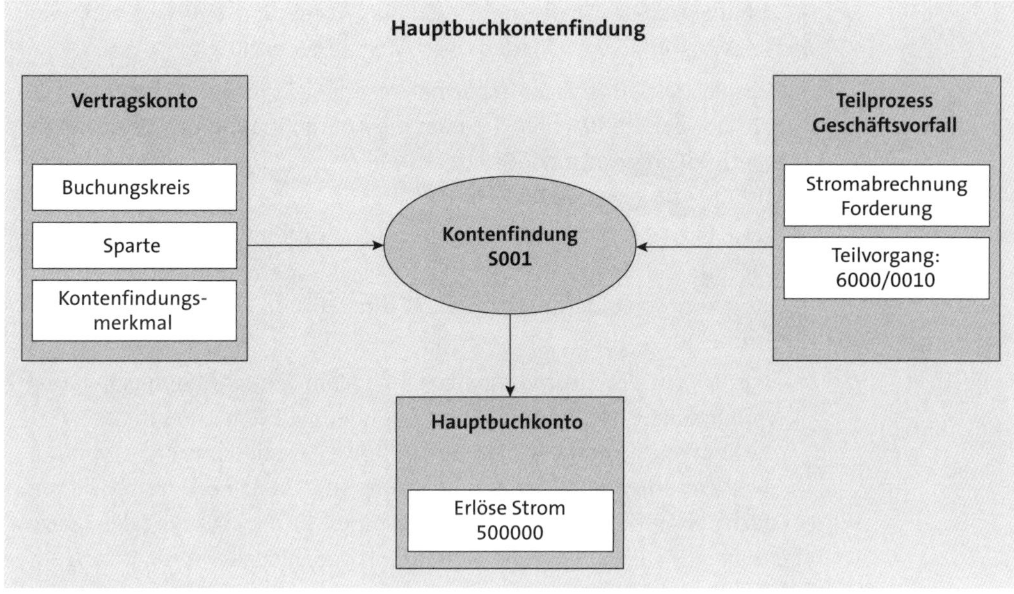

Abbildung 5.12 Die Hauptbuchkontenfindung mittels Teilvorgang

Die Kontenfindung anhand eines Beispiels

Ihr Unternehmen ist im Energiesektor tätig und verkauft Strom, wobei sich der Geschäftsbereich Strom noch in die folgenden zwei Sparten unterteilt:

- Sparte 01: Ökostrom
- Sparte 02: normaler Strom

Am Ende des Monats fakturieren Sie an Ihre Kunden, wobei Sie neben B2C-Kunden auch den Strom an Ihre Töchterunternehmen in Rechnung stellen. Zur Unterscheidung der Geschäftspartner nach Art der Beziehung nutzen Sie das Kontenfindungsmerkmal:

- Kontenfindungsmerkmal 01: B2C Kunden
- Kontenfindungsmerkmal 02: verbundene Unternehmen

Der Hauptvorgang 6000 klassifiziert nun in der Kontenfindung den Geschäftsvorfall »Abrechnung Strom«. Um zu unterscheiden, ob es sich um eine Forderungs- oder Gutschriftsbuchung bei der Faktura handelt, detaillieren Sie den Hauptvorgang mittels Teilvorgang in die folgenden beiden Kategorien:

- Teilvorgang 0010: Forderungsbuchung
- Teilvorgang 0010: Gutschriftsbuchung

In Abhängigkeit der Sparte, des Geschäftspartners und der Fakturaart wird nun das Abstimmkonto für den Geschäftspartner ermittelt:

- Beispiel a: Dem Geschäftspartner mit dem Kontenfindungsmerkmal **B2C** und Sparte 01 teilen Sie über die Kontenfindung das Forderungskonto »Forderungen aus Lieferungen und Leistungen Ökostrom 210000« zu.
- Beispiel b: Dem Geschäftspartner mit dem Kontenfindungsmerkmal **B2C** und der Sparte 02 teilen Sie über die Kontenfindung das Forderungskonto »Forderungen aus Lieferungen und Leistungen normaler Strom 210002« zu.
- Beispiel c: Dem Geschäftspartner mit dem Kontenfindungsmerkmal **verbundene Unternehmen** teilen Sie über die Kontenfindung das Forderungskonto »Forderungen aus Lieferungen und Leistungen verbundene Unternehmen« zu. Da Sie in diesem Fall keine Unterscheidung nach der Art des Stroms benötigen, ordnen Sie die Zuteilung der Sparte für beide Fälle dem gleichen Abstimmkonto in der Kontenfindung zu.

Auch die Erlösposition wird mithilfe der Sparte und des Kontenfindungsmerkmals bestimmt. Buchungen mit Zuteilung in Sparte 01 werden an ein Erlöskonto mit dem Ausweis von Umsätzen aus Ökostrom gebucht, und Erlöse aus der Sparte 02 werden an ein Konto zum Ausweis von Umsätzen aus dem Verkauf von normalem Strom gebucht. Erlöse aus dem Intercompany-Bereich gehen auf der Basis des Kontenfindungsmerkmals auf ein separates Erlöskonto, um Intercompany-Umsätze später aus dem Gesamtergebnis im Rahmen der Konsolidierung heraus eliminieren zu können. Zusätzlich bestimmten Sie über den Teilvorgang, der die Fakturaart repräsentiert, ob es sich um eine Soll- oder Haben-Buchung auf der Geschäftspartnerposition handelt. Wird somit mit Teilvorgang 0010 gebucht, handelt es sich um eine Soll-Buchung mit entsprechender Spartenwahl im Bereich Ökostrom oder normaler Strom, bzw. bei Teilvorgang 0020 um eine Haben-Buchung zur Reduktion der Forderung und des Erlöses um den Guthabenwert.

5.2.2 Hauptvorgänge pflegen

Hauptvorgänge pflegen

Definieren Sie nun zunächst Ihre Hauptvorgänge als Ihre übergeordneten Geschäftsprozesse. SAP liefert dabei im Standard pro betriebswirtschaftlichen Anwendungsbereich, d.h. pro SAP-Branchenlösung, eine vordefinierte Auswahl von Geschäftsvorfällen als interne Vorgänge aus. Unter dem folgenden IMG-Pfad können Sie die Standardeinstellungen überprüfen und diese gegebenenfalls um weitere benötige Geschäftsbereiche ergänzen:

IMG • Finanzwesen • Vertragskontokorrent • Grundfunktionen • Buchungen und Belege • Beleg • Pflegen der Belegkontierungen • Hauptvorgänge pflegen

Standardhauptvorgänge

Abbildung 5.13 zeigt Ihnen exemplarisch den Aufbau der Customizing-Einstellung mit Hauptvorgängen, die SAP im Standard bei Einsatz des SAP-Vertragskontokorrents ohne Anbindung an eine SAP-Branchenlösung anbietet (Anwendungsbereich S). Hierbei erfolgt die Einteilung ausschließlich nach Geschäftsprozessen in der Debitorenbuchhaltung.

Dem Beleglebenszyklus entsprechend, liegen Ihnen die Prozesse von der Buchung der Forderung bis zum Ausgleich mittels Zahlung oder Kontenpflege vor. Des Weiteren haben Sie die Möglichkeit der Buchung von Gebühren, Rückläufern, Umbuchungen, Zinsen, Guthaben oder von Raten. Bei der Buchung wird gemäß dem zugrundeliegenden Geschäftsprozess über die Anwendungsprogramme oder die fakturierenden Vorgängerkomponenten automatisch oder manuell der Hauptvorgang durch den Benutzer ausgewählt.

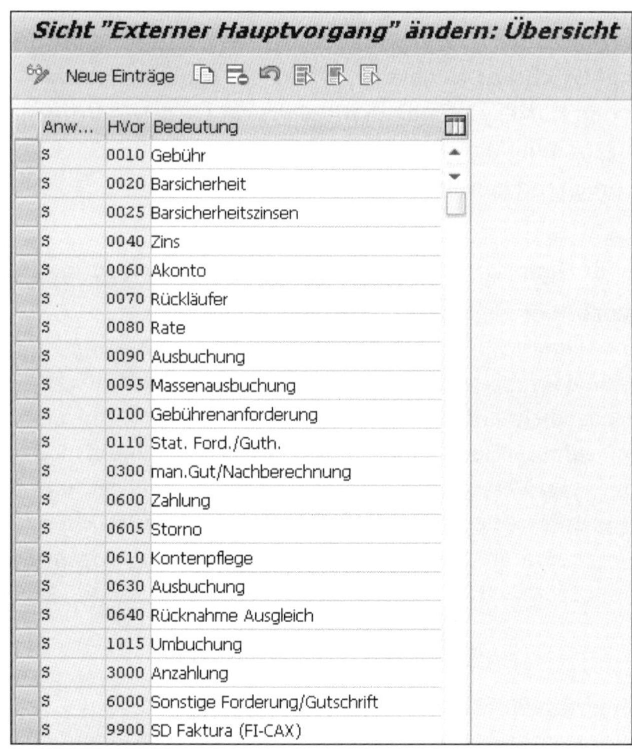

Sicht "Externer Hauptvorgang" ändern: Übersicht

Neue Einträge

Anw...	HVor	Bedeutung
S	0010	Gebühr
S	0020	Barsicherheit
S	0025	Barsicherheitszinsen
S	0040	Zins
S	0060	Akonto
S	0070	Rückläufer
S	0080	Rate
S	0090	Ausbuchung
S	0095	Massenausbuchung
S	0100	Gebührenanforderung
S	0110	Stat. Ford./Guth.
S	0300	man.Gut/Nachberechnung
S	0600	Zahlung
S	0605	Storno
S	0610	Kontenpflege
S	0630	Ausbuchung
S	0640	Rücknahme Ausgleich
S	1015	Umbuchung
S	3000	Anzahlung
S	6000	Sonstige Forderung/Gutschrift
S	9900	SD Faktura (FI-CAX)

Abbildung 5.13 Hauptvorgänge pflegen

Abweichende Buchungsbereiche

Sollte ein spezifischer Buchungsbereich für einen Geschäftsvorfall vorgesehen sein, wird das Anwendungsprogramm nicht auf den hier hinterlegten Hauptvorgang gehen, sondern auf den jeweils im Programm definierten spezifischen Buchungsbereich springen. Die Kontenfindung nehmen Sie dann, wie erläutert, im jeweiligen Customizing-Punkt der einzelnen Geschäftsvorfälle vor. Für manuelle Buchungen, die nicht aus einem Anwendungsprogramm maschinell angesteuert werden, wird trotz spezifischer Buchungsbereiche die Kontenfindung für bestimmte Geschäftsvorfälle über die Steuerung des Haupt- und Teilvorgangs vorgenommen. Soll für eine Buchung, die normalerweise durch Anwendungsprogramme angestoßen und durchgeführt wird, auch eine manuelle Buchung möglich sein, muss diese über die Haupt- und Teilvorgänge zusätzlich gepflegt werden.

Einen neuen Hauptvorgang anlegen

Zur Pflege der neuen Hauptvorgänge wählen Sie den Button **Neue Einträge** (siehe Abbildung 5.13). Unter der Eingabe des Anwendungsbereichs in der Spalte **Anw...** definieren Sie zunächst im Feld **HVor** einen vierstelligen alphanumerischen Schlüssel und wählen anschließend eine freie und möglichst sprechende Bezeichnung zur Klassifizierung des Hauptvorgangs in der Spalte **Bedeutung**. Beachten Sie, dass der Name des Hauptvorgangs als Geschäftsprozess in den Korrespondenzen mitgedruckt wird. Der Vorgang sollte daher nicht nur für den Buchhalter intern, sondern auch für den Kunden eindeutig und sprechend gewählt werden.

Weitere Beispiele für Hauptvorgänge aus der SAP-Branchenlösung

In der SAP-Branchenlösung wird der Hauptvorgang nicht nur nach Geschäftsprozessen, sondern vor allem auch nach Geschäftsfeldern unterschieden. So werden die Hauptvorgänge in der Versorgungsindustrie nach Abschlag, Verbrauchsabrechnung und Mahnkosten differenziert. Im Bereich der Branchenlösung IS-Media werden die Hauptvorgänge entsprechend dem Zeitungs- und Verlagsgeschäft nach Anzeigen, Beilagen und Abo-Einzelgeschäften unterschieden. Der Energiesektor der SAP-Branchenlösung IS-U kennt wiederum im Standard u. a. die Unterteilung in Strom, Gas, Windenergie und Solarkraft.

5.2.3 Teilvorgänge pflegen

Teilvorgang pflegen

Mit den *Teilvorgängen* detaillieren Sie die Ausprägung der Hauptvorgänge in seine einzelnen Bestandteile über den folgenden IMG-Pfad:

IMG • Finanzwesen • Vertragskontokorrent • Grundfunktionen • Buchungen und Belege • Beleg • Pflegen der Belegkontierungen • Teilvorgänge pflegen

Fakturen, die Sie z. B. mit dem Hauptvorgang 9900 als SD-Faktura gekennzeichnet haben, werden nun getrennt der Fakturaart in die Teilvorgänge Forderung oder Gutschrift unterteilt.

Beispiele für Teilvorgänge

Abbildung 5.14 stellt Ihnen weitere Beispiele für die Ausprägung der Hauptvorgänge zur Verfügung. Differenzieren Sie so z. B. die Buchung von Zinsen in die Erfassung von Zinsforderungen oder Zinsguthaben. Unterscheiden Sie außerdem für den Bereich Zahlung, ob es sich bei dem Hauptvorgang 0060 um eine Eingangszahlung oder um eine Ausgangszahlung handelt. Zerlegen Sie somit jeden Ihrer Geschäftsprozesse in seine Teilprozesse, um diese mit den Teilvorgängen nicht nur unterschiedlichen Hauptbuchkonten zuweisen zu können, sondern auch, um die Unterscheidung nach Soll und Haben vornehmen zu können.

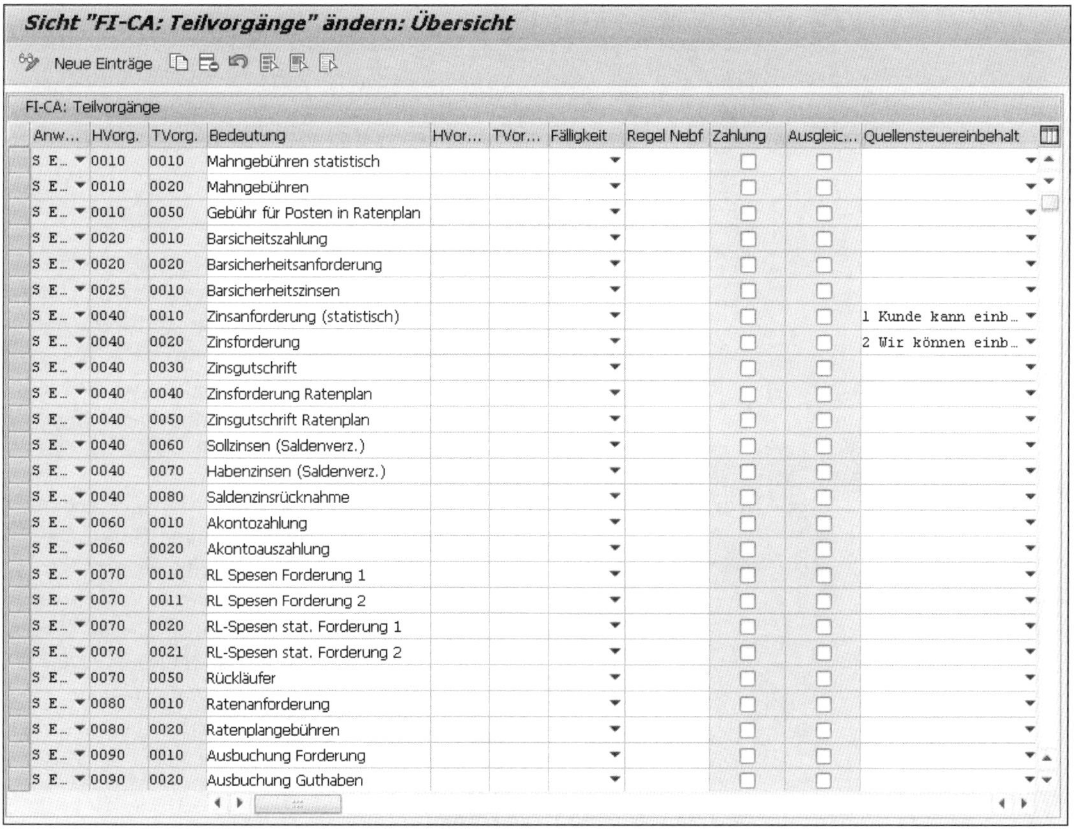

Sicht "FI-CA: Teilvorgänge" ändern: Übersicht

Neue Einträge

FI-CA: Teilvorgänge

Anw...	HVorg.	TVorg.	Bedeutung	HVor...	TVor...	Fälligkeit	Regel Nebf	Zahlung	Ausgleic...	Quellensteuereinbehalt
S E...	0010	0010	Mahngebühren statistisch							
S E...	0010	0020	Mahngebühren							
S E...	0010	0050	Gebühr für Posten in Ratenplan							
S E...	0020	0010	Barsicheitszahlung							
S E...	0020	0020	Barsicherheitsanforderung							
S E...	0025	0010	Barsicherheitszinsen							
S E...	0040	0010	Zinsanforderung (statistisch)							1 Kunde kann einb...
S E...	0040	0020	Zinsforderung							2 Wir können einb...
S E...	0040	0030	Zinsgutschrift							
S E...	0040	0040	Zinsforderung Ratenplan							
S E...	0040	0050	Zinsgutschrift Ratenplan							
S E...	0040	0060	Sollzinsen (Saldenverz.)							
S E...	0040	0070	Habenzinsen (Saldenverz.)							
S E...	0040	0080	Saldenzinsrücknahme							
S E...	0060	0010	Akontozahlung							
S E...	0060	0020	Akontoauszahlung							
S E...	0070	0010	RL Spesen Forderung 1							
S E...	0070	0011	RL Spesen Forderung 2							
S E...	0070	0020	RL-Spesen stat. Forderung 1							
S E...	0070	0021	RL-Spesen stat. Forderung 2							
S E...	0070	0050	Rückläufer							
S E...	0080	0010	Ratenanforderung							
S E...	0080	0020	Ratenplangebühren							
S E...	0090	0010	Ausbuchung Forderung							
S E...	0090	0020	Ausbuchung Guthaben							

Abbildung 5.14 Teilvorgang pflegen

Der Teilvorgang aus der Spalte **Tvorg.** ist ein vierstelliger alphanumerischer Schlüssel, der immer in Kombination mit dem Hauptvorgang aus der Spalte **HVorg.** von Ihnen beschrieben und gepflegt wird.

Neue Teilvorgänge anlegen

Über einen Klick auf den Button **Neue Einträge** können Sie neue Teilvorgänge der Spalte **Tvorg.** pflegen oder über den Button (**Anzeigen/Ändern**) bestehende Einträge ändern. Da Sie einen Teilvorgang immer in Kombination mit dem Hauptvorgang anlegen, kann der vierstellige alphanumerische Schlüssel verschiedenen Hauptvorgängen zugeteilt werden – mit jeweils anderer Bezeichnung. Da die Kombination von Haupt- und Teilvorgang jedoch eindeutig sein muss, können Sie den Schlüssel nur einmal pro Hauptvorgang verwenden.

Merkmale eines Teilvorgangs

Neben der Bezeichnung aus der Spalte **Bedeutung** geben Sie dem nun spezifizierten Geschäftsvorfall noch weitere Merkmale aus Abbildung 5.14 mit, die in Tabelle 5.3 erläutert werden.

Feld	Beschreibung
HVorg Stor/ TVorg Stor	Hauptvorgang und Teilvorgang, die bei Storno der angelegten Kombination von Haupt-und Teilvorgang in der Buchung automatisch gewählt werden sollen. Wenn Sie keine Angaben machen, müssen der Haupt- und Teilvorgang für das Storno manuell gewählt werden.
Fälligkeit	Die Fälligkeit kann automatisch als Vorschlagswert für den Teilvorgang aus dem Buchungsdatum, dem Belegdatum oder dem Tagesdatum abgeleitet und im Beleg gesetzt werden. Dies ist sinnvoll bei Akonto-Buchungen oder Gutschriften, die bei diesen Buchungen meist direkt fällig sind. Geben Sie hier keinen Wert vor, müssen Sie diesen bei der Belegbuchung manuell mitgeben.
Regel Nebf	Eine Nebenforderung ist eine Forderung, die auf eine andere Forderung zurückgeht, z. B. Mahngebühren und Zinsen. Diese sollen in der Regel nicht separat gemahnt oder verzinst, sondern nur als Teil der Hauptforderung aufgelistet werden. Um diese Forderungen vom Mahn- und Zinslauf auszuschließen, definieren Sie über den Menüpunkt **Regeln für Nebenforderungen definieren** unter dem Customizing-Bereich der **Geschäftsvorfälle** für Mahn- und Zinslauf eine Regel zur Nebenforderung, und tragen Sie diese hier ein.

Tabelle 5.3 Feldpflege der Teilvorgänge

Feld	Beschreibung
Zahlung	Als Teil des Zahlungsvorgangs wird diese Belegposition in der Zahlungsliste der Kontenstandanzeige gelistet. Ist bei Ihnen das Haushaltsmanagement aktiv, nutzen Sie das Kennzeichen außerdem, um Akonto-Zahlungen und Anzahlungen kenntlich zu machen, damit diese korrekt fortgeschrieben werden können.
Ausgleich	Der Ausgleich des Postens wird als Negativbuchung durchgeführt, d. h., im Soll wird die Forderung mit einem negativen Vorzeichen ausgeglichen. Dies kann nur genutzt werden, wenn Sie in der dazugehörigen Belegart sowie in den Buchungskreiseinstellungen Negativbuchungen erlaubt haben (siehe Abschnitt 5.1.2, »Belege«).
Quellensteuer-einbehalt	Dieses Feld bestimmt, ob der Kunde oder Ihr Unternehmen den Quellsteueranteil für den Teilvorgang einbehalten kann.

Tabelle 5.3 Feldpflege der Teilvorgänge (Forts.)

Buchungsparameter der Teilvorgänge pflegen

Nach der allgemeinen Definition der Teilvorgänge müssen Sie diese in einem zweiten Schritt pro Buchungskreis und Sparte ausprägen und den Teilvorgang des Weiteren als Soll- oder Haben-Buchung kennzeichnen. Navigieren Sie daher über den folgenden IMG-Pfad:

IMG • Finanzwesen • Vertragskontokorrent • Grundfunktionen • Buchungen und Belege • Beleg • Vorgänge für das Branchenneutrale Vertragskontokorrent pflegen • Externe Vorgänge definieren und parametrisieren

Beachten Sie, dass die Bezeichnung des Menüpunkts mit dem Einsatz der jeweiligen SAP-Branchenlösung variiert und der entsprechende Name der Branchenlösung im Menüpunkt verzeichnet ist.

Ausprägung in Buchungskreis und Sparte

Ordnen Sie nun jedem Buchungskreis die relevanten Kombinationen von Haupt- und Teilvorgängen zu, die in diesem Buchungskreis möglich sind (siehe Abbildung 5.15). Hierbei spricht man auch von der Pflege *externer Vorgänge*. Das liegt daran, dass diese Ihre buchungskreisspezifischen Buchungsprozesse und somit Vorgänge widerspiegeln. Die Vorgänge werden in einem letzten Customizing-Punkt den sogenannten *internen Vorgängen* zugeordnet, die an die Geschäftsprozesse des Vertragskontokorrents geknüpft sind. Markieren Sie hierzu zunächst den entsprechenden Hauptvorgang, und springen Sie in den Punkt **Belegzeilenparameter** der Dialogstruktur. Nutzen Sie anschließend den Button **Neue Einträge**, um die Zuordnung von Buchungskreis zu Teilvorgang vorzunehmen. Pflegen Sie zu dem auszuprägenden Teilvorgang, den Sie in der Spalte **Teilv...** detaillieren, den Buchungskreis in der gleichnamigen Spalte **Buchungskreis**.

Zusätzlich haben Sie die Möglichkeit, nach der Sparte zu differenzieren. Sollten Sie daher über die Vertriebskomponente SD oder über die fakturierenden Vorgängerkomponenten der SAP-Branchenlösungen die Geschäftsbereiche anhand von Sparten unterteilen, müssen Sie diese auch in der Kontenfindung beachten. Die Kombination aus Haupt- und Teilvorgang muss dann nicht nur jedem Buchungskreis, sondern auch jeder Sparte über die Spalte **Sparte** zugeordnet werden, in der der Teilvorgang verwendet werden soll. Wenn Sie keine Sparte verwenden, können Sie das betreffende Feld in der Spalte **Sparte** leer lassen.

Soll-/Haben-Kennzeichen zuordnen

Nach der Zuordnung des Teilvorgangs zu Buchungskreis und Sparte definieren Sie zusätzlich in der Spalte **Soll/Haben**, ob es sich bei dem Teilvorgang um eine Soll- oder eine Haben-Buchung handelt. Über das Drop-down-Menü können Sie dabei zwischen den beiden folgenden Optionen wählen:

- **S Soll**: Buchung im Soll
- **H Haben**: Buchung im Haben

Sicht "Belegzeilenparameter" ändern: Übersicht

Neue Einträge

Dialogstruktur
- Externer Hauptvorgang
  - Externer Teilvorgang
    - Belegzeilenparam

Belegzeilenparameter

Anwendungsber...	Buchungskreis	Sparte	Haup...	Teilv...	Soll/Haben	Statistikschlüssel
S Extended F...	0002		0010	0010	S Soll	G sonstige stati
S Extended F...	0002		0010	0020	H Haben	
S Extended F...	0002		0010	0050	S Soll	
S Extended F...	0005		0010	0010	S Soll	G sonstige stati
S Extended F...	0005		0010	0020	S Soll	
S Extended F...	0005		0010	0050	S Soll	
S Extended F...	0008		0010	0010	S Soll	G sonstige stati
S Extended F...	0008		0010	0020	S Soll	
S Extended F...	0008		0010	0050	S Soll	

Abbildung 5.15 Ausprägung der Teilvorgänge pro Buchungskreis und Sparte

Zuordnung des Soll-/Haben-Kennzeichens

Jeder Teilvorgang muss eindeutig in der Buchungskreis-/Spartenkombination als Soll- oder Haben-Buchung gekennzeichnet sein. Bedenken Sie daher bei der Anlage der Teilvorgänge, ob der Hauptvorgang nur jeweils eine Soll- oder eine Haben-Buchung auslösen kann oder sogar beide Buchungsarten. Sollten Sie für den Hauptvorgang eine Soll- und eine Haben-Buchung in dem jeweiligen Buchungskreis und/oder der Sparte benötigen, müssen Sie zuvor entsprechend zwei Teilvorgänge ausgeprägt und anschließend in der Zuordnung zu Buchungskreis und Sparte mit dem jeweiligen Kennzeichen für Soll und Haben gepflegt haben.

Statistikschlüssel definieren

Sollte ein Teilvorgang als statistische Buchung erfasst werden, geben Sie mit dem *Statistikschlüssel* aus dem gleichnamigen Feld **Statistikschlüssel** am Teilvorgang an, welche Buchung als Folgeaktivität des Ausgleichs im SAP-System getätigt werden soll (siehe Abbildung 5.15). Beispielsweise löst das SAP-System bei Ausgleich einer statistisch erfassten Anzahlungsanforderung eine Buchung der Anzahlung als Akonto-Position auf dem Vertragskonto des Geschäftspartners aus. Eine statistische Gebührenforderung löst wiederum bei Zahlungseingang der Gebühr die real gewordene Buchung der Gebührenforderung aus. Diese wird sofort ausgeglichen und der entsprechende Erlös im Hauptbuch vermerkt. Je nach Art der statistischen Buchung können Sie somit über den Statistikschlüssel das Verhalten des Teilvorgangs steuern. Der Statistikschlüssel ist zudem Voraussetzung dafür, dass die Buchung dieses Teilvorgangs nur statistisch erfasst wird und die statistische Buchung erst bei der Folgeaktivität aufgelöst wird.

Manuelle Buchung

Buchungen in FI-CA werden meist über integrierte und automatisierte Prozesse ausgelöst; schließlich dient FI-CA der Automatisierung von Massenprozessen. Zur Buchung von manuellen Vorgängen müssen die Teilvorgänge explizit freigeschaltet werden. Dies können Sie über das Kennzeichen **Manuelle Buchung** einstellen (siehe Abbildung 5.16).

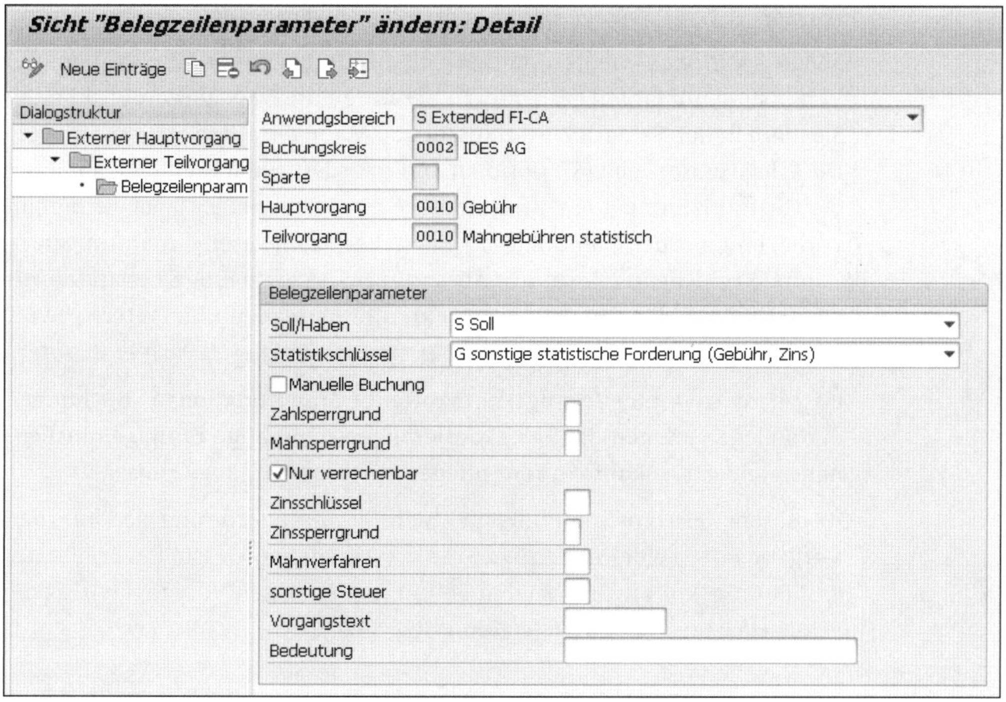

Sicht "Belegzeilenparameter" ändern: Detail

Neue Einträge

Dialogstruktur
Externer Hauptvorgang
Externer Teilvorgang
Belegzeilenparam

Anwendgsbereich: S Extended FI-CA
Buchungskreis: 0002 IDES AG
Sparte:
Hauptvorgang: 0010 Gebühr
Teilvorgang: 0010 Mahngebühren statistisch

Belegzeilenparameter
Soll/Haben: S Soll
Statistikschlüssel: G sonstige statistische Forderung (Gebühr, Zins)
Manuelle Buchung
Zahlsperrgrund
Mahnsperrgrund
Nur verrechenbar
Zinsschlüssel
Zinssperrgrund
Mahnverfahren
sonstige Steuer
Vorgangstext
Bedeutung

Abbildung 5.16 Teilvorgang innerhalb eines Buchungskreises ausprägen

Manuelle Buchungen in FI-CA

Das SAP-Vertragskontokorrent ist auf die Automatisierung von Prozessen mittels Jobsteuerung spezialisiert. Versuchen Sie daher, Ihre Geschäftsprozesse über die fakturierenden Vorgängerkomponenten und über die Automatisierung von Geschäftsvorfällen in FI-CA darzustellen. Manuelle Buchungen sollten Sie auf ein Minimum einschränken, da die Pflege der Kontenfindung sowie die Belegerfassung nicht auf manuelle Buchungen ausgerichtet ist. Sie erschweren Ihren Buchhaltern den Umgang mit dem SAP-Vertragskontokorrent bei einer Vielzahl an manuellen Buchungen. Der Vorteil der strukturierten und übersichtlichen Darstellungsweise von Geschäftsvorfällen und Geschäftsprozessen kann über eine Vielzahl von manuell getätigten Buchungen zudem ins Negative verkehrt werden.

Weitere Buchungsparameter

Zudem können Sie jedem Teilvorgang im Feld **Zahlsperrgrund** einen Sperrgrund für die Zahlung, im Feld **Mahnsperrgrund** einen Sperrgrund für die Mahnung oder im Feld **Zinssperrgrund** einen Sperrgrund für Zinsen zuordnen. In diesem Fall wird der jeweilige Teilvorgang in der Kombination von Buchungskreis und Sparten von dem entsprechenden Geschäftsvorfall ausgenommen. Das heißt, Positionen, die mit diesem Teilvorgang erfasst sind, können nicht gezahlt, gemahnt oder verzinst werden.

Sollen Positionen wiederum innerhalb der Geschäftsvorfälle Mahnen und Verzinsung nur einem bestimmten Verfahren unterzogen werden, können Sie diese in den Feldern **Zinsschlüssel** und **Mahnverfahren** fest hinterlegen. Die Pflege dieser Felder ist optional und erfordert zunächst die Ausprägung des Customizings der entsprechenden Geschäftsvorfälle. Dabei werden im vorliegenden Buch Zahlungen in Kapitel 6, »Zahlwesen«, Mahnungen in Kapitel 8 und die Verzinsung in Abschnitt 11.3, »Verzinsung«, behandelt. Als Letztes müssen Sie den definierten externen Vorgängen, den internen Vorgängen des Vertragskontokorrents zuordnen. Navigieren Sie hierzu unter:

IMG • Finanzwesen • Vertragskontokorrent • Grundfunktionen • Buchungen und Belege • Pflegen der Belegkontierungen • Vorgänge für das Branchenneutrale Vertragskontokorrent pflegen • Externe Vorgänge zuordnen

In diesem Customizing-Punkt nehmen Sie die Zuordnung der internen Vorgänge der Felder **Int..**, die an die verschiedenen Geschäftsvorfälle des SAP FI-CA geknüpft sind, zu den definierten externen Vorgängen über die Felder **Ha...** und **Te...** zu (siehe Abbildung 5.17).

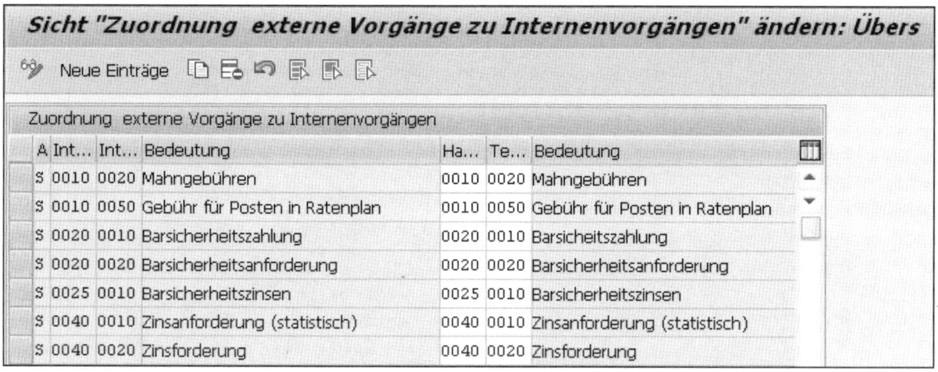

Sicht "Zuordnung externe Vorgänge zu Internenvorgängen" ändern: Übers

Neue Einträge

Zuordnung externe Vorgänge zu Internenvorgängen

A	Int...	Int...	Bedeutung	Ha...	Te...	Bedeutung
S	0010	0020	Mahngebühren	0010	0020	Mahngebühren
S	0010	0050	Gebühr für Posten in Ratenplan	0010	0050	Gebühr für Posten in Ratenplan
S	0020	0010	Barsicherheitszahlung	0020	0010	Barsicheitszahlung
S	0020	0020	Barsicherheitsanforderung	0020	0020	Barsicherheitsanforderung
S	0025	0010	Barsicherheitszinsen	0025	0010	Barsicherheitszinsen
S	0040	0010	Zinsanforderung (statistisch)	0040	0010	Zinsanforderung (statistisch)
S	0040	0020	Zinsforderung	0040	0020	Zinsforderung

Abbildung 5.17 Interne Vorgänge mit externen Vorgängen verknüpfen

Wenn Sie die vorgeschlagenen Teilvorgänge aus dem Standard für Ihre Branchenkomponente übernommen haben, besteht eine 1:1-Beziehung zwischen internen und externen Teilvorgängen. Da manuelle Buchungen nicht an interne Geschäftsvorfälle von FI-CA geknüpft sind, müssen diese nicht zugeordnet werden.

5.2.4 Automatische Sachkontenfindung hinterlegen

Nach der Definition und Ausprägung der Haupt- und Teilvorgänge in Buchungskreis und Sparte, pflegen Sie nun im nächsten Schritt die Sachkontenfindung hinter den Haupt- und Teilvorgängen. Starten Sie dabei mit der Hautbuchkontenfindung, die wie in der Einleitung beschrieben, das Abstimmkonto hinter dem Geschäftspartner definiert.

Kontenfindung des Hauptvorgangs

Verwenden Sie hierzu den folgenden IMG-Pfad:

IMG • Finanzwesen • Vertragskontokorrent • Grundfunktionen • Buchungen und Belege • Beleg • Hinterlegen der Kontierungen für automatische Buchungen • Automatische Sachkontenfindung • Hauptvorgangsrelevante Kontierungsdaten für FI-CAX hinterlegen

Pflegen Sie pro Buchungskreis aus der Spalte **Buchungs**, pro Sparte aus der Spalte **Sparte**, pro Kontenfindungsmerkmal aus der Spalte **KontFindM** und Hauptvorgang aus der Spalte **Hauptvorg...** das jeweils dahinterliegende Forderungskonto im Feld **Sachkonto** (siehe Abbildung 5.18).

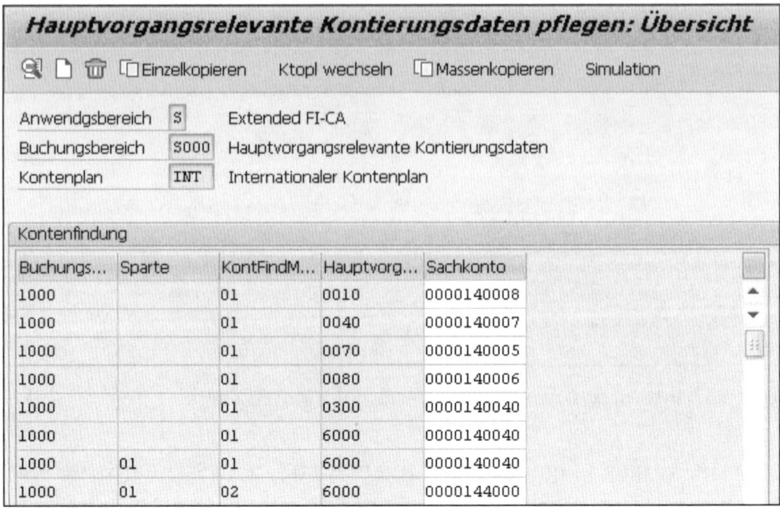

Buchungs...	Sparte	KontFindM...	Hauptvorg...	Sachkonto
1000		01	0010	0000140008
1000		01	0040	0000140007
1000		01	0070	0000140005
1000		01	0080	0000140006
1000		01	0300	0000140040
1000		01	6000	0000140040
1000	01	01	6000	0000140040
1000	01	02	6000	0000144000

Abbildung 5.18 Die Kontenpflege des Hauptvorgangs

Massenkopie der Kontenfindung

Um die Kontenfindung in die verschiedenen Buchungskreise in Masse kopieren zu können, haben Sie die Möglichkeit, mit der Funktion **Massenkopieren** die Einstellungen von einem Buchungskreis in einen anderen Buchungskreis zu kopieren. Sie ersparen sich damit die Arbeit, jeden Eintrag einzeln für alle Kombinationen zu pflegen. Abbildung 5.19 zeigt Ihnen beispielshaft die Kopie der Kontenfindung für den Hauptvorgang 6000 von Buchungskreis 1000 nach Buchungskreis 1001.

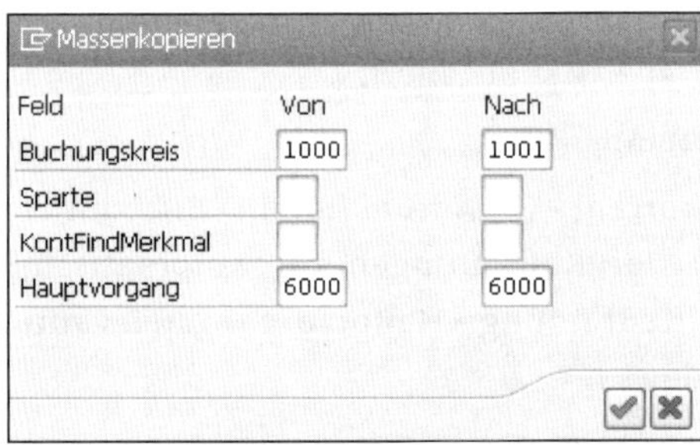

Abbildung 5.19 Massenkopie

Abbildung 5.20 zeigt, dass nach der Kopie alle Einträge des Hauptvorgangs 6000 aus der Spalte **Hauptvorg...** in den Buchungskreis 1001 in die Spalte **Buchungs...** übernommen worden sind.

Hauptvorgangsrelevante Kontierungsdaten pflegen: Übersicht

Einzelkopieren Ktopl wechseln Massenkopieren Simulation

Anwendgsbereich	S	Extended FI-CA
Buchungsbereich	S000	Hauptvorgangsrelevante Kontierungsdaten
Kontenplan	INT	Internationaler Kontenplan

Kontenfindung

Buchungs...	Sparte	KontFindM...	Hauptvorg...	Sachkonto
1000		01	0010	0000140008
1000		01	0040	0000140007
1000		01	0070	0000140005
1000		01	0080	0000140006
1000		01	0300	0000140040
1000		01	6000	0000140040
1000	01	01	6000	0000140040
1000	01	02	6000	0000144000
1001		01	6000	0000140040
1001	01	01	6000	0000140040
1001	01	02	6000	0000144000

Abbildung 5.20 Kopierte Einträge von Buchungskreis 1000 nach 1001

Massenkopie – keine Konsistenzprüfung durch das System

Beachten Sie, dass bei einer Massenkopie keine Prüfung auf die inhaltliche Konsistenz durch das System durchgeführt wird. So erfolgt z. B. keine Prüfung, ob das Sachkonto im jeweiligen Buchungskreis angelegt wurde oder ob der Hauptvorgang dem entsprechenden Buchungskreis bei der Pflege der Haupt- und Teilvorgänge durch Sie zugeordnet worden ist.

Kontenfindung des Hauptvorgangs

Nach der Pflege der Abstimmkontenfindung über den Hauptvorgang wenden Sie sich nun der Pflege der Hauptbuchkontenfindung über die Teilvorgänge zu. Diese finden Sie über den folgenden IMG-Pfad:

IMG • Finanzwesen • Vertragskontokorrent • Grundfunktionen • Buchungen und Belege • Beleg • Hinterlegen der Kontierungen für automatische Buchungen • Automatische Sachkontenfindung • Hauptvorgangsrelevante Kontierungsdaten für FI-CAX hinterlegen

Neben der schon vorgestellten Zuordnung, müssen Sie, wie in Abbildung 5.21 dargestellt, zusätzlich für manuelle Buchungen die Steuerkategorie in der Spalte **Steuerermittlung** und in Form des eingestellten Steuerkennzeichens der Hautbuchhaltung zu dem dazugehörigen Teilvorgang eingeben. Bei automatischen Buchungen aus den fakturierenden Vorgängerkomponenten oder aus den Schnittstellen wird die Steuerkategorie in Form des

Steuerkennzeichens direkt über die Vorgängerkomponente abgeleitet und in den Beleg geschrieben. Eine direkte manuelle Eingabe und ein manuelles Überschreiben des Steuerkennzeichens im Beleg sind jedoch nicht möglich. Sollten für einen Teilvorgang mehrere Steuerkennzeichen infrage kommen, muss für jede Kombinationsmöglichkeit ein separater Teilvorgang angelegt und anschließend in der Kontenfindung hinterlegt werden. Die Felder in den Spalten **GeschBereich** und **CO-Kontierung** sind optional; Sie können die entsprechenden Informationen auch manuell im Beleg eingeben.

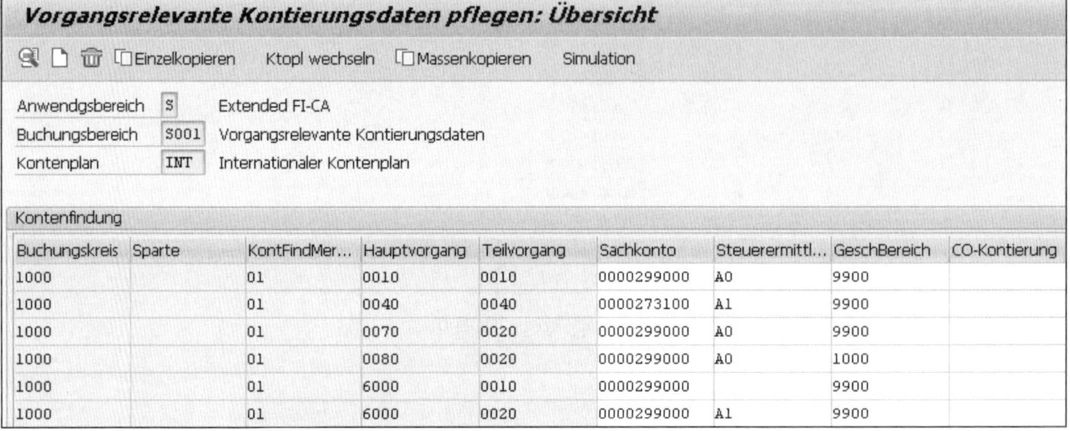

Buchungskreis	Sparte	KontFindMer...	Hauptvorgang	Teilvorgang	Sachkonto	Steuerermittl...	GeschBereich	CO-Kontierung
1000		01	0010	0010	0000299000	A0	9900	
1000		01	0040	0040	0000273100	A1	9900	
1000		01	0070	0020	0000299000	A0	9900	
1000		01	0080	0020	0000299000	A0	1000	
1000		01	6000	0010	0000299000		9900	
1000		01	6000	0020	0000299000	A1	9900	

Abbildung 5.21 Kontenpflege des Teilvorgangs

Controlling-Kontierung hinterlegen

Möchten Sie jedoch den Teilvorgang mit einer festen Controlling-Kontierung verknüpfen, müssen Sie diese CO-Kontierung zunächst als zehnstelligen alphanumerischen Schlüssel in einem separaten Pflegepunkt des IMG-Leitfadens anlegen; dieser ist über den folgenden Pfad zu erreichen:

IMG • Finanzwesen • Vertragskontokorrent • Grundfunktionen • Buchungen und Belege • Beleg • Hinterlegen der Kontierungen für automatische Buchungen • CO-Kontierungsschlüssel hinterlegen

Wie es in Abbildung 5.22 zu sehen ist, wird hinter dem zehnstelligen Kontierungsschlüssel aus dem Feld **CO-Kontierung** das dahinterliegende Controlling-Objekt im Bereich **Zuordnung Kontierung** ausgeprägt. Sie können dabei zwischen den folgenden CO-Kontierungen unterscheiden:

- Profit-Center
- Auftrag
- Kostenstelle
- Projektstruktur
- Ergebnisobjekt

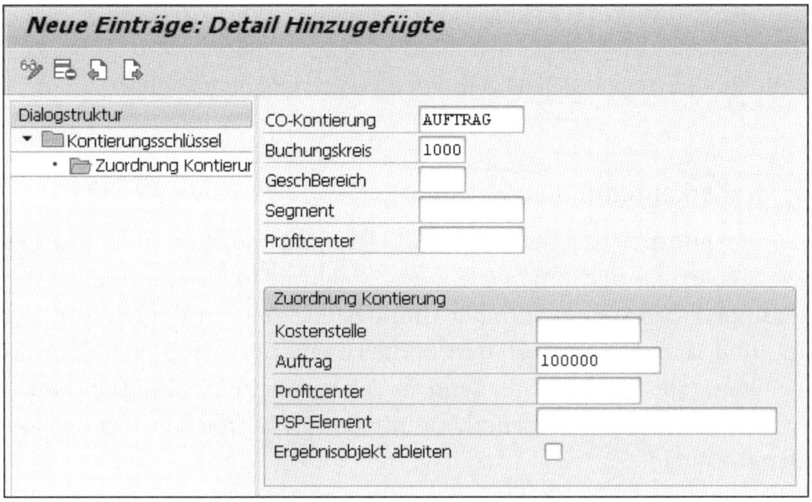

Abbildung 5.22 Controlling-Kontierung pflegen

Der somit über das Feld **CO-Kontierung** angelegte Controlling-Schlüssel kann anschließend in der Kontenfindung dem Teilvorgang über das Feld in der gleichnamigen Spalte **CO-Kontierung** aus Abbildung 5.21 zugeordnet werden. Versuchen Sie jedoch weitestgehend, die CO-Kontierung über die fakturierenden Vorgängerkomponenten zu steuern. Nur manuelle Buchungen oder Buchungen, die eindeutig nur einer CO-Kontierung zugeordnet werden können, sollten über die hier dargestellte Funktionalität gesteuert werden. Wird kein Merkmal gepflegt, ist zusätzlich eine manuelle Mitgabe durch den Benutzer direkt im Beleg möglich. In Abschnitt 12.4, »Hauptbuch und Controlling«, wird die Integration von FI-CA in das Controlling detailliert beschrieben.

Wir weisen Sie zusätzlich auch bei der Darstellung der einzelnen Geschäftsvorfälle der nachfolgenden Hauptkapitel auf die Mitgabe von CO-Kontierungen hin, wenn diese nicht automatisiert über die Vorgängerkomponenten abgeleitet werden können.

Die Übersteuerung der Kontenfindung aus den Vorgängerkomponenten

Die Komponente SD und auch viele der fakturierenden Vorgängerkomponenten der SAP-Branchenlösung verfügen über eine eigene Kontenfindung. Diese Kontenfindung übersteuert die Kontenfindung des FI-CA-Customizings. Trotzdem müssen Sie für jeden Geschäftsvorfall und dazugehörigen Teilvorgang einen Eintrag in der Kontenfindung von FI-CA für die einzelnen Sparten und Buchungskreise vornehmen, damit die Integration, die in Kapitel 12, »Integration«, vorgestellt wird, funktioniert. Als Konto können Sie jeweils ein beliebiges, möglichst jedoch ein repräsentatives Konto für den jeweiligen Haupt- und Teilvorgang hinterlegen.

5.2.5 Steuerkontenfindung pflegen

Neben der Erlösposition setzt sich die Hauptbuchposition auch aus der Umsatzsteuerzeile zusammen (siehe die Einleitung in Abschnitt 5.2, »Kontenfindung«). Das Steuerkonto der Umsatzsteuerzeile wird nicht über die Haupt- und Teilvorgänge gesteuert, sondern rein über das Steuerkennzeichen. Pflegen Sie daher abschließend als Teil der Kontenfindung des FI-CA-Belegs im Customizing die Steuerkontenfindung, zu erreichen über den folgenden IMG-Pfad:

IMG • Finanzwesen • Vertragskontokorrent • Grundfunktionen • Buchungen und Belege • Beleg • Hinterlegen der Kontierungen für automatische Buchungen • Automatische Sachkontenfindung • Konten für Umsatzsteuer hinterlegen

Steuerkontenfindung einstellen

Wie Sie in Abbildung 5.23 sehen, hinterlegen Sie pro Steuerkennzeichen aus der Spalte **Steuerkennz** und Buchungskreis aus der Spalte **Buchungs...** das dazugehörige Konto in der Spalte **Steuerkonto**. Um die Pflege zu erleichtern, können Sie auch hier wieder per Massenkopie über einen Klick auf den Button Massenkopieren die Einstellungen kopieren.

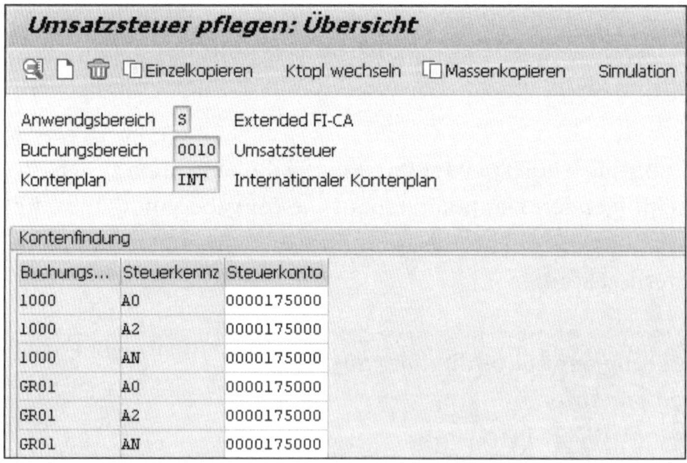

Abbildung 5.23 Steuerkontenfindung definieren

Steuerkennzeichen pflegen

Bevor Sie die Steuerkontenfindung vornehmen können, müssen Sie sicherstellen, dass die relevanten Steuerkennzeichen in FI-CA hinterlegt und einem Steuerkennzeichen der Grundeinstellungen des übergeordneten

Finanzwesens zugeordnet wurden. Diese Einstellung nehmen Sie im Customizing über den folgenden IMG-Pfad vor:

IMG • Finanzwesen • Vertragskontokorrent • Grundfunktionen • Buchungen und Belege • Beleg • Pflegen der Belegkontierung • Mehrwertsteuerermittlung definieren

Weitere Informationen zur Pflege der Steuerkennzeichen in FI-CA mit der Beschreibung der Integration zum Finanzwesen finden Sie in Abschnitt 12.5.1, »Vorgaben für die Steuermeldung beachten«.

5.3 Offene-Posten-Verwaltung

Das SAP-Vertragskontokorrent stellt als wesentlichen Bestandteil für die Bearbeitung der debitorischen Prozesse die *Verwaltung der offenen Posten* zur Verfügung.

Die Einstellungen finden Sie über den folgenden IMG-Pfad:

IMG • Finanzwesen • Vertragskontokorrent • Grundfunktionen • Offene-Posten-Verwaltung

Ähnlich wie die übergreifenden Einstellungen, beziehen sich die folgenden Customizing-Punkte auf verschiedene Prozessschritte und Anwendungsaktionen.

5.3.1 Zeilenaufbauvarianten für Bearbeitung offener Posten definieren

Variante erstellen

Bei der Bearbeitung von offenen Posten können Sie dem Anwender eine vordefinierte Auswahl an Feldern zur Verfügung stellen. Erstellen Sie hierzu unter dem Menüpunkt **Zeilenaufbauvarianten für Bearbeitung offener Posten definieren**, der über den folgenden IMG-Pfad zu erreichen ist, eine neue Zeilenaufbauvariante:

IMG • Finanzwesen • Vertragskontokorrent • Grundfunktionen • Offene-Posten-Verwaltung Zeilenaufbauvarianten für Bearbeitung offener Posten definieren

Über einen Klick auf den Button **Neue Einträge** können Sie eine neue Variante anlegen oder über den Button (**Kopieren**) Standardvarianten kopieren, die von SAP ausgeliefert werden, und diese nach Ihren Anforderungen erweitern. In Abbildung 5.24 sehen Sie die Pflegemöglichkeiten für die Zeilenaufbauvarianten für die Bearbeitung der offenen Posten.

Die Listklasse aus dem gleichnamigen Feld **Listklasse** zeigt an, für welche Art von Liste der Aufbau definiert wird, z. B. **0** = **Offene Posten**. In den folgenden Abschnitten definieren wir weitere Listendarstellungen, wie z. B. die Kontenstandanzeige. Die Listklasse ist eine technische Einstellung von SAP und muss durch Sie nicht eingegeben werden. Die Variante, die Sie entweder durch die Kopie einer Standardvariante oder über den Button **Neue Einträge** anlegen, definieren Sie anschließend mit einem dreistelligen alphanumerischen Schlüssel in der Spalte **ZIA**. Durch die Eingabe einer Bezeichnung in der Spalte **Bezeichnung** können Sie die Variante noch für die Anwendung detaillieren.

Abbildung 5.24 Zeilenaufbauvariante für offene Posten

Markieren Sie anschließend Ihre Variante, indem Sie auf den kleinen grauen Kasten vor der Variante klicken, und wählen Sie in der Dialogstruktur den Punkt **Felder einer Variante**, um die Felder der Variante auszuprägen. Abbildung 5.25 zeigt Ihnen die Pflegeansicht zur Ausprägung der Felder innerhalb des Zeilenaufbaus.

Sicht "Felder einer Variante" ändern: Übersicht

Neue Einträge

Dialogstruktur
- Varianten
  - Felder einer Variante

Listklasse: ...
Zeilenaufbau: SAP

Felder einer Variante

Sp	Tabelle	Feldna...	Offset	Länge	Dez	Abst	Datentyp	Referen...	Refere...	Konv....	Kumuli
1	FKKCLIT	GPART		10	0		Zeiche...			ALPHA	
2	FKKCLIT	VKONT		12	0		Zeiche...			ALPHA	
3	FKKCLIT	OPBEL		12	0		Zeiche...			ALPHA	
4	FKKCLIT	FAEDN		10	0		Datums...				
5	FKKCLIT	TXTU1		30	0		Zeiche...				

Abbildung 5.25 Felder einer Variante pflegen

Tabelle 5.4 erläutert Ihnen, welche Möglichkeiten Sie bei der Ausprägung der Felder einer Variante haben, wobei die verschiedenen Felder der Tabelle den einzelnen Feldern aus Abbildung 5.25 entsprechen.

Feld	Beschreibung
Spalte	Bestimmen Sie durch die Eingabe die Position der Spalte in der Liste.
Tabelle	Die Werteherkunft bestimmen Sie durch die Eingabe der Struktur. Im Standard sind für die einzelnen Listarten die Strukturen schon vorgegeben, in diesem Fall die Struktur FKKCLIT. Das Feld in der Spalte Tabelle wird durch das SAP-System automatisch gefüllt – nach der Auswahl des Feldnamens.
Feldname	In der Wertehilfe befinden sich alle Felder der Struktur FKKCLIT. Wählen Sie das gewünschte Datenfeld mittels F4-Hilfe aus, z. B. WAERS für Währung.
Offset	In der Spalte **Offset** geben Sie an, ob Ihnen der gesamte Feldinhalt auf dem User Interface angezeigt werden soll. Wenn dies der Fall ist, tragen Sie »0« ein, oder Sie lassen das betreffende Feld in der Spalte **Offset** leer. Um den Inhalt zu begrenzen, verringern Sie die Stellen, indem Sie eine Nummer eingeben, z. B. »3«. In diesem Fall wird die Anzeige um die ersten drei Felder gekürzt.
Länge	Im Gegensatz zum Offset kann die Anzahl der Stellen in der Spalte **Länge** die Stellen am Ende des Feldes begrenzen. Das SAP-System trägt hier die technische Feldlänge des ausgewählten Feldes ein. Wenn Ihnen jedoch nicht die komplette Feldlänge angezeigt werden soll, sondern wenn Sie z. B. nur die ersten vier Stellen des Feldinhalts ausgeben möchten, tragen Sie »4« ein. Um nur den Mittelteil eines Feldwertes in der Anzeige darzustellen, verwenden Sie beide Felder in den Spalten **Offset** und **Länge**.
Dezimalstellen	Bei numerischen Inhalten können Sie die Dezimalstellen eines Wertes festlegen. Geben Sie hierzu die gewünschte Anzahl ein.
Abst.	Dieses Feld in der Spalte **Abst.** wird automatisch gefüllt.
Datentyp	Der Datentyp wird automatisch anhand der Daten in der Struktur bestimmt. Er beschreibt die technische Art des Datenbankfeldes.
Referenzfeld	Das Referenzfeld liefert den Wert zur Einheit, in unserem Beispiel den Zusatz »EUR«.

Tabelle 5.4 Felder der Listenvariante für offene Posten

Feld	Beschreibung
Referenztabelle	Einige Felder in der Struktur wie, z. B. Betragsfelder, erfordern zusätzliche Informationen, in unserem Beispiel die Währungseinheit. Die Referenztabelle gibt die Datenherkunft der Einheit an und fügt sie hinzu. Solange Sie die Felder der Standardstruktur verwenden, wird die Referenztabelle automatisch vom SAP-System hinzugefügt.
Konvertierungsroutine	Die Werte in der Struktur werden durch die SAP-interne Konvertierung für die Anzeige aufbereitet. Sollte diese keine passenden Daten anzeigen, z. B. spezielle Sonderzeichen, können Sie eigene Konvertierungsregeln in einem Funktionsbaustein erstellen und in diesem Feld zuordnen.
Kumulieren	Der Inhalt des Feldes gibt an, ob die Werte zusammengefasst werden.

Tabelle 5.4 Felder der Listenvariante für offene Posten (Forts.)

[»]

Zusammenstellung der Listen

Um später die Bearbeitung der Posten in den verschiedenen Listen für die Benutzer möglichst intuitiv zu gestalten, sprechen Sie die gewünschten Felder mit Ihren Anwendern ab und achten bei der Erstellung der Varianten auf den gleichen oder ähnlichen Aufbau der verschiedenen Listen.

5.3.2 Selektionstypen festlegen

Im SAP-Vertragskontokorrent werden für Eingangszahlungen oder Bankrückläufer *Stapel* erfasst. Ein Stapel enthält allgemeine Informationen und Positionsdaten zu jeder Zahlung oder zu einem Rückläufer. Die im Stapel erfassten Posten gleichen offene Posten im Falle der Zahlung aus oder nehmen den Ausgleich eines Postens im Falle der Rücklastschrift wieder zurück. Die detaillierten Funktionen zum Zahlungsstapel finden Sie in Abschnitt 6.4.1, »Zahlungsstapel«, bzw. in Kapitel 7, »Rückläuferverarbeitung«, zu dem Rückläuferstapel.

Selektionstypen für Zahl-/Rückläuferstapel

Um die Positionen im Stapel den gebuchten Belegen oder Stammdaten zuordnen zu können, werden sogenannte Selektionstypen und Selektionswerte verwendet. Abbildung 5.26 zeigt z. B. die Selektionsfelder im Zahlungsstapel im unteren Bereich **Vorgabe für Selektion und Ausgleich offener Posten**, über die die Zuordnung zu einer Zahlung hergestellt wird.

Jeder der drei Selektionstypen repräsentiert ein SAP-Tabellenfeld. Dahinter stehen die Selektionswerte, die den Inhalt dieser drei Felder darstellen. Im unteren Beispiel sind die folgenden Selektionstypen angegeben:

- **G** – Geschäftspartnernummer
- **K** – Vertragskontennummer
- **B** – Rechnungsnummer

Bei der Zahlung werden den Kunden in der Regel z. B. die Rechnungsnummer oder die Kundennummer im Verwendungszweck mitgegeben; diese Nummern entsprechen den Selektionswerten. Wenn diese dem entsprechenden Selektionstyp im Zahlungsstapel zugeordnet werden können, kann das SAP-System den Selektionswert in den Positionstabellen suchen und die Belegverknüpfung durchführen, um den Posten auszugleichen oder den Ausgleich zurückzunehmen.

Kontrollinformationen

Stapel	1	Status	Zahlungen können noch hinzugefügt werden
Suchbegriff	Zahlstapel		
Zusatzinfo			
Positionen	0	Vorgabe Positionen	
Sollsumme	0.00	Vorgabe Soll	
Habensumme	0.00	Vorgabe Haben	

Vorgaben für die Buchungsbelege

Belegart	01	Buchungsdatum	01.02.2018	Belegdatum	01.02.2018
Abstimmschlüssel	1	Währung	EUR	Umrechnungskurs	

Vorgaben für die Buchungspositionen auf das Bankverrechnungskonto

BankverrKonto	113109	Valutadatum		
Buchungskreis	1000	Geschäftsbereich		☐ Einzelposition

Vorgaben für Selektion und Ausgleich offener Posten / Vorgaben für die Erfassung

Ausgleichsgrund	01	Selektionstypen	G K B	Zeilenaufbau	SAP	Merken

Abbildung 5.26 Selektionsfelder im Zahlungsstapel

Felder und Selektionstypen definieren

Die Felder und Selektionstypen für den Zahlungs- und Rückläuferstapel definieren Sie über den folgenden IMG-Pfad:

IMG • Finanzwesen • Vertragskontokorrent • Grundfunktionen • Offene-Posten-Verwaltung • Selektionstypen festlegen

In Abbildung 5.27 sehen Sie das Bild zur Definition der Selektionstypen. Legen Sie einen einstelligen alphanumerischen Selektionstyp in der gleichnamigen Spalte **Selektionstyp** fest, der Ihren Anwendern im Zahlungsstapel per Wertehilfe zur Verfügung gestellt wird (siehe Abbildung 5.26). In der Spalte **Bedeutung** wird dem Anwender die Erklärung bei der Auswahl des Selektionstyps mitangezeigt und sollte somit sprechend den einstelligen alphanumerischen Schlüssel detaillieren.

Der Feldname in der gleichnamigen Spalte **Feldname** ist das Tabellenfeld in der Postenstruktur FKKOP, dessen Inhalte mit dem mitgegebenen Wert verglichen werden. Es kann vorkommen, dass Sie einen Wert außerhalb der Struktur definieren müssen, z. B. wurde ein kundeneigenes Z-Feld definiert. In diesem Fall aktivieren Sie das Kennzeichen **Externes Selektionskriterium**. Beachten Sie bei der Aktivierung, dass Sie anschließend den Zeitpunkt 0210 mit eigener Entwicklung zur Definition des Zugriffs auf das Z-Feld ausprägen müssen. Zur Nutzung der Funktionsbausteine über die Zeitpunktsteuerung schlagen Sie in Abschnitt 13.1, »Kundenspezifische Erweiterungen«, nach. Die Einstellungen gelten für den Zahlungsstapel; wenn Sie die Typen auch im Rückläuferstapel verwenden möchten, aktivieren Sie das Kennzeichen **RL**.

Selektionstypen für die manuelle Zahlungsbearbeitung

A..	Selektionstyp	Bedeutung	Feldname	Externes Selektionskriterium	RL
S	B	Beleg	OPBEL	☐	☑
S	G	Geschäftspartner	GPART	☐	☑
S	K	Vertragskonto	VKONT	☐	☑
S	X	Referenzbelegnummer	XBLNR	☐	☐

Abbildung 5.27 Selektionsfelder definieren

In den beiden Stapelarten sind Kombinationen verschiedener Selektionstypen möglich. Dies ermöglicht eine eindeutige Zuordnung, die nur anhand zweier Werte möglich ist.

5.3.3 Toleranzgruppen pflegen

Abweichende Zahlungen

Im Zahlungsprozess werden vor allem bei einer großen Anzahl an Kunden Abweichungen zwischen der eigentlichen Forderung und dem Zahlbetrag, zur Herausforderung. Um trotzdem eine weitergehende Automatisierung zu ermöglichen und bei marginalen Differenzen einen automatisierten Ausgleich zu ermöglichen, ohne dass Ihre Anwender den Fall manuell überprüfen müssen, können Toleranzgruppen gepflegt werden.

Es ist in diesem Zuge zu entscheidend, ab wann es sinnvoll ist, einer Zahlungsabweichung manuell nachzugehen oder ob diese so gering ist, dass der Aufwand, um diese einzutreiben höher als der eingeforderte Betrag ist.

Um Toleranzen zuzulassen, richten Sie diese unter dem folgenden IMG-Pfad ein:

IMG • Finanzwesen • Vertragskontokorrent • Grundfunktionen • Offene-Posten-Verwaltung • Toleranzgruppen pflegen

Toleranzgruppen im Stammsatz

Bei den Toleranzgruppen handelt es sich um Einstellungen, die die Über-/Unterzahlung von Posten steuern. Sie können jedem Vertragskontostammsatz eine dieser Toleranzgruppen im Feld **Toleranzgruppe** aus Abbildung 5.28 zuweisen.

Vertragskonto	100301	Vtrgskontotyp	01 FI-CAX Vertragskonto
Partner/Adresse	605858	Max Mustermann	Hauptstr. 1 / 10115 Berlin Fix
Gültigkeit ab	02.02.2018		

Allgemeine Daten | Zahlungen/Steuern | Mahnen/Korrespondenz

Kontoverwaltungsdaten

Vtrgskontobez.	sonstiger Verkauf		
VKontoAltsystem	12111S		
PartnGesellsch	1000 IDES	Löschvormerkung	
Kontobeziehung	01 Kontoinhaber	Referenznummer	123
Zust.Sachb.	604822 abc abc head office		
BerechtGruppe		Buchungssperre	
AusglRestrikt			
Toleranzgruppe	0001 Toleranzgruppe 1 EUR +/-		
Verrechnungstyp	0001 Standardverrechnung		
DispoGruppe	A1 K-Inland	ZTageFDispo	0
Zinsschlüssel	01 Standard 5% - Raten...	Zinssperrgrund	

Abbildung 5.28 Toleranzgruppe im Vertragskontostammsatz

Toleranzgruppe definieren und ausprägen

Die Toleranzgruppe wird anhand einer vierstelligen ID zugeordnet, die Sie im Customizing im Feld **Toleranzgruppe** hinterlegt und über das Pflegebild aus Abbildung 5.29 eingerichtet haben. Geben Sie im Feld **Text** eine sprechende Beschreibung ein, damit der Sachbearbeiter z. B. bei einer Änderung für einen bestimmten Kunden oder eine bestimmte Kundengruppe nicht in die Einstellungen abspringen muss, um die Wirkungsweise der Toleranzgruppe zu verstehen (siehe Abbildung 5.29).

Anschließend geben Sie an, ob die Toleranzgruppe für eine bestimmte Währung genutzt werden soll. Sie können das Feld **Währung** im Bereich **Toleranzangaben** bei Nicht-Nutzung leer lassen; ansonsten tragen Sie die Währung ein, auf die die Toleranzgruppe beschränkt werden soll. Im Feld **Aufwand** geben Sie die absolute oder die prozentuale maximale Differenz an, die im Falle einer Unterzahlung durch den Kunden zu Ungunsten des Unternehmens gewährt werden soll.

Wenn Sie beide Felder nutzen möchten, wird jeweils der kleinere Wert für die Differenzberechnung berücksichtigt. Wenn Sie nur eines der beiden Felder nutzen möchten, muss im jeweils anderen Feld der Maximalwert eingetragen werden. In unserem Beispiel ist dies »99.9« im Feld **Prozent**. Gleiches gilt für das Feld **Erlös**, das Zahlungsdifferenzen zugunsten des Unternehmens steuert, d. h. Zahlungsdifferenzen bei Überzahlung. Differenzbeträge, die somit innerhalb der Toleranzen liegen, werden bei Zahlungsausgleich automatisch durch das SAP-System über die Kontenfindung des Zahlwesens als Aufwand oder Erlös verbucht. Wenn Sie den Kunden zusätzlich automatisiert auf die Differenz hinweisen möchten, aktivieren Sie beide oder jeweils eine Option (**bei Unterzahlung/bei Überzahlung**) zur Erstellung einer Zahlungsmitteilung im Bereich **Automatisches Erstellen einer Zahlungsmitteilung**.

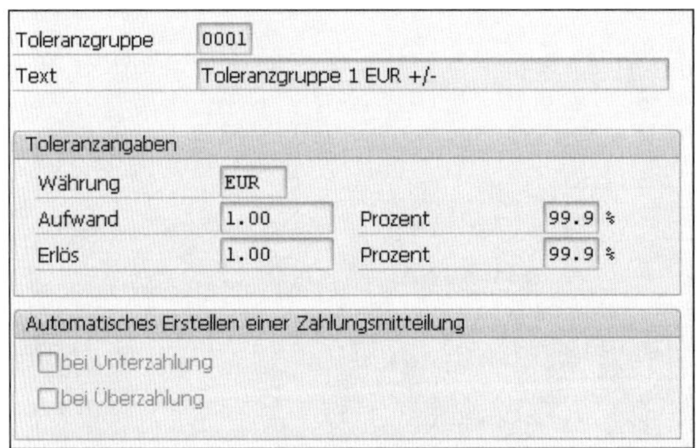

Abbildung 5.29 Toleranzgruppen einrichten

Zahlungsdifferenzen

Sie sollten im laufenden Betrieb überwachen, ob Kunden die gewährten Zahlungsdifferenzen ausnutzen. Sie können in diesem Fall den Stammsatz des Kunden mit einer weniger toleranten Gruppe ausstatten.

5.3.4 Kontenpflege

Die *Kontenpflege* stellt ein zentrales Element der Offene-Posten-Verwaltung dar, um Forderungen und Guthaben auf den Konten Ihrer Geschäftspartner zu verrechnen. Die Kontenpflege kann sowohl maschinell als auch manuell durchgeführt werden. Bei der Kontenpflege werden anhand verschiedener Verrechnungsregeln und Vorschlagswerte ein oder mehrere Posten mit anderen Posten ausgeglichen. Die Buchungsparameter werden dabei automatisch durch die hinterlegten Einstellungen im Customizing vorgegeben. Diese werden anschließend in der Einstiegsmaske der Kontenpflege, die Ihre Anwender über Transaktion FP06 aufrufen können, im Bereich **Buchungsparameter** als Vorschlagswerte vorgegeben (siehe Abbildung 5.30).

Selektionsangaben		Buchungsparameter	
Geschäftspartner		Buchungsdatum	02.02.2018
Vertragskonto		Währung	EUR
Vertrag		Ausgleichsgrund	01
Buchungskreis		Belegart	08
Nettofälligkeit bis		Abstimmschlüssel	180202-001

Ausgleichsvorschlag

☑ Vorschlag erstellen

Abbildung 5.30 Die Kontenpflege aus Anwendersicht (Transaktion FP06)

Um die Vorauswahl für die Kontenpflege zu definieren, wählen Sie im IMG den folgenden Pfad:

IMG • Finanzwesen • Vertragskontokorrent • Grundfunktionen • Offene-Posten-Verwaltung • Vorschlagswerte für die Kontenpflege hinterlegen

Alternativ wählen Sie in Transaktion FQC0 (C FKK Kontenfindung, allgemein) den Buchungsbereich 1020 aus.

Buchungsbereich festlegen

Im SAP-Vertragskontokorrent werden Teilprozesse, für die eine automatische Ausprägung vorgesehen sind, *Buchungsbereiche* genannt. Neben zum Teil abweichenden Kontenfindungen zu den vorgestellten Haupt- und Teilvorgängen in Abschnitt 5.2.1, »Steuerung der Kontenfindung«, werden über die Buchungsbereiche die Vorgaben zu den Buchungsparametern gesteuert. In der manuellen Verarbeitung können die Buchungsparameter durch Ihre Anwender übersteuert werden, wie es in Abbildung 5.30 zu sehen ist. Im Fall einer automatischen Verarbeitung stellen die Buchungsparameter sicher, dass dem SAP-System alle notwendigen Angaben zur Buchung vorliegen.

Sie gelangen entweder über die Customizing-Einstellungen im IMG Baum oder über Transaktion FQC0 zu den Bereichen (siehe Abbildung 5.31).

Buchungsparameter: manuelle Kontenpflege

Wählen Sie im Anschluss im Bereich **Funktion** die Belegart über das gleichnamige Feld **Belegart** aus, mit der die Buchungen durchgeführt werden sollen, und geben Sie zusätzlich den Ausgleichsgrund über das Feld **Ausgleichsgrund** an. Während Sie die Belegarten zuvor in Abschnitt 5.1.2, »Belege«, definiert haben, sind die Ausgleichsgründe durch das SAP-System vorgegeben. Wenn Sie einen Ausgleichsvorschlag erstellen lassen, also in das Feld **Vorschlag erstellen** den Wert »X« eintragen, wird nach der Kontenpflege erst im Bild ein Vorschlag angezeigt, in dem der Benutzer prüfen kann, ob der Ausgleich, wie angenommen, passt. Wie es in der Einstiegsmaske aus Abbildung 5.31 zu sehen ist, können die von Ihnen vorgegebenen Einstellungen durch den Benutzer bei jedem Einstieg in die Transaktion geändert werden. Nehmen Sie für die am häufigsten genutzte Kombination eine Voreinstellung vor.

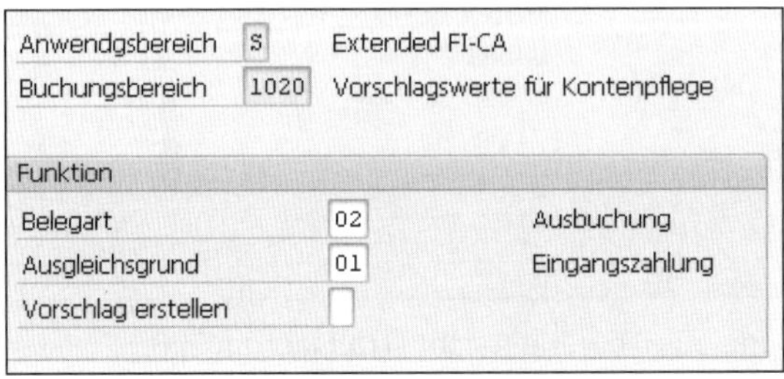

Abbildung 5.31 Vorschlagswerte für die Kontenpflege

Kurzkontierungen für Umbuchungen in der Kontenpflege

Sie können aus der Kontenpflege heraus eine direkte Buchung in das Hauptbuch vornehmen. Die so umgebuchten Posten werden ohne separate manuelle Buchung im Hauptbuch fortgeschrieben. Es muss lediglich der Kenner der Kurzkontierung eingegeben/ausgewählt werden, hinter der Sie über den folgenden IMG-Pfad die zu bebuchenden Konten hinterlegen:

IMG • Finanzwesen • Vertragskontokorrent • Grundfunktionen • Offene-Posten-Verwaltung • Kurzkontierungen für Umbuchungen in der Kontenpflege

Über einen Klick auf den Button **Neue Einträge** können Sie eine neue Kurzkontierung im SAP-System anlegen (siehe Abbildung 5.32).

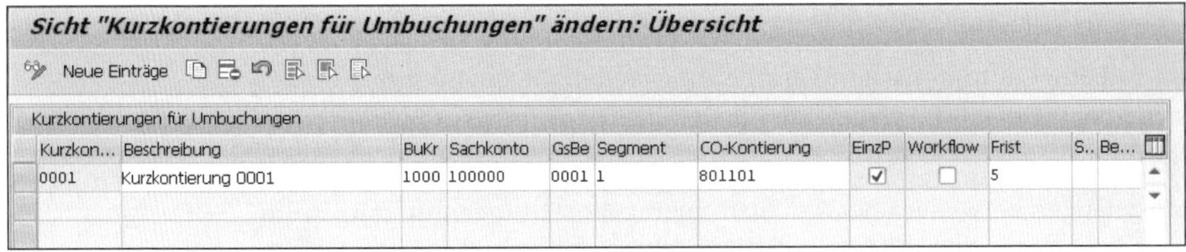
Sicht "Kurzkontierungen für Umbuchungen" ändern: Übersicht

Neue Einträge

Kurzkontierungen für Umbuchungen

Kurzkon...	Beschreibung	BuKr	Sachkonto	GsBe	Segment	CO-Kontierung	EinzP	Workflow	Frist	S..	Be...
0001	Kurzkontierung 0001	1000	100000	0001	1	801101	☑	☐	5		

Abbildung 5.32 Kurzkontierung pflegen

Tabelle 5.5 beschreibt die einzelnen auszuprägenden Felder aus Abbildung 5.32.

Feld	Beschreibung
Kurzkontierung	Vierstellige ID, die vom Benutzer ausgewählt werden kann, um die Kurzkontierung zu verwenden.
Beschreibung	Erstellen Sie hier eine sprechende Beschreibung, die den Benutzer bei der Auswahl unterstützt.
BuKr	Geben Sie hier den Buchungskreis ein, in dem die Buchung erfasst werden soll.
Sachkonto	Auf diesem Hauptbuchkonto werden die umzubuchenden Posten erfasst.
GsBe	Sie können in diesem Feld einen festen Geschäftsbereich für die Buchung mitgeben. Wenn Sie keine Eingabe hinterlegen, wird das Feld bei der Buchung aus dem Posten gelesen und im Hauptbuch gebucht.
CO-Kontierung	Sie haben zuvor eine Nebenkontierung im Customizing in Abschnitt 5.2.4, »Automatische Sachkontenfindung hinterlegen«, hinterlegt und unter einem Schlüssel definiert. Ordnen Sie diese nun in diesem Feld zu.
EinzP	Wenn Sie diese Option aktivieren, werden die Buchungen als einzelne Position an das Hauptbuch übertragen – und nicht als Teil einer Summenbuchung.
Workflow	Nur bei Zahlungsstapeländerungen wird ein Workflow ausgelöst.
Frist	Geben Sie hier die Tage ein, nach denen eine automatische Umbuchung erfolgen soll.
Steuerkennzeichen	Geben Sie hier das Steuerkennzeichen ein, für das in der Hauptbuchbuchung eigene Steuerzeilen erzeugt werden.
Berechtigungsgruppe	Über das Berechtigungsobjekt F_KK_KUKON können Sie steuern, welche Benutzer die Kurzkontierung aus der Kontenpflege benutzen können.
Segment	Tragen Sie den Wert für die Segmentberichterstattung aus der [F4]-Hilfe ein. Dieser wird dann bei der Umbuchung ins Hauptbuch im Beleg verwendet.

Tabelle 5.5 Einstellungen für die Kurzkontierung in der Kontenpflege

Die Kurzkontierung ermöglicht es dem Anwender, schnell Buchungen an das Hauptbuch abzusetzen, ohne den Geschäftsvorfall im SAP-Vertragskontokorrent weiterzuführen.

5.3.5 Weitere Vorschlagswerte pflegen

In den folgenden Abschnitten gehen wir auf weitere Vorbelegungen bei Postenausgleich und Ausgleichsrückname ein.

Vorschlagswerte für maschinelles Ausgleichen hinterlegen

Buchungsparameter: maschinelles Ausgleichen

Im Buchungsbereich 1025 hinterlegen Sie die Buchungsparameter für den maschinellen Ausgleich, d.h. die automatische Kontenpflege. Wie auch zuvor bei der manuellen Kontenpflege, geben Sie als Buchungsparameter im Bereich **Funktion** die Belegart im gleichnamigen Feld **Belegart** und den Ausgleichsgrund im gleichnamigen Feld **Ausgleichsgrund** vor (siehe Abbildung 5.33), um den maschinellen Ausgleich einzustellen. Im Gegensatz zur manuellen Kontenpflege gibt es jedoch nicht die Möglichkeit, einen Vorschlagswert zur Prüfung durch Ihre Anwender erstellen zu lassen. Wenn der Ausgleichsreport gestartet wird, werden offene Posten automatisch miteinander ausgeglichen. Die Regeln, nachdem der Ausgleich erfolgen soll oder auch verhindert wird, legen Sie in der Verrechnungssteuerung im gleichnamigen Kapitel 10 fest.

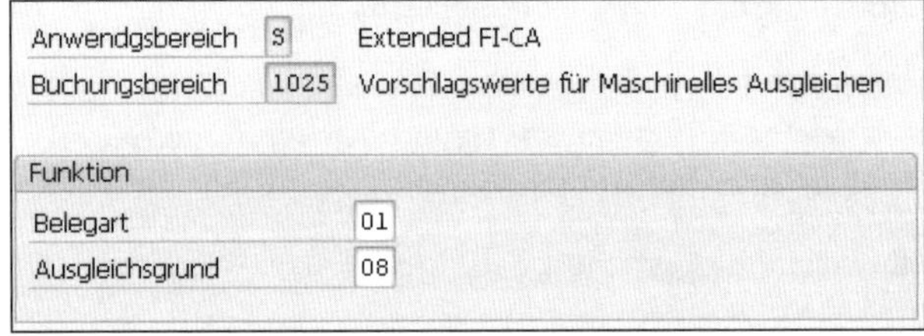

Abbildung 5.33 Vorschlagswerte für das maschinelle Ausgleichen

Die Ausgleichsbelege werden bei der automatischen Verrechnung mit der von Ihnen eingegebenen Belegart und dem Ausgleichsgrund gebucht. Die Einstellungen hierzu finden Sie über den folgenden IMG-Pfad oder über den Aufruf von Transaktion FQC0 mit der Eingabe des Buchungsbereichs 1025:

IMG • Finanzwesen • Vertragskontokorrent • Grundfunktionen • Offene-Posten-Verwaltung • Vorschlagswerte für maschinelles Ausgleichen hinterlegen

[»]

> **Aktionen zuordnen**
>
> Anhand des Ausgleichsgrundes können die Anwender später im SAP-System erkennen, wie und warum ein Posten verrechnet worden ist. Achten Sie bei der Vergabe der Ausgleichsgründe auf deren Unterscheidbarkeit und Benennung.

Vorschlagswerte für die Ausgleichsrücknahme hinterlegen

Buchungsparameter: Ausgleichsrücknahme

Geben Sie im Buchungsbereich 1060 über den folgenden IMG-Pfad die Buchungsparameter an, die bei der Ausgleichsrücknahme verwendet werden sollen:

IMG • Finanzwesen • Vertragskontokorrent • Grundfunktionen • Offene-Posten-Verwaltung • Vorschlagswerte für Rücknahme Ausgleich hinterlegen

Hinterlegen Sie nun im Bereich **Funktion** je einen Wert in den Feldern **Belegart** und **Ausgleichsgrund** zur Steuerung der Buchungsparameter bei der Rücknahme des Ausgleichsbuchungen (siehe Abbildung 5.34).

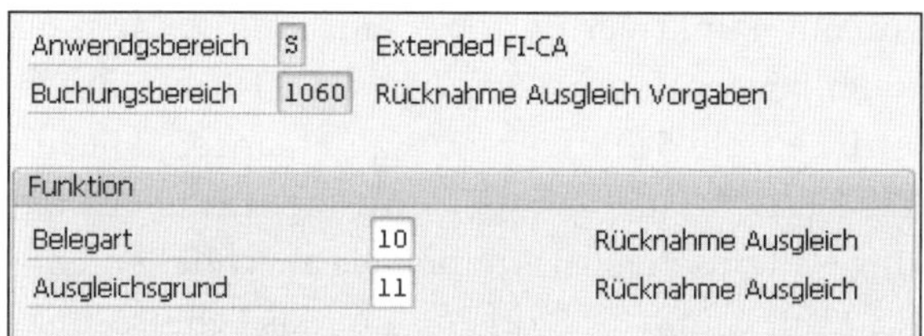

Abbildung 5.34 Vorschlagswerte für die Ausgleichsrücknahme

Ebenso wie bei den anderen Vorschlagswerten können diese bei der manuellen Buchung der Rücknahme durch den Anwender geändert werden.

Buchungsvorgaben für die Ausgleichsrücknahme hinterlegen

Wenn bei der Ausgleichsbuchung ein neuer Posten erzeugt wird, muss dieser auch einen Haupt- und Teilvorgang erhalten. Über den folgenden Menüpfad bestimmen Sie die beiden Vorgänge für eine Soll- bzw. Haben-Buchung:

IMG • Finanzwesen • Vertragskontokorrent • Grundfunktionen • Offene-Posten-Verwaltung • Vorgaben für Rücknahme Ausgleich hinterlegen

Haupt- und Teilvorgänge hinterlegen

Geben Sie im Anschluss über die Felder **Hauptvor.Soll** und **Teilvorg.Soll** die Kombination aus Haupt- und Teilvorgang an, die bei der Rücknahme des Ausgleichs im Fall einer Soll-Buchung verwendet werden soll, bzw. über die Felder **Hauptvor.Haben** und **Teilvorg.Haben** die Kombination aus Haupt- und Teilvorgang, die bei Rücknahme des Ausgleichs im Fall einer Haben-Buchung verwendet werden soll (siehe Abbildung 5.35).

Tragen Sie hierzu die zuvor im Customizing erstellen Haupt- und Teilvorgänge ein (siehe Abschnitt 5.2, »Kontenfindung«).

Anwendgsbereich	S	Extended FI-CA
Buchungsbereich	1090	Rücknahme Ausgleich: neuer offener Posten

Funktion

Hauptvorg.Soll	1015
Teilvorg.Soll	0100
Hauptvorg.Haben	1015
Teilvorg.Haben	0200

Abbildung 5.35 Vorgabe der Haupt- und Teilvorgänge bei der Ausgleichsrücknahme

Über den Schlüsselwert den Ausgleichsgrund erweitern

Dieser vorgestellte Customizing-Punkt verfügt über eine weitere Ausprägungsmöglichkeit mittels der sogenannten Schlüsselwerte. Diese können das Customizing verfeinern. Um die Schlüsselwerte zu ergänzen, klicken Sie in der **Menüleiste** auf die Registerkarte **Springen** und danach auf **Schlüsselwahl**. Wie es in Abbildung 5.36 zu sehen ist, können Sie anschließend die Wahl der Kombination aus Haupt- und Teilvorgang um das Schlüsselfeld **Ausgleichsgrund** ergänzen, indem Sie den Haken bei **Benutzt** setzen.

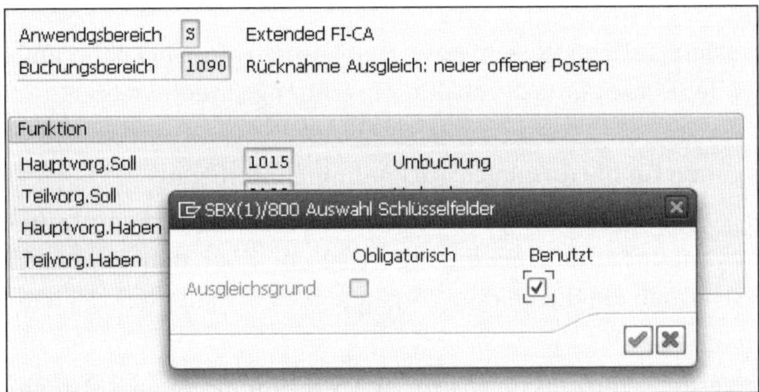

Abbildung 5.36 Schlüsselwahl erweitern

Nach der Auswahl wird die Steuerung der Kombination aus Haupt- und Teilvorgang bei der Rücknahme des Ausgleichs, wie es in Abbildung 5.37 zu sehen ist, um die Spalte **Ausgleichs...** erweitert, sodass der Ausgleichsgrund als Kriterium die Wahl des entsprechenden Haupt- und Teilvorgangs steuert.

Anwendgsbereich	S	Extended FI-CA
Buchungsbereich	1090	Rücknahme Ausgleich: neuer offener Posten

Kontenfindung

Ausgleichs...	Hauptvorg...	Teilvorg.Soll	Hauptvorg...	Teilvorg.H...
*	1015	0100	1015	0200

Abbildung 5.37 Liste mit dem Schlüsselwert »Ausgleichsgrund«

[«]

Schlüsselwahl

Die Auswahl von Schlüsselwerten können Sie verwenden, wenn die einfache Ausprägung nicht für die Prozessabwicklung ausreicht.

Vorgaben für die Bündelung von Posten hinterlegen

Um die Anzeige von ausgeglichenen Posten zu simplifizieren, können Sie mehrere Positionen beim manuellen Ausgleich zusammenfassen. In der Anzeige werden diese dann als einzelner Betrag dargestellt. Der Beleg wird als statistischer Posten gebucht.

Buchungsparameter für statistische Posten

Definieren Sie hierzu im Bereich **Funktion** über die Felder **Hauptvor.Soll** und **Teilvorg.Soll** bzw. **Hauptvor.Haben** und **Teilvorg.Haben** die Kombination von Haupt- und Teilvorgängen, die bei der statistischen Buchung mit den dahinterliegenden Konten verwendet werden soll (siehe Abbildung 5.38). Definieren Sie des Weiteren im Feld **Belegart** die Belegart, mit der die statistische Buchung gebucht werden soll. Die Einstellungen zu den Buchungsparametern nehmen Sie dabei über den folgenden IMG-Pfad vor:

IMG • Finanzwesen • Vertragskontokorrent • Grundfunktionen • Offene-Posten-Verwaltung • Vorgaben für die Bündelung von Posten hinterlegen

Anwendgsbereich	S	Extended FI-CA
Buchungsbereich	0090	Ausgleichsbearbeitung: Bündelung von Posten

Funktion	
Belegart	03
Hauptvorg.Soll	3000
Teilvorg.Soll	0010
Hauptvorg.Haben	3000
Teilvorg.Haben	0020

Abbildung 5.38 Ausgleichsposten für statistischen Beleg bündeln

Denken Sie bei der Wahl der Haupt- und Teilvorgänge daran, die Vorgänge zu selektieren, die mit dem Kennzeichen für statistische Vorgänge versehen sind, das Sie in Abbildung 5.15 in Abschnitt 5.2.3, »Teilvorgänge pflegen«, kennengelernt haben.

5.3.6 Änderbare Ausgleichsrestriktionen festlegen

Das SAP-Vertragskontokorrent kann von mehreren Fakturasystemen, Abrechnungssystemen oder Schnittstellen aus offene Posten oder Ausgleichsbuchungen aufnehmen.

In einigen Fällen, z. B. in der Versorgungsindustrie, bestimmt das Vorsystem, wann ein Posten ausgleichen werden darf und soll. Das heißt, der Geschäftsprozess wird aus dem Vorsystem gesteuert und an das SAP-Vertragskontokorrent weitergereicht. Dabei wird das Feld **Ausgleichsrestriktion** automatisch gefüllt, um eine Bedingung mitzugeben, die bei Belegausgleich erfüllt sein muss. Neben einer gesteuerten und automatischen Mitgabe der Ausgleichsrestriktion im technischen Feld AUGRS des FI-CA-Belegs von Tabelle DFKKOP kann die Ausgleichsrestriktion auch manuell durch den Benutzer oder durch einen durch Sie ausgearbeiteten Funktionsbaustein gefüllt werden. Die Ausgleichsrestriktion wird dabei durch einen einstelligen alphanumerischen Schlüssel repräsentiert, der im Standard vorgegeben ist.

Ausgleichsrestriktionen aktivieren

Um die Ausgleichsrestriktionen zu aktivieren und die gültigen Ausgleichsrestriktionen zu definieren, fügen Sie diese über den folgenden IMG-Pfad ein:

IMG • Finanzwesen • Vertragskontokorrent • Grundfunktionen • Offene-Posten-Verwaltung • Änderbare Ausgleichsrestriktionen festlegen

Über die [F4]-Hilfe der Spalte **AugRestrik** nach der Auswahl des Buttons **Neue Einträge** können Sie u. a. aus den in Abbildung 5.39 gezeigten Standard-Ausgleichsrestriktionen auswählen. Per Doppelklick auf eine Ausgleichsrestriktion der [F4]-Hilfe können Sie diese hinzufügen und im SAP-System als eine für Ihre Geschäftsprozesse gültige und zu verwendete Ausgleichsrestriktion definieren.

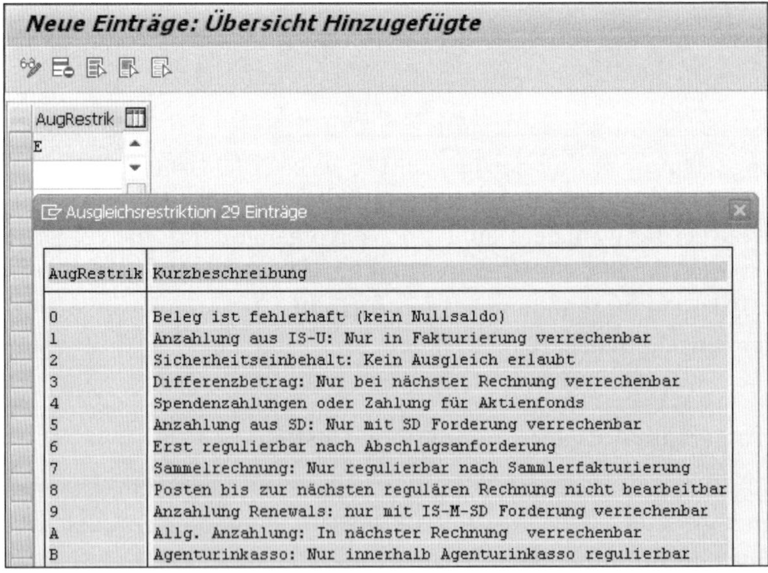

Abbildung 5.39 Ausgleichsrestriktionen auswählen

5.4 Korrespondenzen

Das Unternehmen, für das Sie die Einstellungen im SAP-Vertragskontokorrent vornehmen, verwaltet den Zahlungsprozess und die Kommunikation mit den eigenen Kunden. Nach der Rechnungsstellung und der Kommunikation zu logistischen Sachverhalten ist die Zahlungsabwicklung einer der wichtigsten Punkte in der Kommunikation mit einer Kundengruppe oder individuell mit einem Kunden. Gleichzeitig können Sie auch Berichte oder Listen für das Unternehmen erstellen, die die operativen Tätigkeiten Ihrer Anwender oder der Geschäftsleitung unterstützen.

Im folgenden Abschnitt gehen wir auf die verschiedenen Möglichkeiten ein, um Mitteilungen mit dem Kunden auszutauschen.

5.4.1 Korrespondenzerstellung

Im SAP-Vertragskontokorrent werden Korrespondenzen aus verschiedenen Anwendungen auf verschiedene Art und Weise erstellt und gedruckt. Wie Sie es schon in Abschnitt 5.3.3, »Toleranzgruppen pflegen«, gesehen haben, kann an den Kunden automatisiert eine Korrespondenz bei Über- oder Unterzahlung gedruckt und versendet werden. Ein anderes Beispiel wird Ihnen in Kapitel 8, »Mahnungen und Inkasso«, aufgezeigt, wonach Mahnschreiben an die Kunden zur Information von ausstehenden Forderungen und Mahngebühren versendet werden.

Auslöser für Korrespondezen

Einige Korrespondenzen werden dabei durch den Sachbearbeiter manuell ausgelöst, wie z. B. eine durch den Kunden angeforderte Kontoübersicht. Dieses Ereignis ist individuell und daher manuell auszulösen. Andere Korrespondenzen werden wiederum automatisch als Folge eines bestimmten Geschäftsvorfalls generiert, z. B. erhält eine Kundengruppe, die der Zahlungsaufforderung nicht gefolgt ist, eine Zahlungserinnerung. Diese kann durch den Mahnlauf automatisch ausgelöst werden, bezieht sich aber auf einen bestimmten Auslöser, der einer Aktion oder in diesem Fall keiner Aktion folgt.

Um regelmäßige notwendige Korrespondenzen zu erstellen, bietet das SAP-Vertragskontokorrent außerdem die Möglichkeit, periodische Auslöser für den Druck dieser Korrespondenzen zu nutzen. Eine Saldenmitteilung, die z. B. einmal im Jahr an eine Kundengruppe versendet werden soll, kann so erzeugt werden. Abbildung 5.40 zeigt Ihnen in Übersicht die drei dargestellten Arten zum Auslösen von Korrespondenzen.

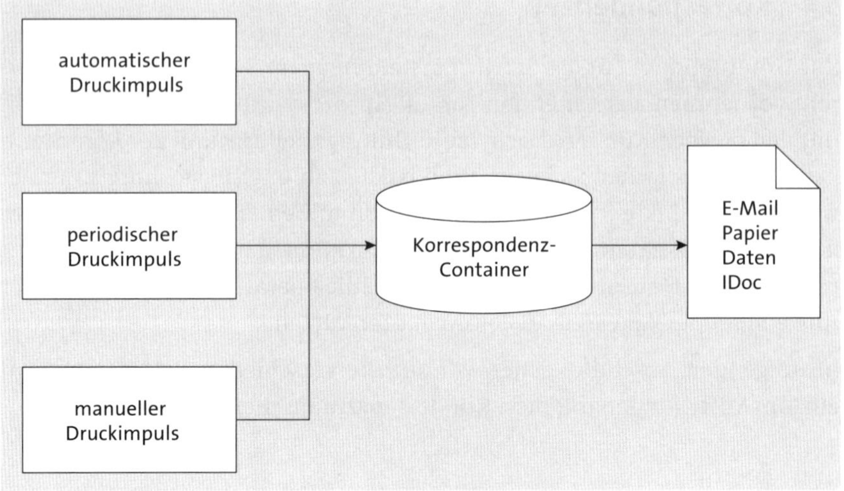

Abbildung 5.40 Ablauf der Korrespondenzerzeugung

Nachdem der Druck durch einen der drei Auslöser initiiert worden ist, werden die verschiedenen Druckdaten in einen *Druck-Container* abgelegt. Dieser speichert die Druckdaten und auch die Informationen dazu, was mit diesen Daten im Folgenden geschehen soll. Dies beinhaltet u. a., welches Formular als Layout für die Druckdaten verwendet werden soll, ob die Daten gedruckt werden und per Post oder nur per E-Mail verschickt werden sollen, ob es sich um einen Wiederholungsdruck handeln soll oder welcher Benutzer den Druck veranlasst hat.

Druck-Workbench

Die reinen Druckdaten werden dabei auf der Basis dieser Informationen von der *Druck-Workbench* weiterverarbeitet und durch die Formularerstellung in eine lesbare Form gebracht. Das Formular kann nun ausgedruckt oder per Datenübertragung an seinen Empfänger weitergegeben werden.

5.4.2 Korrespondenzarten definieren

Beispiele: Korrespondenzarten

SAP liefert vordefinierte Korrespondenzarten aus. Diese bilden nahezu alle Szenarien zur Korrespondenzerstellung ab. Hierzu zählen z. B.:

- 0001: Rückläufer
- 0002: Kontoauszug
- 0003: Mahnung
- 0005: Ratenplan
- 0006: Zahlungsavise
- 0007: Zinsanschreiben

- 0008: Zahlschein für Ratenplan
- 0013: Kontoinformation

Eigene Korrespondenzarten

Sie können durch eigene Programmierung in den Zeitpunktbausteinen neue Korrespondenzarten erstellen.

Die Einstellungen zu den Korrespondenzarten und die Gesamtübersicht der im Standard ausgelieferten Korrespondenzarten finden Sie über den IMG-Pfad:

IMG • Finanzwesen • Vertragskontokorrent • Grundfunktionen • Korrespondenz • Korrespondenzarten definieren

Eine Korrespondenzart kann, wie es zuvor schon aufgelistet worden und auch in Abbildung 5.41 zu sehen ist, z. B. die Mahnung sein. Über die vierstellige, alphanumerische Korrespondenzarten-ID in der Spalte **KorrArt** (im Fall der Mahnung 0003) können Sie systemweit Einstellungen nachvollziehen oder eine Suche starten.

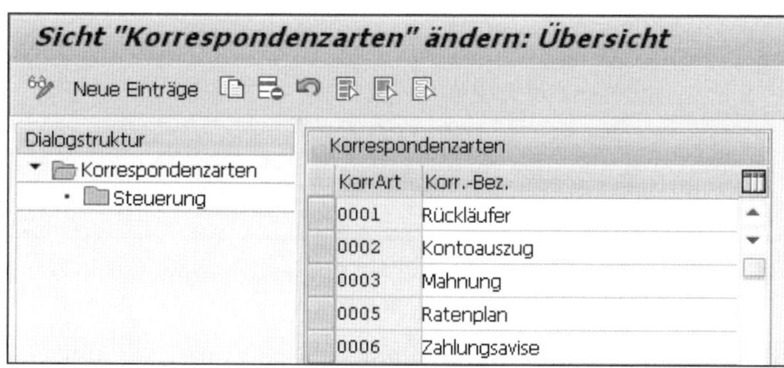

Abbildung 5.41 Übersicht und Pflege der Korrespondenzarten

Der Sachbearbeiter kann später durch die Mitgabe der Korrespondenzarten-ID steuern, ob er einen Druck nur für die Mahnungen oder auch für weitere Arten starten oder in der Korrespondenzhistorie nach einer bestimmten Korrespondenzart für einen bestimmten Kunden suchen möchte.

Steuerung der Korrespondenzarten

Zur Ausprägung der Korrespondenzart wählen Sie eine gewünschte Korrespondenzart über einen Klick auf den grauen Kasten vor dem jeweiligen Feld der Spalte **KorrArt** aus und klicken anschließend doppelt auf den Punkt **Steuerung** der Dialogstruktur in der linken Bildhälfte. Nun öffnet sich im rechten Teil die detaillierte Änderungsmöglichkeit zur Korrespondenzart, in der Sie Änderungen auf den folgenden Registerkarten vornehmen können (siehe Abbildung 5.42).

- Empfängersteuerung
- Drucksteuerung
- Zeitpunkte
- Sonstiges

Wie bereits erwähnt, sind die Einstellungen von SAP voreingestellt und bedürfen nur in Ausnahmefällen einer Änderung.

Empfängersteuerung

Auf der Registerkarte **Empfängersteuerung** aus Abbildung 5.42 können Sie Einstellungen zur Empfängersteuerung vornehmen, d. h., welche Person oder Organisation bzw. welches technische System die Korrespondenz erhält.

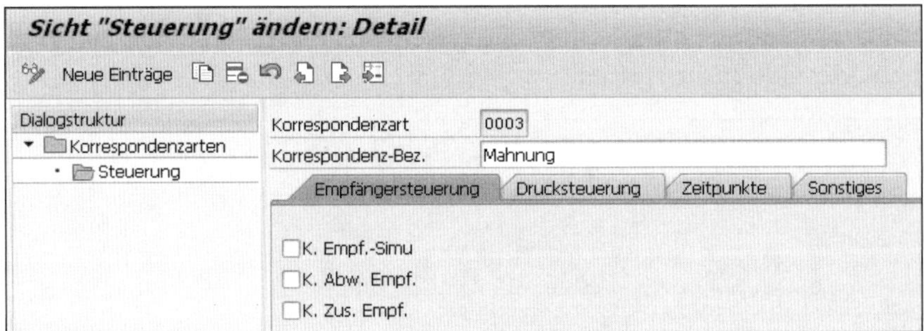

Abbildung 5.42 Korrespondenzarten steuern – Empfängersteuerung

Simulation von Korrespondenzempfängern

Wenn Sie die Simulation des Empfängers nicht zulassen möchten, aktivieren Sie das Kennzeichen **K. Empf.-Simu** (Empfängersimulation unzulässig). Prüfen Sie vorher, ob die Simulation in den Stammdaten zur Empfängerauswahl aktiv ist oder der Empfänger auf einem anderen Weg ermittelt wird.

Abweichende Korrespondenzempfänger

In den Stammdaten können Sie einen abweichenden Korrespondenzempfänger für jedes Kundenkonto hinterlegen. Im Falle eines Korrespondenzdrucks wird dieser die Mitteilung erhalten und nicht z. B. der eigentliche Endkunde.

Um für eine Korrespondenzart diese Funktion generell nicht zu zulassen, aktivieren Sie das Kennzeichen **K. Abw. Empf.** (**abweichende Empfänger unzulässig**). Nun erhält immer die Person oder Organisation die Nachricht, die der Stammsatz repräsentiert.

Empfänger

Bestimmte rechtliche Rahmenbedingungen verlangen die Nachrichtenübermittlung direkt an den Kunden und nicht an Stellvertreter.

Zusätzlicher Empfänger unzulässig

Sie können die Korrespondenzen auch vielfach an unterschiedliche Empfänger erstellen und versenden. Soll z. B. zu einem Sachverhalt ein und die gleiche Saldenmittteilung an den Kunden und an den zuständigen Wirtschaftsprüfer gesendet werden, wird dieser als zusätzlicher Empfänger eingetragen.

Um die Funktion der zusätzlichen Erstellung und des Versands an mehrere Adressaten zu unterbinden, aktivieren Sie das Kennzeichen **K. Zus. Empf.** (zusätzlicher Empfänger unzulässig). Danach wird für diese Korrespondenzart nur eine Nachricht erzeugt.

Drucksteuerung

Im Druckprogramm, das Sie mit Transaktion FPCOPARA (Korrespondenzdruck) starten, haben Sie die Möglichkeit, auf der Registerkarte **Drucksteuerung** zu unterscheiden, ob Sie die Dokumente als Echtdruck, Probedruck oder Wiederholungsdruck ausgeben möchten. Die Drucksteuerung im Druckprogramm können Sie über die Steuerung der Korrespondenzarten über die Registerkarte **Drucksteuerung** unterbinden (siehe Abbildung 5.43).

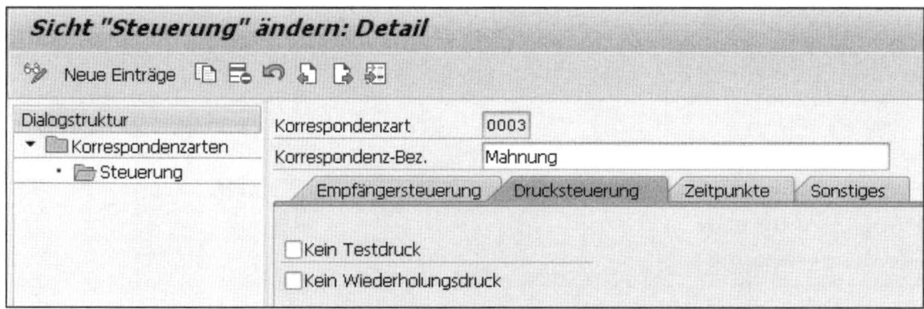

Abbildung 5.43 Steuerung Korrespondenzarten – Drucksteuerung

Durckparameter unterbinden

Wählen Sie die Option **Kein Testdruck**, wenn durch Ihre Anwender über das Druckprogramm für die Korrespondenzart kein Testdruck ausgewählt werden darf. Die Option **Kein Wiederholungsdruck** unterbindet wiederum im Druckprogramm, dass Ihre Anwender einen Wiederholungsdruck für eine schon gedruckte Korrespondenz auswählen können.

Zeitpunkte

Zeitpunktkonzept auswählen

Sie können für jede Korrespondenzart die *Zeitpunktsteuerung* über die Registerkarte **Zeitpunkte** einstellen, sodass ein automatischer Versand in Abhängigkeit des durch den Zeitpunkt dargestellten Events, d. h. Auslöser, erfolgt. Wählen Sie hierzu zunächst das Zeitpunktkonzept im gleichnamigen Feld **Zeitpunktkonzept** in Abbildung 5.44 aus. Hierzu stehen Ihnen die folgenden Bereiche zur Verfügung:

- Zeitpunkte des Vertragskontokorrents
- Business Transaction Events
- Business Add-Ins

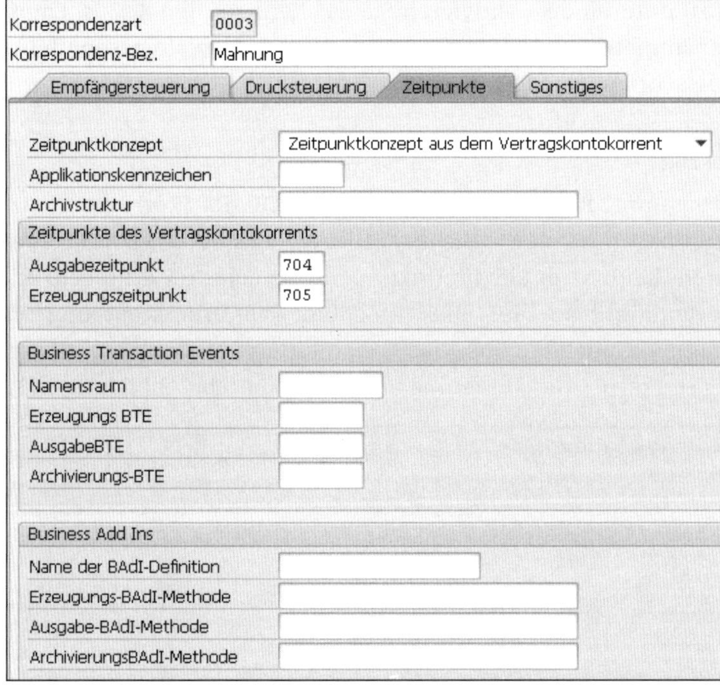

Abbildung 5.44 Zeitpunktkonzept für Korrespondenzart auswählen

Ausprägung der Zeitpunktkonzepte

Betrachten wir zunächst das Zeitpunktkonzept aus dem SAP-Vertragskontokorrent, das auch in Abbildung 5.44 ausgewählt ist. Im SAP-Vertragskontokorrent werden in den meisten Fällen ein oder mehrere Zeitpunktbausteine zur Verfügung gestellt. Diese bieten eine einfache Möglichkeit, um zusätzliche Entwicklungen oder Vorlagen einzubinden. Zusätzlich werden diese Zeitpunktbausteine, je nach verwendeter SAP-Branchenlösung, gefüllt. Nähere Information hierzu finden Sie in Abschnitt 13.1, »Kundenspezifische Erweiterungen«.

In dem aufgezeigten Beispielfall wird der Zeitpunkt 704 durchlaufen, nachdem der Korrespondenz-Container (Feld **Ausgabezeitpunkt**) und der Zeitpunkt 705 (Feld **Erzeugungszeitpunkt**), zu dem die Daten erzeugt werden, angegeben worden sind.

Bei der Auswahl von BTE oder Business Add-In im Feld **Zeitpunktkonzept** können Sie im Bereich **Business Transaction Events** bzw. im Bereich **Business Add-Ins** die erstellten BTEs oder BAdIs eintragen, die zu den verschiedenen Zeitpunkten durchlaufen werden.

Sonstiges

In den sonstigen Einstellungen zur Korrespondenzart der Registerkarte **Sonstiges** legen Sie zunächst im Feld **Anwendungsbereich** fest, für welchen Anwendungsbereich Sie die Korrespondenzart verwenden (siehe Abbildung 5.45).

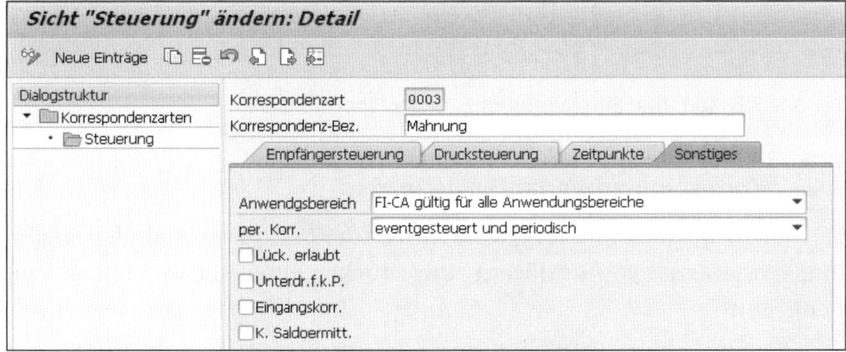

Abbildung 5.45 Korrespondenzarten steuern – Sonstiges

Außerdem können Sie hier, wie auch schon in der Einleitung erwähnt, über das Feld **per. Korr.** bestimmen, wie die Korrespondenzart ausgelöst werden soll:

- ausschließlich eventgesteuert
- eventgesteuert und periodisch
- ausschließlich periodisch

Abschließend wählen Sie aus den in Tabelle 5.6 aufgeführten Optionen aus.

In den nächsten Abschnitten ordnen wir die Korrespondenzart(en) Korrespondenzvarianten zu, um die periodische Zeitpunktsteuerung definieren zu können. Die Korrespondenzvarianten werden im Anschluss in den Stammdaten hinterlegt, um auf der Vertragskontenebene den periodischen Druck steuern zu können.

Option	Beschreibung
Lücken bei Druckerzeugung erlaubt	Bei periodischen Korrespondenzen werden in regelmäßigen Abständen Dokumente generiert und an den Kunden versendet. Sollten in einem Zeitabschnitt keine Daten erzeugt werden, wird ein leerer Korrespondenzeintrag erstellt. Um dies zu vermeiden, aktivieren Sie diese Option; in diesem Fall werden keine Druckdaten erzeugt.
Korrespondenzunterdrückung	Ähnliche Auswirkungen wie im vorangehenden Punkt der Druckdatenentstehung; wird aber von der Postenentstehung abgeleitet.
Eingangskorrespondenz	Markiert die Korrespondenzart als Eingangskorrespondenz, also als Dokumente, die dem Unternehmen durch seine Kunden oder Partner zur Verfügung gestellt werden.
Saldenermittlung	In einigen Korrespondenzen werden Salden verarbeitet, z. b. für die Kontoinformation. Um die Saldenbildung zu verhindern, aktivieren Sie diese Option.

Tabelle 5.6 Sonstige Einstellungen zur Korrespondenzart

5.4.3 Korrespondenzvarianten definieren

Sie haben in der Einleitung von Abschnitt 5.4.1, »Korrespondenzerstellung«, drei Arten von Auslösern zum Drucken einer Korrespondenz kennengelernt:

- manueller Druckimpuls, durch Ihre Anwender ausgelöst
- maschineller Druckimpuls im Rahmen der Zeitpunktsteuerung oder im Anschluss an einen Geschäftsvorfall (Beispiel: Mahnlauf)
- periodischer Druckimpuls als wiederkehrender Druck einer Korrespondenz auf der Grundlage festgelegter Intervalle

Definition der Korrespondenzvariante

Um den periodischen Druckimpuls steuern zu können, lernen Sie im Folgenden die Korrespondenzvarianten kennen. Diese Varianten, die sich aus einer Korrespondenzart und einem Intervall zusammensetzen, ordnen Sie direkt den Vertragskontostammsätzen zu. Pro Vertragspartner wird in Abhängigkeit der Variante eine Korrespondenz in dem über die Variante vorgegebenen Intervall erstellt und versendet. Verwenden Sie den folgenden IMG-Pfad, um die entsprechenden Einstellungen vorzunehmen:

IMG • Finanzwesen • Vertragskontokorrent • Grundfunktionen • Korrespondenz • Korrespondenzvarianten konfigurieren

Anlage der Korrespondenzvariante

Wir nehmen die Einstellungen anhand der zuvor besprochenen Korrespondenzart **Mahnung** vor. Nachdem Sie eine neue Korrespondenzvariante über den Button **Neue Einträge** als vierstelligen alphanumerischen Schlüssel im Feld **KorrespVariante** angelegt haben, wählen Sie in der linken Dialogstruktur aus Abbildung 5.46 den Punkt **Korrespondenzen**. Hier können Sie nun in der Sicht der im rechten Bild erscheinenden Tabelle in der Spalte **KArt** die Korrespondenzarten hinterlegen, die mit dieser Variante periodisch über den Vertragskontenstammsatz gesteuert werden sollen.

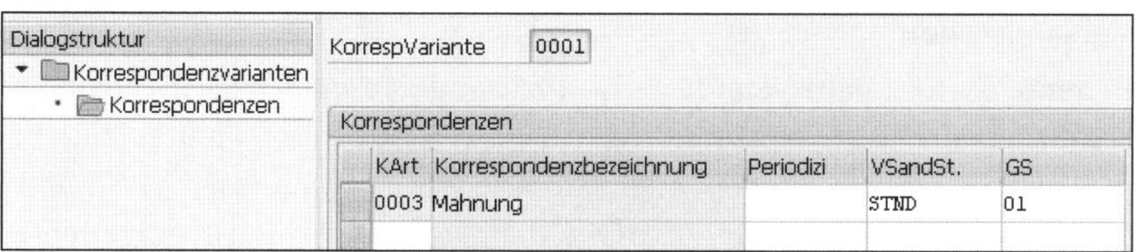

Abbildung 5.46 Korrespondenzvariante erstellen

Pflege des Intervalls

Den einzelnen Korrespondenzarten können Sie im Anschluss die folgenden Werte zur Steuerung eines periodischen Drucks zuordnen:

- Periodizität der Korrespondenz
- Versandsteuerung
- Gebührenschema hinterlegen

Periodizität der Korrespondenz

Über die Spalte **Periodizi** steuern Sie, wie häufig die Korrespondenzart bei der Erstellung der Korrespondenzvariante berücksichtigt werden soll. Hierzu haben Sie die in Tabelle 5.7 dargestellten Auswahlmöglichkeiten mittels der [F4]-Hilfe.

Kenner	Beschreibung
leer	sofort
1	wöchentlich
2	14-tägig
3	monatlich
4	quartalsweise

Tabelle 5.7 Optionen für die Erstellungsintervalle

Kenner	Beschreibung
5	halbjährlich
6	jährlich
7	vierwöchentlich

Tabelle 5.7 Optionen für die Erstellungsintervalle (Forts.)

Versandsteuerung

In der nächsten Spalte **VSandSt.** aus Abbildung 5.46 wählen Sie die Versandsteuerung aus. Diese bestimmt die Art, wie ein Dokument an den Empfänger weitergegeben werden soll. Hinterlegen Sie in diesem Feld eine Versandsteuerung, die Sie zuvor in der Druck-Workbench eingerichtet haben.

Versandsteuerung ausprägen

Zum Einrichten der Versandsteuerung in der Druck-Workbench öffnen Sie den IMG-Pfad und navigieren über den folgenden Pfad:

IMG • Finanzwesen • Vertragskontokorrent • Grundfunktionen • Druck-Workbench • Versandsteuerung definieren

Wählen Sie im Anschluss eine der im Standard ausgelieferten Versandsteuerungen aus der Spalte **VStandSt.** aus, oder erstellen Sie über den Button **Neue Einträge** eine neue Versandart (siehe Abbildung 5.47).

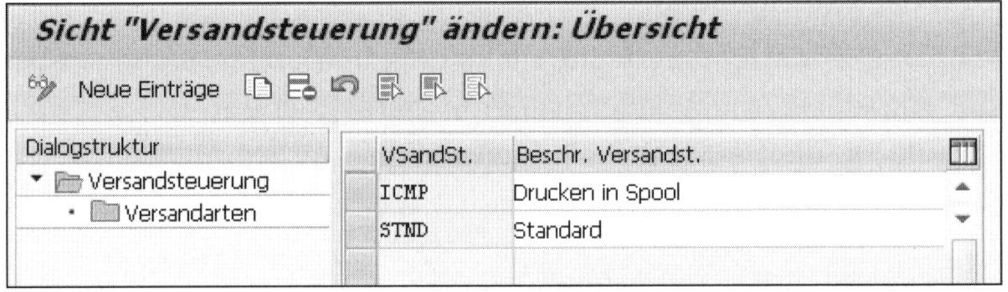

Abbildung 5.47 Versandart zur Versandsteuerung anlegen

Öffnen Sie im Anschluss zu einer Versandart über einen Klick auf den kleinen grauen Kasten vor dem jeweiligen Feld in der Spalte **VStandSt.** in der Dialogstruktur den Punkt **Versandarten**. Abbildung 5.48 zeigt Ihnen dabei die nun möglichen Einstellungen zum Ausprägen der ausgewählten Versandart.

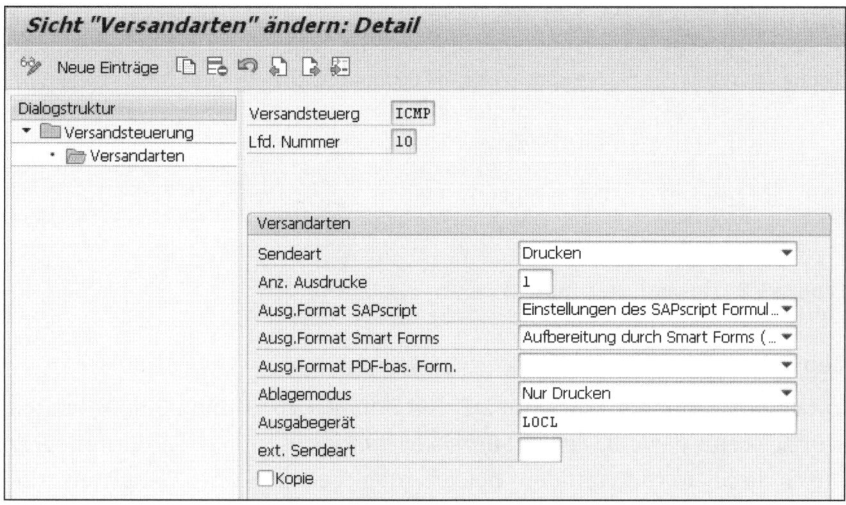

Abbildung 5.48 Versandart ausprägen

Tabelle 5.8 beschreibt im Detail die Funktionen der einzelnen Felder aus Abbildung 5.48 zum Ausprägen und Steuern der Versandart.

Feld	Beschreibung
Lfd. Nummer	Sie können mehrere Versandarten einrichten. Geben Sie hierzu mehrere Zeilen ein, und vergeben Sie jeweils eine Nummer pro Zeile.
Sendeart	Wählen Sie in diesem Punkt aus, über welches Medium die Nachricht versendet werden soll, z. b. Papier, SMS, E-Mail etc.
Anz. Ausdrucke	Geben Sie die gewünschte Anzahl an Ausdrucken ein. Sie können somit z. B. steuern, ob ein Dokument zusätzlich für die eigene Ablage gedruckt werden soll.
Ausg.Format SAPscript	Das Ausgabeformat definiert die technische Art der Nachricht, z. B. ob ein Dokument per SAPscript oder IDoc erstellt werden soll. Sie können diese Steuerung auch im Formular hinterlegen, z. B. in einem PDF-Formular
Ausg.Format Smart Forms	Bestimmen Sie hier das Ausgabeformat, wenn Sie Smart Forms verwenden.
Ausg.Format PDF-bas. Form.	Bestimmen Sie hier das Ausgabeformat, wenn Sie PDF-Formulare verwenden.

Tabelle 5.8 Versandarten

Feld	Beschreibung
Ablagemodus	Sie können beim Formulardruck definieren, ob das Dokument nur gedruckt, ob es im Archiv abgelegt werden oder ob beides der Fall sein soll.
Ausgabegerät	Hinterlegen Sie hier das Ausgabegerät, z. B. einen Drucker, der das Dokument ausdrucken soll.

Tabelle 5.8 Versandarten (Forts.)

Gebührenschema hinterlegen

In der Korrespondenzvariante aus Abbildung 5.46 können Sie als letzten Schritt, wenn gewollt, ein *Gebührenschema* in der Spalte **GS** hinterlegen. Durch dieses werden auf dem betreffenden Vertragskonto Gebühren zum Druck der Korrespondenz in Rechnung gestellt und als offene Gebührenforderung gebucht. Dies ist z. B. der Fall, wenn Sie bei der Bereitstellung der Konteninformation eine Gebühr zu Bearbeitung und Erstellung an Ihre Kunden in Rechnung stellen wollen. Ein weiteres bekanntes Beispiel ist die sogenannte Mahngebühr. Bei der Konfiguration eines Mahnverfahrens können Sie jeder Mahnstufe ein Gebührenschema zuordnen. Mit der Ausführung des Mahnlaufs wird dann in Abhängigkeit des zugehörigen Gebührenschemas die Mahngebühr für Bearbeitung, Druck und Versand der Korrespondenz gebucht.

Voraussetzung, um die Gebühren berechnen und buchen zu lassen, ist das Einrichten der Gebührentypen und Gebührenschemata. Beide Punkte finden Sie über den folgenden IMG-Pfad:

IMG • Finanzwesen • Vertragskontokorrent • Grundfunktionen • Korrespondenz • Gebührentypen für die Korrespondenz definieren

Gebührentyp pflegen

Legen Sie zunächst den *Gebührentyp* über den Button **Neue Einträge** in der Spalte **GebührTyp** als zweistelligen alphanumerischen Schlüssel an. Abbildung 5.49 zeigt Ihnen beispielhaft verschiedene Gebührentypen als zweistelligen alphanumerischen Schlüssel mit einem Freitext, der im Feld **Bezeichnung** den Gebührentyp näher spezifiziert.

Gebührentyp

GebührTyp	Bezeichng
01	Mahngebühr
02	Zuschlag für Nachmahnung
03	Korrespondenzgebühr
04	Kontoauszuggebühr
05	Letzte Mahnstufe

Abbildung 5.49 Gebührentyp anlegen

Navigieren Sie anschließend über den folgenden Customizing-Pfad, um das *Gebührenschema*, inklusive der Zuordnung des Gebührentyps, zuzuordnen:

Gebührenschema anlegen

IMG • Finanzwesen • Vertragskontokorrent • Grundfunktionen • Korrespondenz • Gebührentypen für die Korrespondenz definieren

Über den Button **Neue Einträge** legen Sie im Feld **Gebührenschema** ein neues Gebührenschema als zweistelligen alphanumerischen Schlüssel, inklusive einer Beschreibung im Feld **Bezeichnung** an. Anschließend prägen Sie dieses über den Punkt **Gebührentypen** der Dialogstruktur aus Abbildung 5.50 aus.

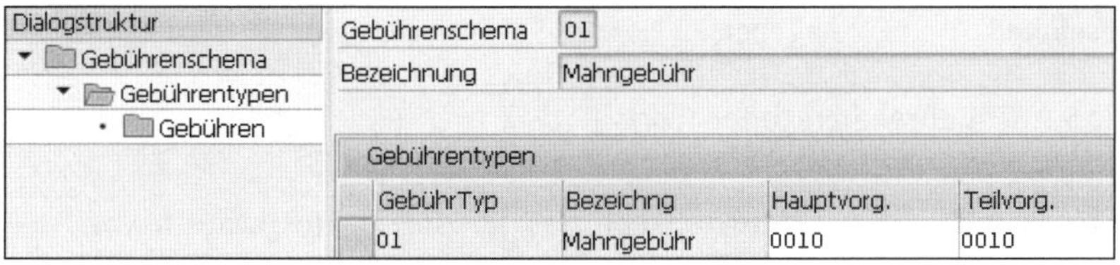

Dialogstruktur
- Gebührenschema
  - Gebührentypen
    - Gebühren

Gebührenschema: 01
Bezeichnung: Mahngebühr

Gebührentypen

GebührTyp	Bezeichng	Hauptvorg.	Teilvorg.
01	Mahngebühr	0010	0010

Abbildung 5.50 Gebührentyp dem Gebührenschema zuordnen

Gebührenschema ausprägen

Neben der Zuordnung des Gebührentyps zum Gebührenschema über die Spalte **GebührTyp** legen Sie in den Spalten **Hauptvor.** und **Teilvorg.** fest, mit welchem Haupt- und Teilvorgang die Gebühr auf dem Vertragskonto gebucht werden soll.

Im zweiten Punkt **Gebühren** der Dialogstruktur definieren Sie im Anschluss die Gebührenberechnung pro Währung. Hierzu stehen Ihnen die in Tabelle 5.9 dargestellten Felder und Einstellungen zur Verfügung.

Feld	Beschreibung
Währung	In diesem Feld wählen Sie die Währung aus, für die die Gebühren berechnet werden soll.
Betragsgrenze	Wenn die relevanten Posten eines Kunden diesen Wert erreichen, wird die Gebühr erhoben.
Bonität	Sie können in diesem Feld die Bonitätszahl des Geschäftspartners um den gewünschten Wert erhöhen.
Mindestgebühr	Dies ist der Betrag, der mindestens als Gebühr erhoben wird.
Maximale Gebühr	Dies ist der Betrag, der maximal als Gebühr erhoben wird.

Tabelle 5.9 Gebühren berechnen

Feld	Beschreibung
Prozentuale Gebühr	Dies ist die prozentuale Gebühr für alle Posten = Prozentsatz × Betrag + Offset, begrenzt durch die Mindestgebühr.
Offset bei prozentualer Gebühr	Dies ist der Betrag, der zum prozentualen Ergebnis hinzuaddiert wird.
Rundungsregel	In diesem Feld wählen Sie die Rundungsregel aus.
Rundungseinheit	Dieses Feld beinhaltet die Rundungseinheit für die Zu-/Abschläge bei prozentualer Berechnung.
Gebühr pro Rundungseinheit	Sie können in diesem Feld die Staffelungen pro Intervall eingeben.

Tabelle 5.9 Gebühren berechnen (Forts.)

Mit der Eingabe des Gebührenschemas in die Korrespondenzvariante beenden Sie die Einstellungen.

Korrespondenzvariante im Stammsatz

Sie können nun im Stammsatz des Vertragkontos eine der angelegten Korrespondenzvarianten im Feld **KorrespVariante** der Registerkarte **Mahnen/Korrespondenzen** hinterlegen (siehe Abbildung 5.51).

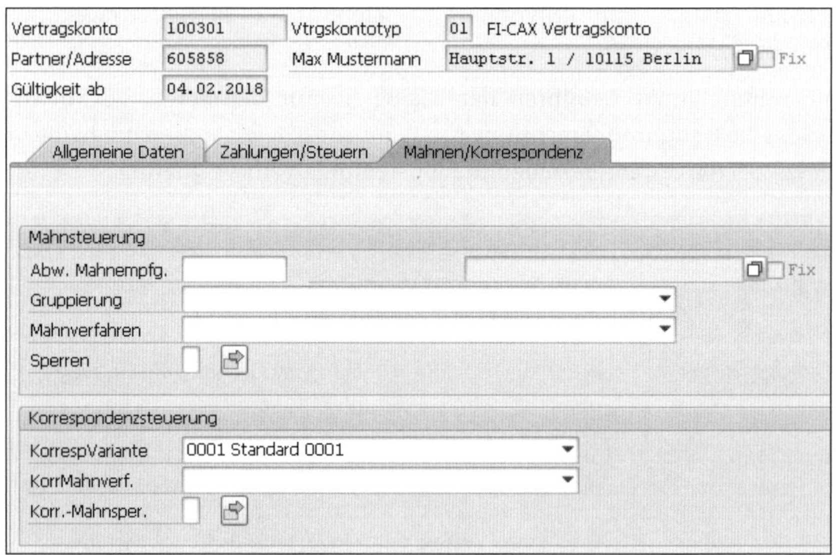

Abbildung 5.51 Korrespondenzvariante dem Vertragskontostammsatz zuordnen

Wenn nun das Vertragskonto bei der Korrespondenzerstellung durch Transaktion FPCOPARA (Korrespondenzdruck) berücksichtigt wird, werden die obigen Einstellungen angewendet und die entsprechende Korrespondenzart hinter der Variante gedruckt und an Ihren Kunden versendet.

5.4.4 Adressfindung einstellen

Korrespondenzen werden den Empfängern über Adressarten zugestellt. Diese beziehen Sie immer auf die Adressen, die im Geschäftspartner eingetragen wurden. Wenn die Standardadresse des Geschäftspartners verwendet werden soll, benötigen Sie keine Verknüpfung zwischen Adressart und Korrespondenzart.

Abweichende Adressarten hinterlegen

Wenn Sie hingegen bestimmte Adressen eines Geschäftspartners für bestimmte Korrespondenzarten nutzen möchten, wählen Sie den folgenden IMG-Pfad:

IMG • Finanzwesen • Vertragskontokorrent • Grundfunktionen • Korrespondenz • Adressfindung konfigurieren

Über den Button **Neue Einträge** können Sie eine Korrespondenzart einer abweichenden Adressart zur Standardadresse des Geschäftspartners zuordnen. Wählen Sie hierzu zunächst in der Spalte **KorrArt** die betreffende Korrespondenzart aus (siehe Abbildung 5.52). Im Anschluss ordnen Sie über die Spalte **Adressart** eine abweichende Adressart zu. Diese haben Sie in Abschnitt 4.2.1, »Allgemeinen Geschäftspartner anlegen«, bei den Einstellungen zum allgemeinen Geschäftspartner im Bereich **Adressdaten** kennengelernt und angelegt. Sie können hier somit auch nur Adressarten zuordnen, die Sie in den allgemeinen Geschäftspartnerdaten als alternative Adresse im Rahmen der Adressverwendung definiert und gepflegt haben.

Korrespondenz - Adreßfindung für Korrespondenzarten

KorrArt	Korr.-Bez.	Korr-Rolle	KRBez	Adreßart
0003	Mahnung			MAHN

Abbildung 5.52 Adressfindung zuordnen

Im obigen Beispiel werden nun alle Mahnungen an die hinter der Adressart **MAHN** gepflegte Adresse im Bereich **Adressverwendung** des allgemeinen Geschäftspartners versendet.

5.4.5 Formulare erstellen

Nachdem Sie nun die Korrespondenzabwicklung im SAP-Vertragskontokorrent kennengelernt haben, müssen Sie die Korrespondenzlogik mit den Formularen verknüpfen. Die Formulare im SAP-Vertragskontokorrent können wie die Formulare anderer SAP-Komponenten betrachtet werden; der einzige Unterschied ist die Art der Korrespondenzgenerierung.

Formulare zur Korrespondenzart festlegen

In der Standardauslieferung sind die Vertragskontoformulare bereits Formularklassen zugeordnet. Wenn Sie eigene Formulare oder Klassen entwickelt haben, ordnen Sie diese über den folgenden IMG-Pfad zu:

IMG • Finanzwesen • Vertragskontokorrent • Grundfunktionen • Korrespondenz • Standardformularklassen für Korrespondenz hinterlegen

Abbildung 5.53 zeigt Ihnen, wie im Pflegepunkt **Standardformularklassen für Korrespondenz hinterlegen** jeder Korrespondenzart in der Spalte **KorArt** eine Formularklasse über das jeweilige Feld in der Spalte **Fklasse** zugeordnet ist.

Korrespondenz - Formularklassen für Korrespondenzarten

KorrArt	Korr.-Bez.	Fklasse
0001	Rückläufer	FI_CA_RETURN
0002	Kontoauszug	FI_CA_ACCTBALA
0003	Mahnung	FI_CA_DUNNING_NEW
0005	Ratenplan	FI_CAX_INSTPLAN
0006	Zahlungsavise	FI_CA_PAYMENT

Abbildung 5.53 Formularklassen

Wenn Sie das Standardformular kopiert und geändert haben, geben Sie die Verknüpfung über den folgenden IMG-Pfad ein:

IMG • Finanzwesen • Vertragskontokorrent • Grundfunktionen • Korrespondenz • Anwendungsformulare für die Korrespondenz hinterlegen

Ordnen Sie über die Spalte **AnwFrmular** eine Korrespondenzart der Spalte **KorrArt** zu (siehe Abbildung 5.54).

Korrespondenz - Anwendungsformulare

KorrArt	Korr.-Bez.	Korr-Rolle	KRBez	AnwFrmular
0003	Mahnung			ZFI_CAX_DUNNING_SAMPLE

Abbildung 5.54 Anwendungsformulare

In unserem Beispiel wurde ein neues Formular erstellt und der bestehenden Korrespondenzart zugeordnet.

5.5 Fazit

Buchungen und Belege sowie die Kontenfindung sind die elementarsten Bestandteile des SAP-Vertragskontokorrents. Nahezu alle Prozesse basieren auf den Belegdaten und erzeugen neue Belege.

Mit der Kontenfindung legen Sie fest, wie die Buchungen im System zusammengestellt und auch unterschieden werden können. Stellen Sie immer sicher, dass Sie eine geeignete Granularität vorgeben, die es ermöglicht, schnell die unterschiedlichen Geschäftsvorfälle zu identifizieren. Vermeiden Sie aber auch zu viele Kombinationen, zu denen Sie jeweilige Varianten anlegen müssten.

In der Offene-Posten-Verwaltung nehmen Sie die ersten Einstellungen vor, die den Anwendern den Umgang mit dem System erleichtern. Sprechen Sie die Einstellungen mit den Fachabteilungen ab, und führen Sie die unterschiedlichen Ausprägungen vor, um eine möglichst harmonisierte Vorgehensweise bei den täglichen Arbeiten zu etablieren.

Im letzten Abschnitt sind wir auf die Kommunikation über Formulare eingegangen. Diese bildet die Schnittstelle zwischen dem Unternehmen mit internen und externen Kunden. Stellen Sie hierbei besonders die Adressintegration mit dem SAP-Geschäftspartner und, wenn vorhanden, mit CRM-Systemen sicher. Nutzen Sie auch digitale Kommunikationswege über die Versandsteuerung, um schneller und effizienter mit den Kunden zu kommunizieren.

Kapitel 6
Zahlwesen

In diesem Kapitel zeigen wir Ihnen, wie Sie im Rahmen des Zahlwesens die in Kapitel 5 erstellten offenen Posten ausgleichen. Dies geschieht über die Erstellung und Verarbeitung von Ein- und Ausgangszahlungen. Sie lernen dabei die notwendigen Customizing-Einstellungen kennen und verstehen die Zusammenhänge der einzelnen Beleginformationen.

Wie zu Beginn des Buches in Abschnitt 2.1, »Beleglebenszyklus«, vorgestellt, ist der Geschäftsvorfall »Ausgleich durch Bezahlung« ein wichtiger Schritt im Beleglebenszyklus.

Bei *Eingangszahlungen* gehen Zahlungen auf Ihrem Bankkonto ein. In diesem Fall erfolgt die Zahlung entweder durch den Kunden mittels Banküberweisung oder durch einen Lastschrifteinzug. Der Lastschrifteinzug erfolgt auf Basis eines Mandats, das Ihnen durch Ihre Kunden gegeben wird. Auf der anderen Seite spricht man von *Ausgangszahlungen*, wenn Gutschriften durch Sie beglichen und an Ihre Kunden überwiesen werden.

Um einen effizienten Ablauf des Ausgleichsvorgangs zu sichern, unterstützt Sie FI-CA mit einer automatischen Kontenfindung, um die Geldbewegungen auf Ihren Bankkonten mit der Zuordnung zu den offenen Posten Ihrer Debitorenbuchhaltung sicherzustellen. Abschnitt 6.1, »Einführung«, führt Sie dabei zunächst in die Unterschiede zwischen Eingangs- und Ausgangszahlungen ein. Anschließend gehen wir auf die zahlungsrelevanten Merkmale innerhalb des Buchhaltungsbelegs von FI-CA ein (siehe Abschnitt 6.2, »Zahlungsmerkmale im Buchhaltungsbeleg von FI-CA«). Diese Merkmale steuern im Zahlwesen die Erstellung und Verarbeitung von Zahlungen. Neben der Definition und Ausprägung wird dabei die Verbindung zwischen den Einstellungen zum Geschäftspartner und Vertragskonto hergestellt (siehe Kapitel 4, »Stammdaten«).

Am Ende dieses Abschnitts sollten Sie daher die Verbindungen zwischen den Stammdaten und dem betreffenden Offene-Posten-Beleg zur Steuerung des Zahlwesens benennen und in Zusammenhang bringen können. Das Wissen dient Ihnen schließlich als Grundlage zu den Einstellungen, die Sie in Abschnitt 6.3, »Erstellung von Ein- und Ausgangszahlungen«, und

Abschnitt 6.4, »Verarbeitung von Eingangszahlungen«, vornehmen werden. Hier treffen Sie alle notwendigen Einstellungen, um die Abwicklung der Ein- und Ausgangszahlungen möglichst automatisiert vornehmen zu können. Im Vordergrund steht hier die automatische Kontenfindung, die die Zuordnung des Hausbankkontos zu den offenen Posten von FI-CA und den Bankverrechnungskonten vornimmt. Auch betrachten wir die Funktionalitäten von FI-CA, die Sie unterstützen, falls Geldbewegungen auf Ihren Hausbankkonten nicht automatisiert offenen Posten zugewiesen werden können und sogenannte Klärungsposten entstehen. Beginnen wir nun jedoch mit einer allgemeinen Einführung zu Ein- und Ausgangszahlungen, die Ihnen als Grundlage für den weiteren Verlauf des Kapitels dienen.

6.1 Einführung

Das SAP-System unterscheidet im Einführungsleitfaden (Implementation Guide, kurz IMG) des Zahlwesens zwischen der Erstellung und Verarbeitung von Ein- und Ausgangszahlungen (siehe Abbildung 6.1).

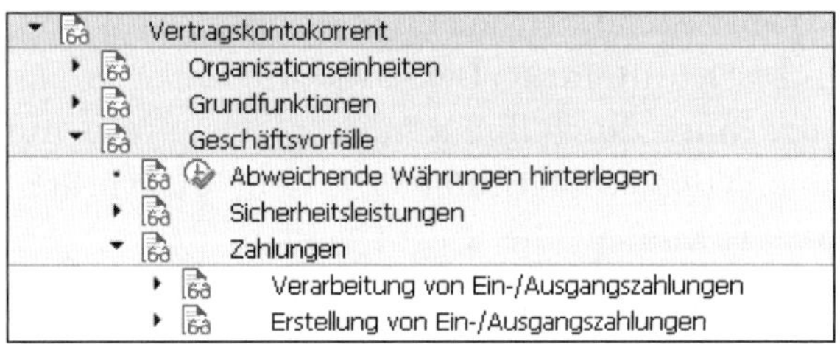

Abbildung 6.1 SAP-Terminologie für das Zahlwesen

Erstellung von Ein-/Ausgangs-zahlungen

Mit dem Menüpunkt **Erstellung von Ein-/Ausgangszahlungen** nehmen Sie alle notwendigen Einstellungen vor, um Zahlungen aus dem SAP-System zu initiieren. Dieser sogenannte *Zahllauf* wird durch die Endanwender angestoßen. Dabei werden Ausgleichsbuchungen auf den Vertragskonten, die Wertstellung auf den Bankverrechnungskonten sowie die Erstellung des Zahlungsträgers ausgelöst. Der Zahlungsträger wird manuell oder mittels Schnittstelle an die Bank zur Anweisung der Zahlung übergeben. Sie können dabei sowohl Zahlungen mittels SEPA-Lastschriftverfahren (*SEPA Direct Debit*) erzeugen als auch die Überweisung von Gutschriften (Auslandsüberweisung oder *SEPA Credit Transfer*) durchführen.

Verarbeitung von Ein-/Ausgangs-zahlungen

Unter dem Menüpunkt **Verarbeitung von Ein-/Ausgangszahlungen** bestimmen Sie auf der anderen Seite, wie die Verarbeitung von Geldbewegungen, die durch Ihre Vertragspartner initiiert und die auf Ihrem Bankkonto registriert wurden, im SAP-System erfolgt.

Sie definieren folglich, wie die Verarbeitung des *elektronischen Kontoauszugs* mit automatisierter Zuordnung der Geldbewegungen zu den einzelnen Vertragskonten sowie der dazugehörigen Ausgleichsbuchungen erfolgt. Dabei lernen Sie die Funktionen des *Zahlungsstapels* kennen, der Ihnen neben der angesprochenen Verrechnungssteuerung innerhalb der Verarbeitung des elektronischen Kontoauszugs die Möglichkeit zur Bearbeitung von sogenannten *Klärungsfällen* gibt. Klärungsfälle bilden dabei die Zahlposten, die nicht automatisiert einem offenen Posten auf den Vertragskonten zugeordnet werden können.

6.2 Zahlungsmerkmale im Buchhaltungsbeleg von FI-CA

Bevor die Erstellung und Verarbeitung von Ein- und Ausgangszahlungen erfolgen kann, müssen Sie zunächst die Rahmenbedingungen des Zahlwesens definieren. Diese Rahmenbedingungen werden im Stammsatz des Vertragskontos oder auf der Belegebene mitgegeben. Zu den Rahmenbedingungen zählen zum einen zahlungsrelevante Merkmale, die die *Fälligkeit* und die *Zahlweise* bestimmen. Zum anderen gehören dazu zahlungsrelevante Informationen wie die **Bankverbindung** und das **SEPA-Mandat** im Fall von SEPA Direct Debit (SEPA DD).

Zahlungsrelevante Merkmale

Sie lernen daher zunächst die folgenden Grundeinstellungen und Merkmale des Zahlwesens in FI-CA kennen:

- Zahlungskondition
- Zahlsperre
- Zahlweg

Zahlungsinformationen

Zudem erhalten Sie gegen Ende dieses Abschnitts einen Einblick in die zahlungsrelevanten Informationen, die aus den Geschäftspartner- und Vertragskontostammdaten zur Steuerung der Geldbewegungen auf den Bankkonten gelesen werden. Hierzu zählen:

- Bankverbindung
- SEPA-Mandate
- abweichender Zahlungsregulierer/Zahlungsempfänger
- Zahlungsdaten des Buchungskreises

Wir erklären, wie die Informationen auf der Registerkarte **Zahlungen/Steuern** des Vertragskontos (siehe Abschnitt 4.3) für das Zahlwesen genutzt werden und stellen die Zusammenhänge zwischen den Stammdaten und der Steuerung der transaktionalen Bewegungen dar.

[»]

Die Steuerung des Zahlwesens über Stammdaten und Belege

Die zahlungsrelevanten Merkmale und Informationen hinterlegen Sie in den Stammdaten des Vertragskontos als allgemeingültige Daten. Pro debitorische Sicht, die sich innerhalb eines Vertragskontos widerspiegelt, können Sie somit für Ihre Geschäftspartner unterschiedliche Grundeinstellungen für den Zahlungsverkehr hinterlegen. Diese Informationen werden bei Buchung des offenen Postens aus den Stammdaten gezogen und dienen als Grundlage zur weiteren Bearbeitung des Belegs im Beleglebenszyklus.

Alternativ können Sie diese Informationen auch direkt aus der Fakturierung des Kundenauftrags mitgeben. Bei der Anlage des Kundenauftrags in SD werden die zahlungsrelevanten Merkmale (**Zahlweg**, **Zahlungskondition**, **Zahlsperre**) sowie die zahlungsrelevanten Informationen (**Bankverbindung**, **Zahlungsregulierer/Zahlungsempfänger**) genutzt. Diese können entweder als Vorschlagswert aus der Vertriebssicht der Geschäftspartnerstammdaten gezogen oder von Ihnen direkt manuell eingegeben werden. Bei der Fakturierung des Kundenauftrags werden die Informationen in den Beleg von FI-CA übernommen. Der gebuchte Beleg als Träger der spezifischen Informationen sticht bei Abweichungen von den allgemeinen Informationen aus den Stammdaten heraus.

6.2.1 Zahlungskondition

Über die *Zahlungskondition* wird in FI-CA die Fälligkeit sowie die Berechnung von Skonto gesteuert. Zur Ermittlung von Fälligkeit und Skonto greift die Zahlungskondition dabei auf die Regeln der Zahlungsbedingungen aus der Komponente der Debitorenbuchhaltung des Finanzwesens (FI-AR) zurück.

Zahlungsbedingung definieren

Bevor Sie daher die Zahlungskonditionen in FI-CA definieren können, müssen Sie im IMG die Zahlungsbedingungen über den folgenden Pfad pflegen:

IMG • Finanzwesen • Debitoren- und Kreditorenbuchhaltung • Geschäftsvorfälle • Rechnungseingang/Gutschrifteingang • Zahlungskondition pflegen

Unter einem vierstelligen alphanumerischen Schlüssel definieren Sie im Feld **Zahlungsbed** in Abbildung 6.2 die gültigen Zahlungsbedingungen in Ihrem Unternehmen und ordnen anschließend die entsprechenden Regeln zur Ermittlung der Fälligkeit und des Skontos zu.

Zahlungsbedingungen, die im Vertragskontokorrent genutzt werden sollen, müssen im Bereich **Kontoart** mit der Kontoart **Debitor** angelegt werden, indem Sie das gleichnamige Feld **Debitor** anhaken. Legen Sie anschließend im Feld **Basisdatum** im Bereich **Vorschlag für Basisdatum** das Ausgangsdatum für die Zahlungsbedingung, d.h. den Startpunkt zum Berechnen der Skonto- und Nettofälligkeit eines offenen Postens fest.

Basisdatum definieren

Hierbei können Sie im Standard zwischen den folgenden Daten wählen:

- **Buchungsdatum**
  Das Buchungsdatum wird auch Leistungsdatum genannt, d.h. das Datum, zu dem ein Beleg als Leistung in der Finanzbuchhaltung wirksam wird.
- **Belegdatum**
  In der Regel entspricht das Belegdatum dem Rechnungsdatum, d.h. dem Datum der Rechnungserstellung, das dem Kunden auf der Faktura angedruckt wird.
- **Erfassungsdatum**
  Das Erfassungsdatum entspricht dem technischen Erstellungsdatum eines Belegs im System.
- **Kein Vorschlag**
  Hier ist keine individuelle Eingabe notwendig.
- **Fester Tag**
  Der feste Tag, den Sie im Bereich **Berechnung des Basisdatum** festlegen, kann z.B. Anfang, Mitte oder Ende eines Monats sein.

In der Regel wird im debitorischen Bereich das Belegdatum als Basisdatum verwendet, da dem Kunden dieses Datum als Rechnungsdatum auf der Faktura kommuniziert wird.

Vertriebstext und Erläuterungen

Im Feld **Vertriebstext** im Kopf der Zahlungsbedingung definieren Sie zudem den Text, der auf der Faktura verwendet wird. Der Bereich **Erläuterungen** unten im Bild steht Ihren Endanwendern für interne Informationszwecke zur Verfügung und wird in der Kommunikation mit dem Kunden nicht verwendet.

Skonto- und Nettofälligkeit

Als Letztes definieren Sie nun die Anzahl der Tage, die zur Berechnung der Skonto- und Nettofälligkeit herangezogen werden sollen. Wählen Sie dazu entweder einen festen Tag eines Monats (Kennzeichen **Fester Tag** im Bereich **Berechnung des Basisdatums**) oder eine frei wählbare Anzahl von Tagen im Feld **Anzahl Tage** im Bereich **Zahlungskonditionen**, die zur Berechnung verwendet werden sollen. Um zusätzlich Skonto für eine Zahlung innerhalb einer bestimmten Frist zu gewähren, tragen Sie im Bereich **Zahlungskonditionen** im Feld **Prozentsatz** der **Bedingung 1** das zu gewährende Skonto in Prozent mit der entsprechenden Anzahl an Tagen ein, innerhalb derer das Skonto dem Kunden bei der Zahlung angerechnet werden soll.

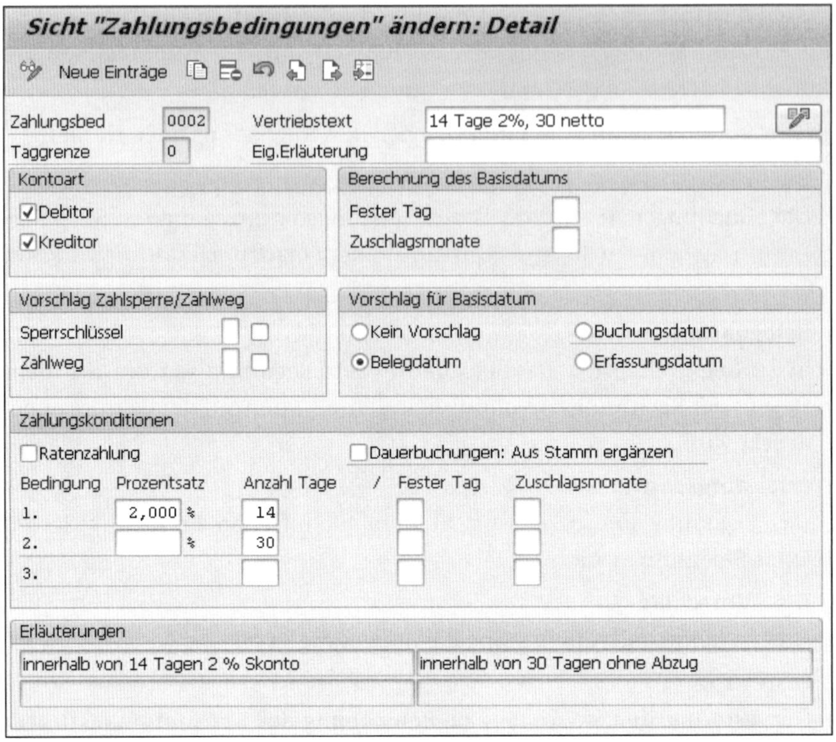

Abbildung 6.2 Zahlungsbedingung pflegen

Mit **Bedingung 2** bestimmen Sie anschließend den Zeitraum für die Fälligkeit des Gesamtbelegs. Nach Ablauf dieser Tage wird der Posten in der Kontenstandanzeige des Vertragskontos als fällig markiert und im Mahnlauf berücksichtigt. Für das Beispiel in Abbildung 6.2 bedeutet dies:

- **Skontofälligkeit**
  Bei einer Zahlung innerhalb von 14 Tagen ab Belegdatum wird dem Kunden ein Skonto von 2 % gewährt.
- **Nettofälligkeit**
  Nach 30 Tagen ab Belegdatum ist der Beleg fällig und kann ab diesem Zeitpunkt gemahnt werden, wenn noch keine Zahlung durch den Kunden erfolgt ist.

Wenn Sie kein Skonto gewähren wollen, lassen Sie das Feld **Prozentsatz** leer und nutzen die erste Bedingung, um direkt die Nettofälligkeit zu definieren.

Zahlungsbedingung bei Ein- und Ausgangszahlungen

Im Zahllauf, d. h. während der Erstellung von Ein- bzw. Ausgangszahlungen, steuert die Zahlungsbedingung, wann die Zahlung eines offenen Postens über die Erstellung des Lastschrifteinzugs ausgeglichen werden muss. Die Selektion des offenen Postens zur Berücksichtigung des Lastschrifteinzugs erfolgt im Zahllauf immer zugunsten des Kunden. Das heißt, die Skontofrist wird berücksichtigt.

Gleichzeitig versucht das Zahlungsprogramm den Posten immer zum spätmöglichen Zeitpunkt zu berücksichtigen. Das heißt, das Geld wird zum Ende der Skonto- bzw. Nettofälligkeitsfrist angewiesen. Die Verarbeitung von Ein- bzw. Ausgangszahlungen innerhalb des Zahlungsstapels wird wiederum auf der Basis der Zahlungsbedingung definiert. Hier wird geprüft, ob Zahlungsdifferenzen dem Skontobetrag entsprechen und innerhalb der korrekten Skontofrist vom Kunden auf den Zahlbetrag angerechnet wurden oder ob es sich um nicht erlaubte Zahlungsdifferenzen handelt. Je nach Einstellung verbucht das System das Skonto automatisch als Skontoaufwand, als Zahlungsdifferenz oder lässt den Posten im Zahlungsstapel zur Klärung stehen.

[«]

Mehrstufige Zahlungsbedingungen

Während in der Debitorenbuchhaltung der Komponente FI (FI-AR) mehrstufige Zahlungsbedingungen mit zweistufigen Skontofristen möglich sind (zum Beispiel: 5 Tage 3 %, 10 Tage 2 % und 20 Tage netto), können diese vom Vertragskontokorrent von FI-CA nicht verarbeitet werden. Im Vertragskontokorrent können Sie immer nur eine Skontostufe wählen. Zudem dürfen Netto- und Skontofälligkeit nicht zusammenfallen. Die Nettofälligkeit muss immer hinter der Skontofälligkeit stehen. Eine Zahlungsbedingung mit 2 % Skonto sofort fällig ist daher nicht erlaubt.

Zahlungskondition anlegen

Nachdem Sie nun die allgemeinen Zahlungsbedingungen definiert haben, legen Sie in einem zweiten Schritt im IMG die *Zahlungskondition* an. Navigieren Sie hierzu im IMG über den folgenden Pfad:

IMG • Finanzwesen • Vertragskontokorrent • Buchungen und Belege • Beleg • Zahlungskondition pflegen

Die Zahlungskondition wird wie die Zahlungsbedingung als vierstelliger alphanumerischer Schlüssel angelegt. Diesen Schlüssel können Sie anschließend im Stammsatz des Vertragskontokorrents als Vorschlagswert hinterlegen (siehe Abschnitt 4.3.1, Abbildung 4.26).

Verbindung von Zahlungskondition und -bedingung

Die Zahlungskondition wird im Gegensatz zur Zahlungsbedingung als übergeordnete Gruppierung verstanden, über die Sie die Bedingungen für

Zahlungen und Gutschriften steuern. Ein wesentliches Steuerungselement als Teil der Zahlungskondition ist die Zahlungsbedingung. Jeder Zahlungskondition muss eine Zahlungsbedingung zugeordnet werden. Die Zuordnung erfolgt getrennt nach Forderung und Gutschrift. Über diese werden innerhalb einer Zahlungskondition die Regeln zur Skonto- und Nettofälligkeit gesteuert.

Des Weiteren definieren Sie den Umgang mit Sonn- und Feiertagen sowie mit der Definition des zugrundeliegenden Fabrikkalenders die Bestimmung der Feiertage. Die Zahlungskondition stellt daher einer Gruppierung Ihrer Kundengruppen, Geschäftsbereiche, Vertriebsbereiche oder Regionen dar, innerhalb derer Sie unterschiedliche Vertragskonditionen anbieten. Als Beispiel wurden in Abbildung 6.3 die Zahlungskonditionen nach Kundengruppen angelegt. Während der Kundengruppe A aus dem Feld **Bezeichnung** für Zahlung und Gutschrift dieselbe Zahlungsbedingung in den Feldern **Zahl...** und **Gu...** (**0001 – sofort fällig**) zugewiesen wurde, wird Kundengruppe B bei Zahlungen die Zahlungsbedingung **0002**, d. h. 2 % Skonto bei einer Zahlung innerhalb von 14 Tagen und einer Nettofälligkeit von 30 Tagen gewährt.

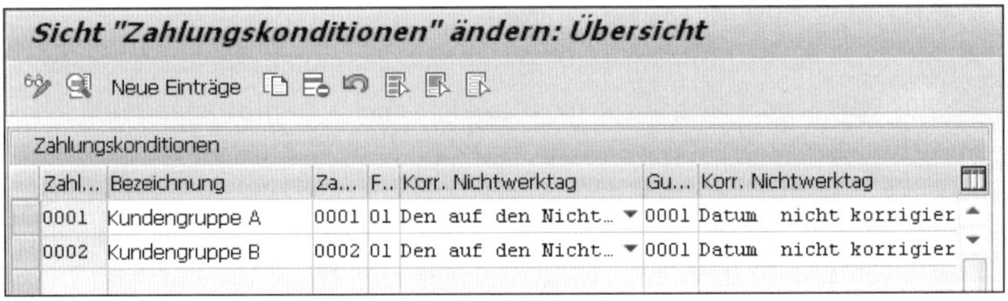

Sicht "Zahlungskonditionen" ändern: Übersicht

Neue Einträge

Zahlungskonditionen

Zahl...	Bezeichnung	Za...	F..	Korr. Nichtwerktag	Gu...	Korr. Nichtwerktag
0001	Kundengruppe A	0001	01	Den auf den Nicht...	0001	Datum nicht korrigier
0002	Kundengruppe B	0002	01	Den auf den Nicht...	0001	Datum nicht korrigier

Abbildung 6.3 Zahlungskonditionen anlegen

Zahlungskonditionen ausprägen

Prägen Sie die Zahlungskondition folgendermaßen aus (siehe Abbildung 6.4): Sie ordnen jeweils eine Zahlungsbedingung dem Feld **Zahlungsbedingung** für Zahlungen und dem Feld **Guthaben Zahlungsbed** für Guthaben zu. Des Weiteren definieren Sie im Feld **Fabrikkalender-ID** den Umgang und die Unterscheidung zwischen Arbeitstagen und arbeitsfreien Tagen. Hierzu wählen Sie über die [F4]-Hilfe einen der im SAP-System definierten Fabrikkalender aus, die in den komponentenübergreifenden Einstellungen gepflegt sind und Informationen zu den gesetzlichen festgelegten Feiertagen pro Land und Region enthalten. Ist Ihr Geschäft nach Regionen unterteilt, kann es sinnvoll sein, für jede Region eine eigene Zahlungskondition festzulegen. Auf diese Weise können Sie den Umgang mit Werk- und Feiertagen auch auf der Ebene des Zahlungsverkehrs steuern.

Als Letztes definieren Sie im oberen Feld **Korr. Nichtwerktag** für Zahlungen und im unteren Feld **Korr. Nichtwerktag** für Gutschriften die Methode, mit der Nichtwerktage aus dem Fabrikkalender im Rahmen der Zahlungsbedingung korrigiert werden sollen:

Umgang mit Nicht-Werktagen definieren

- **Datum nicht korrigieren**
  Der Nicht-Werktag wird als normaler Arbeitstag gezählt; es erfolgt keine Korrektur bei der Berechnung von Skonto- und Nettofälligkeit.
- **Den auf den Nichtarbeitstag folgenden Arbeitstag verwenden**
  Fällt die Skonto- oder Nettofälligkeit auf einen Nicht-Werktag, wird der darauffolgende Arbeitstag als Fälligkeit berechnet und entsprechend im Zahllauf bzw. Zahlungsstapel berücksichtigt.
- **Den vor dem Nicht-Arbeitstag liegenden Arbeitstag verwenden**
  Fällt die Skonto- oder Nettofälligkeit auf einen Nicht-Werktag, wird die Fälligkeit auf den vor dem Nicht-Werktag liegenden Arbeitstag vorgezogen und entsprechend schon vor Ablauf der eigentlichen Frist im Zahllauf bzw. Zahlungsstapel berücksichtigt.

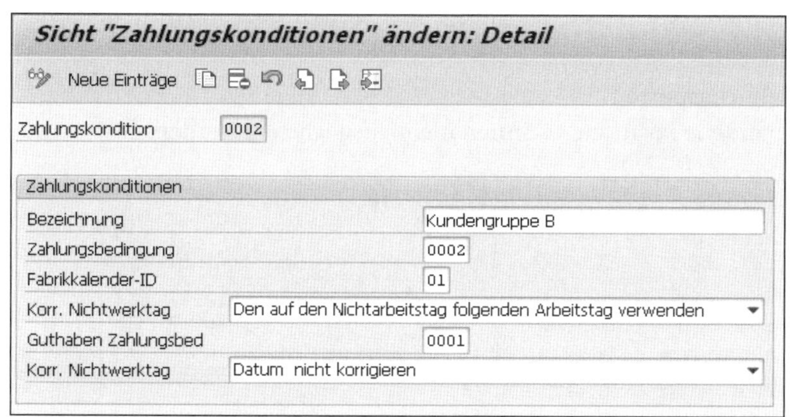

Abbildung 6.4 Zahlungskonditionen ausprägen

Vorschlagswert Zahlungskonditionen im Kundenauftrag

Soll die Zahlungskondition aus dem Vertragskonto im SD-Kundenauftrag als Vorschlagswert gezogen werden, müssen Sie im Zeitpunkt 4010 des Vertragskontokorrents den entsprechenden Funktionsbaustein hinterlegen. Ist der Funktionsbaustein im Zeitpunkt 4010 nicht aktiv, ermittelt das SAP-System die Zahlungsbedingung entsprechend dem SD-Standard, d. h. aus den Vertriebsbereichsdaten des Geschäftspartners. Für die Branchenkomponenten Versorgungsindustrie (IS-U) und Telekommunikation (IS-T) ist der Funktionsbaustein zum Zeitpunkt 4010 im Standard hinterlegt.

> Dabei wird, abhängig von der Auftragsart, entweder die Zahlungsbedingung für Zahlungen oder für Gutschriften gezogen, die in der entsprechenden Zahlungskondition zu einem Vertragskonto definiert sind.

6.2.2 Zahlsperre

Im Vertragskontokorrent können Sie verschiedene *Sperrgründe* mit unterschiedlichem Umfang für Buchungssperren definieren. Diese finden Sie in den Grundeinstellungen zu Buchungen und Belegen in Abschnitt 5.1.3, »Sperrgründe für Buchungssperren definieren«.

Umfang des Sperrgrunds festlegen

Zur Erinnerung: Sie können Sperren mit dem folgenden Umfang anlegen (siehe Abbildung 6.5):

- **Buchungs- und Ausgleichssperre**
  Es können weder neue Buchungen erfasst noch vorhandene Buchungen ausgeglichen werden.
- **Buchungssperre**
  Es können keine neuen Belegpositionen erfasst, vorhandene jedoch ausgeglichen werden.
- **Ausgleichssperre**
  Vorhandene Positionen können nicht ausgeglichen werden.

Neue Einträge: Übersicht Hinzugefügte

Buchungssperren

BuSp	Bezeichnung	Buch/Ausgl	BGrp	Periode
A	Buchungssperre	Buchungs- und Ausgleichssperre		
Z	Sperre Zahllungen	nur Ausgleichssperre		
B	Sperre	nur Buchungssperre		

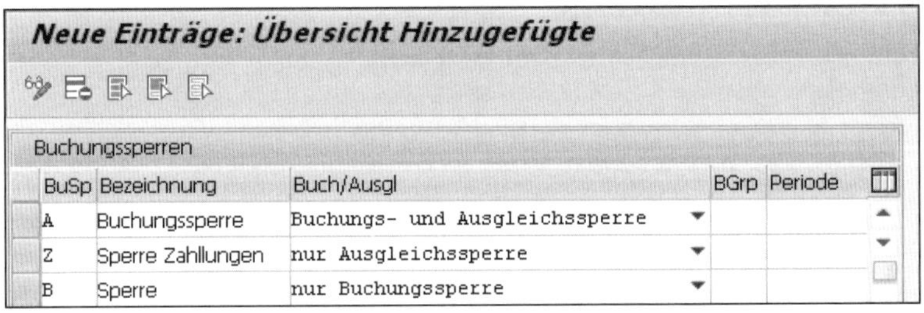

Abbildung 6.5 Buchungssperren anlegen

Verwendung von Zahlsperren im Zahlwesen

Um eine Zahlsperre anzulegen, müssen Sie wie im Beispiel der Sperre Z aus Abbildung 6.5 in der Spalte **Buch/Ausgl** einen Sperrgrund des Typs **Ausgleichssperre** wählen. In diesem Fall kann ein Posten nicht ausgeglichen werden und wird im Zahllauf und im Zahlungsstapel bei der Verarbeitung bzw. bei der Erstellung von Ein- und Ausgangszahlungen nicht berücksichtigt. Die hier angelegte Zahlsperre kann anschließend als Wert im Stammsatz des Vertragskontos im Feld **Sperren** der Registerkarte **Zahlungen/Steuern** hinterlegt werden.

Alternativ können Sie Zahlsperren auch individuell auf der Positionsebene im Feld **Zahlsperrgrund** eintragen, um einzelne Belege von einem Ausgleich durch die Erstellung oder die Verarbeitung von Ein- und Ausgangszahlungen zu sperren.

6.2.3 Zahlweg

Der *Zahlweg* ist ein einstelliger alphanumerischer Schlüssel, mit dem Sie die Zahlungsart, d.h. das Mittel oder die Methode, mit der die Zahlung erfolgen soll, definieren.

Zahlweg als Identifikation des Zahlungsmittels

Neben allgemeinen Merkmalen zur Charakterisierung der Zahlungsart über den Zahlweg legen Sie im Customizing Bedingungen fest, die als Grundvoraussetzung für eine erfolgreiche Zahlung gelten. Nur wenn diese Bedingungen erfüllt sind, können Sie den offenen Posten mit dem jeweiligen Zahlweg verbuchen. Mit dem Customizing des Zahlwegs stellen Sie somit nicht nur sicher, dass Zahlungen im System richtig gesteuert werden, sondern Sie implementieren auch einen Kontrollmechanismus, der die Vollständigkeit der Buchungsinformation für das Zahlwesen sicherstellt. Um das Customizing vorzunehmen, navigieren Sie im IMG über den folgenden Pfad:

IMG • Finanzwesen • Vertragskontokorrent • Geschäftsvorfälle • Zahlungen • Erstellung von Ein- und Ausgangszahlungen • Zahlwege definieren

Zahlwege pro Land

Legen Sie in einem ersten Schritt zunächst pro Land die erlaubten und zu verwendenden Zahlwege fest. Positionieren Sie hierzu Ihre Maus auf dem entsprechenden Land, und wählen Sie in der **Dialogstruktur** den Punkt **Zahlwege**. Über den Button **Neue Einträge** legen Sie anschließend die gültigen Zahlwege eins Landes als einstelliges Kürzel im Feld **Zahlwege** an (siehe Abbildung 6.6). Für das einstellige Kürzel können Sie zwischen einem Klein- oder Großbuchstaben, Sonderzeichen oder einem Zahlenformat wählen.

Mit der Neuanlage springen Sie zudem automatisch in die Detaillierungssicht zur Ausprägung und Steuerung des Zahlweges. Alternativ können Sie auch die vorkonfigurierten Einträge im SAP-System über den Button (**Kopieren als**) übernehmen. So finden Sie Beispielzahlwege im Standard für die europäischen Zahlungsarten *SEPA Direct Debit* (**D – Lastschrifteinzug**) und *SEPA Credit Transfer* (**U – Überweisung**). Mit der Kopie übernehmen Sie die Grundeinstellungen und können anschließend in der Detailsicht die Zahlwege individuell, basierend auf Ihren Anforderungen, ausprägen.

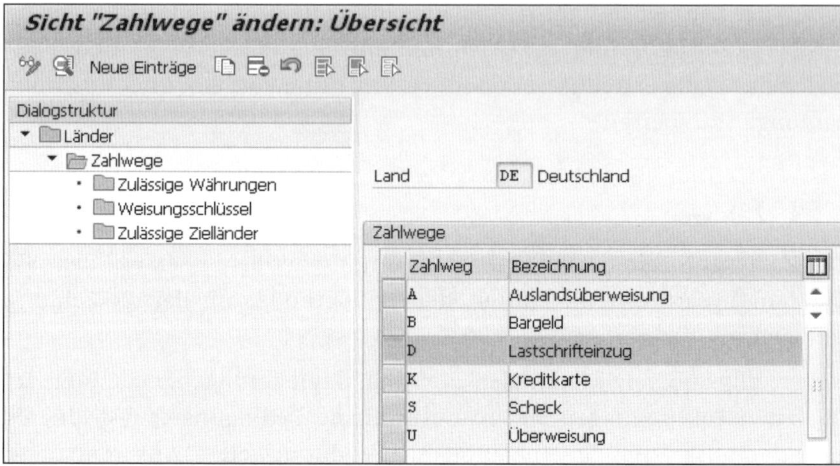

Abbildung 6.6 Zahlwege im Land definieren

Kopie der Standardausprägung

Wir empfehlen Ihnen, die Standardausprägung der Zahlwege von SAP zu übernehmen. Da Sie jedoch individuelle Anpassungen, insbesondere in Bezug auf den Zahlungsträger, vornehmen müssen, sollten Sie die Standardzahlwege nur als Vorlage verwenden, und die Einstellungen über den oben genannten Button **Kopieren als** aus Abbildung 6.6 auf Ihren kundenspezifischen Zahlweg kopieren. Sie stellen somit sicher, dass beim Einspielen eines neuen Release Ihre individuellen Einstellungen nicht verloren gehen, indem sie durch die Standardausprägung überschrieben werden.

Detailausprägung im Land

Zur Ausprägung des Zahlwegs springen Sie nun mit einem Doppelklick in die Detailansicht. Abbildung 6.7 zeigt Ihnen die Gesamtansicht der Customizing-Einstellung. Tragen Sie zunächst die Bezeichnung des Zahlweges hinter dem Eingabefeld des Feldes **Zahlweg** ein. Die Beschreibung (im unteren Fallbeispiel Lastschrifteinzug (**SEPA DD**)) wird Ihren Endanwendern später in der Auswahlliste (*Match-Code-Liste* der F4-Hilfe) als Beschreibung zu jedem Zahlweg angezeigt. Im Bereich **Klassifizierung des Zahlweges** bestimmen Sie anschließend, ob es sich um einen Zahlweg für Zahlungseingänge oder Zahlungsausgänge handelt.

Zahlwege für Zahlungseingänge

Während Sie für Zahlwege für Zahlungseingänge, z. B. im Falle der Zahlungsmethoden SEPA Direct Debit, Wechsel oder Kreditkarte, den Haken im Feld **Zahlweg für Zahlungseingänge** setzen, aktivieren Sie das Kennzeichen im Fall von Zahlwegen für Zahlungsausgänge, wie Überweisungen

(Auslandsüberweisung oder SEPA Credit Transfer), nicht. Zahlwege für Zahlungsausgänge werden somit nicht explizit, sondern nur implizit über das Weglassen des Hakens im beschriebenen Feld definiert.

Die Optionen **Scheck wird erstellt** und **Postbank/Postgiro** im Bereich **Klassifizierung des Zahlweges** werden im vorliegenden Buch nicht weiter behandelt. Während das Scheckverfahren im deutschsprachigen Raum kaum mehr Anwendung findet und durch das SEPA-Verfahren fast vollständig ersetzt wurde, ist das Postbank-Postgiro-Verfahren ein Sonderfall, den nur wenige Unternehmen im Einsatz haben.

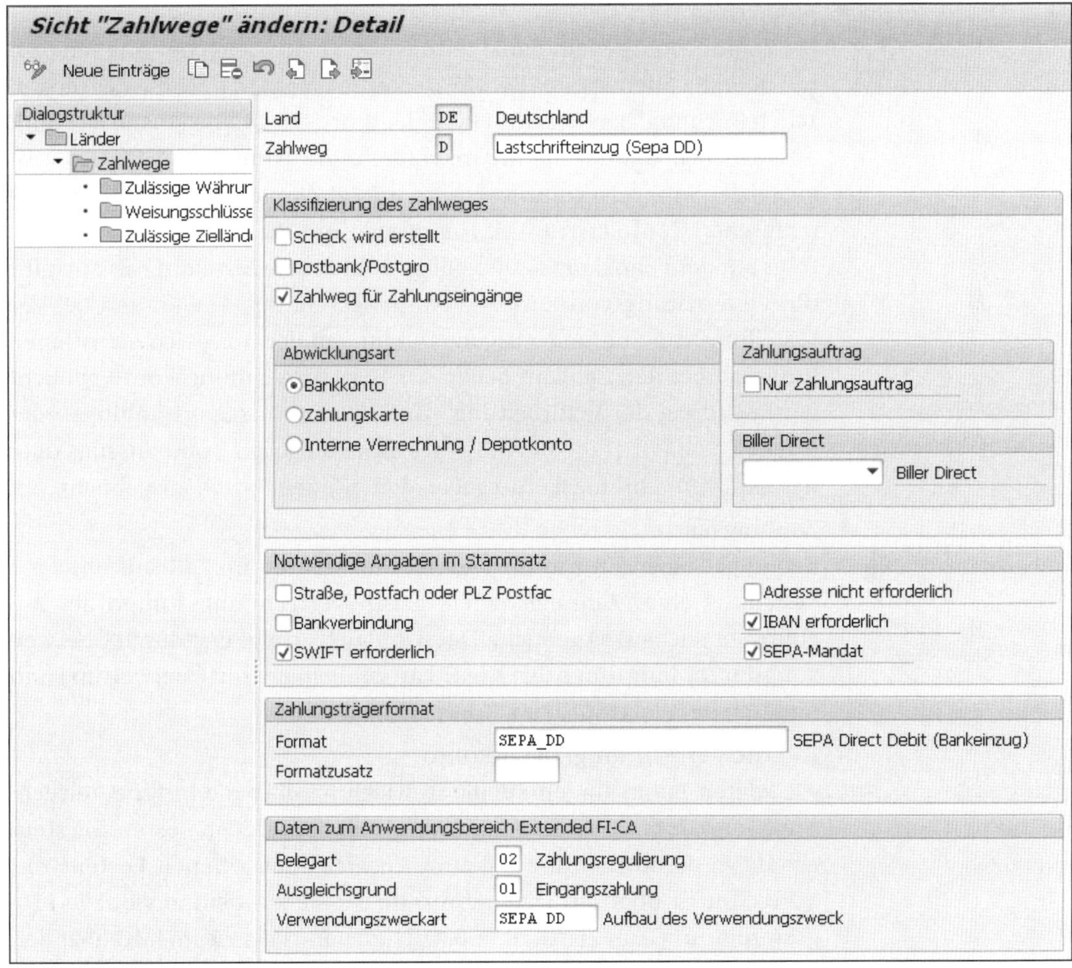

Abbildung 6.7 Zahlweg im Land ausprägen

Abwicklungsart festlegen

Legen Sie in einem nächsten Schritt im Bereich **Abwicklungsart** der Abbildung 6.7 die Abwicklung der Zahlung fest. Bestimmen Sie das Hilfsmittel, über das Ihre Zahlung abgewickelt werden soll, indem Sie zwischen den folgenden Auswahlmöglichkeiten entscheiden:

- Bankkonto
- Zahlungskarte (zum Beispiel Kreditkarte)
- Interne Verrechnung/Depotkonto

Je nachdem, welche Abwicklungsart Sie wählen, wird im Zahllauf ein entsprechender Buchungsschlüssel und somit eine jeweils andere Kontenfindung angesprochen.

- **Bankkonto**
  Bei Zahlungen über ein Bankkonto wird der Ausgleich der offenen Posten über die Buchung auf Bankverrechnungskonten mithilfe des technischen Buchungsbereichs 1061 herbeigeführt. Der offene Posten ist somit ausgeglichen und auf dem Bankverrechnungskonto geparkt. Der Ausgleich des Bankverrechnungskontos erfolgt durch das Einlesen des elektronischen Kontoauszugs im Hauptbuch mit Wertstellung des Zahlbetrags auf dem Bankkonto. Dies gilt sowohl für die Erstellung als auch für die Verarbeitung von Ein- und Ausgangszahlungen. Während bei der Erstellung von Ein- und Ausgangszahlungen der Ausgleich des offenen Postens über den Zahllauf gegen das Bankverrechnungskonto gebucht wird, wird bei der Verarbeitung von Ein- und Ausgangszahlungen der offene Posten über die Buchung des elektronischen Kontoauszugs über das Bankverrechnungskonto gegen den offenen Posten ausgebucht.
- **Zahlungskarte**
  Zahlungen über ein Zahlungsartenkonto werden im Zahllauf ohne die Erstellung eines Zahlungsträgers gegen Verrechnungskonten des Buchungsbereichs 1120 gebucht. Der Ausgleich erfolgt erst durch Überweisung der Zahlung durch den Kreditkartenhersteller mit Überweisung und Einlesen des elektronischen Kontoauszugs.
- **Interne Verrechnung/Depotkonto**
  Als letzten Punkt finden Sie die Abwicklung über die interne Verrechnung oder das Depotkonto zum Ausgleich der offenen Posten. Sie steuern dabei die Kontenfindung zum Ausgleich des offenen Postens mit Verrechnung über das Depotkonto über eine kundenindividuelle Programmierung zum Zeitpunkt 0620. Hierzu müssen Sie im IMG über den folgenden Pfad einen kundenspezifischen Funktionsbaustein hinterlegen:

  IMG • Finanzwesen • Vertragskontokorrent • Programmerweiterungen • Kundenspezifische Funktionsbausteine hinterlegen

Dieser Funktionsbaustein greift zum Buchungszeitpunkt 0620 und ermöglicht Ihnen neben einer Abwicklung über das Bankkonto oder die Zahlungskarte eine Verbuchungszeile zum Ausgleich offener Posten mit der Überstellung auf ein Verrechnungskonto. Es wird in diesem Fall keine Bankzeile auf einem Bankverrechnungskonto erstellt. Zur allgemeinen Verwendung kundenspezifischer Erweiterungen schlagen Sie in Abschnitt 13.1, »Kundenspezifische Erweiterungen«, nach.

[«]

Einstellungen zur Kontenfindung

Die Einstellung zu der Kontenfindung, insbesondere des Buchungsbereichs 1061, finden Sie in Abschnitt 6.2.2. Die Kontenfindung für Zahlungskarten wird im vorliegenden Buch nicht im Detail besprochen, da Kreditkarteninformationen im SAP-System nur mit entsprechender Banklizenz gehalten und verarbeitet werden dürfen und somit die Abwicklung von Kreditkartenzahlungen in den meisten Fällen über externe Payment-Service-Provider durchgeführt wird. Die Informationen an den Payment-Service-Provider werden dabei per Schnittstelle über die fakturierende Vorkomponente weitergegeben. Mit der Übergabe der Informationen an den Payment-Service-Provider wird meist eine zweite Buchung aus der fakturierenden Vorkomponente angestoßen. Diese schließt den offenen Posten in der Debitorenbuchhaltung und bucht ihn auf ein Verrechnungskonto um.

Zahlungsauftrag

Wenn Sie im Bereich **Zahlungsauftrag** einen Haken neben dem Feld **Nur Zahlungsauftrag** setzen, werden im Zahlungsprogramm keine Zahlungsbelege für diesen Zahlweg gebucht und die Posten nur im Zahlungsträger berücksichtigt. Anstelle des Ausgleichsbelegs erzeugt das System im Zahllauf nur einen Zahlungsauftrag. Dieser sperrt die Posten für andere Ausgleichstransaktionen. Zudem bewirkt dieses Kennzeichen, dass das Kennzeichen für den Zahlungsauftrag in den Kopfdaten des Belegs gesetzt (FKKOP-XPYOR) wird. Auch wird über die Kontenfindung des Buchungsbereichs 1061 oder 1020 die *Finanzdisposition* fortgeschrieben, auch wenn keine Buchung erfolgt.

Cashflow

Der zu erwartende Geldeingang kann daher schon im *Cashflow* berücksichtigt werden. Die Buchung der Zahlung erfolgt zu einem späteren Zeitpunkt anhand des Kontoauszugs der Bank und der Verarbeitung im Zahlungsstapel (siehe Abschnitt 6.4). Über die Angabe des Zahlungsauftrags können Sie die offenen Posten selektieren und mit den Posten im elektronischen Kontoauszug ausgleichen. Der Zahlungsauftrag ergibt sich dabei immer aus dem ursprünglich erzeugenden Zahllauf. Aus betriebswirtschaftlicher Sicht verwenden Sie einen Zahlungsauftrag, wenn der Ausgleich der offenen Posten erst mit dem Kontoauszug erfolgen soll. Dies kann aus lokalen Rechnungslegungsvorschriften hervorgehen oder im Falle von Fremdwährungszahlungen sinnvoll sein, wenn die realisierten Fremdwährungsdifferenzen erst mit dem Geldeingang auf dem Bankkonto gebucht und nicht schon im Zahllauf beim Ausgleich des offenen Postens in der Bilanz verbucht werden sollen.

Notwendige Angaben im Stammsatz

Nachdem Sie nun in den beiden beschriebenen Customizing-Punkten die allgemeinen Buchungsvorgaben für den Zahlweg vorgenommen haben, wenden Sie sich nun im Bereich **Notwendige Angaben im Stammsatz** diesen zu.

Über die Felder im Bereich **Notwendige Angaben im Stammsatz** legen Sie die grundsätzlichen Informationen an, die bei der Verwendung des Zahlwegs im Stammsatz des Geschäftspartners oder des Vertragskontos vorliegen müssen, um die erfolgreiche Durchführung der Zahlung gewährleisten zu können. Als Beispiel sehen Sie in Abbildung 6.8 die verpflichtenden Informationen, die zur Verwendung einer Zahlung mit der Zahlungsmethode SEPA Direct Debit erforderlich sind.

Neben der Bankverbindung müssen eine IBAN, ein SWIFT-Code sowie ein SEPA-Mandat vorliegen, um den Zahlungsträger mit den notwendigen Zahlungsinformationen erstellen zu können. Bevor die Buchung eines offenen Postens mit dem Zahlweg für SEPA Direct Debit erfolgen kann, wird der Stammsatz auf diese Informationen hin geprüft. Falls die Angaben im Stammsatz unvollständig sind, kann der Beleg nicht mit dem ausgewählten Zahlweg gebucht werden. Sie wählen dann entweder einen alternativen Zahlweg während der Belegbuchung (zum Beispiel »Zahlweg für Rechnung«), oder Sie ergänzen die Daten im Stammsatz des Geschäftspartners.

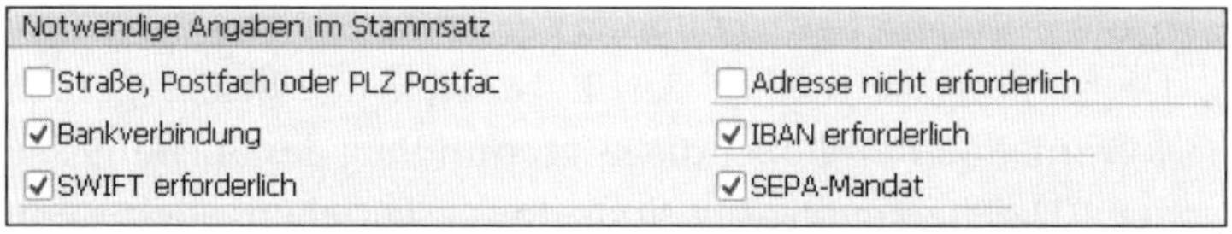

Abbildung 6.8 Notwendige Angaben im Stammsatz für die Zahlung

Zahlungsträgerformat im Zahlweg hinterlegen

Bei der Auswahl der Option **Bankkonto** im Bereich **Abwicklungsart** in Abbildung 6.7 müssen Sie im Zahlweg ein Zahlungsträgerformat hinterlegen. Sofern Sie das Zahlungsträgerformat im Bereich **Zahlungsträgerformat** nicht zuordnen, wird keine Zahlungsträgerdatei erzeugt, die den Zahlungsauftrag ausführt. In diesem Fall wird nur ein Ausgleich der offenen Posten herbeigeführt, eine Beauftragung an die Bank kann aber nicht übergeben werden. Die Zahlungsträgerdatei bildet somit die Schnittstelle, um die Informationen aus dem Zahllauf an die Bank zu übermitteln und den

Geldtransfer auf den Bankkonten in Auftrag zu geben. Prinzipiell werden dabei beleghafte Zahlungsträger wie Scheck oder beleglose Zahlungsträger wie *DTA* (*Digitaler Datenträgeraustausch*) oder *EDI* (*Elektronischer Datenaustausch*) unterschieden. Ordnen Sie Ihrem Zahlweg daher wie in Abbildung 6.9 das entsprechende Format im gleichnamigen Feld **Format** zu.

Formatzusatz

Im Feld **Formatzusatz** geben Sie den Schlüssel an, der als Codierungszeile im Zahlungsträger an festgelegter Stelle mitgegeben wird, um die Ausführungsmethode der Zahlungsmethode zu detaillieren. Für Lastschriften können Sie z. B. über den Formatzusatz zwischen dem Abbuchungs- und dem Einzugsermächtigungsverfahren unterscheiden:

- **04**: Abbuchungsverfahren
- **05**: Einzugsermächtigungsverfahren

Zahlungsträgerformat		
Format	SEPA_DD	SEPA Direct Debit (Bankeinzug)
Formatzusatz		

Abbildung 6.9 Zahlungsträgerformat im Zahlweg hinterlegen

Stellen Sie, bevor Sie ein Zahlungsträgerformat im Zahlweg hinterlegen, die Pflege des Zahlungsträgers über den folgenden Customizing-Pfad des IMG sicher:

IMG • Finanzwesen • Vertragskontokorrent • Programmerweiterungen • Zahlungsträgerformate definieren

Zahlungsträgerformat ausprägen

Neben den technischen Details zum allgemeinen Format (beleghafte oder beleglose Formate) bestimmen Sie hierüber auch, wie der Zahlungsträger, basierend auf dem Inhalt des Zahllaufs, aufgebaut werden soll. Geben Sie daher, wie in Abbildung 6.10 dargestellt, zunächst im Bereich **Formatausgabe** die Form der Übertragungsdatei Ihrer Zahlung an. Während der beleghafte Zahlungsträger (zum Beispiel Scheck) nur noch in seltenen Fällen Anwendung findet, werden in der Regel DTA und EDI als Zahlungsträger eingesetzt. Beachten Sie hierbei, die notwendigen Schnittstellen von Ihrem SAP-System zu Ihren Banken einzurichten.

Schnittstelle zur Bank

Während dabei das DTA-Verfahren eine File-Schnittstelle zur Übermittlung des erstellten Zahlungsträgerformat benötigt, erfordert das EDI-Verfahren einen direkten elektronischen Datenaustausch. Mit dem Einsatz eines *Banking Converter Tools* verhindern Sie dabei, dass Sie einzelne File-Schnittstellen zu jeder Bank einrichten müssen, da das Banking Converter Tool die Verteilung zu den einzelnen Banken übernimmt.

Zahlungsträgerformat festlegen

Legen Sie anschließend noch im Bereich **Informationen zum Format** den externen Formatnamen fest. Unter diesem Namen wird der Zahlungsträger bei Ihren Banken geführt. Das Feld **Land** legt zudem fest, unter welchen Länderschlüssel die länderspezifischen Prüfungen zum Zahlungsträgerformat bei der Erstellung durchgeführt werden. Zu länderspezifischen Prüfungen gehören u.a. die Länge der Postleitzahl oder die Länge der Bankkontonummer.

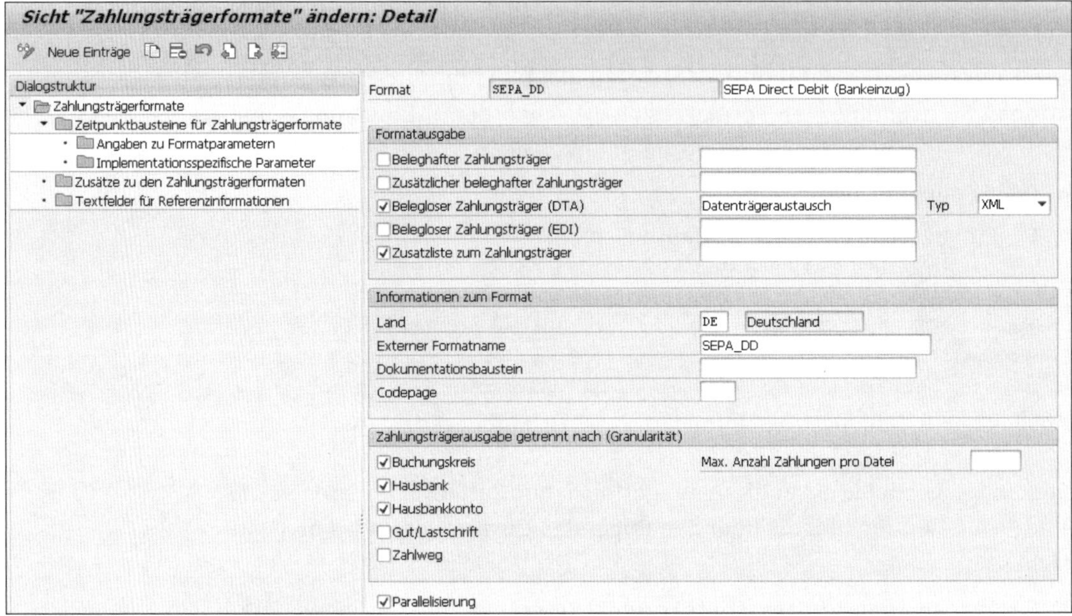

Abbildung 6.10 Zahlungsträgerformat definieren

Ausgabe des Zahlungsträgers

Wenden Sie sich nun dem letzten Punkt aus Abbildung 6.10 zu, und bestimmen Sie die Ausgabe des Zahlungsträgers im Bereich **Zahlungsträgerausgabe getrennt nach (Granularität)**. Der SAP-Standard bietet Ihnen insgesamt fünf unterschiedliche Merkmale zur Separierung der Zahlungen im Zahlungsträger. Sie können somit im Zahllauf jeweils einen eigenen Zahlungsträger für folgende Merkmale erstellen lassen:

- Buchungskreis
- Hausbank
- Hausbankkonto
- Gut-/Lastschrift
- Zahlweg

Für das Zahlungsträgerformat SEPA müssen Sie des Weiteren die maximale Anzahl an Zahlungen innerhalb einer Zahlungsdatei angeben, basierend auf der von Ihrer Bank festgelegten Obergrenze.

Parallelisierung in der Erstellung von Zahlungsträgern

Um den Prozess der Erstellung von Zahlungsträgern zu beschleunigen, wählen Sie abschließend die Option **Parallelisierung** aus. Damit die beschleunigte Verarbeitung über eine parallelisierte Erstellung von Zahlungsträgern des gleichen Typs erfolgen kann, müssen Sie zusätzlich in den Angaben zum zahlenden Buchungskreis die Anzahl der Jobs, die für einen entsprechenden Zahlungsträgerlauf zur Verfügung stehen sollen, hinterlegen. Einzelheiten finden Sie in Abschnitt 6.3.1, »Einstellungen zum zahlenden Buchungskreis«.

In der Dialogstruktur zum Customizing des Zahlungsträgerformats finden Sie weitere Optionen, um den Zahlungsträger einzustellen (siehe Abbildung 6.10). Neben dem schon beschriebenen Formatzusatz, den Sie unter dem Menüpunkt **Zusätze zu den Zahlungsträgerformaten** finden, können Sie weitere Einstellungen zu den Formatparametern und zum Aufbau der File-Struktur festlegen. SAP bietet im Standard die allgemeinen Strukturen zu SEPA DD und SEPA CT an. Prüfen Sie daher mit Ihren Banken, ob die angebotene File-Struktur von SAP verarbeitet werden kann oder ob Änderungen notwendig sind.

Buchungsparameter der Ausgleichsbuchung

Nach diesem Exkurs zu den Zahlungsträgerformaten springen Sie nun zurück in das Customizing Ihres Zahlweges und bestimmen als letzten Punkt die Buchungsparameter zu Ihrem angelegten Zahlweg. Im Bereich **Daten zum Anwendungsbereich Extended FI-CA** legen Sie, wie in Abbildung 6.11 gezeigt, die Daten in den folgenden Feldern fest:

- Belegart
- Ausgleichsgrund
- Verwendungszweckart

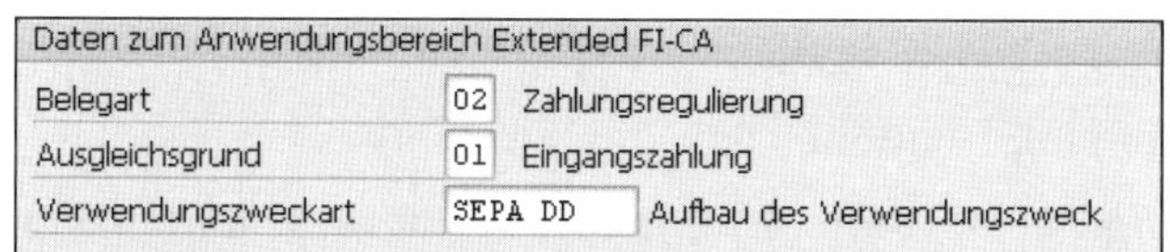

Abbildung 6.11 Buchungsangaben für die Ausgleichsbuchung

Belegart

Mit der Angabe im Feld **Belegart** bestimmen Sie, unter welchem zweistelligen Schlüssel die Ausgleichsbuchung, die bei der Zahlung ausgelöst wird, erfolgen soll. Achten Sie darauf, bei der Hinterlegung der Belegart eine Belegart zu verwenden, die Sie in Abschnitt 5.1, »Buchungen und Belege«, einer Massenverarbeitung zugeordnet haben. Ansonsten können Sie die Verarbeitung von Zahlungen nicht parallelisieren und die Massenverarbeitung garantieren.

Ausgleichsgrund

Der *Ausgleichsgrund* aus dem gleichnamigen Feld **Ausgleichsgrund** stellt mit einem zweistelligen Schlüssel den betriebswirtschaftlichen Vorgang dar, der im Beleglebenszyklus zum Ausgleich geführt hat. Dieser Ausgleichsgrund wird in den Beleg aufgenommen und kann zu Auswertungs- und Informationszwecken, z. B. in der Kontenstandanzeige (siehe Abschnitt 5.3, »Offene-Posten-Verwaltung«), von Ihnen eingeblendet werden. Die Ausgleichsgründe sind im SAP-Standard vorgegeben. Die betriebswirtschaftlichen Vorgänge sind wiederum an Transaktionen gebunden, die im SAP-System die unterschiedlichen Vorgänge im Beleglebenszyklus widerspiegeln. Während wir in diesem Kapitel insbesondere die folgenden Ausgleichsvorgänge behandeln, lernen Sie in den weiteren Kapiteln weitere Ausgleichsvorgänge kennen.

- **01**: Eingangszahlung
- **02** Ausgangszahlung

Neben der Rückläuferverarbeitung im gleichnamigen Kapitel 7 (Abschnitt 7.12 zum Ausgleichsgrund) lernen Sie auch die Möglichkeiten der automatisierten Verrechnungen zur Kontenpflege und zur Gutschriftverrechnung kennen. In Kapitel 11, »Sonstige Geschäftsvorfälle«, finden Sie die Einstellungen zum Ausbuchen offener Posten.

Verwendungszweckart

Hinterlegen Sie als letzten Schritt in der Angabe der Buchungsparameter (siehe Abbildung 6.11) im Feld **Verwendungszweckart** den Aufbau des Verwendungszwecks für Überweisungen und Lastschrifteinzüge. Der Verwendungszweck wird im Zahlungsträger als Freitext an die Bank übermittelt und dient als Referenz im Buchungsbeleg der Bank. Er enthält dabei Informationen zu den Einzelposten und zur Gesamtzahlung, die mit einer Zahlung ausgeglichen werden. Mit dem Verwendungszweck stellen Sie somit eine eindeutige Identifikation zwischen dem offenen Posten und der Geldbewegung auf den Bankkonten sicher und übermitteln Ihrem Geschäftspartner alle relevanten Informationen zum Zahlungsvorgang.

Aufbau des Verwendungszwecks

Um eine Verwendungszweckart im Customizing des Zahlwegs hinterlegen zu können, müssen Sie zuvor eine Verwendungszweckart mit Bestimmung des Aufbaus über den folgenden Pfad des IMG anlegen:

IMG • Finanzwesen • Vertragskontokorrent • Geschäftsvorfälle • Zahlungen • Erstellung von Ein- und Ausgangszahlungen • Verwendungszweckart für Zahlungsträger pflegen

Legen Sie unter neue Einträge eine neue Verwendungszweckart fest, die über das gleichnamige Feld **Verwendungszweckart** definiert wird (siehe Abbildung 6.12). Im Anschluss bestimmen Sie über die verschiedenen Einstellungen in Abbildung 6.12 den Aufbau des Verwendungszwecks. Abhängig vom Datenträgerformat, steht Ihnen für den Verwendungszweck nur eine bestimmte Anzahl von Zeilen mit unterschiedlicher Länge zur Verfügung. Die Anzahl der Informationszeilen, die Sie aus dem Beleg in den Verwendungszweck übernehmen wollen, können Sie pro Zahlung über das Feld **Informationszeilen pro Zahlung**, pro Posten über das Feld **Informationszeilen pro Posten** sowie für die Positionstextzeile über das gleichnamige Feld **Positionstextzeilen** bestimmen.

Sollte der Verwendungszweck mit den Werten des SAP-Standard-Customizings nicht alle relevanten Informationen für Ihre Geschäftspartner zur Verfügung stellen können, gibt es die Möglichkeit, den Verwendungszweck auch mittels Funktionsbaustein zu füllen. Als Vorlage können Sie den Funktionsbaustein FKK_PAYMEDIUM_SAMPLE_DETAILS nutzen. Um einen benutzerdefinierten Aufbau verwenden zu können, tragen Sie den verwendeten Funktionsbaustein im Bereich **Programmtechnische Angaben zum Aufbau des Verwendungszwecks** im Feld **Funktionsbaustein** ein und kreuzen das Feld **Aufbau aktiv** an, um die Aussteuerung über eine Programmerweiterung vornehmen zu können.

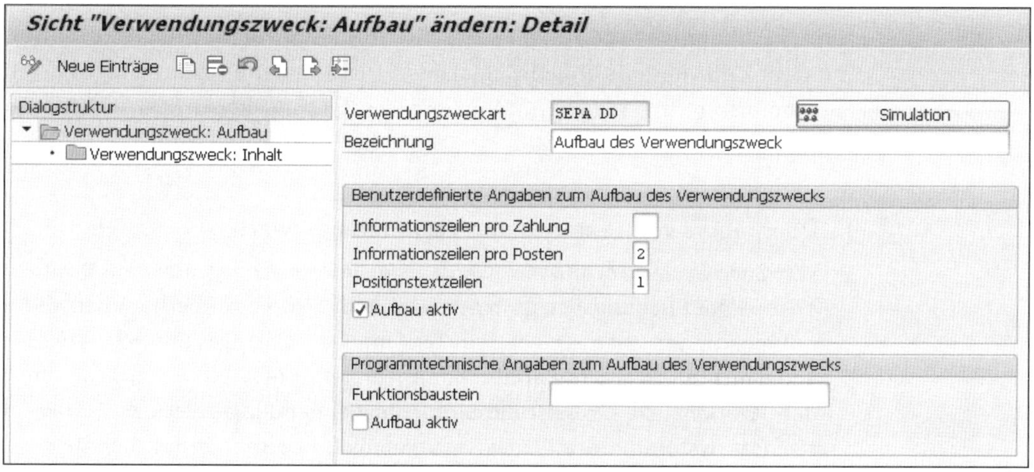

Abbildung 6.12 Allgemeiner Aufbau des Verwendungszwecks

Zur Ausprägung der Inhalte des Verwendungszwecks im Standard lassen Sie die Option **Aufbau aktiv** im Bereich der programmtechnischen Angaben leer und wenden sich in der Dialogstruktur dem Customizing-Punkt **Verwendungszweck: Inhalt** zu. Sie springen nun zu der inhaltlichen Zusammensetzung des Verwendungszwecks (siehe Abbildung 6.13).

Inhaltlicher Aufbau des Verwendungszwecks

Sie können dabei einen Freitext dynamisch mit Beleginformationen im Feld **Verwendungszweck** kombinieren, indem Sie die Beleginformation mit »&Struktur-Feld&« hinzusteuern (hier: &PAYD-FAEDT&). Im Beispiel in Abbildung 6.13 wird dabei die Fälligkeit aus der Struktur des Zahlungsprogramms aus den Daten zum bezahlten Posten mit der Referenznummer des zu bezahlenden offenen Postens kombiniert. Die Referenznummer des offenen Postens entspricht in der Regel der Rechnungsnummer und findet sich im Beleg des Vertragskontokorrents im Feld DFKKKO-XBLNR.

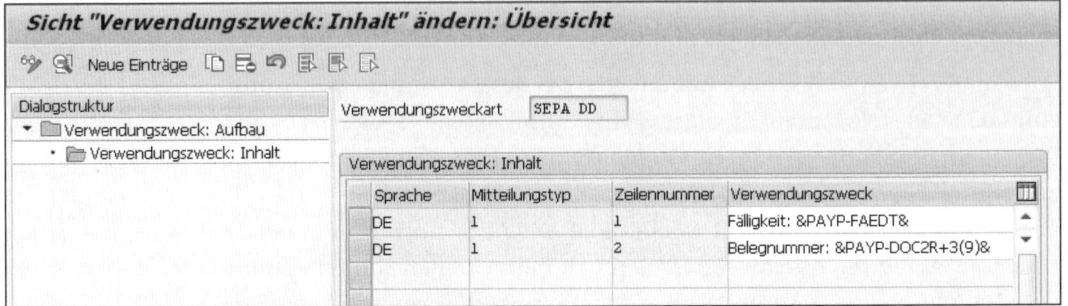

Abbildung 6.13 Inhaltlicher Aufbau des Verwendungszwecks

Sollte der Verwendungszweck nicht ausreichen, um die definierten Informationen zu den regulierten Posten darzustellen, wird ein Zahlungsavis erstellt. In den Verwendungszweck wird in diesen Fall nur die Information zu dem Zahlungsavis angedruckt. Die Auflistung der einzelnen regulierten Posten erfolgt mit Druck und Versand des Zahlungsavis im Anschluss des Zahllaufs.

Übernahme von Texten in den Verwendungszweck

Wie auch in den Formularen werden nur Informationen aus dem Positionstext des Buchungsbelegs in den Verwendungszweck übernommen, die mit einem Sternchen »*« vor dem Text markiert sind. Das Sternchen wird dabei nicht in das Formular übernommen und ist lediglich ein Trigger, um den Positionstext für die Übernahme im Verwendungszweck zu markieren. Das System unterscheidet somit, ob eine Information für die interne Verwendung reserviert ist oder aber als externe Information an die außenstehenden Geschäftspartner weitergegeben werden darf.

Weitere Zuordnungen zum Zahlweg

In der Dialogstruktur zur Ausprägung des Zahlweges, die Sie in Abbildung 6.7 gesehen haben, finden Sie neben den beschriebenen allgemeinen Ausprägungen weitere Zuordnungen, die Sie für Ihren Zahlweg vornehmen können. Wie Sie in Abbildung 6.14 sehen, können Sie dem Zahlweg in den Unterpunkten **Zulässige Währungen** und **Zulässige Zielländer** zulässige Währungen und Zielländer zuordnen. Der Zahlweg kann dann nur in Kombination mit den spezifizierten Währungen und oder Zielländern verwendet werden. Wenn Sie hier keinen Eintrag pflegen, wird keine Prüfung auf Währungen oder Zielländer vorgenommen.

Weisungsschlüssel definieren

Der *Weisungsschlüssel* im gleichnamigen Unterpunkt **Weisungsschlüssel** steuert im automatischen Zahlungsverkehr, zusammen mit dem Land der Hausbank und dem durch das Zahlungsprogramm ermittelten Zahlweg, die Anweisungen an die beteiligten Banken, die bezüglich der Ausführung des Zahlungsauftrags gegeben werden.

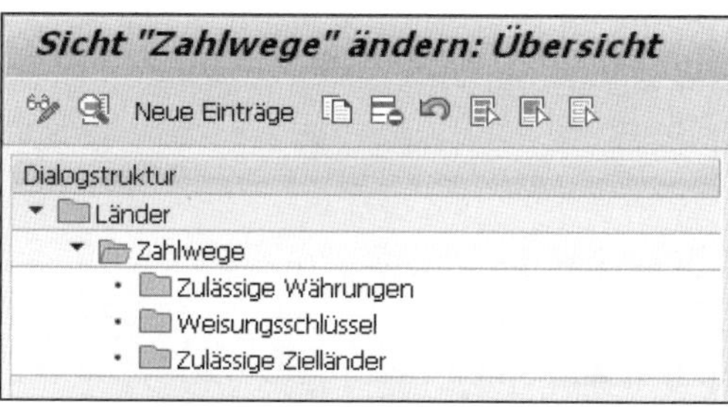

Abbildung 6.14 Währungen, Weisungsschlüsseln und Zielländer zuordnen

Der Weisungsschlüssel kann auf der Ebene des Geschäftspartnerstammsatzes in den allgemeinen Daten des Debitors (KNA1-DTAWS) oder in den DTA-Daten zur Hausbank (T012-DTAWS) gepflegt werden. In der Pflege zum Zahlweg geben Sie an, an welcher Stelle im Datenträgeraustausch der Weisungsschlüssel geschrieben werden soll. Bei der Erstellung des Datenträgers während des Zahllaufes wird anschließend aus den Stammdaten des Geschäftspartners oder der Hausbank der Weisungsschlüssel gelesen und, wie im Zahlweg angegeben, an der vorgesehenen Stelle mitgegeben. Alternativ können Sie im Zahllauf den Weisungsschlüssel über die Zahlungsvorschlagsbearbeitung ändern oder manuell als neuen Eintrag hinzufügen.

Übersicht über die verschiedenen Zahlwege

In Tabelle 6.1 finden Sie abschließend eine Aufstellung der grundlegenden Informationen pro Zahlweg, die es zu pflegen gilt:

Zahlungsmethode	Zahlweg notwendig	Abwicklungsart	Notwendige Angaben im Stammsatz	Zahlungsträger notwendig
SEPA DD	ja	Bankkonto	Bankverbindung SWIFT, IBAN, SEPA-Mandat	ja
SEPA CT	ja	ja	Bankverbindung SWIFT	ja
Auslandsüberweisung	ja	ja	Bankverbindung SWIFT	ja

Tabelle 6.1 Übersicht über die Einstellungen zum Zahlweg

Zahlungsmethode	Zahlweg notwendig	Abwicklungsart	Notwendige Angaben im Stammsatz	Zahlungsträger notwendig
Rechnung	optional	Bankkonto	Straße, Postfach, PLZ	nein
Zahlungskarte (z. B. Kreditkarte)	ja	Zahlungskarte	Straße, Postfach, PLZ	nein
Barzahlung	optional	Bankkonto	keine	nein

Tabelle 6.1 Übersicht über die Einstellungen zum Zahlweg (Forts.)

Die Abwicklung per Zahlungskarte

Die Zahlungskarte erfordert verpflichtend einen Zahlweg, wenn Sie die Verarbeitung von Zahlungskarten mit der Weitergabe der entsprechenden Informationen zur Abrechnung an die Zahlungskartenfirmen direkt vornehmen. In allen anderen Fällen, in denen die Abrechnungsdaten über die Verkaufsportale wie Hybris direkt an externe *Payment-Service-Provider* abgegeben werden, dient der Zahlweg nur als Informationsmittel und ist als optional einzustufen. Der Ausgleich des offenen Postens erfolgt direkt über die fakturierende Vorkomponente (in den meisten Fällen SD), wenn die Übergabe der Zahlungsforderung an die Zahlungskartenfirmen erfolgt.

Die Gegenbuchung erfolgt im Hauptbuch gegen ein Verrechnungskonto, sodass später die Verrechnung mit der Überweisung der eingezogenen Forderung über den Service-Payment-Provider erfolgen kann. Die Abstimmung erfolgt in diesem Fall auf den Konten des Hauptbuchs. Auch bei der Barzahlung erfolgen die Abstimmung und die Verrechnung rein auf den Hauptbuchkonten. Der Ausgleich über die fakturierende Vorkomponente erfolgt in der Regel direkt mit der Buchung der Forderung, da diese im Moment der Entstehung auch schon durch die Barzahlung geschlossen wird.

6.2.4 Weitere zahlungsrelevante Informationen

Neben den besprochenen zahlungsrelevanten Informationen, die in den Buchungsbeleg des offenen Postens geschrieben werden und die die Durchführung der Zahlung steuern, werden noch die folgenden Informationen für eine erfolgreiche Zahlung benötigt, die Sie in den Stammdaten des Vertragskontos auf der Registerkarte **Zahlungen/Steuern** finden und die im Zahllauf mitaufgegriffen werden:

- Bankverbindung
- SEPA-Mandate

- abweichender Zahlungsregulierer/Zahlungsempfänger
- Zahlungsdaten des Buchungskreises

Die *Bankverbindung* wird unter den allgemeinen Daten des Geschäftspartners gepflegt. Jede Bankverbindung wird unter einem vierstelligen numerischen Schlüssel am Geschäftspartner geführt. Dieser Schlüssel wird auch als *Bankverbindungs-ID* bezeichnet. Hinterlegen Sie diesen Schlüssel auf der Registerkarte **Zahlungen/Steuern** in den Stammdaten des Vertragskontos, um eindeutig die Bankverbindung zu definieren, über die die Ein- und Ausgangszahlungen für die einzelnen Vertragskonten des jeweiligen Geschäftspartners abgewickelt werden sollen (siehe Abbildung 6.15).

Bankverbindung

Wenn Sie keine Bankverbindungs-ID in den Feldern **Bankverb.Eing.** im Bereich **Eingangszahlungen** und/oder **Bankverb.Ausg.** im Bereich **Ausgangszahlungen** hinterlegen, wird im Zahllauf automatisch die erste Bankverbindung des Geschäftspartners gezogen.

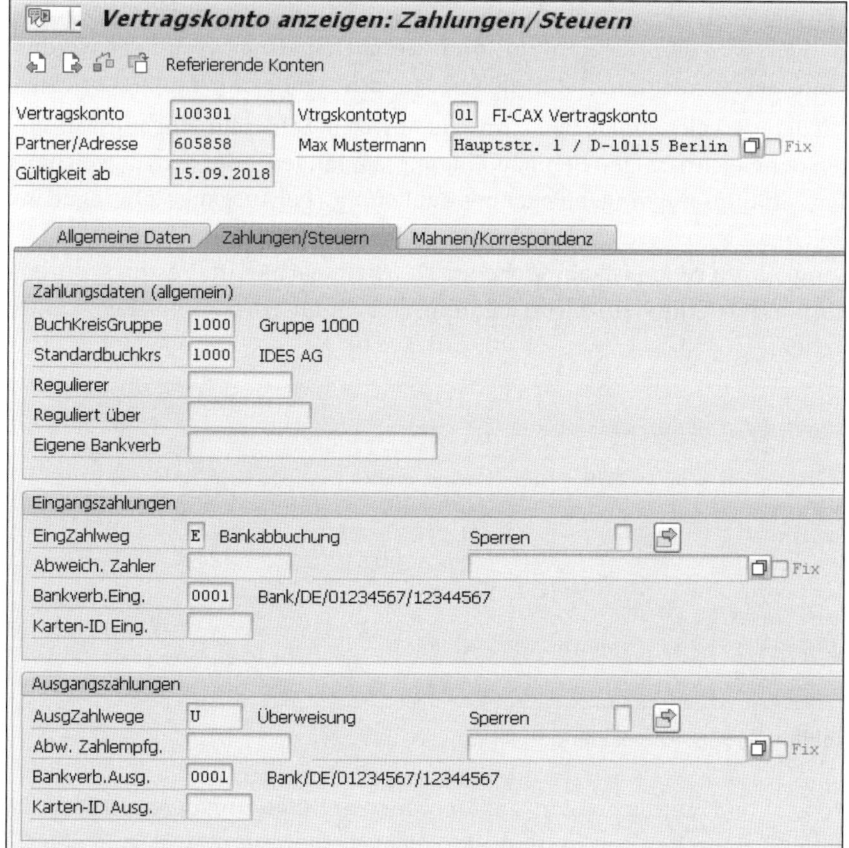

Abbildung 6.15 Die Steuerung der Bankverbindung im Vertragskonto

SEPA-Mandat

Das SEPA-Mandat ist als Teil des SEPA-Lastschriftverfahrens (SEPA DD) eine verpflichtende Information. Ohne gültiges, unterschreibendes Mandat Ihres Geschäftspartners kann kein Lastschrifteinzug erfolgen. Das SEPA-Mandat ist daher als notwendige Voraussetzung im Zahlweg der Zahlungsmethode SEPA DD zu pflegen. Zur Erstellung und Verwaltung von SEPA-Mandaten gibt es im Customizing des Vertragskontos eine separate Customizing-Einstellung, die über den folgenden Pfad zu erreichen ist:

IMG • Finanzwesen • Vertragskontokorrent • Geschäftsvorfälle • Zahlungen • Erstellung von Ein- und Ausgangszahlungen • Verwaltung von SEPA-Mandaten

Die SEPA-Mandatsverwaltung wird auf der Registerkarte **Zahlungsverkehr des allgemeinen Geschäftspartners** geführt. Nur wenn zu der Bankverbindungs-ID, mit der die Zahlung im Beleg erfolgen soll, ein gültiges SEPA-Mandat für Ihren Geschäftspartner bei der Auswahl des Zahlwegs für SEPA DD vorliegt, kann die Zahlung erfolgen. Die Einrichtung der SEPA-Mandatsverwaltung sowie die Umsetzung einer Pre-Notifcation, die anstelle eines SEPA-Mandats vor dem Zahllauf an Ihren Geschäftspartner versendet werden kann, werden nicht im Detail als Teil des vorliegenden Buches beschrieben.

Abweichender Zahlungsempfänger

Mit dem abweichenden Zahler im Feld **Abweich. Zahler** für Eingangszahlungen des gleichnamigen Bereichs **Eingangszahlungen** oder dem abweichenden Zahlungsempfänger (Feld **Abw. Zahlempfg.**) bei Ausgangszahlungen im gleichnamigen Bereich **Ausgangszahlungen** können Sie, wie es in Abbildung 6.16 zu sehen ist, abweichende Geschäftspartner im Vertragskontenstammsatz definieren, die im Zahlungsverkehr anstelle des Vertragskontos stehen.

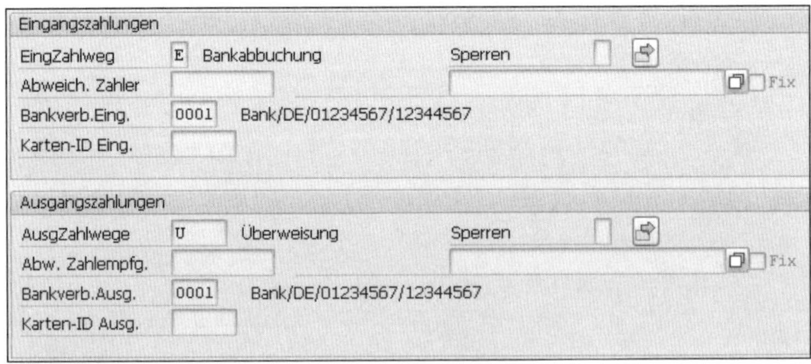

Abbildung 6.16 Abweichender Zahlungsempfänger

Abweichender Regulierer

Neben dem abweichenden Zahler oder Zahlungsempfänger haben Sie schließlich im Vertragskonto die Möglichkeit, vom Vertragspartner abweichende Geschäftspartner zu hinterlegen, über den die Posten des Vertragskontos verrechnet und reguliert werden sollen (*abweichender Regulierer*).

Im Unterschied zum abweichenden Zahler werden alle Posten, die demselben Regulierer zugeordnet sind, verrechnet und zusammen in einem Bankeinzug reguliert. Nutzen Sie hierzu das Feld **Regulierer** auf der Registerkarte **Zahlungen/Steuern** des Vertragskontos aus Abbildung 6.17. Anstelle eines Geschäftspartners können Sie als abweichenden Regulierer auch ein Vertragskonto angeben. In diesem Fall werden alle offenen Posten über das angegeben Vertragskonto des Feldes **Reguliert über** verrechnet und reguliert. Verwenden Sie somit das Feld **Regulierer**, um die offenen Posten über einen alternativen Geschäftspartner zu verrechnen und zu zahlen, oder das Feld **Reguliert über**, um die Verwaltung der offenen Posten über ein zentrales, alternatives Vertragskonto abzuwickeln.

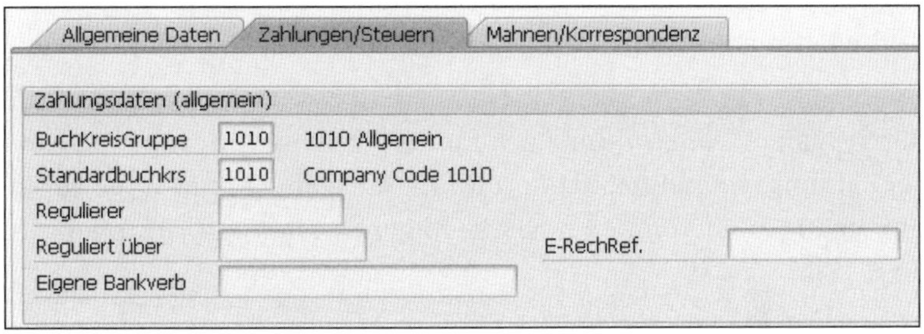

Abbildung 6.17 Zahlungsdaten (allgemein) des Vertragskontos

6.3 Erstellung von Ein- und Ausgangszahlungen

Die Erstellung von Ein- und Ausgangszahlungen wird, wie zu Beginn des Kapitels beschrieben, über den Zahllauf gesteuert und reguliert. Während Sie die Voraussetzungen, insbesondere mit der Pflege der Zahlwege in Abschnitt 6.2, »Zahlungsmerkmale im Buchhaltungsbeleg von FI-CA«, kennengelernt haben, werden im vorliegenden Kapitel die Einstellungen zum zahlenden Buchungskreis sowie die Bankkontenfindung thematisiert. Dabei lernen Sie als Schwerpunkt den Buchungsbereich 1061 zur Durchführung von Zahlungen über das Bankkonto kennen. Stellen Sie zuvor jedoch sicher, dass Sie die Hausbanken sowie die Hausbankkonten über die Stammdaten des Banking Ledgers von FI-BL (Banking Ledger, Bankbuchhaltung) vollständig gepflegt haben. Die Einstellungen hierzu finden Sie im SAP-Menü unter:

SAP Menü • Rechnungswesen • Finanzwesen • Banken • Stammdaten • Hausbanken

Unter SAP S/4HANA erfolgt die Pflege der Hausbankkonten über SAP Fiori. Eine separate Transaktion im SAP-Menü steht Ihnen nicht mehr zur Verfügung.

6.3.1 Einstellungen zum zahlenden Buchungskreis

Sie müssen jeden Buchungskreis, in dem offene Posten gebucht werden, entweder selbst als *zahlenden Buchungskreis* anlegen, oder einer Buchungskreisgruppe zuordnen, die dann als zahlender Buchungskreis über den folgenden Customizing-Pfad des IMG gepflegt wird:

IMG • Finanzwesen • Vertragskontokorrent • Geschäftsvorfälle • Zahlungen • Erstellung von Ein- und Ausgangszahlungen • Angaben zum zahlenden Buchungskreis hinterlegen

Legen Sie hierzu Ihre zahlenden Buchungskreise als Eintrag im Customizing des zahlenden Buchungskreises im Feld **Zahlender Buchungskr** an, das Sie in Abbildung 6.18 gesehen haben. Prägen Sie im ersten Bereich des Pflegebildes zunächst die Betragsprüfungen im gleichnamigen Bereich **Betragsprüfungen** aus.

Betragsprüfungen

Neben der Vorgabe von *Betragsgrenzen* für den Zahlungseingang (**Mindestbetrag für Zahlungseingang**) und den Zahlungsausgang (**Mindestbetrag für Zahlungsausgang**) stehen Ihnen noch die folgenden Betragsprüfungen zur Verfügung:

- Auch wenn Zahlweg im Posten
- Keine Kursdifferenzen
- Abbuchungslimit aktiv

Betragsprüfung: »Auch wenn Zahlweg im Posten«

Über die Option **Auch wenn Zahlweg im Posten** wird die Betragsprüfung für den Mindestbetrag bei Zahlungseingang und Zahlungsausgang auch dann durchgeführt, wenn der Zahlweg manuell im Posten eingetragen und nicht aus dem Vertragskonto oder dem Vertrag abgeleitet worden ist. Lassen Sie das Kennzeichen also leer, um Betragsprüfungen bei einem manuellen Eingriff zu vermeiden. Dies kann z. B. der Fall bei der Vertragskontenauflösung sein, wenn auch Beträge unterhalb der Betragsgrenze bezahlt werden sollen und daher explizit ein Zahlweg im offenen Posten von Ihnen manuell eingetragen wird.

Betragsprüfung: »Keine Kursdifferenzen«

Über die Option **Keine Kursdifferenzen** steuern Sie den Umgang mit Beträgen in Fremdwährung. Kursdifferenzen werden im Zahllauf beachtet und gebucht, wenn Sie das Kennzeichen entsprechend leer lassen. In diesem Fall ergibt sich während der Regulierung bei Posten, die in Fremdwährung gebucht wurden, die Berechnung der Kursdifferenz zum Stichtag der Buchung und zum Stichtag der Regulierung. Die Differenz wird, je nach Saldo, als realisierter Gewinn oder realisierter Verlust gebucht. Die Kontenfindung zur Buchung der Kursdifferenzen finden Sie in Abschnitt 6.3.3, »Weitere Kontenfindung«.

Wenn Sie jedoch im Zahllauf keine Kursdifferenzen buchen wollen und diese Buchung erst bei Wertstellung der Zahlungen auf den Bankkonten erfolgen soll, muss der Haken für das Kennzeichen **Keine Kursdifferenzen** gesetzt werden. Bei einer Buchung der Zahlung auf die Bankverrechnungskonten ergibt sich der Betrag in der Hauswährung aus der Summe der Hauswährungsbeträge der regulierten Posten, ohne eine Umrechnung der Fremdwährung zum Kurs des Stichtags des Zahllaufs vorzunehmen. Es werden somit keine Kursdifferenzen gebucht.

Betragsprüfung: »Abbuchungslimit aktiv«

Über die Option **Abbuchungslimit aktiv** können Sie für diesen Buchungskreis die Pflege von Abbuchungslimits im Vertragskontenstammsatz aktivieren. In diesem Fall haben Sie die Möglichkeit, pro Vertragskonto ein Abbuchungslimit für eine definierte Periode einzugeben. Ergibt die Prüfung des Abbuchungslimits im Zahllauf, dass der abzubuchende Betrag das Limit übersteigt, werden die Posten im Zahllauf nicht berücksichtigt. Zusätzlich werden die Posten mit dem Ausnahmegrund 80 (Abbuchungslimit erreicht) markiert. In der Stammdatenpflege des Vertragskontos wird das Feld nur sichtbar, wenn Sie es über die Einstellungen zum zahlenden Buchungskreis aktiviert haben.

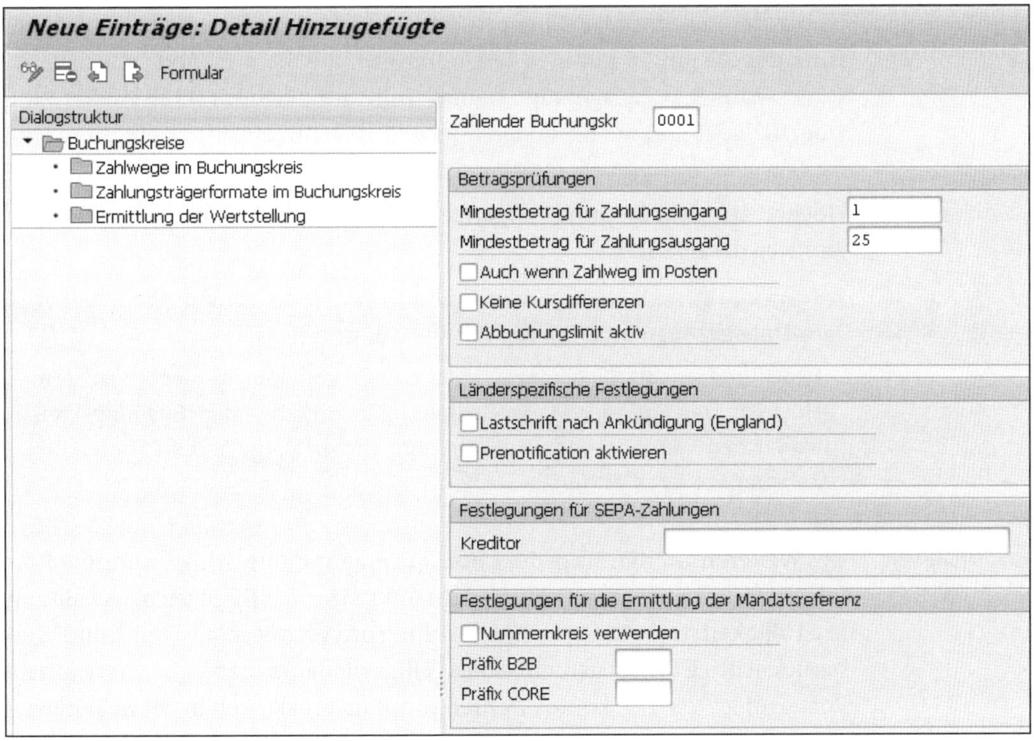

Abbildung 6.18 Zahlenden Buchungskreis hinterlegen

SEPA-Zahlungen

Damit der Buchungskreis an den SEPA-Zahlungen teilnehmen kann, muss im Feld **Kreditor** im Bereich **Festlegungen für SEPA-Zahlungen** bei der Anlage des zahlenden Buchungskreises die *Gläubiger-Identifikationsnummer* hinterlegt werden. Diese Nummer ist eine landesübergreifend eindeutige Identifizierung des Kreditors und wird nach festgelegten landesspezifischen Regeln vergeben. Des Weiteren können Sie im Bereich **Festlegungen für die Ermittlung der Mandatsreferenz** pro zahlenden Buchungskreis das Präfix für das B2B- und das Core-Mandat vergeben. Voraussetzung hierfür ist die Implementierung der Mandatsverwaltung über den folgenden Menüpfad des IMG:

IMG • Finanzwesen • Vertragskontokorrent • Geschäftsvorfälle • Zahlungen • Erstellung von Ein- und Ausgangszahlungen • Verwaltung von SEPA-Mandaten

Sie haben nun den zahlenden Buchungskreis anlegt. In der Dialogstruktur der Anlage zum zahlenden Buchungskreis navigieren Sie anschließend zum Unterpunkt **Zahlwege im Buchungskreis**, um dem zahlenden Buchungskreis die gültigen Zahlwege zuzuordnen, die in der Regulierung verwendet werden dürfen.

Gültige Zahlwege im Buchungskreis

Neben der Zuordnung erfolgt pro Zahlweg eine Detaillierung zur Aussteuerung der allgemein gültigen Einstellungen, die Sie pro Land in Abschnitt 6.2.3, »Zahlweg«, ausgeprägt haben, nun auf Buchungskreisebene. Eine Übersicht der vorzunehmenden Einstellungen finden Sie in Abbildung 6.19.

Betragsgrenzen

Im Bereich **Betragsgrenzen** können Sie den gewählten Mindest- und Höchstbetrag für Zahlungseingänge und -ausgänge aus Abbildung 6.18 pro Zahlweg detaillieren.

[»]

Betragsgrenzen im Zahlweg des Buchungskreises

Beachten Sie, dass die Grenzen jedoch nicht von dem Mindest- bzw. dem Höchstbetrag aus der Haupteinstellung zum zahlenden Buchungskreis abweichen können, sondern nur in dem vorher festgelegten Rahmen pro Zahlweg variieren dürfen.

Gruppierung von Posten

Des Weiteren können Sie in der Detailausprägung eine Gruppierung der Posten pro Fälligkeit vornehmen. Mit dem Ankreuzen des Kennzeichens **Zahlung pro Fälligkeitstag** werden in einer Zahlung pro Vertragskonto nur Zahlungen berücksichtigt, die ein gemeinsames Fälligkeitsdatum haben. Mehrere offene Posten eines Vertragskontos werden somit nach Fälligkeit in der Zahlung getrennt reguliert und einzelne Zahlposten anstelle einer Summe pro Zahllauf erstellt. Ergibt die Summe nach Fälligkeit einen Habensaldo, der eine Ausgangszahlung erforderlich machen würde, erfolgt die Zuordnung der dazugehörigen Posten zu dem nächsten Fälligkeitsdatum, um eine Verrechnung zu ermöglichen und eine Ausgangszahlung zu vermeiden.

Auslands- und Fremdwährungszahlungen

Im Bereich **Auslands-/Fremdwährungszahlungen** bestimmen Sie, ob für den Zahlweg im Buchungskreis Zahlungen mit ausländischen Partnern im Zahlungsverkehr (ausländische Bank und/oder Geschäftspartner) sowie Zahlungen in Fremdwährung erlaubt sein sollen. Kreuzen Sie hierzu entsprechend die folgenden Optionen an (siehe Abbildung 6.19):

- Geschäftspartner im Ausland zulässig
- Fremdwährung erlaubt
- Bank im Ausland erlaubt

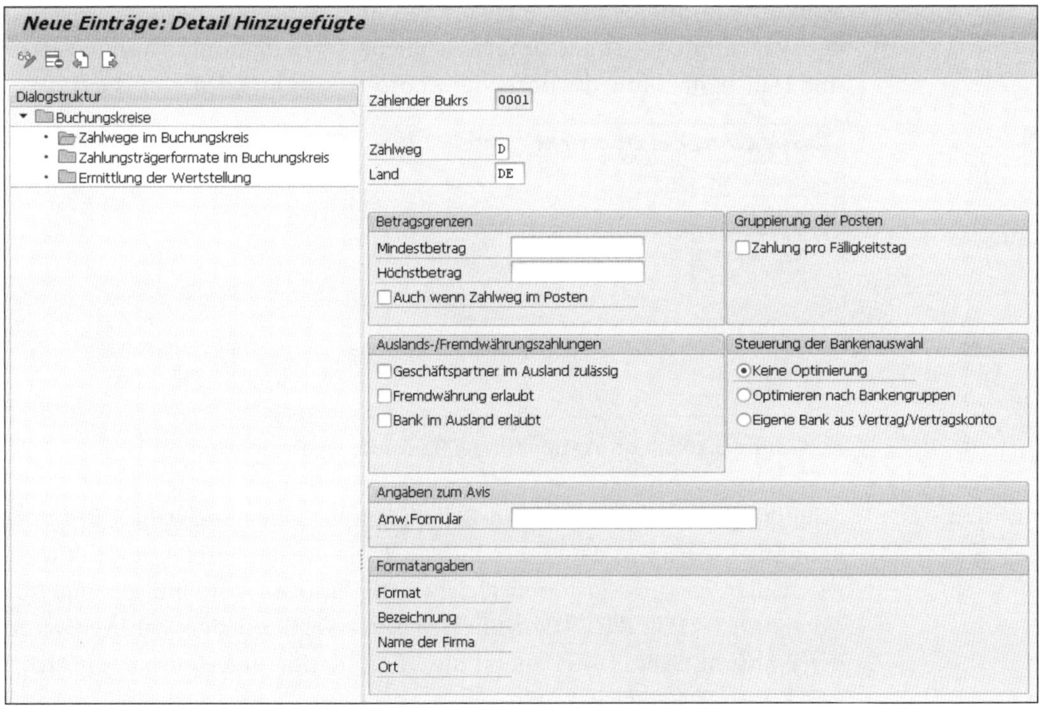

Abbildung 6.19 Gültige Zahlwege im zahlenden Buchungskreis

Steuerung der Bankenauswahl

Die Bankenauswahl der eigenen Hausbank sowie die Bank des Geschäftspartners im Zahllauf können Sie nach verschiedenen Einflussfaktoren steuern. Im Allgemeinen legen Sie zunächst pro Buchungskreis eine Reihenfolge Ihrer gültigen Hausbanken an. Verwenden Sie hierzu den folgenden Customizing-Pfad:

IMG • Finanzwesen • Vertragskontokorrent • Geschäftsvorfälle • Zahlungen • Erstellung von Ein- und Ausgangszahlungen • Bankenauswahl pflegen

Legen Sie hier nun in einem ersten Schritt verschiedene Identifikationen für die Bankenauswahlen an. Diesen Identifikationen aus der Spalte **ID** ordnen Sie in einem zweiten Schritt pro Buchungskreis, Zahlweg und Währung einer Bank zu, die der Zahllauf bei der Zahlungsregulierung auswählen soll (siehe Abbildung 6.20). So können Sie z. B. die Identifikation pro Geschäftsbereich anlegen. Bei einer Regulierung von Vertragskonten des gleichen Typs, d. h. des gleichen Geschäftsbereichs, haben Sie die Möglichkeit, unterschiedliche Geschäftsbereiche über verschiedenen Banken zu steuern.

Hausbank-Identifikationsnummer zuordnen

Die *Identifikationsnummer* wird im Zahllauf der Transaktion FPY1 über das Feld **Bankenauswahl-IDs** auf der Registerkarte **Bankenauswahl** hinterlegt. Dabei wird auf die Hausbankenreihenfolge zurückgegriffen, die Sie jeder Identifikationsnummer im Menüpunkt **Bankenauswahl-Werte** der Dialogstruktur zuordnen. In Abhängigkeit des Buchungskreis, des Zahlwegs und der Währung können Sie unterschiedliche Kombinationen aus Hausbank und Hausbankkonto, das unter der Konto-ID geführt wird, zuordnen.

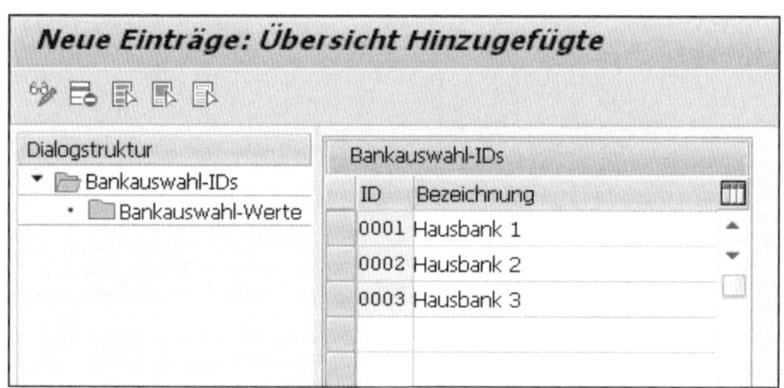

Abbildung 6.20 Identifikation für die Bankenauswahl anlegen

Bankenauswahl

Abbildung 6.21 zeigt Ihnen ein Beispiel einer Bankenauswahl. Die Spalte **Rangfolge** bestimmt dabei, welche Hausbank im Zahllauf ausgewählt wird, wenn die Selektionskriterien gleichwertig sind. So wird im Beispiel aus Abbildung 6.21 zur ID 0001 im Buchungskreis 0001 mit dem Zahlweg D und der Währung EUR immer zuerst die Kombination aus Hausbank (BANK1) und Konto-ID (GIRO) gewählt.

In der Spalte **Konto-Id** befinden sich die Hausbankkonten zur jeweiligen Hausbank, die Sie im Banking Ledger als Teil der Bankenstammdaten angelegt haben.

Aktivieren Sie in der Ausprägung des Zahlwegs im Buchungskreis aus Abbildung 6.19 im Bereich **Steuerung der Bankenauswahl** das Kennzeichen **Keine Optimierung**, erfolgt die Bankenauswahl rein nach der Reihenfolge der unter den Identifikationsnummern gepflegten und soeben besprochenen Hausbankreihenfolge.

Neue Einträge: Übersicht Hinzugefügte

Dialogstruktur
- Bankauswahl-IDs
  - Bankauswahl-Werte

Bankauswahl-Werte

ID	Verantw.Bk	Zahlweg	Währung	Hausbank	Konto-Id	Rangfolge
0001	0001	D	EUR	BANK1	GIRO	1
0001	0001	D	EUR	SPARK	GIRO	2
0001	0001	D	EUR	SPARK	GIRO2	3
0001	0001	D		HBANK	GIRO	4
0001	0001	U	EUR	BANK1	GIRO	1
0001	0001	U		HBANK	GIRO2	2
0001	0003	D	EUR	BANK1	GIRO	1
0001	0003	U		HBANK	GIRO2	1
0002	0001	D	EUR	BANK2	GIRO	1
0002	0001	D	EUR	SPARK	GIRO	2
0002	0001	U	EUR	SPARK	GIRO2	3
0003	0001	A		HBANK	AUSL	1
0003	0001	A		SPARK	AUSL	2

Abbildung 6.21 Bankenauswahl pro Identifikationsnummer hinterlegen

Steuerung der Bankenauswahl

Wünschen Sie jedoch eine detaillierte Steuerung der Bankenauswahl, haben Sie die Möglichkeit, wie in Abbildung 6.22 aufgezeigt, eine Steuerung nach den folgenden Punkten im Customizing des Zahlwegs pro Buchungskreis vorzunehmen:

- Optimieren nach Bankengruppen
- Eigene Bank aus Vertrag/Vertragskonto

Optimieren nach Bankengruppe

Durch die Aktivierung des Kennzeichens **Optimieren nach Bankengruppen** hinterlegen Sie im Bankenstamm von FI-BL eine freiwählbare Gruppierung zu jeder Bank. Sie können auf diese Art Banken desselben Typs zusammenfassen oder Banken nach Regionen gruppieren. Wenn Sie im Customizing des Zahllaufs mehrere Hausbanken zur Zahlung erlauben, wird der Zahllauf die Erstellung der Zahlung, entsprechend der Bankengruppe aus der Kombination Hausbank und Geschäftspartner, regulieren. Kann die Bank des Geschäftspartners keiner Bankengruppe Ihrer Hausbankenwahl im Zahllauf zugeordnet werden, greift die normale Reihenfolge, die Sie zuvor über den Menüpunkt **Bankenauswahl-IDs** aus Abbildung 6.20 festgelegt haben.

Auslands-/Fremdwährungszahlungen
- ☐ Geschäftspartner im Ausland zulässig
- ☐ Fremdwährung erlaubt
- ☐ Bank im Ausland erlaubt

Steuerung der Bankenauswahl
- ○ Keine Optimierung
- ○ Optimieren nach Bankengruppen
- ◉ Eigene Bank aus Vertrag/Vertragskonto

Abbildung 6.22 Steuerung der Bankenauswahl im Zahlweg des Buchungskreises

Bankensteuerung aus dem Vertragskontenstamm

Daneben können Sie auch die eigene Bank aus dem Vertrag oder Vertragskonto als Bankenauswahl im Zahllauf bestimmen. Bei der Aktivierung des Kennzeichens **Eigene Bank aus Vertrag/Vertragskonto** (siehe Abbildung 6.22) wird die hinterlegte eigene Bankverbindung im Vertragskonto oder Vertrag verwendet. Hinterlegen Sie hierzu auf der Registerkarte **Zahlungen/Steuern** des Vertragskontenstammsatz im Feld **Eigene Bankverb** des Bereichs **Zahlungsdaten (allgemein)** das Hausbankkonto, mit dem der Geschäftspartner reguliert werden soll (siehe Abbildung 6.23).

Allgemeine Daten | Zahlungen/Steuern | Mahnen/Korrespondenz

Zahlungsdaten (allgemein)

BuchKreisGruppe	1010	1010 Allgemein		
Standardbuchkrs	1010	Company Code 1010		
Regulierer				
Reguliert über			E-RechRef.	
Eigene Bankverb	GIR02			

Abbildung 6.23 Eigene Bank aus Vertrag/Vertragskonto

Fehlt im Feld **Eigene Bankverb** ein Eintrag, kann kein Hausbankkonto aus dem Vertragskonto abgeleitet werden. Das Kennzeichen **Eigene Bank aus Vertrag/Vertragskonto** aus Abbildung 6.22 ist somit wirkungslos, und die normale Reihenfolge des besprochenen Customizing-Punkts Bankenauswahl wird entsprechend angewendet.

Avissteuerung

Als weiteren Punkt hinterlegen Sie im Customizing des Zahlwegs im Buchungskreis das Formular, das als Zahlungsavis an den Kunden versendet werden soll. Geben Sie hierzu im Feld **Anw.Formular** im Bereich **Angaben zum Avis** den entsprechenden technischen Namen des Formulars ein (siehe Abbildung 6.19). Springen Sie anschließend in den Punkt **Zahlungsträgerformate im Buchungskreis** der Dialogstruktur, um weitere Angaben zum Zahlungsavis-Druck vorzunehmen.

Drucksteuerung des Zahlungsavis

Mit der *Avissteuerung* können Sie entscheiden, wann ein Avis gedruckt werden soll (siehe Abbildung 6.24). Sie haben dabei die Möglichkeit zwischen den beiden folgenden Einstellungen auszuwählen:

- **Avis bei Überlauf der Informationszeile**
  Nur im Falle, dass der Platz im Verwendungszweck nicht ausreicht, wird ein Zahlungsavis erzeugt.
- **Stets Avis ausgeben**
  Es wird für jede Zahlung auch ein Avis erzeugt.

Bereich »Aussteller-Angaben«

Des Weiteren geben Sie im Bereich **Aussteller-Angaben** Ihre Adressangaben ein, die auf dem Formular gedruckt werden sollen (siehe Abbildung 6.24).

Im Bereich **Angaben zur Parallelisierung** definieren Sie des Weiteren für den Zahlungsavis-Druck die Anzahl der Jobs, die einen gleichzeitigen Druck und Versand mehrerer Zahlungsavis mittels Parallelisierung sicherstellen sollen. Eine sequenzielle und somit performant schwache Abarbeitung des Drucks und Versands von Zahlungsavis, die im Anschluss an den Zahllauf durch FI-CA erstellt werden, wird somit verhindert.

Abbildung 6.24 Zahlungsträgerformate im Buchungskreis

Wertstellung definieren

Mit dem letzten Unterpunkt **Ermittlung der Wertstellung** innerhalb der Dialogstruktur zur Pflege des Zahlwegs im Buchungskreis legen Sie die Anzahl der Tage fest, mit der die *Wertstellung* der Zahlung auf Ihrem Bankkonto erfolgt. Die in Abbildung 6.25 hinterlegte Anzahl an Tagen in der Spalte **Tage bis Wertstellung** werden auf das Buchungsdatum des Zahllaufs addiert. Die Summe entspricht dem Tag der Wertstellung, mit dem die tatsächliche Geldbewegung nach der Übergabe des Zahlungsträgers an die Bank auf Ihrem Bankkonto erfolgt. In der Finanzdisposition werden diese Felder als das relevante Datum für die Be- oder Entlastung Ihres Bankkontos eingetragen.

Geben Sie dabei pro Kombination von Hausbank (Spalte **Hausbank**) und Hausbankkonto (Spalte **Konto-Id**) die Anzahl der Tage bis zur Wertstellung in der Spalte **Tage bis Wertstellung** ein (siehe Abbildung 6.25).

Der Einzug der Lastschrift durch Ihre Bank würde am Tag nach dem Ausführungsdatum (Buchungsdatum) erfolgen und daher mit einem Wertstellungstag plus einen Tag angegeben. Das Wertstellungsdatum hat jedoch nur informativen Charakter für die Finanzdisposition und wird in das Feld **Valutadatum** (VALUT) geschrieben. Die eigentliche Wertstellung wird erst mit der Buchung des Kontoauszugs im SAP-System auf den Bankkonten gebucht. Das Buchungsdatum ist dabei der reale Tag der Wertstellung, der von der Bank auf dem Kontoauszug übermittelt wird.

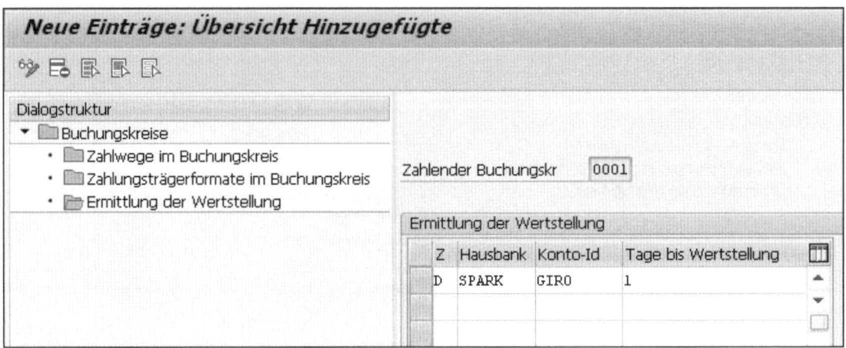

Abbildung 6.25 Wertstellung ermitteln

6.3.2 Bankverrechnungskontenfindung im Zahllauf

Bankverrechnungskonten hinterlegen

Als Nächstes hinterlegen Sie die *Bankverrechnungskonten*, die beim Ausgleich des offenen Postens im Zahllauf als Gegenbuchung verwendet werden sollen. Wie Sie in Abbildung 6.26 sehen können, erfolgt der Ausgleich der Forderung im Zahllauf gegen ein Bankverrechnungskonto im Hauptbuch. Erst wenn der Lastschrifteinzug erfolgreich von der Bank durchgeführt wurde und die Wertstellung auf dem Bankkonto erfolgt ist, kann die eigentliche Buchung auf dem Hausbankkonto erfolgen und das Bankverrechnungskonto als technisches Drehscheibenkonto ausgeglichen werden.

S	Vertragskonto		H
1	100	100	2

S	Erlös		H
		100	1

S	Bankverrechnung		H
2	100	100	3

S	Hausbankkonto		H
3	100		

1 Forderungsbuchung
2 Forderungsausgleich im Zahllauf
3 Buchung der Wertstellung auf dem Hausbankkonto

Abbildung 6.26 Buchungslogik – Ausgleich offener Posten im Zahllauf

Die Buchung der Wertstellung über den Kontoauszug erfolgt in der Regel mittels Einlesens des elektronischen Kontoauszugs im SAP-System. Dabei wird im Hauptbuch von FI-GL der direkte Ausgleich vorgenommen. Lastschrifteinzüge, die nicht von der Bank verarbeitet werden konnten, werden als Rückläufer direkt in das Vertragskontokorrent über den Kontoauszug zurückgeführt. Die Verarbeitungslogik und die notwendigen Einstellungen hierzu finden Sie in Kapitel 7, »Rückläuferverarbeitung«.

Voraussetzungen für die Kontenfindung

Um die Kontenfindung zur Aussteuerung des Forderungsausgleichs gegen die Bankverrechnungskonten vorzunehmen, müssen Sie zunächst sicherstellen, dass diese in den Sachkontenstammdaten des Hauptbuchs (FI-GL) angelegt sind. Als weitere Voraussetzung müssen Sie Ihre Hausbankkonten über FI-BL pflegen und anschließend die Hausbankkonten mit dem Hauptbuchkonto des Hausbankkontos verknüpfen. Die Verbindung wird dabei über das Eintragen des Hauptbuchkontos im Stammsatz des Hausbankkontos sowie über das Hinterlegen der Hausbank (HBKID) und der Konto-ID (HKTID) aus dem Stammsatz des Hausbankkontos in den Stammsatz des Hauptbuchkontos vorgenommen. Die Pflege des Sachkontenstammsatz sehen Sie in Abbildung 6.27.

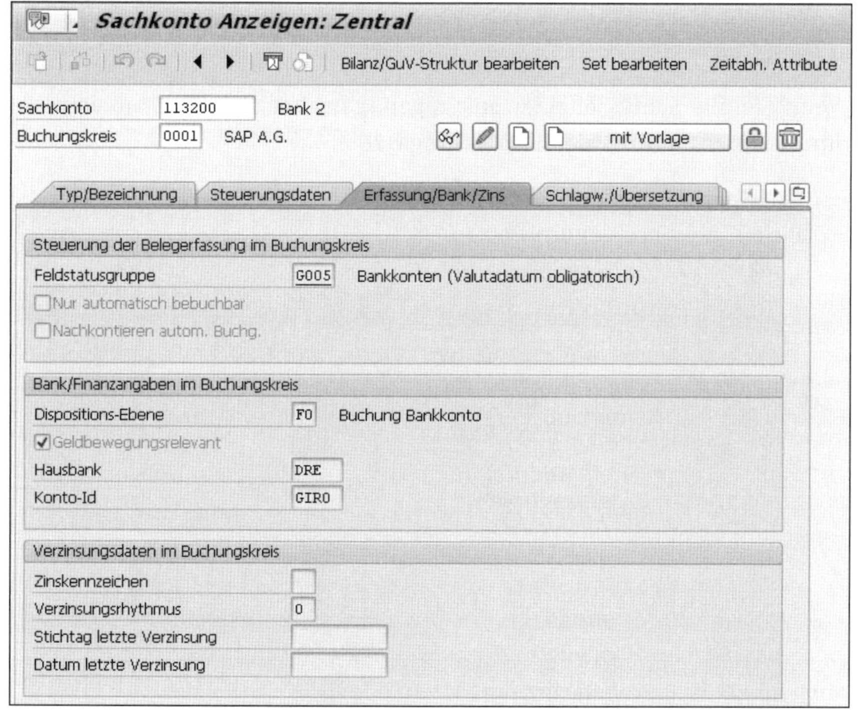

Abbildung 6.27 Hausbank und Konto-ID im Sachkontenstammsatz zuordnen

Bankkonten für das Zahlungsprogramm hinterlegen

Sie können in der Kontenfindung nur gültige Kombinationen aus Hausbank, Konto-ID und Hauptbuchkonten aus Tabelle T012K im Customizing des Vertragskontokorrents hinterlegen und im Zahllauf verwenden. Verwenden Sie hierzu den folgenden Customizing-Pfad des IMG:

IMG • Finanzwesen • Vertragskontokorrent • Geschäftsvorfälle • Zahlungen • Erstellung von Ein- und Ausgangszahlungen • Bankkonten für das Zahlungsprogramm hinterlegen.

Schlüsselfelder der Kontenfinudung

Als obligatorische *Schlüsselfelder* zur Definition der Kontenfindung für Bankverrechnungskonten bei der Erstellung von Ein- und Ausgangszahlungen im Zahllauf stehen Ihnen der zahlende Buchungskreis und die Hausbank zur Verfügung. Ordnen Sie daher der Kombination dieser beiden Schlüsselfelder ein Bankverrechnungskonto zu. Je nach Bankenauswahl im Zahllauf wird dann das entsprechende Bankverrechnungskonto, das Sie in dieser Einstellung hinterlegen, beim Ausgleich des offenen Postens als Gegenbuchung vom Zahllauf ausgewählt. Die Auswahl der Schlüsselfelder können Sie über den Menüpfad **Schlüssel • Schlüsselwahl** um die folgenden Schlüsselelemente erweitern:

- Zahlweg
- Währung
- Konto-Id

Wenn Sie alle Schlüsselfelder ausprägen, gestaltet sich die Bankverrechnungskontenfindung wie in Abbildung 6.28.

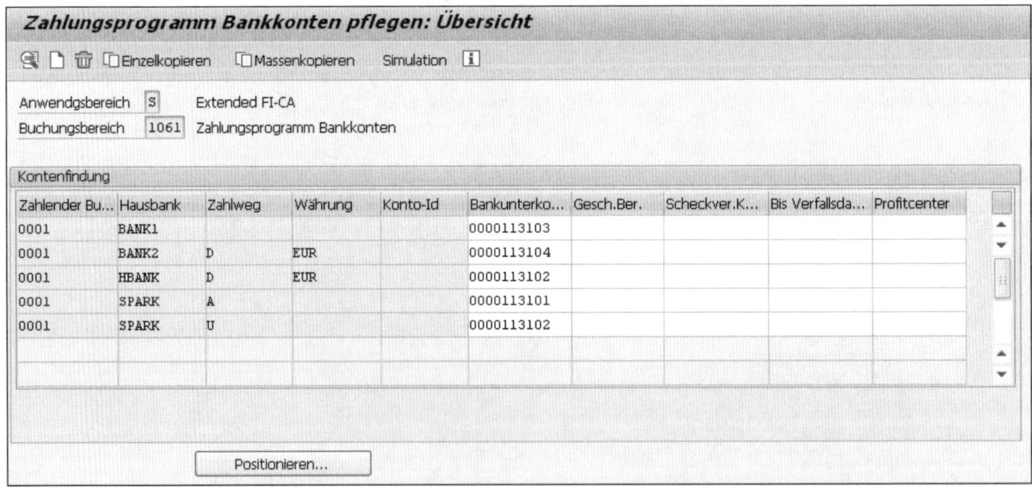

Zahlender Bu...	Hausbank	Zahlweg	Währung	Konto-Id	Bankunterko...	Gesch.Ber.	Scheckver.K...	Bis Verfallsda...	Profitcenter
0001	BANK1				0000113103				
0001	BANK2	D	EUR		0000113104				
0001	HBANK	D	EUR		0000113102				
0001	SPARK	A			0000113101				
0001	SPARK	U			0000113102				

Abbildung 6.28 Bankverrechnungskontenfindung

Profit-Center-Kontierung

Um eine Kontierung für Profit-Center im Hauptbuch von FI-GL sicherzustellen, können Sie ein Profit-Center in der Spalte **Profitcenter** zusätzlich mitgeben. Wenn Sie den Document Split mit dem Split-Kriterium Profit-Center im Hauptbuch aktiviert haben, müssen Sie die Kurzkontierung des Profit-Centers im Feld **Profitcenter** über die Bankverrechnungskontenfindung beachten.

6.3.3 Weitere Kontenfindung

Neben der Bankverrechnungskontenfindung müssen Sie weitere Konten pflegen, die während des Ausgleichs der offenen Posten im Zahllauf bebucht werden können. Verwenden Sie daher den folgenden IMG-Pfad:

IMG • Finanzwesen • Vertragskontokorrent • Grundfunktionen • Buchungen und Belege • Beleg • Hinterlegen der Kontierungen für automatische Buchungen • Automatische Sachkontenfindung

Hinterlegen Sie nun Konten für die folgenden Vorgänge:

- Konten für die Buchungskreisverrechnung
- Konten für Kursdifferenzen
- Konten für Skonto und Zahlungsdifferenzen

Konten für die Buchungskreis-verrechnung

Im Menüpunkt **Konten für die Buchungskreisverrechnung** hinterlegen Sie die Nummern der Sachkonten, die Sie für Verrechnungsbuchungen bei buchungskreisübergeifenden Vorgängen benötigen. Im Zahlungsverkehr entstehen solche Buchungen im Fall einer zentralen Regulierung, d.h. wenn Sie als zahlenden Buchungskreis eine Buchungskreisgruppe verwenden. Die Buchungskreisgruppe übernimmt für die einzelnen ihr zugeordneten Buchungskreise die Regulierung der offenen Posten.

Buchungslogik: zentrale Regulierung

Dadurch entsteht eine Forderung des Einzelbuchungskreises gegenüber der Buchungskreisgruppe (siehe Abbildung 6.29). Im Gegenzug entsteht eine Verbindlichkeit in der Buchungskreisgruppe gegenüber dem Einzelbuchungskreis. Zur Abbildung dieser Intercompany-Buchung bei einer zentralen Regulierung müssen Sie entsprechende Verrechnungskonten hinterlegen, die diese entstehenden Intercompany-Forderungen und Verbindlichkeiten im Zahllauf widerspiegeln.

Legende zur Buchungslogik aus Abbildung 6.29:

1. Forderungsbuchung im Buchungskreis A
2. Forderungsausgleich im Zahllauf mit Regulierung durch Buchungskreis B mit Buchung der Forderung von Buchungskreis A gegenüber Buchungskreis B (Forderung gg. BUKRS B an Vertragskonto) und mit Buchung der Verbindlichkeit von Buchungskreis B gegenüber Buchungskreis A (Bankverrechnungskonto BUKRS B an Verbindl. gg. BURKS A)

3. Buchung der Wertstellung auf dem Hausbankkonto von Buchungskreis B
4. Überweisung der Verbindlichkeit an Buchungskreis A durch Buchungskreis B
5. Wertstellung auf dem Bankkonto von Buchungskreis A
6. Ausgleich der Forderung im Buchungskreis A gegenüber Buchungskreis B

S	Vertragskonto BUKRS A		H	S	Erlös BUKRS A		H
1	100	100	2			100	1

S	Bankverrechn. BUKRS B		H	S	Hausbankkonto BURKS B		H
2	100	100	3	3	100	100	4
4	100	100	4				

S	Forderung gg. BUKRS B		H	S	Verbindl. gg. BUKRS A		H
2	100	100	6	4	100	100	2

S	Bankverrechn. BUKRS A		H	S	Hausbankkonto BURKS A		H
6	100	100	5	5	100		

Abbildung 6.29 Buchungslogik für die zentrale Regulierung

Forderungskonto und Verbindlichkeitskonto definieren

Hinterlegen Sie daher ein entsprechendes Forderungskonto im Feld **Forderungskonto** und ein Verbindlichkeitskonto im Feld **VerbindlktKonto** (siehe Abbildung 6.30). Sie können dabei allgemeingültige Konten für alle Partnerkombinationen hinterlegen oder die Kontenfindung über die Schlüsselwahl um die Felder **Gebucht in** und **Verrechnet gegen** erweitern, um für jede Partnerkombination aus Buchungskreis und Buchungskreisgruppe separate Verrechnungskonten zu hinterlegen.

Zentrale Regulierung

Im Fall der *zentralen Regulierung* würde somit die Zahllast im Buchungskreis des Feldes **Gebucht in**, d. h. in Buchungskreis 1000, gebucht. Mit der Buchung der Zahllast entsteht im Buchungskreis 1000 eine Verbindlichkeit gegenüber Buchungskreis 1010. Diese Verbindlichkeit wird entsprechend der Kontenfindung aus Feld **VerbindlktKonto** gezogen. Die Forderung von Buchungskreis 1010 gegenüber 1000 wird gleichzeitig aus der Kontenfindung mit der Schlüsselauswahl **Gebucht in** (1010) und **Verrechnet gegen** (1000) über das Feld **Forderungskonto** gesteuert.

Konten für Kursdifferenzen

Hinterlegen Sie des Weiteren **Konten für Kursdifferenzen**, wenn Sie im Zahllauf die Bewertung der realisierten Gewinne und Verluste aus der Fremdwährungsbewertung buchen wollen. Nutzen Sie hierzu die Spalten **Realis.Gewinn** und **Realis.Verlust** (siehe Abbildung 6.31). Die Schlüsselwahl kann um die folgenden Felder erweitert werden:

- Buchungskreis
- Forderungskonto
- Währung
- Währungstyp

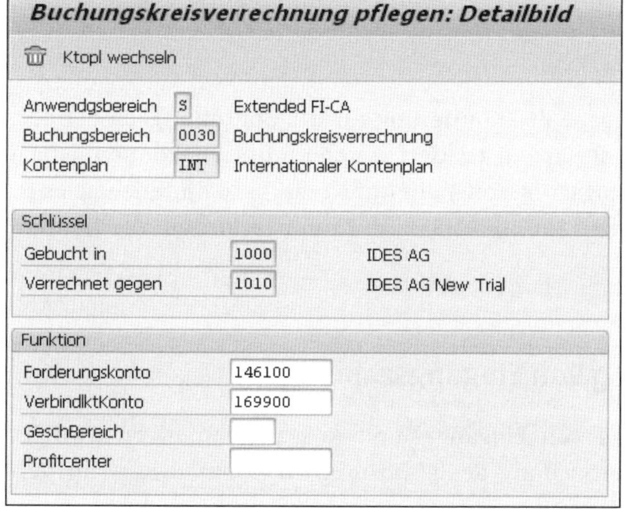

Abbildung 6.30 Kontenfindung für die Buchungskreisverrechnung

Abbildung 6.31 Kontenfindung für Kursdifferenzen

Die in den Feldern **Bilanzkorrektur**, **Bewertungsgewinn** und **Bewertungsverlust** hinterlegten Konten lernen Sie in Kapitel 12, »Integration«, in Abschnitt 12.5.2, »Fremdwährungsbewertung«, kennen.

Skonto und Zahlungsdifferenz

Basierend auf der Zahlungskondition aus Abschnitt 6.2.1, »Zahlungskondition«, wird das gebuchte Skonto mit der Kontenfindung auf das von Ihnen im Customizing-Punkt **Skonto und Zahlungsdifferenzenkonto** hinterlegte Konto im Feld **Skontokonto** gebucht. Als Schlüsselfelder können Sie auch hier über den Menüpfad **Schlüssel • Schlüsselwahl** die folgenden Schlüsselfelder ergänzen, um eine detaillierte Aussteuerung der Kontenfindung für die Skontobuchung vornehmen zu können:

- Buchungskreis
- Steuerkennzeichen
- Forderungskonto
- Sparte
- Kontenfindungsmerkmal

Beachten Sie die Mitgabe der Kontierung für das Controlling, da der entstandene Aufwand oder Ertrag kontiert werden muss. Sie können jedoch entweder nur ein Ertragskonto oder ein Aufwandskonto hinterlegen. Es ist nicht möglich, zwischen Skontoertrag und Skontoverlust auf der Kontenebene zu unterscheiden.

6.4 Verarbeitung von Eingangszahlungen

Mit der Verarbeitung von Eingangs- und Ausgangszahlungen wird im Wesentlichen die Verbuchung des *elektronischen Kontoauszugs* im Vertragskonto des SAP-Systems verstanden. Das Vertragskonto bedient sich dabei eines sogenannten *Zahlungsstapels*, um die Posten des elektronischen Kontoauszugs (in Folge auch ELKO) zu verarbeiten. Das Einlesen des ELKO erfolgt dabei durch die Verarbeitung von FI-BL. Buchungen, die dabei der Debitorenbuchhaltung des SAP-Vertragskontokorrents zugeordnet werden, werden in den Zahlungsstapel überstellt, wo die Verarbeitung und Zuordnung zu den offenen debitorischen Posten erfolgt. Im Folgenden lernen Sie zum Abschluss zunächst die Verarbeitungsweise des Zahlungsstapels, die Pflege der Bankverrechnungskontenfindung sowie die Einstellungen zur Übernahme des ELKO kennen.

6.4.1 Zahlungsstapel

Automatische Verrechnungssteuerung und manuelle Nachbearbeitung

Der *Zahlungsstapel* unterteilt sich in die automatische Verrechnungssteuerung und die manuelle Nachbearbeitung (siehe Abbildung 6.32). Nach dem Einlesen des ELKO in FI-BL erfolgt zunächst eine generelle Zuteilung der einzelnen Positionen auf die Haupt- und die Nebenbücher der Debitoren-

und Kreditorenbuchhaltung. Posten für das Nebenbuch werden im Vertragskontokorrent in den Zahlungsstapel überstellt. Basierend auf den im Customizing zu hinterlegenden Selektionskriterien, werden die Posten des Zahlungsstapels automatisch den offenen Posten zugeordnet und eine Verrechnung zum Ausgleich angestoßen.

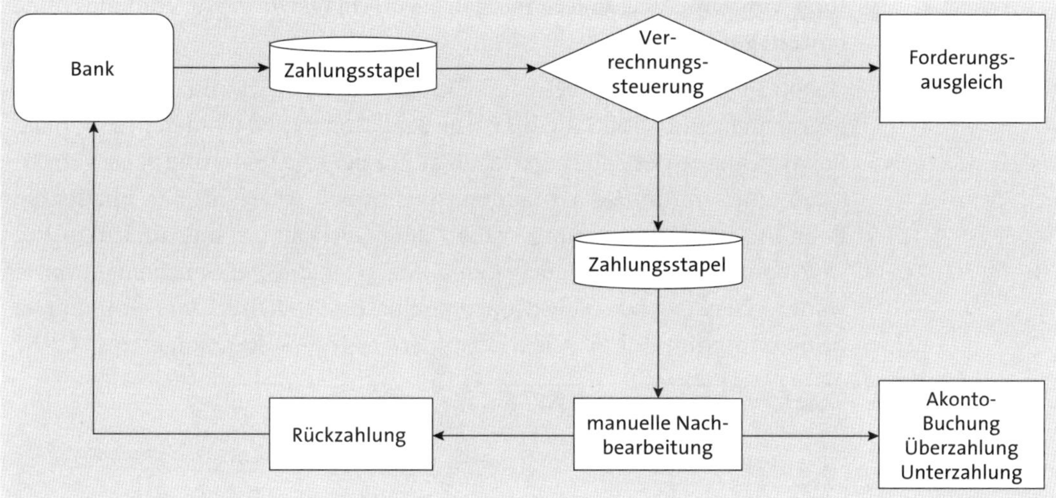

Abbildung 6.32 Der Zahlungsstapel

Posten, die über die Verrechnungssteuerung nicht zugeordnet werden können oder eine Betragsdifferenz aufweisen, bucht das System auf separate Klärungskonten.

Umgang mit Betragsdifferenzen

Betragsdifferenzen werden vor der Überstellung in den Klärungsbestand mit den hinterlegten Zahlungskonditionen abgeglichen. Kann die Differenz einem hinterlegten Skonto zugeordnet werden – mit einem Zahlungsausgleich innerhalb der Skontofälligkeit –, wird die Abweichung direkt als Skontoaufwand verbucht. Neben der Skontoverrechnung erfolgt des Weiteren eine Prüfung gegen die eingestellte Toleranzgruppe für Zahlungsdifferenzen. Differenzen, die im Rahmen der Toleranzgruppe liegen, werden ebenso automatisch vom System in der Verrechnungssteuerung gegen das Zahlungsdifferenzenkonto verbucht, und der Ausgleich der offenen Posten erfolgt. Es werden folglich nur Fälle in den Klärungsbestand übergeben, die eine Betragsdifferenz außerhalb des Skontos und außerhalb der Toleranzgrenze aufweisen. Die Kontenfindung zum Skonto sowie Zahlungsdifferenzkonto finden Sie in Abschnitt 6.3.3, »Weitere Kontenfindung«. Die Pflege der Toleranzgruppen haben Sie wiederum in Abschnitt 5.3.3, »Toleranzgruppen pflegen«, zur Offene-Posten-Verwaltung vorgenommen.

Buchungsparameter für den Zahlungsstapel

Um eine automatische Verbuchung im Zahlungsstapel zu ermöglichen, müssen Sie zunächst die *Buchungsparameter* in den Einstellungen zur Verarbeitung von Ein- und Ausgangszahlungen im IMG über den folgenden Pfad vornehmen:

IMG • Finanzwesen • Vertragskontokorrent • Geschäftsvorfälle • Verarbeitung von Ein-/Ausgangszahlungen • Vorschlagswerte für Zahlungsstapel hinterlegen

Geben Sie in den entsprechenden Feldern die Belegart und den Ausgleichsgrund an (siehe Abbildung 6.33). Die Selektionstypen werden Ihnen in den Positionsdaten des Zahlungsstapels angezeigt und bilden die Selektionskriterien zur Zuordnung der Zahlungspositionen sowie zur anschließenden Buchung und Verrechnung. Neben dem Geschäftspartner und dem Vertragskonto können Sie auch den Beleg oder die Referenzbelegnummer wählen. Die Pflege der Selektionstypen haben Sie als Teil der Feldmodifikation in Abschnitt 5.3.2, »Selektionstypen festlegen«, kennengelernt

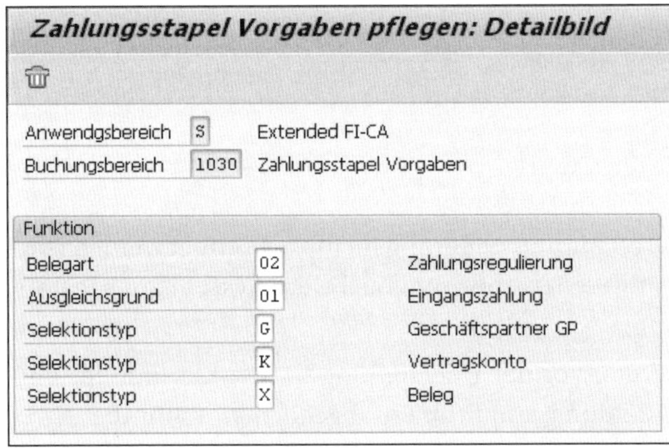

Abbildung 6.33 Zahlungsstapel – Buchungsparameter

[»]

Auswahl der Selektionstypen

Wählen Sie als Selektionstypen die Kriterien, die Ihre Kunden in den Verwendungszweck bei der Überweisung mitgeben. In den meisten Fällen kennen Ihre Kunden entweder die Geschäftspartner oder die Vertragskontonummer. Beachten Sie auch, dass die Referenzbelegnummer der eigentlichen Rechnungsnummer entspricht, während die Belegnummer meistens eine interne Nummer des SAP-Systems ist, die nicht an den Kunden kommuniziert wird.

6.4.2 Steuerung der Bankverrechnungskonten im Zahlungsstapel

Während zunächst die Buchung der Hausbank gegen das Bankverrechnungskonto in FI-GL durch die Zuordnung der Geschäftsvorfallcodes zu den Bankverrechnungskonten von FI-BL erfolgt (Beispiel Lastschrifteinzug zu Bankverrechnungskonto-Lastschriften), wird die Ausgleichsbuchung gegen den offenen Posten im Vertragskonto in der Verarbeitung des Zahlungsstapels vorgenommen. Es werden somit zwei Buchungen ausgelöst:

1. Buchung Kontoauszug in FI-BL: Hausbankkonto an Bankverrechnungskonto
2. Buchung Zahlungsstapel: Bankverrechnungskonto an Vertragskonto

Bankverrechnungskontenfindung

Um die zweite Buchung im Zahlungsstapel aussteuern zu können, müssen Sie zunächst die gültigen Bankverrechnungskonten definieren, die zur Verarbeitung im Vertragskonto aktiviert werden sollen. Folgen Sie hierzu dem Customizing-Pfad, und geben Sie die Kontenfindung im Feld **BankverrKonto** auf der Basis von Hausbank (Feld **Hausbank**) und Konto-ID (Feld **Kon...**) an:

IMG • Finanzwesen • Vertragskontokorrent • Geschäftsvorfälle • Verarbeitung von Ein-/Ausgangszahlungen • Bankverrechnungskonten für Zahlungsstapel hinterlegen

Als Voraussetzung müssen zuvor die Bankverrechnungskonten in den Stammdaten der Hauptbuchkonten von FI-GL gepflegt worden und die Hausbanken sowie die einzelnen Hausbankkonten angelegt worden sein. Neben der Pflege der Kontenfindung haben Sie die Möglichkeit, im Feld **Korr.Empfg** die Geschäftspartnernummer Ihrer Hausbank zu hinterlegen (siehe Abbildung 6.34). So steuern Sie die Korrespondenz zu Klärungszwecken.

Des Weiteren müssen Sie die Bankverrechnungskonten für die verschiedenen Verarbeitungsvorgänge im Zahlungsstapel aktivieren. Zur Verarbeitung von Zahlungen wählen Sie die Option **GültZahlst**.

Neue Einträge: Übersicht Hinzugefügte

Bankverrechnungskonten

BuKr	BankverrKonto	Hausbank	Kon...	Korr.Empfg	GültZahlst	GültRücklf	GültScheck	GültZKarte	GültZAuftr	GültOnlSch
0001	113209	BANK1	GIRO		☑	☐	☐	☐	☐	☐
0001	113204	BANK1	GIRO		☐	☑	☐	☐	☐	☐
0001	113209	HBANK	GIRO		☑	☐	☐	☐	☐	☐
0001	113204	HABNK	GIRO2		☐	☑	☐	☐	☐	☐
					☐	☐	☐	☐	☐	☐
					☐	☐	☐	☐	☐	☐

Abbildung 6.34 Steuerung der Bankverrechnungskonten im Zahlungsstapel

Klärungskonto hinterlegen

Wenn keine automatische Zuordnung zu einem Vertragskonto stattfinden kann und die Verrechnungssteuerung den gezahlten Betrag nicht nach den eingestellten Regeln aufteilen kann, wird die Buchung des Bankverrechnungskontos gegen ein *Klärungskonto* ausgesteuert:

»Bankverrechnungskonto an Klärungskonto«

Zur Hinterlegung des Klärungskontos im Customizing des Vertragskontokorrents, müssen Sie im IMG den folgenden Pfad aufrufen:

IMG • Finanzwesen • Vertragskontokorrent • Geschäftsvorfälle • Verarbeitung von Ein-/Ausgangszahlungen • Klärungskonto hinterlegen.

Schlüsselwerte

Sie haben die Möglichkeit, für die folgenden Schlüsselwerte unterschiedliche Klärungskonten zu pflegen:

- Buchungskreis
- Währung
- Bankverrechnungskonto
- Belegart

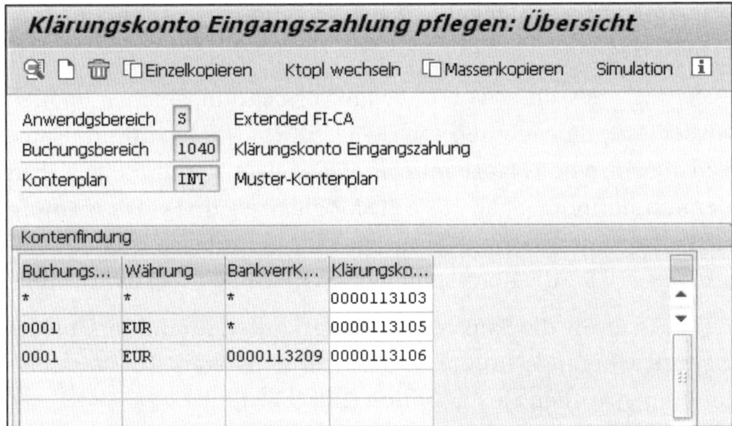

Abbildung 6.35 Klärungskonto pflegen

Das in Abbildung 6.35 dargestellte »*« müssen Sie anstelle des Wertes »leer« eintragen, um keine Einschränkung in der Selektion auf das Feld vorzunehmen. Das System geht mit »*« immer vom speziellsten Eintrag zu den allgemeineren Einträgen.

Bearbeitung von Klärungsfällen

Für zu klärende Posten haben Sie anschließend in der manuellen Nachbearbeitung die folgenden Möglichkeiten:

- **Manuelle Zuordnung**
  Der Posten kann einem Vertragskonto direkt zugewiesen werden, und die Verrechnung wird manuell angestoßen.

- **Rückzahlung**
  Stoßen Sie eine Rückzahlung an die Bank an, wenn z. B. kein Geschäftspartner ermittelt werden konnte. Die Buchung erfolgt im Zahllauf mit der Überstellung des Zahlungsträgers.
- **Akonto-Buchung**
  Erzeugen Sie eine Akonto-Buchung auf ein zu bestimmendes Vertragskonto.
- **Über- oder Unterzahlung**
  Verrechnen Sie den Posten mit einem offenen Posten auf einem Vertragskonto. Bei Betragsungleichheit wird ein Restposten aufgrund einer Überzahlung (Gutschrift) oder einer Unterzahlung (Forderung) erstellt. Über die Toleranzgruppen können Sie zudem steuern, ob bei Unter- oder Überzahlung eine automatische Mitteilung an den Kunden gesendet werden soll.
- **Umbuchung**
  Über die Kurzkontierung können Sie den Posten in das Hauptbuch umbuchen, falls der Posten einem Vorgang im Hauptbuch oder der Kreditorenbuchhaltung zugwiesen werden kann. Die weitere Verarbeitung erfolgt dann in FI-GL oder in FI-AP.

Buchung von Rückzahlungen

Um *Rückzahlungen* in der Klärungsverarbeitung buchen zu können, müssen Sie Angaben zu Sachkonto und Bankverbindung zur Buchung der Zahlung machen. Hinterlegen Sie auf der Basis von Buchungskreis und Bankverrechnungskonto die folgenden Buchungsparameter aus Abbildung 6.36:

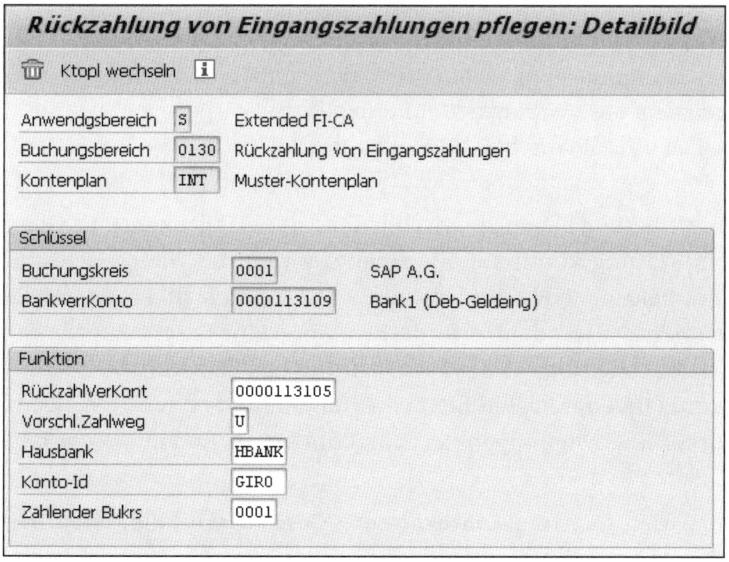

Rückzahlung von Eingangszahlungen pflegen: Detailbild

Ktopl wechseln

Anwendgsbereich	S	Extended FI-CA
Buchungsbereich	0130	Rückzahlung von Eingangszahlungen
Kontenplan	INT	Muster-Kontenplan

Schlüssel

Buchungskreis	0001	SAP A.G.
BankverrKonto	0000113109	Bank1 (Deb-Geldeing)

Funktion

RückzahlVerKont	0000113105
Vorschl.Zahlweg	U
Hausbank	HBANK
Konto-Id	GIRO
Zahlender Bukrs	0001

Abbildung 6.36 Rückzahlungseinstellungen

- **Verrechnungskonto**
  Hierauf werden die Posten bei einer Rückzahlung gebucht.
- **Vorschlagswert Zahlweg**
  Automatische Hinterlegung eines Rückzahlwegs in der Oberfläche, z. B. Überweisung.
- **Hausbank und Konto-ID**
  Hausbank, über die die Rückzahlung abgewickelt werden soll.
- **Zahlender Buchungskreis**
  Der Buchungskreis, in dem die Rückzahlung gebucht wird.

Die Buchungseinstellungen für die Rückzahlung nehmen Sie unter dem folgenden Customizing-Pfad vor:

IMG • Finanzwesen • Vertragskontokorrent • Geschäftsvorfälle • Verarbeitung von Ein-/Ausgangszahlungen • Vorgaben für die Rückzahlung von Eingangszahlungen hinterlegen

Akonto-Buchung

Als weitere Möglichkeit in der Klärungsbearbeitung von Guthaben können Sie eine *Akonto-Buchung* vornehmen. Dabei buchen Sie ein Guthaben auf ein ausgewähltes Vertragskonto. Ein Anwendungsfall kann eine Vorauszahlung bilden.

Nutzen Sie dabei die im Standard hinterlegte Kontenfindung des Haupt- und Teilvorgangs 0060/0010 (Akonto-Zahlung). Die Pflege der Kontenfindung von Haupt- und Teilvorgängen finden Sie in Abschnitt 5.2, »Kontenfindung«.

[»]

Auszahlung von Akonto-Buchung

Damit eine Akonto-Buchung nicht automatisch zurückgezahlt wird, muss eine Ausprägung des Zeitpunkts 0061 erfolgen, sodass bei allen Akonto-Buchungen eine automatische Zahlsperre gesetzt wird.

Kurzkontierung

Mit der *Kurzkontierung* haben Sie abschließend die Möglichkeit, eine Übertragung vom Klärungskonto auf ein anderes Konto des Hauptbuchs zur weiteren Verarbeitung in FI-GL oder in der Kreditorenbuchhaltung von FI-AP vorzunehmen. Dies ist dann erforderlich, wenn eine falsche Zuordnung zur Debitorenbuchhaltung in der Verarbeitung des ELKO in FI-BL vorgenommen wurde und der Posten über einen anderen Prozess ausgeglichen werden muss. Die Einstellungen zur Kurzkontierung finden Sie im IMG unter dem Pfad:

IMG • Finanzwesen • Vertragskontokorrent • Geschäftsvorfälle • Verarbeitung von Ein-/Ausgangszahlungen • Kurzkontierungen für Umbuchungen hinterlegen

Unter einem frei definierbaren vierstelligen alphanumerischen Schlüssel geben Sie die Kennung und Beschreibung der Kurzkontierung mit der Zuordnung von Buchungskreis (**BuKr**), **Sachkonto** und den weiteren verpflichtenden Buchungsparametern wie Geschäftsbereich (**GsBe**), **Segment**, **CO-Kontierung** und Steuerkennzeichen (**St...**) ein. Der verpflichtende Charakter wird dabei über die Kontenart des gewählten Sachkontos des Hauptbuchs bestimmt. Des Weiteren können Sie eine Überleitung auf der Ebene von Einzelpositionen auswählen, indem Sie das Kennzeichen **EinzP** markieren (siehe Abbildung 6.37).

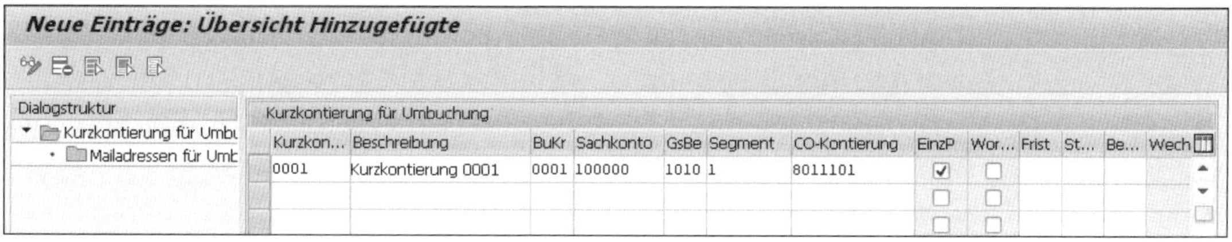

Neue Einträge: Übersicht Hinzugefügte

Dialogstruktur
- Kurzkontierung für Umbu
  - Mailadressen für Umb

Kurzkontierung für Umbuchung

Kurzkon...	Beschreibung	BuKr	Sachkonto	GsBe	Segment	CO-Kontierung	EinzP	Wor...	Frist	St...	Be...	Wech
0001	Kurzkontierung 0001	0001	100000	1010	1	8011101	☑	☐				
							☐	☐				
							☐	☐				

Abbildung 6.37 Kurzkontierung pflegen

[«]

Übernahme als Einzelposten

Mit der Übernahme der Belegposition als Einzelposten erfolgt auch bei einer identischen Kontierung keine Verdichtung der Buchung mit anderen Positionen bei der Bildung der Summensätze in der Hauptbuchübernahme. Dies ist wichtig, um die Buchung des Klärungsbestands auch im Hauptbuch eindeutig zuordnen und weiterverarbeiten zu können. Zur besseren Bearbeitung der Belegposition im Hauptbuch können Sie über einen entsprechenden Funktionsbaustein im Zeitpunkt 0940 die Felder **Positionstext** und **Zuordnung**, die in FI-GL zu Steuerung des maschinellen Ausgleichs verwendet werden, füllen.

6.4.3 Einstellungen zur Übernahme des elektronischen Kontoauszugs

Geschäftsvorfallcode

Die Verbuchung des Kontoauszugs in FI-BL und auch im Vertragskontokorrent erfolgt anhand sogenannter *Geschäftsvorfallcodes*. Diese werden im elektronischen Kontoauszug durch die Bank mitgegeben und im SAP-System verschiedenen Buchungsregeln zugeordnet. Während die Geschäftsvorfallcodes zunächst nur den allgemeinen Geschäftsvorgang, wie den Zahlungseingang, definieren, müssen alle weiteren relevanten Informationen, wie z. B. die Kundennummer, die Rechnungsnummer oder die Referenzangabe, aus dem Verwendungszweck herausgefiltert werden. Die Interpretation des Verwendungszwecks nach zu definierenden Suchkriterien findet im Vertragskontokorrent im Event 953 und 954 statt.

Geschäftsvorfallcode zuordnen

Zur Pflege und Zuordnung der Geschäftsvorfallcodes navigieren Sie über den folgenden IMG-Pfad:

IMG • Finanzwesen • Vertragskontokorrent • Geschäftsvorfälle • Verarbeitung von Ein-/Ausgangszahlungen • Vorgänge für Übernahme Elektronischen Kontoauszug definieren

Während die Werte des Feldes **Externer Vorgang** aus Abbildung 6.38 den Geschäftsvorfallcodes entsprechen, die Sie von Ihren Banken im Kontoauszug übermittelt bekommen, stellt das Feld **GesVorgArt** den SAP-internen Geschäftsvorfall dar. SAP unterscheidet dabei zwischen den folgenden Geschäftsvorfällen:

- **01**: Übernahme in Zahlungsstapel
- **02**: Übernahme in Rückläuferstapel
- **03**: Übernahme in Zahlungsauftragsstapel
- **04**: Übernahme in Scheckeinlösung

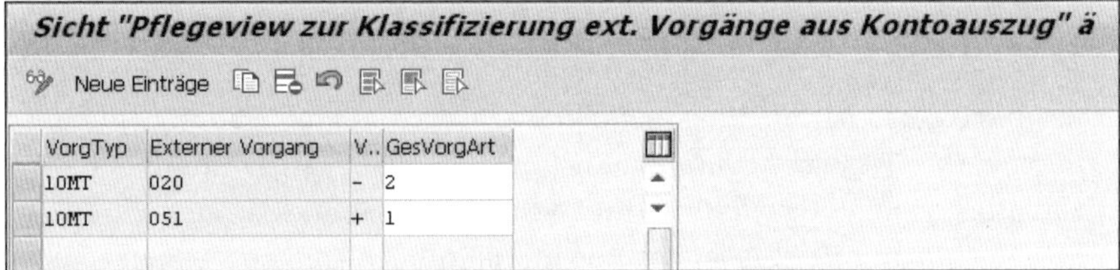

Abbildung 6.38 Geschäftsvorfallcode zu Geschäftsvorgang zuordnen

Steuerendes Element zur Auswahl der Geschäftsvorfallcodes stellt der Vorgangstyp in der Spalte **VorgTyp** dar. Dieser wird im Customizing von FI-BL zur Übernahme des elektronischen Kontoauszugs gepflegt und umfasst Banken, die Ihnen denselben Geschäftsvorfallcode übermitteln. Eine Pflege pro Bank entfällt damit. Die Spalte **VZ** steuert wiederum das Vorzeichen der Buchung, d. h., ob der Geschäftsvorfallcode einen Geldeingang (+) oder einen Geldausgang (-) darstellt.

Interpretationsregeln für den Verwendungszweck

Nach der Zuordnung der Geschäftsvorfallcodes zum Vertragskonto legen Sie in einem letzten Schritt die *Interpretationsregeln* zum Auslesen des Verwendungszwecks fest. Basierend auf diesen Regeln, wird der offene Posten selektiert und in der automatischen Verarbeitung des Zahlungsstapels ausgeglichen. Zur Pflege verwenden Sie den folgenden Customizing-Pfad des IMG:

IMG • Finanzwesen • Vertragskontokorrent • Geschäftsvorfälle • Verarbeitung von Ein-/Ausgangszahlungen • Interpretationsregeln für Verwendungszweck definieren

Wählen Sie für die verschiedenen Selektionstypen, die Sie in den Buchungsparametern zum Zahlungsstapel definiert haben (siehe Abschnitt 6.4.1, »Zahlungsstapel«), Schlüsselwörter, die beim Auslesen dem Selektionswert zugeordnet werden können. Als Suchmethode können Sie dabei zwischen den folgenden beiden Methoden unterscheiden:

- **Methode**
  Das System sucht nach Wörtern, die dem Muster entsprechen.
- **Gleichheit**
  Das System sucht nach Wörtern, die exakt dem Schlüsselwort entsprechen.

Abbildung 6.39 zeigt Ihnen ein Beispiel für Schlüsselwörter zum Auslesen des Selektionsparameters **Referenzbelegnummer**. Werten Sie hierzu die gängigen Abkürzungen und Bezeichnungen, die Ihre Kunden nutzen, zur Übergabe der Rechnungsnummer im Verwendungszweck. Je mehr Schlüsselwörter Sie pflegen, desto genauer wird die Trefferquote der automatischen Verrechnungssteuerung im Zahllauf. Geben Sie hier für den gewünschten Buchungskreis (Feld **Bu...**) eine Abfolge an Schlüsselwörtern ein. Jeder Schritt wird durch ein fortlaufendes und somit chronologisch sortiertes Vorgehen gekennzeichnet. Sie können als Suchmethode Muster im Verwendungszweck suchen oder auf Gleichheit prüfen lassen.

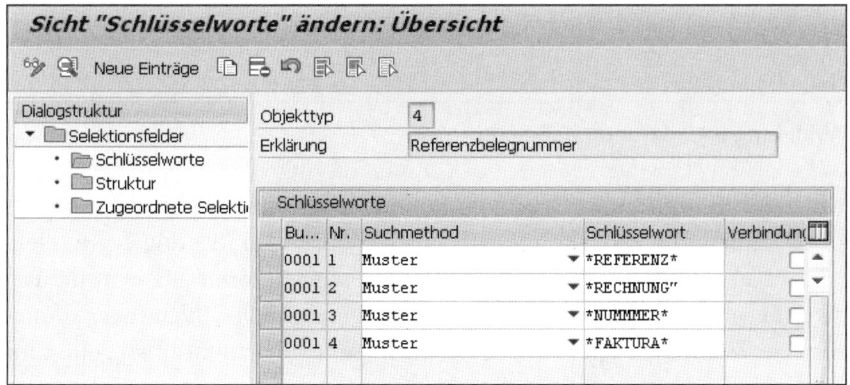

Abbildung 6.39 Schlüsselwörter zum Auslesen des Verwendungszwecks definieren

Definition der Struktur für die Schlüsselwerte

In der Dialogstruktur im Menüpunkt **Struktur** definieren Sie anschließend die Zusammensetzung oder auch Struktur der Inhalte der einzelnen Suchmuster. Definieren Sie neben der Feldlänge im gleichnamigen Feld auch den Zeichensatz. Dabei können Sie neben dem in Abbildung 6.40 dargestellten Zeichensatz **Nur Ziffern** auch die folgenden beiden Möglichkeiten definieren:

- Ziffern und - oder / oder .
- Beliebige Zeichen

Vergeben Sie beispielsweise zehnstellige Rechnungsnummern, werden Sie als Zeichenlänge für die Referenzbelegnummer einen zehnstelligen numerischen Schlüssel erwarten. Zudem können Sie den Nummernkreis Ihrer Rechnungsnummern mit den Feldern **Minimaler Wert** und **Maximaler Wert** spezifizieren.

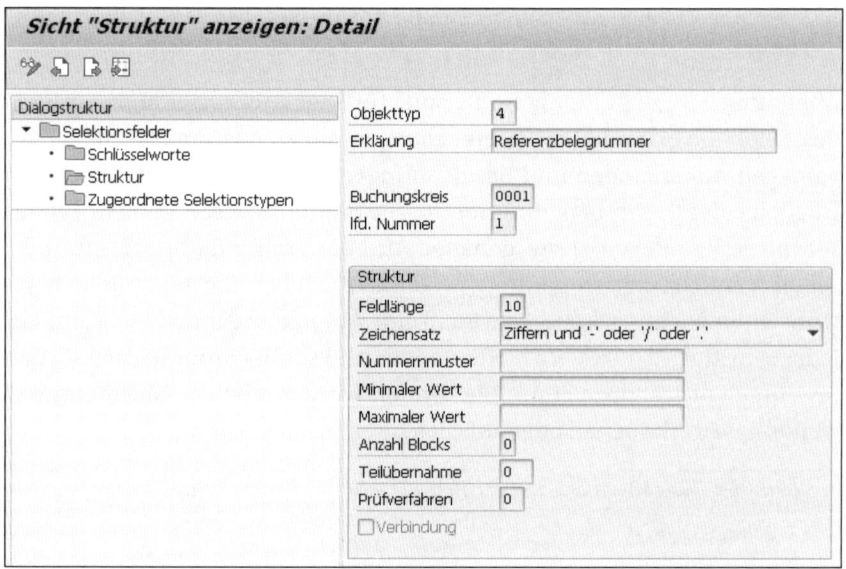

Abbildung 6.40 Struktur definieren

Nach der Definition der Struktur ordnen Sie als letzten Schritt im Menüpunkt **Zugeordnete Selektionstypen** der Dialogstruktur das angelegte Selektionsobjekt Ihren Selektionstypen zu. Sie stellen somit die Verbindung zwischen den Selektionstypen aus der Einstellung zu den Buchungsparametern des Zahlungsstapels und den angelegten Interpretationsregeln zum Auslesen des Verwendungszwecks und zur Zuordnung zu den Informationen im offenen Posten des Vertragskontokorrents sicher.

6.5 Fazit

Sie kennen nun die wichtigsten Einstellungen zur Erstellung und Verarbeitung von Ein- und Ausgangszahlungen. Im Beleglebenszyklus können Sie nun die offenen Posten, die Sie durch die Grundeinstellungen in Kapitel 5 erzeugt haben, im Zahllauf oder im Zahlungsstapel ausgleichen. Zudem haben Sie mit der Klärungsbearbeitung eine erste Möglichkeit zur Verwaltung von offenen Posten und zur Nachverfolgung von Posten, die keiner automatischen Verrechnungssteuerung unterliegen, kennengelernt. Des Weiteren verstehen Sie nun die Zusammenhänge zwischen den Stammdaten sowie den Beleginformationen zur Steuerung des Zahlwesens. Sie haben nun einen ganzheitlichen Überblick und können die verschiedenen Einstellungen aufeinander abgestimmt vornehmen, um die Zahlungsprozesse in Ihrem Unternehmen abbilden zu können.

Kapitel 7
Rückläuferverarbeitung

Nicht in jedem Fall endet der Zahlungsprozess mit dem Einzug und dem Ausgleich des offenen Postens auf dem Vertragskonto, sondern es ist auch möglich, dass der Einzug des Rechnungsbetrags vom Konto des Kunden aus verschiedenen Gründen nicht erfolgreich war. In diesem Fall schließt sich die Rückläuferverarbeitung an.

Im Idealfall werden die Forderungen während der Zahlungsabwicklung durch Zahlungen ausgeglichen, und der Vorgang ist damit abgeschlossen. Es kommt jedoch immer wieder vor, dass die erwarteten Zahlungen nicht eingehen. Auch die Maßnahmen, die zur Vermeidung des Zahlungsausfalls zur Verfügung stehen, wie z. B. die Ratenzahlung, haben vielleicht nicht gegriffen. Die Folge sind erhöhte Prozessfolgekosten oder Zahlungsausfälle. Die Rückläuferverarbeitung ist also ein sensibler Bereich in der Zahlungsabwicklung. Ziel ist es deshalb, die Einstellungen in FI-CA so zu optimieren, dass nur geringe zusätzliche Kosten durch manuelle Prozessabläufe entstehen. In manchen Fällen lassen sich manuelle Eingriffe und Abstimmungen zwischen Sachbearbeiter und Kunde aber dennoch nicht vermeiden. Bereiten Sie hier die vorhandenen Informationen im SAP-System so vor, dass der Sachbearbeiter die Abwicklung bestmöglich durchführen kann und nicht durch fehlende bzw. veraltete oder falsche Informationen Zeit und Kundenvertrauen verliert. Wie das geht, erklären wir Ihnen in diesem Kapitel.

In Abschnitt 7.1, »Überblick über den Rückläuferprozess«, beginnen wir mit einem Überblick über den Prozessablauf mit der zugrundeliegenden Buchungslogik und den notwendigen Einstellungen im SAP-Vertragskontokorrent, um Rückläufer aufzunehmen und zu verarbeiten.

Die erste Aufgabe besteht darin, über die verschiedenen Eingangskanäle die Zurückweisung der Zahlung erst einmal zu erkennen. Ein Mittel dazu ist der elektronische Kontoauszug. Je nach Branche und Kundengruppen können die Gründe für Rückläufer sehr unterschiedlich sein, z. B. insolvente Geschäftskunden oder Privatkunden, die nur zu bestimmten Zeiten im Monat über ausreichende Kontodeckung verfügen. Auch die Zahlungsmethoden sind sehr unterschiedlich und reichen vom Bankeinzug über Kartenzahlungen bis hin zum Payment-Service-Provider. Je nachdem, wie Sie die anderen Zahlungsmethoden ausgeprägt haben, z.B. durch Eigenentwicklungen oder Drittanbietersoftware, müssen Sie auch den Rückläuferprozess anpassen. In diesem Kapitel gehen wir auf die Rückläuferverarbeitung für den Bankeinzug ein.

Nachdem die Rückgabe der Zahlung während der Verarbeitung des Kontoauszugs festgestellt und dem SAP-System bekannt gemacht worden ist, muss sie dem Kunden und dem geschlossenen Posten zugeordnet werden. Anschließend stehen verschiedene Optionen zur Weiterverarbeitung zur Verfügung, die Sie in Abschnitt 7.4, »Rückläuferaktivitäten« kennenlernen. Je nachdem aus welchem Grund die Zahlung zurückgewiesen wurde, müssen jetzt die Folgeaktionen, wie z. B. ein erneuter Bankeinzug, gestartet werden.

7.1 Überblick über den Rückläuferprozess

Der Rückläuferprozess beginnt, nachdem offene Posten ausgeglichen wurden und der Kunde bzw. die Bank die Zahlung zurückgenommen hat. Ein Rückläufer ist folglich ein Posten, der bereits ausgeglichen war, aber wieder geöffnet oder neu erzeugt wird. Es gibt verschiedene Wege, über die Ihr Unternehmen darüber informiert wird, dass der Bankeinzug nicht erfolgreich abgeschlossen werden konnte. In den meisten Fällen wird das Unternehmen über den elektronischen Kontoauszug von der Rücknahme der Zahlung in Kenntnis gesetzt.

FI-CA ist nicht über eine Realtime-Integration mit FI-GL bzw. mit FI-BL verknüpft. Die debitorischen Vorgänge werden initial in FI-CA bearbeitet und die aggregierten Buchungen anschließend ans Hauptbuch weitergeleitet.

Einspielen der Bankdatei

Bei der Rückläuferverarbeitung wird der Prozess hingegen aus der Bankbuchhaltung mit dem Einspielen der Bankdateien gestartet, und die Buchungen im Hauptbuch sind die Grundlage für die weitere Verarbeitung. Das heißt, dass Sie zusammen mit den verantwortlichen Personen die Verarbeitung des Kontoauszuges abstimmen müssen und die Vertragskontoprozesse zur Rückläuferverarbeitung folgen lassen.

Da die Bankdateien auch kreditorische Daten beinhalten können, müssen Sie auch diese zuvor separieren und der Kreditorenbuchhaltung verfügbar machen.

In Abbildung 7.1 wird der Ablauf und die Zugehörigkeit der einzelnen Schritte im Rückläuferprozess dargestellt.

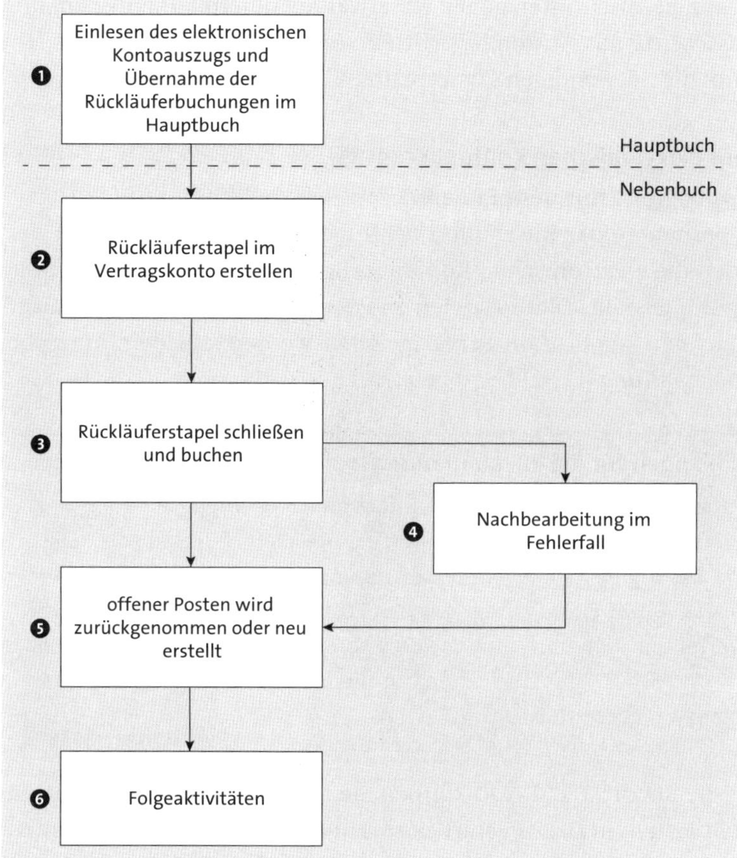

Abbildung 7.1 Prozessschritte der Rückläuferverarbeitung

Entkoppelung der Integration

Im Gegensatz zu FI-AR, das direkt mit der Hauptbuchhaltung integriert ist, können in FI-CA die debitorischen Prozesse zeitlich entkoppelt durchgeführt werden. Dies hat zur Folge, dass viele Unternehmen ihre FI-CA-Instanz auf einem abgekoppelten System parallel zu FI-AR aufgebaut und die Integration in FI-GL über ein rudimentäres Hauptbuch in der FI-CA-Instanz realisiert haben – aus Performancegründen oder zur Erleichterung der späteren FI-CA-Einführung.

Bei der Implementierung müssen Sie daher genau auf die abhängigen Prozessschritte in den angrenzenden Systemen achten und diese auch zeitlich mit den Prozessen im SAP-Vertragskontokorrent harmonisieren, z. B. wenn Sie im Zahlungsprozess die Bankkonten in einem externen System prozessieren und dann die Zahlungen über Bankverrechnungskonten an das Vertragskonto buchen möchten.

In den folgenden Abschnitten gehen wir etwas detaillierter auf die genannten Prozessschritte aus Anwendersicht ein. Im Hauptteil des Kapitels lernen Sie dann die notwendigen Customizing-Einstellungen kennen.

Einlesen des elektronischen Kontoauszugs ❶

Integration in die Bankbuchhaltung

Der Prozess beginnt mit dem Einlesen des elektronischen Kontoauszugs und der Übernahme der Rückläuferbuchungen in das Hauptbuch. In der Regel werden die elektronischen Kontoauszüge von den Banken per Datei zur Verfügung gestellt. Diese Dateien müssen z. B. per *FTP* (File Transfer Protocol) auf den Application Server geladen werden, auf dem auch die *SAP-Bankbuchhaltung* (FI-BL) betrieben wird.

Partnerlösungen für die Rückläuferverarbeitung

Einige Implementierungspartner vereinfachen den Zahlungseingang und die Rückläuferverarbeitung mit eigenen zusätzlichen Programmen. Dies reicht von Lösungen für die Dateiübertragung bis hin zur Übergabe der Posten in FI-CA. Der Einsatz einer solchen Lösung ist dann sinnvoll, wenn Sie auf verteilten Systemen mehrere Debitorenbuchhaltungen betreiben, z. B. FI-CA und FI-AR, oder die Posten auf die kreditorischen und debitorischen Posten aufteilen müssen.

Report RFEBKA00

Mit dem FI-BL-Report RFEBKA00 können Sie nun die auf dem Application Server bereitgestellten Daten verarbeiten. Hinterlegen Sie die Dateinamen in den Feldern **Auszugsdatei** sowie **Umsatzdatei** (siehe Abbildung 7.2).

Anschließend bestimmen Sie im Feld **Format elektr. Kontoauszug** das Format der Dateien. Im Standard stehen die in Abbildung 7.3 gezeigten Auswahlmöglichkeiten zur Verfügung.

Beachten Sie, dass die Customizing-Einstellungen in der SAP-Bankbuchhaltung notwendig sind, damit Sie die Dateien verarbeiten können. Wenn in der Bankbuchhaltung z. B. Bankkonten und Bankverrechnungskonten eingerichtet wurden und Sie den Report erfolgreich ausführen, bucht die Bankbuchhaltung die Informationszeilen aus den Dateien als Buchungen auf die Bankverrechnungskonten und auf das Bankkonto. Zu diesem Zeitpunkt können Sie, je nach Ausprägung und Nutzung der verschiedenen SAP-Komponenten, im SAP-System fortfahren.

Kontoauszug: Diverse Formate (SWIFT, MultiCash, BAI...)

Dateiangaben

- [x] Einlesen der Daten
- Format elektr. Kontoauszug: X XML oder bankspezifisches Format
- XML o. bankspezifisches Format: CAMT.053.001.02
- Auszugsdatei
- Umsatzdatei
- [x] Workstation-Upload
- [ ] Nullumsätze erlaubt (Swift)

Buchungsparameter

- (•) Sofort buchen
- [ ] Nur Bankbuchhaltung
- ( ) Batch-Input erzeugen — Mappennamen: 1
- ( ) Nicht Buchen
- [x] Valuta-Datum kontieren

Finanzdisposition

- [ ] Finanzdispo-Avise
- [ ] Verdichtung
- Dispositionsart
- [ ] Account Balance
- [ ] Payment Status

Algorithmen

- Nummernbereich BELNR — bis
- Nummernbereich XBLNR — bis
- Bündelung — Positionen pro Bündel

Ausgabesteuerung

- [ ] Ausführung als Batch-Job
- [ ] Kontoauszug drucken
- [ ] Buchungsprotokoll drucken
- [ ] Statistik drucken
- [ ] Listseparation

Abbildung 7.2 Elektronischen Kontoauszug einlesen

Abbildung 7.3 Formate des elektronischen Kontoauszugs anzeigen

Rückläuferstapel erstellen ❷

Nachdem die Buchungen auf die Bankverrechnungskonten im Hauptbuch erfolgt sind, wechseln Sie in FI-CA und erstellen aus diesen Buchungen Rückläuferstapel. Diese verhalten sich ähnlich wie die Zahlungs- und Scheckstapel. Um die Rückläuferstapel zu erstellen, rufen Sie Transaktion FPB7 auf. In Abbildung 7.4 sehen Sie die Pflegemaske für die Rückläuferstapel.

Wählen Sie im Feld **Datum der Ausführung** das Verarbeitungs- bzw. das aktuelle Datum und die Kennung im Feld **Identifikation** aus.

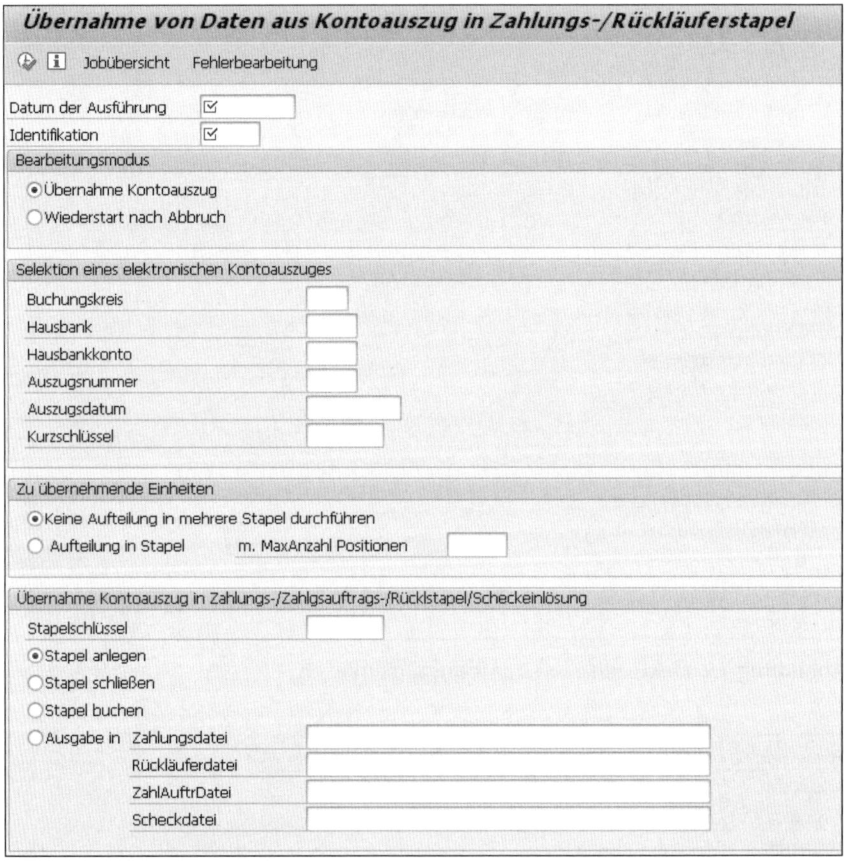

Abbildung 7.4 Rückläuferstapel erstellen

Die Transaktion erstellt einen Hintergrundjob, der die Kontoauszugsdaten und die Posten aus der Bankbuchhaltung ausliest und zu jeder Transaktion einen Eintrag im Rückläuferstapel erstellt. Die Einträge enthalten die in der Datei mitgegebenen Informationen und die Buchungsdaten aus dem Hauptbuch.

Die in der Datei mitgegebenen Daten sind die Suchkriterien, anhand derer Sie die wieder zu eröffnenden Posten auf den Vertragskonten zuordnen können. Die Rückläuferdatei beinhaltet, im Gegensatz zum Zahlungsstapel, schon Informationen, die Sie beim Bankeinzug mitgegeben haben. Aus diesem Grund reicht oftmals ein Suchkriterium, das direkt dem ehemals offenen Posten zugeordnet ist, aus.

[+]

Postenzuordnung bei den Rückläufern

Bei Zahlungsstapeln werden die Eingangszahlungen z. B. per Überweisung verarbeitet und benötigen dafür korrekte Angaben zu den Zuordnungen im Verwendungszweck. Bei der Erstellung des Rückläuferstapels können Sie, sofern SEPA Direct Debit genutzt wird, die End-to-End-ID schon bei der Zahlung in der Zahlungsdatei mitgeben. Diese wird von der Bank im Rückläuferfall zurückübertragen und ermöglicht eine 1:1-Zuordnung zum Vertragskontoposten.

Rückläuferstapel abspielen ❸

Nach der Erstellung des Stapels und der Prüfung oder Anreicherung der Rückläuferinformationen können Sie den Stapel, ebenso wie einen Zahlungsstapel, zuerst schließen und danach abspielen und somit die Buchungen im Vertragskonto auslösen.

Nachbearbeitung vornehmen ❹

Genau wie im Zahlungsstapel werden nicht zuordenbare Rückläufer in die Nachbearbeitung gestellt (siehe Abschnitt 6.4.2). Hier können Sie die Posten erneut prüfen und manuell einem Posten oder Vertragskonto zuordnen oder sie ins Hauptbuch zurückbuchen.

Forderung erneut öffnen ❺

Je nachdem, welche Methode Sie zur Wiedereröffnung der Forderung gewählt haben, wird der ausgeglichene Posten wieder geöffnet, indem der Ausgleich zurückgenommen wird. Alternativ wird ein komplett neuer Posten erstellt.

Neuen Posten erstellen

Wenn Sie bei der Verarbeitung der Rückläufer einen neuen Beleg erstellen, anstatt die Ausgleichsrücknahme zu nutzen, müssen alle benötigten Daten aus dem ursprünglichen offenen Posten übernommen oder abgeändert werden (siehe Abbildung 7.5). Zu diesen Daten gehören Zahlwege oder Zahlungsziele.

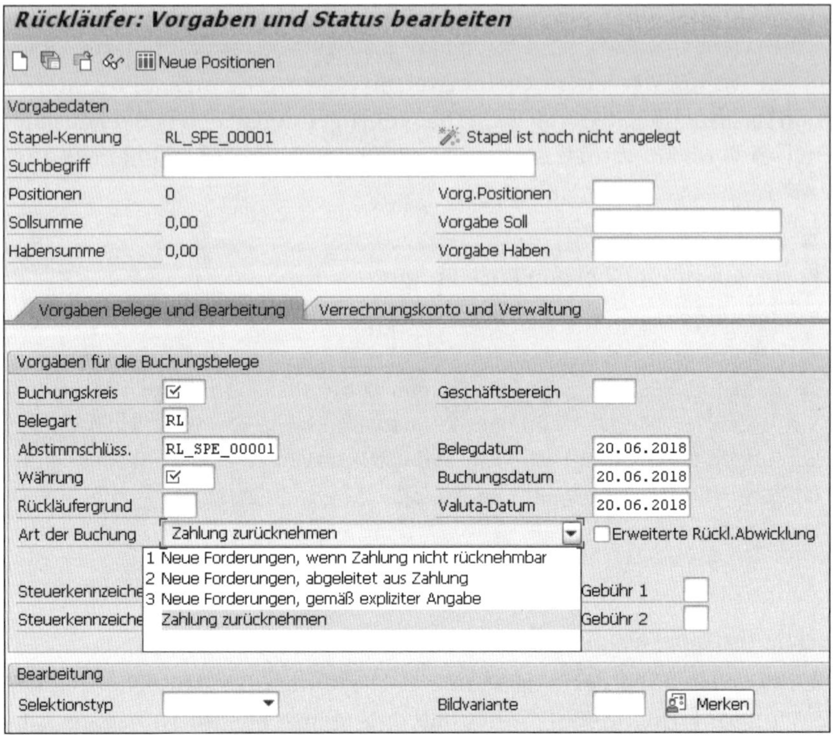

Abbildung 7.5 Posten per Rückläufer erstellen oder erneut öffnen

Dies kann im komplexen Zahlungsprozess und, je nach Ausprägung der Zahlungsprozesse, nur unter Zuhilfenahme von individueller Entwicklung bewerkstelligt werden, die Sie in den Zeitpunktbausteinen des Rückläuferstapels hinterlegen können.

Nach Migrationen oder ähnlichen Situationen kann die Erstellung neuer Posten sinnvoll sein, wenn Sie nur offene Posten migrieren. Ansonsten würde der in der Zwischenzeit auflaufende Rückläufer im neuen System den zugehörigen Posten nicht mehr finden.

Folgeaktivitäten anstoßen ❻

Bei oder nach der Buchung der Rückläuferbelege können Folgeaktivitäten angestoßen werden. Hierzu gehören z. B.:

- Gebühren buchen
- Daten im Forderungsbeleg ändern, wie z. B. Zahlungsziel oder Zahlweg
- Daten im Vertragskonto anpassen
- Formulare erstellen
- Sperren von Belegen oder Stammdaten setzen oder löschen

Alle diese Aktivitäten müssen Sie an den gesamten Zahlungsprozess anpassen. Je nachdem, wie Ihr Unternehmen organisiert ist, und abhängig von Ihren Kundengruppen, kann ein harmonischer Rückläuferprozess die Arbeiten im Unternehmen vereinfachen. Darüber hinaus können Sie Verstimmungen aufseiten der Kunden minimieren.

Sie können für jeden Rückläufergrund, z. B. nicht gedecktes Konto, einstellen, welche Aktivitäten erfolgen sollen, wenn dieser Rückläufergrund auftritt. In diesem Fall könnten Sie z. B. einen erneuten Bankeinzug starten, dessen Termin nach dem 1. des folgenden Monats liegt, um den Kunden die Möglichkeit zu geben, eine Deckung ihrer Konten sicherzustellen. Folglich müssen Sie eine temporäre Mahnsperre setzen um nicht direkt den Posten anzumahnen und an ein Inkassobüro weiterzuleiten.

7.2 Buchungen bei der Rückläuferverarbeitung

Im vorangehenden Abschnitt haben Sie den Ablauf der Rückläuferverarbeitung in aller Kürze kennengelernt. In diesem Abschnitt gehen wir auf die Belegbuchungen ein, die während dieses Prozesses vorgenommen werden. Diese können, abhängig von den gewählten Customizing-Einstellungen, variieren. Beispielweise kann es sein, dass Sie Ihren Kunden die anfallenden Bankgebühren nicht weiterberechnen möchten.

Reihenfolge der Buchungen

Im Standardfall werden die folgenden Buchungen ausgeführt:

1. Eine neue Forderung wird im Vertragskonto für einen Kunden erfasst. Die Buchungen werden im Nebenbuch und Hauptbuch erfasst.
2. Die Forderung wird per SEPA Direct Debit eingezogen und gleicht den offenen Posten aus.
3. Die Zahlung wird von der Bank per elektronischen Kontoauszug bestätigt und gleicht das Bankverrechnungskonto aus.
4. Der Kunde reicht bei seiner Bank das Rückläufergesuch ein, und die Bank bestätigt die Transaktion. Wieder per elektronischen Kontoauszug wird das Unternehmen über den Rückläufer informiert. Beim Einspielen des elektronischen Kontoauszugs wird der Betrag auf das Rückläuferverrechnungskonto gebucht.
5. Durch die Verarbeitung des zuvor erstellten Rückläuferstapels werden Gebührenbuchungen angestoßen.
6. Die Gebühren werden als zusätzliche Belastungen auf das Vertragskonto des Kunden gebucht.

Abbildung 7.6 zeigt diese Buchungslogik in Form von T-Konten.

S	Forderungen		H
1	100	100	2
5	100		

S	Erlöse		H
		100	1

S	Ertrag		H
		5	6
		10	6

S	Rückläufer Forderungen		H
6	5		
6	10		

S	Gebühren		H
5	10		

S	Bank		H
3	100	110	4

S	Bank-verrechnungskonto		H
2	100	100	3

S	Rückläufer-verrechnungskonto		H
4	110	110	5

Hauptbuch

Nebenbuch

S	Vertragskonto		H
1	100	100	2
5/6	115		

Abbildung 7.6 Vereinfachte Buchungslogik bei der Rückläuferverarbeitung

Im folgenden Abschnitt werden die Möglichkeiten im Customizing beschrieben, die den zuvor besprochenen Rückläuferprozess gestalten.

7.3 Rückläufergründe

Bevor Sie die Ausprägung der Rückläuferverarbeitung vornehmen, legen Sie die Rückläufergründe fest. Zu den wichtigsten *Rückläufergründen* aus der Sicht Ihres Unternehmens gehören die folgenden:

- Die Kontodaten des Kunden sind fehlerhaft.
- Das Konto des Kunden ist nicht gedeckt.
- Ihr Unternehmen ist nicht zur Abbuchung berechtigt.
- Der Kunde ist im SAP-System nicht vorhanden.

Im nächsten Schritt werden die Rückläufergründe aus der Sicht des Unternehmens den Rückläufergründen der Bank zugeordnet. Hierbei kann es sinnvoll sein, nur die Unternehmenssicht aufzubauen und verschiedenartige, auch je nach Bank unterschiedliche Gründe zusammenzufassen.

Unternehmensspezifischer Rückläufergrund

Das weitere Customizing ist abhängig von den Folgeaktivitäten, die Sie durchführen möchten. Es kann sinnvoll sein, alle Rückläufergründe aus Sicht der Bank, die Sie auf die gleiche Weise verarbeiten möchten, einer Gruppe oder einem unternehmensspezifischen Rückläufergrund zuzuordnen.

[+]

Rückläuferaufbau nach Aktion

Die Rückläufergründe werden bei der Verarbeitung den Fachbereichen, z. B. im Rückläuferstapel, angezeigt. Sie sollten daher eine Formulierung wählen, die nicht nur die Aktion, sondern auch die weiteren Schritte beschreibt. Eine sprechende und eindeutige Beschreibung vereinfacht die manuelle Verarbeitung wesentlich. Sie können z. B. einen Text, wie »Erneuter Einzug erst nach Kundenrücksprache.« definieren.

Um die Rückläufergründe einzustellen, wählen Sie den Pfad im Einführungsleitfaden (Implementation Guide, kurz IMG):

IMG • Finanzwesen • Vertragskontokorrent • Geschäftsvorfälle • Rückläufer • Rückläufergründe konfigurieren

Unternehmensspezifische Rückläufergründe konfigurieren

In der mehrdimensionalen Einstellungsmaske in Abbildung 7.7 definieren Sie zuerst die unternehmensspezifischen Gründe auf der rechten Seite und ordnen anschließend den Gründen weitere Eigenschaften zu.

In Abbildung 7.7 sind in der Spalte **Rückläufergrund** verschiedene Ursachen für Rückläufer aufgeführt. Dazu gehören Rückläufergründe, die sich an die Bezeichnung der Banken anlehnen, wie z. B. fehlerhafte Kontodaten.

Aktionsgebundene Rückläufergründe

Darüber hinaus gibt es aktionsgebundenen Gründe, bei denen die Bezeichnungen der Banken unternehmensspezifischen Maßnahmen zugeordnet werden, z. B. das Veranlassen eines erneuten Bankeinzugs.

Über die Option **Aktion Formular Kontodaten versenden** wird der Versand eines Formulars an den Kunden veranlasst. Das heißt, dass Sie im Falle einer fehlerhaften Kontoverbindung ein Formular an den Kunden generieren, in dem er aufgefordert wird seine Kontodaten zu aktualisieren. Bei fehlender Kontodeckung können Sie das SAP-System dazu anweisen, einen erneuten Bankeinzug an einem anderen Tag durchzuführen. Des Weiteren können Sie auch Sammelobjekte oder sonstige Gründe anlegen, die mehrere Bankrückläufertypen gruppieren.

Allerdings können Sie auch Kombinationen oder eigene Rückläufergründe kreieren. Es kommt hierbei auf das Aufkommen an Rückläufern in den einzelnen Bereichen an und wie die Sachbearbeiter sich in der Abteilung organisieren.

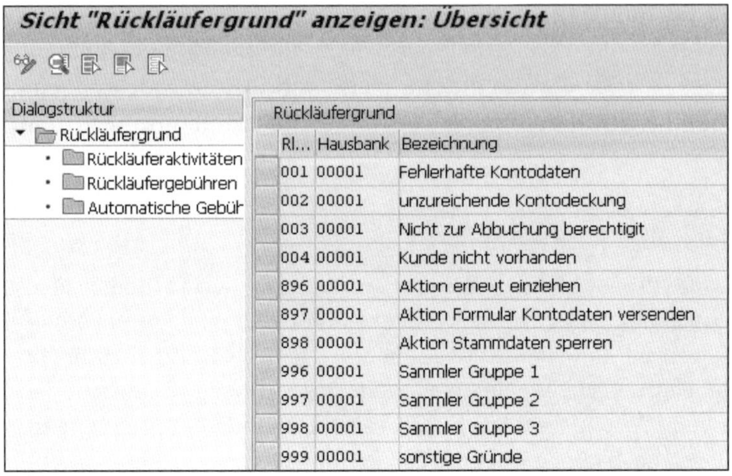

Sicht "Rückläufergrund" anzeigen: Übersicht

Dialogstruktur
- Rückläufergrund
  - Rückläuferaktivitäten
  - Rückläufergebühren
  - Automatische Gebür

Rückläufergrund

Rl...	Hausbank	Bezeichnung
001	00001	Fehlerhafte Kontodaten
002	00001	unzureichende Kontodeckung
003	00001	Nicht zur Abbuchung berechtigit
004	00001	Kunde nicht vorhanden
896	00001	Aktion erneut einziehen
897	00001	Aktion Formular Kontodaten versenden
898	00001	Aktion Stammdaten sperren
996	00001	Sammler Gruppe 1
997	00001	Sammler Gruppe 2
998	00001	Sammler Gruppe 3
999	00001	sonstige Gründe

Abbildung 7.7 Unternehmensspezifische Rückläufergründe anlegen

Detailansicht des Rückläufergrundes pflegen

Wenn Sie einen Rückläufergrund neu erstellen oder einen Doppelklick auf eine Zeile in der Spalte **Rückläufergrund** vornehmen, gelangen Sie in die Detailansicht des Rückläufergrundes und können die ersten Eigenschaften pflegen (siehe Abbildung 7.8).

Legen Sie im Feld **Rückläufergrund** den Namen fest. Hierzu können Sie Nummern und/oder Buchstaben verwenden. Im Customizing wird diese ID zur Ausprägung der Eigenschaften und Aktionen weiterverwendet und dient auch als Identifizierungsmerkmal in den Anwenderoberflächen, wie z. B. im Rückläuferstapel.

Sie können im Feld **Hausbank** die Referenz zu der in der Bankbuchhaltung hinterlegten Hausbank eintragen. Hierüber wird das SAP-System die Bankdaten einlesen und verknüpfen.

Rückläufertyp

Wie Sie auch im weiteren Customizing feststellen werden, teilt sich die Rückläuferverarbeitung einige Einstellungspunkte mit anderen Themenbereichen, z. B. der Stapelverarbeitung. Im Feld **Rückläufertyp** im Bereich **Rückläufergrund** legen Sie fest, für welche Art von Rückläufer der Grund angelegt wurde.

Es stehen folgende Typen zur Verfügung:

- Bankrückläufer
- Scheckrückläufer (Eingangsschecks)

- Zahlkartenrückläufer
- Scheckrückläufer (Ausgangsschecks)
- Externe Zahlstelle

Diese Auswahl zeigt bereits die enormen Differenzierungsmöglichkeiten der Rückläuferverarbeitung. Die Rückläufergründe werden Schritt für Schritt weiter verfeinert und können so eine Vielzahl von Situationen erkennen und unterschiedlichste Folgeaktionen durchführen.

Rückläufergrund	001
Hausbank	00001
Rückläufergrund	
Rückläufertyp	1 Bankrückläufer
Historie	180
BonitätsZahl	10
Anw.Formular	
Klärungskonto	113105
Bezeichnung	Fehlerhafte Kontodaten
ScheckentwGrund	

Abbildung 7.8 Rückläufergründe ausprägen

Rückläuferhistorie beschränken

Wenn Sie im Feld **Historie** keinen Eintrag hinterlegen bzw. 0 Tage eintragen, werden alle Rückläufer mit diesem Grund für die Auswertung vorgesehen. Wenn Sie die Rückläuferhistorie beschränken möchten, definieren Sie die Tage wie im Beispiel (180 Tage), an denen die Rückläufer Berücksichtigung finden sollen.

Bonitätsbewertung

Um die Rückläuferverarbeitung mit der Bonitätsbewertung zu verknüpfen, benennen Sie im Feld **BonitätsZahl** den Wert, der in die Berechnung für diesen Rückläufergrund einfließen soll.

Formulare erstellen

Die Rückläuferverarbeitung ist immer eine Verkettung von Kommunikationsereignissen mit verschiedenen Parteien, wie z. B. Kunden und Banken. Bei Rückläuferfällen, z. B. aufgrund von falschen Kontodaten, können Sie im Feld **Anwendungsformular** einen Vordruck hinterlegen, der bei Auslösung des Rückläufergrundes generiert wird und die aktuellen Kontodaten abfragt. Dieses Formular kann dann an den Kunden oder an die Hausbank versendet werden.

Wenn die Angaben der Bank nicht ausreichen, um den Rückläufer einem Kunden bzw. einem Zahlungsbeleg zuzuordnen, wird der Rückläuferbeleg durch den Rückläuferstapel auf ein Klärungskonto gebucht, das anschließend durch die manuelle Zuordnung zu einem Kunden oder durch eine

Umbuchung wieder entlastet wird. Dieses Konto tragen Sie im Feld **Klärungskonto** ein.

In dem Feld **Bezeichnung** geben Sie den Text ein, der auf den User Interfaces eingeblendet werden soll, nachdem der Benutzer die Wertehilfe zum Rückläufergrund öffnet.

Das Feld **ScheckentwGrund** (Scheckentwertungsgrund) verwenden Sie, wenn Sie zuvor die Einstellungen für Scheckrückläufer definiert haben. Hier hinterlegen Sie den Grund für die Entwertung des Schecks, z. B. Scheckrückläufer.

7.4 Rückläuferaktivitäten

Nachdem Sie die allgemeinen Einstellungen für jeden ihrer unternehmensspezifischen Rückläufergründe erstellt haben, bestimmen Sie die Rückläuferaktivitäten. Hierzu wählen Sie einen Rückläufergrund aus (siehe Abbildung 7.7) und klicken auf **Rückläuferaktivitäten**.

Der Rückläufertyp wird nun zusammen mit der Hausbank und über den Buchungskreis mit Aktivitäten bestückt. Wenn dann der Rückläufer in dieser Kombination auftritt, wird eine bestimmte Aktion ausgelöst. Wie Sie in Abbildung 7.9 sehen, kann der **Rückläufergrund** für verschiedene Kriterien, wie z. B. **Buchungskreis** und **Hausbank** eingestellt werden. Dies ist sinnvoll, wenn die verschiedenen Buchungskreise an unterschiedliche Banken angeschlossen werden.

Rückläufergrund	001	Buchungskreis	1000	Hausbank	00001
RL.Anzahl	0	Bonität	0	Toleranzgruppe	0001

Abbildung 7.9 Selektionsparameter für die Rückläuferaktivitäten

Geben Sie die Selektionsparameter ein, für die Sie eine Folgeaktion ausprägen möchten. Die Selektionsparameter sind die Kombinationen, die aus dem Rückläuferdatensatz ermittelt werden können und dann die Referenz im System darstellen. In unserem Beispiel werden wir für den Rückläufergrund 001 aus unserem vorherigen Bild, zusammen mit der bereits zugeordneten Hausbank 0001, die Einstellungen für den Buchungskreis 1000 vornehmen. Die hinzugefügte **Toleranzgruppe** berücksichtigt +/– 1 EUR bei Unter-/Überschreitung.

Stundungstage festlegen

Das Feld **Stundungstage** finden Sie nach einem Doppelklick auf einen Rückläufergrund im Rahmen der Pflege von Rückläuferaktivitäten. Im Feld **Stundungstage** können Sie die Anzahl an Tagen festlegen, die dem Kunden die Zahlung gestundet wird, nachdem der Rückläufer eingetroffen ist. Die

Stundungsabhängigkeiten gelten auch für Forderungen, die von einem Rückläufer betroffen sind. Nachdem Sie die Aktivität angelegt haben, prägen Sie diese, wie in den nächsten Schritten beschrieben, aus.

7.4.1 Sperren setzen

Aktionen durch Sperren unterbinden

Neben den Stundungstagen können Sie in der Detailansicht der Pflege der Rückläuferaktivitäten pro Rückläufergrund Sperren pflegen, die mit dem Rückläufergrund gesetzt werden sollen. Sie erreichen die Ansicht mit einem Doppelklick auf das Feld **Rückläufergrund** der Abbildung 7.9. Um Aktionen auf dem Vertragskonto zu unterbinden, z. B. um Auszahlungen an den Kunden zu verhindern, weil dieser einen Bankeinzug hat zurückgehen lassen, können Sie die folgenden Sperren auf verschiedene Stammdatenobjekte oder transaktionale Daten setzen:

- **Mahnsperre Posten**
  Die hier eingetragene Mahnsperre wird in den Posten übernommen.
- **Zahlsperre Posten**
  Vergeben Sie eine Zahlsperre, die im Rückläuferfall an den wiedereröffneten Posten angehängt wird.
- **Mahnsperre Vertragskonto**
  Bei einem Rückläufer wird die hinterlegte Mahnsperre in das zugehörige Vertragskonto gespeichert.
- **Eingangszahlsperre Vertragskonto**
  Die eingetragene Zahlsperre wird im Vertragskonto für Eingangszahlungen gesetzt.
- **Ausgangszahlsperre Vertragskonto**
  Die eingetragene Zahlsperre wird im Vertragskonto für Ausgangszahlungen gesetzt.
- **Eingangszahlsperre Vertrag**
  Diese Zahlsperre wird nur benötigt, wenn Sie Verträge nutzen; die Sperre wird auf der Vertragsebene hinterlegt.
- **Ausgangszahlsperre Vertrag**
  Diese Zahlsperre wird nur benötigt, wenn Sie Verträge nutzen; die Sperre wird auf der Vertragsebene hinterlegt.
- **Mahnsperre Vertrag**
  Diese Mahnsperre wird nur benötigt, wenn Sie Verträge nutzen; die Sperre wird auf der Vertragsebene hinterlegt.

Zeitliche Sperren

Sie können diese Sperren zeitabhängig im SAP-System setzen. Geben Sie hierzu im Feld **Sperrdauer in Tagen** die Tage an, an denen die Sperre bestehen soll. Nach dem Ablauf entfernt das SAP-System die Sperre.

Sperren verwalten

Sperren sind eine nützliche Art, um bestimmte, für das Unternehmen schädliche Aktionen zu verhindern. Beachten Sie vor allem, dass sich die von Ihnen verwendeten Sperren nicht gegenseitig behindern und den Zahlungsprozessablauf negativ beeinflussen. Es ist hilfreich die einzelnen Sperren nach der Customizing-Einrichtung grafisch aufzubereiten und die zeitlichen Aspekte zu berücksichtigen.

7.4.2 Externe Gebühren verarbeiten

Weiterverarbeitung von Gebühren

Für die Abwicklung der Rückläufer können Banken dem Unternehmen Gebühren in Rechnung stellen. Diese Gebührenanteile werden im Rückläufer mitübertragen. Die Einstellungen können Sie im linken Menüpunkt **Automatische Gebührenermittlung** konfigurieren (siehe Detailansicht der Pflege der Rückläuferaktivitäten pro Rückläufergrund aus Abbildung 7.9).

- **Gebühren weiterbelasten**
  Die übermittelten Gebühren werden, wenn dieses Kennzeichen aktiviert wird, dem Kunden bzw. seinem Vertragskonto weiterbelastet. Der Kunde erhält in diesem Fall einen neuen Forderungsposten auf seinem Vertragskonto.
- **Gebühren statistisch buchen**
  Die dem Kunden weiterbelasteten Gebühren werden statistisch gebucht und nicht direkt ins Hauptbuch übermittelt.
- **Staffelgebühren berechnen**
  Wenn Sie dem Kunden zusätzliche Gebühren berechnen möchten, etwa wegen entstandener Aufwände zur Klärung des Rückläufers, aktivieren Sie die Staffelgebühren. Die Höhe der Gebühren wird nach dem Betrag bestimmt.
- **(Prepaid-Konto belasten)**
  Dieses Kennzeichen ist nur für Prepaid-Aufladungen relevant. Bei der Aktivierung wird die Gebühr direkt vom Guthaben abgezogen.

7.4.3 Zahlwege löschen

Zusätzlich zu den Kontosperren können Sie auch die Zahlwege im Vertragskonto und Posten löschen. Die Einstellungen finden Sie in der Detailansicht der Pflege der Rückläuferaktivitäten pro Rückläufergrund aus Abbildung 7.9. Damit vermeiden Sie einen erneuten Bankeinzug oder sogar eine Auszahlung an den Kunden. In Abbildung 7.10 sehen Sie die Zahlwege, die Sie durch das Setzen des entsprechenden Kennzeichens zur Löschung auswählen können:

- Eingangszahlweg löschen
- Ausgangszahlweg löschen
- Zahlweg am Posten löschen

Der Zahlweg wird gelöscht, sobald der Rückläufer gebucht wird. Wenn z. B. der Rückläufergrund vermuten lässt, dass kein weiterer Bankeinzug sinnvoll ist, sollten Sie diesen aus dem Vertragskonto löschen, um eine Endloskette von Einzügen und Rückläufern zu vermeiden.

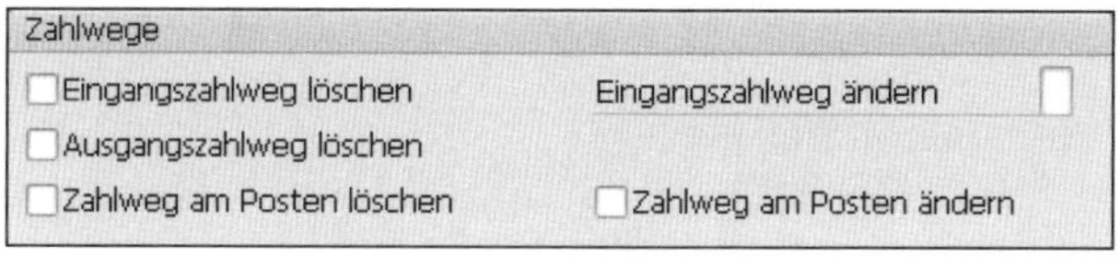

Zahlwege
☐ Eingangszahlweg löschen — Eingangszahlweg ändern ☐
☐ Ausgangszahlweg löschen
☐ Zahlweg am Posten löschen — ☐ Zahlweg am Posten ändern

Abbildung 7.10 Zahlwege löschen

Auch Änderungen des Zahlwegs können Sie über die Kennzeichen **Eingangszahlweg ändern** oder **Zahlweg am Posten ändern** vornehmen. Um diese Funktion nutzen zu können, müssen Sie den Zeitpunkt 292 im IMG-Pfad ausprägen:

IMG • Finanzwesen • Vertragskontokorrent • Programmerweiterungen • Kundenspezifische • Funktionsbausteine hinterlegen

7.4.4 Weitere Aktivitäten

Darüber hinaus stehen Ihnen weitere Rückläuferaktivitäten zur Verfügung (siehe Abbildung 7.9). Aktivieren Sie die in Tabelle 7.1 gezeigte Customizing-Funktionen, um die gewünschte Folgeaktivität zu nutzen.

Aktivität	Beschreibung
Sachbearbeiter informieren	Wenn Sie den Zeitpunkt 1073 und/oder 295 entsprechend ausgeprägt haben, wird der Sachbearbeiter benachrichtigt und kann manuelle Schritte einleiten.
Korrespondenz erstellen	Bei der Ausprägung des Zeitpunktes 1073 wird der Korrespondenzzeitpunkt angesteuert.
Bankverbindung prüfen	Die im Zahllauf verwendete Bankverbindung wird mit der Bankverbindung im Rückläufer verglichen und Abweichungen festgestellt oder nicht.

Tabelle 7.1 Weitere Rückläuferaktivitäten

Aktivität	Beschreibung
Prepaid-Aufladung stornieren	Wenn sich der Rückläufer auf eine Aufladung bezieht, wird diese zurückgenommen.
Stammdaten ändern	Kundeneigene Zeitpunkte können ausgeprägt werden; diese Aktivität Wird im Umfeld des Financials Supply Chain Managements genutzt.
Informations-Container	Die Rückläuferaktion meldet den Rückläufer an implementierte Systeme im Informations-Container.
Alternativer Rückläufergrund	Nach der Bankverbindungsprüfung wird der alternative Rückläufergrund für die Folgeaktivitäten berücksichtigt.

Tabelle 7.1 Weitere Rückläuferaktivitäten (Forts.)

Rückläufer-zeitpunkte

Die im Bereich **Weitere Aktivitäten** aufgeführten Einstellungen sind zum größten Teil entwicklungsabhängig und erfordern eigene Entwicklungen in den FI-CA-Zeitpunktbausteinen.

Vorlagen für die Definition von Zeitpunkten

Bevor Sie die Entwicklung zur Ausprägung von Zeitpunkten starten, prüfen Sie die von SAP ausgelieferten Beispiele oder bereits frei verfügbaren Beispiele.

7.4.5 SEPA-Mandatsverwaltung

Verwendung im SEPA-Mandat zurücknehmen

Mit der SEPA-Einführung wurde auch das Customizing für die Rückläufer erweitert. Bei der Aktivierung des Kennzeichens **Verwendung zurücknehmen** wird die im SEPA-Mandat vermerkte Nutzung gelöscht, die sich auf den Rückläufer bezieht. Dies kann, wenn es sich um eine Erstverwendung handelt, Auswirkungen auf die SEPA-Fristen haben.

Zusätzlich können Sie, ähnlich wie bei den Zahlwegen, eine Mandatssperre in Tagen oder einen neuen Mandatsstatus setzen (siehe Abbildung 7.11). Dazu geben Sie im Feld **Sperre Mandat in Tagen** die Anzahl der Tage ein, für die das Mandat nicht verwendet werden darf. Unter **Neuer Mandats-Status** tragen Sie den Status ein, den das Mandat annehmen soll, nachdem der Rückläufer verarbeitet worden ist.

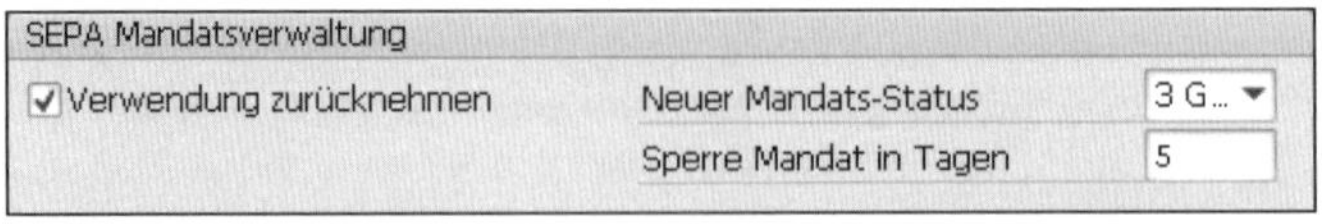

Abbildung 7.11 SEPA-Einstellungen

Ein erstelltes Mandat zu einer nicht mehr gültigen Bankverbindung könnte hierdurch automatisch den Status **gesperrt** erhalten.

7.5 Unternehmensspezifische Rückläufergebühren

Staffelgebühren festlegen

Für jeden Rückläufergrund und für jede zugeordnete Hausbank können Sie Staffelgebühren festlegen. Wählen Sie dazu den Customizing-Punkt **Rückläufergebühren** aus Abbildung 7.7. Um die Staffelgebühren in der Verarbeitung zu verwenden, müssen Sie im vorangegangenen Menüpunkt die Funktion **Staffelgebühr berechnen** aktivieren. Geben Sie pro Rückläufergrund und Hausbank im Feld **Betragsgrenze** an, ab welchem Betrag eine Staffelgebühr erhoben wird (siehe Abbildung 7.12).

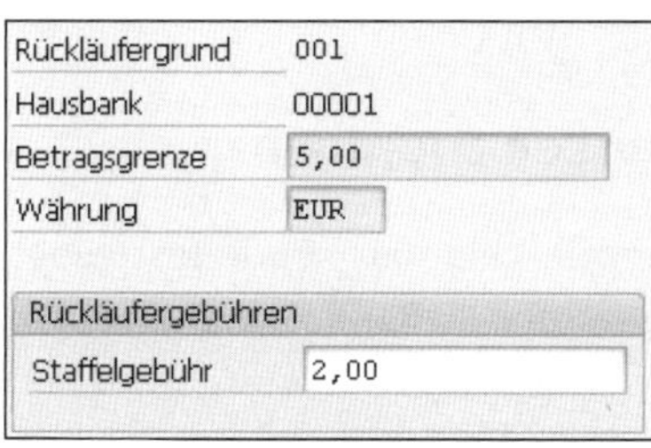

Feld	Wert
Rückläufergrund	001
Hausbank	00001
Betragsgrenze	5,00
Währung	EUR

Rückläufergebühren

Feld	Wert
Staffelgebühr	2,00

Abbildung 7.12 Staffelgebühr für Rückläufer festlegen

Unterschiedliche Gebühren je Bank

Je nachdem, wie viele Ausprägungen (Hausbanken, Währungen) Sie zuvor definiert haben, müssen bzw. können Sie im Feld **Staffelgebühr** die Gebühren ausprägen. Zum Beispiel könnte die Bearbeitung der Rückläufer für eine Hausbank aufwendiger als für eine andere Hausbank sein. In diesem Fall könnten Sie dann unterschiedliche Staffelgebühren festlegen (siehe Abbildung 7.13).

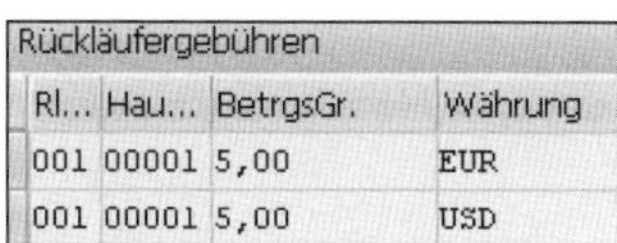

Rückläufergebühren

Rl...	Hau...	BetrgsGr.	Währung
001	00001	5,00	EUR
001	00001	5,00	USD

Abbildung 7.13 Staffelgebühr ausprägen

7.6 Automatische Gebührenermittlung

Um den von der Bank zurückübermittelten Betrag als Gebühr zu identifizieren, wird im Customizing der Differenzbetrag zwischen dem ursprünglichen Posten und des von der Bank zurückgelieferten Betrags eingestellt. Wechseln Sie in den Punkt **Automatische Gebührenermittlung** der Dialogstruktur aus Abbildung 7.7. Nehmen Sie dann eine Eingabe im Feld **Max. Differenz** in Abbildung 7.14 vor.

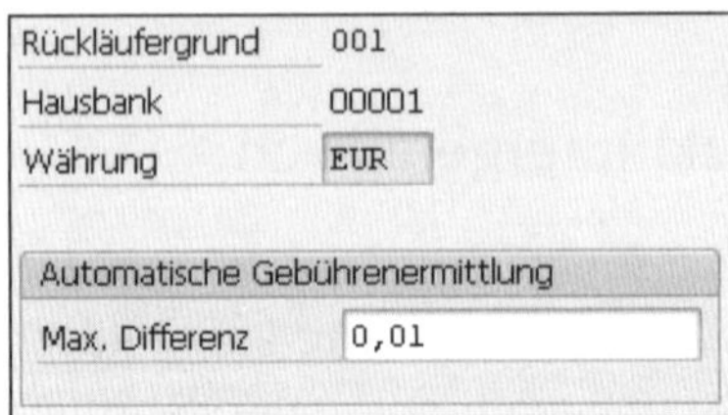

Abbildung 7.14 Gebührendifferenzbetrag definieren

Um die Höhe der Gebühr zu ermitteln, werden der ursprüngliche Zahlbetrag und der Rückläuferbetrag verglichen.

7.7 Rückläufergründe den Hausbanken zuordnen

Nachdem Sie die unternehmensspezifischen Rückläufergründe festgelegt und ausgeprägt haben, müssen diese den externen Bankrückläufergründen zugeordnet werden.

Folgen Sie dazu dem folgenden IMG-Pfad:

IMG • Finanzwesen • Vertragskontokorrent • Geschäftsvorfälle • Rückläufer • Rückläufergründe den Hausbanken zuordnen

Rückläufergründe den Hausbankengründen zuordnen

Eine große Anzahl von Hausbanken kann zu einem komplizierten Mapping der internen zu den externen Rückläufergründen führen. Berücksichtigen Sie die externen Einflussfaktoren, und legen Sie vor dem Customizing Ihre Strategie fest, um nachträglichen Pflegeaufwand in den verschachtelten Menüs zu vermeiden.

Zuordnung pro Buchungskreis

Die Zuordnung erfolgt pro Rückläufergrund für jeden Buchungskreis und in Kombination mit der Hausbank, wobei Sie keine Haubank angeben müssen (siehe Abbildung 7.15). Im Feld **Hb** tragen Sie den Wert ein, der von der Bank im Kontoauszug übertragen wird. Das Vorzeichen beschreibt, ob es sich hierbei um eine Gut- oder Lastschriftzuordnung handelt. Im Feld **RlG** ordnen Sie dann endgültig den internen Rückläufergrund zu. Wenn Sie keine Hausbank angeben, gelten die Einstellungen hausbankübergreifend.

Sicht "Zuordnung Rückläufergründe" anzeigen: Übersicht

BuKr	Hausbank	Hb	Vorzeichen	RlG
1000		901	+	001
1000		901	-	002
1000		907	+	001
1000		907	-	001

Abbildung 7.15 Externe Bankrückläufergründe internen Vorgängen zuordnen

7.8 Bankverrechnungskonto

Verrechungskonten im Rückläuferstapel

Der über den Customizing-Pfad zu erreichende Customizing-Punkt zur Hinterlegung des Verrechnungskontos wird für mehrere Geschäftsvorfälle verwendet (siehe Abbildung 7.15):

IMG • Finanzwesen • Vertragskontokorrent • Geschäftsvorfälle • Rückläufer • Bankverrechnungskonto hinterlegen

Diese Customizing-Maske wird für mehrere Geschäftsvorfälle genutzt. Hier werden die Verrechnungskonten für Zahlungseingänge, Rückläufer, Scheck und Zahlungseingang gepflegt. Gleichzeitig steuern Sie auch, für welche Hausbank und Kontoart das Bankverrechnungskonto gelten soll.

Im Feld **Korr.Empf** hinterlegen Sie die Geschäftspartnernummer des Ansprechpartners, der bei den Rückläuferkorrespondenzen benachrichtigt werden soll (siehe Abbildung 7.16). Im Beispiel wird im Feld **BuKr** Buchungskreis 1000 für alle Rückläufer nur ein Bankverrechnungskonto **Bankverr-Konto** genutzt. Genau wie beim Zahlungseingang ist es sinnvoll, ein Bankverrechnungskonto pro Geschäftsvorfall und Hausbankkonto einzurichten. Geben Sie hierzu in den Feldern **Hausbank** und **Konto-ID** die Kennung der Bank mit der Konto-ID ein.

Bankverrechnungskonten

BuKr	BankverrK...	Hau...	Kon...	Korr.Em...	GültZahlst	GültRücklf	GültScheck	GültZKarte	GültZAuftr	GültOnlSch
1000	194500				☐	☑	☐	☐	☐	☐

Abbildung 7.16 Bankverrechnungskonto für Rückläufer

7.9 Klärungskonto

Interimskonto

Alle Buchungen, die nicht direkt einem Zahlungsbeleg zugeordnet werden können, werden auf dieses *Zwischenkonto* (Interimskonto) gebucht und können durch einen Sachbearbeiter im Rückläuferstapel korrigiert werden.

Die Korrektur bucht anschließend den Betrag vom Korrekturkonto auf das Vertragskonto um (siehe Abbildung 7.17).

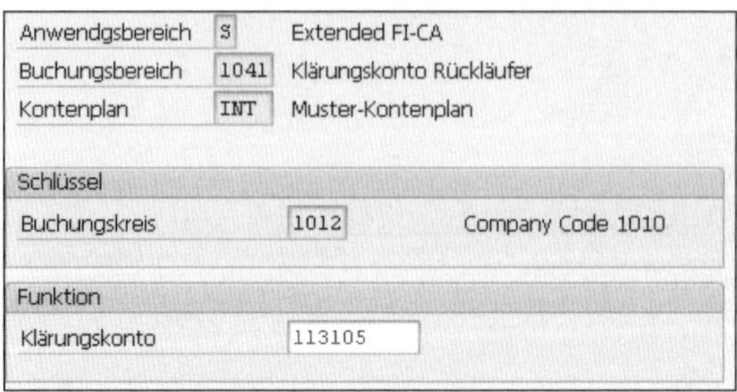

Abbildung 7.17 Klärungskonto für Rückläufer festlegen

Im Buchungsbereich 1041 geben Sie das allgemeine Klärungskonto für Rückläufer an. Wählen Sie hierzu im Feld **Buchungskreis** den betreffenden Buchungskreis aus. Außerdem hinterlegen Sie die Kontonummer im Feld **Klärungskonto**. Sie finden diese Einstellungen unter:

IMG • Finanzwesen • Vertragskontokorrent • Geschäftsvorfälle • Rückläufer • Klärungskonten für Rückläufer hinterlegen

7.10 Gebührenkonto

Die zuvor definierten Gebühren müssen Sie, abweichend zu den bereits gebuchten offenen Posten, später im Hauptbuch buchen. Hierzu definieren Sie im folgenden Schritt die Hauptbuchkonten, auf denen der zusätzliche Aufwand bzw. Ertrag gespeichert werden soll.

Um die Gebühren bei der Rückläuferverarbeitung buchen zu können, geben Sie im Buchungsbereich 0110 die Aufwands- und Ertragskonten ein (siehe Abbildung 7.18). Wählen Sie hierzu die entsprechenden Konten aus, und hinterlegen Sie diese in den Feldern für die Aufwands-, Ertragskonten (**GebErtragsKto 1** und **2**) und Verrechnungskonten (**GebAufwndsKto 1** und **2** sowie **BankverrKonto**). Diese Einstellung können Sie pro Rückläufertyp hinterlegen.

Gebührenaufteilung

Analog zu der Darstellung im Rückläuferstapel sehen Sie hier das erste und zweite Aufwands- bzw. Ertragskonto (siehe Abbildung 7.19). Die beiden Bereiche **Bank-Gebühr 1**/**Rückläufer-Gebühr 1** werden mit »1« und »2« bezeichnet und sind pro Rückläuferposition im Rückläuferstapel aufgeführt.

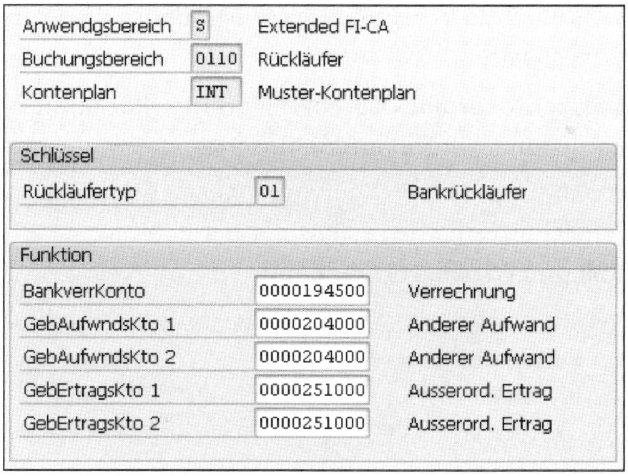

Anwendgsbereich	S	Extended FI-CA
Buchungsbereich	0110	Rückläufer
Kontenplan	INT	Muster-Kontenplan

Schlüssel

Rückläufertyp	01	Bankrückläufer

Funktion

BankverrKonto	0000194500	Verrechnung
GebAufwndsKto 1	0000204000	Anderer Aufwand
GebAufwndsKto 2	0000204000	Anderer Aufwand
GebErtragsKto 1	0000251000	Ausserord. Ertrag
GebErtragsKto 2	0000251000	Ausserord. Ertrag

Abbildung 7.18 Gebührenkonten für Rückläufer

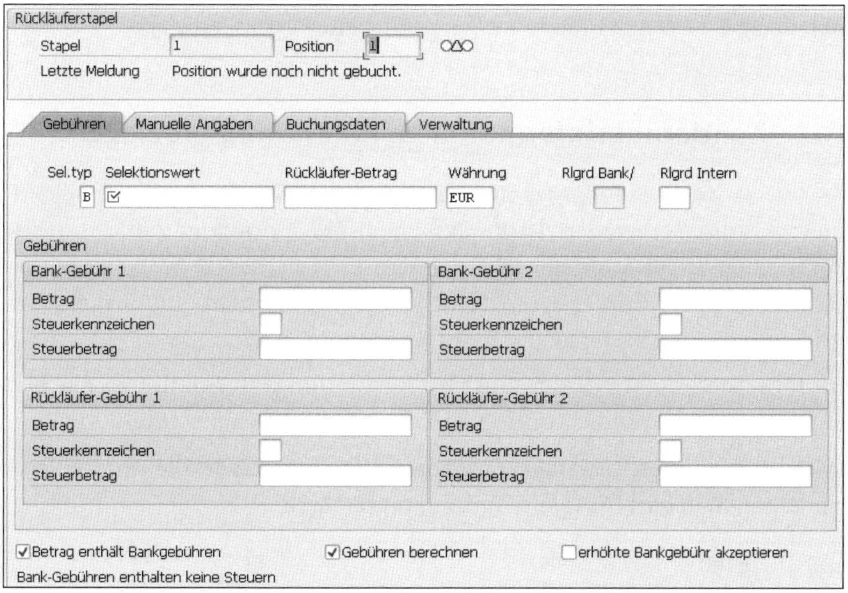

Rückläuferstapel

Stapel 1 Position 1

Letzte Meldung Position wurde noch nicht gebucht.

Gebühren | Manuelle Angaben | Buchungsdaten | Verwaltung

Sel.typ	Selektionswert	Rückläufer-Betrag	Währung	Rlgrd Bank/	Rlgrd Intern
B			EUR		

Gebühren

Bank-Gebühr 1		Bank-Gebühr 2	
Betrag		Betrag	
Steuerkennzeichen		Steuerkennzeichen	
Steuerbetrag		Steuerbetrag	

Rückläufer-Gebühr 1		Rückläufer-Gebühr 2	
Betrag		Betrag	
Steuerkennzeichen		Steuerkennzeichen	
Steuerbetrag		Steuerbetrag	

☑ Betrag enthält Bankgebühren ☑ Gebühren berechnen ☐ erhöhte Bankgebühr akzeptieren

Bank-Gebühren enthalten keine Steuern

Abbildung 7.19 Beispielmaske – Rückläuferstapel für Gebühr 1 und 2

7.11 Haupt- und Teilvorgänge für neu erzeugte Rückläuferbelege

Es kann vorkommen, dass Sie neue Rückläuferbelege erzeugen müssen, anstatt die ursprüngliche Forderung wieder zu eröffnen. Der neue Beleg wird mit dem im Beispiel hinterlegtem Haupt- und Teilvorgang gebucht.

Sie können unter dem Menüpfad die Vorgänge hinterlegen oder direkt in den Buchungsbereich 0111 wechseln:

IMG • Finanzwesen • Vertragskontokorrent • Geschäftsvorfälle • Rückläufer • Kontierungen für neue Positionen bei Rückläufern hinterlegen

Neue Rückläuferbelege erzeugen

Die bei der Buchung verwendeten Haupt-/Teilvorgänge in den Feldern **Hauptvorg.** und **Teilvorg.** speichern Sie, wie im Beispiel aus Abbildung 7.20, im Customizing, je nach **Soll** und **Haben**, getrennt ab.

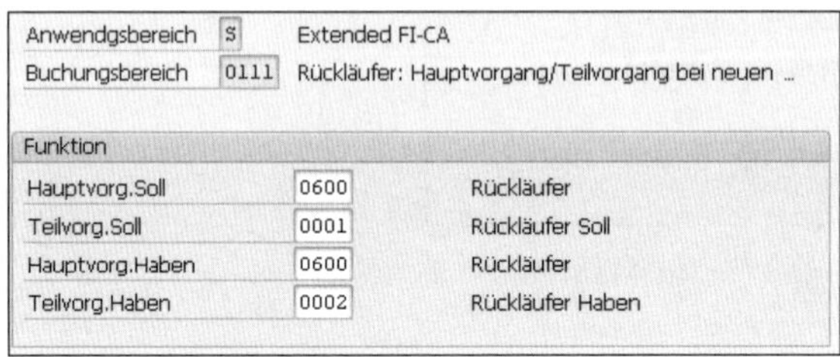

Abbildung 7.20 Haupt- und Teilvorgänge für neue Rückläuferbelege

7.12 Kontierungsinformationen für Rückläuferbelege

Anders als beim Standardzahlungsstapel sollte hier der Beleg als Selektionstyp festgelegt werden. Dadurch kann direkt der richtige Zahlungsbeleg gefunden und der Ausgleich zurückgenommen werden. Die Varianten und Selektionstypen werden vom SAP-System im Standard mitausgeliefert, und sie bedürfen in der Regel keiner Anpassung.

Belegvorgaben

Im folgenden Customizing-Punkt für Kontierungsinformationen machen Sie die Vorgaben für die Kontierungsinformationen (siehe Abbildung 7.21):

IMG • Finanzwesen • Vertragskontokorrent • Geschäftsvorfälle • Rückläufer • Vorgaben (Belegart/Ausgleichsgrund) hinterlegen

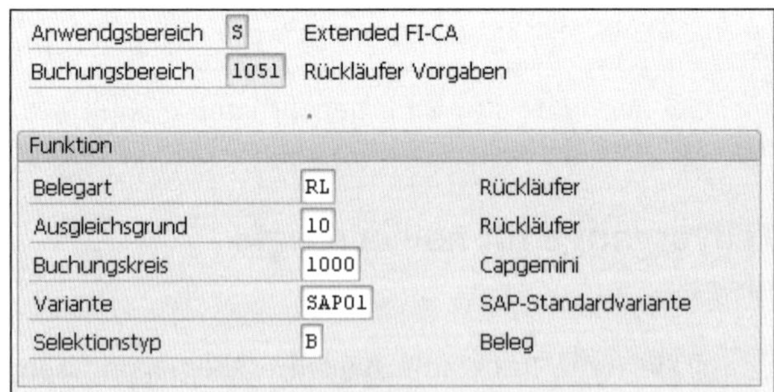

Abbildung 7.21 Kontierungsinformationen im Rückläuferbeleg

Wie auch die Vorgänge, bestimmen Sie in diesem Punkt die Vorgaben für Rückläuferbelege. Hierbei vergeben Sie in den folgenden Feldern **Belegart**, **Ausgleichsgrund**, **Buchungskreis**, **Variante** und den **Selektionstyp**.

7.13 Vorgänge für die Übernahme elektronischer Kontoauszüge definieren

Vorgangstypen

Abschließend müssen Sie noch die Vorgangstypen des elektronischen Kontoauszugs den Vorgangstypen des Vertragskontos zuordnen, damit Sie den externen Vorgang mit der Vorgangsart aus dem Kontoauszug verbinden können:

IMG • Finanzwesen • Vertragskontokorrent • Geschäftsvorfälle • Rückläufer • Vorgänge für Übernahme elektronischer Kontoauszug definieren

Hinterlegen Sie hierzu, wie im Beispiel in Abbildung 7.22 gezeigt, in der Spalte **VorTyp** den Vorgangstyp. Die Spalte **Externer Vorgang** bezeichnet den Geschäftsvorfallcode der Bank; **VZ ist das Vorzeichen des übermittelten Betrags**. In der Spalte **GesVorgArt** wählen Sie die Art des Geschäftsvorfalls aus, der zwischen den Übernahmearten nach FI-CA differenziert. Die folgenden Einstellungen stehen Ihnen zur Verfügung:

- 1: Übernahme in Zahlungsstapel
- 2: Übernahme in Rückläuferstapel
- 3: Übernahme in Zahlungsauftragsstapel
- 4: Übernahme in Scheckeinlösung
- leer: keine Übernahme

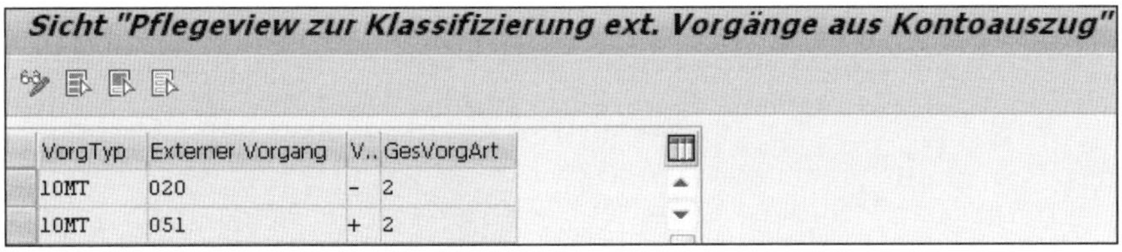

Sicht "Pflegeview zur Klassifizierung ext. Vorgänge aus Kontoauszug"

VorgTyp	Externer Vorgang	V..	GesVorgArt
10MT	020	-	2
10MT	051	+	2

Abbildung 7.22 Vorgangstypen des elektronischen Kontoauszugs

In unserem Beispiel sind die vom SAP-System vordefinierten Vorgänge ausgewählt und mit der internen Vorgangsart 02 für Rückläufer verknüpft worden. Sie müssen dies für alle Formate und externen Vorgänge durchführen, die dem Unternehmen von den Hausbanken zur Verfügung gestellt werden.

7.14 Fazit

In diesem Kapitel sind wir auf den Rückläuferprozess und auf die Einstellungen im Vertragskonto eingegangen. Anhand der Anzahl der Möglichkeiten und Verschachtelungen im Customizing können Sie erkennen, dass es sich um einen komplexen Prozess handelt, der einer genauen Analyse bedarf, um die Unternehmensanforderungen vollumfänglich umzusetzen. Da Sie im Gegensatz zu anderen Prozessen relativ viele Abstimmpunkte, z. B. mit Banken, und die Unternehmenskommunikation mit den Kunden berücksichtigen müssen, kann es auch notwendig sein, Eigenentwicklungen umzusetzen. Diese sollten Sie genau auf die Standardprozesse anpassen und integrieren.

Kapitel 8
Mahnungen und Inkasso

Mahnungen sind das letzte Mittel, um säumige Kunden an fällige Zahlungen zu erinnern. In diesem Kapitel erläutern wir Ihnen, welche Möglichkeiten das Mahnverfahren in FI-CA bietet und wie es sich konkret ausgestalten lässt.

In den meisten Fällen werden Fälligkeiten durch Zahlungseinzüge beglichen. Manchmal räumt ein Unternehmen durch Warten auf Zahlungseingänge, durch die Gewährung von Ratenplänen oder durch Stundungen dem zahlungssäumigen Kunden verschiedene Möglichkeiten ein, um seinen Zahlungsverpflichtungen nachzukommen.

Wenn die fällige Zahlung nicht beglichen wird, muss Ihr Unternehmen über kurz oder lang direkt mit dem Kunden in Kontakt treten, um nicht noch weitere Störungen des Zahlungsabwicklungsprozesses zu riskieren. Dazu können Sie auf ein unternehmensinternes und ein unternehmensexternes Instrument zur Zahlungsaufforderung zurückgreifen. In Abschnitt 8.1, »Mahnungen«, beschäftigen wir uns mit ersterem Fall, und Abschnitt 8.2, »Inkassoabgabe«, behandelt den zweiten Fall, in dem die Forderung durch ein Inkassobüro eingetrieben wird.

8.1 Mahnungen

Optionen für das Mahnwesen

Das *Mahnwesen* kann der letzte Versuch sein, um mit einem Kunden, der Zahlungen versäumt hat, in Kontakt zu treten. Das FI-CA-Mahnverfahren bietet verschiedene Möglichkeiten zur Ausgestaltung der Mahnungen, auf die wir in diesem Kapitel eingehen. In der Regel besteht ein Mahnverfahren aus Zahlungsaufforderungen und im Weiteren aus der Ankündigung von monetären Konsequenzen, wie z. B. Gebühren und Zinsen. Je nachdem, wie das Unternehmen mit den Kunden oder Kundengruppen umgehen möchte, sind diese Maßnahmen schwächer oder stärker ausgeprägt.

[»]

Strategisches Vorgehen bei Mahnungen

Das Versenden von Mahnungen durch ein Unternehmen ist in der Regel negativ belegt und belastet die Kundenbeziehung. Bevor Sie das Mahnverfahren für ein Unternehmen einrichten, analysieren Sie mit den zuständigen Fachbereichen die genauen Absichten und die möglichen Auswirkungen der Mahnungen.

Ein strategisch ausgerichtetes Mahnverfahren erspart dem Unternehmen Geld und Zeit – und verhilft möglicherweise auch zu einer verbesserten Kundenbeziehung.

In den folgenden Abschnitten zeigen wir Ihnen, wie die Mahnprogramme vom Benutzer ausgeführt werden können. Dies soll Ihnen ein besseres Verständnis des erforderlichen Customizings geben, das wir in Abschnitt 8.1.2, »Einstellungen des Mahnverfahrens«, darstellen.

8.1.1 Mahnprogramme

Um die Mahnungen nach Mahnverfahren zu starten, kann der Sachbearbeiter des Unternehmens die beiden Mahnprogramme per Jobplanung oder manuell einplanen.

Mahnvorschlag

Zunächst wird der *Mahnvorschlagslauf* gestartet; dieser sammelt die Informationen aus den offenen Posten und prüft, ob sich diese für eine Mahnung qualifizieren. So muss z. B. nicht zwingend ein überfälliger Posten im Mahnvorschlag berücksichtigt werden, wenn er eine Mahnsperre oder ein noch nicht erreichtes Stundungsdatum aufweist.

[»]

Prozessharmonisierung

Ebenso wie in den anderen Kapiteln beschrieben, ist auch bei Mahnungen eine Abstimmung der Zahlungsprozesse wichtig. Ein bei einem Rückläufer nicht entfernter Zahlweg oder eine Sperre verhindern die Mahnung, und mit der Verwendung von zeitabhängigen Sperren müssen Sie auch diese Dimension mit den abhängigen Prozessen harmonisieren.

Mahnvorschlagslauf

Der Mahnvorschlagslauf in Transaktion FPVA (Mahnvorschlag) generiert Mahngruppen für Posten, die gemahnt werden dürfen. Sie können, wie in fast allen Reports des Vertragskontos, verschiedene Selektionskriterien definieren. Abbildung 8.1 zeigt, ebenso wie die meisten FI-CA-Reports, im

Bereich **Laufidentifikation** die beiden Felder **Datumskennung** und **Identifikation**. Diese Felder befüllen Sie bzw. der Sachbearbeiter mit dem Datum und einer Kennung; über diese ist der Lauf in Nachhinein wieder aufrufbar.

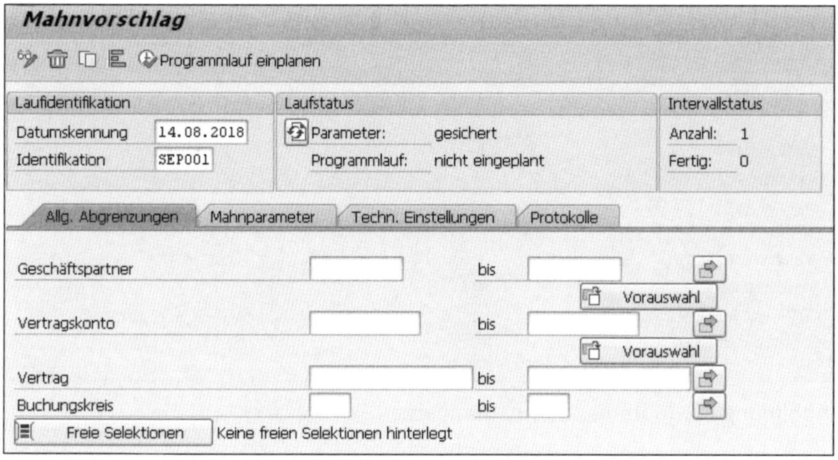

Abbildung 8.1 Eingabemaske des Mahnvorschlagslaufs

Wenn der Mahnvorschlagslauf auf eine bestimmte Gruppe eingeschränkt werden soll, können Sie auf der Registerkarte **Allg. Abgrenzungen** verschiedene Felder zur Selektion, z. B. **Geschäftspartner** oder **Vertragskonto**, oder über den Button **Freie Selektionen** Werte hinterlegen.

Mahnparameter

Auf der Registerkarte **Mahnparameter** bestimmen Sie die Mahnparameter für den Vorschlagslauf (siehe Abbildung 8.2). Mit diesen Parametern kann der Sachbearbeiter die Eingrenzung von Posten mit mahnrelevanten Daten verfeinern, wie z. B. im Feld **Ausstellungsdatum** mit dem Ausstellungsdatum der Mahnung oder mit dem im Feld **Mahnverfahren** hinterlegten Mahnverfahren. Durch das Setzen des Kennzeichens **Akt.lauf anstoßen** bestimmen Sie, dass der Mahnlauf direkt im Anschluss an den Vorschlagslauf gestartet werden soll. Sobald der Mahnaktivitätenlauf gestartet worden ist, können keine Änderungen an dem zuvor erstellten Vorschlag mehr vorgenommen werden.

Auf der Registerkarte **Techn. Einstellungen** werden, wie im Vertragskonto üblich, die technischen Einstellungen für diesen Lauf festgelegt. Auf der Registerkarte **Protokolle** können Sie die Protokollausgestaltung vorschlagen.

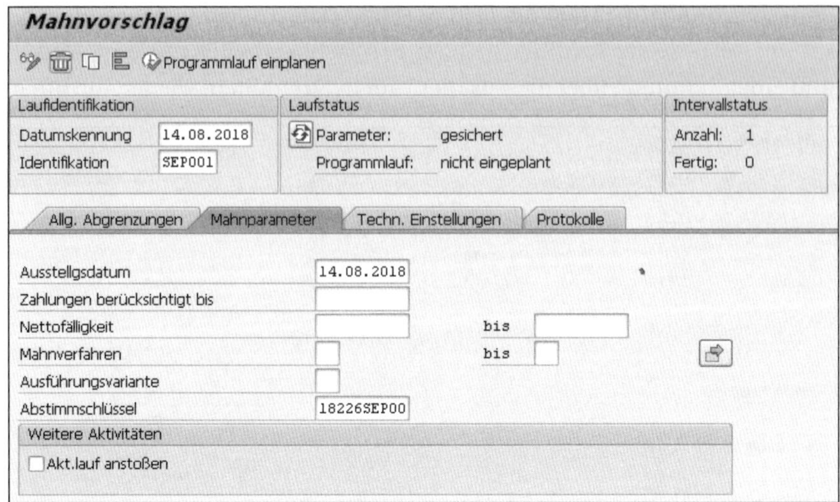

Abbildung 8.2 Mahnparameter definieren

Im Mahnvorschlagsprotokoll werden nach dem Lauf die je nach Detaillierungsgrad aufgezeichneten Meldungen angezeigt. Abbildung 8.3 zeigt ein Beispielprotokoll für einen Mahnvorschlag, in dem Sie z. B. die berücksichtigten und erfolgreichen Mahnungen sehen oder auch auf fehlerhafte Mahnungen hingewiesen werden.

Bezeichng	Obj.Schl.	NT	ID	Nr	Meldungstext	Ltxt	BObj.
			>3	535	Mahnaktivitätenlauf FICA		
			>3	535	14.08.2018 SEP001		
			>6	372	Rechner hamamelis, Job-Name MAKT20180814SEP001 001, Job-Count 09085300		
			>3	248	Jobnummer 001, Abstimmschlüssel 18226SEP00AA		
			>6	378	Job wurde als Echtlauf gestartet		
			>6	354	Massenaktivität: Intervall 1 von 0000000001 bis ZZZZZZZZZZ Aktionsart MAKT gestartet		
			EMMA	11	Start BusProzess Mahnaktivitäten für 20180814SEP001300000000900000100101000001 im BusProzBereich DUNN		
			FSC1	42	Geschäftspartner 3000000009 Vertragskonto 100101		
			>3	265	Gebühr 1: 5.00 EUR		
			>W	318	Es werden keine Zinsen berechnet		
			>6	355	Massenaktivität: Intervall 1 von 0000000001 bis ZZZZZZZZZZ Aktionsart MAKT fehlerfrei		
			>6	366	Massenaktivität für 1 Fälle getestet		
			>6	367	Massenaktivität für 1 Fälle tatsächlich durchgeführt		
			MASSACT	101	Selektierte Mahnungen 1		
			MASSACT	101	Erfolgreiche Mahnungen 1		
			MASSACT	102	Fehlerhafte Mahnungen 0		

Abbildung 8.3 Beispielprotokoll für einen Mahnvorschlag

Mahngruppen festlegen

Die Posten werden zu sogenannten *Mahngruppen* zusammengefasst. Die Mahngruppen beinhalten alle Posten, die zuvor in der jeweiligen Variante des Mahnverfahrens ausgeprägt und zugeordnet worden sind. Die Posten in einer Mahngruppe werden im weiteren Mahnverfahren zusammen prozessiert.

Mahnaktivitätenlauf

Nachdem der Mahnvorschlagslauf beendet worden ist, kann der Mahnaktivitätenlauf durch die Jobsteuerung oder manuell gestartet werden. Dieser bezieht sich auf einen bestimmten Mahnvorschlagslauf und verarbeitet die in diesem Mahnvorschlagslauf ausgewählten Mahnposten. Alternativ werden in den neuen Releases die freigegebenen Mahnungen zur Auswahl angeboten. Hierzu aktivieren Sie anstelle der Eingabe der Laufkennungen das Kennzeichen **Freigabeverfahren** (siehe Abbildung 8.4).

Abbildung 8.4 Mahnaktivitätenlauf definieren

Im Programmlauf werden nach der Aktivierung des Kennzeichens **Freigabeverfahren** nur freigegebene Mahnungen berücksichtigt und die Mahnaktivitäten ausgeführt. Mahnungen, die nicht freigegeben worden sind, werden nach dem Verstreichen der Fristen wieder storniert, und es kann ein neuer Mahnvorschlagslauf für diese Mahnungen gestartet werden.

Mahnungsabfolge

Posten, die erfolgreich durch den Mahnvorschlagslauf verarbeitet, aber nicht durch einen Mahnaktivitätenlauf weiterverarbeitet worden sind, sind im ersten Moment schwer zu identifizieren. Vergewissern Sie sich immer vorher, ob der betreffende Posten mahnfähig ist, d. h. ob er eine Sperre, einen Zahlweg etc. aufweist oder ob er schon Teil eines bestehenden Mahnvorschlags ist.

8.1.2 Einstellungen des Mahnverfahrens

In diesem Abschnitt gehen wir auf das Customizing für Mahnungen nach Mahnverfahren ein. Sie finden die entsprechenden Einstellungen über den Pfad des Einführungsleitfadens (Implementation Guide, kurz IMG):

IMG • Finanzwesen • Vertragskontokorrent • Geschäftsvorfälle • Mahnen • Mahnverfahrenstypen definieren

Das Mahnverfahren ist der Rahmen für alle Mahnungen. Im jeweiligen Mahnverfahren werden die Rahmenbedingungen und die Aktivitäten festgelegt, die auf die betreffenden Posten angewendet werden, sowie, wenn gewünscht, das zusätzliche Buchen von Gebühren und Zinsen.

Mahngruppierung hinterlegen

Das Mahnverfahren bzw. die Mahngruppierung werden im Vertragskonto oder im Beleg, ähnlich wie der Zahlweg, hinterlegt. Wenn nun die Posten durch die Mahnprogramme durchlaufen werden, werden die jeweiligen Einstellungen für diese hinterlegten Mahnverfahren berücksichtigt.

Bevor Sie die Mahnverfahren und Mahngruppen konfigurieren, definieren Sie die Mahnverfahrenstypen und Mahnstufentypen in demselben Menüpfad. Diese Einstellungen werden in den folgenden Punkten miteinander verknüpft.

Mahnverfahrenstypen definieren

Der *Mahnverfahrenstyp* wird nur in bestimmten Branchen, z. B. in der Versicherungsindustrie genutzt (siehe Abbildung 8.5). Der Mahnverfahrenstyp in der Spalte **MT** beschreibt, welches Verfahren zur Mahnung angewendet werden soll.

MT	Bezeichnung des Mahnverfahrentyps
01	Standardmahnverfahren
02	Ratenmahnverfahren

Abbildung 8.5 Mahnverfahrenstyp eintragen

Sie können die Bezeichnung und die ID hinterlegen, die später im Mahnverfahren eingetragen werden können. Der Typ 05 ist durch eine SAP-Standardbelegung vorbelegt und kann nicht verwendet werden.

Mahnstufentypen definieren

Verfügbare Mahnstufentypen

Ebenso wie die Mahnverfahrenstypen, werden die *Mahnstufentypen* in der Versicherungsbranche genutzt, können aber auch zur Auswertung in anderen Branchen verwendet werden. So können Sie z. B. noch genauer den aktuellen Stand der Mahnung anzeigen, beispielsweise, dass sich der Posten in der letzten Mahnstufe befindet. Abbildung 8.6 zeigt die verschiedenen Mahnstufentypen, die Ihnen im Standard zur Verfügung stehen:

- 01: Erinnerung
- 02: Klage
- 03: Letzte Mahnung
- 04: Nachmahnung
- 05: Qualifizierte Mahnung

Wenn Sie eigene, neue Typen anlegen möchten, definieren Sie in der Spalte **ST** einen Kenner und geben ihm eine Beschreibung.

ST	Bezeichnung des Mahnstufentyps
01	Erinnerung
02	Klage
03	Letzte Mahnung
04	Nachmahnung
05	Qualifizierte Mahnung

Abbildung 8.6 Mahnstufentypen anlegen

Sie können die von SAP ausgelieferten Stufen verwenden oder neue hinzufügen und später im Mahnverfahren hinterlegen. Sie finden die besprochen Einstellungen unter:

IMG • Finanzwesen • Vertragskontokorrent • Geschäftsvorfälle • Mahnen • Mahnstufentypen definieren

Gebühren für Mahnungen definieren

Wenn Sie dem Kunden zusätzlich zur Mahnung *Gebühren* belasten möchten, definieren Sie speziell für die Mahnungen (ähnlich wie bei den Ratenplänen) ein oder mehrere Gebührenschemata. Navigieren Sie zunächst zu der Einstellung:

IMG • Finanzwesen • Vertragskontokorrent • Geschäftsvorfälle • Mahnen • Gebührentypen für das Mahnen definieren

Gebührentyp anlegen

Legen Sie hier zunächst einen Gebührentyp, z. B. Mahngebühren, an (siehe Abbildung 8.7).

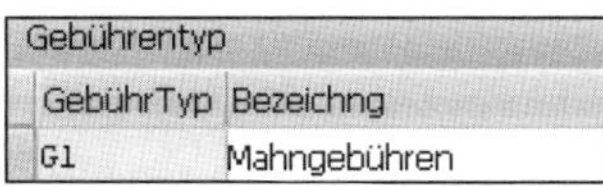

Gebührentyp

GebührTyp	Bezeichng
G1	Mahngebühren

Abbildung 8.7 Mahngebührentyp erstellen

Anschließend ordnen Sie diesen Gebührentyp (Spalte **Gebühren...**) einer Belegart (Spalte **Belegart**) zu, mit der die Gebührenbuchung erstellt werden soll (siehe Abbildung 8.8). Diese Aktion können Sie auch direkt im Buchungsbereich 1110 durchführen.

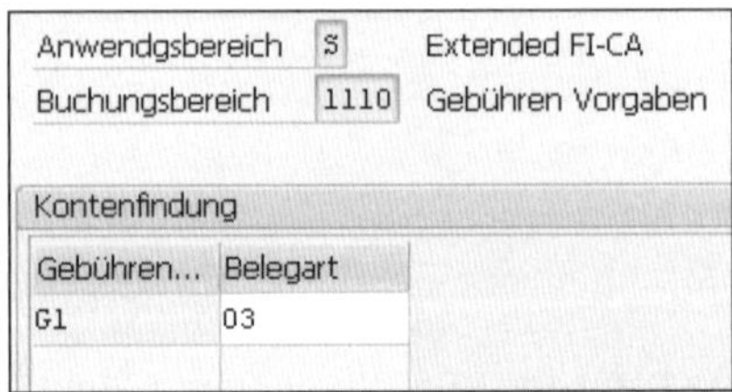

Abbildung 8.8 Belegart einem Gebührentyp zuordnen

Gebührentypen zuordnen

Nach diesen Vorbereitungen springen Sie in den Customizing-Punkt **Gebührenschemata für Mahnverfahren konfigurieren**. Legen Sie ein Gebührenschema an und vergeben im Feld **Bezeichnung** einen Namen, der zur Beschreibung der Mahnstufe passt (hier: »Gebühren für Mahnstufe 1«), siehe Abbildung 8.9. Außerdem verknüpfen Sie die Gebührentypen mit dem Schema, indem Sie das Gebührenschema im Feld **Gebührenschema** auswählen und den gewünschten Gebührentyp aus der [F4]-Wertehilfe zuordnen. Gleichzeitig definieren Sie, mit welchem Haupt- und mit welchem Teilvorgang der Posten gebucht wird.

Dialogstruktur
Gebührenschema
Gebührentypen
Gebühren
Gebührenschema G1
Bezeichnung Gebühren für Mahnstufe 1
Gebührentypen
G.. Bezeichng Ha... Te...
G1 Mahngebühren 0010 0010

Abbildung 8.9 Gebührentypen zuordnen

Die beiden Vorgänge werden bei der Gebührenbuchung hinterlegt. Dieser Kombination ordnen Sie nun die Beträge zu, die bei der Buchung als Forderung gegenüber dem Kunden erhoben werden. Tabelle 8.1 zeigt die weiteren Einstellungen für das Gebührenschema.

Feld	Beschreibung
Währung	Währungsschlüssel für die zu buchenden Posten
Betragsgrenze	Minimale Summe der relevanten Posten in einer Gruppe, die überschritten werden muss, damit die Gebühr gebucht werden darf

Tabelle 8.1 Gebühren für ein Gebührenschema definieren

Feld	Beschreibung
Bonitätswert	Bonitätswert, der dem Geschäftspartner hinzugefügt wird
Mindestgebühr	Die Gebühr die mindestens für diese Mahnstufe erhoben wird
Maximale Gebühr	Maximale Gebühr, die für die erreichte Mahnstufe erhoben wird
Prozentuale Gebühr	Für eine prozentuale Berechnung geben Sie den Prozentwert ein, der mit dem zugrundeliegenden Mahnbetrag multipliziert werden soll
Offset bei prozentualer Gebühr	Betrag, der zur prozentualen Formel addiert wird
Rundungsregel	▪ + Aufrunden ▪ - Abrunden ▪ kaufmännisches Runden
Rundungseinheit	Zu-/Abschläge
Rundungsregel	▪ + Aufrunden ▪ - Abrunden ▪ kaufmännisches Runden
Gebühr pro Rundungseinheit	Betrag, der, ähnlich wie eine Staffelgebühr, der Gebühr hinzugefügt wird

Tabelle 8.1 Gebühren für ein Gebührenschema definieren (Forts.)

Mahnverzinsung

Um die Verzinsung später im Mahnverfahren nutzen zu können, geben Sie im Buchungsbereich 1085 im Bereich **Funktion** die gewünschte Belegart im Feld **Belegart** und im Feld **Statistikschl.** den Statistikschlüssel ein, mit dem die Zinsposten gebucht werden sollen (siehe Abbildung 8.10).

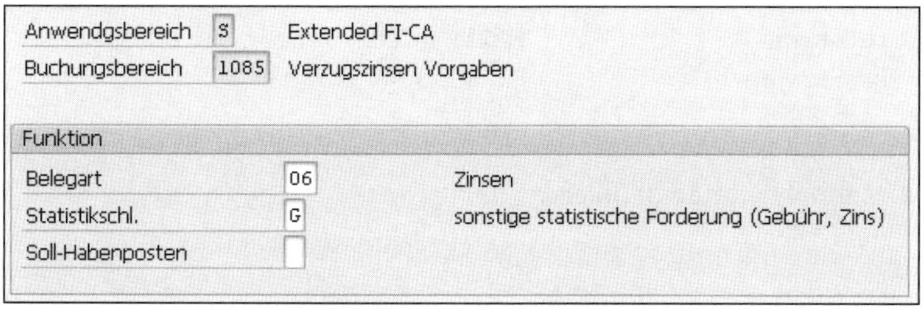

Anwendgsbereich S Extended FI-CA
Buchungsbereich 1085 Verzugszinsen Vorgaben

Funktion
Belegart 06 Zinsen
Statistikschl. G sonstige statistische Forderung (Gebühr, Zins)
Soll-Habenposten

Abbildung 8.10 Mahnzinsen

Mit dem Setzen des Kennzeichens **Soll-Habenposten** können Sie die Verzinsung für beide Buchungsseiten aktivieren, indem Sie das Kennzeichen **Soll-Habenposten** markieren.

Mahnaktivitäten und Mahnsperrgründe definieren

Im Rahmen des Mahnverfahrens können Sie verschiedene Mahnaktivitäten festlegen. Außerdem ist es möglich, Mahnsperrgründe zu definieren. Tabelle 8.2 gibt Ihnen einen Überblick über die Ihnen zur Verfügung stehenden Aktivitäten.

Aktivität	Bezeichnung	Aktivitätstyp	Funktionsbaustein	Sachbearbeiter ermitteln	Formular
0001	Musteraktivität	01	FKK_SAMPLE_0350_ACTVT	X	
0002	Deaktivieren eines Ratenplans	01	FSC_DUNNING_DEACT_INSTPL_0350		
0003	Erstellen eines Mahnschreibens über den Korrespondenzcont.	01	FKK_SAMPLE_0350_CCC		FI_CAX_DUNNING_SAMPLE
0004	Auslösen eines Sachbearbeiterhinweises über SAPoffice	01	FKK_SAMPLE_0350_SBHINWEIS		
0006	Freigabe zur Abgabe an externes Inkassobüro	01	FKK_COLL_AGENCY_RELEASE_0350		
0007	Rückruf abgegebener Posten vom Inkassobüro	01	FKK_RECALL_FROM_AGENCY_0350		

Tabelle 8.2 Mahnaktivitäten definieren

Aktivität	Bezeichnung	Aktivitätstyp	Funktionsbaustein	Sachbearbeiter ermitteln	Formular
0008	Freigeben zur Abgabe an Inkasso und Eintrag in FKKMA	01	FKK_COLL_AGENCY_R_0350_FKKMAKT		
0009	Vertragskonto sperren	01	FKK_SAMPLE_0350_LOCK_VKONT		
0010	Geschäftspartner in Telefonliste aufnehmen	01	FKK_SAMPLE_0350_TEL_ITEM		

Tabelle 8.2 Mahnaktivitäten definieren (Forts.)

Mahnaktivitätstypen

Sie können verschiedene Mahnaktivitätstypen nutzen, die die Aktivitäten spezifizieren. Abbildung 8.11 gibt Ihnen einen Überblick über die verschiedenen Mahnaktivitätstypen, die Sie mit einem Doppelklick auf die entsprechenden Zeilen auswählen. Nutzen Sie diese Aktivitäten, und programmieren Sie die hinterlegten Funktionsbausteine nach Ihren Anforderungen aus.

Aktivitätstyp	Kurzbeschreibung
01	Mahnaktivität
02	Aktivität beim Beendigen des Mahnverfahrens
03	Mahnaktivität für Korrespondenzmahnen
M1	Maklerinkasso: Aktivität beim Öffnen des Mahnverfahrens
M2	Maklerinkasso: Aktivität beim Beenden des Mahnverfahrens

Abbildung 8.11 Mahnaktivitätstypen auswählen

Mahnsperren erstellen

Um Posten vor Mahnungen zu schützen, müssen Sie Mahnsperren erstellen, die der Sachbearbeiter entweder über Automatismen, wie z. B. durch die Rückläuferverarbeitung, oder manuell im Beleg oder Vertragskonto setzt (siehe Abbildung 8.12). Vergeben Sie in der Spalte **MSG** einen Kenner, der später im Posten oder Vertragskonto eingegeben werden kann.

Wenn Sie den Posten nur eingeschränkt für die Mahnung sperren möchten, setzen Sie das Kennzeichen **Mahnbar**. Wenn dann ein Posten mit dieser Mahnsperre durch den Mahnlauf verarbeitet wird, generiert er selbst keine Mahnung, sein Wert wird aber zum Mahnsaldo hinzugerechnet.

Sie können in den Spalten **Periode** und **Anzahl** den Zeitraum festlegen, für den der Posten zur Mahnung gesperrt sein soll. Wenn Sie die Felder in diesen Spalten nicht verwenden, muss ein zusätzlicher Automatismus greifen oder die Mahnsperre manuell gelöscht werden.

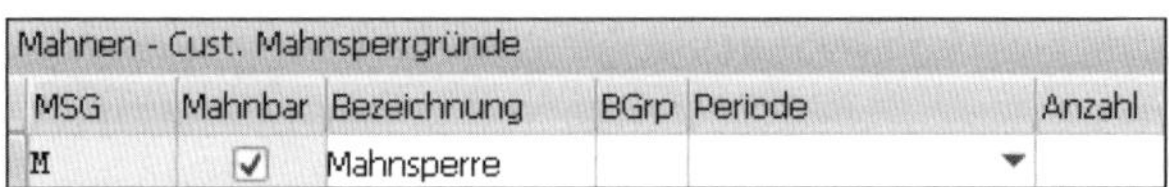

Abbildung 8.12 Mahnsperren anlegen

Mahnverfahren konfigurieren

Nachdem Sie die vorbereitenden Einstellungen im SAP-System vorgenommen haben, können Sie diese bei der Konfiguration des Mahnverfahrens verknüpfen. Wir gehen in diesem Buch nur auf das Mahnwesen im Mahnverfahren von FI-CA ein. Sie können aber auch andere Verfahren, wie z. B. das Mahnen von *SAP Collections Management* (FIN-FSCM-COL), nutzen.

Das Mahnverfahren ist der zentrale Punkt für die Einstellungen der Mahnungen. Sie finden die entsprechenden Customizing-Punkte über den folgenden IMG-Pfad:

IMG • Finanzwesen • Vertragskontokorrent • Geschäftsvorfälle • Mahnen • Mahnverfahren konfigurieren

In Abbildung 8.13 sehen Sie die Pflegemaske zur Konfiguration des Mahnverfahrens. Beginnen Sie mit der Eingabe des Namens für ein Mahnverfahren im Feld **Mahnverfahren**, und fügen Sie anschließend dessen Eigenschaften hinzu. Hierzu gehören die Punkte:

- Mahngebühren
- Mahnzinsen
- Mahnaktivitäten

Mahnverfahren
Mahnverfahren 01 Allgemeines Mahnverfahren
Mahnverfahrenstyp 01 Standardmahnverfahren
Alternative Mahnverfahren
Ratenmahnverfahren 02 Mahnverfahren für Ratenplanposten
Parameter
Letzte Mahnstufe
Fabrikkalender-Id 01
Mahnst anderer Verfahren
Fabrikkalender
Mahnstufen nicht erniedrigen
Verhalten bei Guthaben

Abbildung 8.13 Mahnverfahren definieren

Als Mahnverfahren hinterlegen Sie die Nummer und die Bezeichnung des Mahnverfahrens. Diese wird auch im Vertragskonto und/oder im Posten hinterlegt und dann auf diesen Posten angewendet. Im Regelfall definieren Sie das Mahnverfahren für einen bestimmten Vertragskontotyp oder -gruppe. Wenn Sie zuvor die Mahnverfahrenstypen angelegt haben, können Sie diese nun mit dem Mahnverfahren verknüpfen.

Ratenmahnverfahren definieren

Angenommen, Sie haben mit Ihrem Kunden bereits einen Ratenplan vereinbart: Sie können auch in diesem Fall Mahnungen für die einzelnen fälligen Raten definieren. Wenn dann ein Posten, der in einen Ratenplan umgewandelt wurde, mahnbar ist, wird für diesen das alternative Mahnverfahren verwendet. Um ein abweichendes Mahnverfahren für Ratenpläne durchzuführen, legen Sie ein zweites Mahnverfahren nach dem gleichen Schema an und hinterlegen die neue ID im Feld **Ratenmahnverfahren**.

Dieses Mahnverfahren greift dann, wenn eine Ratenplanposition überfällig wird und zu den Selektionsbedingungen des Verfahrens passt. Im Bereich **Parameter** bestimmen Sie nun die ersten Ausprägungen für das erstellte Mahnverfahren: Im Feld **Letzte Mahnstufe** legen Sie für bereits gemahnte Posten eines Geschäftspartners die bei erneuter Mahnung durchzuführenden Aktionen fest. Sie haben die Möglichkeit, aus einer vordefinierten Liste zu wählen.

Tabelle 8.3 zeigt die Optionen, die Ihnen für bereits gemahnte Posten zur Verfügung stehen.

ID	Beschreibung
0	Es wird für diese Posten keine Mahnung erstellt und auch keine Spool-Ausgabe erzeugt.
1	Es wird keine Mahnung erstellt, aber ein Protokolleintrag generiert.
2	Alle Posten werden gemahnt.
3	Eine Mahnung wird nur mit den neu hinzugekommenen Posten erstellt.
4	Mahnungen werden nur für die neu hinzugekommen Posten erzeugt und der Mahnrhythmus der neuen Posten genutzt.

Tabelle 8.3 Auswirkungen auf bereits gemahnte Posten

Mahnstufe definieren

Wenn bei einer Änderung des Mahnverfahrens der Vertragskonten oder Posten die bereits durch vorangehende Mahnungen erzeugten Mahnstufen im Posten nicht wieder zurückgesetzt werden sollen, sondern die neue Mahnstufe auf die bereits bestehende Mahnstufe aufbauen soll, aktivieren Sie das Kennzeichen **Mahnst anderer Verfahren**.

Um zu vermeiden, dass die Mahnstufe für einen Posten, der zuvor z. B. auf die Mahnstufe 02 gesetzt wurde, nicht erniedrigt wird, aktivieren Sie das Kennzeichen **Mahnstufe nicht erniedrigen**.

Das Mahnverfahren basiert auf Datumswerten, wie z. B. dem Fälligkeitsdatum. Um die korrekte Berechnung in den unterschiedlichen Regionen sicherzustellen, hinterlegen Sie den jeweiligen Fabrikkalender. Geben Sie im Feld **Fabrikkalender-Id**, die z. B. jeweilige Bundesland-ID ein.

Je nachdem, wie Sie die Verrechnungsprozesse ausgesteuert haben, ist es sinnvoll, über Mahnungen zu entscheiden, wenn auf dem gleichen Vertragskonto/Geschäftspartner ein Guthaben gebucht ist. Wenn das Unternehmen z. B. Guthaben und Forderungen immer ohne Zuordnung miteinander verrechnet, braucht eventuell nicht gemahnt zu werden.

Mahnhistorie definieren

Im nächsten Schritt erstellen Sie die Mahnstufen in einem Mahnverfahren; diese Mahnstufen werden, wenn die Mahnvoraussetzungen erfüllt sind, im Mahnaktivitätenlauf für den Posten gesetzt und in die *Mahnhistorie* aufgenommen (siehe Abbildung 8.14).

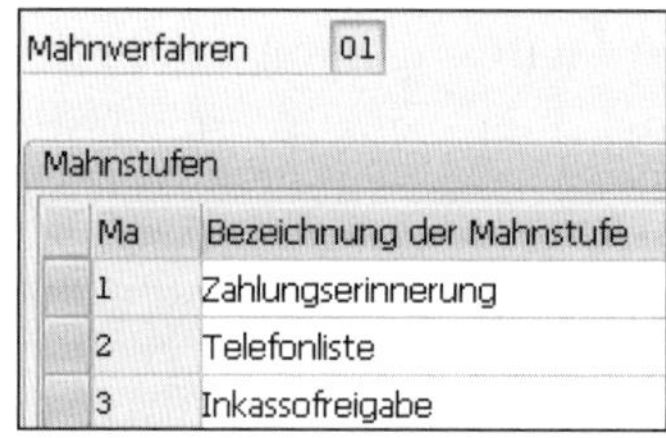

Abbildung 8.14 Mahnstufen im Mahnverfahren

Mahnbezeichnung angeben

Sie können beliebige Mahnstufen pro Mahnverfahren anlegen und diese sprechend benennen, sodass der Sachbearbeiter in den User Interfaces schnell die Zuordnung zu den Mahnaktivitäten herstellen und den Zustand des Postens und den derzeitigen Stand der Kommunikation mit dem Kunden einschätzen kann.

Dies gilt auch für das Mahnverfahren selbst. Sie können z. B. das Mahnverfahren *3-stufiges Mahnverfahren alle 14 Tage* nennen. Für jede Mahnstufe prägen Sie nun die Eigenschaften und Aktionen aus (siehe Tabelle 8.4).

Feld	Beschreibung
Mahnstufentyp	Wenn Sie zuvor Mahnstufentypen definiert haben, können Sie in diesem Feld die Verknüpfung hinterlegen. Beachten Sie, dass dies nicht für jede Branche zwingend notwendig ist.

Tabelle 8.4 Mahnstufen ausprägen

Feld	Beschreibung
Verzugstage	Hinterlegen Sie in diesem Feld die Anzahl an Tagen, die dem Kunden nach dem Überschreiben der Fälligkeit gewährt wird, bevor die Mahnstufe gesetzt wird. Dies kann sinnvoll sein, wenn die Kunden mit Ihrer Überweisung immer bis zum letzten Tag warten. Sie könnten die Bankbearbeitungstage und die Tage der Zahlungseingangsverarbeitung addieren. Andernfalls würden Sie die Mahnung starten, und der Kunde die schon getätigte Zahlung an das Unternehmen zurückmelden. Stimmen Sie diese Abhängigkeiten genau mit den Fachbereichen ab, um möglichst reibungslose Abläufe herzustellen.
Mahnrhythmus	Geben Sie die Anzahl der Tage ein, die erreicht werden muss, damit die nächste Mahnstufe gesetzt werden kann. Solange diese Anzahl im Mahnlauf nicht erreicht wird, befindet sich der Posten in der vorangehenden Mahnstufe.
Immer Mahnen	Die Mahnungen werden unabhängig des Mahnrhythmus und der Verzugstage erstellt, wenn Sie dieses Kennzeichen aktivieren, z. b. wenn das Unternehmen manuell initiierte Mahnungen erstellen möchte.
Fakultative Mahnst.	Kennzeichen, das es erlaubt, die Mahnstufe zu überspringen, wenn z. B. ein Sachbearbeiter die Mahnstufe auf die übernächste Mahnstufe erhöht.
Setzen der Mahnstufe	Sie können die Mahnungserstellung und die Fakturierung verbinden. Wenn Sie das Kennzeichen nicht setzen, gibt es keinen Systemeingriff, und die Mahnstufen können, wie gewünscht, gesetzt werden: 1 – Mahnstufe wird durch den Mahnlauf erzeugt 2 – Mahnstufe wird durch den Fakturalauf erzeugt 3 – keine Anwendung Durch die Verbindung der Fakturierung können Sie Kundenkommunikationen konsolidieren.
Nur schon gemahnte	Durch die Aktivierung dieses Kennzeichens werden Posten ohne Mahnstufe nicht für diese Mahnstufe berücksichtigt.

Tabelle 8.4 Mahnstufen ausprägen (Forts.)

Feld	Beschreibung
Gebührenschema	Hinterlegen Sie hier das zuvor erstellte Gebührenschema, wenn Sie Gebührenbuchungen bei Erreichen der betreffenden Mahnstufe vornehmen möchten.
Gebühr 1-3	Nach der Eingabe des Gebührenschemas werden automatisch die zuvor definierten Gebührentypen eingetragen.
Zinsen ermitteln Zinsschlüssel	Durch die Aktivierung dieses Kennzeichens werden die gemahnten Posten mit dem zuvor angelegten Zinsschlüssel verzinst.
Verbuchungsschlüssel	Sie können entscheiden, ob die Zinsen mit einem Statistikschlüssel gebucht werden und erst beim Ausgleich ins Hauptbuch übertragen werden oder direkt hauptbuchrelevant sein sollen.
Zinsen vor Gebühr	Je nachdem, ob Sie für die Berechnung Zinsinformationen in die Gebühren, oder andersherum Informationen von den Gebühren in die Zinsberechnung einfließen lassen möchten, können Sie die Reihenfolge durch De-/Aktivierung steuern. Beachten Sie aber, dass die zusätzlichen Aktivitäten in den jeweiligen Zeitpunkten von Ihnen ausgeprägt/entwickelt werden müssen.
Zahlungsfrist	Zusätzliche Tage bis zum Erreichen des Zahlungsziels.
Mahnempfänger	Ohne diese Auswahl werden die Mahnungen an den im Vertragskonto hinterlegten Mahnempfänger versendet, oder Sie haben die Wahl, ob die Mahnung an den Mahnempfänger, an den Geschäftspartner im Vertragskonto oder an beide versendet werden soll.
BonitätsZahl	Zahl, um die die Bonität bei Erreichen der Mahnstufe erhöht wird.
Alle Posten drucken	Durch die Aktivierung dieses Kennzeichens werden alle offenen Posten eines Vertragskontos/Geschäftspartners auf die Mahnung geschrieben, die in dieselbe Mahngruppe fallen.
Erfolgsbewertung durchführen	Wenn Sie den Prozentsatz des Mahnungserfolges in der Mahnhistorie ausweisen möchten, aktivieren Sie dieses Kennzeichen.

Tabelle 8.4 Mahnstufen ausprägen (Forts.)

Feld	Beschreibung
Grenzprozentsatz	Dieses Feld beschreibt den Prozentsatz zwischen den ausgeglichenen Anteilen der Posten und den noch offenen Anteilen, ab dem der Posten in die Mahnung gehen soll.
Belege sofort mahnen	Hierbei handelt es sich um neu hinzugekommene Gebühren- und Zinsposten.

Tabelle 8.4 Mahnstufen ausprägen (Forts.)

Nachdem Sie die Hauptkonfiguration pro Mahnstufe erstellt haben, geben Sie den für die Mahnstufe gültigen Grenzbetrag ein (siehe Abbildung 8.15), indem Sie auf den Ordner **Grenzbeträge** klicken und danach im rechten Bildteil die Währung in der Spalte **Wä...** und den Grenzbetrag in der Spalte **Grenzbetrag** der Tabelle eintragen. Der Grenzbetrag definiert die Geringfügigkeit eines Postens, die überschritten werden muss, damit der Posten gemahnt werden kann.

Abbildung 8.15 Grenzbetrag

Abschließend bestimmen Sie den Mindestbetrag für die Berechnung und Buchung der Zinsen pro Währung (siehe Abbildung 8.16). Wenn Sie den Betrag nicht pflegen, werden die Zinsen sofort erhoben.

Abbildung 8.16 Mindestbetrag für Zinsen festlegen

Mahngruppierung anlegen

Die *Mahngruppierung* wird zusammen mit dem Mahnverfahren im Vertragskonto hinterlegt und bestimmt, welche Posten während eines Mahnlaufs zusammen betrachtet werden. Vergeben Sie einen Gruppennamen in der Spalte **Bezeichnung der Mahngruppierung** und eine ID in der Spalte **Grupp** in der Konfiguration (siehe Abbildung 8.17).

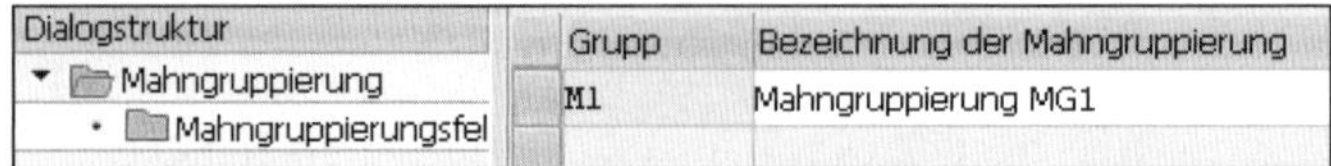

Abbildung 8.17 Mahngruppierung anlegen

Anschließend ordnen Sie der Gruppe die relevanten Felder zu, die den gleichen Inhalt haben müssen, um in der Mahnung zusammen betrachtet werden zu können (siehe Abbildung 8.18). Hierzu markieren Sie die Gruppe im Feld **Grupp** und klicken doppelt auf den Ordner **Mahngruppierungsfelder**.

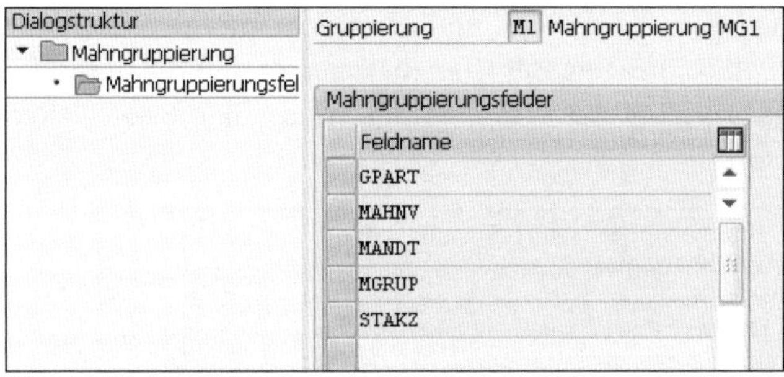

Abbildung 8.18 Mahngruppierungsfelder

Nach dem Abschluss dieser Konfigurationen und der Ausprägung der verschiedenen Abstufungen können Sie das Mahnen nach Mahnverfahren starten.

Kontenfindung

In den vorangehenden Schritten haben Sie das Mahnverhalten ausgeprägt. Hinterlegen Sie noch die Kontenfindung für die verwendeten Haupt- und Teilvorgänge, die z. B. für die Gebührenbuchungen relevant sind.

8.2 Inkassoabgabe

Wenn Posten an ein oder mehrere Inkassobüros abgegeben werden müssen, waren alle durch das Unternehmen durchgeführten Bemühungen, Zahlungen einzuziehen oder Zahlungseingänge anzustoßen, erfolglos. Die

Übergabe oder Abgabe der Posten an ein externes Unternehmen, das sich auf die Einforderung von Forderung spezialisiert hat, bietet die Chance, wenigstens einen Teil der Forderungen zu erhalten. In manchen Fällen wird der Kunde durch das Einschalten eines Inkassobüros dazu animiert, die Forderung doch noch zu begleichen.

[«]

Externe Abgabe von Forderungen

Die Weitergabe der Zahlungs- und Kundendaten an externe Systeme erfordert eine integrierte Kommunikation mit dem externen Partner und dem Kunden. Da das Unternehmen in diesem Fall mit dem Kunden und dem Inkassodienstleister kommuniziert, ist es wichtig, dass die aktuellen Zahlungsinformationen im eigenen System vorliegen und synchronisiert werden. Hierdurch können Sie Irritationen aufseiten beider Partner, z. B. bei schon geleisteten Zahlungen auf abgegebene Posten, vermeiden.

Auch die Verknüpfung mit dem Mahnwesen spielt hier eine wichtige Rolle. Die Mahnungen sollten auf die Inkassoabgabe vorbereiten und konsequent ineinandergreifen.

In den folgenden Abschnitten gehen wir wieder zuerst auf die Anwendersicht ein, bevor wir danach die zugehörigen Einstellungen im Customizing besprechen.

8.2.1 Ablauf des Inkassoprozesses

Bevor Sie die Einstellungen zur Abgabe der Posten an ein externes Inkassounternehmen vornehmen, müssen Sie abstimmen, wie das Unternehmen mit den betreffenden Posten weiterverfahren möchte und welche Schritte das Inkassounternehmen im Hinblick auf diese Posten durchführen soll. Je nachdem, wie das Unternehmen die Postenabgabe und auch den Rücklauf der durch das Inkassounternehmen verarbeiteten Posten gestalten möchte, muss auch die Auswahl des bzw. der Inkassobüros abgestimmt werden.

Unterschiedliche Prozesse in verschiedenen Inkassobüros

Es ist möglich, dass verschiedene Inkassobüros mit unterschiedlichen Aufgaben und Vorgehensweisen für die Implementierung ausgewählt werden. Die Prozesse können sich, je nach Inkassounternehmen, unterscheiden. Abbildung 8.19 stellt den Prozessablauf bei der Abgabe von Forderungen an ein Inkassobüro dar, der Ihnen einen Eindruck von den Möglichkeiten vermitteln soll.

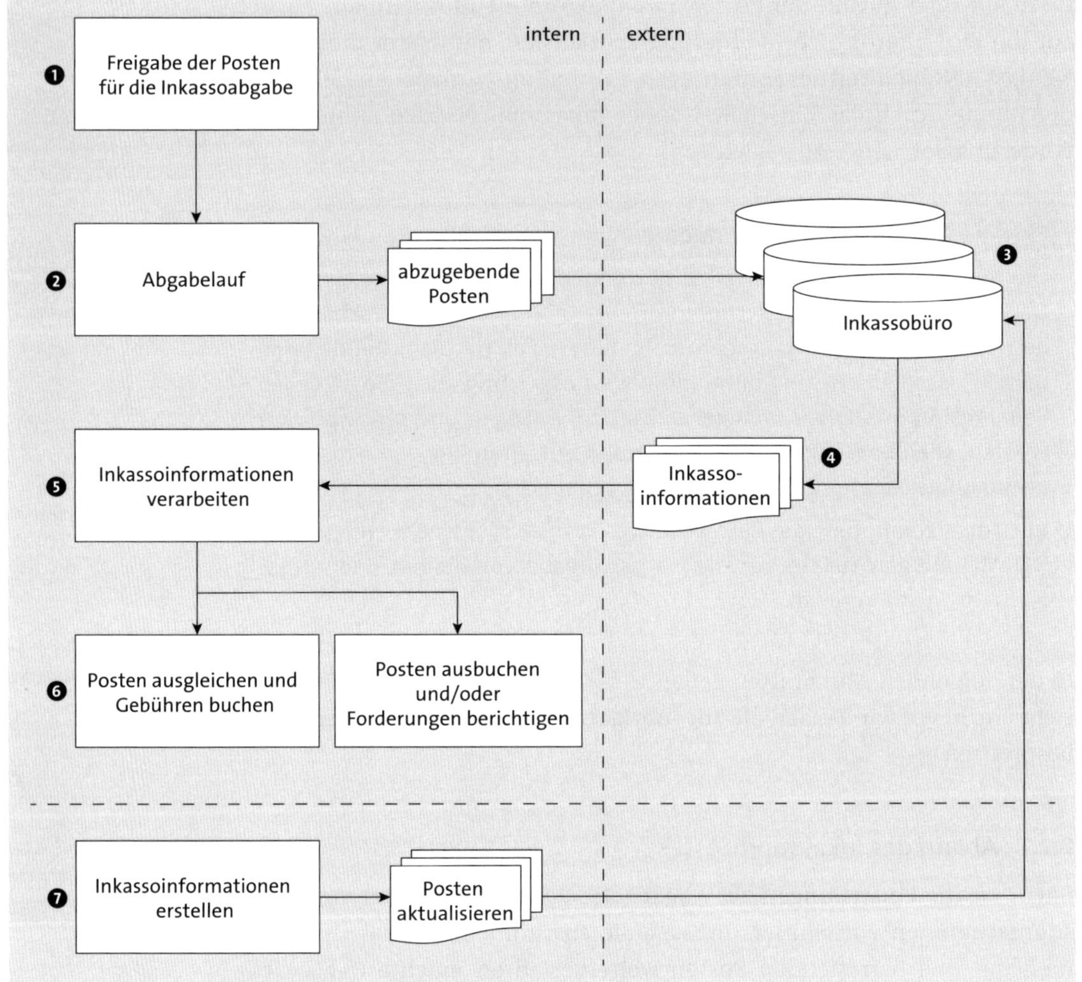

Abbildung 8.19 Ablauf des Inkassoprozesses

Der Inkassoprozess kann folgendermaßen ablaufen:

❶ Die auf dem Vertragskonto überfälligen Posten werden entweder durch den Mahnlauf (Mahnaktivität) direkt oder im User Interface durch den Sachbearbeiter manuell freigegeben.

❷ Der Abgabejoblauf sammelt die Informationen zu den freigegebenen Posten und fasst diese in einer Datei zusammen oder ruft einen Webservice zur Übertragung auf.

❸ Das Inkassounternehmen empfängt die abgegebenen Posten, startet den eigenen Inkassoprozess und versucht die Forderungen einzutreiben.

❹ Änderungen und neue Informationen zum Posten werden vom Inkassobüro an das Unternehmen zurückgemeldet.

❺ Das eigene Unternehmen verarbeitet die neuen Informationen.

❻ Die erfolgreich zurückgemeldeten Posten werden auf dem Vertragskonto ausgeglichen, oder die Forderungen werden aufgegeben und z. B. ausgebucht.

❼ Ebenso wie das Inkassounternehmen kann das eigene Unternehmen dem Inkassobüro Aktualisierungen zum Posten nachmelden, z. B. wenn der Kunde zwischenzeitlich gezahlt hat.

Um die einzelnen Schritte zu verdeutlichen und um identifizieren zu können, an welchem Prozesspunkt sich der abgegebene Posten befindet, werden Statusnummern vergeben. Auf diese Weise erkennt das SAP-System und damit auch der Sachbearbeiter, in welchem Schritt sich der Posten befindet. SAP bietet eine Liste an bestehenden Statussätzen an, die Sie sofort verwenden können und die auch mit Aktionen verknüpft sind.

Es ist in diesem Zusammenhang auch möglich, eigene Abläufe zu implementieren, um spezielle Anforderungen, wie z. B. Prozesszwischenschritte, zu Kontrollzwecken zu erfüllen. Wenn die vorab zur Verfügung gestellten Statusnummern nicht zu den neuen Abläufen passen, können Sie im Customizing neue, eigene Statusnummern definieren, müssen diese aber auch mit den eigenen Aktionen verknüpfen.

Posten an das Inkassobüro freigeben

Bevor die Posten an das Inkassobüro abgegeben werden können, müssen sie freigegeben werden. Der Sachbearbeiter kann die Freigabe manuell über Transaktion FP03E oder z. B. über eine Mahnaktivität bereits bei der Erreichung einer Mahnstufe starten. Die Freigabe über die Mahnaktivität hat den Vorteil, dass der Sachbearbeiter nur noch die Prüfungen in der Postenverwaltung durchführen und nicht aktiv in den Ablauf eingreifen muss. Andernfalls müssen die Posten selektiert werden, indem z. B. alle Posten eines oder mehrerer Buchungskreise im Feld **Buchungskreis** eingegrenzt werden (siehe Abbildung 8.20).

Nach dem Aktualisieren werden die Posten angezeigt. Der Sachbearbeiter kann diese zeilenweise markieren und anschließend den Button **Vormerken für Inkassoauftrag** drücken.

Daten an das Inkassobüro übertragen

Nachdem die Posten freigegeben worden sind, können Sie an das Inkassobüro abgegeben werden. Für die Übertragung gibt es verschiedene Möglichkeiten. Je nachdem, welche Übertragungsmethode Sie implementiert haben, werden die Posten durch Transaktion FP03D als Joblauf freigegeben und im Standard in eine Datei geschrieben oder z. B. an eine Webschnittstelle weitergegeben.

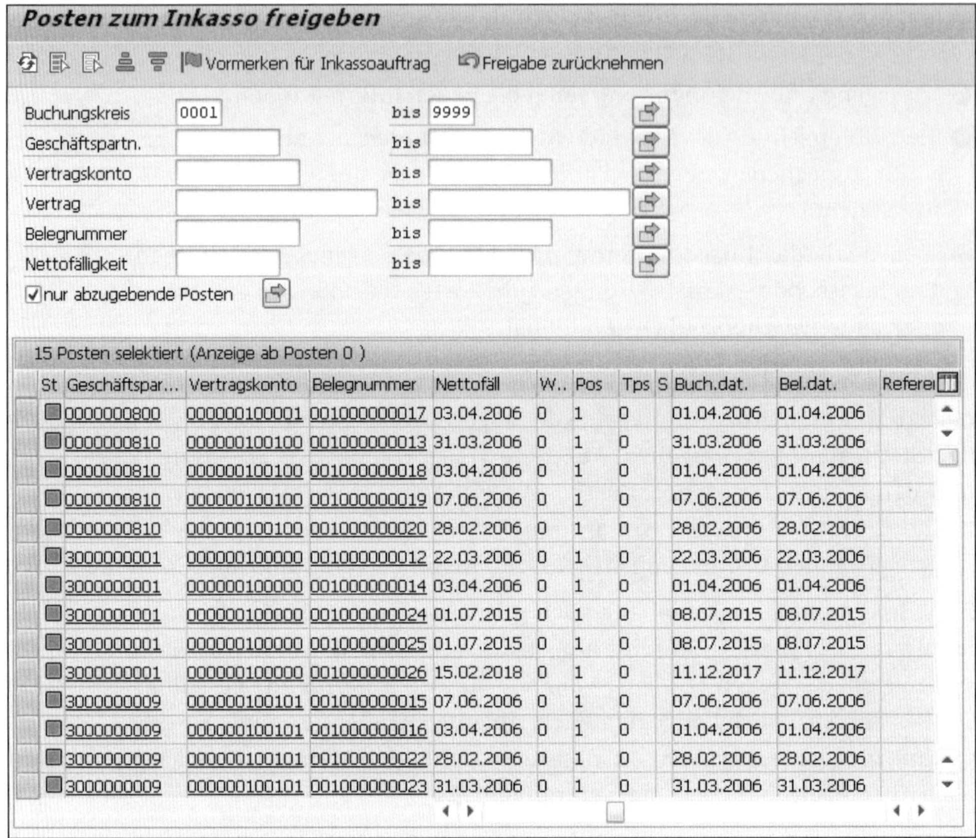

St	Geschäftspar...	Vertragskonto	Belegnummer	Nettofäll	W..	Pos	Tps	S	Buch.dat.	Bel.dat.	Referei
	0000000800	000000100001	001000000017	03.04.2006	0	1	0		01.04.2006	01.04.2006	
	0000000810	000000100100	001000000013	31.03.2006	0	1	0		31.03.2006	31.03.2006	
	0000000810	000000100100	001000000018	03.04.2006	0	1	0		01.04.2006	01.04.2006	
	0000000810	000000100100	001000000019	07.06.2006	0	1	0		07.06.2006	07.06.2006	
	0000000810	000000100100	001000000020	28.02.2006	0	1	0		28.02.2006	28.02.2006	
	3000000001	000000100000	001000000012	22.03.2006	0	1	0		22.03.2006	22.03.2006	
	3000000001	000000100000	001000000014	03.04.2006	0	1	0		01.04.2006	01.04.2006	
	3000000001	000000100000	001000000024	01.07.2015	0	1	0		08.07.2015	08.07.2015	
	3000000001	000000100000	001000000025	01.07.2015	0	1	0		08.07.2015	08.07.2015	
	3000000001	000000100000	001000000026	15.02.2018	0	1	0		11.12.2017	11.12.2017	
	3000000009	000000100101	001000000015	07.06.2006	0	1	0		07.06.2006	07.06.2006	
	3000000009	000000100101	001000000016	03.04.2006	0	1	0		01.04.2006	01.04.2006	
	3000000009	000000100101	001000000022	28.02.2006	0	1	0		28.02.2006	28.02.2006	
	3000000009	000000100101	001000000023	31.03.2006	0	1	0		31.03.2006	31.03.2006	

Abbildung 8.20 Inkassoauftrag manuell freigeben

Da einige Inkassodienstleister weitere Informationen wünschen oder die Posteninformationen in anderer Form aufbereitet haben möchten, können Sie per Zeitpunktbaustein die Inkassodatei erweitern oder z. B. Webservices anbinden. Die Datei kann als einfache Textdatei mit den Posteninformationen oder z. B. auch als komplexere XML-Datei aufgebaut werden. Dies richtet sich an den eigenen Erweiterungsmöglichkeiten und an den Anforderungen der Schnittstellenpartner aus. In Abbildung 8.21 sehen Sie die Maske zur Erstellung und Abgabe der Datei an das Inkassobüro. Sie können z. B., wenn Sie nur einen Buchungskreis eingeben, alle freigegebenen Posten dieses Buchungskreises übertragen.

Wählen Sie dann noch im Feld **Abgabe an Inkassobüro** im Bereich **Auswahl Inkassobüro** den gewünschten Partner aus, und starten Sie die Verarbeitung.

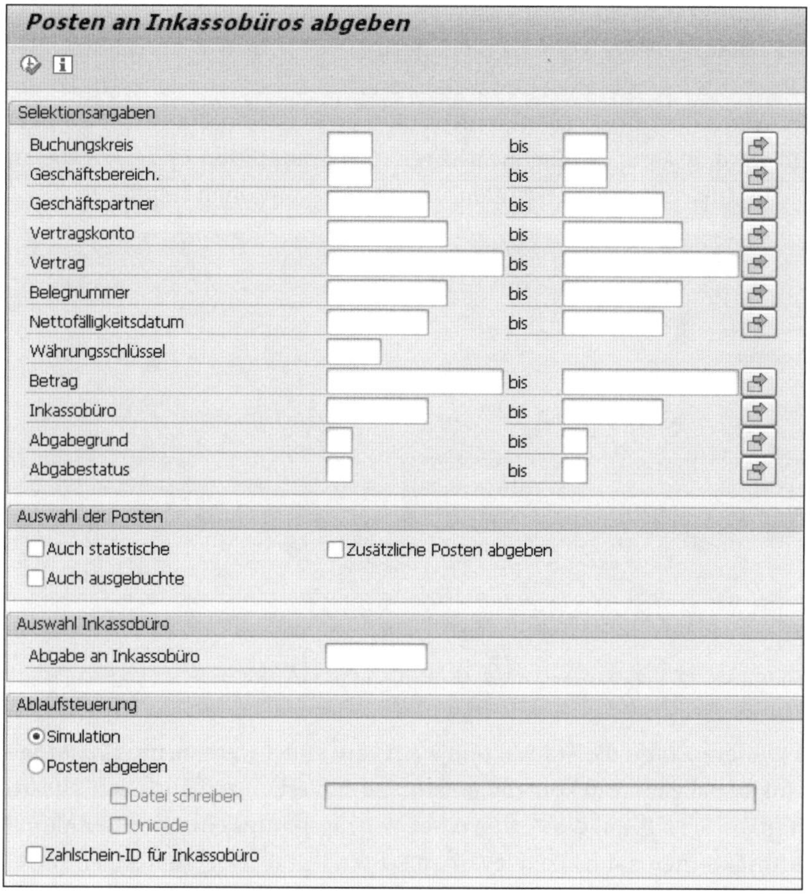

Posten an Inkassobüros abgeben

Selektionsangaben

Buchungskreis		bis	
Geschäftsbereich.		bis	
Geschäftspartner		bis	
Vertragskonto		bis	
Vertrag		bis	
Belegnummer		bis	
Nettofälligkeitsdatum		bis	
Währungsschlüssel			
Betrag		bis	
Inkassobüro		bis	
Abgabegrund		bis	
Abgabestatus		bis	

Auswahl der Posten

- Auch statistische
- Zusätzliche Posten abgeben
- Auch ausgebuchte

Auswahl Inkassobüro

Abgabe an Inkassobüro

Ablaufsteuerung

- Simulation
- Posten abgeben
  - Datei schreiben
  - Unicode
- Zahlschein-ID für Inkassobüro

Abbildung 8.21 Inkassoabgabe starten

Inkassorückmeldungen einrichten

Wenn der Inkassodienstleister dem Unternehmen auch Avise und/oder die eingetriebenen Posten per System zurückmeldet, sollte eine Zahlschein-ID für die Posten im Bereich **Ablaufsteuerung** im Feld **Zahlschein-ID für Inkassobüro** vergeben werden; diese kann bei der Rückmeldung identifiziert und somit die offenen Posten bearbeitet werden, z. B. anhand der Durchführung eines Teilausgleichs und durch Gebührenbuchungen.

Nach der Übertragung der abzugebenden Posten an die Inkassodienstleister wird das betreffende Inkassobüro versuchen, die offenen Forderungen einzutreiben und dem Unternehmen die gesammelten Informationen zur Verfügung zu stellen.

Die gesammelten Informationen können Ihrem Unternehmen z. B. über eine Rückdatei wieder zur Verfügung gestellt werden, oder die Sachbearbeiter werden per E-Mail, Brief oder persönlich über den aktuellen Stand oder über den Einzug der offenen Forderungen informiert.

Nach dem Einspielen der Rückantwort über den Report RFKKCOPM des Inkassodienstleisters können die Informationen in der Verwaltung der Inkassoposten eingesehen und weiterverarbeitet werden (siehe Abbildung 8.22). Wenn die Informationen nicht über eine Systemschnittstelle eingespielt werden, kann der Sachbearbeiter auch Transaktion FP03 (Abgabe an externes Inkassobüro) verwenden, um die Informationen zu pflegen.

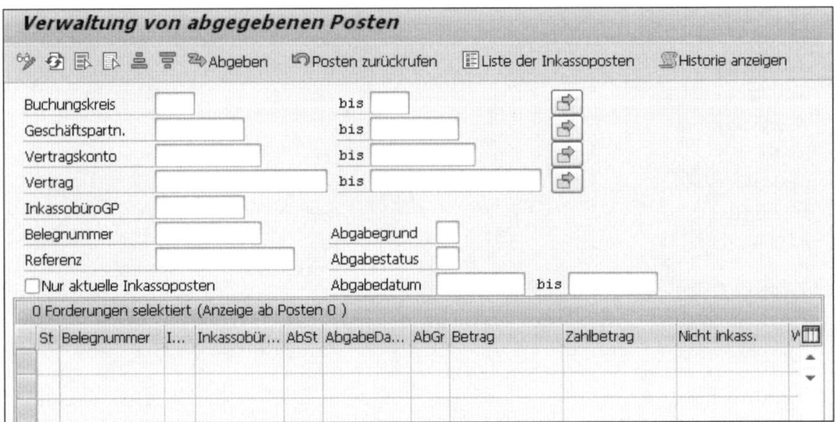

Abbildung 8.22 Inkassoposten bearbeiten und verwalten

Des Weiteren kann die Transaktion auch verwendet werden, um die aktuellen Inkassoabgaben zu kontrollieren und den Verlauf zu beurteilen. Hierzu schränken Sie z. B. auf die Posten eines Vertragskontos ein. Nach der Aktualisierung werden dann alle relevanten Posten in Tabelle **Forderungen selektiert** angezeigt. Im besten Fall wird der Inkassodienstleister den Einzug bzw. die Bezahlung der noch offenen Forderungen melden und seine Gebühren verlangen. Diese können, ähnlich wie ein Zahlungsstapel, mit den Gebühren gebucht werden.

Wenn einige Posten nicht eingebracht worden sind, können Sie diese ausbuchen und/oder die Forderungen berichtigen. Die Folgeaktionen sind dann, ebenso wie die Verknüpfung des Zahlungsprozesses, mit der Mahnung und der Inkassoabgabe abzustimmen.

Inkassokommunikation definieren

Ebenso wie die Rückmeldung des Inkassodienstleisters kann und sollte auch das Unternehmen die Inkassodienstleister über Änderungen zu den abgegebenen Posten informieren (siehe Abschnitt 8.2.3, »Einstellungen für die Inkassoabgabe«). Dies erspart zusätzliche Abstimmungen und Verunsicherungen im Kundenumgang. Da die Kommunikation um eine externe Stelle erweitert wurde, müssen diese Informationen schnellstmöglich übertragen und in den weiteren Ablauf eingebunden werden.

Wenn der Kunde z. B. die Forderung beim Unternehmen beglichen hat, aber das Inkassobüro immer noch versucht, die Forderung einzutreiben, ist keiner der Parteien geholfen. Aus solchen Situationen entstehen auch weit ärgerlichere Ableitungen, wie z. B. die unnötige Übergabe der Posten in das gerichtliche Mahnverfahren. Eine funktionierende Kommunikation zwischen Ihrem Unternehmen und dem Inkassobüro ist also unumgänglich.

8.2.2 Technische Informationen

Inkassotabellen

Die meisten fachlichen Daten zum Inkassoprozess können Sie z. B. im Rahmen von Fehleranalysen aus Tabelle DFKKCOLL lesen. Hier werden zu jedem abgegebenen Posten Informationen gespeichert. Weitere Daten zur Dateiübertragung, zu Rückantworten etc. können unter demselben Namensraum DFKKCOL* nachgesehen werden. In den folgenden Abschnitten gehen wir auf die Standard-Customizing-Einstellungen ein, die für die Inkassoabgabe hinterlegt werden müssen.

8.2.3 Einstellungen für die Inkassoabgabe

Im Customizing nehmen Sie die Einstellungen zur Inkassoabgabe unter dem IMG-Pfad vor:

IMG • Finanzwesen • Vertragskontokorrent • Geschäftsvorfälle • Abgaben zum Inkasso

Im Customizing für die Inkassoabgabe werden zwei wesentliche Bestandteile eingestellt. Zum einen legen Sie fest, an welchen Inkassodienstleister die Posten abgegeben werden sollen, und zum anderen regeln Sie die Vergabe von Statusnummern, die identifizieren, in welchem Prozessschritt sich die Posten zu jedem Zeitpunkt befinden.

Inkassobüros hinterlegen

Legen Sie für jeden Inkassodienstleister einen SAP-Geschäftspartner und ein Vertragskonto an. Mit diesen werden dann alle anstehenden Geschäftsvorfälle verarbeitet.

In Abbildung 8.23 hinterlegen Sie in der Spalte **Inkassobüro** die Geschäftspartner-ID und in der Spalte **Vertragskonto**, wenn benötigt, das Vertragskonto des Geschäftspartners. Setzen Sie das Kennzeichen **Offene Gebühren**, geht das SAP-System davon aus, dass der Inkassodienstleister die Gebühren noch nicht vom Kunden eingezogen hat bzw. diese noch nicht vom Kunden bezahlt worden sind. Die dann vom Inkassodienstleister gemeldeten offenstehenden Gebühren werden im System als offene Posten verbucht.

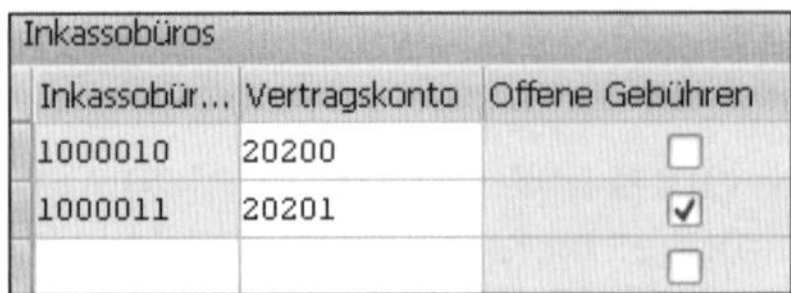

Inkassobüros

Inkassobür...	Vertragskonto	Offene Gebühren
1000010	20200	☐
1000011	20201	☑
		☐

Abbildung 8.23 Inkassobüroableitungen definieren

Anderenfalls werden die Gebührenposten bei der Rückmeldung im eigenen System als ausgeglichene Zahlungen gebucht.

Ableitungsregeln für zuständige Inkassobüros hinterlegen

Sie können verschiedene Ableitungsregeltypen und ineinandergreifende Regeln definieren. Hierdurch ersparen Sie dem Sachbearbeiter Arbeit bzw. ermöglichen bei der automatischen Verarbeitung die Findung des passenden Inkassodienstleisters. Diese Ableitungsregeln können auf u. a. Tabellenfelder und kundeneigenes Coding angewendet werden. In Abbildung 8.24 sehen Sie ein Beispiel, das jeweils ein Inkassobüro anhand des Buchungskreises ableitet.

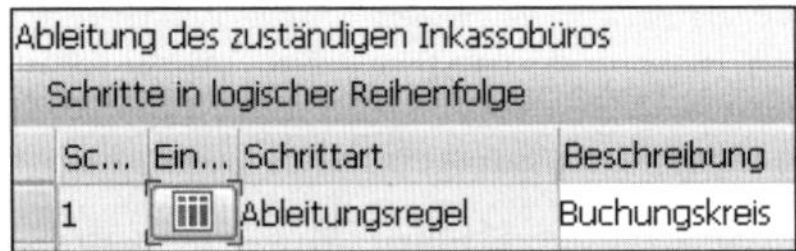

Ableitung des zuständigen Inkassobüros

Schritte in logischer Reihenfolge

Sc...	Ein...	Schrittart	Beschreibung
1		Ableitungsregel	Buchungskreis

Abbildung 8.24 Ableitungsregel definieren

Erstellen Sie eine Ableitungsregel, und hinterlegen Sie in dieser die beiden folgenden Schritte. Sie gelangen über einen Klick auf den in Abbildung 8.24 markierten Button in die Customizing-Tabelle zur Ableitung (siehe Abbildung 8.25).

In unserem Beispiel werden die Inkassobüros anhand des Buchungskreises in der Spalte **Buchungskreis** abgeleitet. Die Geschäftspartner-ID hinterlegen Sie in der Spalte **Inkassobüro**. Die Buchungskreisfelder werden auf die Werte geprüft. Handelt es sich um den Wert »1012«, wird dem betreffenden Posten das Inkassobüro 1000011 zugeordnet und der Posten an dieses Inkassobüro übergeben.

Ableitungsregel Buchungskreis

kein Wertfilter aktiv

Regeleinträge

Buchungskreis	Buchungskreis Bezeichnung	z...	Inkassobüro	Inkassobüro Bezeichnung
1012		=	1000011	
1010		=	1000010	

Abbildung 8.25 Ableitungsregel ausprägen

Abgabestatus definieren

SAP liefert vordefinierte Statussätze in der Spalte **AbgSt** mit verschiedenen Informationen aus. Wenn Sie zusätzliche Statusnummern für Ihren Inkassoprozess benötigen, können Sie diese, wie in Abbildung 8.26 gezeigt, anlegen.

Die konkreten Funktionen müssen Sie im Nachhinein selbst ausprägen und mit Ihrem Inkassoprozess verknüpfen. Wenn Sie das Kennzeichen **SI** aktivieren, kann der Posten mit diesem Status an das Inkassobüro übertragen werden. Der zum Kennzeichen **Col.-Hist.** gesetzte Haken definiert den Status als für die Aufnahme in die Historientabelle relevant. Hierdurch kann der Sachbearbeiter den Inkassoabgabeverlauf einsehen.

Status der Forderungen zur Abgabe an Inkassobüros

AbgSt	Bezeichnung	SI	Coll.Hist.
01	Forderung zur Abgabe freigegeben	☑	☑
02	Forderung abgegeben	☐	☑
03	Forderung von Inkassobüro bezahlt	☐	☑
04	Forderung von Inkassobüro teilbezahlt	☐	☑
05	Abgabe der Forderung storniert	☐	☑
06	Abgabe der Forderung erfolglos	☐	☑
07	Forderung direkt teilbezahlt und ein Teil nicht inkassierbar	☐	☑
08	Forderung teilbezahlt und ein Teil nicht inkassierbar	☐	☑
09	Forderung zurückgerufen	☑	☑
10	Forderung direkt von Kunden bezahlt	☐	☑
11	Forderung direkt von Kunden teilbezahlt	☑	☑
12	Forderung ausgeglichen	☐	☑
13	Forderung teilausgeglichen	☑	☑
14	Forderung freigegeben und ein Teil nicht inkassierbar	☑	☑
15	Forderung abgegeben und ein Teil nicht inkassierbar	☐	☑
16	Forderung zurückgerufen und ein Teil nicht inkassierbar	☑	☑

Abbildung 8.26 Inkassostatussätze

Vorgaben für die Abgabe an Inkassobüros hinterlegen

Wenn die Inkassodienstleister systemintegrierte Daten zurückliefern, können Sie die Buchungen der Zahlungsbelege mit Gebührenbuchungen direkt durch das eigene System ausführen lassen. Abbildung 8.27 beschreibt die Vorgaben im Buchungsbereich 1054, indem Sie eine Zahlsperre im Feld **Zahlsperrgrund**, eine Mahnsperre im Feld **Mahnsperrgrund**, einen abweichenden Partner (Inkassobüro) im Feld **abweich.Partner** und im Feld **Belegart Inkas.Zahl.** die Belegart, über die die Inkassorückmeldung (Zahlung) gebucht werden soll, festlegen.

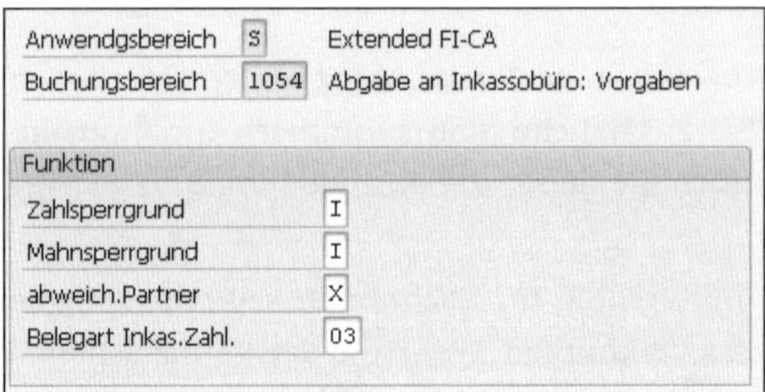

Abbildung 8.27 Vorgaben für Inkassobuchungen

Vorgaben für Inkassogebühren hinterlegen

Um die weiteren Beleginformationen für die Gebührenbuchungen vorzuverlegen, ordnen Sie im Buchungsbereich 1056 die Belegart im Feld **Belegart** und den Haupt-/Teilvorgang in den Feldern **Hauptvorgang** und **Teilvorgang** zu, wie es beispielhaft in Abbildung 8.28 gezeigt wird.

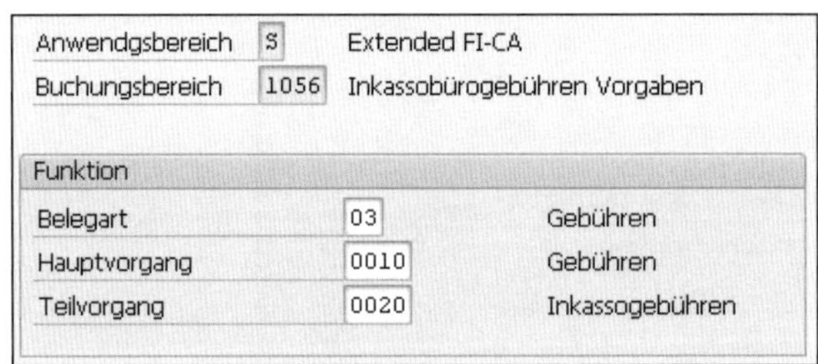

Abbildung 8.28 Beleginformationen für inkassogebühren

Je genauer Sie die Gebühren, z. B. Mahngebühren und Inkassogebühren, anhand von Vorgängen trennen, desto schneller kann der Sachbearbeiter diese im System zuordnen und verwalten.

Gründe für den Rückruf von Forderungen definieren

Um den Grund für einen Rückruf der Forderung zu definieren, legen Sie beliebige IDs in der Spalte **RückrufGrund** im Customizing an und benennen Sie diese möglichst sprechend in der Spalte **RückGrund**, damit der Sachbearbeiter erkennen kann, warum der betreffende Posten wieder zurückgerufen wurde. In Abbildung 8.29 sind einige Beispiele vordefiniert worden.

Stimmen Sie die Gründe auch möglichst übereinstimmend mit den verschiedenen Inkassobüros ab.

Rückrufgrund für an das Inkassobüro Abgegebene Posten	
RückrufGrund	RückGrund
01	Bereits bezahlt
02	Bereits teilbezahlt
03	Kundedaten falsch
04	Fehlerhafte Abgabe

Abbildung 8.29 Rückrufgründe für Inkassoposten

Vorgaben für die Übermittlung von Informationen an Inkassobüros

Um festzulegen, welche Informationen in die Inkassoabgabedatei einfließen, legen Sie den entsprechenden Typ im Feld **Infotyp** an und aktivieren ihn durch das Setzen eines Häkchens in der Spalte **Inf** in Abbildung 8.30.

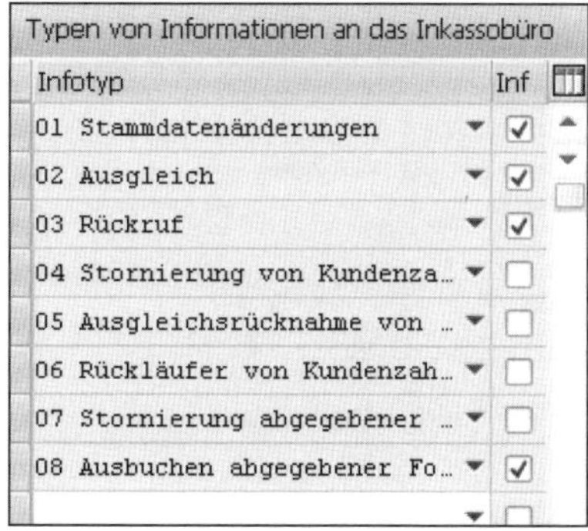

Typen von Informationen an das Inkassobüro	
Infotyp	Inf
01 Stammdatenänderungen	☑
02 Ausgleich	☑
03 Rückruf	☑
04 Stornierung von Kundenza...	☐
05 Ausgleichsrücknahme von ...	☐
06 Rückläufer von Kundenzah...	☐
07 Stornierung abgegebener ...	☐
08 Ausbuchen abgegebener Fo...	☑

Abbildung 8.30 Informationstypen

In diesem Fall wird z. B. eine Änderung der Stammdaten oder der Rückruf eines abgegebenen Postens an das Inkassobüro weitergeleitet.

Informationen an externe Partner

Klären Sie vor der Durchführung der Customizing-Einstellungen, welche Informationen das angeschlossene Inkassobüro verarbeiten kann und wie der Leistungsumfang mit dem Unternehmen abgestimmt wurde.

Vorgaben zum Inkasso-Score hinterlegen und Varianten für die Prüfung des Inkasso-Scores definieren

Wenn Sie den Inkasso-Score nutzen möchten, aktivieren Sie diese Funktion und legen zusätzlich die Anzahl der Anfragen pro Datei fest.

Vorgaben für die Verarbeitung von Inkassobüroinformationen hinterlegen

Um die Buchungen, die aus der Rückgabe des Inkassodienstleisters resultieren, durchführen zu können, sind weitere Voreinstellungen notwendig (siehe Abbildung 8.31). Im Buchungsbereich 1131 hinterlegen Sie im Feld **VerrKonto InkassoBür** das Verrechnungskonto für die rückgemeldeten Zahlungen. Wenn Sie den Posten ausbuchen möchten, können Sie den Ausbuchungsgrund im Feld **Ausbuchgsgrund** hinterlegen, der bei der Buchung hinzugefügt wird und der dem Sachbearbeiter anzeigt, warum die betreffende Aktion angewendet wurde. Die Belegart bezieht sich auf die Verrechnungsbuchung und wird bei der Buchung im Belegkopf hinterlegt.

Anwendgsbereich	S	Extended FI-CA
Buchungsbereich	1131	Vorgaben für die Verarbeitung von Inkassobüroinf...
Kontenplan	INT	Muster-Kontenplan

Funktion

VerrKonto Inkassobür	0000196600	Verr.Wechsel-Inkasso
Ausbuchgsgrund	05	Inkasso
Belegart	03	Gebühren

Abbildung 8.31 Buchungsinformationen für Inkassoposten

Vorgaben für Inkassobürobuchungen hinterlegen

Nachdem Sie die Einstellungen für die Verrechnungsbuchung definiert haben, können Sie die Vorgaben für die Buchungen auf dem Vertragskonto des Inkassodienstleisters definieren. Abbildung 8.32 zeigt die Vorbelegungsmöglichkeiten.

Anwendgsbereich	S	Extended FI-CA
Buchungsbereich	1132	Vorgaben für Inkassobürobuchungen hinterlegen

Funktion

Belegart	01	Allgemeiner Beleg
Hauptvorgang	0010	Gebühren
Teilvorgang	0020	Inkassogebühren

Abbildung 8.32 Inkassobuchungen – Vertragskontovorgaben definieren

Der Buchungsbereich 1132 bietet die Möglichkeit, die Belegart und den Hauptvorgang/Teilvorgang vorzudefinieren, die bei den Buchungen auf das Vertragskonto des Inkassodienstleisters verwendet werden.

Status von Inkasso-Einheiten pflegen

In Abbildung 8.33 werden die die Statussätze zu den Rückmeldungen, die die Partnersysteme an FI-CA zurückliefern können, definiert.

Status einer Inkasso-Einheit

St InkEin	Beschreibung Status Inkassoeinheit	Coll.Hist.
01	Abgabe akzeptiert durch Inkassobüro	☑
02	Abgabe abgelehnt durch Inkassobüro	☑

Abbildung 8.33 Inkasso-Einheiten

Genau wie die Statussätze werden diese benannt und für die Aufnahme in die Historie definiert oder von dieser ausgeschlossen.

Typen von Inkasso-Einheiten pflegen

Hinterlegen Sie, wie es in Abbildung 8.34 beispielhaft zu sehen ist, die Typen in der Spalte **Typ InkEin**, die an das Partnersystem übertragen werden sollen.

Typ einer Inkasso-Einheit

Typ InkEin	Beschreibung Typ einer Inkassoeinheit
01	Hauptforderung
02	Zinsen
03	Gebühren

Abbildung 8.34 Inkassoeinheitentypen definieren

In der Standardauslieferung sind bereits einige Einheitstypen definiert, die Sie weiternutzen können.

Archivierung

Das Customizing für die Archivierung ist, wie es in Abbildung 8.35 und Abbildung 8.36 zu sehen ist, in zwei Bereiche aufgeteilt. Zuerst definieren Sie die Archiveinstellungen für die Inkassoposten und anschließend die Einstellungen für die Archivierung der Inkassobüroabgabe.

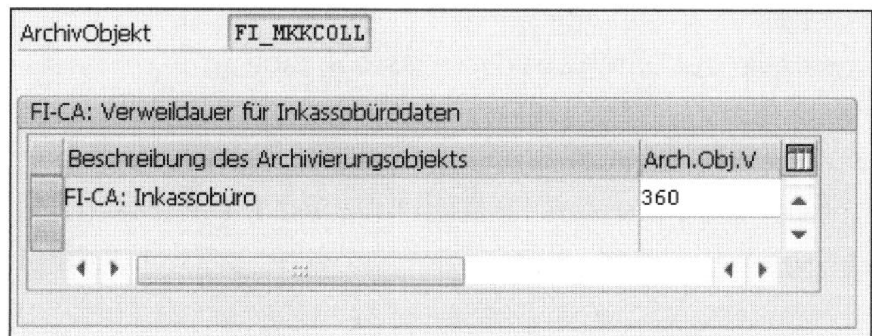

Abbildung 8.35 Verweildauer der Inkassopositionen

Legen Sie für das Archivierungsobjekt FI_MKKCOLL fest, wie lange ein Posten im SAP-System vorhanden sein muss, um für die Archivierung relevant zu werden. In Abbildung 8.36 werden die vordefinierten Infostrukturfelder für den Inkassoposten angezeigt.

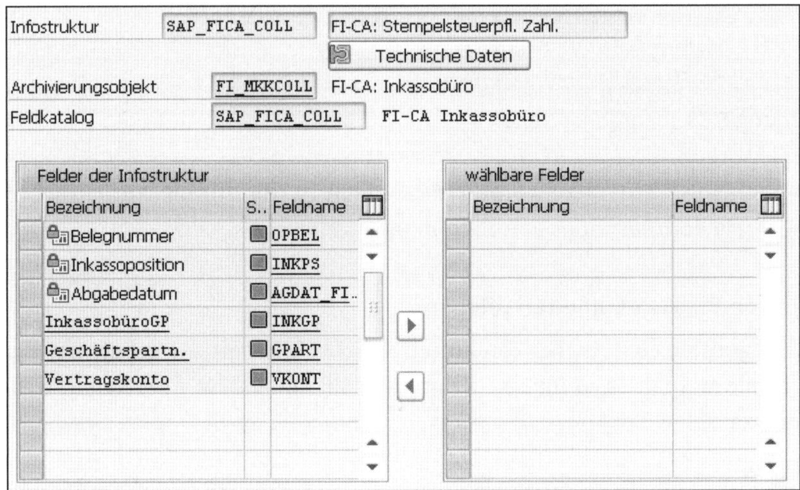

Abbildung 8.36 Archivstruktur für Inkassoposten

Erweitern Sie diese Liste mit den für Ihr Unternehmen hinzugekommenen Feldern, sodass Ihnen die bisher im System gesammelten Informationen auch im Archivsystem vorliegen. Im folgenden Abschnitt stellen Sie die Verweildauer für die Abgabedaten an die Inkassodienstleister ein (siehe Abbildung 8.37).

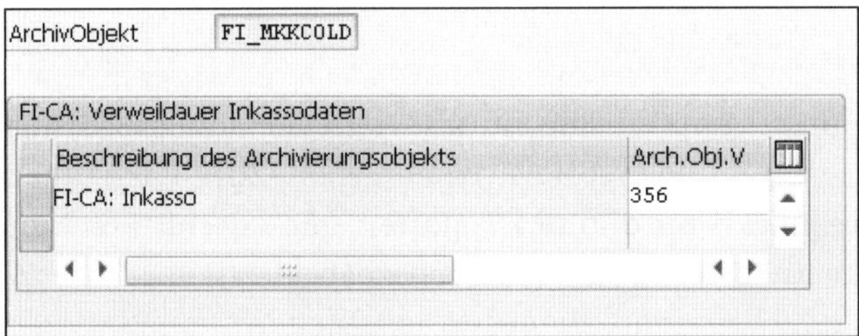

Abbildung 8.37 Verweildauer der Daten aus der Inkassoabgabe

Die Abgabedaten werden im Archivierungsobjekt FI_MKKCOLD hinterlegt. Ebenso wie die Postenstruktur, müssen Sie auch für diese Info-Struktur die Felder festlegen oder die vordefinierten Felder verwenden (siehe Abbildung 8.38).

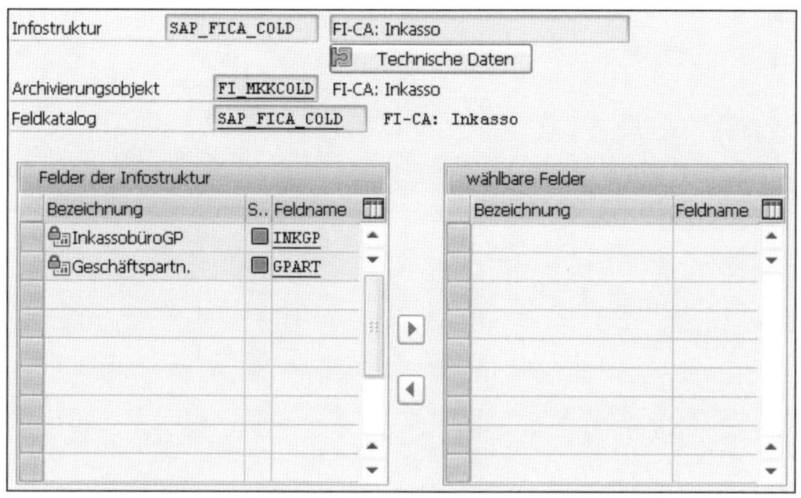

Abbildung 8.38 Archivstruktur – Inkassoabgabe

8.3 Fazit

Das Mahnverfahren und die Inkassoabgabe schließen sich recht spät im Zahlungsprozess an und bieten die nahezu letzten Möglichkeiten, um die noch ausstehenden Forderungen eines Kunden noch oder zumindest teilweise einzubringen.

Der Mahnprozess und vor allem die Inkassoabgabe sind in der Kommunikation die anspruchsvollsten Aktivitäten, die das Unternehmen mit dem Kunden bestreitet. Es handelt sich erstens um ein für alle involvierten Parteien unangenehmes Thema, und zum anderen werden zusätzliche Kommunikationspartner eingebunden.

Sie sollten deshalb die einzelnen Schritte genau aufeinander abstimmen und die Übergänge zwischen Mahnen und Inkassoabgabe fachlich und zeitlich genau definieren sowie den Sachbearbeiter durch die Einstellungen und Automatisierungsmöglichkeiten unterstützen oder ihn sogar nur die Vorgänge kontrollieren lassen.

Sobald das Unternehmen entscheidet, die Posten zu mahnen bzw. zur Inkassoabgabe freizugeben, entstehen erhöhte Kosten. Halten Sie die Prozesse möglichst einfach, und optimieren Sie mit der Fachabteilung die Auswahl und Anbindung der verschiedenen Inkassodienstleister.

Kapitel 9
Stundung und Ratenplan

Der Mahn- und Inkassoprozess verursacht interne Aufwände und wahrscheinlich externe Kosten bei Drittanbietern. Um das zu vermeiden, gibt es die Möglichkeit, zusammen mit dem Kunden individuelle angepasste Zahlungsziele oder eine Aufteilung der Forderungen zu vereinbaren. Dies spart einerseits Aufwand und verhindert andererseits den Missmut der Kunden.

In diesem Kapitel gehen wir auf die Möglichkeit der Aufteilung von Forderungen auf mehrere kleinere Posten ein, den sogenannten *Ratenplan*. In Abschnitt 9.1, »Ratenplanaufbau«, zeigen wir die Anwendersicht und den Aufbau des Ratenplans, die Erstellung der einzelnen Raten und wie diese wieder aufgelöst werden können. Im nachfolgenden Abschnitt 9.2, »Ratenplantabellen«, beschreiben wir die Auswirkungen auf die Ursprungsposten und die neuen Ratenposten in den Datenbanktabellen. In Abschnitt 9.3 lernen Sie die Einstellungen zum Ratenplan kennen.

Außerdem machen wir Sie mit der einfachen und schnellen Methode zur Verschiebung der Zahlungsfälligkeit eines Postens vertraut (siehe Abschnitt 9.4, »Stundung«).

9.1 Ratenplanaufbau

Wenn ein Kunde seinen Zahlungsverpflichtungen nicht (mehr) nachkommen kann – meist bei größeren Beträgen – kann er das Unternehmen von sich aus bitten, die Forderungen gegen ihn in mehrere geringere Einzelbeträge aufzuteilen. Da die Aktion vom Kunden initiiert wird und noch keine oder nur erste Mahnaktivitäten vorhanden sind, kann auf diese Weise auf anstehende Mahn- und Inkassoaktivitäten verzichtet werden.

Ratenplan anlegen

Um einen Ratenplan anzulegen, sucht der Sachbearbeiter anhand der Kundeninformationen, wie z. B. dem Vertragskonto oder der Belegnummer, die betreffende Forderung an den Kunden. Anschließend kann der Ratenplan über Transaktion FPR1 angelegt werden. Alternativ werden der oder die Belege über die Kontenstandsanzeige ausgewählt und zur Verarbeitung durch einen Ratenplan markiert. Nun können Sie die Forderungen des Kunden auswählen und die Rahmenparameter für den Ratenplan eingeben.

Es ist möglich, mehrere Posten gleichzeitig zu einem Ratenplan zusammenzufassen. Hierbei repräsentieren die Ratenpositionen die Summe der Ursprungsbelege. Nach der Selektion der Posten kann der Sachbearbeiter die Ratenplanbedingungen auswählen oder manuell verändern (siehe Abbildung 9.1).

Sie können im Customizing vordefinierte Ratenpläne einstellen, die dann verändert werden können. Wählen Sie hierzu einen oder mehrere Posten im Bereich **Postenauswahl** aus, und markieren Sie die betreffenden Zeile(n). Danach wählen Sie im Feld **Ratenplantyp** den Ratenplantyp aus, der für die zuvor markierten Posten gelten soll. Anschließend werden die in das Customizing eingestellten Werte zu diesem Ratenplantyp abgeleitet und in den Eingabefeldern, z. B. **Ratenanzahl**, vorbelegt.

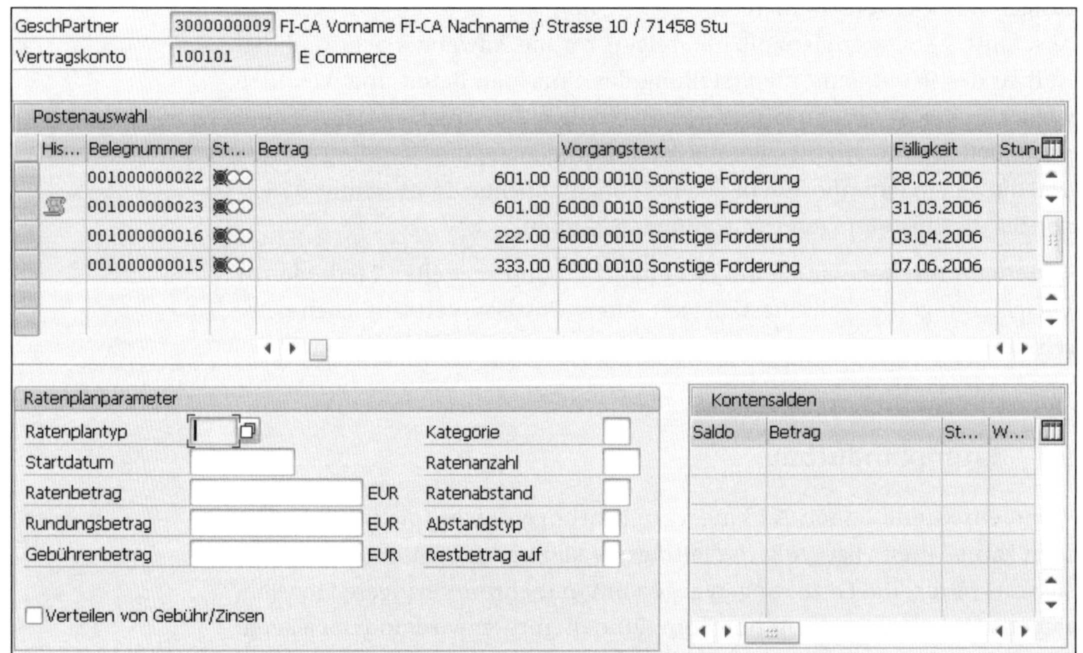

Abbildung 9.1 Forderungen in Transaktion FPR1 auswählen

Nun können Sie die Einstellungen manuell anpassen. So können Sie z. B. bestimmen, ab wann der Ratenplan starten soll, indem Sie Eingaben in den Feldern **Startdatum**, **Ratenbetrag** und **Ratenabstand** vornehmen oder den Ratenplan speichern.

Vordefinierte Ratenpläne

Um den Sachbearbeitern die Verwendung der Ratenpläne zu erleichtern, sollten Sie möglichst gängige Varianten definieren und auch die Bezeichnung sprechend gestalten. Diese können auch dann verwendet werden, wenn Sie maschinelle Methoden verwenden, um Ratenpläne anzulegen. Dies ist z. B. sinnvoll, wenn Sie Ihren Kunden die Möglichkeit einräumen, selbst einen Ratenplan über ein Portal zu erstellen. Über das Portal kann danach die Ratenplanerstellung über Funktionsbausteine angestoßen werden.

Nachdem die Ursprungsposten ausgewählt und die Rahmenbedingungen festgelegt worden sind, erzeugt das SAP-System die einzelnen Raten (siehe Abbildung 9.2).

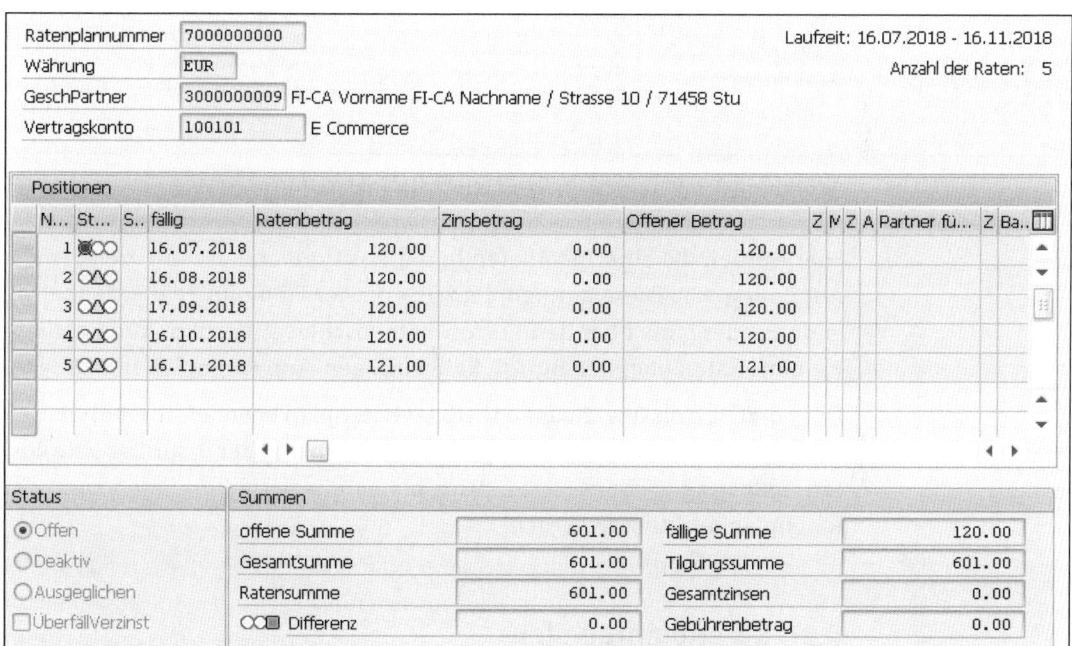

Abbildung 9.2 Ratenplanposten im User Interface

Ratenplan deaktivieren

Der Sachbearbeiter kann den Ratenplan einsehen oder ändern. Dies schließt auch die Deaktivierung des Ratenplans ein.

Über Transaktion FPR2 (Ratenplan ändern) und die Eingabe der Ratenplannummer gelangen Sie in die Änderungsmaske, die ähnlich wie in Transaktion FPR1 (Ratenplan anlegen) aufgebaut ist.

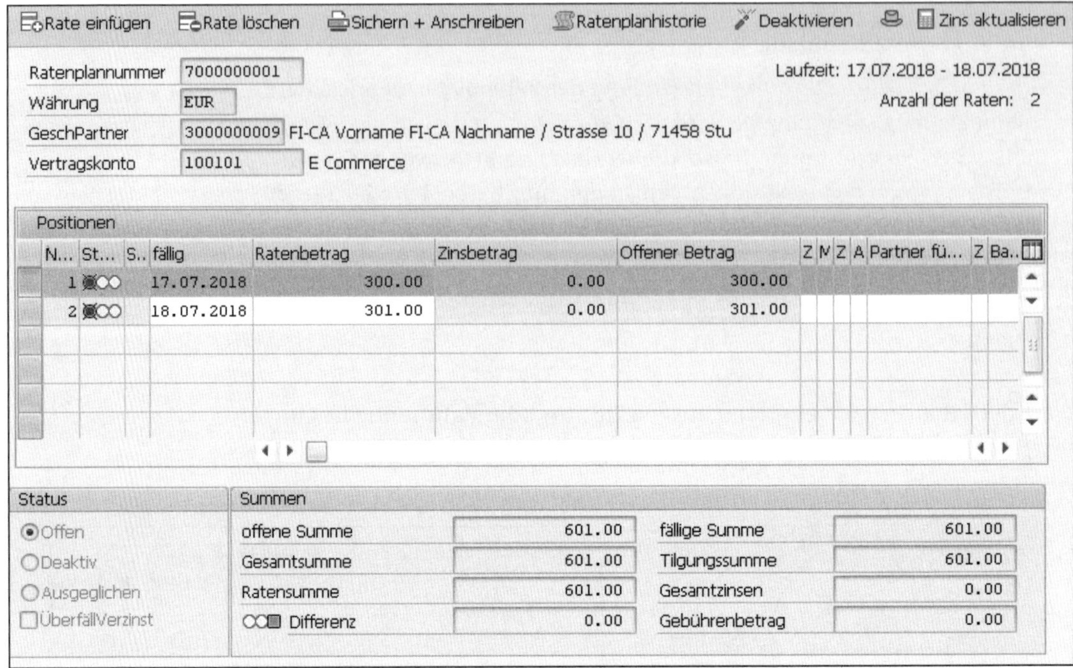

Abbildung 9.3 Ratenplan bearbeiten und deaktivieren

Hier werden die einzelnen Raten in der Positionentabelle angezeigt (siehe Abbildung 9.3). Diese können Sie z. B. von der Höhe im Feld **Ratenbetrag** ändern oder ganz über den Button **Rate löschen** entfernen. Auch können Sie neue Raten über den Button **Rate einfügen** zum Ratenplan hinzufügen.

Über den Button **Deaktivieren** wird der Ratenplan beendet. Hierbei werden die einzelnen Ratenanforderungen geschlossen und der ursprüngliche Posten/Teilbetrag wiedereröffnet. Auch bei bereits gezahlten Raten kann der Ratenplan deaktiviert werden.

9.2 Ratenplantabellen

Um das Customizing und die Verarbeitung der Ratenpläne besser nachvollziehen zu können, gehen wir in diesem Abschnitt auf die Datenstruktur und die Verknüpfung der Tabellen ein, die den Ratenplan mit Informationen versorgen.

Nach der Erstellung des Ratenplans werden die allgemeinen Daten, die die Kopfdaten des Ratenplans umfassen, in Tabelle FKK_INSTPLN_HEAD gespeichert. In Abbildung 9.4 sehen Sie z. B. im Feld **Ratenplannummer** die Ratenplannummer des zuvor erstellten Ratenplans. Diese Kopfdaten geben den ersten Aufschluss über die Ratenpläne und wie Sie den Ratenplan in der Tabelle finden können.

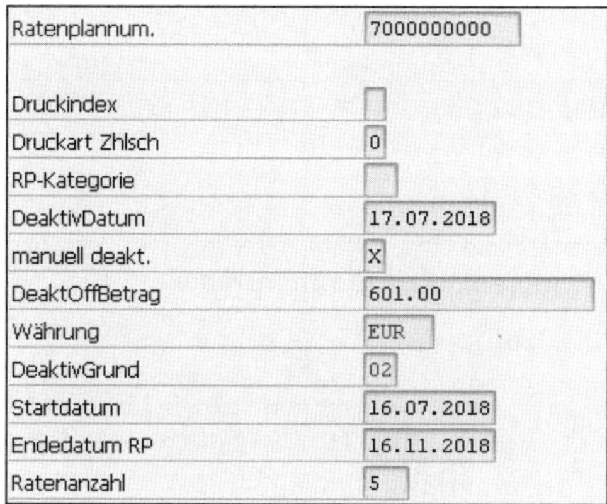

Ratenplannum.	7000000000
Druckindex	
Druckart Zhlsch	0
RP-Kategorie	
DeaktivDatum	17.07.2018
manuell deakt.	X
DeaktOffBetrag	601.00
Währung	EUR
DeaktivGrund	02
Startdatum	16.07.2018
Endedatum RP	16.11.2018
Ratenanzahl	5

Abbildung 9.4 Kopfdaten des Ratenplans

Zusätzlich enthält Tabelle FKK_INSTPLN_HEAD Informationen über den Status, z. B. ob der Ratenplan deaktiviert (im Feld **manuell deakt.** mit »X« gekennzeichnet) ist, und im Feld **Ratenanzahl** die Angabe, wieviele Raten aus dem aus dem Ursprungsbeleg entstanden sind. Genau wie der ursprüngliche Beleg, werden auch zusätzlich die Ratenplandaten in der Kopftabelle DFKKOP (Belegkopftabelle) gespeichert (siehe Abbildung 9.5).

Data Browser: Tabelle DFKKKO **2 Treffer**

Prüftabelle...

Tabelle: DFKKKO
Angezeigte Felder: 34 von 34 Feststehende Führungsspalten: 2 Listbreite 1023

Mandant	Belegnummer	Abstimmschlüss.	Anwendgsbereich	Belegart	Herkunft	Erfasst am	Erfaßt um	Währung	Belegdatum	Buchungsdatum
800	001000000023	060607-001	S	01	01	07.06.2006	16:53:25	EUR	31.03.2006	31.03.2006
800	007000000000		S	07	12	16.07.2018	11:11:55	EUR	16.07.2018	16.07.2018

Abbildung 9.5 Ratenplankopfdaten in der Belegtabelle

Die einzelnen neuen Ratenplananforderungen werden in der Belegpositionstabelle abgelegt (siehe Abbildung 9.6). Diese erhalten in der Spalte **Belegnummer** die jeweilige Nummer des Ratenplans. Die ursprünglichen Positionen, aus denen der Ratenplan aufgebaut wird, erhalten in der Spalte **Stellv. Beleg** auch die Ratenplannummer und den Kenner R (für Ratenplan) in der Spalte **Belegtyp**.

Ratenplanpositionen

Ratenpläne bestehen aus gleichartigen Positionen mit z. B. gleich hohen Beträgen und Zahlungsinformationen, ausgenommen z. B. die Fälligkeit. Diese Belegpositionen werden deshalb in der Tabelle für Wiederholungspositionen (DFKKOPW) gespeichert (siehe Abbildung 9.7).

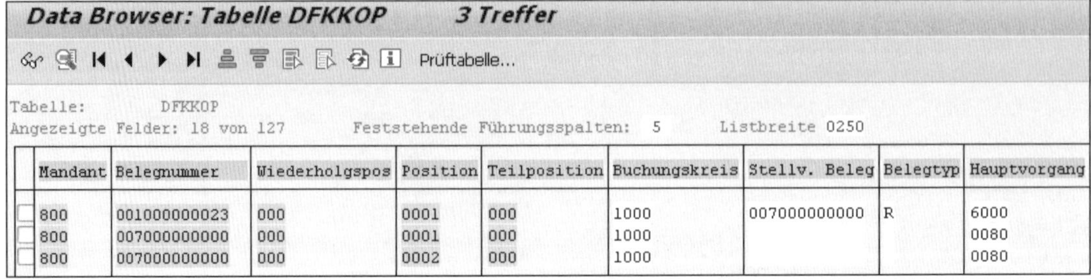

Data Browser: Tabelle DFKKOP 3 Treffer

Prüftabelle...

Tabelle: DFKKOP
Angezeigte Felder: 18 von 127 Feststehende Führungsspalten: 5 Listbreite 0250

Mandant	Belegnummer	Wiederholgspos	Position	Teilposition	Buchungskreis	Stellv. Beleg	Belegtyp	Hauptvorgang
800	001000000023	000	0001	000	1000	007000000000	R	6000
800	007000000000	000	0001	000	1000			0080
800	007000000000	000	0002	000	1000			0080

Abbildung 9.6 Ratenplananforderungen in der Belegpositionstabelle (Tabelle DFKKOP)

Data Browser: Tabelle DFKKOPW 4 Treffer

Prüftabelle...

Tabelle: DFKKOPW
Angezeigte Felder: 17 von 25 Feststehende Führungsspalten: 4 Listbreite 0250

Mandant	Belegnummer	WiederholGruppe	Wiederholgspos	Zugehörige Pos	Geschäftspartn.	Vertragskonto	Stellv. Beleg	Belegtyp
800	007000000000	001	001	0001	3000000009	000000100101		
800	007000000000	001	002	0001	3000000009	000000100101		
800	007000000000	001	003	0001	3000000009	000000100101		
800	007000000000	001	004	0001	3000000009	000000100101		

Abbildung 9.7 Wiederholte Ratenplananforderungen

Wiederholungspositionen

Achten Sie bei den Auswertungen, Formularanpassungen etc. auf die Wiederholungspositionen. Wenn Sie von den Standardlogiken in der Entwicklung abweichen, kann es schnell vorkommen, dass diese Positionen nicht mehr berücksichtigt und somit dem Sachbearbeiter auch nicht mehr angezeigt werden.

Wenn der Sachbearbeiter den Ratenplan deaktiviert, wird der ursprüngliche Posten wieder aktiv. Die ehemaligen einzelnen Ratenplananforderungen verbeiben in Tabelle DFKKOP und erhalten in der Spalte **Ausgleichsstatus** den Ausgleichsstatus 9 (siehe Abbildung 9.8). Die an den Ratenplänen vorgenommenen Änderungen können Sie über die Ratenplanhistorie in Abbildung 9.3 einsehen.

Generell werden die Eigenschaften der Geschäftspartnerpositionen für die einzelnen Ratenplananforderungen verwendet. Dies ermöglicht es z. B., einen abweichenden Zahler für die Rate zu vereinbaren.

Tabelle: DFKKOP
Angezeigte Felder: 17 von 139 Feststehende Führungsspalten: 5 Listbreite 0250

Mandant	Belegnummer	Wiederholgspos	Position	Teilposition	Buchungskreis	GeschBereich	Geschäftsort	Segment	Profitcenter	Ausgleichsstatus
800	007000000000	000	0001	000	1000	9900				9
800	007000000000	000	0002	000	1000	9900				9
800	007000000000	001	0001	000	1000	9900				9
800	007000000000	002	0001	000	1000	9900				9
800	007000000000	003	0001	000	1000	9900				9
800	007000000000	004	0001	000	1000	9900				9

Abbildung 9.8 Ausgleich von Ratenplanpositionen

9.3 Customizing des Ratenplans

Die Einstellungen zu den zuvor vorgestellten Möglichkeiten zur Ratenplananlage oder Deaktivierung werden im Customizing-Knotenpunkt **Stundung und Ratenplan** bereitgestellt, der über den Pfad des Einführungsleitfadens (Implementation Guide, kurz IMG) zu erreichen ist:

IMG • Finanzwesen • Vertragskontokorrent • Geschäftsvorfälle • Stundung und Ratenplan

Die Benennung des Menüpunkts ist ein wenig irreführend, da Sie an dieser Stelle nur Customizing-Einstellungen für den Ratenplan, nicht aber für die Stundung vornehmen können. In Abschnitt 9.4, »Stundung«, gehen wir kurz auf die Möglichkeiten der Stundung ein, für die Sie keine eigenen Customizing-Einstellungen vornehmen müssen.

Die folgenden Abschnitte repräsentieren die Customizing-Unterpunkte im IMG-Menüpfad zum Ratenplan.

9.3.1 Vorschlagswerte zum Ratenplan hinterlegen

Vorschlagswerte

Damit der Sachbearbeiter Ratenpläne verwenden kann, hinterlegen Sie in dem Menüpunkt **Vorschlagswerte zum Ratenplan hinterlegen** die Vorschlagswerte für die Eingabemaske von Transaktion FPR1 bzw. Transaktion FPR2.

Sie entscheiden hier, wie die zukünftigen Ratenpläne aussehen und identifiziert werden können. So können die Ratenpläne z. B. später über die Belegart in der Anwenderoberfläche oder in den Belegtabellen identifiziert werden.

Die Vorschlagswerte werden im Buchungsbereich 1100 (Feld **Buchungsbereich**) hinterlegt (siehe Abbildung 9.9).

Im Feld **RatenplBelegart** hinterlegen Sie die Belegart, die bei der Buchung des Ratenplans verwendet werden soll. Mithilfe der Belegart sind z. B. die

Ratenpläne in der Offene-Posten-Analyse einfach zu erkennen. Wie auch andere Belegarten, müssen Sie zuvor die Belegart im Beleg- und Buchungs-Customizing anlegen und einem Nummernkreis zuordnen.

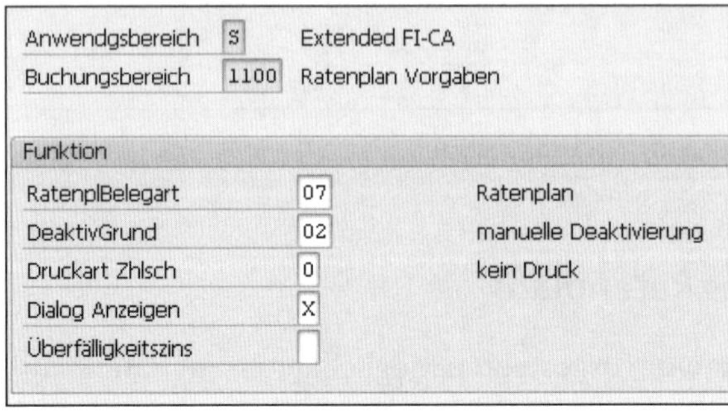

Abbildung 9.9 Vorschlagswerte für den Ratenplan

Wenn der Sachbearbeiter einen Ratenplan deaktiviert, wird der Inhalt aus dem Feld **DeaktivGrund** vorbelegt. Sie können verschiedene Gründe oder z. B. den Grund für die Deaktivierung hinterlegen (siehe das Beispiel zur manuellen Deaktivierung in Abschnitt 9.1). Die verwendbaren Gründe können Sie frei im Customizing einstellen (siehe Abbildung 9.14).

Formulardruck

Bei der Erstellung oder Änderung eines Ratenplans kann es sinnvoll sein, Korrespondenzen an den Kunden oder an interne Abteilungen zu versenden. Mit der Vorbelegung 0 im Feld **Druckart Zhlsch** schlagen Sie dem Sachbearbeiter vor, kein Formular zu erzeugen. Zuvor müssen Sie für den Ratenplan in der Korrespondenzsteuerung ein Formular einrichten.

Es stehen die folgenden Auswahlmöglichkeiten für dieses Feld zu Verfügung:

- 0 – kein Druck (Formular wird nicht generiert)
- 1 – sofort drucken (Formular wird bei der Speicherung erzeugt)
- 2 – Druck verzögert; Anschreiben ohne Zahlscheine
- 3 – Druck verzögert; Anschreiben und Zahlschein für die nächstfällige Rate
- 4 – Druck verzögert; Anschreiben mit allen Zahlscheinen

Bei den Auswahlmöglichkeiten 2 und 3 können Sie zwischen einer Kombination aus mehreren Formularen auswählen.

Wenn Sie dem Sachbearbeiter die Möglichkeit einräumen möchten, die im Customizing voreingestellten Werte zu ändern, müssen Sie das Feld **Dialog Anzeigen** mit »X« befüllen. Auf diese Weise ist es möglich, den Deaktivierungsgrund oder die Art des Drucks zu ändern. Beim Anlegen oder Ändern des Ratenplans erscheint ein Pop-up-Fenster, indem der Sachbearbeiter die Vorbelegungen ändern kann. Wenn das Feld nicht ausgefüllt ist, werden alle Ratenpläne mit den vorbelegten Daten gespeichert.

Verzinsung definieren

Im Feld **Überfälligkeitszins** wird die Verzinsung für die Ratenpläne gesteuert. Es stehen zwei Alternativen zur Auswahl, die Sie jeweils durch Aktivierung bzw. Deaktivierung des Feldes steuern.

1. **Markieren des Kennzeichens Überfälligkeitszins**
   Für die Verzinsung von offenen Raten gibt es folgende Optionen:
   - kleiner Deaktivierungszeitpunkt
   - ausgeglichene Raten größer Fälligkeit
   - kleiner gleich der Fälligkeit der Rate
   - ausgeglichene Raten größer Fälligkeit; kleiner gleich Ausgleichsdatum
2. **Keine Markierung des Kennzeichens »Überfälligkeitszins«**
   Diese Einstellung definiert die Verzinsung von offenen Raten kleiner Deaktivierungszeitpunkt und ausgeglichene Raten kleiner gleich Fälligkeit der Rate.

9.3.2 Kategorien für den Ratenplan hinterlegen

Um die späteren Ratenpläne mit unterschiedlichen Ausprägungen detaillierter auszugestalten, hinterlegen Sie Ratenplankategorien. Die Ratenplankategorien ordnen Sie später den Ratenplantypen zu. Abbildung 9.10 zeigt das Pflegebild für die Erstellung der Ratenplankategorie. Sie können beliebig viele Ratenplankategorien erstellen. Um diesen Eigenschaften zuzuordnen, legen Sie eine neue Kategorie-ID im Feld **RP-Kategorie** an. Diese kann anschließend im User Interface ausgewählt werden.

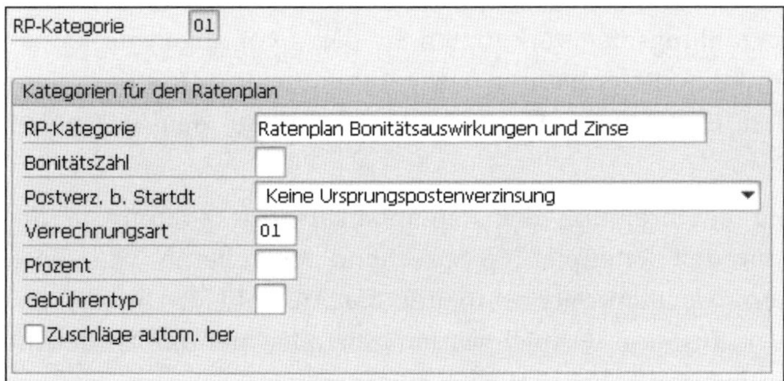

Abbildung 9.10 Ratenplankategorie anlegen

Kategorie ausprägen

Im Feld **RP-Kategorie** beschreiben Sie die Eigenschaften der Ratenplankategorie. Dies erleichtert die spätere Auswahl im User Interface. Der Text dient nur zur Anzeige in der Oberfläche.

Die Bonitätszahl (Feld **BonitätsZahl**) repräsentiert den Wert, um den der Kunde in der Gesamtbewertung im Bezug auf seine Bonität steigt. Nach der Vereinbarung des Ratenplans mit dem Kunden ist es zu hoffen, dass dieser auch die Zahlungen leistet. Diese werden anhand der Verrechnungsart für Ratenpläne auf die offenen Posten verteilt. Um das Feld **Verrechnungsart** füllen zu können, legen Sie zuvor eine Verrechnungsart an oder nutzen eine der bereits vordefinierten Verrechnungsarten. Die Beschreibung, wie Sie Verrechnungsarten und die Verrechnungssteuerung anlegen, finden Sie in Kapitel 10, »Verrechnungssteuerung«.

Wenn Sie im Buchungsbereich 1103 die Funktion für Zuschläge aktivieren, können Sie im Feld **Prozent** den Prozentsatz eintragen, der für die Zinsberechnung der ersten Rate gelten soll.

Die Gebührenzuschläge, die für einen Ratenplan gelten sollen, geben Sie im Feld **Gebührentyp** an. Nutzen Sie hier die Wertehilfe, und wählen Sie einen zuvor angelegten Gebührentyp aus.

Aktivieren Sie das Kennzeichen **Zuschläge autom. ber**, wenn die Berechnung der Zuschläge bei der Speicherung automatisch gestartet werden soll.

9.3.3 Ratenplantyp definieren

Der *Ratenplantyp*, ähnlich der Ratenplankategorie, ist eines der Objekte, das einen Ratenplan und dessen Eigenschaften beschreibt. In diesem Customizing-Menüpunkt definieren Sie die zentralen Eigenschaften des Ratenplans, wie z. B. die Ratenanzahl und die Verteilung der Raten. Beachten Sie, dass der Sachbearbeiter diese Eigenschaften nachträglich in der Oberfläche anpassen und eigene Raten hinzufügen oder verändern kann.

Rückzahlungsplan definieren

Im Bereich **Rückzahlungsplan** verknüpfen Sie die zuvor angelegte Ratenplankategorie mit dem Ratenplantyp (siehe Abbildung 9.11). Die Kombination aus beiden Customizing-Eigenschaften wird auf den Ratenplan angewendet.

Ebenso wie die Beschreibung der Ratenplankategorie sollten Sie die Beschreibung für den Ratenplantyp sprechend formulieren. Auf diese Weise erleichtern Sie dem Sachbearbeiter die Auswahl des passenden Ratenplantyps. In unserem Beispiel werden eine oder mehrere Forderungen auf 12 Raten aufgeteilt, die monatlich fällig werden.

Abbildung 9.11 Ratenplantypen ausprägen

Ratenabstand festlegen

Die drei Felder zur Ratenaufteilung im Bereich **Raten** müssen zusammen betrachtet werden: Der Abstand im Feld **Ratenabstand** definiert den Zeitraum in Tagen, Wochen oder Monaten, die zwischen den Raten liegen. Sie geben diesen Zeitraum in einer festgelegten Einheit an: Im Feld **Abstandstyp** legen Sie fest, um welche Einheit es sich bei den Abständen handelt. Sie können zwischen folgenden Einheiten wählen:

- Tage
- Wochen
- Monate
- 14-tägig

Ratenanzahl festlegen

Um festzulegen, wie viele Raten eingerichtet werden, geben Sie im Feld **Ratenanzahl** die Anzahl der Raten an. Der Ratenplan erhält dann bei dessen Anlage diese festgelegt Anzahl an Raten.

Im Bereich **Beträge** bestimmen Sie, wie hoch die Raten und die Gebühren sind (siehe Tabelle 9.1). Sie legen dabei auch fest, ob und wie bei den Raten gerundet werden soll.

Feld	Beschreibung
Rundungsbetrag	Geben Sie hier, wenn gewünscht, die bis zu dreistellige Rundungsdifferenz an. Bei Abweichungen durch die Rundungsberechnung wird der Betrag anhand des Feldes **verbl. Betrag** aufgeteilt.

Tabelle 9.1 Betragsaufteilung im Ratenplantyp

Feld	Beschreibung
Ratenbetrag	Alternativer Ratenbetrag zum Rundungsbetrag.
Gebührenbetrag	Betrag, der dem Kunden zusätzlich als Gebühr belastet wird.
verbl. Betrag auf	Die Betragsaufteilung von Differenzbeträgen kann anhand dreier Kriterien erfolgen: 1. erste Rate 2. letzte Rate 3. neue Rate
Währung	Währungsschlüssel für den Ratenplantyp

Tabelle 9.1 Betragsaufteilung im Ratenplantyp (Forts.)

9.3.4 Ergänzende Customizing-Einstellungen zum Ratenplan

Der folgende Abschnitt zeigt die Einstellungen für die Belegarten bei Gebührenbuchungen, die durch den Ratenplan ausgelöst werden. Im Buchungsbereich 1101 legen Sie die Vorschlagswerte der Belegarten für die Gebührenbuchungen im Feld **GebührBelegart** und für die vorläufigen Gebührenbuchungen im Feld **VorläuGebührBelegart** fest (siehe Abbildung 9.12).

Die Belegarten müssen Sie zuvor wie in Kapitel 5.1, »Buchungen und Belege«, angelegt haben.

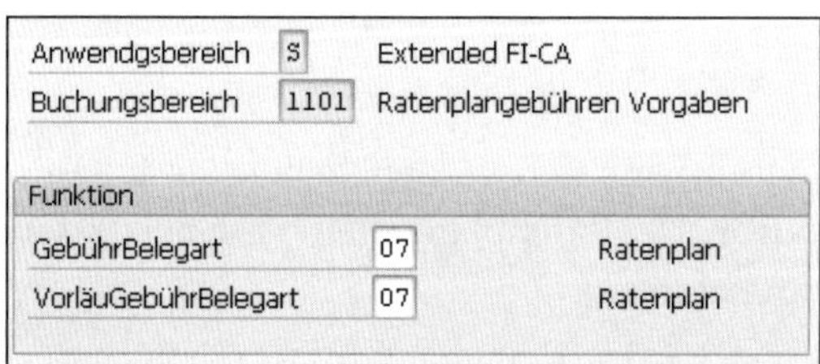

Abbildung 9.12 Vorschlagswerte für die Gebührenbuchungen

Vorläufige Gebührenbuchung

Die vorläufige Gebührenbuchung wird vom SAP-System in einer Zwischentabelle gespeichert und erst bei Genehmigung, z. B. durch das Vier-Augen-Prinzip, zu einer »echten« Gebührenbuchung.

Sie können dieser Zwischenbuchung eine abweichende Belegart zuordnen. In unserem Beispiel wird die allgemeine Belegart für den Ratenplan verwendet. Diese Vorgehensweise hat den Nachteil, dass Sie die Ratenplanbuchungen nicht direkt anhand der Belegart unterscheiden können.

Ähnlich wie bei den Gebührenvorschlägen, können Sie auch für die Verzinsungsbuchungen die Belegart im Feld **ZinsBelegart** vorgeben, die bei der Buchung der Zinsen verwendet werden soll (siehe Abbildung 9.13). Zusätzlich ordnen Sie noch im Feld **Zinsschlüssel** den Zinsschlüssel zu, der die Verzinsungsregeln hinterlegt hat.

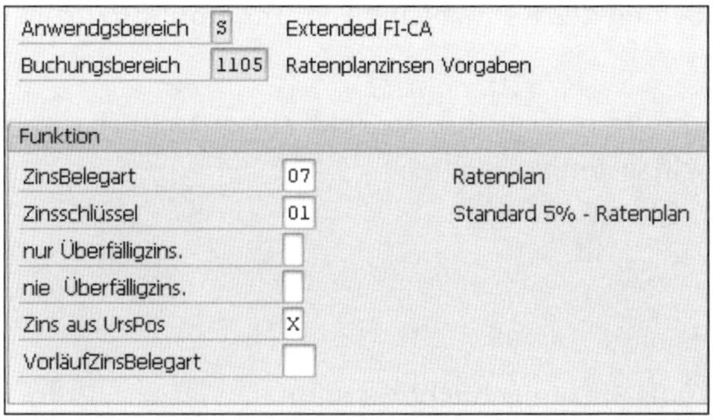

Anwendgsbereich	S	Extended FI-CA
Buchungsbereich	1105	Ratenplanzinsen Vorgaben
Funktion		
ZinsBelegart	07	Ratenplan
Zinsschlüssel	01	Standard 5% - Ratenplan
nur Überfälligzins.		
nie Überfälligzins.		
Zins aus UrsPos	X	
VorläufZinsBelegart		

Abbildung 9.13 Vorschlagswerte für die Ratenplanverzinsung

Anschließend definieren Sie, ob die Raten weiter oder nur bis zur Fälligkeit verzinst werden sollen und welcher Posten zur Berechnung der Zinsen herangezogen werden soll, indem Sie das Feld **nur Überfälligzins** und das Feld **nie Überfälligzins** mit »X« füllen oder leer lassen. Auch bei der Verzinsung können Sie die vorläufige Verzinsungsbelegart im Feld **VorläufZinsBelegart** vordefinieren.

Ratenplan deaktivieren

Deaktivierungsgründe für den Ratenplan hinterlegen

Um die Aufhebung eines Ratenplans zu beschreiben und dem Sachbearbeiter die Möglichkeit zu geben, z. B. die Entscheidung eines Kollegen oder einer Programmlogik nachzuvollziehen, geben Sie im IMG über den Pfad die Deaktivierungsgründe ein:

IMG • Finanzwesen • Vertragskontokorrent • Geschäftsvorfälle • Stundung und Ratenplan • Deaktivierungsgründe für Ratenplan hinterlegen

Dies ist auch als Vorbelegung möglich (siehe Abbildung 9.14).

DeaktivGrund	02
Deaktivierungsgründe für den Ratenplan	
DeaktivGrund	manuelle Deaktivierung
☐ Storno Bonität	
Zinsgutschrift	Keine Zinsgutschrift
☐ Druck b. Deakt.	
☐ Deaktivierungsgrund	

Abbildung 9.14 Deaktivierungsgründe für Ratenpläne festlegen

Deaktivierungsgründe ausprägen

Um die Auswahl in den Oberflächen einfach zu gestalten, geben Sie eine sprechende Beschreibung im Feld **DeaktivGrund** ein.

Wenn z. B. der Kunde, obwohl er einen Ratenplan vereinbart hat, die volle Ursprungforderung bezahlen kann und das Unternehmen ihm zuvor durch die Ratenplanerstellung eine Verschlechterung der Bonität zugewiesen hat, kann diese durch Setzen des Kennzeichens **Storno Bonität** zurückgenommen werden.

Sie können für einen Deaktivierungsgrund im Feld **Zinsgutschrift** unter vier möglichen Zinsgutschriftsarten auswählen:

- Keine Zinsgutschrift
- Vollständige Erstattung
- Anteile Zinsgutschrift
- Anteile Zinsgutschrift – falls Zinsen gebucht wurden

Um den Formulardruck bei der Deaktivierung zu starten, aktivieren Sie das Kennzeichen **Druck b. Deakt.** Somit wird das Formular bei der Speicherung des Ratenplans mit ausgewähltem Deaktivierungsgrund (der den Ratenplangrund deaktiviert) erzeugt. Anschließend können Sie das Formular aus der Korrespondenzverwaltung an den Kunden versenden.

In unseren bisherigen Ausführungen zum Ratenplan-Customizing haben Sie die Eigenschaften im Hinblick auf Zinsen und Zuschläge für den Ratenplan festgelegt. Um die Zinsberechnung und Zinsbuchungen zu aktivieren, geben Sie im Buchungsbereich 1103 im Feld **RatenplanErw** den Wert »X« zur Aktivierung ein (siehe Abbildung 9.15).

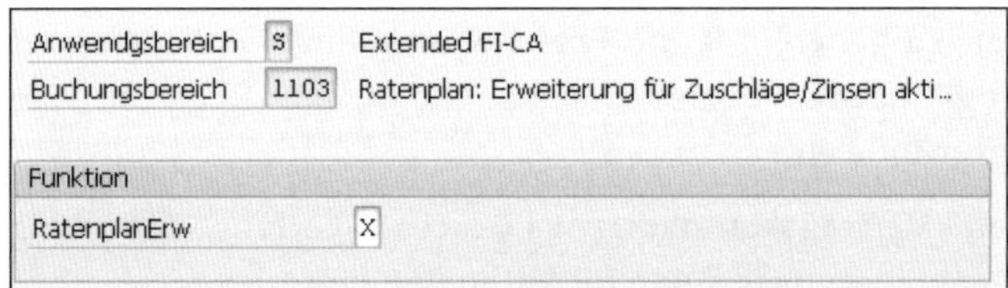

Abbildung 9.15 Erweiterungen für Zusätze und Zinsen aktivieren

Gebühren und Zinsen

Nach der Aktivierung der Gebührenberechnung und Gebührenbuchung können Sie z. B. die Gebührenzuschläge berechnen lassen. Tabelle 9.2 zeigt die Möglichkeiten, die Ihnen zur Verfügung stehen, um Gebührentypen für Ratenplanzuschläge zu hinterlegen.

Feld	Beschreibung
Gebührentyp	ID, die dem Ratenplan zugeordnet wird, für den im Anschluss die Gebühren berechnet werden
Währung	Währungsschlüssel für die Ratenplangebühren
Betragsgr.	Summe aller Posten, ab der die Gebühr zum Ratenplan erhoben wird
Bezeichnung	Beschreibung, die bei der Auswahl angezeigt wird
Hauptvorgang	Vorgang, mit dem die Gebührenbuchung im Posten klassifiziert wird
Teilvorgang	Vorgang, mit dem die Gebührenbuchung im Posten klassifiziert wird
Mindestgebühr	Betrag, der mindestens vom Kunden bei einer Gebührenbuchung eingefordert wird
Max Gebühr	Betrag, der maximal vom Kunden bei einer Gebührenbuchung eingefordert wird
Prozent	prozentualer Anteil, der bei der Berechnung zur Gesamtgebühr verwendet wird
Rundungseinheit	Einheit bei prozentualer Berechnung
Rundungsregel	Umgang mit Rundungsdifferenzen: ■ kaufmännisches Runden ■ Aufrunden ■ Abrunden
Offset Gebühr	Fixanteil, der bei der Berechnung hinzugerechnet werden kann
Rundungseinheit	Einheit bei prozentualer Berechnung
Rundungsregel	Umgang mit Rundungsdifferenzen: ■ kaufmännisches Runden ■ Aufrunden ■ Abrunden

Tabelle 9.2 Gebührentypen für Ratenplanzuschläge hinterlegen

Im Buchungsbereich 1104 geben Sie für jeden Buchungskreis den Hauptvorgang und den Teilvorgang für die Zuschlagsbuchung an. Anhand von Hauptvorgang und Teilvorgang können Sie z. B. die Belege in der Belegtabelle selektieren. Der Buchungsbereich 1106 bietet zum Ende des Ratenplan-Customizings die Möglichkeit, die Ausgleichspriorität zu beeinflussen. Bei der Aktivierung im Feld **AusglPriorität** weisen Sie bei der Erstellung des Ratenplans den einzelnen Raten Ausgleichsreihenfolgewerte zu (siehe Abbildung 9.16).

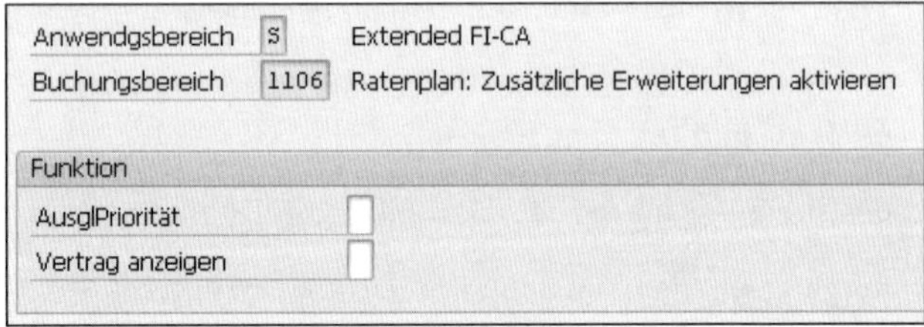

Abbildung 9.16 Zusätzliche Angaben im Ratenplan vornehmen

Wenn Sie in einem System, das mit Verträgen arbeitet (z. B. Verträge zur Stromversorgung), Customizing-Einstellungen vornehmen, können Sie diese im Ratenplan anzeigen, indem Sie im Feld **Vertrag anzeigen** den Wert »X« eintragen, oder sie ausblenden, indem Sie das Feld leer lassen.

9.4 Stundung

Im Gegensatz zum Ratenplan wird bei der *Stundung* nur ein zusätzliches Stundungsdatum im Feld **Stundung bis** im Beleg eingesetzt oder wieder gelöscht (siehe Abbildung 9.17).

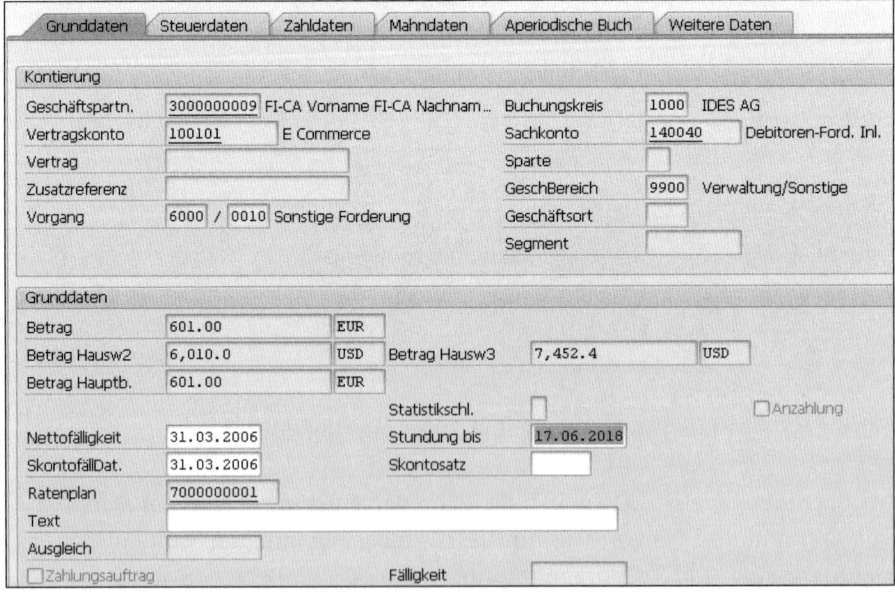

Abbildung 9.17 Stundungsdatum im Beleg

Der Sachbearbeiter kann das Stundungsdatum nach Rückmeldung vom Kunden vermerken, oder eine Programmroutine kann es anhand verschiedener Kriterien setzen, z. B. bei einem Zahllauf. Der Posten wird solange nicht gemahnt, bis das Stundungsdatum erreicht wurde. Wenn das Datum überschritten ist, werden alle Zahlläufe und Mahnläufe wieder für den Posten verarbeitet.

9.5 Fazit

In diesem Kapitel haben wir auf den Aufbau des Ratenplans und dessen Einstellungen besprochen. Wichtig ist es, den Aufbau der Buchungen nach einer Ratenplanerstellung zu verstehen, und auch nachzuvollziehen, wie sich die Buchungen nach der Beendigung oder Löschung eines Ratenplans verhalten. Deshalb wurde im ersten Teil dieses Kapitels auf den Zusammenhang der Buchungstabellen eingegangen. Diese sollen auch bei den Überlegungen zur Migration von Ratenplänen besonders beachtet werden, um alle relevanten Daten akkurat im SAP-System erzeugen zu können. Im letzten Abschnitt haben wir die recht einfache Möglichkeit kennengelernt, Fälligkeiten durch das Stundungsdatum temporär aufzuschieben.

Kapitel 10
Verrechnungssteuerung

Um die tägliche Kontenpflege zu erleichtern, bietet es sich an, offene Posten weitestgehend automatisiert zuzuordnen. Daher lernen Sie in diesem Kapitel, welche maschinellen Zuordnungs- und Ausgleichsstrategien es im SAP-Vertragskontokorrent gibt und wie sie sich im Customizing umsetzen lassen.

Lernen Sie in diesem Kapitel die Schritte kennen, die zusammen die Zuordnungs- und Ausgleichsstrategie der Verrechnungssteuerung bilden. Während die *Zuordnungsstrategie* Merkmale zur Auswahl der offenen Posten umfasst, steuert die *Ausgleichsstrategie* die Regeln, mit denen die zuvor zusammengefassten Posten ausgeglichen werden sollen. Wie Sie die Komponenten der beiden Strategien in der Verrechnungssteuerung konfigurieren und anschließend die einzelnen Elemente einander zuordnen, lernen Sie in den folgenden Abschnitten.

Wir stellen Ihnen zunächst die Grundmerkmale der einzelnen Verrechnungsschritte, bestehend aus Zuordnungs- und Ausgleichsregeln, vor. In einem zweiten Schritt gruppieren Sie unter einer Verrechnungsvariante die einzelnen Verrechnungsschritte zu einer Reihenfolge, um eine übergeordnete Strategie in der Verrechnungssteuerung zu bilden. Im letzten Abschnitt dieses Kapitels nehmen Sie schließlich die Zuordnung der Verrechnungsvariante zu Ihren Vorgangsarten und Vorgangstypen vor, sodass Sie am Ende für Ihre einzelnen Geschäftsvorfälle eine Ausgleichsstrategie definiert und implementiert haben.

10.1 Überblick über die Verrechnungssteuerung

Verschiedene Geschäftsvorfälle im Beleglebenszyklus nehmen einen Ausgleich der offenen Posten auf den Vertragskonten vor. Diese Geschäftsvorfälle werden durch eine *automatische Verrechnungssteuerung* im SAP-System kontrolliert, die auf einem Set an Zuordnungs- und Ausgleichsregelungen basiert. Sie haben dabei die Möglichkeit, über *Verrechnungsvarianten* die verschiedenen Geschäftsvorfälle, die einen Ausgleich von offenen

Posten im SAP-Vertragskontokorrent bewirken, auf Basis unterschiedlicher Strategien und somit unterschiedliche Regelwerke zu steuern.

Die Verrechnungsart als Ausgleichsvorgang

Im Wesentlichen veranlassen die folgenden Geschäftsvorfälle im Beleglebenszyklus den Ausgleich offener Posten:

- manuelle Kontenpflege
- maschinelle Kontenpflege
- Zahlungsausgleich im Zahlungsstapel

Die Geschäftsvorfälle, die einen Ausgleich eines offenen Postens bewirken, werden im Customizing unter *Verrechnungsarten* geführt. Im Ausgleichsgrund des offenen Postens spiegelt sich die Verrechnungsart und somit der auslösende Geschäftsvorfall wider. Dabei wird die Auswahl der auszugleichenden offenen Posten sowie der Umgang mit Differenzen bei Betragsungleichheit zwischen der Guthabenbuchung und dem Forderungsausgleich über die Zuordnung von Verrechnungsvarianten zu der Verrechnungsart bestimmt.

Die Verrechnungsvariante zur Ausgleichssteuerung

Die Verrechnungsvarianten bestehen aus Zuordnungsregeln, d. h. einem Set an Merkmalen zur Gruppierung offener Posten, zur Sortierung dieser Einzelposten innerhalb einer Gruppierung und aus Betragsprüfungen. Des Weiteren bestimmt die Verrechnungsvariante über Ausgleichsregeln den Umgang mit und die Buchung von Betragsdifferenzen. Dabei können die folgenden Vorgänge ausgelöst werden:

- keine Verrechnung
- Betragsgleichheit innerhalb definierter Toleranzen mit der Buchung einer Zahlungsdifferenz
- Auslösung einer Teilzahlung aufgrund von Unterzahlung
- Auslösung einer Akonto-Buchung aufgrund von Überzahlung
- Ausgleich der offenen Posten mit Buchung eines Restpostens

In Abhängigkeit der Verrechnungsart, also des zugrundeliegenden Geschäftsvorfalls, sind unterschiedliche Strategien bei der Verrechnung sinnvoll. Während beim Zahlungsausgleich die Betragsgenauigkeit eine wichtige Rolle spielt, geht es bei der maschinellen Kontenpflege meist um die Verrechnung von gebuchten Guthaben aus eventuellen Überzahlungen oder der Fakturierung von Gutschriften mit den gebuchten Forderungen. Um eine separate Überweisung der Gutschrift im Zahllauf zu vermeiden, wird mittels der Verrechnungssteuerung der maschinellen Kontenpflege vor dem Zahllauf eine Verrechnung von eventuellen Guthaben mit den ausstehenden Forderungen vorgenommen.

Der Verrechnungstyp zur Auswahl der Verrechnungsvariante

Neben der Verrechnungsart ist die Anwendung unterschiedlicher Verrechnungsvarianten auch vom *Verrechnungstyp* innerhalb Ihrer Vertragskonten abhängig. Sie können folglich innerhalb eines Geschäftsvorgangs unterschiedliche Verrechnungssteuerungen auf der Ebene der Vertragskonten anwenden und, je nach Geschäftsbereich oder Kundengruppe, unterschiedliche Zuordnungs- und Ausgleichsstrategien definieren. Des Weiteren können Sie die Ausgleichsstrategie einer Verrechnungsvariante aus verschiedenen *Verrechnungsschritten* zusammensetzen.

Die einzelnen Verrechnungsschritte werden dabei sequenziell abgearbeitet. Posten, die innerhalb der Vorschritte ausgeglichen werden konnten, werden nicht mehr durch nachfolgende Regeln berücksichtigt. Zusammenfassend finden Sie den Aufbau der Verrechnungssteuerung als Übersicht in Abbildung 10.1.

10

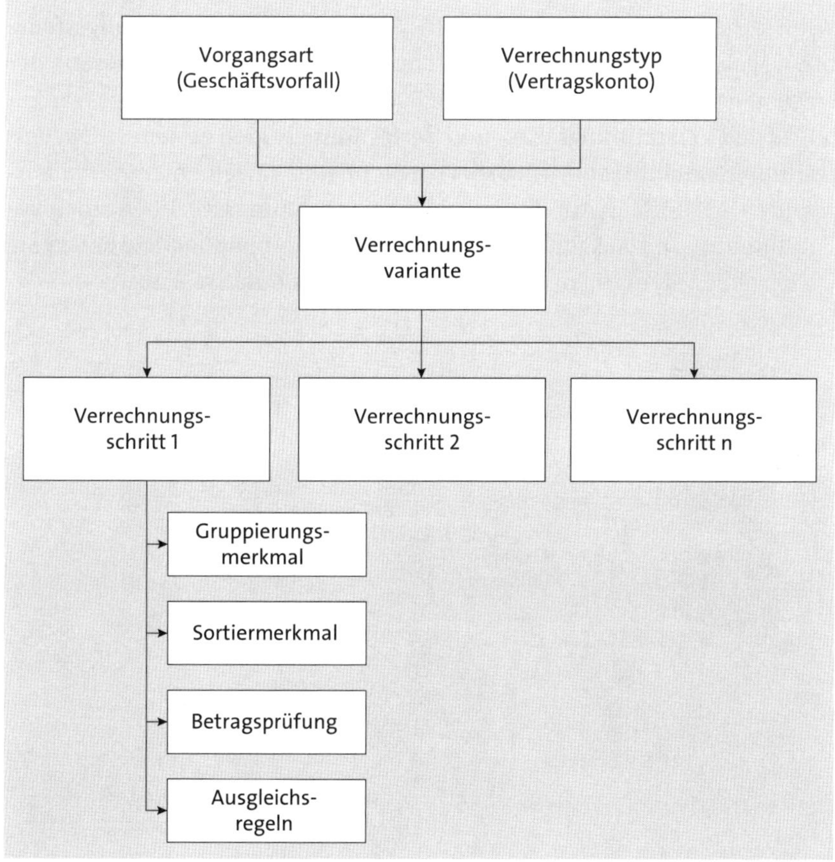

Abbildung 10.1 Aufbau der Verrechnungssteuerung

Das Zusammenspiel der einzelnen Elemente im Ausgleich

Über die Vorgangsart des zugrundeliegenden Geschäftsvorfalls und den Verrechnungstyp, der in den Stammdaten des Vertragskontos auf der Registerkarte **Allgemeine Daten** hinterlegt werden kann, wird die Verrechnungsvariante gezogen. Hinter der Verrechnungsvariante liegen einzelne Verrechnungsschritte, die sequenziell in der Verrechnungssteuerung abgearbeitet werden. Die offenen Posten werden dabei gruppiert, innerhalb der Gruppierung sortiert, Betragsprüfungen unterzogen und, basierend auf Ausgleichsregeln, verrechnet.

10.2 Grund-Customizing zur Ausprägung der Verrechnungsvarianten

10.2.1 Die Merkmale und Regeln eines Verrechnungsschritts

Wie Sie zuvor in Abschnitt 10.1, »Überblick über die Verrechnungssteuerung«, gelernt haben, wird die Zuordnungs- und Ausgleichssteuerung der einzelnen Geschäftsvorfälle über die Zuordnung von Verrechnungsvarianten zu den Verrechnungsarten und Verrechnungstypen gesteuert. Die Verrechnungsvariante setzt sich dabei wiederum aus einzelnen *Verrechnungsschritten* zusammen. Auf der Ebene des Verrechnungsschritts werden die Zuordnungs- und Ausgleichsregeln gesteuert. In Abbildung 10.2 sehen Sie die einzelnen steuernden Elemente eines Verrechnungsschritts.

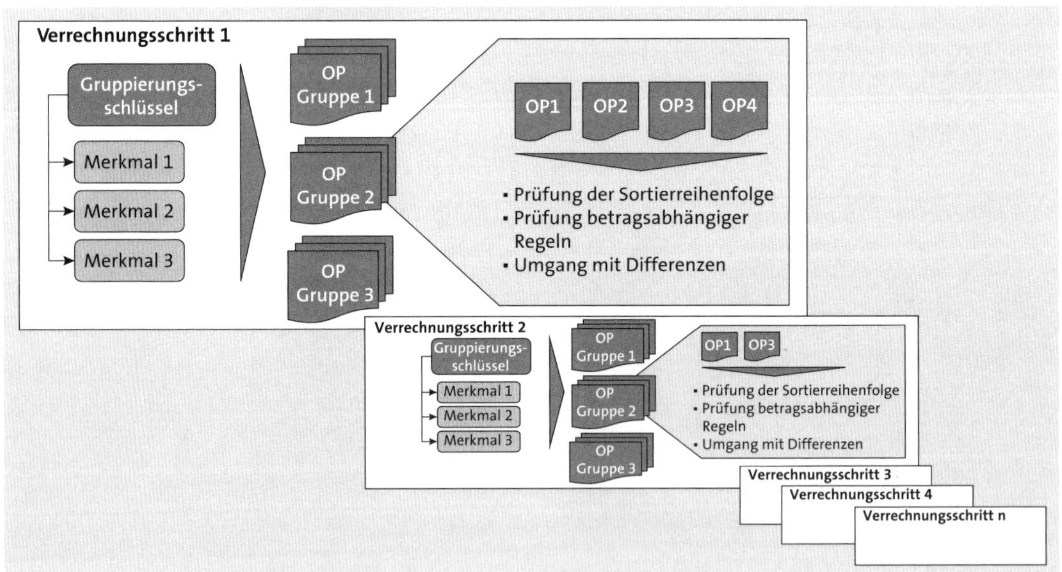

Abbildung 10.2 Zusammensetzung der Verrechnungsvariante

Die Zusammensetzung einer Verrechnungsvariante

Basierend auf dem *Gruppierungsschlüssel*, der sich aus verschiedenen frei definierbaren Merkmalen zusammensetzt, wird zunächst die Auswahl der offenen Posten für die Verrechnung getroffen. Die Posten einer Gruppierung (OP-Gruppe) werden in einem zweiten Schritt vom System nach von Ihnen festgelegten *Sortiermerkmalen* in eine Reihenfolge gebracht und anschließend einer Betragsprüfung unterzogen. Posten, die innerhalb dieser Gruppe verrechnet werden können, werden bei einem Nullsaldo ausgeglichen. Im Fall von Betragsdifferenzen können Sie für jeden Verrechnungsschritt definieren, wie die Differenzen behandelt werden sollen. Nach der Abarbeitung des ersten Verrechnungsschritts durchläuft das System für jede Gruppierung von offenen Posten einer Verrechnungsvariante weitere Verrechnungsschritte, wobei geschlossene Posten aus vorangehenden Schritten nicht mehr berücksichtigt werden. Geben Sie zusätzlich am Ende eines Verrechnungsschritts die gültigen Bedingungen mit, die definieren, welcher nachfolgende Verrechnungsschritt angestoßen werden soll. Bestimmen Sie außerdem den Zeitpunkt, zu dem die Verrechnungssteuerung beendet wird. Das heißt, Sie legen den Zeitpunkt fest, ab dem kein zusätzlicher Verrechnungsschritt mehr durchlaufen werden soll.

10.2.2 Customizing der Merkmale eines Verrechnungsschritts

Gruppierungs- und Sortiermerkmale definieren

Wenden Sie sich nun zunächst im vorliegenden Abschnitt der Ausprägung der einzelnen Merkmale für die Gruppierung von offenen Posten und der Sortierreihenfolge zu. Beginnen Sie dabei mit der Definition der Gruppierungs- und Sortiermerkmale, die Sie über den Customizing-Pfad des Einführungsleitfadens (Implementation Guide, kurz IMG) erreichen:

IMG • Finanzwesen • Grundfunktionen • Offene-Posten-Verwaltung • Verrechnungssteuerung • Verrechnungsvarianten • Gruppierungs- und Sortiermerkmale definieren

Die Merkmale, die Sie hier hinterlegen können, bestimmen in der Regel eine Eigenschaft aus dem offenen Posten des SAP-Vertragskontokorrents. Diese Eigenschaft, wie z. B. »Posten ist Akonto-Zahlung« oder »Posten ist fällig«, ist im Beleg vermerkt. Wenn das Merkmal nicht eindeutig aus dem Beleg bestimmt werden kann, können Sie dieses auch mithilfe eines Funktionsbausteins ableiten, z. B. alle Belege mit Fälligkeit größer/kleiner X Tage oder alle Posten mit leerem Zahlweg. In beiden Fällen würde es nicht reichen, den Feldnamen anzugeben, sondern eine Detaillierung des Feldinhalts ist über den Funktionsbaustein notwendig (FAEDN > BLDAT + X Tage oder PYMET = »«). Mit der Zuordnung der Merkmale in einem Verrechnungsschritt erreichen Sie zunächst die Gruppierung der offenen Posten. Alle Posten mit identischen Merkmalswerten werden als *Verrechnungseinheit* betrachtet (z. B. alle Posten eines Geschäftspartners). Zudem bestimmen Sie mithilfe der Merkmale, welche Posten überhaupt in einem Verrechnungsschritt berücksichtig werden sollen: nur fällige Posten oder nur Posten ohne Zahlweg). Die definierten Merkmale werden von Ihnen weiterhin genutzt, um die Sortierreihenfolge der offenen Posten innerhalb einer Gruppierung vorzunehmen. Basierend auf der Reihenfolge, wird die Priorität der Zuordnung innerhalb der Verrechnungssteuerung bestimmt.

[zB]

Gruppierung und Sortierreihenfolge

Gruppieren Sie die offenen Posten nach Buchungskreis und Geschäftspartner. Je Buchungskreis werden in diesem Fall die offenen Posten der einzelnen Vertragskonten pro Geschäftspartner zu einer geschlossenen Gruppe zusammengefasst. Die offenen Posten dieser Gruppe können sie anschließend nach Vertragskonto und Fälligkeit sortieren. Sortiert nach Vertragskonten und Fälligkeit, wird zunächst versucht, die Posten eines Vertragskontos mit derselben Fälligkeit zu verrechnen. Nur wenn innerhalb eines Vertragskontos und innerhalb einer Fälligkeit keine Ausgleichsbuchung unter Beachtung der Toleranzgrenzen und Ausgleichsregeln bei Differenzen erfolgen kann, wird eine vertragskontenübergreifende Verrechnung geprüft.

Merkmale anlegen

Wählen Sie als Merkmal für die Gruppierung und die Sortierreihenfolge im Customizing Informationen, die im offenen Posten des Vertragskontos in Tabelle DFKKOP geschrieben werden. SAP liefert dabei im Standard eine Auswahl an Feldern aus der Offene-Posten-Tabelle im Feld **I.Feldname** (siehe Abbildung 10.3).

Sollten die im Standard ausgelieferten Merkmale nicht ausreichen, können Sie weitere Merkmale aus dem offenen Posten des Vertragskontobelegs hinterlegen. Nutzen Sie hierzu den Button **Neue Einträge** aus Abbildung 10.3. Nach einem Klick auf den Button springt das SAP-System in ein neues Bild (siehe Abbildung 10.4), in dem Sie die Eingabe des neuen Merkmals vornehmen. Wählen Sie hierbei zunächst in der Spalte **Merkmal** einen dreistelligen alphanumerischen Schlüssel, unter dem das Merkmal im Customizing der Verrechnungssteuerung eindeutig geführt wird. Beachten Sie dabei, dass neue Merkmale im kundeneigenen Namensraum (X*, Y*, Z*) liegen müssen. Bestehende Standardmerkmale dürfen zudem nicht verändert werden, da sie in der Verrechnungssteuerung der SAP-Standardausprägung für die einzelnen Geschäftsvorfälle genutzt werden.

Sicht "Verrechnung: Definition Gruppierungs- und Sortiermerkmale" änd

Neue Einträge

Verrechnung: Definition Gruppierungs- und Sortiermerkmale

A..	Merkmal	Text	I.Feldname	Baustein zur Merkmalsableitung
S	001	Buchungskreis	BUKRS	
S	002	Sparte	SPART	
S	003	Vorgang	E_VORG	FSC_SAMPLE_TFK116
S	004	Hauptvorgang	HVORG	
S	005	Teilvorgang	TVORG	
S	006	Posten ist vertragskontiert	E_VTREF	FSC_SAMPLE_TFK116
S	010	Fälligkeit	FAEDN	
S	011	Posten ist fällig	E_FAED	FSC_SAMPLE_TFK116
S	012	Offener Betrag mit Skontobeachtung	E_BETRS	FSC_SAMPLE_TFK116
S	013	Offener Betrag ohne Skontobeachtung	E_BETRW	FSC_SAMPLE_TFK116
S	014	Trennmerkmal auf Einzelpostenebene	E_SINGLE	FSC_SAMPLE_TFK116
S	015	Vertragskonto	VKONT	
S	016	Gruppierungsschlüssel	GRKEY	
S	017	Verdichtungsgruppen/Einzelposten	E_GRKEY	FSC_SAMPLE_TFK116
S	018	Belegnummer	OPBEL	
S	019	Statistikkennzeichen	STAKZ	
S	021	Auszahlung	E_AUSZAHL	FSC_SAMPLE_TFK116
S	022	Verrechnung Guthaben wie Zahlung	E_CREDIT_ZR...	FSC_SAMPLE_TFK116
S	GPT	Geschäftspartner	GPART	
S	S01	Zahlung auf die Belegnummer	S_OPBEL	FSC_SAMPLE_TFK116
S	S02	Zahlung auf die Zahlscheinnummer	S_NRZAS	FSC_SAMPLE_TFK116

Abbildung 10.3 Gruppierung- und Sortierreihenfolge anlegen

Geben Sie anschließend in der Spalte **Text** eine frei definierbare Bezeichnung des Merkmals sowie das technische Feld der Offene-Posten-Tabelle DFKKOP in der Spalte **I.Feldname** an (siehe Abbildung 10.4). Alternativ können Sie auch einen Funktionsbaustein in der Spalte **Baustein zur Merkmalsableitung** hinterlegen. Das ist dann ratsam, wenn das Merkmal kein direkter Bestandteil des offenen Postens im SAP-Vertragskontokorrent ist und auf Basis eines anderen Merkmals abgeleitet werden soll. Der Musterbaustein FKK_SAMPLE_TFK116 liefert Ihnen hierzu eine umfangreiche Dokumentation zum Aufbau und zur Anbindung des Funktionsbausteins.

Neue Einträge: Detail Hinzugefügte

Anwendgsbereich	S
Merkmal	Z01
Text	Profit Center

Verrechnung: Definition Gruppierungs- und Sortiermerkmale

Int. Feldname	PRCTR
Baustein	

Abbildung 10.4 Merkmale anlegen

In Abschnitt 10.3.2, »Verrechnungsschritt ›Gruppierungsmerkmale zuordnen‹ ausprägen«, und in Abschnitt 10.3.3, »Verrechnungsschritt ›Sortierreihenfolge definieren‹ ausprägen«, lernen Sie die Zuteilung der Merkmale innerhalb der Ausprägung eines Verrechnungsschritts zur Steuerung der Gruppierung von offenen Posten und der Sortierreihenfolge kennen.

10.2.3 Betragsprüfungen und Steuerung von Differenzen

Betragsprüfgruppen zur Steuerung von Differenzen festlegen

Nachdem Sie die verschiedenen Merkmale definiert haben, legen Sie in einem zweiten Schritt die Gruppen zur *Betragsprüfung* fest. Die Betragsprüfung kann zusätzlich in den einzelnen Verrechnungsschritten hinterlegt werden, um die Ausgleichsregeln für Betragsdifferenzen in Abhängigkeit der Betragsgrenzen definieren zu können. Im Gegensatz zu den Toleranzgruppen, die Sie in Abschnitt 5.3.3, »Toleranzgruppen pflegen«, kennengelernt haben, führt die Betragsprüfung zu keinem automatischen Ausgleich mit Verbuchung der Differenz gegen das Zahlungsdifferenzenkonto. Betragsprüfungen ermöglichen Ihnen in der Verrechnungssteuerung einen differenzierten Umgang mit Betragsdifferenzen, da Sie in der Definition der Verrechnungsschritte pro definierter Betragsprüfgruppe definieren können, welche Ausgleichsregel der Differenz zugeordnet werden soll. Dabei werden im Fall von Zahlungseingängen die Differenz zwischen dem Zahlbetrag und dem Gesamtsaldo der offenen Posten einer Gruppe geprüft. Bei allen anderen Geschäftsvorfällen wird die Differenz der Summe des Guthabens u. a. aus Akonto-Buchungen oder der Buchung von Anzahlungen und Gutschriften gegen die offenen Forderungen abgeglichen.

[»]

Zusammenspiel von Skonto, Toleranzen und Betragsprüfgruppen

In Abschnitt 5.3.3, »Toleranzgruppen pflegen«, und in Abschnitt 6.4.1 des Zahlwesen zum Zahlungsstapel haben Sie schon zwei wesentliche Faktoren zu Steuerung des Umgangs mit Betragsdifferenzen in der Verrechnungssteuerung kennengelernt. Differenzen, die innerhalb der Skontofälligkeit liegen und mit dem berechneten Skontobetrag übereinstimmen, werden unabhängig von der Toleranzgrenze oder der festgelegten Betragsprüfung automatisch vom SAP-System verbucht und der Skontobetrag auf das in der Kontenfindung definierte Konto für Skontoverluste gebucht. Differenzen, die keinem Skonto aus der Zahlungskondition zugeordnet werden können, werden in einem weiteren Schritt gegen die hinterlegte Toleranzgruppe im Vertragskonto geprüft. Differenzen, die innerhalb der Betragsgrenze liegen, werden in der Ausgleichssteuerung automatisch gegen das in der Kontenfindung hinterlegte Zahlungsdifferenzenkonto verbucht, wenn dies als Ausgleichsregel in dem von Ihnen definierten Verrechnungsschritt erlaubt wurde (aktivieren Sie hierzu den Punkt **Toleranz ausbuchen** im Customizing der Verrechnungsschritte bei der Ausprägung der Verrechnungsschrittvariante (siehe Abbildung 10.12 in Abschnitt 10.3.4, »Verrechnungsschritt ›Regeln zum Umgang mit Betragsdifferenzen definieren‹ ausprägen«). Neben dem Ausbuchen von Differenzbeträgen als Ertrag oder Aufwand aus Zahlungsdifferenzen haben Sie im vorliegenden Kapitel die Betragsprüfgruppe kennengelernt. Diese ermöglicht Ihnen neben der Toleranzgruppe eine differenzierte Betrachtung auf Betragsdifferenzen in der Verrechnungssteuerung, da Sie unterschiedliche Ausgleichsregeln pro Betragsprüfgruppe im Customizing der Verrechnungssteuerungsschritte hinterlegen können.

Zur Anlage der *Betragsprüfgruppe* rufen Sie im IMG den folgenden Pfad auf:

IMG • Finanzwesen • Grundfunktionen • Offene-Posten-Verwaltung • Verrechnungssteuerung • Verrechnungsvarianten • Betragsprüfgruppe definieren.

Betragsprüfgruppen definieren

Legen Sie zunächst die verschiedenen Betragsprüfgruppen fest. Dabei definieren Sie zunächst über einen Klick auf den Button **Neue Einträge** einen dreistelligen alphanumerischen Schlüssel in der Spalte **BetGru** und bestimmen anschließend in der Spalte **Währung** (**Wä...**) die Währung, für die die Prüfung gelten soll (siehe Abbildung 10.5).

Abbildung 10.5 Betragsprüfgruppe anlegen

Die Prüfung der Währung erfolgt dabei auf die Belegwährung des offenen Postens (Tabelle DFKKKO Feld WAERS). Der Text in der Spalte **Text** ist wiederum frei definierbar und sollte die Eigenschaften der Betragsprüfung widerspiegeln.

Prüfparameter definieren

Pro angelegte Betragsprüfgruppe bestimmen Sie im Anschluss die *Prüfparameter*. Markieren Sie hierzu den auszuprägenden Eintrag (Beispiel Eintrag »DE« in der Spalte **BetGru**), und wählen Sie anschließend in der Dialogstruktur den Punkt **Betragsprüfgruppe** aus. Das SAP-System öffnet nun das Detailbild zum Ausprägen der ausgewählten Betragsprüfgruppe, wie es in Abbildung 10.6 zu sehen ist.

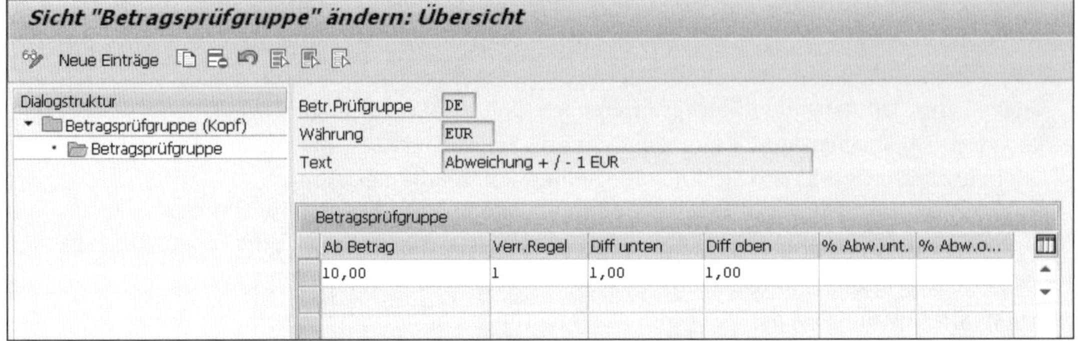

Abbildung 10.6 Betragsprüfgruppe ausprägen

Geben Sie zum Ausprägen der Detailsicht einer Betragsprüfgruppe zunächst in der Spalte **Ab Betrag** die untere Wertgrenze des Zahlungseingangs und, im Fall von sonstigen Verrechnungen, die untere Wertgrenze des zu verrechnenden Guthabens ein, ab dem eine Betragsprüfung durchgeführt werden soll. Die absolute und die prozentuale Grenze wird in den Spalten **Diff unten/Diff oben** und **% Abw.unt.** und **% Abw.oben** festgelegt und bestimmt die Betragsdifferenzen zur Verrechnung als absolute und prozentuale Werte vom Gesamtbetrag. Sie können dabei verschiedene untere Wertgrenzen und die dazu erlaubten Differenzbeträge innerhalb einer Betragsprüfgruppe definieren. In der Spalte **Verr.Regel** legen Sie abschließend die anzuwendende Betragsprüfung bei der Verrechnung fest. Sie können dabei zwischen den in Tabelle 10.1 aufgeführten Prüfungen unterscheiden.

Wert	Prüfung	Beschreibung
–	generelle Verrechnung ohne Betragsprüfung	Es findet keine Betragsprüfung statt, und es erfolgt immer eine Verrechnung auf Basis der im Verrechnungsschritt hinterlegten Ausgleichsregel.
1	Verrechnung, falls innerhalb der Absolutgrenze	Es erfolgt eine Verrechnung auf Basis der im Verrechnungsschritt hinterlegten Ausgleichsregel, falls die Betragsdifferenz innerhalb der Absolutgrenze liegt.
2	Verrechnung, falls innerhalb der Absolut- und Prozentgrenzen	Es erfolgt eine Verrechnung auf Basis der im Verrechnungsschritt hinterlegten Ausgleichsregel, falls die Betragsdifferenz innerhalb der Absolut- und der Prozentgrenze liegt.

Tabelle 10.1 Übersicht der Verrechnungsregeln bei Betragsprüfgruppen

Wert	Prüfung	Beschreibung
9	keine Verrechnung	Die Betragsprüfung schließt eine Verrechnung der Differenz auf Basis der im Verrechnungsschritt hinterlegten Ausgleichsregel aus.

Tabelle 10.1 Übersicht der Verrechnungsregeln bei Betragsprüfgruppen (Forts.)

Die Zuordnung der angelegten Betragsprüfgruppen zu den Verrechnungsschritten innerhalb einer Verrechnungsvariante finden Sie in Abschnitt 10.3.4, »Verrechnungsschritt ›Regeln zum Umgang mit Betragsdifferenzen definieren‹ ausprägen«.

10.3 Verrechnungsvarianten definieren

Nach der Ausprägung der Grundlagen für die Verrechnungssteuerung lernen Sie in diesem Abschnitt, wie Sie verschiedene Verrechnungsvarianten anlegen. Anschließend erfahren Sie in Abschnitt 10.4.2, »Zuordnung von Verrechnungsvariante zu Verrechnungsart und Verrechnungstyp«, wie Verrechnungsvarianten, Verrechnungsarten und Verrechnungstypen zugeordnet werden können. Verwenden Sie zur Anlage einer Verrechnungsvariante im IMG den folgenden Customizing-Pfad:

IMG • Finanzwesen • Grundfunktionen • Offene-Posten-Verwaltung • Verrechnungssteuerung • Verrechnungsvarianten • Verrechnungsvarianten definieren

10.3.1 Verrechnungsvarianten anlegen

Verrechnungsschritte zuordnen

Eine *Verrechnungsvariante* besteht aus einem dreistelligen alphanumerischen Verrechnungsvariantenschlüssel, dem Sie im Customizing verschiedene *Verrechnungsschritte* zuordnen. Dabei muss jede Variante aus mindestens einem Verrechnungsschritt bestehen. Besteht eine Variante aus mehreren Verrechnungsschritten, werden diese der Reihenfolge nach durchlaufen. Posten einer Gruppierung, die innerhalb eines Verrechnungsschritts ausgeglichen werden können, werden nicht mehr in den nächsten Verrechnungsschritt vererbt. Die Verrechnungsschritte werden bis zum Ende durchlaufen, es sei denn, alle Posten einer Gruppierung können in einem vorangehenden Schritt vollständig verrechnet werden, oder auf der Basis festzusetzender Regeln wird die Verrechnung vorher beendet. Zudem können Sie Abhängigkeiten zwischen den Verrechnungsschritten definieren, die anstelle einer sequenziellen Abarbeitung der Verrechnungsschritte eine abweichende Folgeschrittregel bewirken können.

Angaben zum Verrechnungsschritt

Die Definition eines Verrechnungsschritts besteht aus den folgenden Angaben:

- **Gruppierungsleiste**
  Definition der offenen Posten, die zu einer Gruppe auf der Basis der in Abschnitt 10.2.2, »Customizing der Merkmale eines Verrechnungsschritts«, angelegten Merkmale zusammengefasst werden sollen.
- **Sortierleiste**
  Sortierung und Priorisierung offener Posten innerhalb einer Gruppe zu einer Sortierreihenfolge auf Basis der in Abschnitt 10.2.2, »Customizing der Merkmale eines Verrechnungsschritts«, angelegten Merkmale.
- **Gruppenregel**
  Ausgleichsregeln, die bei Betragsdifferenz angewendet werden sollen. Die zu prüfenden Betragsdifferenzen haben Sie in Abschnitt 10.2.3, »Betragsprüfungen und Steuerung von Differenzen«, über den Menüpunkt **Betragsprüfgruppen** definiert.
- **Ende des Verrechnungsschritts**
  Definieren Sie, unter welchen Bedingungen weitere Verrechnungsschritte einer Verrechnungsschrittvariante erfolgen sollen und ob eine abweichende Reihenfolge erwirkt werden soll.

Definition der Verrechnungsvariante

Legen Sie mit einem Klick auf den Button **Neue Einträge** in einem ersten Schritt nach dem Aufruf des Customizing-Punkts zur Anlage von Verrechnungsvarianten eine dreistellige alphanumerische Variante in der Spalte **VerVar** an (siehe Abbildung 10.7).

In der Spalte **Bezeichnung** können Sie die Bedeutung bzw. vorgesehene Anwendung der Verrechnungsvariante präzisieren, wie z. B. als Anwendung für die Kontenpflege oder als Zahlungszuordnung. Die Anzahl der anzulegenden Varianten ergibt sich auf Basis Ihrer Ausgleichsstrategie. Sie sollten jedoch mindestens eine Variante für die Kontenpflege sowie für die Zahlungszuordnung im Zahlungsstapel festlegen. Des Weiteren ist es sinnvoll, eine Variante für die Steuerung von Teilzahlungen innerhalb eines Ratenplans zu definieren.

Anschließend prägen Sie die Verrechnungsschritte pro Variante aus. Markieren Sie hierzu eine Verrechnungsvariante, und wählen Sie in der Dialogstruktur auf der linken Seite den Punkt **Verrechnungsschritte** aus.

Ausprägung der Verrechnungsschritte

Geben Sie im Feld **Verrech.Schritt** des Kopfes aus Abbildung 10.8 zunächst die Nummer des Verrechnungsschritts mit einer sprechenden Bezeichnung im dahinterliegenden Freitextfeld des Feldes **Verrech. Schritt** ein. Wie in Abschnitt 10.1, »Überblick über die Verrechnungssteuerung«, besprochen, unterteilt sich die Ausprägung des Verrechnungsschritts in vier verschiedene Teilaspekte.

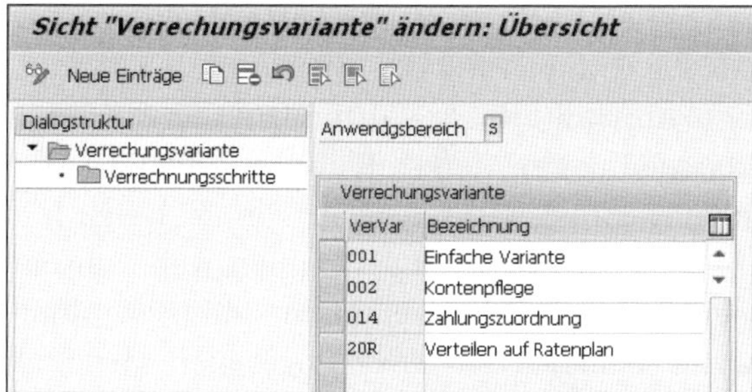

Abbildung 10.7 Verrechnungsvariante anlegen

Neben dem im ersten Schritt angelegten Kopf mit der Nummerierung des Schritts lernen Sie nun die Ausprägung der folgenden Bereiche aus Abbildung 10.8 kennen:

- **Gruppierungsleiste** zur Auswahl und Gruppierung der offenen Posten
- **Sortierleiste** zur Definition der Sortierreihenfolge der gruppierten offenen Posten
- **Gruppenregel** mit Regeln zur Steuerung von Differenzen und Ausgleichsstrategien
- **Ende Verrechnungsschritt** zur Definition des nächsten anzuwendenden Verrechnungsschritts innerhalb der Verrechnungsvariante und zur Definition der Regeln zur Beendigung einer Verrechnungsvariante

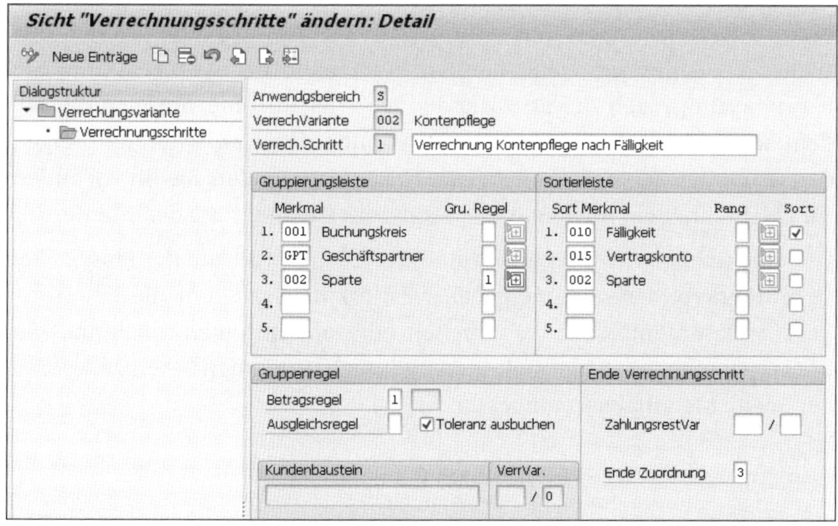

Abbildung 10.8 Verrechnungsschritt einer Verrechnungsvariante ausprägen

10.3.2 Verrechnungsschritt »Gruppierungsmerkmale zuordnen« ausprägen

Gruppierung konfigurieren

Starten Sie zunächst mit dem Bereich **Gruppierungsleiste** als erstem Teilaspekt, und bestimmen Sie die Gruppierung der offenen Posten. Wählen Sie hierzu auf der Basis der in Abschnitt 10.2.2, »Customizing der Merkmale eines Verrechnungsschritts«, definierten Merkmale, welche offenen Posten zu einer Gruppe zusammengefasst werden sollen. Sie können bis zu fünf Gruppierungsmerkmale in der Spalte **Merkmal** bestimmen, wobei die einzelnen Merkmale mit einem logischen UND verknüpft sind (siehe Abbildung 10.8). Die technischen Schlüssel des zuvor angelegten Merkmals können im Feld **Merkmal** über die [F4]-Hilfe aufgerufen und ausgewählt werden. Alternativ geben Sie den technischen Schlüssel, unter dem die Merkmale angelegt wurden, direkt in das Feld **Merkmal** ein. In dem Beispiel aus Abbildung 10.8 werden die offenen Posten nach den folgenden Merkmalen gruppiert:

- Buchungskreis
- Geschäftspartner
- Sparte

Für Ihre Verrechnungssteuerung bedeutet das angeführte Beispiel, dass alle offenen Posten eines Geschäftspartners innerhalb eines Buchungskreises und in derselben Sparte zusammengefasst und im Folgenden verrechnet werden.

Gruppierungsregeln definieren

Eine Detaillierung der Merkmale auf der Basis bestimmter Merkmalswerte kann über die *Gruppierungsregel* vorgenommen werden, mit der Sie Werte eines Merkmals in der Verrechnungssteuerung zusammenfassen, ausschließen oder einschränken können. Wählen Sie hierzu im Feld **Gru.Regel** (Gruppierungsregel) die anzuwendende Regel für eine Abweichung von dem allgemeinen Merkmalswert. Sie können dabei zwischen den folgenden Gruppierungsregeln aus Tabelle 10.2 unterscheiden. Sie finden zudem für jeden Punkt ein Anwendungsbeispiel zur Detaillierung der Erläuterung.

Werte für Gruppierungsregel hinterlegen

Um eine Gruppierungsregel zu detaillieren, klicken Sie auf das Pluszeichen [⊞] hinter dem Merkmal und geben die Merkmalswerte ein, die Sie mit der Regel zusammenfassen, ausschließen oder einschränken möchten. Über das Eingabefenster, dargestellt in Abbildung 10.9, können Sie Einzelwerte in der Spalte **Merkmalwert** eingeben.

Wert	Abweichende Regel	Erläuterung	Anwendungssbeispiel
	nach Merkmalswert	Keine Hinterlegung einer abweichenden Regel.	Die Posten werden allgemein, z. B. nach dem Merkmal **Sparte** gruppiert. Es erfolgt keine Differenzierung der Verrechnungssteuerung in Abhängigkeit der verschiedenen Sparten.
1	gemäß abweichender Gruppierung, sonst nach Merkmalswert	Die Gruppierung erfolgt nach dem hinterlegten abweichenden Wert. Wenn die Gruppierungsregel nicht angewendet werden kann, wird allgemein, unabhängig der Regel, die Merkmalsauswahl für die Gruppierung fortgesetzt.	Sie haben z. B. das Merkmal **Sparte** auf die Werte »01« für B2B und »02« für B2B beschränkt. Die Gruppierung erfolgt erst einmal nur für diese beiden Werte. Wird kein offener Posten für die Werte »01« oder »02« gefunden, wird unabhängig der Einschränkung die Merkmalsauswahl fortgesetzt und ein Posten mit anderen Werten (z. B. »03«) gewählt.
2	gemäß abweichender Gruppierung; sonst Merkmalswert = leer setzen	Die Gruppierung erfolgt nach dem hinterlegten abweichenden Wert. Wenn die Gruppierungsregel nicht angewendet werden kann, wird der Wert auf »initial« (leer) gesetzt.	Sie gruppieren auf der Basis des Merkmals **Sparte** und möchten den Verrechnungs-schritt nur für die Sparte 01 (B2B) anwenden. Wenn keine gebuchten offenen Posten für die Sparte B2B gefunden werden kann, wird der Wert auf »initial« gesetzt und die Gruppierung in diesem Fall beendet (Ausnahme: Sie haben als Sparte den Wert »leer« im System gepflegt. In diesem Fall würden dann alle Belege mit Wert »leer« gruppiert). In der Regel ist die Sparte jedoch aus der SD-Integration mit einem Wert gefüllt.
3	gemäß abweichender Gruppierung; sonst keine Beachtung im aktuellen Schritt	Die Gruppierung erfolgt nach dem hinterlegten abweichenden Wert. Wenn die Gruppierungsregel nicht angewendet werden kann, wird dem Merkmal in der Gruppierung des aktuellen Verrechnungsschritt keine Beachtung geschenkt.	Sie gruppieren auf Basis des Merkmals **Sparte 01** (B2B). Wenn für den hinterlegten Wert keine offenen Posten gefunden werden, wird die Gruppierung unabhängig des Merkmals **Sparte** fortgesetzt. Es erfolgt somit nur eine Gruppierung nach B2B; in allen anderen Fällen findet die Sparte in der Gruppierung keine Betrachtung.

Tabelle 10.2 Übersicht über die Gruppierungsregeln für die abweichende Merkmalsauswahl

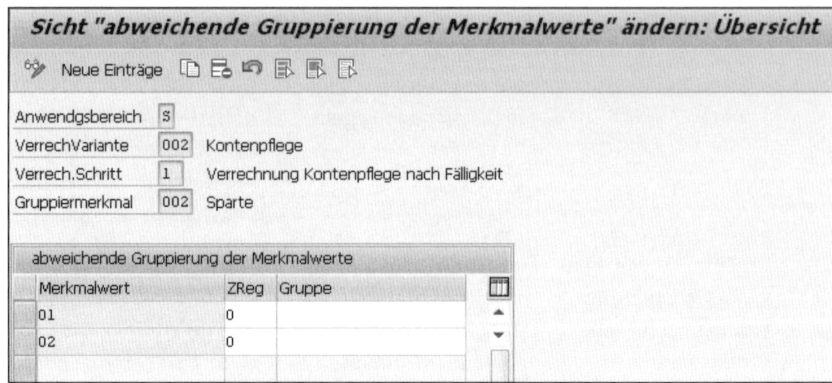

Abbildung 10.9 Abweichende Merkmalswerte ausprägen

Zudem bestimmen Sie über die Spalte **ZReg** (Zuordnungsregel für Feldwert beim Ausgleich), ob der Merkmalswert mittels Ausschluss, Einschränkung oder Zusammenfassung in die Verrechnungssteuerung einfließen soll. Sie haben hierzu die in Tabelle 10.3 dargestellten Möglichkeiten.

Wert	Zuordnungsregel	Beschreibung
	nur innerhalb der Gruppe (definiert über die Gruppierleiste)	Einschränkung des Merkmals auf den angegebenen Wert. Nur Posten mit entsprechendem Merkmalswert werden in der Gruppierung berücksichtigt.
0	gruppenübergreifender Ausgleich erlaubt	Die angegebenen Werte hinter der Gruppierungsregel werden zusammen im Ausgleich betrachtet. Die Gruppierung erfolgt somit nicht pro Einzelwert, sondern merkmals-, aber auch gruppenübergreifend. Unabhängig von den anderen Merkmalen der Gruppierleiste können die Werte für das hier angegebene Merkmal mit den definierten Werten verrechnet werden.
1	wie 0, bei gleichen übergeordneten Merkmalen in der Gruppierleiste	Die angegebenen Werte hinter der Gruppierungsregel werden zusammen im Ausgleich betrachtet. Die Gruppierung erfolgt somit nicht pro Einzelwert, sondern merkmals- aber nicht gruppenübergreifend. Im Gegensatz zu Wert »0« kann ein Ausgleich nur erfolgen, wenn alle anderen Merkmale der Gruppierleiste übereinstimmen (z.B. Geschäftspartner, Buchungskreis).

Tabelle 10.3 Zuordnungsregel für den Ausgleich eines Merkmalswertes der Gruppierungsregel

Wert	Zuordnungsregel	Beschreibung
2	keine Ausgleichsbetrachtung im aktuellen Verrechnungsschritt	Der Wert wird von der Gruppierung im aktuellen Verrechnungsschritt ausgeschlossen. Es erfolgt für den definierten Merkmalswert keine Gruppierung, d. h., die Verrechnung erfolgt unabhängig von dem angegebenen Merkmalswert.
3	keine Ausgleichsbetrachtung im aktuellen und allen Folgeschritten	Der Wert wird von der Gruppierung für die gesamte Verrechnungsvariante ab dem Verrechnungsschritt ausgeschlossen. Die Gruppierung der offenen Posten erfolgt somit unabhängig von dem angegebenen Wert.
4	Ausgleichsbetrachtung *nur* im aktuellen Verrechnungsschritt	Der Merkmalswert wird nur in diesem Verrechnungsschritt als Merkmal für die Gruppierung beachtet. In den nachfolgenden Verrechnungsschritten erfolgt die Gruppierung wieder für alle Werte des Merkmals gleichermaßen. Dies kann der Fall sein, wenn in einem ersten Verrechnungsschritt erst einmal nur Posten zu einem bestimmten Sachverhalt (z. B. erst einmal alle Werte mit einem bestimmten Zahlweg) verrechnet werden sollen. Erst in den nachfolgenden Verrechnungsschritten sollen auch alle weiteren Zahlwege als Merkmal in die Gruppierung einfließen.
5	keine Ausgleichsbetrachtung für *alle* Posten im aktuellen Schritt	Alle Posten, die diesen Merkmalswert tragen, werden unabhängig der vorherigen Gruppierungen im aktuellen Schritt ausgeschlossen. Das heißt z. B., dass alle Posten mit der Sparte 01 (B2B) nicht nur als Merkmal von der Gruppierung, sondern im Allgemeinen von der Verrechnung im aktuellen Schritt ausgeschlossen werden.
6	keine weitere Ausgleichsbetrachtung für *alle* Posten	Alle Posten, die diesen Merkmalswert tragen, werden unabhängig der vorherigen Gruppierungen für diesen und alle weiteren Schritte der Verrechnungsvariante für diesen Schritt ausgeschlossen. Das heißt z. B., dass alle Posten mit der Sparte 01 (B2B) nicht nur als Merkmal von der Gruppierung, sondern im Allgemeinen von der Verrechnung innerhalb der Variante ausgeschlossen werden.

Tabelle 10.3 Zuordnungsregel für den Ausgleich eines Merkmalswertes der Gruppierungsregel (Forts.)

10.3.3 Verrechnungsschritt »Sortierreihenfolge definieren« ausprägen

Sortierreihenfolge ausprägen

Nach der Definition der Gruppierung betrachten Sie die *Sortierreihenfolge* als weiteren Teilbereich der Ausprägung des Verrechnungsschritts. Diese bestimmt die Anordnung der ausgewählten offenen Posten aus der Gruppierungsleiste des zuvor beschriebenen Abschnitt 10.3.2, »Verrechnungsschritt ›Gruppierungsmerkmale zuordnen‹ ausprägen«. Die Verrechnung der offenen Posten erfolgt innerhalb der Gruppierung auf Basis der definierten Sortierreihenfolge. Springen Sie dazu in den Bereich **Sortierleiste** in Abbildung 10.8 bzw. in Abbildung 10.10, die den Ausschnitt der Sortierleiste aus Abbildung 10.8 vergrößert darstellt. Geben Sie anschließend in der Spalte **Sort Merkmal** (Sortiermerkmal) die Reihenfolge an, nach der die offenen Posten innerhalb einer Gruppe verarbeitet werden sollen (siehe Abbildung 10.10). Im Beispiel würden die offenen Posten somit zuerst auf Basis desselben Vertragskontos sowie auf der Grundlage gleicher Fälligkeiten gleicher Sparten über die Gruppierungsregel 1 in der Gruppierungsleiste pro Sparte in der Verrechnungssteuerung überprüft. Nur wenn keine Verrechnung auf demselben Vertragskonto und/oder innerhalb derselben Sparte möglich ist, prüft das SAP-System eine vertragskonten- bzw. spartenübergreifende Verrechnung innerhalb der Gruppierung der offenen Posten aus dem zuvor beschriebenen Abschnitt 10.3.2, »Verrechnungsschritt ›Gruppierungsmerkmale zuordnen‹ ausprägen«.

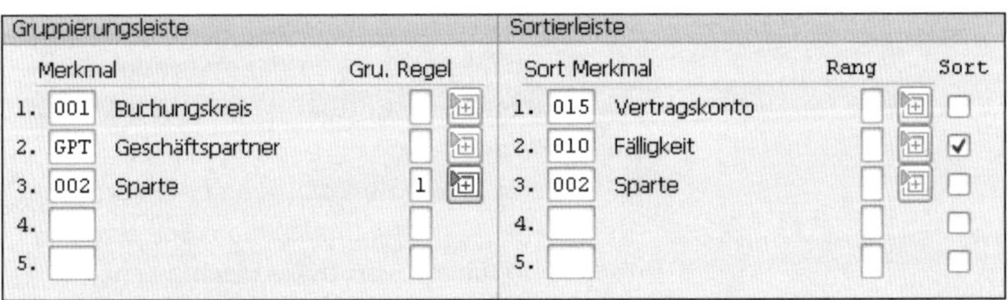

Abbildung 10.10 Sortierleise ausprägen

Bei der Ausprägung der Sortiermerkmale greift das SAP-System auf die in Abschnitt 10.2.2, »Customizing der Merkmale eines Verrechnungsschritts«, ausgeprägten Merkmale zurück. Die Sortierung der Merkmale erfolgt dann jeweils vom kleinsten Wert aufsteigend. Markieren Sie das Kennzeichen **Sort**, wenn Sie anstelle einer aufsteigenden Sortierung eine absteigende Sortierung wünschen. Im oben genannten Beispiel würden somit die Belege mit aktuellem Fälligkeitsdatum in der Sortierung zuerst berücksichtigt.

In der Sortierreihenfolge können Sie einzelnen Merkmalswerten außerdem eine gesonderte Priorität über die *Sortierrangfolge* zuweisen. Wenn Sie z. B. Gebührenzahlungen aus der Rückläuferverarbeitung zuerst verrechnen wollen, müssen Sie dem Wert für Gebühren (STAKZ = G) innerhalb der Sortierreihenfolge eine gesonderte Priorität bzw. Beachtung in der Rangfolge zuordnen können. Hierzu haben Sie im Feld **Rang**, das in Abbildung 10.10 zu sehen ist, die folgenden Möglichkeiten, die in Tabelle 10.4 aufgeführt sind.

Merkmalswerte priorisieren

Wert	Rangregel	Beschreibung
	Rang entspricht dem Merkmalswert	Es ist keine abweichende Sortierung eines Merkmalswertes zu beachten.
1	Rang entspricht der Rangfolge, sonst dem Merkmalswert	Zusätzlich zur normalen Sortierung kann einzelnen Werten ein gesonderter Rang in der Sortierreihenfolge zugesprochen werden. Die normale Rangfolge wird dabei ganz normal betrachtet; nur einzelnen Werten kann eine Priorisierung zuteil werden, indem sie in der Rangfolge auf einen anderen Platz geschoben werden.
2	Rang entspricht der Rangfolge, sonst dem Rang 000	Merkmalswerte ohne explizite eingetragene Rangfolge haben oberste Priorität nach der ganz normalen Sortierreihenfolge. Für alle anderen Merkmalswerte gilt die hinterlegte Rangreihenfolge.
3	Rang entspricht der Rangfolge, sonst dem Rang 999	Merkmalswerte, für die eine explizite Rangfolge hinterlegt wurde, werden in der Priorität entsprechend zuerst berücksichtigt. Alle anderen Werte werden entsprechend der normalen aufsteigenden Reihenfolge hinter der Priorisierung bestimmter Merkmalswerte berücksichtigt.
4	Rang entspricht der Rangfolge, sonst dem Rang 500	Merkmalswerte, für die eine explizite Rangfolge hinterlegt wurde, werden in ihrer angelegten Rangfolge entsprechend berücksichtigt. Alle anderen Werte werden entsprechend der normalen, aufsteigenden Reihenfolge in der Mitte zwischen den einzelnen priorisierten Werten betrachtet.

Tabelle 10.4 Abweichende Rangregel in der Sortierreihenfolge

Zur Pflege der abweichenden Sortierrangfolge für die Werte eines Merkmals innerhalb der Sortierreihenfolge hinterlegen Sie in der Spalte **Rang** die dargestellte abweichende Sortierregel und pflegen anschließend über einen Klick auf das Pluszeichen hinter dem jeweiligen Feld **Rang** für jeden Merkmalswert die zu beachtende Rangfolge. Nach einem Klick auf das genannte Zeichen springt das SAP-System in das in Abbildung 10.11 gezeigte Bild.

Abweichende Sortierrangfolge festlegen

Pflegen Sie anschließend in der Spalte **Merkmalwert** den eigentlichen Wert des Merkmals (siehe Abbildung 10.11). In der Spalte **Rang** vergeben Sie aufsteigend von dem Wert 1 (erste Priorität) die Rangreihenfolge, die innerhalb der zuvor angegeben abweichenden Rangregel berücksichtigt werden soll.

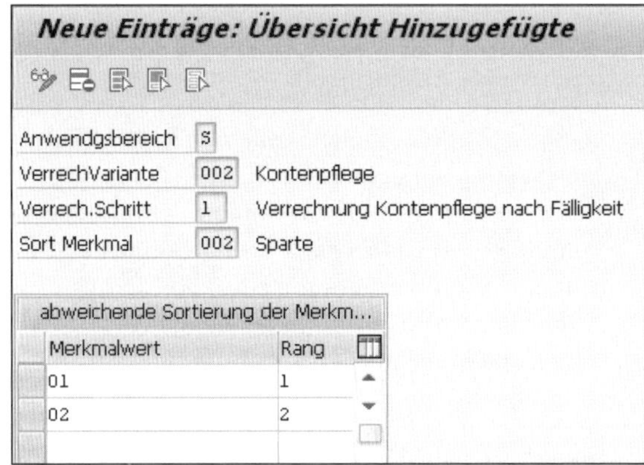

Abbildung 10.11 Abweichende Sortierrangfolge für Merkmalswerte

10.3.4 Verrechnungsschritt »Regeln zum Umgang mit Betragsdifferenzen« ausprägen

Regeln zur Prüfung von Betragsdifferenzen

Nach der Definition der Gruppierungs- und Sortierregel wenden Sie sich dem Teilbereich **Gruppenregel** zu. In diesem Bereich hinterlegen Sie die Ausgleichsregeln zur Verrechnungssteuerung im Fall von Betragsdifferenzen. Definieren Sie im Umgang mit Betragsdifferenzen zunächst im Feld **Betragsregel** die allgemeine Regel für die *Betragsdifferenzprüfung* (siehe Abbildung 10.12). Das heißt, Sie bestimmen, auf welcher Regelbasis Betragsdifferenzen in der Verrechnungssteuerung des Verrechnungsschritts beachtet werden sollen. Tabelle 10.5 zeigt Ihnen dabei die Auswahlmöglichkeiten bei der Definition von Regeln zur Beachtung von Betragsdifferenzen.

Wert	Beschreibung
	keine Betragsrestriktionen
0	Ausgleich nur bei Betragsgleichheit
1	keine Teilzahlung erlaubt
2	keine Überzahlung erlaubt
3	maximale Betragsdifferenz laut Toleranzgruppe; Toleranz ausbuchen
4	maximale Betragsdifferenz laut Betragsprüfgruppe
5	wie 4, jedoch für Kombinationen von Posten einer Offene-Posten-Gruppe
6	wie 4, jedoch für Kombinationen von Belegen einer Offene-Posten-Gruppe
7	wie 4, jedoch für Kombinationen von Offene-Posten-Gruppen
8	anteilige Zahlungs-/Guthabenzuordnung auf Offene-Posten-Gruppen
9	wie 7, jedoch keine gruppenübergreifende Verrechnung

Tabelle 10.5 Übersicht über die möglichen Betragsdifferenzprüfungen

Wählen Sie eine der Betragsregeln 4–7, müssen Sie die gültige Betragsprüfgruppe, die Sie in Abschnitt 10.2.3, »Betragsprüfungen und Steuerung von Differenzen«, definiert haben, auswählen. Die Ausgleichsregel, die Sie im Feld **Ausgleichsregel** hinterlegen, wird für die im Rahmen der Betragsprüfgruppe definierten Betragsdifferenzen angewendet (siehe Abbildung 10.12). Regel 8 verteilt wiederum die Zuordnung anteilig auf alle Offene-Posten-Gruppen, und mit Regel 9 erlauben Sie zwar eine gruppenübergreifende Verrechnung im Fall eines Saldo-Null-Betrags; im Fall von Betragsdifferenzen dürfen diese jedoch nicht gruppenübergreifend verrechnet werden.

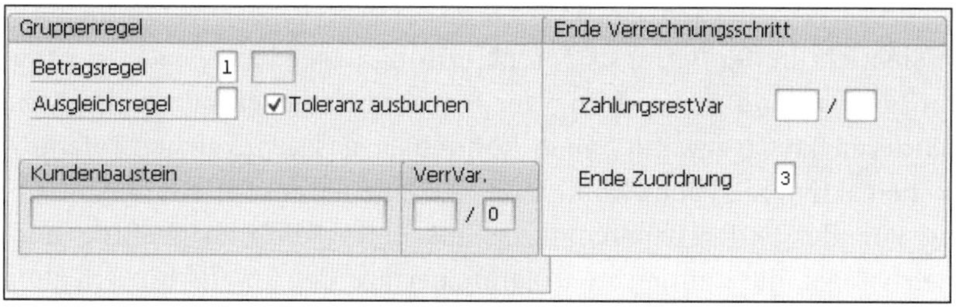

Abbildung 10.12 Gruppenregeln für den Ausgleich

Ausgleichsregeln für Betragsdifferenzen

Nach der Detaillierung der Regeln, nach denen Betragsdifferenzen überhaupt beachtet werden, bestimmen Sie im Anschluss über das Feld **Aus-**

gleichsregel in Abbildung 10.12, wie mit erlaubten Betragsdifferenzen innerhalb des Ausgleichs umgegangen werden soll. Sie haben dabei die in Tabelle 10.6 dargestellten Möglichkeiten.

Wert	Ausgleichsregel	Beschreibung
	Zuordnung nach Sortierreihenfolge	Differenzen werden entsprechend der Sortierreihenfolge zugeordnet und verbucht.
1	bei Teilausgleich anteilige Verteilung innerhalb der Gruppe	Wenn ein Teilausgleich in der Betragsdifferenzprüfung nicht über Regel 2 ausgeschlossen wurde, wird der Teilausgleich anteilig innerhalb der Gruppe vorgenommen.
2	bei Teilausgleich abweichende Verrechnungsvariante	Hinterlegen Sie die abweichende Verrechnungsvariante im Feld **VerrVar.** aus Abbildung 10.12. Die Verteilung der Betragsdifferenz als Teilausgleich auf die Postengruppe wird dann mittels der Kombination aus abweichender Verrechnungsvariante und Verrechnungsschritt die Aufteilung abgeleitet. Nach dem Ausführen der Teilausgleichsbuchung wird der aktuelle Verrechnungsschritt fortgeführt.
3	bei Teilausgleich Zuordnung durch den Kundenbaustein	Hinterlegen Sie einen separaten Kundenbaustein zur Zuteilung von Teildifferenzen über das Feld **Kundenbaustein**.
7	generelle Zuordnung durch den Kundenbaustein	Definieren Sie nicht nur den Teilausgleich über einen Kundenbaustein, sondern erweitern Sie die Ausgleichsregeln im Allgemeinen über einen Kundenbaustein.

Tabelle 10.6 Ausgleichsregeln für Betragsdifferenzen

Toleranz ausbuchen

Wenn Sie nicht in der Betragsdifferenzprüfung Regel 3 zur Beachtung der Toleranzgruppe und Ausbuchung der Betragsdifferenzen gegen das Zahlungsdifferenzkonto gewählt haben, können Sie das Kennzeichen **Toleranz ausbuchen** aktivieren (siehe Abbildung 10.12). In diesem Fall werden, unabhängig von der Differenzbehandlung aus Betragsdifferenzprüfung und Ausgleichsregel, die definierten Toleranzbeträge der jeweils hinterlegten Toleranzgruppe im Vertragskonto als Zahlungsdifferenz ausgebucht (siehe Abschnitt 4.3.2, »Customizing außerhalb des Vertragskontostammsatzes«). Die übrigen Differenzen werden anschließend nach der Ausgleichsregel berücksichtigt.

Verrechnungs-schrittende festlegen

Im letzten Teilbereich definieren Sie im Bereich **Ende Verrechnungsschritt** der übergeordneten Abbildung 10.8 zur Anlage eines Verrechnungsschritts, unter welchen Bedingungen die nächsten Schritte der Verrechnungsvariante weiter durchlaufen werden sollen. Im Feld **Ende Zuordnung**, das in Abbildung 10.12 zu sehen ist, haben Sie die folgenden Möglichkeiten:

- leeres Feld: nächsten Verrechnungsschritt ausführen
- 1: Ende, wenn kein (Teil-)ausgleichsvorschlag erstellt wurde
- 2: Ende, wenn ein (Teil-)ausgleichsvorschlag erstellt wurde
- 3: Ende, wenn alle Soll- oder Habenposten ausgeglichen sind
- 9: keine weiteren Verrechnungsschritte ausführen

Zusätzlich können Sie über das Feld **ZahlungsrestVar** für Restbeträge aus dem Zahlungseingang einen Absprung in eine frei definierbare Verrechnungsvariante mit Verrechnungsschritt wählen. Diese Funktion dient der Laufzeitverbesserung im Zahlungsstapel, um zu verhindern, dass geringere Restbeträge in den einzelnen Verrechnungsschritten betragsgenau versucht werden, zu verrechnen. Es wird an dieser Stelle in einen Verrechnungsschritt verzweigt, der einen Teilausgleich zulässt. Für alle anderen Restbeträge, die nicht aus einem Zahlungseingang resultieren, gelten jedoch weiterhin die normalen Verrechnungsschritte einer Variante, innerhalb derer bis zum Schluss eine betragsgenaue Verrechnung verprobt wird.

10.4 Vorgaben für die Verrechnungsarten definieren

Nachdem Sie, wie im vorangehenden Abschnitt gezeigt, die Verrechnungsvarianten angelegt haben, müssen Sie diese Verrechnungsarten und Verrechnungstypen zuordnen, sodass die Verrechnungssteuerung innerhalb Ihrer abgebildeten Geschäftsvorfälle im SAP-System greifen kann. Dabei wird die Verrechnungssteuerung insbesondere bei den folgenden beiden Szenarien verwendet:

- Ausgleichsvorgang während der Zahlungszuordnung oder der Kontenpflege im Funktionsbaustein FKK_CLEARING_PROPOSAL_GEN_0110
- Verteilung eines Zahlbetrags für Ratenplan/Sammelrechnung auf die ursprünglichen Posten dieses Ratenplans/dieser Sammelrechnung im Funktionsbaustein FKK_CLEARING_PROPOSAL_GEN_0120

10.4.1 Verrechnungsarten und Verrechnungstypen definieren

Verrechnungsarten überprüfen

Um eine Zuordnung vorzunehmen, überprüfen Sie zunächst die *Verrechnungsarten* im SAP-System über den IMG-Pfad:

IMG • Finanzwesen • Grundfunktionen • Offene-Posten-Verwaltung • Verrechnungssteuerung • Verrechnungsarten definieren

Die wesentlichen Geschäftsvorfälle des Beleglebenszyklus im SAP-Vertragskontokorrent sind im Standard hinterlegt und entsprechen in der Nummerierung bis auf wenige Ausnahmen dem im Ausgleichsprozess verwendeten Herkunftsschlüssel zur Definition eines Ausgleichsgrundes. In Tabelle 10.7 finden Sie einen Überblick über die wichtigsten Verrechnungsarten, die als Teil des Beleglebenszyklus in diesem Buch besprochen sind.

Verrechnungsart	Bezeichnung
01	manuelles Buchen
03	manuelle Kontenpflege
04	maschinelle Kontenpflege
05	Zahlungsstapel
06	Zahllauf
45	Zahlungsauftragsstapel
20R	Verteilen – Zahlung auf Ratenplan
20S	Verteilen – Zahlung auf Sammelrechnung

Tabelle 10.7 Übersicht über die möglichen Verrechnungsarten

[»]

Verrechnungsart 06 – Zahllauf

Der Zahllauf berücksichtigt nicht die Verrechnungssteuerung. Auf der Basis der Selektionskriterien werden alle offenen Posten eines Zahllaufs gezahlt. Die Verrechnungsart 06 kann jedoch in der erweiterten Gruppierung des Zahllaufs verwendet werden, um die Steuerung der Selektionskriterien zu detaillieren. Eine Verrechnung von Forderungen und Guthaben muss jedoch auf Basis der Verrechnungssteuerung für die manuelle oder maschinelle Kontenpflege gesteuert werden. Nur wenn Gutschriften mit Bezug auf eine Forderung und mit demselben Zahlweg gebucht werden, ist eine Verrechnung auch innerhalb des Zahllaufs möglich.

Neue Verrechnungsarten anlegen

Wenn Sie weitere Verrechnungsarten benötigen, können Sie diese im Customizing mit einem Klick auf den Button **Neue Einträge** hinzufügen. Beachten Sie jedoch, dass neue Verrechnungsarten nur im kundeneigenen Namensraum (X*, Y*, Z*) liegen. Neue und vom Standard abweichende Verrechnungsarten können z. B. für die Fakturierungsschnittellen notwendig sein.

So haben Sie z. B. in der Branchenkomponente IS-U (SAP Industrial Solution für Versorgungsunternehmen) die Möglichkeit, eine kundenspezifische Verrechnungssteuerung im Zeitpunkt R400 zu hinterlegen, um in Abhängigkeit des jeweiligen Abrechnungsvorgangs (Turnusabrechnung, Schlussabrechnung, Teilrechnung, Sammelrechnung) eine individuelle Verrechnung zu verwenden. Nur wenn das System keine eindeutige Verrechnungsart auf Basis der hinterlegten Kriterien finden kann, verwendet das SAP-System die Standardverrechnungsart R4 für Fakturierungen im Bereich IS-U. Weitere Informationen finden Sie auch im Musterfunktionsbaustein ISU_SAMPLE_R400.

Verrechnungsytpen definieren

Neben der Verrechnungsart können Sie die Wahl der Verrechnungsvariante, wie in der Überblicksgrafik in Abbildung 10.1 aufgezeigt, zusätzlich über Verrechnungstypen steuern. Mit dem *Verrechnungstyp* können Sie dabei auf der Ebene der Kundengruppen über den Vertragskontenstammsatz die Verrechnungssteuerung bestimmen. Um z. B. Ihre Verrechnungssteuerung zwischen B2B- und B2C-Kunden trennen zu können, verwenden Sie den Customizing-Pfad:

IMG • Finanzwesen • Grundfunktionen • Offene-Posten-Verwaltung • Verrechnungssteuerung • Verrechnungstypen definieren

Definieren Sie pro Kundengruppe, für die Sie eine eigene Verrechnungssteuerung definieren möchten, mit dem Button **Neue Einträge** einen vierstelligen alphanumerischen Schlüssel, und vergeben Sie entsprechend eine Bezeichnung in der gleichnamigen Spalte **Bezeichnung** (siehe Abbildung 10.13). Die Bezeichnung sollte möglichst sprechend die hinter dem Verrechnungstyp liegende Kundengruppe widerspiegeln. Hinterlegen Sie anschließend in den Stammdaten Ihrer Vertragskonten auf der Registerkarte **Allgemeine Daten** im Feld **Verrechnungstyp** den angelegten Verrechnungstyp.

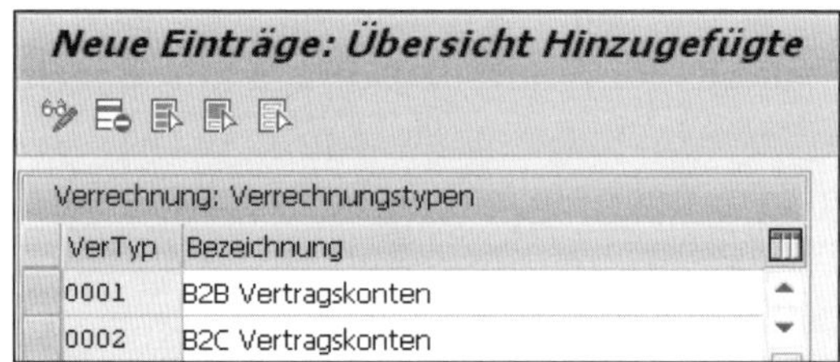

Abbildung 10.13 Verrechnungstypen anlegen

Nach der Überprüfung der Verrechnungsarten und der Anlage von Verrechnungstypen nehmen Sie im nächsten Abschnitt 10.4.2, »Zuordnung von Verrechnungsvariante zu Verrechnungsart und Verrechnungstyp«, die Kombinationen von Verrechnungsarten und Verrechnungstypen mit der Zuordnung zu den angelegten Verrechnungsvarianten vor.

10.4.2 Zuordnung von Verrechnungsvariante zu Verrechnungsart und Verrechnungstyp

Verrechnungsvariante zu Verrechnungsart zuordnen

Die Einstellungen, um die Zuordnung der Verrechnungsvariante zu einer Kombination aus Geschäftsvorfall und Kundengruppe vorzunehmen, finden Sie über den Customizing-Pfad:

IMG • Finanzwesen • Grundfunktionen • Offene-Posten-Verwaltung • Verrechnungssteuerung • Vorgaben für Verrechnungsarten hinterlegen

Über den Menüpunkt **Vorgaben für Verrechnungsarten hinterlegen** können Sie jeweils die Vorgaben für die folgenden übergeordneten Ausgleichsvorgänge des Funktionsbausteins FKK_CLEARING_PROPOSAL bestimmen:

- Vorgaben für den Zahlungseingang
- Vorgaben für die Kontenpflege
- Vorgaben für Sammelrechnungen/Ratenplan/Verdichtungsgruppen

Unter dem Knotenpunkt zur Hinterlegung der Vorgaben für die Verrechnungsarten finden Sie für alle drei Ausgleichsvorgänge einen separaten Pflegeeintrag. Der Aufbau und die Pflege erfolgt jedoch nach dem gleichen Prinzip, weshalb im Folgenden die durchzuführenden Aktivitäten nur am Beispiel des Zahlungseingangs dargestellt sind.

[»]

Zusammenhang von Verrechnungssteuerung und Zahlungsstapel

Während Sie in Abschnitt 6.3, »Erstellung von Ein- und Ausgangszahlungen«, die allgemeinen Einstellungen zum Zahlungsstapel kennengelernt haben, pflegen Sie im vorliegenden Abschnitt die automatische Verrechnungssteuerung in der Zahlungszuordnung des Zahlungsstapels, d. h. die Zuordnung von Zahlungen, die nicht eindeutig einer Forderung zugewiesen werden können oder die Zahlungsdifferenzen aufweisen. Je detaillierter Sie die Verrechnungsvarianten für den Zahlungsstapel gepflegt haben, desto weniger Fälle müssen Sie im Klärungsstapel für nicht zuteilbare oder nicht verrechenbare Zahlungen manuell bearbeiten.

Allgemeine Vorgaben pflegen

Wählen Sie zunächst die zu pflegende Verrechnungsart aus dem Feld **Verrechnungsart**, und springen Sie mit einem Doppelklick in das Bild zur Pflege der allgemeinen Vorgaben mit der Zuordnung einer Verrechnungsvariante zu dem Geschäftsvorfall der Verrechnungsart (siehe Abbildung 10.14). Die im Bereich **allgemeinen Verrechnungsvariante** hinterlegte Verrechnungsvariante wird immer verwendet, wenn keine verrechnungstypabhängige Verrechnungsvariante auf Basis der Vertragskonten ermittelt oder nicht eindeutig bestimmt werden kann. Die Verrechnungsvariante kann dabei als Selektion aus den von Ihnen in Abschnitt 10.3, »Verrechnungsvarianten definieren«, angelegten Verrechnungsvarianten ausgewählt werden.

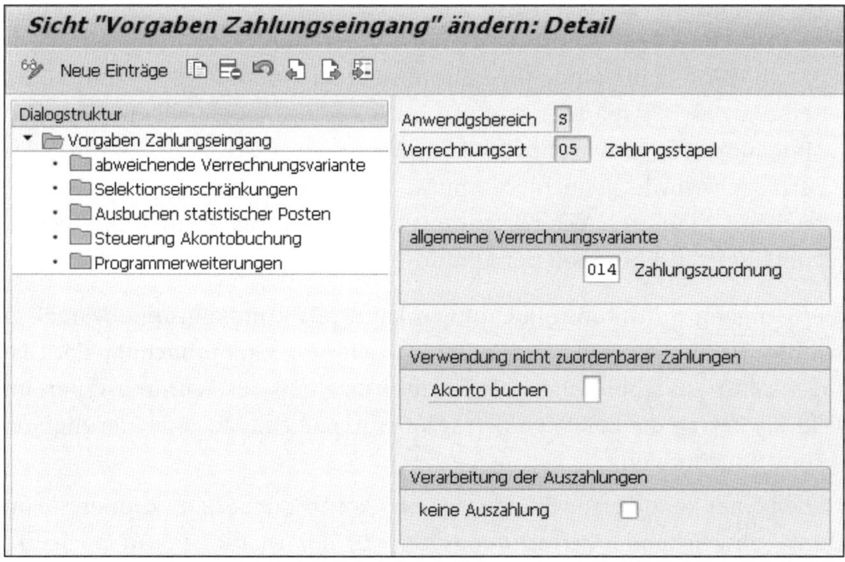

Abbildung 10.14 Allgemeine Vorgaben bei der Zuordnung einer Verrechnungsvariante zu einem Geschäftsvorfall pflegen

Neben der Verrechnungsvariante können Sie des Weiteren speziell für den Zahlungseingang noch weitere Vorgaben zur automatisierten Buchung im Zahlungsstapel machen.

10.4.3 Weitere Steuerungselemente in der Verrechnungssteuerung

Steuerung der Akonto-Buchungen

Wie in Abschnitt 6.4, »Verarbeitung von Eingangszahlungen«, beschrieben, werden Zahlungen die keinem offenen Posten eines Vertragskontos zugewiesen oder Zahlungsdifferenzen, die über die Verrechnungssteuerung nicht als Teilausgleich verbucht werden können, in den Klärungsstapel zur weiteren Bearbeitung gebucht. Mit dem Feld **Akonto buchen**, das Sie in Abbildung 10.14 sehen, haben Sie die Möglichkeit, diese Fälle ohne Prüfung innerhalb des Klärungsstapels akonto auf ein Vertragskonto zu buchen. Wählen Sie dabei zwischen den folgenden Optionen:

- **Keine Akontobuchung, Buchen Zahlung auf das Klärungskonto**
  Die Zahlung erfolgt in diesem Fall immer zuerst gegen das Klärungskonto.
- **Akonto buchen, falls Vertragskonto eindeutig ermittelbar ist**
  Die Zahlung kann zwar keiner Forderung zugeordnet werden oder über die Verrechnungssteuerung als Teilzahlung ausgeglichen werden, jedoch kann eine eindeutige Zuordnung zu einem Vertragskonto vorgenommen werden. Die Zahlung wird in diesem Fall akonto auf das ermittelte Vertragskonto gebucht.
- **Akonto buchen**
  Auch wenn keine eindeutige Zuordnung zu einem Vertragskonto oder einem Geschäftspartner erfolgen kann, soll auf jeden Fall eine Akonto-Buchung erfolgen. In diesem Fall wird auf das erste Vertragskonto, das ermittelt wurde, gebucht. Beispielsweise wird bei einem Geschäftspartner mit mehreren Vertragskonten das vom SAP-System zuerst ermittelte Vertragskonto mit der Akonto-Buchung als Gutschrift entlastet.

Der Umgang mit Akonto-Buchungen kann pro Kundengruppe festgelegt werden. Bestimmen Sie dazu im Punkt **Steuerung Akontobuchung** der Dialogstruktur aus Abbildung 10.14 für die einzelnen Verrechnungstypen im Feld **Bis Betrag** die zulässige Betragsobergrenze zur Automatisierung von Akonto-Buchungen.

Abweichende Verrechnungsvariante pro Verrechnungstyp

Neben einer detaillierten Steuerung von Akonto-Buchungen können Sie im Punkt **abweichende Verrechnungsvariante** der Dialogstruktur auch pro Kundengruppe eine vom Stammsatz des Vertragskontos abweichende Verrechnungsvariante eingeben. Über den Button **Neue Einträge** aus Abbildung 10.15 können Sie pro Verrechnungstyp des Feldes **VerTyp** bestimmen welche Werte Sie über die [F4]-Hilfe als Verrechnungsvariante in der Spalte **VerVar** hinterlegen.

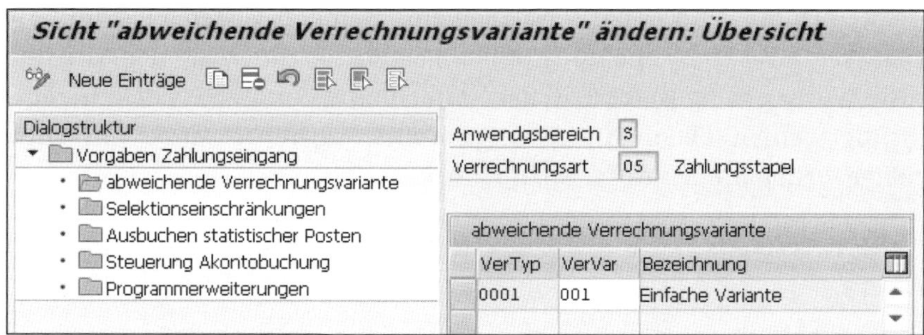

Abbildung 10.15 Abweichende Verrechnungsvariante pro Verrechnungstyp pflegen

Ist im Vertragskonto kein Verrechnungstyp hinterlegt, kann auch nicht die abweichende Verrechnungsvariante für den Verrechnungstyp greifen. In diesem Fall gilt die allgemeine Vorgabe aus Abbildung 10.14. Diese greift auch im Fall von Uneindeutigkeit, d. h., im Ausgleichsvorgang werden mehrere Vertragskonten, denen unterschiedliche Verrechnungstypen im Vertragskontenstammsatz zugeordnet sind, zusammen betrachtet und verrechnet. Stimmen Sie daher im Vorfeld die Selektionskriterien für die Verrechnungssteuerung mit Ihren verwendeten Verrechnungstypen ab.

Weitere Detaillierungsmöglichkeiten

Neben dem Verrechnungstyp können Sie die Verrechnungssteuerung innerhalb eines Geschäftsvorfalls noch auf der Ebene der ihm zugeordneten Buchungsvorgänge steuern. Pflegen Sie hierzu im Punkt **Selektionseinschränkungen** der Dialogstruktur aus Abbildung 10.16 den Umgang mit Haupt- und Teilvorgängen pro Verrechnungstyp. Steuern Sie dabei über die Spalte **kA** (kein Ausgleich), ob die Kombination aus Haupt- und Teilvorgang der Spalten **HVorg.** und **TVorg.** überhaupt in der Verrechnungssteuerung beachtet werden soll. Durch Ankreuzen des Kennzeichens **kA** wird die angegebene Kombination aus Haupt- und Teilvorgang in der Verrechnungssteuerung nicht berücksichtig. Als Beispiel können hier Garantiezahlungen, wie die Barsicherheitszahlung (Hauptvorgang 0020, Teilvorgang 0010), genannt werden, die in einer automatisierten Verrechnung nicht einbezogen werden sollen.

Karenztage

Über die Selektionseinschränken können Sie neben dem Ausschluss von Haupt- und Teilvorgängen auch die Angabe von Karenztagen für einen Verrechnungstyp definieren. Mit der Angabe der Karenztage in der Spalte **Kare...**, zugeordnet zu einem Verrechnungstyp aus der Spalte **VerTyp**, bestimmen Sie, welche Posten ab Belegdatum für die Kombination aus Verrechnungstyp und Buchungsvorgang in der Verrechnung betrachtet werden sollen (siehe Abbildung 10.16). Sie können die Vorgabe von Karenztagen mit der Angabe einer Kombination von Haupt- und Teilvorgängen über die

Spalten **HVorg.** Und **TVorg.** zusätzlich einschränken. Geben Sie somit z. B. den Wert »14« ein, wenn auch offene Posten, die innerhalb der nächsten zwei Wochen fällig werden, in der Verrechnung vom SAP-System berücksichtigt werden sollen. Ohne die Angabe einer Taggrenze werden nur schon fällige Posten für den Ausgleich qualifiziert.

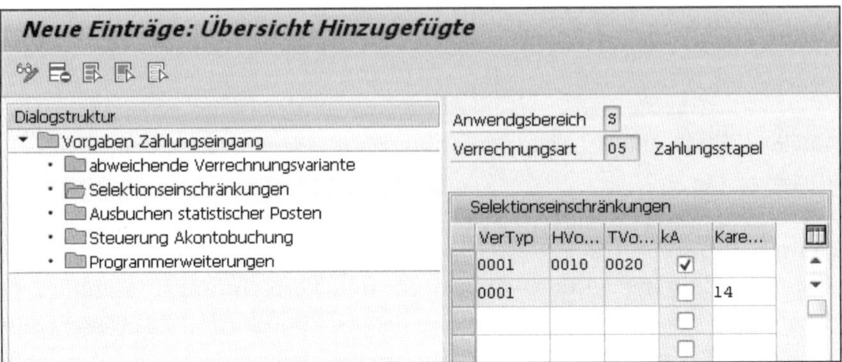

Abbildung 10.16 Verrechnungssteuerung auf Buchungsvorgänge innerhalb eines Geschäftsvorfalls einschränken

Zusammenspiel Karenztage und Selektionsmerkmal Fälligkeit

Während Sie mit den Karenztagen den Betrachtungszeitraum offener Posten, die für die Verrechnungssteuerung qualifiziert werden sollen, definieren, können Sie über das Selektionsmerkmal **Fälligkeit** die Rangfolge, d. h. die Sortierung der Posten nach absteigender oder aufsteigender Fälligkeit zur Verrechnung innerhalb eines Fälligkeitszeitraums bestimmen. Die Pflege der Rangfolge haben Sie als Teil der Verrechnungsvariante in Abschnitt 10.3.3, »Verrechnungsschritt ›Sortierreihenfolge definieren‹ ausprägen«, zur Ausprägung der Verrechnungsvarianten kennengerlernt.

10.5 Fazit

Sie können nun auf der Basis der kennengelernten Systemeinstellungen eine Zuordnungs- und Ausgleichsstrategie als Teil der Verrechnungssteuerung für die verschiedenen Geschäftsvorfälle des Beleglebenszyklus definieren und im SAP-System hinterlegen. Die Verrechnungssteuerung, die Sie über Verrechnungsvarianten, nicht nur auf der Ebene von Geschäftsvorfällen, sondern auch auf der Ebene von Kundengruppen unterscheiden, sind dabei als mehrstufige aufeinander abgestimmte Verrechnungsschritte aufgebaut. Am Ende des Kapitels haben Sie zudem gelernt, die Verrechnungsvariante in Abhängigkeit von Kundengruppe und Geschäftsvorfall zuzuordnen. Zudem können Sie den Zusammenhang zwischen der Ausprägung der einzelnen Geschäftsvorfälle, insbesondere in Abschnitt 5.3, »Offene-Posten-Verwaltung«, Abschnitt 6.3, »Erstellung von Ein- und Ausgangszahlungen«, und Kapitel 9, »Stundung und Ratenplan«, mit der dargestellten Verrechnungssteuerung herstellen und aufeinander abstimmen. Somit unterstützen Sie mit der eingestellten Verrechnungssteuerung die Automatisierung der debitorischen Prozesse auf der Basis festgelegter und detaillierter Regeln. Ihre Debitorenbuchhaltung wird in einer ausnahmenbasierten Abarbeitung von Sachverhalten unterstützt, und auf Grundlage vielfältiger Gruppierungs- und Selektionskriterien kann die Verrechnungssteuerung individuell auf der Basis der fachlichen Anforderungen ausgesteuert werden.

Kapitel 11
Sonstige Geschäftsvorfälle

Nicht jede Forderung wird innerhalb der vereinbarten Fälligkeit ausgeglichen. Überfällige offene Posten müssen im Zweifel ausgebucht werden, wenn ein Zahlungsausfallrisiko besteht. Wichtig ist es, fragliche Forderungen mit einer Neubewertung in der Bilanzierung zu versehen. Wie das geht, erläutern wir in diesem Kapitel.

Die verschiedenen Rechnungslegungsvorschriften wie das HGB (Handelsgesetzbuch) nach deutschem Recht oder IFRS (International Financial Reporting Standards) nach der internationalen Rechnungslegungsvorschrift, schreiben die Bewertung von Forderungen und Verbindlichkeiten vor. Dabei gelten die meisten Forderungen jedoch als *einwandfreie Forderungen*, die innerhalb der Fristen über eine Zahlung durch die Schuldner ausgeglichen werden.

Das *Vorsichtsprinzip* vieler Rechnungslegungsvorschriften erfordert es jedoch, in der Bilanzierung Risiken und eventuelle Verluste in angemessener Höhe zu berücksichtigen. Auf der Basis dieses Prinzips müssen überfällige Forderungen nach verschiedenen Kriterien mit einem erhöhten Ausfallrisiko bewertet und in der Bilanz separat ausgewiesen werden. Darüber hinaus müssen sie gegebenenfalls einer Wertkorrektur mit Neubewertung der Forderung unterzogen werden. Die Kriterien zur Bewertung des Ausfallrisikos sowie die Faktoren zur Berechnung der Einzelwertkorrektur sind abhängig von den einzelnen Rechnungslegungsvorschriften der Länder.

FI-CA stellt Ihnen zur Unterstützung bei der Bewertung offener und überfälliger Forderungen verschiedene Reports zur Verfügung. Neben der Durchführung einer Analyse bieten diese Reports auch die Möglichkeit, eine direkte Bilanzkorrektur vorzunehmen oder im Fall einer bestätigten Nicht-Einbringung den offenen Posten als Verlust auszubuchen. Die Einstellungen, mit der Möglichkeit einer automatisierten Kontenfindung, lernen Sie in Abschnitt 11.1 kennen. Als Teil der Bewertung überfälliger Posten werden Sie im abschließenden Abschnitt die Einstellungen zur Verzinsung verstehen lernen, sodass Sie zusätzlich Fälligkeitszinsen auf die offenen Posten Ihrer Schuldner erheben können.

11.1 Zweifelhaftstellung und Einzelwertberichtigung

Offene Posten, die nicht über die Erstellung oder Verarbeitung von Zahlungseingängen ausgeglichen und auch nicht über die Verrechnungssteuerung der manuellen oder automatischen Kontenfindung und offenen Posten aus anderen Geschäftsvorfällen zugeordnet werden können, bleiben als offene Forderungen im SAP-Vertragskontokorrent und somit auch auf dem Abstimmkonto der Hauptbuchhaltung bestehen.

Definition zweifelhafter Forderungen

Nach dem Ablauf von zu definierenden Fristen können diese Buchungen nicht mehr als *einwandfreie Forderungen* in der Bilanz ausgewiesen werden und müssen über eine Umbuchung als *zweifelhafte Forderungen* dargestellt werden. Eine Forderung wird dabei nach Wahrscheinlichkeitsgrad ihrer Begleichung bewertet und über die Zweifelhaftstellung als potenziell uneinbringliche Forderung und somit als potenzieller Verlust markiert.

Zudem müssen Sie die Forderungen gemäß dem strengen Niederstwertprinzip korrigieren. Das heißt, dass Forderungen als Teil des Umlaufvermögens während der Berichtigung mit dem niedrigsten Wert anzusetzen sind. Im Gegensatz zu einer *Pauschalwertberichtigung* wird bei der *Einzelwertberichtigung* für jeden einzelnen ausstehenden Posten auf der Basis individueller Kriterien neu bewertet.

Ermittlung zweifelhafter Forderungen

Einflussfaktoren für die Definition von zweifelhaften Forderungen und einer Einzelwertberichtigung können dabei die Häufigkeit von Mahnverfahren sein, die Sie gegenüber Ihrem Geschäftspartner durchführen mussten, sein generelles Zahlungsverhalten, der Wert der ausstehenden Forderung und ob sich Ihr Geschäftspartner in einem Inkassoverfahren befindet bzw. Insolvenz angemeldet hat. Auch wenn die Buchung dabei rein auf der Hauptbuchkontenebene als Teil der Bilanzkorrektur durchgeführt wird, erfolgt die Analyse der Forderungen auf der Basis der Einzelposten des SAP-Vertragskontokorrents auf der Ebene der Vertragskonten oder auf der Ebene des Geschäftspartners. Der ermittelte Wert einer zweifelhaften Forderung wird anschließend, wie in den Buchungssätzen in Abbildung 11.1 dargestellt, auf der Ebene des Hauptbuches über ein Korrekturkonto als zweifelhafte Forderung ausgebucht.

Korrekturkonto als technisches Hilfskonto

Das Korrekturkonto (**Korrektur EZW**), auch bekannt unter Bilanzkorrekturkonto, wird innerhalb der Buchungslogik benötigt, da das eigentliche Abstimmkonto nicht direkt bebuchbar ist. Zudem können Sie somit sicherstellen, dass die offene Forderung weiterhin im Nebenbuch des SAP-Vertragskontokorrents auf der Ebene des Vertragskontos bestehen bleibt, um für die weitere Verarbeitung innerhalb der Geschäftsprozesse zur Verfügung zu stehen.

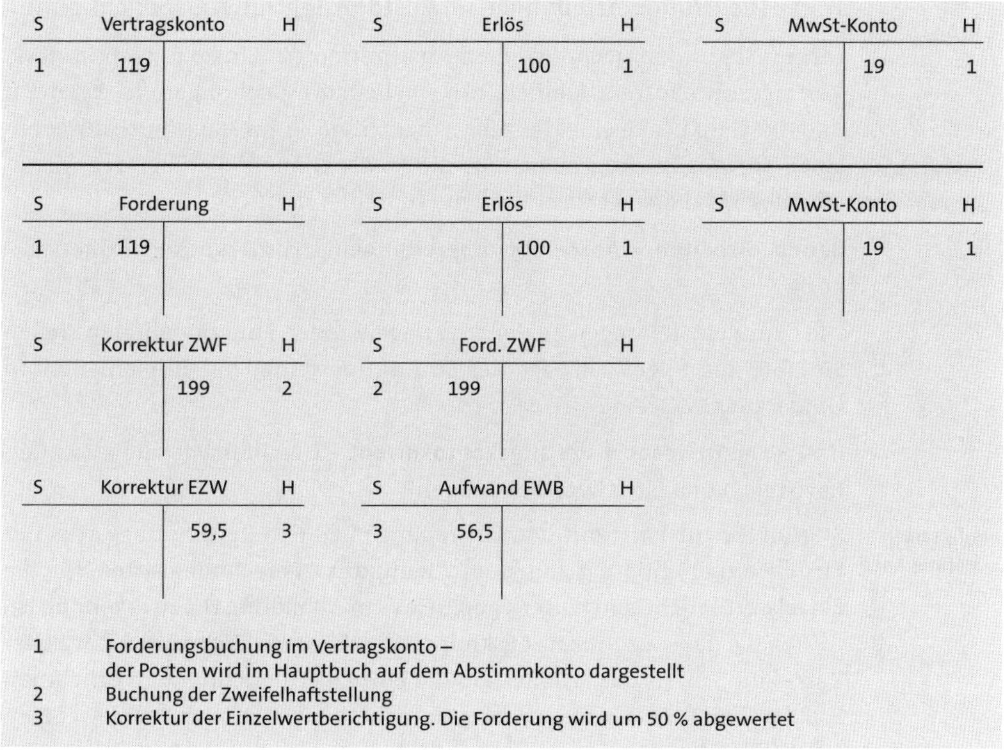

S	Vertragskonto		H
1	119		

S	Erlös		H
		100	1

S	MwSt-Konto		H
		19	1

S	Forderung		H
1	119		

S	Erlös		H
		100	1

S	MwSt-Konto		H
		19	1

S	Korrektur ZWF		H
		199	2

S	Ford. ZWF		H
2	199		

S	Korrektur EZW		H
		59,5	3

S	Aufwand EWB		H
3	56,5		

1 Forderungsbuchung im Vertragskonto –
der Posten wird im Hauptbuch auf dem Abstimmkonto dargestellt
2 Buchung der Zweifelhaftstellung
3 Korrektur der Einzelwertberichtigung. Die Forderung wird um 50 % abgewertet

Abbildung 11.1 Buchungslogik für die Zweifelhaftstellung und Einzelwertberichtigung

Die Bilanzkorrektur erfolgt somit rein auf der Hauptbuchebene, wobei das Korrekturkonto dem ursprünglichen Forderungskonto in der Bilanz zugeordnet sein muss, um die Ausbuchung auf das Konto der zweifelhaften Forderungen (**Ford. ZWF**) darstellen zu können. Das Korrekturkonto ergibt zusammen mit dem ursprünglichen Forderungskonto einen Nullsaldo. Neben der Zweifelhaftstellung können Sie zusätzlich eine Einzelwertberichtigung vornehmen. Im Beispiel der obigen Abbildung 11.1 wurde eine Wertberichtigung in Höhe von 50 % der ursprünglichen Forderung vorgenommen. Auch im Falle des Buchungssatzes 3 wird die Korrektur der Forderung nicht direkt auf dem Abstimmkonto, sondern über ein Korrekturkonto (**Korrektur EZW**) gebucht. Die Wertminderung der Forderung wird ergebniswirksam als Aufwand in der GuV (Gewinn- und Verlustrechnung) verzeichnet. Eine Umsatzsteuerkorrektur darf bei zweifelhafter Stellung und auch bei Wertminderung noch nicht vorgenommen werden. Erst wenn die Forderung als uneinbringlich ausgebucht werden muss, wird die Umsatzsteuerkorrektur gebucht.

11.1.1 Die Grundeinstellungen im Customizing zur Wertberichtigung

Lernen Sie in den nachfolgenden Abschnitten die Einstellungen im SAP-Vertragskontokorrent kennen, um zweifelhafte Buchungen zu ermitteln und diese, inklusive einer Einzelwertberichtigung, im Hauptbuch auszubuchen. Zur Ausführung nutzen Sie die Transaktionen, die über den Menüpfad des SAP-Vertragskontokorrents zu finden sind:

Period. Arbeiten • Abschlussvorbereitungen • Forderungs-/Erlösberichtigung

Die Grundeinstellungen zu den hier angebotenen Funktionalitäten stellen Sie über den folgenden Pfad des Einführungsleitfadens (Implementation Guide, kurz IMG) ein:

IMG • Finanzwesen • Vertragskontokorrent • Geschäftsvorfälle • Zweifelhaftstellen und Einzelwertberichtigen

Berechnungsarten definieren

Starten Sie zunächst mit den Einstellungen zu den Berechnungsarten der Einzelwertberichtigung mit dem Menüpunkt **Berechnungsarten für die Einzelwertberichtigen hinterlegen**. Wie es in Abbildung 11.2 zu erkennen ist, treffen Sie dabei pro Buchungskreis (Spalte **BuKr**) die Vorgabe, auf welcher Kalkulationsbasis das SAP-System die Einzelwertberichtigung vornehmen soll. Der von Ihnen vorgegebene zu berichtigende Wert aus dem jeweiligen Drop-down-Menü der einzelnen Felder in der Spalte **Berechnungsart Wertb.** wird gemäß der eingestellten Regel durch das SAP-System auf die Forderung aufgeteilt und verbucht.

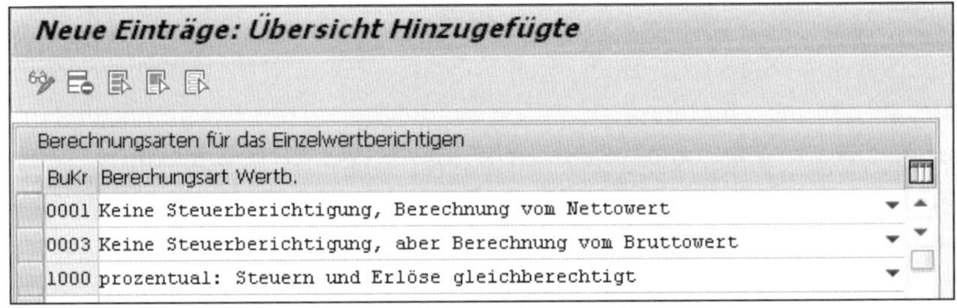

Abbildung 11.2 Berechnungsarten für die Einzelwertberichtigung definieren

Fallbeispiel zur Anwendung der Berechnungsarten

Sie können dabei zwischen den in Tabelle 11.1 dargestellten Regeln unterscheiden. Zur besseren Verdeutlichung finden Sie in der Spalte 3 der Tabelle einen Beispielfall. Dieser beruht auf einer Forderung in Höhen von 119,00 EUR, inklusive einer Mehrwertsteuer in Höhe von 19 %. Es wurde somit der Abbildung 11.3 gezeigte Buchungssatz im SAP-System bei der Erstellung der Forderung erzeugt.

S	Vertragskonto		H
1	119		
		20	2

S	Erlös		H
		100	1

S	MwSt-Konto		H
		19	1

S	Bank		H
2	20		

Abbildung 11.3 Buchungsübersicht für das Fallbeispiel

Gleichzeitig haben Sie eine Teilzahlung in Höhe von 20,00 EUR (Buchung 2 aus Abbildung 11.3) auf dem Vertragskonto Ihres Geschäftspartners registriert. Es verbleibt jedoch eine Restforderung in Höhe von 99,00 EUR. Aufgrund des Ausstehens weiterer Zahlungen liegt Ihnen nun ein bewertetes Ausfallrisiko in Höhe von 50 % vor. Das SAP-System berechnet diese 50 % auf Basis der Regeln aus Tabelle 11.1.

Schlüssel	Berechnungsart	Beschreibung
kein Schlüssel	**Keine Steuerberichtigung, Berechnung vom Nettowert**	Berechnung auf der Basis des offenen Nettowertes und der Buchung zum Datum der Wertberichtigung. Im beschriebenen Beispiel besteht eine Restforderung über den Nettowert in Höhe von 83,19 EUR. Das SAP-System bewertet diese mit 50 % und nimmt somit eine Korrektur der Forderung in Höhe von 41,60 EUR vor. Teilzahlungen, die nach der Wertberichtigung eingehen, korrigieren die Wertberichtigung, jedoch nur, wenn Sie nicht den wertberichtigenden Anteil der Forderung übersteigen. Eine weitere Teilzahlung in Höhe von 20,00 EUR würde somit die Wertberichtigung verringern, eine Teilzahlung von 42,00 EUR jedoch erst einmal nur den Wert der Forderung und dann anteilig die Wertberichtigung.
01	**prozentual: Steuern und Erlöse gleichberechtigt**	Neben dem Erlös wird auch die gebuchte Steuer anteilig wertberichtigt. Sowohl der verbleibende Nettowert als auch die Steuer werden um 50 % wertmäßig korrigiert. Das SAP-System nimmt somit sowohl eine Forderungskorrektur in Höhe von 41,60 EUR als auch eine Steuerkorrektur in Höhe von 7,90 EUR vor.

Tabelle 11.1 Übersicht über die möglichen Berechnungsarten

Schlüssel	Berechnungsart	Beschreibung
02	**Betragsabhängig: Steuern vor Erlös**	In einer Wertberichtigung werden Teilzahlungen zugunsten der Steuer berücksichtigt. Die Steuer wird somit als beglichen angesehen. Im obigen Beispiel wird die Restforderung in Höhe von 99 EUR somit zu 100 % dem Erlös zugeordnet, und es erfolgt eine 50%ige Wertberichtigung um 49,50 EUR. Wären im obigen Beispiel eine Teilzahlung in Höhe von 10,00 EUR erfolgt, wäre eine Berechnung der Steuerkorrektur auf die restlichen 9,00 EUR erfolgt und eine Wertberichtigung des Erlöses auf 100,00 EUR.
03	**Keine Steuerberichtigung, aber Berechnung vom Bruttowert**	Berechnung der Wertberichtigung vom offenen Bruttowert zum Zeitpunkt der Wertberichtigungsbuchung, jedoch maximal bis zum Wert des offenen Nettowertes. Im Fallbeispiel wird die 50%ige Wertkorrektur auf den offenen Gesamtbetrag in Höhe von 99,00 EUR berechnet, d. h. 49,50 EUR. Nehmen Sie nun an, dass die Teilzahlung in Höhe von 75,00 EUR erfolgt wäre. In diesem Fall würde die Korrektur nur 44,00 EUR betragen, da der offene Nettowert unter dem Korrekturwert auf der Kalkulationsbasis des Bruttowertes liegt.
04	**Keine Steuerberichtigung, Berechnung vom offenen Wert**	Wie » « (blank), nur das eingehende Teilzahlungen immer die Wertberichtigung korrigieren, unabhängig des Wertes.
05	**Keine Steuerberichtigung, Berechng. Off-Betrag, gesetzl./buchhalt.**	Die Berechnung erfolgt auf der Basis des offenen Bruttobetrags, d. h. in dem vorliegenden Beispiel auf der Basis von 99,00 EUR. Es erfolgt keine Steuerkorrektur, jedoch wird zwischen der gesetzlichen und der buchhalterischen Wertberichtigung unterschieden.
06	**Keine Steuerberichtigung, Berechng. OffBetrag, sep Konto Rücknahmen**	Wie 05, Berechnung aus offenem Bruttobetrag ohne Steuerberichtigung. Die Rücknahme der Wertberichtigung erfolgt auf separaten Konten, die im Buchungsbereich 1299 hinterlegt sind. Zur Kontenpflege siehe den Punkt **Abweichende Kontenfindung**.

Tabelle 11.1 Übersicht über die möglichen Berechnungsarten (Forts.)

Schlüssel	Berechnungsart	Beschreibung
07	**Keine Steuerberichtigung, Berechng. Off-NettoBetrg, sep Konto Rückn**	Wie » « (blank); die Wertberichtigung erfolgt auf der Basis des offenen Nettowertes der Forderung. Wertberichtigungsrücknahmen erfolgen jedoch wie bei 06 auf separaten Rücknahmekonten, die Sie im Buchungsbereich 1299 pflegen. Zur Pflege siehe den Menüpunkt **Abweichende Kontenfindung**.
08	**Keine Steuerberichtigung, Berechng. Off-BrutBetrg, sep Konto Rückn**	Wie 06, d. h., die Wertberichtigung erfolgt auf der Basis des ausstehenden Bruttobetrags. Teilausgleiche führen jedoch nur zur Verringerung der Wertberichtigung, solange sie den nichtwertberichtigen Anteil der Forderung übersteigen. Eine Korrektur der wertberichtigten 49,50 EUR erfolgt somit nur, wenn ein Teilausgleich unterhalb dieses Betrags liegt. Die Korrektur erfolgt auf separaten Rücknahmekonten, die Sie im Buchungsbereich 1299 pflegen. Zur Pflege siehe den Menüpunkt **Abweichende Kontenfindung**.

Tabelle 11.1 Übersicht über die möglichen Berechnungsarten (Forts.)

Auswahl der Berechnungsarten

Die Auswahl der Berechnungsarten in Ihrem System hängt sehr stark von den angewendeten lokalen Rechnungslegungsvorschriften ab. So dient nach der deutschen Rechnungslegungsvorschrift HGB die Nettoforderung als Bemessungsgrundlage für die Berechnung der Wertberichtigung. Eine Umsatzsteuerkorrektur darf des Weiteren immer erst mit dem Buchen der Uneinbringlichkeit einer Forderung erfolgen (siehe § 17 UstG (Umsatzsteuergesetz), womit bei einer Einzelwertberichtigung noch keine Berichtigung der Steuer gebucht werden darf. Für Deutschland kommen daher nur die Berechnungsarten » « (blank), 04 und 07 infrage.

Berichtigungsgründe pflegen

Nach der Definition der Berechnungsart pflegen Sie in den nächsten beiden Customizing-Einstellungen zu dem Punkt **Zweifelhaftstellen und Einzelwertberichtigen** die Berichtigungsgründe für die Buchung, aber auch für die Rücknahme einer Zweifelhaftstellung und Wertberichtigung. Navigieren Sie hierzu im IMG über den Pfad:

IMG • Finanzwesen • Vertragskontokorrent • Geschäftsvorfälle • Zweifelhaftstellen und Einzelwertberichtigen

Rufen Sie anschließend die Pflegepunkte **Berichtigungsgründe pflegen** und **Berichtigungsrücknahmegründe pflegen** auf. Neue Gründe können Sie dabei mit einem Klick auf **Neue Einträge** anlegen. Die Gründe werden durch einen zweistelligen alphanumerischen Schlüssel in der Spalte **Grund** repräsentiert (siehe Abbildung 11.4). In der Spalte **Bedeutung** können Sie diesen Schlüssel über einen Freitext präzisieren. Bei der Buchung einer Zweifelhaftstellung und Einzelwertberichtigung können Sie einen der hier eingestellten Gründe auswählen und den einzelnen zu korrigierenden Forderungen zuweisen.

Default-Grund festlegen

Für die Pflege der Berichtigungsgründe zur Buchung einer Zweifelhaftstellung und einer Einzelwertberichtigung können Sie zusätzlich einen der Gründe als *Default-Grund* in der Spalte **Default-Grund** definieren. Dieser wird für jede Buchung standardmäßig vorgeschlagen und muss dann nur bei Abweichungen individuell durch Ihre Benutzer geändert werden.

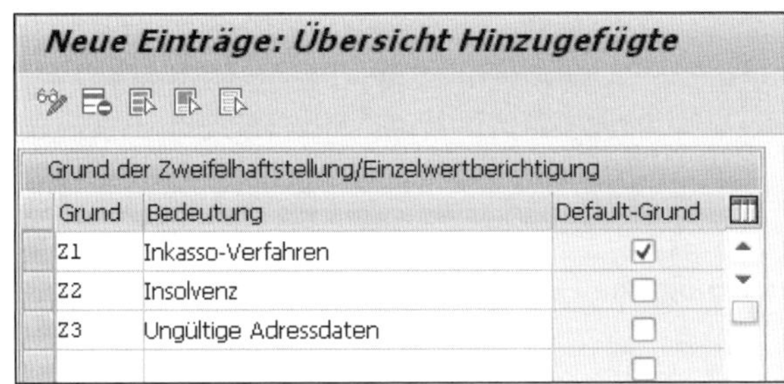

Grund	Bedeutung	Default-Grund
Z1	Inkasso-Verfahren	☑
Z2	Insolvenz	☐
Z3	Ungültige Adressdaten	☐
		☐

Abbildung 11.4 Gründe für Zweifelhaftstellung und Einzelwertberichtigung

Wertberichtigungsrücknahme

Neben den Gründen zur Bildung einer Wertberichtigung, können Sie im SAP-System auch Gründe für die Auflösung einer zuvor gebildeten Berichtigung im SAP-System hinterlegen. Die Pflegeansicht im Customizing des Punktes **Berichtigungsrücknahmegründe pflegen** für die Wertberichtigungsrücknahme einer Zweifelhaftstellung und Einzelwertberichtigung sehen Sie in Abbildung 11.5. Auch hier definieren Sie einen zweistelligen alphanumerischen Schlüssel in der Spalte **Rgrund**, der bei der Buchung der Rücknahme als Beleginformation mitgegeben wird. Mittels Freitextes können Sie in der Spalte **+** den Rücknahmegrund präzisieren. Eine Rücknahme kann dabei durch die folgenden Geschäftsvorfälle innerhalb des Beleglebenszyklus erfolgen:

- Zahlung innerhalb der Erstellung und/oder Verarbeitung von Eingangszahlungen
- Ausbuchung der Forderung bei Uneinbringlichkeit
- Änderung des Umfangs der Wertberichtigung (prozentual oder Änderung des vorgegebenen Wertberichtigungsbetrags)

- Verkauf der Forderung
- Verrechnung und Ausgleich, z. B. über Gutschriftserstellung

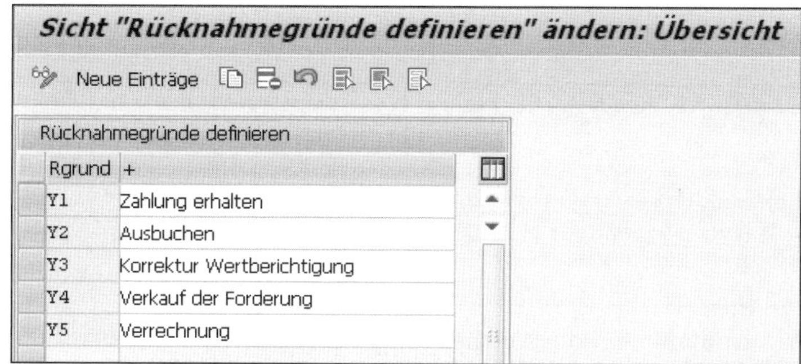

Abbildung 11.5 Gründe für die Rücknahme der Zweifelhaftstellung/ Einzelwertberichtigung

Ausnahmen für Wertberichtigung

Wenn nicht alle im SAP-System getätigten Buchungen automatisch über den Report zur Analyse und Buchung von Wertberichtigungen berücksichtigt werden sollen, können Sie über den folgenden Pfad:

IMG • Finanzwesen • Vertragskontokorrent • Geschäftsvorfälle • Zweifelhaftstellen und Einzelwertberichtigen • Ausnahmen für Berichtigungen pflegen der Customizing-Einstellungen des IMG Ausnahmen definieren.

Als Grundlage für die Definition der Ausnahmen dienen dabei die Haupt- und Teilvorgänge, die im SAP-Vertragskontokorrent die verschiedenen Geschäftsvorfälle in der Buchung repräsentieren. Wie in Abbildung 11.6 dargestellt, wählen Sie über die Spalten **HVorg.** und **TVorg.** den jeweiligen Hauptvorgang in Kombination mit einem zugehörigen Teilvorgang aus.

Ordnen Sie anschließend den Umfang der Ausnahme in der Spalte **AktivArt** der zuvor gewählten Kombination aus Haupt- und Teilvorgang zu. Sie bestimmen damit, für welche Aktivitäten der Geschäftsvorfall von einer Zweifelhaftstellung und Einzelwertberichtigung ausgenommen werden soll.

Ausnahmeberechtigte Aktivitäten

Sie können dabei zwischen den folgenden Aktivitäten unterscheiden:

- **Manuelle Zweifelhaftstellung oder Wertberichtigung**
  Die Kombination aus Haupt- und Teilvorgang wird für alle manuellen Zweifelhaftstellungen und Wertberichtigungen ausgenommen. Sie kann nur über den automatischen Buchungslauf erfasst werden.
- **Automatische Zweifelhaftstellung oder Wertberichtigung**
  Die Buchung kann nur manuell erfolgen und nicht über den automatischen Buchungslauf.

- **Manuelle und automatische Zweifelhaftstellung und Wertberichtigung**
  Es kann für diese Kombination aus Haupt- und Teilvorgang keine Zweifelhaftstellung und Wertberichtigung gebucht werden.

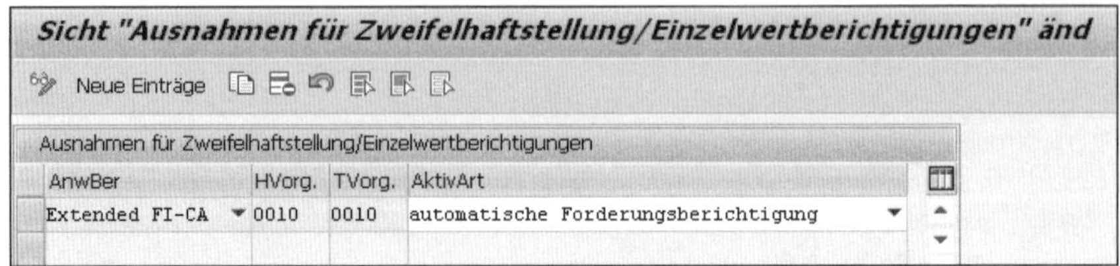

Abbildung 11.6 Ausnahmen für die Wertberichtigung definieren

11.1.2 Die Einstellungen zur Kontenfindung

Kontenfindung

Um die Buchung einer Forderungsberichtigung vornehmen zu können, müssen Sie die entsprechenden Konten in der Kontenfindung der Buchungsbereiche 1301 für die Buchung von Zweifelhaftstellungen und 1302 für die Buchung der Einzelwertberichtigungen hinterlegen. Starten Sie mit der Pflege der Konten für die Zweifelhaftstellung, indem Sie die Customizing-Einstellung über den folgenden IMG-Pfad aufrufen:

IMG • Finanzwesen • Vertragskontokorrent • Geschäftsvorfälle • Zweifelhaftstellen und Einzelwertberichtigen • Kontenfindung Zweifelhaftstellung pflegen

Kontenfindung für die Zweifelhaftstellung

Nach der Wahl des gültigen Kontenplans aus dem Feld **Kontenplan** bestimmen Sie die Kontenfindung für den Buchungsbereich 1301 in Abhängigkeit des Buchungskreises und des Forderungskontos des Hauptbuches, das hinter der Forderungsbuchung auf dem Vertragskonto Ihres Geschäftspartners steht. Wenn Sie eine Kontenfindung unabhängig des Forderungskontos wünschen, tragen Sie in das Feld **Hauptbuch** im Bereich **Schlüssel** den Wert bzw. »*« (Sternchen) ein (siehe Abbildung 11.7). So erfolgt die Kontenfindung für alle Forderungskonten des Buchungskreises.

Zusätzlich zum Buchungskreis und dem Hauptbuchkonto können Sie die Selektionskriterien der Kontenfindung um das Schlüsselfeld **Geschäftsbereich** erweitern. Wählen Sie hierzu den Menüpfad **Springen • Schlüsselauswahl**, und selektieren Sie den Geschäftsbereich.

Wie im Buchungssatz in Abbildung 11.1 zu Beginn dieses Kapitels beschrieben, werden für die Buchung der Zweifelhaftstellung ein Korrekturkonto und ein Konto für den Ausweis der zweifelhaften Forderungen benötigt.

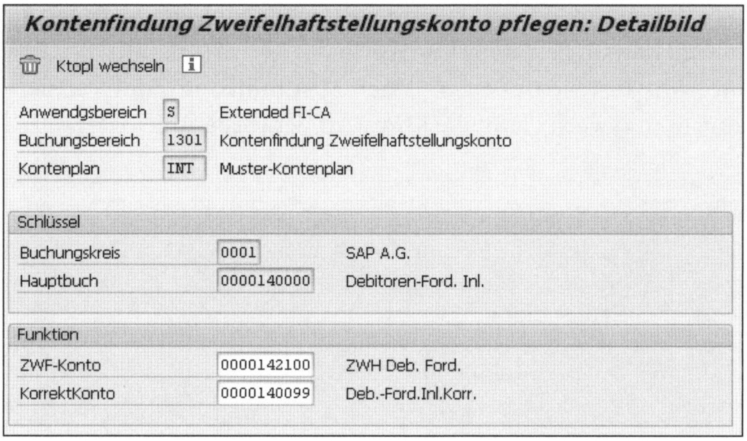

Kontenfindung Zweifelhaftstellungskonto pflegen: Detailbild

Ktopl wechseln

Anwendgsbereich	S	Extended FI-CA
Buchungsbereich	1301	Kontenfindung Zweifelhaftstellungskonto
Kontenplan	INT	Muster-Kontenplan

Schlüssel

Buchungskreis	0001	SAP A.G.
Hauptbuch	0000140000	Debitoren-Ford. Inl.

Funktion

ZWF-Konto	0000142100	ZWH Deb. Ford.
KorrektKonto	0000140099	Deb.-Ford.Inl.Korr.

Abbildung 11.7 Kontenfindung für die Zweifelhaftstellung pflegen

Korrekturkonto festlegen

Das Korrekturkonto tragen Sie im Feld **KorrektKonto** ein (siehe Abbildung 11.7). Als normales Hauptbuchkonto ohne Kennzeichen für ein Abstimmkonto des SAP-Vertragskontokorrents (SKB1-MWSKZ = V) kann dieses Konto direkt bebucht werden. Es ist in der Bilanz den Forderungskonten des SAP-Vertragskontokorrents zugeordnet, um den Forderungsabgang darstellen zu können. Definieren Sie das Konto zum Ausweis der Zweifelhaftstellung über das Feld **ZWF-Konto**.

Kontenfindung für die Einzelwertberichtigung

Im Anschluss springen Sie über den folgenden IMG-Pfad in die Customizing-Einstellung zur Pflege der Kontenfindung für die Einzelwertberichtigung:

IMG • Finanzwesen • Vertragskontokorrent • Geschäftsvorfälle • Zweifelhaftstellen und Einzelwertberichtigen • Kontenfindung Einzelwertberichtigung pflegen

Die Kontenfindung erfolgt für die Einzelwertberichtigung über den Buchungsbereich 1302 (siehe Abbildung 11.8). Ebenso wie bei der Kontenfindung für die Zweifelhaftstellung stellen Sie die Kontenfindung, basierend auf den Schlüsselfeldern des Buchungskreises aus dem Feld **Buchungskreis** und des Forderungskontos aus dem Feld **Hauptbuch** im Bereich **Schlüssel**, das hinter den Vertragskonten hinterlegt ist, ein. Wenn Sie eine Kontenfindung unabhängig des Forderungskontos wünschen, tragen Sie in das Feld **Hauptbuch** den Wert »*« (Sternchen) ein. So erfolgt die Kontenfindung für alle Forderungskonten des Buchungskreises. Zusätzlich zu Buchungskreis und Hauptbuchkonto können Sie die Selektionskriterien der Kontenfindung um das Schlüsselfeld **Geschäftsbereich** erweitern. Wählen Sie hierzu den Menüpfad **Springen • Schlüsselauswahl**, und selektieren Sie den Geschäftsbereich.

Auf der Basis der in Abbildung 11.1 vorgestellten Buchungslogik pflegen Sie im Bereich **Funktion** im Feld **KorrekturWertb** das Korrekturkonto. Das Korrekturkonto wird anstelle des eigentlichen Abstimmkontos des Vertragskontos bebucht und weist somit die Korrektur der Forderung in der Bilanz aus.

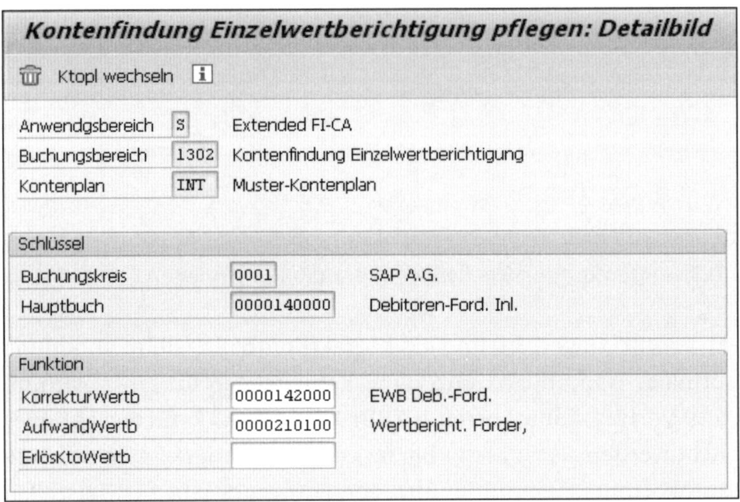

Abbildung 11.8 Kontenfindung für die Einzelwertberichtigung pflegen

Stellen Sie sicher, dass das Korrekturkonto nicht als Abstimmkonto in den Stammdaten des Hauptbuches gepflegt ist (SKB1-MWSKZ = V). Im Gegensatz zu einer Zweifelhaftstellung wird bei einer Einzelwertberichtigung die Forderung neu bewertet. Die Gegenbuchung muss daher als Wertverlust in den Aufwand abgeschrieben werden.

Zur Definition dieses Aufwandskontos verwenden Sie das Feld **AufwandWertb** (siehe Abbildung 11.8). Zusätzlich haben Sie die Möglichkeit, bei Korrektur oder Rücknahme einer Wertberichtigung die Auflösung in den sonstigen Erlös zu kontieren. Pflegen Sie hierzu das Feld **ErlösKtoWert**. Wenn Sie hier keinen Eintrag pflegen, wird die Wertberichtigung automatisch auf dem hinterlegten Aufwandskonto als Reduktion des Aufwands vorgenommen.

Steuerung der CO-Kontierung

Das hinterlegte Aufwands- bzw. Erlöskonto erfordert in der Regel für die Integration in das interne Rechnungswesen ein Kontierungsobjekt des Controllings. Die Buchung, die Sie innerhalb des SAP-Vertragskontokorrents für die Einzelwertberichtigung in den Aufwand oder den Erlös kontieren, muss daher in der Überleitung in das Hauptbuch mit einem controllingrelevanten Buchungsobjekt angereichert werden. Nutzen Sie hierzu Transaktion OKB9 zur Mitgabe von Default-Kontierungen. Hier können Sie pro Buchungskreis und Kostenart, d. h. pro Aufwands- oder Erlöskonto der Hauptbuchhaltung, ein Controlling-Kontierungsobjekt, wie Kostenstelle oder Innenauftrag, ableiten lassen.

Abweichende Kontenfindung definieren

Wenn Sie aus Abschnitt 11.1.1, »Die Grundeinstellungen im Customizing zur Wertberichtigung«, als Berechnungsart die Nummern 06–08, d. h. eine Berechnungsart mit Buchung der Rücknahme auf separate Konten, ausgewählt haben, definieren Sie die *abweichenden Rücknahmekonten* einer Wertberichtigung über den IMG-Pfad:

IMG • Finanzwesen • Vertragskontokorrent • Geschäftsvorfälle • Zweifelhaftstellen und Einzelwertberichtigen • Abw. Konten für die Rücknahme von Einzelwertberichtigungen pflegen

Über den Buchungsbereich 1299 hinterlegen Sie die Konten, die bei der Rücknahme einer Wertberichtigung anstelle des Aufwandskontos verwendet werden sollen. Das Aufwandskonto haben Sie zuvor im Feld **Aufwand-Wertb** gepflegt (siehe Abbildung 11.8). Sie können nun Konten für die folgenden Geschäftsvorfälle, die zu einer Rücknahme der Wertberichtigung führen können, hinterlegen (siehe Abbildung 11.9):

- Rücknahme durch Zahlung
- Rücknahme durch Ausbuchung
- Rücknahme durch Änderung der Wertberichtigung
- Rücknahme durch Verkauf
- Rücknahme durch Storno

Beachten Sie, dass die abweichende Kontenfindung für die Buchung einer Rücknahme durch eine Änderung der Wertberichtigung, durch den Verkauf der Forderung oder durch Storno nur für die Berechnungsart 08 gültig ist. Nutzen Sie diese abweichende Kontenpflege für die Rücknahme von Wertberichtigungen, wenn Sie eine Korrektur nicht nur über den Rücknahmegrund aus Abbildung 11.5 ausweisen, sondern auch buchhalterisch auf der Ebene des Kontenplans trennen möchten. Nutzen Sie die Felder, die in Abbildung 11.9 im Bereich **Funktion** zu sehen sind, wie folgt, um Konten für die einzelnen Geschäftsvorfälle zu hinterlegen:

Geschäftsvorfälle mit abweichenden Konten

- **RückWrtbAusKont**: Rücknahme durch Ausbuchung
- **RückWrbtZahKont**: Rücknahme durch Zahlung oder Gutschriftsverrechnung
- **RückWrbtÄndKont**: prozentuale Änderung der Wertberichtigung oder Änderung des Wertberichtigungsbetrags

- **RückWrbtVrkKont**: Rücknahme durch Verkauf
- **RückWrbtStoKont**: Rücknahme durch Stornierung

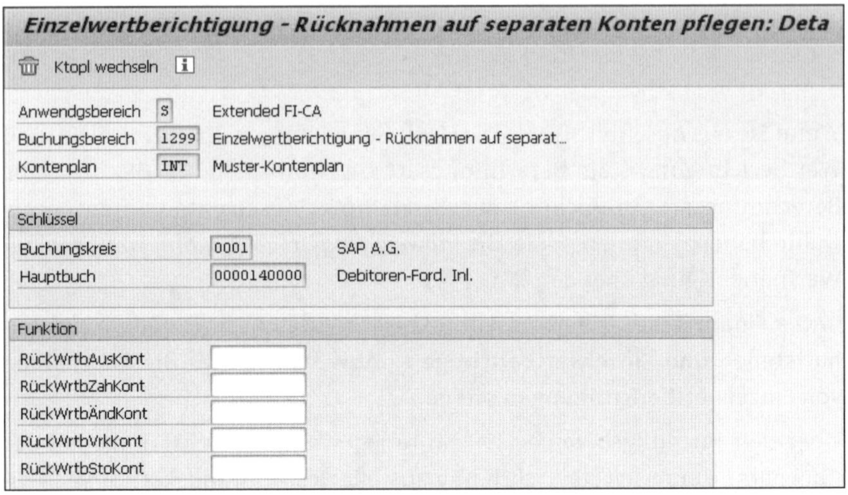

Einzelwertberichtigung - Rücknahmen auf separaten Konten pflegen: Deta

Ktopl wechseln

Anwendgsbereich S Extended FI-CA
Buchungsbereich 1299 Einzelwertberichtigung - Rücknahmen auf separat...
Kontenplan INT Muster-Kontenplan

Schlüssel
Buchungskreis 0001 SAP A.G.
Hauptbuch 0000140000 Debitoren-Ford. Inl.

Funktion
RückWrtbAusKont
RückWrtbZahKont
RückWrtbÄndKont
RückWrtbVrkKont
RückWrtbStoKont

Abbildung 11.9 Abweichende Kontenfindung für die Rücknahme der Wertberichtigung

Die Pflege der Kontenfindung erfolgt analog zu der zuvor beschriebenen Pflege zur Kontenfindung für die Einzelwertberichtigung und die Zweifelhaftstellung für eine Kombination aus Buchungskreis aus dem gleichnamigen Feld **Buchungskreis** und einem Hauptbuchkonto.

Wenn Sie in einem dieser Felder aus dem Bereich **Funktion** kein Konto hinterlegen, wird bei einer Rücknahme der Wertberichtigung das hinterlegte Aufwandskonto aus der Kontenfindung für die Einzelwertberichtigung verwendet und entsprechend um den Rücknahmebetrag entlastet.

[»]

Buchhalterische Kontenfindung für Slowakei und Tschechien

Für die Länder Slowakei und Tschechien gibt es zusätzlich zu der buchhalterischen auch eine gesetzliche Wertberichtigung. Die zuvor eingestellte Kontenfindung umfasst für diese beiden Länder die gesetzliche Wertberichtigung. Den zusätzlichen Ausweis der buchhalterischen Kontenfindung definieren Sie über den IMG-Pfad:

IMG • Finanzwesen • Vertragskontokorrent • Geschäftsvorfälle • Zweifelhaftstellen und Einzelwertberichtigen • Kontenfindung Einzelwertber. für buchhalt. Berichtigungen

Beachten Sie, dass Sie zuvor in den Berechnungsarten für diese beiden Länder den Schlüssel 05 ausgewählt haben müssen.

11.1.3 Wertberichtigung automatisieren

Zur Automatisierung der Buchung von Zweifelhaftstellung und Einzelwertberichtigung müssen Sie dem SAP-System ein Altersraster vorgeben. Auf der Basis des Rasters werden die Fälligkeiten selektiert, mit einer prozentualen Wertberichtigung und in Abhängigkeit der Berechnungsart neu bewertet und anschließend verbucht.

Wertberichtigungsvariante anlegen

Für die Vorgaben legen Sie zunächst eine *Wertberichtigungsvariante* unter einem zweistelligen alphanumerischen Schlüssel an. Die Einstellungen finden Sie über den IMG-Pfad:

IMG • Finanzwesen • Vertragskontokorrent • Geschäftsvorfälle • Zweifelhaftstellen und Einzelwertberichtigen • Wertberichtigungsvarianten für automatische Berichtigungen pflegen

Die Wertberichtigungsvariante wird als frei definierbarer vierstelliger alphanumerischer Schlüssel in der Spalte **Vari** im SAP-System angelegt und über das Feld **Bedeutung** als Freitext für die Anwendung durch Ihre Benutzer spezifiziert (siehe Abbildung 11.10).

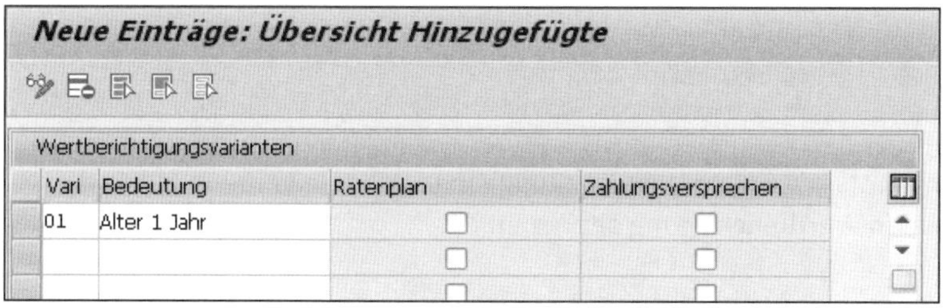

Neue Einträge: Übersicht Hinzugefügte

Wertberichtigungsvarianten

Vari	Bedeutung	Ratenplan	Zahlungsversprechen
01	Alter 1 Jahr	☐	☐
		☐	☐
		☐	☐

Abbildung 11.10 Wertberichtigungsvariante anlegen

Sie können innerhalb der Variante zusätzlich Vorgaben zur Berechnung der Fälligkeiten für Ratenpläne und Zahlungsversprechen bei einer Forderungsberichtigung nach Alter hinterlegen. Setzen Sie das Kennzeichen in der Spalte **Ratenplan**, wenn für die Berechnung von überfälligen Tagen mit Einordnung in das Altersraster das Fälligkeitsdatum aus der Ratenplanposition anstelle der Ursprungsposition verwendet werden soll. Zusätzlich können Sie in der Spalte **Zahlungsversprechen** das Fälligkeitsdatum der Positionen aus dem Zahlungsversprechen als führendes Datum anstelle der Fälligkeit aus der Ursprungsposition für die Einordnung im Altersraster wählen.

Altersraster hinterlegen

Nach der Pflege der Wertberichtigungsvariante hinterlegen Sie in einem zweiten Schritt pro Variante ein *Altersraster* mit der Angabe der prozentualen Wertberichtigung. Verwenden Sie hierzu im IMG den Customizing-Pfad:

IMG • Finanzwesen • Vertragskontokorrent • Geschäftsvorfälle • Zweifelhaftstellen und Einzelwertberichtigen • Altersraster für Wertberichtigungsvarianten definieren

Im Pflegebild der Customizing-Einstellung definieren Sie für die einzelnen Wertberichtigungsvarianten der Spalte **WB**, die Sie in dem vorherigen Punkt festgelegt haben, die Anzahl überfälliger Tage in der Spalte **Tage nach** – mit der Zuordnung der prozentualen Wertberichtigung in der Spalte **Prozent** (Abbildung 11.11). Gemäß der in Abbildung 11.11 gezeigten Einstellungen wird für alle Forderungen mit Zahlungsverzug unter 90 Tagen keine Zweifelhaftstellung und Einzelwertberichtigung gebucht. Erst mit dem Überschreiten der Taggrenze von 90 Tagen nach Fälligkeit wird die Buchung einer Zweifelhaftstellung vorgenommen, wobei ab Überschreiten von Tag 120 auch eine zusätzliche Wertberichtigung in Höhe von 30 % auf der Basis der Berechnungsart gebucht wird.

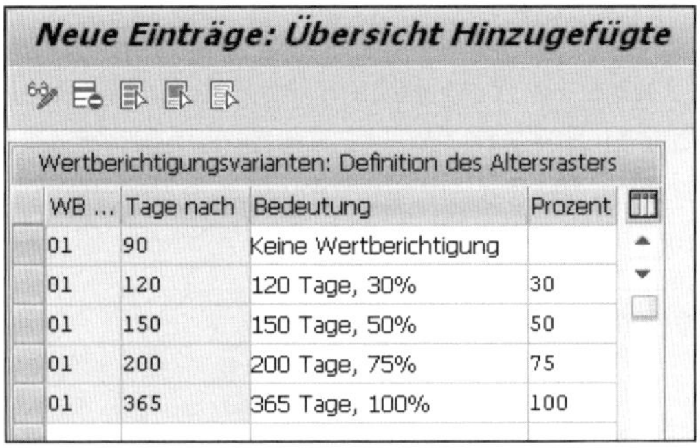

Neue Einträge: Übersicht Hinzugefügte

Wertberichtigungsvarianten: Definition des Altersrasters

WB ...	Tage nach	Bedeutung	Prozent
01	90	Keine Wertberichtigung	
01	120	120 Tage, 30%	30
01	150	150 Tage, 50%	50
01	200	200 Tage, 75%	75
01	365	365 Tage, 100%	100

Abbildung 11.11 Altersraster mit Zuteilung einer prozentualen Wertberichtigung definieren

[»]

Funktionsbaustein zur individuellen Prüfung und Berechnung

Zusätzlich zum Altersraster können Sie im Zeitpunkt 2950 einen individuellen Funktionsbaustein zur Prüfung und Berechnung der Wertberichtigung hinterlegen. Verwenden Sie hierzu den Musterfunktionsbaustein FKK_SAMPLE_2950.

Unterschiedliche Bewertungsbereiche definieren

Wenn Sie mit einer parallelen Rechnungslegung arbeiten und nicht nur nach einer Rechnungslegungsvorschrift die Bewertung von Forderungen vornehmen müssen, haben Sie die Möglichkeit, für die unterschiedlichen Rechnungslegungsvorschriften verschiedene Berechnungsarten zu hinterlegen. Voraussetzung hierzu ist die parallele Rechnungslegung mittels Ledger-Gruppen im Hauptbuch. Die Zuordnung im SAP-Vertragskontokorrent zu einer unterschiedlichen Forderungsbewertung nehmen Sie im Customizing des IMG über den Pfad vor:

IMG • Finanzwesen • Vertragskontokorrent • Geschäftsvorfälle • Zweifelhaftstellen und Einzelwertberichtigen • Bewertungsbereiche

Definieren Sie hier die Rechnungslegungsvorschriften und die Zuordnung der Bewertungsbereiche, und aktivieren Sie anschließend eine Bewertung der Forderungen nach unterschiedlichen Bewertungsbereichen. Mit der Aktivierung werden die Tabellen DFKKZW, DFKKZWH und DFKKZW2 in die Datenbanktabellen DFKKZWFT (Trigger-Tabelle) DFKKZWFH (Historientabelle) und DFKKZWFP (Umbuchungstabelle) übertragen und die Buchungen ledgerspezifisch, d. h. pro Bewertungsbereich, geführt.

11.2 Ausbuchen

Uneinbringliche Forderungen abschreiben

Wenn sich entweder die Bewertung einer unwahrscheinlichen Zahlung in eine sichere Nicht-Zahlung wandelt oder die Kosten der Eintreibung höher sind als der erwartete Wert der Forderung, bezeichnet man die Forderung als *uneinbringlich*. Wenn zweifelhafte Forderungen uneinbringlich werden, können Sie diese über das Ausbuchen abschreiben.

Buchungslogik für das Ausbuchen

Neben Forderungen können Sie auch Guthaben ausbuchen, wenn eine Auszahlung an Ihren Geschäftspartner nicht mehr durchgeführt werden kann. Im Gegensatz zu einer Forderungsbewertung wird, wie in Abbildung 11.12 gezeigt, beim Ausbuchen auch eine Korrektur der Umsatzsteuer vorgenommen.

S	Vertragskonto		H	S	Erlös		H	S	MwSt-Konto		H
1	119					100	1			19	1

S	Vertragskonto		H	S	Aufwand		H	S	MwSt-Konto		H
1	119	199	2	2	100			2	19	19	1

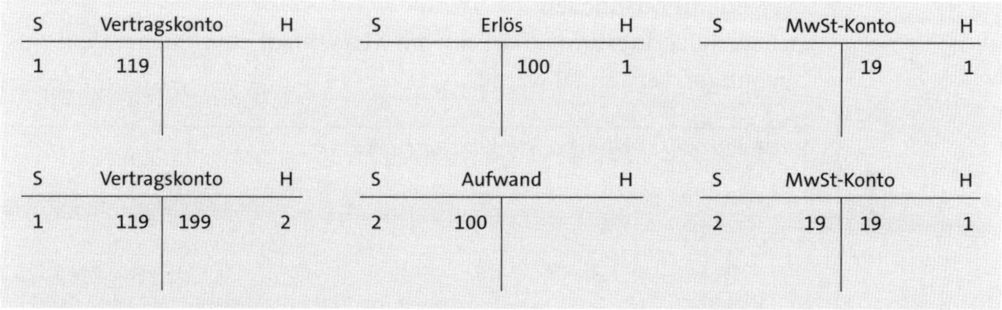

Abbildung 11.12 Buchungslogik für das Ausbuchen

Die Ausbuchung erfolgt zudem direkt auf dem Vertragskonto und nicht wie bisher nur auf der Ebene der Forderungskonten in der Bilanz. Es wird ein Ausgleich des offenen Postens erzeugt, wobei die Gegenbuchung in den Aufwand erfolgt. Zusätzlich wird eine Korrektur der ursprünglich gebuchten Umsatzsteuer vorgenommen. Bei vorangehenden Teilzahlungen erfolgt die Ausbuchung nur noch anteilig über den Restbetrag der Forderung. Im Folgenden lernen Sie die Customizing-Einstellungen des SAP-Vertragskontokorrents kennen, die Sie bei der Ausbuchung offener Forderungen unterstützen. Sie finden die zu tätigenden Einstellungen über den IMG-Pfad:

IMG • Finanzwesen • Vertragskontokorrent • Geschäftsvorfälle • Ausbuchungen

Ausbuchungsgründe definieren

Definieren Sie in einem ersten Schritt unter dem Customizing-Punkt **Ausbuchungsgründe** des obigen Pfads die Ausbuchungsgründe. Unter einem zweistelligen alphanumerischen Schlüssel können Sie betriebswirtschaftliche Ereignisse definieren, die ein Ausbuchen erforderlich machen. Neben dem Schlüssel in der Spalte **AbG** ordnen Sie auch die zulässigen Transaktionen zu, in deren Rahmen der Ausbuchungsgrund verwendet werden darf (siehe Abbildung 11.13). Den Schlüssel können Sie zusätzlich über die Spalte **Bezeichnung** als Ausbuchungsgrund für Ihre Benutzer sprechend präzisieren. Sie beschränken die Anwendung der betriebswirtschaftlichen Gründe für Ausbuchungen somit auf manuelle und oder maschinelle Vorgänge.

Zuordnung erlaubter Transaktionen

Dabei haben Sie die Wahl zwischen den folgenden zulässigen Vorgängen, die Sie in der Spalte **Zul.** pflegen:

- **Posten und Massenlauf Ausbuchen**
  Der Ausbuchungsgrund darf sowohl im Massenlauf für Ausbuchungen als auch für manuelle Ausbuchungen verwendet werden.
- **Posten Ausbuchen**
  Der Ausbuchungsgrund darf nur für manuelle Buchungen verwendet werden.
- **Massenlauf Ausbuchen**
  Der Ausbuchungsgrund darf nur im Massenlauf zum Buchen von Ausbuchungen verwendet werden.

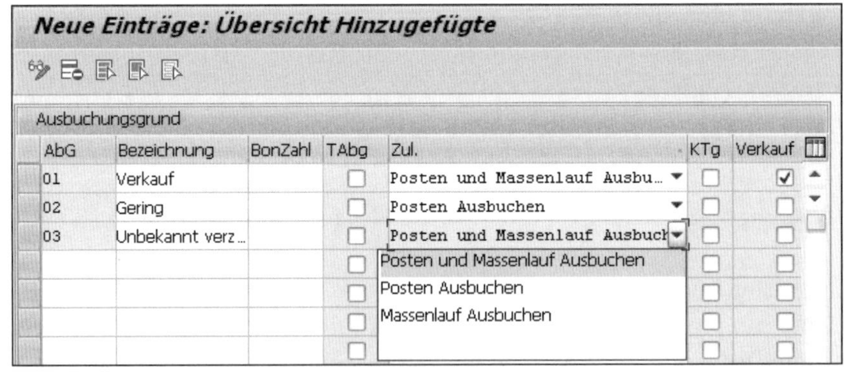

Abbildung 11.13 Ausbuchungsgründe definieren

Umgang mit einem Teilausgleich

Daneben haben Sie die Möglichkeit, für die einzelnen Ausbuchungsgründe *Teilausgleiche* über die Spalte **TAbg** zu erlauben. Der auszubuchende Teilbetrag wird von Ihnen manuell beim Durchführen der Ausbuchung vorgegeben. Des Weiteren geben Sie mit dem Kennzeichen vor, dass bei der Ausbuchung gesplittete Forderungspositionen, wie sie z. B. bei Ratenzahlungen vorliegen, auch einzeln behandelt werden können.

Ist das Kennzeichen **TAbg** jedoch nicht gesetzt, können Forderungen, die sich aus mehreren Einzelpositionen zusammensetzen, auch nur zusammen ausgebucht werden. In der Spalte **Verkauf** geben Sie des Weiteren an, dass eine Forderung an Dritte abgetreten und verkauft wurde. Dieses Kennzeichen ermöglicht beim Ausbuchen im Zusammenspiel mit den Einstellungen zur Wertberichtigung eine Korrektur der Rücknahme auf ein separates Wertberichtigungs-Rücknahmekonto. Die Einstellungen hierzu finden Sie in Abschnitt 11.1.2 »Die Einstellungen zur Kontenfindung«, unter dem Punkt abweichende Kontenfindung.

Vorschlagswerte für die Buchung definieren

Springen Sie anschließend in die Einstellungen **Vorgaben und Vorschlagswerte für das Ausbuchen hinterlegen** und **Vorgaben u. Vorschlagswerte für das Massenausbuchen hinterl.**, die Sie über den folgenden IMG-Pfad finden:

IMG • Finanzwesen • Vertragskontokorrent • Geschäftsvorfälle • Ausbuchungen

In beiden Punkten hinterlegen Sie Vorschlagswerte und Buchungsparameter, die beim Durchführen von manuellen Ausbuchungen oder bei der maschinellen Verarbeitung mittels Massenausbuchungen vom SAP-System gezogen werden sollen. Während manuelle Buchungen über den Buchungsbereich 1052 gesteuert werden, finden Sie die Einstellungen zu den Massenausbuchungen im Buchungsbereich 1053.

Abbildung 11.14 zeigt Ihnen die einzelnen Vorgaben und Vorschlagswerte für manuelle Ausbuchungen des Buchungsbereichs 1052 aus dem gleichnamigen Feld **Buchungsbereich**. Die Pflegeansicht der Customizing-Einstellungen ist für beide Buchungsbereiche dieselbe, sodass die Abbildung auch auf den Buchungsbereich 1053 angewendet werden kann. Das Feld **Ausgleichsgrund** im Bereich **Funktion** ist das einzige Feld der Buchungsparameter, das als Vorgabe innerhalb der angewendeten Transaktion durch Ihre Benutzer nicht mehr überschrieben werden kann. Wählen Sie hierbei den Ausgleichsgrund 04 für manuelle Ausbuchungen und den Ausgleichsgrund 14 für maschinelle Ausbuchungen.

Die Felder **Währung**, **Belegart** und **Ausbgrd. Fakt.** werden wiederum nur als Default-Werte beim Ausführen der manuellen oder maschinellen Ausbuchung vorgeschlagen, können jedoch jederzeit manuell durch Ihre Benutzer innerhalb der Anwendung überschrieben werden. Während die Währung und die Belegart Teil der verpflichtenden Buchungsparameter sind, kann über das Feld **Ausbgrd. Fakt.** einer der zuvor angelegten Ausbuchungsgründe als Vorschlagswert hinterlegt werden.

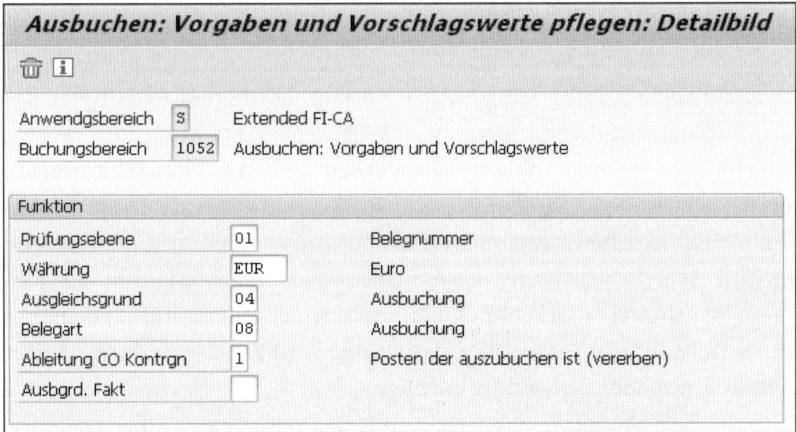

Abbildung 11.14 Vorgaben und Vorschlagswerte für Ausbuchungen

Prüfungsbene und Gruppierung

Das Feld **Prüfungsebene** definiert zudem die Auswahl der offenen Posten auf der Basis der Selektionskriterien, die beim Durchführen der Transaktionen zum manuellen und maschinellen Ausbuchen hinterlegt werden können. Es werden dabei die folgenden Ebenen betrachtet:

- Geschäftspartner
- Vertragskonto
- Vertrag
- Belegnummer

Zu diesen Selektionskriterien können die folgenden Prüfungsebenen aus dem Feld **Prüfungsebene** über die F4-Hilfe ausgewählt werden:

- **01**: Belegnummer
- **02**: Geschäftspartner
- **03**: Vertragskonto
- **04**: Vertrag

Kontierung im Controlling

Beachten Sie, dass eine Ausbuchung als Verlust in den Aufwand oder als Erlösminderung in den Ertrag gebucht wird. In der Regel erfordern Konten der GuV über die Integration in das interne Rechnungswesen eine zusätzliche Kontierung auf ein Objekt der Komponente Controlling (CO), z. B. Kostenstelle oder Innenauftrag. Über das Feld **Ableitung CO Kontrgn** definieren Sie, wie das Kontierungsobjekt für das Controlling bestimmt werden soll. Sie haben dabei die folgenden Möglichkeiten:

- **» « (blank) – CO-Kontierungen aus der Kostenart des Hauptbuchkontos**
  Bei der Überleitung in das Hauptbuch wird die CO-Kontierung aus Transaktion OKB9 zur Pflege von Default-Werten pro Kostenart aus der Haupt-

buchhaltung abgeleitet oder manuell über das Ausführen der Transaktion für Ausbuchungen durch Ihre Benutzer definiert.

- **1 – CO-Kontierungen aus dem auszubuchenden Posten vererben**
  Das SAP-System ermittelt die CO-Kontierung aus den ehemaligen Hauptbuchpositionen des auszubuchenden Belegs. Die ursprüngliche Kontierung wird somit beibehalten und über die Ausbuchung entsprechend wertberichtigt. Liegen mehrere Kontierungsobjekte im Ursprungsbeleg vor, prüft das SAP-System, ob eine eindeutige Zuordnung möglich ist. Bei einer Mehrdeutigkeit, d. h. wenn die auszubuchenden Positionen nicht eindeutig einem CO-Objekt aus dem Ursprungsbeleg zugeordnet werden können, muss eine Verhältnisaufteilung des auszubuchenden Betrags zwischen den Objekten erfolgen. Sind im Ursprungsbeleg wiederum Hauptbuchpositionen ohne Kontierungsmerkmale für das Controlling vorhanden, können Sie im Buchungsbereich 0123 ein entsprechendes Alternativkonto ohne Kostenart hinterlegen.

  Dieses Konto hinterlegen Sie im IMG über den folgenden Customizing-Pfad:

  IMG • Finanzwesen • Vertragskontokorrent • Geschäftsvorfälle • Ausbuchungen • Alternatives Aufwands- und Erlöskonto pflegen

  Wenn Sie hier kein alternatives Konto hinterlegen, greift für alle Hauptbuchpositionen ohne CO-Kontierung im Ursprungsbeleg die Default-Kontierung aus Transaktion OKB9, sodass der Beleg bei der Überleitung in das Hauptbuch nicht wegen fehlender CO-Kontierung fehlerhaft ist.

Steuerung im Hauptbuch

- **2 – CO-Kontierungsdaten aus der Kontenfindung ableiten**
  Für die Branchenkomponenten der SAP-Branchenlösungen können die CO-Kontierungen auch aus der Kontenfindung der jeweiligen Buchungsbereiche mittels der Teilvorgangsfindung direkt abgeleitet werden. Wie in Abschnitt 5.2, »Kontenfindung«, beschrieben, haben Sie die Möglichkeit, den internen Geschäftsvorfällen des SAP-Vertragskontokorrents externe, durch Sie definierte Haupt- und Teilvorgänge zuzuordnen.

Kontierungssteuerung über Haupt- und Teilvorgang pflegen

Über die Kontenpflege des Teilvorgangs können Sie dann zusätzlich das CO-Kontierungsobjekt aussteuern. Mit der Verbindung des internen Vorgangs zu dem externen Teilvorgang unter dem Pflegepunkt **Externe Vorgänge zuordnen** innerhalb der Pflege der Belegkontierung stellen Sie sicher, dass die Kontenfindung beim Ausführen des Vorgangs für Ausbuchungen über den definierten Teilvorgang gesteuert wird. Führen Sie die Zuordnung der externen Haupt- und Teilvorgänge zu den internen Vorgängen durch (siehe Abschnitt 5.2, »Kontenfindung«).

Da hinter jedem Teilvorgang ein Buchungsschlüssel für eine Soll- oder Haben-Buchung steht, definieren Sie jeweils zum Ausbuchen der Forderung und zum Ausbuchen der Gutschrift einen separaten Teilvorgang. Mit dieser Zuordnung wird beim Ausführen des internen Geschäftsvorgangs für Ausbuchungen die Kontenfindung **Steuerung des Teilvorgangs** gezogen – und nicht über die Einstellungen der in diesem Kapitel vorgestellten Kontenfindung.

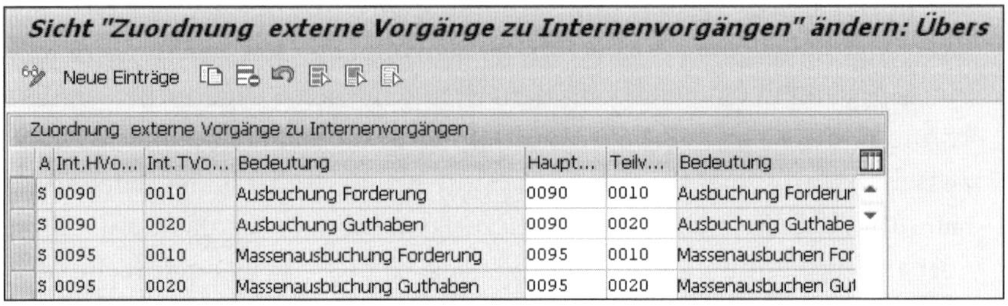

Sicht "Zuordnung externe Vorgänge zu Internenvorgängen" ändern: Übers

Neue Einträge

Zuordnung externe Vorgänge zu Internenvorgängen

A	Int.HVo...	Int.TVo...	Bedeutung	Haupt...	Teilv...	Bedeutung
S	0090	0010	Ausbuchung Forderung	0090	0010	Ausbuchung Forderur
S	0090	0020	Ausbuchung Guthaben	0090	0020	Ausbuchung Guthabe
S	0095	0010	Massenausbuchung Forderung	0095	0010	Massenausbuchen For
S	0095	0020	Massenausbuchung Guthaben	0095	0020	Massenausbuchen Gut

Abbildung 11.15 Kontenfindung über Haupt- und Teilvorgang zu internen Vorgängen zuordnen

CO-Kontierung über die Methoden 1 und 2

Methode 1 kann nur innerhalb der Branchenkomponenten der SAP-Branchenlösungen verwendet werden, wenn der Zeitpunkt 5030 mit dem Baustein FKK_INHERIT_CO_ACC_ASSIGNMENTS zur Verhältniszuteilung aktiv ist. Für Methode 2 müssen Sie zuvor prüfen, ob innerhalb Ihres aktivierten Anwendungsbereichs das manuelle und maschinelle Ausbuchen als interne Vorgänge zum Zuteilen von externen Haupt- und Teilvorgängen aktiviert sind.

Kontenfindung für Ausbuchungen

Nach der Festlegung der Buchungsparameter und Vorgaben definieren Sie als nächsten Schritt die zugrundeliegende Kontenfindung. Falls innerhalb Ihrer SAP-Branchenlösung das Ausbuchen als interner Vorgang definiert ist, wenden Sie die Pflege der Kontenfindung aus Abschnitt 5.2.4, »Automatische Sachkontenfindung hinterlegen«, an. Im Fall des Anwendungsbereichs S des vorliegenden Buches ist das Ausbuchen unter einem separaten Kontenpunkt zu pflegen, da es nicht Teil der internen Vorgänge ist. Rufen Sie daher den folgenden IMG-Pfad auf:

IMG • Finanzwesen • Vertragskontokorrent • Geschäftsvorfälle • Ausbuchungen • Automatische Sachkontenfindung für das Ausbuchen hinterlegen

Wenn Sie eine differenzierte Schlüsselwahl in Abhängigkeit verschiedener Schlüssel wünschen, können Sie über den Menüpfad **Springen • Schlüsselwahl** aus den folgenden Schlüsseln auswählen:

- Buchungskreis
- Sachkonto
- Ausbuchungsgrund
- Sparte
- Kontenfindungsmerkmal
- Hauptvorgang
- Teilvorgang

In den meisten Fällen ist eine Differenzierung jedoch nicht sinnvoll, da eine Ausbuchung für Sie in jedem Fall einen außerordentlichen Aufwand darstellt. Dieser Aufwand kann im Kontenplan in den meisten Fällen über ein gemeinsames Konto reflektiert werden. Im Standard tragen Sie daher die Konten unabhängig von einer Schlüsselwahl ein (siehe Abbildung 11.16). Dabei hinterlegen Sie sowohl im Feld **Aufwandskonto** ein Aufwandskonto zum Ausbuchen von Forderungen als auch im Feld **Ertragskonto** ein Ertragskonto zum Zuschreiben von Guthaben.

Die Felder **Steuerkennz** und **Steuerermittlung** pflegen Sie nur für das Ausbuchen von Guthaben, die initial ohne Steuerkennzeichen gebucht wurden. Dies ist z. B. bei Akonto-Buchungen der Fall. Hier kann keine automatische Steuerermittlung auf Basis des Ursprungbelegs zur Korrektur der Umsatzsteuer erfolgen. Wenn Sie die Felder leer lassen, wird keine Umsatzsteuerkorrektur vorgenommen.

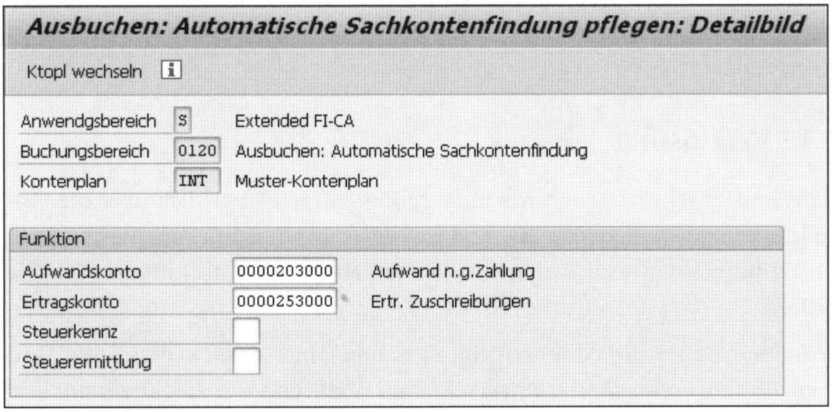

Ausbuchen: Automatische Sachkontenfindung pflegen: Detailbild
Ktopl wechseln
Anwendgsbereich S Extended FI-CA
Buchungsbereich 0120 Ausbuchen: Automatische Sachkontenfindung
Kontenplan INT Muster-Kontenplan
Funktion
Aufwandskonto 0000203000 Aufwand n.g.Zahlung
Ertragskonto 0000253000 Ertr. Zuschreibungen
Steuerkennz
Steuerermittlung

Abbildung 11.16 Ausbuchung in der Kontenfindung vornehmen

Kontenfindung für den Verkauf einer Forderung

Anstelle einer Ausbuchung mit erfolgswirksamer Darstellung als Verlust können Sie Forderungen auch verkaufen. In der Regel wird die Forderung dabei an Inkassounternehmen übertragen, die dann als neuer Gläubiger für die Forderung auftreten. In diesem Fall buchen Sie die Forderung auf ein Verrechnungskonto. Der Ausgleich des Verrechnungskontos erfolgt mit der Zahlung des Verkaufsbetrags durch Ihren Käufer. Die Kontenfindung pflegen Sie in Abhängigkeit der Schlüsselfelder **Buchungskreis**, **Factor** und **Forderungskonto**. Die Einstellungen nehmen Sie über den folgenden IMG-Pfad vor:

IMG • Finanzwesen • Vertragskontokorrent • Geschäftsvorfälle • Ausbuchungen • Automatische Sachkontenfindung für das Ausbuchen verkaufter Forderungen

Die Kontenfindung wird verwendet, wenn im Ausbuchungsgrund in Abbildung 11.13 die Spalte **Verkauf** gepflegt ist.

Weitere Einstellungen zum Ausbuchen von Massen

Über den Customizing-Punkt **Ausführungsvarianten für das Massenausbuchen definieren** können Sie den Massenausbuchungslauf von Transaktion FP04M (Massenlauf: Ausbuchen) steuern. Hierzu müssen Sie den zunächst den Zeitpunkt 2957 ausprägen, auf dessen Basis Sie verschiedene Ausführungsvarianten anhand zu definierender Kriterien des offenen Postens, wie Geschäftspartner, Buchungskreis, Geschäftsbereich oder Segment eine Ausführvariante, aufrufen können. Über den Menüpunkt **Alters- und Betragsraster für Ausbuchungsvarianten pflegen** können Sie anschließend eine Ausbuchung auf Basis der Anzahl der Tage des Zahlungsverzugs hinterlegen oder im Zeitpunkt 5015 weitere unternehmensspezifische Abgrenzungen für das Ausbuchen vornehmen.

11.3 Verzinsung

Verzugszinsen berechnen

In diesem Abschnitt geben wir Ihnen einen kurzen Überblick über die Einstellungen zur *Verzinsung*. Nutzen Sie dieses Instrument, um Verzugszinsen zu berechnen und Ihren Kunden bei Nicht-Zahlung in Rechnung zu stellen.

Salden- und Postenverzinsung

Sie haben dabei die Möglichkeit, zwischen einer *Saldenverzinsung* und einer *Postenverzinsung* zu unterscheiden. Während die Saldenverzinsung den Saldo eines Vertragskontos verzinst, bewertet die Postenverzinsung jeden einzelnen überfälligen Posten. Da in der Regel im Nebenbuch der einzelne Posten im Vordergrund steht und individuell bewertet werden soll, gehen wir im Folgenden vorrangig auf die Postenverzinsung ein.

Die Einstellungen zur Verzinsung finden Sie im SAP-Vertragskontokorrent über den IMG-Pfad:

IMG • Finanzwesen • Vertragskontokorrent • Geschäftsvorfälle • Verzinsung

Referenzzinssätze

Als Teil der Stammdatenpflege müssen Sie als Erstes die *Referenzzinssätze* mit der Zuordnung von zeitabhängigen Zinswerten definieren. Als mandantenübergreifende Einstellung wird die Pflege in den meisten Fällen als Teil der Hauptbuchaktivitäten vorgenommen. Im SAP-Vertragskontokorrent finden Sie die Einstellungen über den IMG-Pfad:

IMG • Finanzwesen • Vertragskontokorrent • Geschäftsvorfälle • Verzinsung • Postenverzinsung • Referenzzinssätze definieren

Die datumsabhängigen Zinswerte hinter einem Referenzzinssatz müssen pro System vorgenommen werden und entweder manuell oder mittels Schnittstelle tagesaktuell gepflegt werden. Während der Verzinsung wird der Posten mit dem hinter dem Referenzzinssatz liegenden gültigen datumsabhängigen Zinssatz zum Stichtag der Ausführung bewertet.

Zinsrechenregel

Für die Postenverzinsung definieren Sie außerdem die anzuwendende *Zinsrechengel*, unter deren Schlüssel die allgemeinen Vorgaben zur Berechnung der Zinsen festgelegt sind. Die Einstellungen hierzu finden Sie über den IMG-Pfad:

IMG • Finanzwesen • Vertragskontokorrent • Geschäftsvorfälle • Verzinsung • Postenverzinsung • Zinsrechenregeln definieren

Definieren Sie dabei über den Button **Neue Einträge** die Zinsrechenregel über das Feld **Rechenregel**, und ordnen Sie im Anschluss über den Bereich **Zinsrechenregeln** die wichtigen Kalkulationskriterien zur Zinsberechnung zu (siehe Abbildung 11.17). Hierzu zählt die Zinsmethode des Feldes **ZinsMethode** (z. B. lineare oder exponentielle Verzinsung), die zur Kalkulation des zu verzinsenden Betrags angewendet wird. Die Zinsmethode wird über die Drop-down-Auswahl des Feldes **ZinsMethode** ausgewählt. Pflegen Sie des Weiteren die Angaben zum Zeitintervall im Feld **Intervall**, indem Sie über die Drop-down-Auswahl bestimmen, ob sich der hinterlegte Referenzzinssatz hinter der Zinsrechenregel auf ein Jahr, einen Monat, eine Woche oder auf einen Tag bezieht. Der Referenzzinssatz wird dabei über den Punkt **zeitabhängige Zinskonditionen** der Dialogstruktur hinterlegt. Haben Sie eine Monatsverzinsung ausgewählt, können Sie zusätzlich im Feld **Monatsverzinsng** den Umgang mit angebrochenen Monaten über die Drop-down-Auswahl definieren. Die Zinsrechenregel enthält zum Schluss alle wesentlichen Informationen zur Kalkulation.

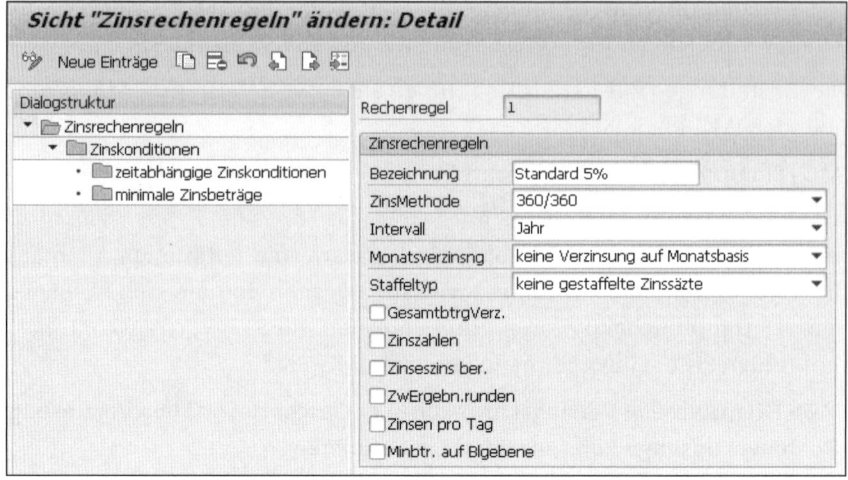

Abbildung 11.17 Zinsrechenregel

Zinsschlüssel

Nach der Pflege der Zinsrechenregel mit Zuordnung des Referenzzinssatzes bestimmen Sie im SAP-System die *Zinsschlüssel*. Zinsschlüssel werden entweder auf der Ebene des Vertragskontos im Feld **Zinsschlüssel** der Registerkarte **Allgemeine Daten** oder auf der Ebene einzelner Belegpositionen hinterlegt oder einer Mahnstufe zugeordnet. Nur Posten, denen ein Zinsschlüssel über eine der drei genannten Punkte zugeordnet werden kann, werden in der Verzinsung berücksichtigt. Dabei gilt:

- **Vertragskonto**
  Alle zugehörigen Posten zu einem Vertragskonto werden in der Verzinsung berücksichtigt.
- **Belegposition**
  Nur die Belegpositionen mit eingetragenem Zinsschlüssel werden in der Verzinsung berücksichtigt.
- **Mahnstufe**
  Nur Belegpositionen, die sich in der entsprechenden Mahnstufe befinden, werden in der Verzinsung berücksichtigt.

Um die Zinsschlüssel zu pflegen, verwenden Sie den IMG-Pfad:

IMG • Finanzwesen • Vertragskontokorrent • Geschäftsvorfälle • Verzinsung • Postenverzinsung • Zinsschlüssel definieren

Über den Bereich **Berechnungsparameter** aus Abbildung 11.18 wird im Feld **Rechenregel** zunächst die Verbindung zu der Zinsrechenregel aus der zuvor vorgestellten Customizing-Einstellung zugewiesen. Über diese Zuordnung wird für die einzelnen Posten die Zinskalkulation über den Zinsschlüssel bestimmt.

Zeitraumsteuerung

Den Zeitpunkt, ab wann ein Posten in der Verzinsung berücksichtigt werden soll, legen Sie über den Bereich **Zeitraumsteuerung** fest. Die Felder dieses Bereichs übernehmen dabei die folgenden Funktionen:

- **Toleranzen**
  Hierbei handelt es sich um die Anzahl der Tage, Monate oder Jahre, die nach Nettofälligkeit erreicht werden müssen, um eine Belegposition in der Verzinsung zu berücksichtigen.
- **Transfertage**
  Dies sind die zusätzlichen Tage, die zur Nettofälligkeit hinzugerechnet werden, bevor ein Posten in der Verzinsung berücksichtigt wird. Hierüber werden administrative Verzögerungen, die durch das Buchen des Geldtransfers zwischen Banken bis zur Wertstellung und dem Einlesen des elektronischen Kontoauszugs entstehen können, berücksichtigt. Daraus ergibt sich für den Zeitpunkt der ersten Verzinsung die folgende Berechnung:
  Nettofälligkeit + Transfertage + Toleranzen
- **Zinsrhythmus**
  Zeitpunkt, zu dem ein Posten nach der ersten Verzinsung frühestens wieder in einem Verzinsungslauf berücksichtigt werden darf. Der Zinsrhythmus definiert sich in der Regel über den Zeitraum, den Sie Ihren Geschäftspartnern zur Reaktion auf ein Zinsschreiben einräumen wollen, bevor Sie eine weitere Verzinsung vornehmen.

Die Definition der Zeiteinheit für die Berechnung der Zeitraumsteuerung nehmen Sie jeweils über das Feld hinter der Eingabe vor.

Übersicht über die möglichen Zeiteinheiten

Die Werte ergeben sich wie folgt:

- 1: Tage
- 2: Wochen
- 3: Monate
- 4: Jahre

Steuern Sie die Zeiträume in Abstimmung mit den hinterlegten Zeitintervallen für Ihre Mahnstufen. Wenn Sie dabei einen Zinsschlüssel einer Mahnstufe zuordnen, wird das Zeitraumintervall über die Mahnstufe gesteuert. Zum Zeitpunkt des Erreichens einer Mahnstufe wird der Zinsschlüssel automatisch in den Beleg vererbt. Es bedarf an dieser Stelle keiner zusätzlichen Pflege von Toleranzen und Transfertagen innerhalb des Zinsschlüssels.

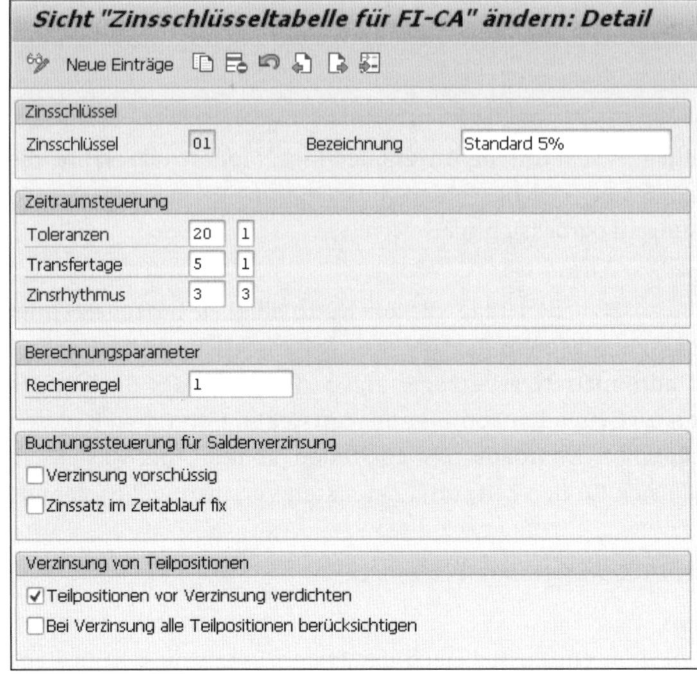

Abbildung 11.18 Zinsschlüssel ausprägen

Verzinsung von Teilpositionen

Für die Postenverzinsung empfiehlt es sich außerdem, das Kennzeichen **Teilpositionen vor Verzinsung verdichten** aus dem Bereich **Verzinsung von Teilpositionen** zu wählen. Damit werden Posten eines Geschäftsvorfalls, die als Teilpositionen gebucht wurden, zusammengezogen und in der Verzinsung als ein Posten berücksichtigt.

Weitere Verdichtungskriterien von Posten

Mit der Wahl der Verdichtung von Teilpositionen wird der Zeitpunkt 2085 aktiviert und durchlaufen. Mit einem kundeneigenen Funktionsbaustein können Sie innerhalb dieses Zeitpunkts weitere Verdichtungskriterien festlegen, wenn verschiedene Posten in der Verzinsung zusammen betrachtet werden sollen.

Zinsschlüssel im Überblick

In Abbildung 11.19 sehen Sie zusammenfassend das Zusammenspiel zwischen Referenzzinssatz, Zinsrechenregel, Zinsschlüssel und den selektierten Belegen für den Verzinsungslauf. Dabei werden über den Verzinsungslauf alle Belege selektiert, denen der Zinsschlüssel über den Mahnschlüssel, die Stammdaten des Vertragskontos oder direkt über die Belegposition zugeordnet werden können. Der Zinsschlüssel umfasst dabei alle Informationen zu dem Verzinsungszeitraum und zur Steuerung der Teilpositionen. Zudem stellt er die Verbindung zur Rechenregel her, die die Kalkulationsmethoden zur Anwendung des Zinssatzes aus dem Referenzzinssatz auf den zu verzinsenden Posten bestimmt. Auf der Basis dieses Zusammenspiels kann die Verzinsung erfolgen.

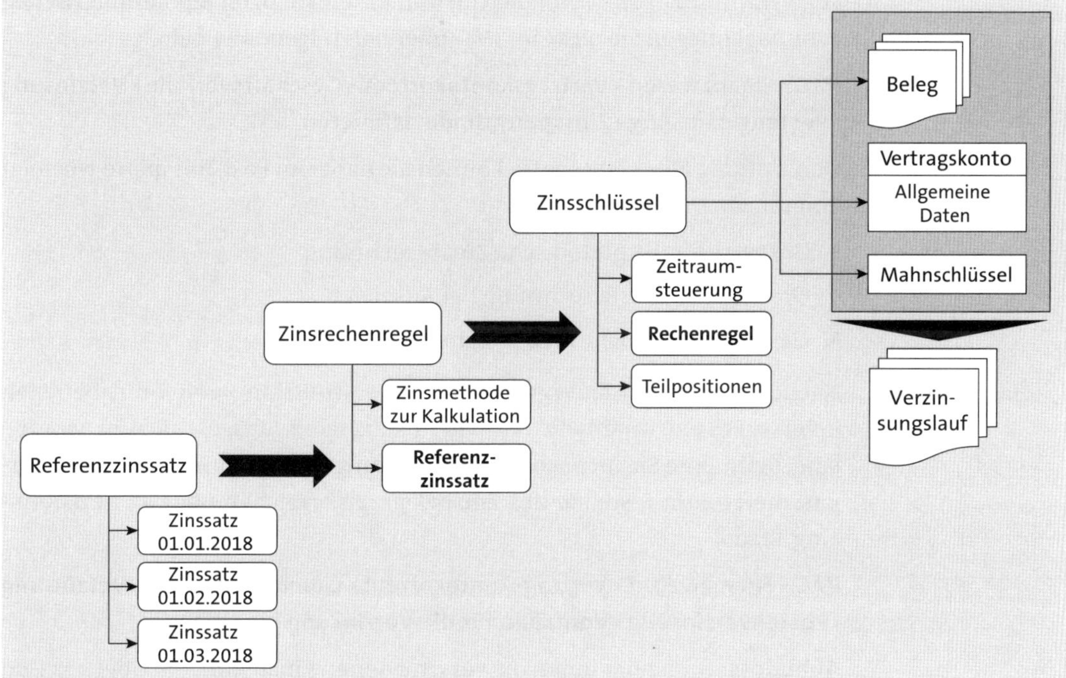

Abbildung 11.19 Übersicht der Zinsschlüssel als zentrales Steuerungselement in der Verzinsung

Grenzbetrag

Nachdem die Berechnung des Zinsbetrags für einen Posten nach soeben vorgestellter Methode über den Zinsschlüssel erfolgt ist, prüft das SAP-System zusätzlich, ob der *Grenzbetrag* erreicht wurde. Dabei muss gelten:

Errechneter Zinsbetrag > Grenzbetrag

Stellen Sie über den Grenzbetrag u. a. sicher, dass die operativen Kosten zum Versenden des Zinsbescheids an Ihren Geschäftspartner nicht den Wert und finanziellen Nutzen des errechneten Zinsbetrags übersteigen. Die Pflege des Grenzbetrags wird im IMG über den Customizing-Pfad vorgenommen:

IMG • Finanzwesen • Vertragskontokorrent • Geschäftsvorfälle • Verzinsung • Postenverzinsung • Grenzbeträge für Soll-/Habenzinsen pflegen

Definieren Sie hier den Grenzbetrag in Abhängigkeit des Buchungskreises, der Währung und des Soll-/Haben-Kennzeichens. Wenn Sie nur eine Soll-Verzinsung vornehmen, müssen Sie auch nur den Grenzbetrag für das Soll-Kennzeichen vornehmen.

Zinssperrgründe

Um Positionen von einer Verzinsung auszunehmen, verwenden Sie die sogenannten *Zinssperrgründe*. Über einen einstelligen alphanumerischen Schlüssel pflegen Sie diese im IMG über den folgenden Pfad:

IMG • Finanzwesen • Vertragskontokorrent • Geschäftsvorfälle • Verzinsung • Postenverzinsung • Zinssperrgründe definieren

Den Umfang einer Zinssperre können Sie dabei im Feld **Zinssperre** wie folgt eingrenzen:

- Gesperrt für die periodische Zinsberechnung
- Gesperrt für Zinsberechnung bei Ausgleich
- Gesperrt für jegliche Zinsberechnung

Buchungsparameter für die Verzinsung

Nachdem über Zinssperrgründe und die Ermittlung von Grenzbeträgen diverse Posten innerhalb des Verzinsungslaufs ausgeschlossen worden sind, definieren Sie im nächsten Customizing-Punkt des IMG die Buchungsparameter zum Erstellen des Zinsbelegs, zu erreichen über den Customizing-Pfad:

IMG • Finanzwesen • Vertragskontokorrent • Geschäftsvorfälle • Verzinsung • Postenverzinsung • Vorgaben für die Verzinsung hinterlegen

Abbildung 11.20 zeigt Ihnen die verschiedenen Einstellungen. Über das Feld **Belegart** definieren Sie zunächst die Belegart, mit der der Zinsbeleg gebucht werden soll. Bestimmen Sie des Weiteren über das Feld **Statistikschl.**, ob die Verzinsung zunächst nur als statistische Forderung innerhalb des SAP-Vertragskontokorrents gebucht werden soll. Bei der Eingabe eines Statistikschlüssels im Feld **Statistikschl.** wird der statistische Posten nur bei der Zahlung des Zinsbetrags durch Ihren Geschäftspartner in eine echte Forderung umgewandelt, wobei zeitgleich mit der Wandlung der Position ein direkter Ausgleich und die erfolgswirksame Buchung der Zinserträge durch das SAP-System getätigt werden.

Kontenfindung abschließen

Die Kontenfindung stellen Sie abschließend über die Steuerung der aus Abschnitt 5.2, »Kontenfindung«, vorgestellten Kontenfindung über Haupt- und Teilvorgänge ein. Stellen Sie dabei sicher, dass den internen Vorgängen zur Verzinsung externe Haupt- und Teilvorgänge zugeordnet worden sind. In Abbildung 11.21 sehen Sie, dass den internen Vorgängen in den Spalten **Int.HV** und **Int.TVo** jeweils ein externer Vorgang in den Spalten **Hauptvorg.** und **Teilvorg.** zugeordnet wurde.

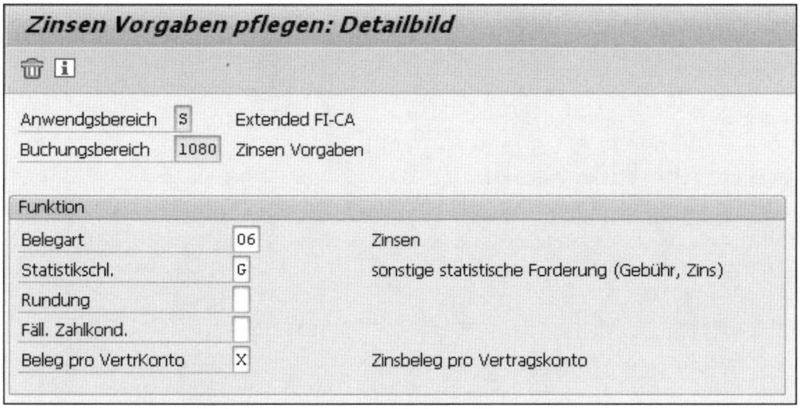

Zinsen Vorgaben pflegen: Detailbild

Anwendgsbereich S Extended FI-CA
Buchungsbereich 1080 Zinsen Vorgaben

Funktion

Belegart	06	Zinsen
Statistikschl.	G	sonstige statistische Forderung (Gebühr, Zins)
Rundung		
Fäll. Zahlkond.		
Beleg pro VertrKonto	X	Zinsbeleg pro Vertragskonto

Abbildung 11.20 Buchungsparamater der Verzinsung

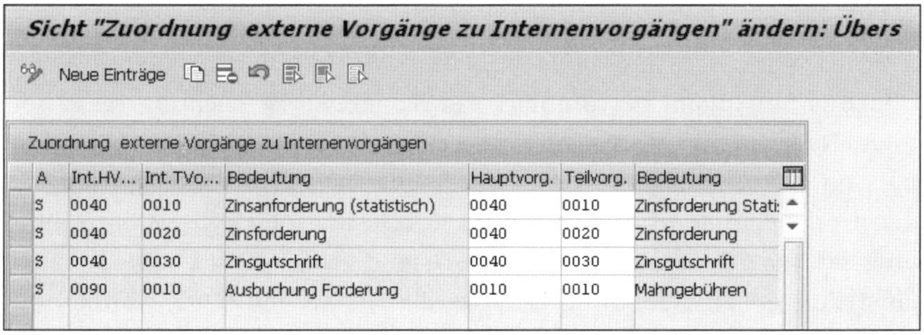

11

Sicht "Zuordnung externe Vorgänge zu Internenvorgängen" ändern: Übers

Neue Einträge

Zuordnung externe Vorgänge zu Internenvorgängen

A	Int.HV...	Int.TVo...	Bedeutung	Hauptvorg.	Teilvorg.	Bedeutung
S	0040	0010	Zinsanforderung (statistisch)	0040	0010	Zinsforderung Stati:
S	0040	0020	Zinsforderung	0040	0020	Zinsforderung
S	0040	0030	Zinsgutschrift	0040	0030	Zinsgutschrift
S	0090	0010	Ausbuchung Forderung	0010	0010	Mahngebühren

Abbildung 11.21 Haupt- und Teilvorgänge zu den internen Vorgängen zuordnen

Zuordnung von Vorgängen prüfen

Die Überprüfung der Zuordnung der Haupt- und Teilvorgänge zum Geschäftsvorgang der Verzinsung finden Sie über den Customizing-Pfad:

IMG • Finanzwesen • Vertragskontokorrent • Grundfunktionen • Buchungen und Belege • Beleg • Pflegen der Belegkontierungen • Vorgänge für das Branchenneutrale Vertragskontokorrent pflegen • Externe Vorgänge zuordnen

Hauptvorgang: Abstimmkonten pflegen

Pflegen Sie zunächst hinter den Hauptvorgängen das Abstimmkonto der Hauptbuchhaltung im Feld **Sachkonto**, in denen die Zinsforderungen ausgewiesen werden sollen. Als Schlüsselfeld zur Ableitung wird neben dem Feld **Buchungskreis** das Kontenfindungsmerkmal aus dem Stammsatz des Vertragskontos als zentrales Steuerungselement verwendet; dieses ist im Bereich **Schlüssel** im Feld **KontFindMerkmal** als Schlüsselwert zu hinterlegen. Die genauen Einstellungen zu Abbildung 11.22 werden Ihnen in Abschnitt 5.2, »Kontenfindung«, im Detail erläutert.

Hauptvorgangsrelevante Kontierungsdaten pflegen: Detailbild

Ktopl wechseln

Anwendgsbereich	S	Extended FI-CA
Buchungsbereich	S000	Hauptvorgangsrelevante Kontierungsdaten
Kontenplan	INT	Muster-Kontenplan

Schlüssel

Buchungskreis	0001	SAP A.G.
Sparte	*	
KontFindMerkmal	03	Verbundene Unternehmen
Hauptvorgang	0040	Zins

Funktion

Sachkonto	0000146100	Ford. Gesellschafter

Abbildung 11.22 Hauptvorgangsfindung für die Zinsbuchung

Teilvorgang: Ertragskonten pflegen

Über den Teilvorgang bestimmen Sie anschließend die Buchung des Zinsertrags. Neben dem Ertragskonto im Feld **Sachkonto** im Bereich **Funktion** müssen Sie auch das Steuerkennzeichen über das Feld **Steuerermittlung** für den Umsatzsteuerausweis sowie das Kontierungsobjekt des Controllings über das Feld **CO-Kontierung** mitgeben (siehe Abbildung 11.23). Die genauen Einstellungen zu Abbildung 11.23 werden in Abschnitt 5.2, »Kontenfindung«, im Detail erläutert.

Vorgangsrelevante Kontierungsdaten pflegen: Detailbild

Ktopl wechseln

Anwendgsbereich	S	Extended FI-CA
Buchungsbereich	S001	Vorgangsrelevante Kontierungsdaten
Kontenplan	INT	Muster-Kontenplan

Schlüssel

Buchungskreis	0001	SAP A.G.
Sparte		
KontFindMerkmal	03	Verbundene Unternehmen
Hauptvorgang	0040	Zins
Teilvorgang	0020	Zinsforderung

Funktion

Sachkonto	0000273200	Zinsertraege verb.U.
Steuerermittlung	A0	
GeschBereich		
CO-Kontierung	ORDER	Internal Order

Abbildung 11.23 Teilvorgangsfindung für die Zinsbuchung

Nehmen Sie daher mit Verweis auf die beschriebenen Einstellungen aus Kapitel 5, »Grundfunktionen«, die Kontenfindung für die Buchung der Verzinsung im IMG über den folgenden Customizing-Pfad vor:

IMG • Finanzwesen • Vertragskontokorrent • Grundfunktionen • Buchungen und Belege • Beleg • Pflegen der Belegkontierungen • Hinterlegen der Kontierungen für automatische Buchungen • Automatische Sachkontenfindung

11.4 Fazit

Sie haben in diesem Kapitel einen Überblick über den Umgang mit ausstehenden und überfälligen Forderungen innerhalb des SAP-Vertragskontokorrents erhalten. Mit den kennengelernten Einstellungen können Sie Forderungen zweifelhaft stellen, eine Einzelwertberichtigung vornehmen, uneinbringliche Forderungen ausbuchen und überfällige Posten verzinsen. Zudem haben Sie die Integration in das externe und interne Rechnungswesen kennengelernt, sodass Sie die Prozesse und Buchungen des Nebenbuches mit der Hauptbuchhaltung und mit dem Controlling integriert und abgestimmt aufsetzen können.

Kapitel 12

Integration

Das SAP-Vertragskontokorrent ist ein wichtiger Baustein, um die End-to-End-Prozesse umsetzen zu können. Es gilt, die Integrationspunkte des SAP-Vertragskontokorrents mit angrenzenden Komponenten bestmöglich auszugestalten. In diesem Kapitel gehen wir auf diese Integrationspunkte und die notwendigen Einstellungen im Customizing ein.

Wie das SAP-Vertragskontokorrent in die Systemlandschaft Ihres Unternehmens integriert ist, hängt von Ihren individuellen branchenspezifischen Rahmenbedingungen und der Gesamtsystemlandschaft mit der Integrationsfähigkeit einzelner Vor- und Nachkomponenten ab. Abhängig von Ihrer Branche, nutzen Sie etwa verschiedene Fakturierungsmethoden oder eine Branchenlösung von SAP wie IS-U (Energieversorger) mit eigenen Vertriebskomponenten, anstelle von SD oder auch SAP Billing and Revenue Innovation Management (ehemals SAP Hybris Billing). In anderen Fällen kommen externe Fakturasysteme mit eigenen Schnittstellen zum Einsatz.

Auch die systemseitige Lokation des SAP-Vertragskontokorrents kann Auswirkungen z. B. auf die Hauptbuchhaltung haben, wenn Sie das Nebenbuch einem externen System implementieren und dann über Schnittstellen an das bestehende Hauptbuch anbinden. In diesem Fall muss das SAP-Vertragskontokorrent erst die Hauptbuchbelege an ein Interims-Hauptbuch liefern, das die Belege abschließend an ein externes Hauptbuch überträgt.

Komponentenauswahl

Gerade in Bezug auf die Branchenlösungen oder die Nicht-Verfügbarkeit anderer Komponenten ist es manchmal erforderlich, Funktionen aus diesen Komponenten »nachzubauen« oder Funktionen von Drittanbietersoftware zu verwenden. Am einfachsten ist es jedoch, SAP-Standardkomponenten zu verwenden, die eine Standard-Integration in FI-CA vorsehen.

Abbildung 12.1 zeigt Ihnen ein Beispiel der Integration von FI-CA innerhalb einer Systemlandschaft.

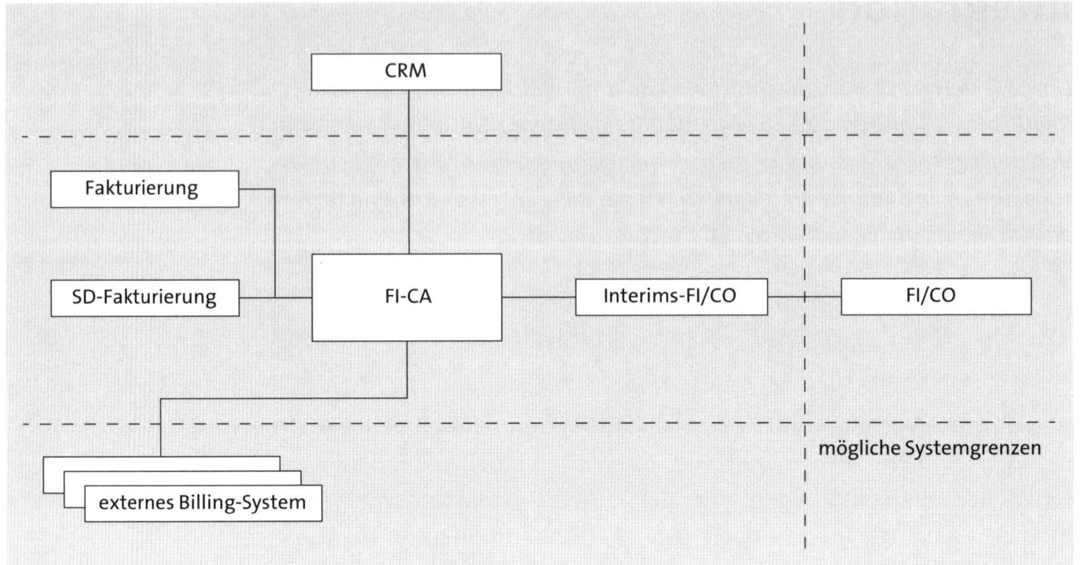

Abbildung 12.1 Beispiel für eine Systemlandschaft unter der Nutzung von FI-CA

Das in Abbildung 12.1 gezeigte Beispiel zeigt drei Arten von fakturierenden Systemen, die Bewegungsdaten an das Vertragskonto schicken und somit Belegbuchungen auslösen:

- **Fakturierung**
  Fakturierungskomponente einer Branchenlösung (z. B. die Fakturierung aus der Vertragsabrechnung von IS-U-BI, Vertragsabrechnung)
- **SD-Fakturierung**
  Nutzung der Komponente SD für alle sonstigen, nicht branchenspezifischen Rechnungen, wie Intercompany-Rechnungen oder B2B-Rechnungen
- **Externe Billing-Systeme**
  Abrechnungssysteme außerhalb von SAP, die über Schnittstellen angebunden werden

In der dargestellten Systemlandschaft werden die Belege nach der Verarbeitung innerhalb von FI-CA zunächst an ein Interim-Hauptbuch übertragen. Das zentrale Hauptbuch und das Controlling wird, bedingt durch verschiedene Faktoren Ihrer Systemlandschaft, jedoch auf einem anderen System geführt, sodass die Belege des Hauptbuches in das zentrale FI/CO weitergeleitet werden.

In der Beispiellandschaft wurde außerdem zur Harmonisierung und Zentralisierung der Stammdaten ein CRM-System an das Vertragskonto angeschlossen. Die in Abschnitt 12.1, »Customer Relationship Management«, besprochenen Einstellungen zur technischen Anbindung eines CRM-Systems an das Vertragskonto benötigen nur wenige Customizing-Einstellungen. Der fachliche Aufwand zur Harmonisierung von Stamm- und Bewegungsdaten zwischen den Fakturierungssystemen, dem CRM-System und dem SAP-Vertragskontokorrent als nachgelagerte Debitorenbuchhaltung ist jedoch nicht zu unterschätzen. In den meisten Fällen ist für die Implementierung der Prozesse ein eigenes Projekt vonnöten.

Basierend auf der vorgestellten Systemlandschaft, behandeln wir in Abschnitt 12.1, »Customer Relationship Management«, die Integration des CRM-Systems als führendes Stammdatensystem. In Abschnitt 12.3, »Fakturaschnittstellen und externe Systeme«, lernen Sie die Integration der verschiedenen Fakturasysteme in das SAP-Vertragskontokorrent kennen. In Abschnitt 12.4, »Hauptbuch und Controlling«, behandeln wir die nachgelagerte Integration in das Hauptbuch. Sie lernen die Funktionsweise des SAP-Vertragskontokorrents als Nebenbuch im Zusammenspiel mit Hauptbuch und Controlling kennen. Neben der Integration und Überleitung der Buchungssummen gehen wir in Abschnitt 12.5, »Abstimmarbeiten und Abschluss«, auch noch auf die notwendigen Aktivitäten im Vertragskonto ein, die als Voraussetzung der Abschlussaktivitäten im Hauptbuch von Ihnen durchgeführt werden müssen.

Wir beziehen uns dabei vorwiegend auf die Systemeinstellungen unter dem folgenden Pfad des Einführungsleitfadens (Implementation Guide, kurz IMG):

IMG • Finanzwesen • Vertragskontokorrent • Integration

12.1 Customer Relationship Management

Ein CRM-System unterstützt Sie technisch in der Ausrichtung Ihrer Geschäftsprozesse auf die Stärkung der Kundenbeziehung, mit dem Ziel, Bestandskunden im Unternehmen als Partner zu halten und Neukunden zu gewinnen. Das SAP-CRM-System bietet Ihnen daher Funktionen zur Vertriebsplanung, zum Kunden- und Kontaktmanagement, zur Streuung von Marketingmaßnahmen und zur Angebots- und Auftragsverwaltung. Neben diesen Funktionen zur Unterstützung des Vertriebs und des Kundenmanagements, stellt ein CRM-System auch die einheitliche Betrachtung der Kundenstammdaten über die beteiligten Systeme sicher.

Integration von FI-CA und CRM

Die Integration im SAP-Vertragskontokorrent in der branchenübergreifenden Version im Customizing bezieht sich auf drei Hauptpunkte:

- **WebClient des Interaction Centers**
  Das *Interaction Center* stellt das Frontend da, über das alle Anwendungen zur Anlage eines Neukunden und zur Anlage von Aufträgen oder von Werbemaßnahmen durch Ihre Kundenberater oder Vertriebsmitglieder gesteuert werden. Es ist das zentrale Steuerungselement, über das insbesondere die Vertriebsprozesse gesteuert werden. Oftmals wird den Kunden die Möglichkeit geboten, über das Interaction Center direkt mit Ihrem Unternehmen zu kommunizieren oder seine aktuellen Daten abzurufen.

  Daher müssen die Kundendaten im WebClient des Interaction Centers in einer übersichtlichen Zusammenfassung dargestellt werden, sodass Sie seine Bedürfnisse und Vorlieben kennen und eine Übersicht über seine letzten getätigten Transaktionen haben. Je individueller und intensiver der Kontakt mit den Kunden ist, desto mehr und besser aufbereitete Daten müssen zusammengestellt werden. Neben den Vertriebs- und Auftragsdaten werden im CRM auch weitere komponentenübergreifende Informationen geladen. Hierzu zählen auch die Informationen aus der Debitorenbuchhaltung des SAP-Vertragskontokorrents über das Zahlungsverhalten der Kunden und ob fakturierte Aufträge schon ausgeglichen, d. h. durch den Kunden bezahlt worden sind.
- **Geschäftsvereinbarung**
  Die durch das CRM-System angelegten Geschäftspartner müssen, ebenso wie Geschäftspartner, die durch den SAP-Geschäftspartner angelegt worden sind (siehe Abschnitt 4.2, »Geschäftspartner«), im SAP-Vertragskontokorrent mit einem oder mehreren Vertragskonten verknüpft oder zuvor erzeugt werden.

  Für diese Verknüpfung stehen im IMG unter dem Punkt **Integration** verschiedene Einstellungsoptionen zur Verfügung. Ebenso wie in den anderen Integrationsbereichen müssen korrespondierende Einstellungen in den liefernden oder empfangenden Komponenten abgestimmt und durchgeführt werden.
- **Anpassungsanforderung**
  Im Kundengeschäft kann es vorkommen, dass ursprüngliche Forderungen verändert oder gutgeschrieben werden müssen. Hierzu gibt es bei der Überleitung der Korrekturen aus dem CRM-System die sogenannten Anpassungsanforderungen.

Im Folgenden erläutern wir die Einstellungen zu den drei Hauptfunktionen im Customizing von FI-CA.

12.1.1 Customizing des Interaction Centers

Wenn Sie das Interaction Center WebClient verwenden und technisch integriert haben, können Sie die folgenden Einstellungen hinterlegen, um Geschäftsvorfälle abzuleiten und zur Verfügung zu stellen.

Arten der Vereinbarung zur Zahlungsabwicklung hinterlegen

Legen Sie, wie in Abbildung 12.2 gezeigt, die Reihenfolge der im SAP-Vertragskontokorrent hinterlegten Zahlungsarten pro Land und CRM-Zahlungsvereinbarung fest. Hinterlegen Sie im Feld **Land** das Länderkennzeichen aus der F4-Wertehilfe für eine Zahlungsart (Feld **Art**), z. B. Zahlen.

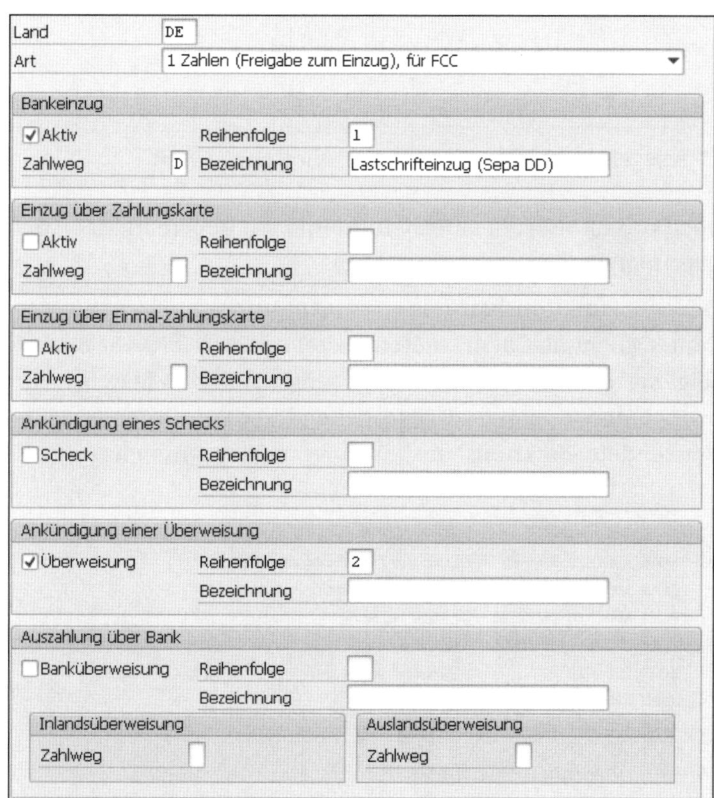

Abbildung 12.2 Zahlungsvereinbarungsart

Aktivieren Sie danach das Kennzeichen **Aktiv** im erforderlichen Bereich, z. B. **Bankeinzug**. Wenn gefordert, definieren Sie anschließend den Zahlweg über das gleichnamige Feld **Zahlweg** und bestimmen im Feld **Reihenfolge**, an welcher Stelle in der Reihenfolge der Schritt ausgewählt werden soll.

Vorgaben für die Buchung von Gutschriften hinterlegen

Wie in Abbildung 12.3 dargestellt, können Sie im Buchungsbereich 1071 definieren, wie die Belegausprägungen für Gutschriften im SAP-Vertragskontokorrent durch das CRM angestoßen werden sollen. Ähnlich wie bei der Anforderungsänderung, nehmen Sie Eingaben in den Feldern **Belegart**, **Hauptvorgang** und **Teilvorgang** vor.

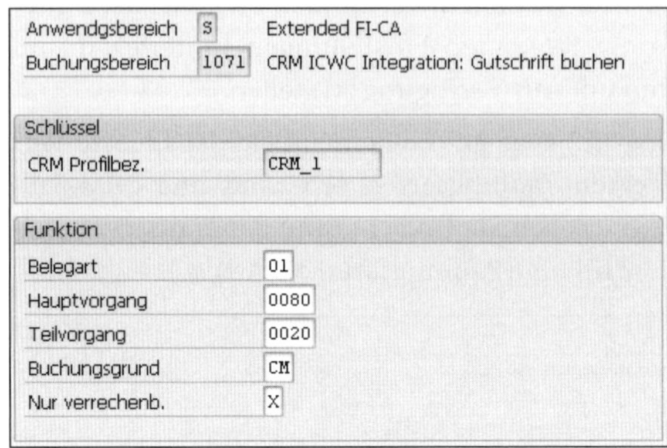

Anwendgsbereich S Extended FI-CA
Buchungsbereich 1071 CRM ICWC Integration: Gutschrift buchen

Schlüssel
CRM Profilbez. CRM_1

Funktion
Belegart 01
Hauptvorgang 0080
Teilvorgang 0020
Buchungsgrund CM
Nur verrechenb. X

Abbildung 12.3 Belegeigenschaften für CRM-Gutschriften

Sie können auch pro CRM-Profil einen Grund und die Information, ob der Beleg nur verrechnet werden darf, hinterlegen.

Informationsweitergabe an das Interaction Center

Über verschiedene Funktionsbausteine können Informationen an den Interaction Center Client (IC Client) weitergeleitet und dem CRM-Sachbearbeiter angezeigt werden. In Abbildung 12.4 sehen Sie, dass lediglich die Schlüssel zum Themenbereich und anschließend der von Ihnen erstellte oder wiederverwendete Funktionsbaustein eingetragen werden muss.

FCC: Funktionsbausteine registrieren

Schlüssel	Funktionsbaustein	Langtext
ADJREQ	FKCRM_ADDINFO_ADJREQ	Letzte Gutschriftsanforderung
DISPUTE	FKCRM_ADDINFO_DISPUTE	Momentaner Dispute
DUNNING	FKCRM_ADDINFO_DUNNING	Letzte Mahnung
INSTALL	FKCRM_ADDINFO_INSTALL	Nächste Rate
P2P	FKCRM_ADDINFO_P2P	Zahlungsversprechen
PAYMENT	FKCRM_ADDINFO_PAYMENT	Letzte Zahlung
RETURN	FKCRM_ADDINFO_RETURN	Letzter Rückläufer

Abbildung 12.4 Funktionsbausteine für Customer Care

Auch können Sie hier eigene Entwicklungen verknüpfen. Diese können dann pro CRM-Profil zugeordnet werden. Hierzu wählen Sie, wie in Abbildung 12.5 dargestellt, die jeweilige Info-ID und den jeweiligen Schlüssel aus Abbildung 12.4 aus.

FCC: Funktionsbausteine CRM-Profilen zuordnen

CRM Profilbez.	Info-ID	Schlüssel
ALL	01	DUNNING
ALL	02	PAYMENT
ALL	03	RETURN
ALL	04	INSTALL
ALL	05	P2P
ALL_COMPL	01	DUNNING
ALL_COMPL	02	PAYMENT
ALL_COMPL	03	RETURN
ALL_COMPL	04	INSTALL
ALL_COMPL	05	P2P
ALL_LO	01	DUNNING
ALL_LO	02	PAYMENT
ALL_LO	03	RETURN
ALL_LO	04	INSTALL
ALL_LO	05	P2P
ALL_LO_COL	01	DUNNING
ALL_LO_COL	02	PAYMENT
ALL_LO_COL	03	RETURN
ALL_LO_COL	04	INSTALL
ALL_LO_COL	05	P2P

Abbildung 12.5 Funktionsbausteine CRM-Profilen zuordnen

12.1.2 Geschäftspartnervereinbarung

Wenn eine *Geschäftspartnervereinbarung* in das Vertragskonto repliziert wird, d. h., das Vertragskonto wird aus dem CRM-System im SAP-Vertragskontokorrent angelegt, werden Vorlagen genutzt.

Vorlage für das Vertragskonto bei Replikation ermitteln

Legen Sie ein *Vorlagenkonto* über Transaktion CAA1 an, und verwenden Sie die gewünschte Vertragskontoausprägung. Die nun vergebene Vertragskontonummer weisen Sie der Geschäftsvereinbarungsklasse aus dem CRM-Customizing zu. Die in Abbildung 12.6 zugeordneten Vertragskonten werden jetzt mit ihren Ausprägungen bei der Neuanlage verwendet.

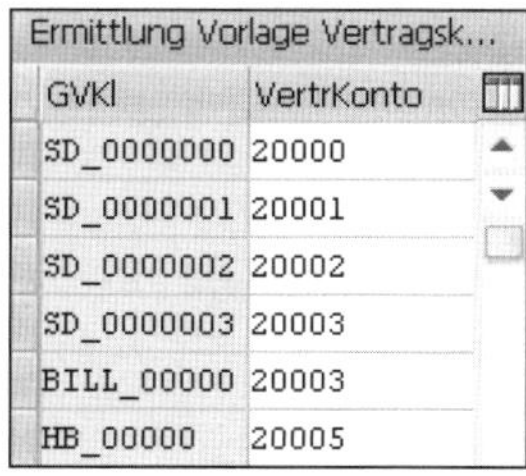

Ermittlung Vorlage Vertragsk...

GVKl	VertrKonto
SD_0000000	20000
SD_0000001	20001
SD_0000002	20002
SD_0000003	20003
BILL_00000	20003
HB_00000	20005

Abbildung 12.6 Vorlagenkonto zuordnen

Sachbearbeiter bei Replikation aus dem CRM-System

Im Vertragskonto können Sie einen zuständigen *Sachbearbeiter* hinterlegen. Dieser bzw. seine Geschäftspartnerrolle im SAP-Vertragskontokorrent wird, je nach weiterer Ausprägung, z. B. bei den Korrespondenzen oder auch für Telefonlisten herangezogen. Sie können diesen Sachbearbeiter in der Vertragskontovorlage aus dem vorherigen Customizing-Schritt ableiten lassen oder bei der Replikation aus dem CRM-System die Partnerfunktion des CRM-Systems nutzen.

Feldwerte für CRM-Steuermerkmale

Im CRM-System haben Sie *Steuermerkmale* gepflegt. Bei der Replikation der Vertragskonten können Sie anhand dieser Steuermerkmale die Kontenfindungsmerkmale der Vorlagenkonten übersteuern. Abbildung 12.7 zeigt somit die Verknüpfung bzw. die Konstellationen zwischen den drei Spaltenwerten.

Feldwertzuordnung Steuermerkm. zu Kont

Steuermerk...	GV Klasse	Kontenfin...
19	SD_0000001	01
7	SD_0000002	02
A0	SD_0000000	01
A1	SD_0000003	01
S1	BILL_00000	01
S2	HB_00000	01

Abbildung 12.7 CRM-Steuermerkmal zuordnen

Das Steuermerkmal aus dem CRM-System können Sie pro Geschäftsvereinbarungsklasse einem Kontenfindungsmerkmal im Vertragskonto zuordnen.

Feldwerte für CRM-Zahlungskonditionen

Ähnlich wie im SAP-Vertragskontokorrent wird auch im CRM-System die *Zahlungskondition* angelegt. Für die Replikation der Geschäftsvereinbarung legen Sie in diesem Customizing-Schritt die 1:1-Zuordnung der beiden Zahlungskonditionen fest.

12.1.3 Anpassungsanforderung

Der Sachbearbeiter startet die Anpassung des bereits gebuchten SAP-Vertragskontokorrent-Belegs an.

Gründe für Anpassungsanforderungen definieren

Legen Sie in diesem Schritt in der Spalte **Bezeichnung** die Gründe für die Anpassungsanforderung fest. In der Spalte **Anp.Grund** erstellen Sie zuerst den Grund der Anpassung und anschließend eine Beschreibung, die auch in der [F4]-Wertehilfe angezeigt wird (siehe Abbildung 12.8).

Definition der Gründe für Anpassungsanforderungen	
Anp.Grund	Bezeichnung
G1	Gutschrift wegen Beschädigung
G0	Sonstige Gutschrift
F1	Sonstige Anpassung

Abbildung 12.8 Anpassungsgründe definieren

Buchung von Anpassungsanforderungen

Anhand der zuvor festgelegten Gründe definieren Sie nun die Belegeigenschaften, die bei einer Anpassungsbuchung vorbelegt werden. Für jeden Anforderungsgrund können Sie eine Ausprägung hinterlegen. Geben Sie Belegart, Hauptvorgang und Teilvorgang in den entsprechenden Feldern mit, mit denen der Vertragskontobeleg erstellt werden soll. Wenn die Belege nur auf dem Vertragskonto verrechnet werden sollen, geben Sie im Feld **Nur verrechenb.** den Wert »X« ein (siehe Abbildung 12.9); andernfalls werden die Beträge entweder ausgezahlt oder eingezogen.

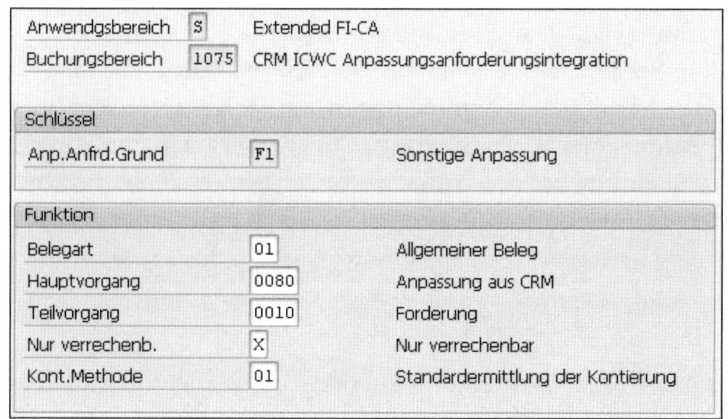

Abbildung 12.9 Belegeigenschaften in der Anpassungsbuchung

Die Kontierungsmethode im Feld **Kont.Methode** definiert, welche Daten in die Gegenposition zur Geschäftspartnerposition geladen werden, d. h. welche Hauptbuchkonten oder Nebenkontierungen verwendet werden sollen. Die Definition findet dann im Zeitpunktbaustein 1100 statt.

12.2 Vertriebskomponenten und Abrechnungsdaten

Nachdem Sie die Einstellungen für die Stammdatenübernahme aus dem CRM-System definiert haben, stellen wir in diesem Kapitel die Übernahme von Bewegungsdaten aus den Fakturasystemen ein.

Fakturabewegungsdaten

Solange Sie das Faktura-/Billing-System, wie z. B. SD, Convergent Invoicing oder die Abrechnungskomponente einer Branchenkomponente auf einem gemeinsamen System nutzen, finden Sie im IMG die notwendigen Einstellungen über den folgenden Pfad:

IMG • Finanzwesen • Vertragskontokorrent • Integration

Im folgenden Abschnitt gehen wir auch auf die Übernahme von Fakturadaten aus externen Systemen ein, die nicht allein durch das Customizing integriert werden können, sondern zusätzlich durch Schnittstellen angebunden werden müssen.

[»]

Stammdatenintegration

Die Übernahme der Bewegungsdaten und die Weiterverarbeitung im System basiert auf der komplexen Integration der Stammdaten über alle mit dem SAP-Vertragskontokorrent integrierten Bereiche

Sie müssen sich dessen bewusst sein, dass der Geschäftspartner und auch das Vertragskonto in mehreren Systemen z. B. angelegt oder auch verändert werden kann. Hierbei kann es vorkommen, dass die gemeinsam genutzten Daten, wie z. B. Bankverbindung oder Zahlweg, über die Komponenten durch unterschiedliche Anforderungen anders genutzt werden. Achten Sie in der Implementierungsphase mit Ihren Kollegen darauf, dies zu verhindern und ein einheitliches Vorgehen für die gemeinsamen Daten zu erreichen.

Problematisch wird es, wenn es in jeder Komponente notwendig wird, die Daten durch Eigenentwicklungen für die jeweilige Komponente anzupassen.

Fakturadaten aus verschiedenen Systemen

Der große Vorteil des SAP-Vertragskontokorrents ist hierbei die Möglichkeit, aus mehreren unterschiedlichen Vorgängerkomponenten Fakturadaten zu übernehmen und in einem oder mehreren Zahlungsprozessen weiterzuverarbeiten. Über die verschiedenen Vertragskonten können Sie dabei die Fakturadaten der verschiedenen Quellen getrennt voneinander betrachten oder über den gemeinsamen Geschäftspartner eine einheitliche Verarbeitung und Betrachtung sicherstellen. Beachten Sie auch, dass nicht alle Fakturadaten über das SAP-Vertragskontokorrent integriert und verarbeitet werden müssen. Sie können auch parallel die klassische Debitorenbuchhaltung (FI-AR) einsetzen, um z. B. B2B-Geschäfte oder Intercompany-Rechnungen abzuwickeln. So verschaffen Sie dem Unternehmen eine flexible und individuell auf die jeweiligen Anforderungen angepasste Lösung.

Vergewissern Sie sich bei der Planung der Systemlandschaft, ob alle potenziellen Fakturasysteme über eine Standardintegration mit dem SAP-Vertragskontokorrent verfügen oder ob diese mit externen Schnittstellen oder eigenen Programmierungen angeschlossen werden müssen.

12.2.1 Ablauf der Bewegungsdatenübernahme

Je nachdem, welche Vorgängerkomponente Sie zur *Bewegungsdatenübernahme* verwenden, sind die Ableitungskriterien etwas unterschiedlich. In Abbildung 12.10 haben wir ein vereinfachtes Beispiel aus Komponentensicht aufgebaut. Rechnungen werden hier nur über die SAP-Komponente SD geschrieben und dabei bei der Fakturierung sowohl in das SAP-Vertragskontokorrent als auch nach FI-AR zur Weiterverarbeitung übergeleitet.

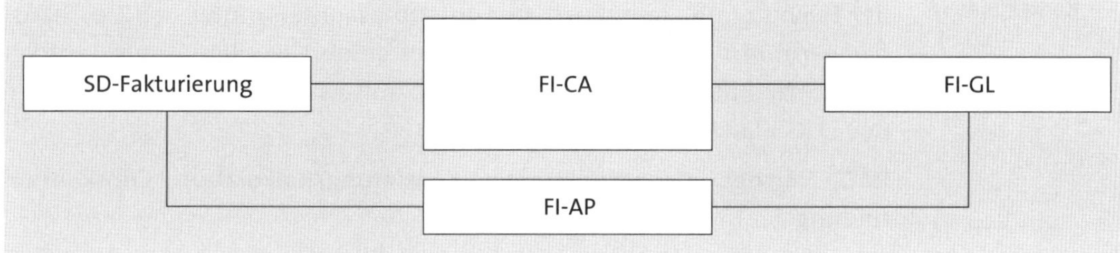

Abbildung 12.10 Beispiel für zwei Debitorenbuchhaltungen

Steuerung über die Debitorengruppe

Die Steuerung der Übernahme für die SD-Fakturen in das SAP-Vertragskontokorrent oder nach FI-AR erfolgt dabei über die verwendete *Debitorengruppe* (siehe Abschnitt 12.2.2, »Customizing-Einstellungen für die SD-Integration«). So können Sie den Zahlungsprozess in Abhängigkeit der fachlichen Anforderungen auf zwei Komponenten aufteilen. Zur Unterscheidung der Vorteile von FI-CA und FI-AR finden Sie weitere Informationen in Abschnitt 1.2, »Das SAP-Vertragskontokorrent im Vergleich zu FI-AR«. Auf der Grundlage dieser Informationen können Sie über einen Einsatz der beiden Komponenten eine Entscheidung für die Anforderungen Ihres Unternehmens treffen.

Der parallele Einsatz von FI-CA und FI-AR

Beachten Sie, dass es keine Standardintegration von FI-CA und FI-AR gibt. Rechnungen können daher nicht gemeinsam betrachtet und miteinander verrechnet werden. Eine Verrechnung funktioniert nur über den Umweg des Hauptbuches. Auch wenn FI-AR als Grundlage den Geschäftspartner zur Erfassung von Forderungen nimmt, kann keine gemeinsame Betrachtung aufgrund der unterschiedlichen Beleg- und Tabellenstrukturen vorgenommen werden. Eine gemeinsame Betrachtung kann nur über die Konten des Hauptbuches erfolgen. Ein paralleler Einsatz dieser Komponenten sollte daher nur erfolgen, wenn die separate Behandlung der Prozesse mehr Vorteile als der Verlust des einheitlichen Blickwinkels auf die Daten der Debitorenbuchhaltung bringt.

12.2.2 Customizing-Einstellungen für die SD-Integration

Die SD-Integration mit dem Vertragskonto wird an zwei Hauptpunkten hinterlegt. Für die SD Einstellungen verwenden Sie den folgenden IMG-Pfad:

IMG • Vertrieb • Grundfunktionen • Kontierung/Kalkulation • Abstimmkonten-/Mitbuchkontenfindung

Steuerung der Kontenfindung

Hierüber hinterlegen Sie, wie gewohnt, im SD die Abstimmkonten, die bei der Buchung im Hauptbuch als Forderungskonten hinter den Geschäftspartnerinformationen des Nebenbuches geführt werden. Ähnlich erfolgt die Übernahme der *Erlöskonten*, die Sie im Customizing über den folgenden IMG-Pfad hinterlegen:

IMG • Vertrieb • Grundfunktionen • Kontierung/Kalkulation • Erlöskontenfindung

Trotz der Übersteuerung der Konten, müssen Sie im Vertragskonto, wie in Abschnitt 5.2, »Kontenfindung«, beschrieben, Dummy-Einstellungen für die gewünschten Haupt- und Teilvorgänge hinterlegen. Bei deren Überleitung werden dann die angelegten Haupt- und Teilvorgänge in den Beleg geschrieben; die dazugehörigen Konten, die Sie im Customizing des SAP-Vertragskontokorrents hinterlegt haben, werden jedoch durch die SD-Kontenfindung überschrieben.

Welche Daten in das SAP-Vertragskontokorrent oder nach FI-AR übergeleitet werden und wie die Verbindungen und die Mapping-Eigenschaften aussehen, definieren Sie über den folgenden IMG-Pfad:

IMG • Finanzwesen • Vertragskontokorrent • Integration • Vertrieb

Optimierung der Fakturaübernahme

Im Buchungsbereich 1201 können Sie die Optimierung bei der *Fakturaübernahme* aktivieren. Wenn Sie bei der Fakturaüberleitung die Parallelisierung nutzen, können Sie, wie in Abbildung 12.11 geschehen, durch die Aktivierung der Optimierung im Customizing die Verbuchung auf mehrere Nummernkreise triggern.

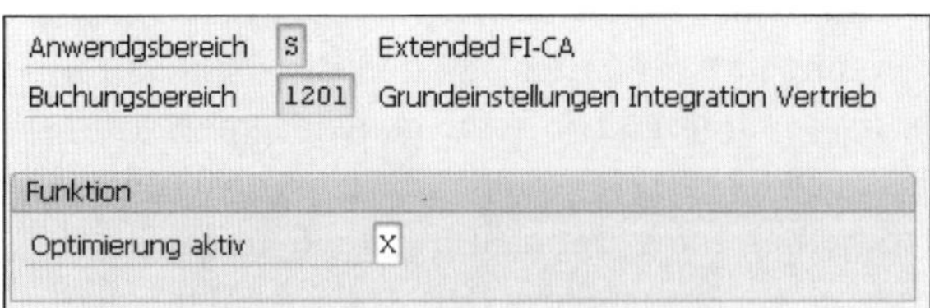

Abbildung 12.11 Optimierungen aktivieren

Pflege der Belegart

Legen Sie anschließend die Belegart in FI-CA fest, die bei der Fakturaüberleitung aus SD verwendet werden soll. Navigieren Sie hierzu über den folgenden Customizing-Pfad:

IMG • Finanzwesen • Vertragskontokorrent • Integration • Vertrieb • Belegart anhand der SD-Fakturadaten ableiten

Wie es in Abbildung 12.12 zu sehen ist, können Sie dabei entweder eine allgemeingültige Belegart für alle Fakturaarten im Feld **Belegart** hinterlegen oder die Belegart pro Fakturaart definieren. Die Fakturaart hinterlegen Sie dabei als Schlüssel im Feld **Fakturaart**.

Abbildung 12.12 Belegart in der SD-Integration hinterlegen

Stellen Sie auch sicher, dass Sie hinter der Belegart mehrere ausreichende Belegarten zur Massenverarbeitung hinterlegt haben. Die Einstellungen hierzu finden Sie in Abschnitt 5.1.2, »Belege«. Wie zuvor beschrieben, können Sie Fakturen an FI-AR oder FI-CA weiterleiten. Die Aussteuerung bestimmen Sie anhand der Debitorengruppe im SD-Auftrag.

Erstellen Sie für das Routing in die Debitorenbuchhaltungen als Kriterium **Debitorenkontengruppen**, und aktivieren Sie die Debitorengruppen, die ins SAP-Vertragskontokorrent übergeleitet werden sollen. Markieren Sie hierzu das Kennzeichen **SD/FI-CA** für alle relevanten Debitorengruppen in der Spalte **Gruppe** (siehe Abbildung 12.13).

Conto-pro-Diverse

Für die Standardgruppen CpD (Conto-pro-Diverse), im unteren Teil Abbildung 12.13 markiert durch das Feld **CPD**, ist es nicht möglich, die Integration in FI-CA auszuwählen, denn diese Gruppen gehen immer an FI-AR.

Sammelvertragskonto

Wenn Sie nur das SAP-Vertragskontokorrent nutzen und eine ähnliche Funktion wie den CpD-Debitor verwenden möchten, können Sie ein *Sammelvertragskonto* ausprägen und diesem mehrere Geschäftspartner zuordnen.

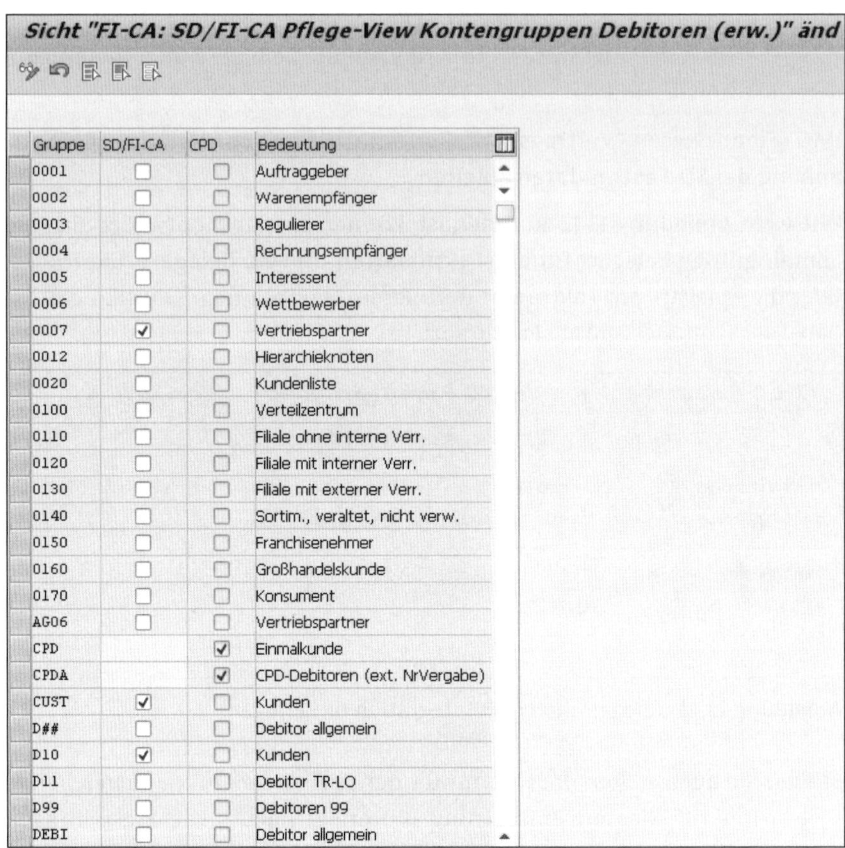
Sicht "FI-CA: SD/FI-CA Pflege-View Kontengruppen Debitoren (erw.)" änd

Gruppe	SD/FI-CA	CPD	Bedeutung
0001	☐	☐	Auftraggeber
0002	☐	☐	Warenempfänger
0003	☐	☐	Regulierer
0004	☐	☐	Rechnungsempfänger
0005	☐	☐	Interessent
0006	☐	☐	Wettbewerber
0007	☑	☐	Vertriebspartner
0012	☐	☐	Hierarchieknoten
0020	☐	☐	Kundenliste
0100	☐	☐	Verteilzentrum
0110	☐	☐	Filiale ohne interne Verr.
0120	☐	☐	Filiale mit interner Verr.
0130	☐	☐	Filiale mit externer Verr.
0140	☐	☐	Sortim., veraltet, nicht verw.
0150	☐	☐	Franchisenehmer
0160	☐	☐	Großhandelskunde
0170	☐	☐	Konsument
AG06	☐	☐	Vertriebspartner
CPD		☑	Einmalkunde
CPDA		☑	CPD-Debitoren (ext. NrVergabe)
CUST	☑	☐	Kunden
D##	☐	☐	Debitor allgemein
D10	☑	☐	Kunden
D11	☐	☐	Debitor TR-LO
D99	☐	☐	Debitoren 99
DEBI	☐	☐	Debitor allgemein

Abbildung 12.13 Debitorengruppe als Kriterium zur Aussteuerung der Integration in FI-CA

Haupt- und Teilvorgang zuordnen

Über eine Kombination aus verschiedenen SD-Schlüsselwerten können Sie die Haupt- und Teilvorgänge im SAP-Vertragskontokorrent ableiten. Hierüber steuern sie auch die Positiv- oder Negativbuchung, je nach Teilvorgang.

Vorgänge erkennen und ableiten

Je detaillierter Sie die Kombinationen aus dem SD ableiten, desto genauer können Sie im SAP-Vertragskontokorrent anhand der Haupt- und Teilvorgänge Auswertungen vornehmen. Sie sollten aber im Vorhinein eine möglichst praktikable, mit der Fachabteilung abgestimmte Ausprägung aufsetzen, die es auch nicht zu unübersichtlich werden lässt.

Wenn überhaupt keine Aufschlüsselung gewünscht ist, können Sie mit »*«-Einträgen arbeiten und alles auf einige wenige Vorgänge steuern.

Navigieren Sie im IMG über den folgenden Customizing-Pfad zur Haupt- und Teilkontenfindung:

IMG • Finanzwesen • Vertragskontokorrent • Integration • Vertrieb • Haupt-/Teilvorgang anhand von SD-Informationen ableiten

Es stehen Ihnen nach Aufruf des Customizing-Punkts **Haupt-/Teilvorgang anhand von SD-Informationen ableiten** die folgenden Schlüsselfelder aus SD zur Verfügung:

- **Fakturaart**: Fakturaart im SD-Beleg
- **Positionstyp**: Positionstyp im Vertriebsbeleg
- **KontierGrp...**: Kontierungsgruppe
- **Kontoschl...**: Kontoschlüssel

Diese weisen Sie dann, wie in Abbildung 12.14 dargestellt, den mit der Fachabteilung des SAP-Vertragskontokorrents abgestimmten Vorgängen in den Spalten **Hauptvorg...** und **Teilvorgang** zu.

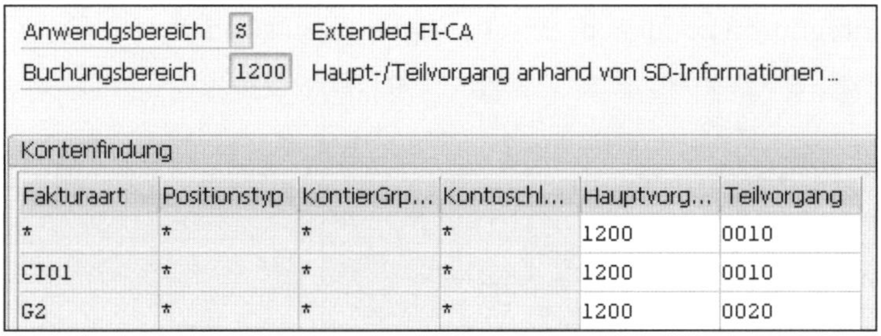

Anwendgsbereich S Extended FI-CA
Buchungsbereich 1200 Haupt-/Teilvorgang anhand von SD-Informationen...

Kontenfindung

Fakturaart	Positionstyp	KontierGrp...	Kontoschl...	Hauptvorg...	Teilvorgang
*	*	*	*	1200	0010
CI01	*	*	*	1200	0010
G2	*	*	*	1200	0020

Abbildung 12.14 Haupt-/Teilvorgänge ableiten

Um die Integrationsschritte im Vertragskontokorrent für die SD Integration zu finalisieren müssen Sie noch im Buchungsbereich 1210 die Belegart für die Übernahme der Buchungen wie in Abbildung 12.15 zu sehen hinterlegen.

Schlüsselwerte

Wenn Sie die Schlüsselauswahl erweitern, können Sie pro Fakturaart eine Vertragskontobelegart, die zur Buchung des Belegs verwendet werden soll hinterlegen. Zusätzlich können Sie die Quellbelegart hinterlegen, wenn Sie die Fakturierung aktiv geschaltet haben.

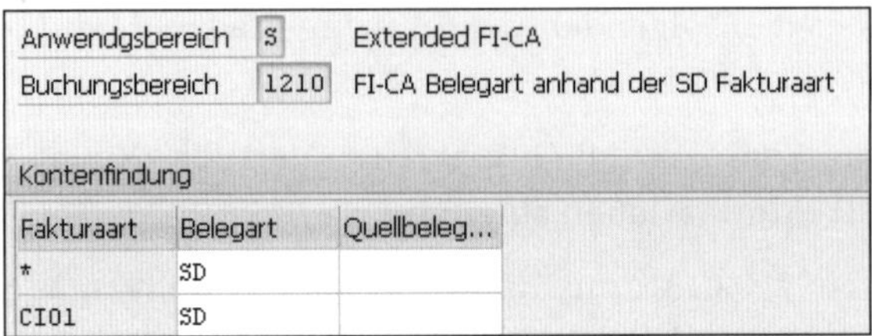

Fakturaart	Belegart	Quellbeleg...
*	SD	
CI01	SD	

Abbildung 12.15 Funktionsbausteine der SD-Integration

Zur Integration der SD-Fakturen stehen Ihnen im Standard die vorgestellten Customizing-Punkte zur Hinterlegung von Regeln für die Überleitung zur Verfügung. Da insbesondere der Vertriebsprozess jedoch viele zusätzliche Informationen oder Vorgehensweisen voraussetzt, die oft nicht allein durch das existierende Customizing realisiert werden können, stehen Ihnen weitere Funktionsbausteine zur Verfügung.

Abbildung 12.16 zeigt Ihnen die von SAP zur Verfügung gestellten Zeitpunkte, um weitere Ableitungen, Mapping oder Anreicherungen nutzen und in der Integration kundenspezifisch ausprägen zu können.

Zeitpunkt	Text...
4000	SD/FI-CA: RW-Beleg vervollständigen (RWIN CHECK)
4010	SD/FI-CA: Zahlungsbedingung für SD-Auftrag
4020	SD/FI-CA: Geschäftsbereich SD-Auftrag
4030	SD/FI-CA: Vorgangsfindung
4040	SD/FI-CA: Auswahl gültiger Vertragskonten
4050	SD/FI-CA: Zusatzdaten zu Musterbelegen fortschreiben
4051	SD/FI-CA: Fakt.auftrag für Quellbelege vom Typ SD anreichern
4060	SD/FI-CA: Keinen Zahlschein erstellen

Abbildung 12.16 Zeitpunkte der SD-Fakturaüberleitung

Zahlungsbedingungen

Zum Beispiel können Sie die *Zahlungsbedingungen* neu setzen, wenn die Ableitung aus SD nicht passend zur Verarbeitung ist (einstufige FI-CA-Zahlungsbedingungen berücksichtigen), oder Sie können eine dynamische Ableitung der Haupt- und Teilvorgänge programmieren.

Auch wenn Sie mehr als ein Vertragskonto pro Geschäftspartner verwenden und dem Sachbearbeiter bei der Auftragserstellung Vorschläge unterbreiten oder feste Zuordnungen, z. B. ein spezielles Vertragskonto pro Fakturaart, zur Verfügung stellen möchten, können Sie dies nur über eine individuelle Entwicklung realisieren. In diesem Fall wäre der Zeitpunkt 4040 zu verwenden.

12.3 Fakturaschnittstellen und externe Systeme

In verteilten Systemlandschaften kann es notwendig sein, externe Systeme an das SAP-Vertragskontokorrent anzuschließen. Dies kann sowohl bedeuten, dass Sie Daten einlesen als auch Daten an externe Systeme weiterleiten müssen. Für die Verarbeitung von Eingangsdaten können Sie Einstellungen im Customizing über den folgenden IMG-Pfad hinterlegen:

IMG • Finanzwesen • Vertragskontokorrent • Integration • Datenübernahme

Da es sich um Bewegungsdaten handelt, müssen Sie zuvor sicherstellen, dass die zugehörigen Stammdaten im SAP-Vertragskontokorrent vorhanden sind oder angelegt werden.

[«]

Stammdatensynchronisation

Unterschätzen Sie nicht die Generierung und Zuordnung der korrekten Stammdaten. Ohne eine abgestimmte Stammdatensynchronisation zwischen internen und externen Systemen können Sie die Bewegungsdaten nur mit erhöhtem manuellem Aufwand im SAP-Vertragskontokorrent buchen. Dies betrifft insbesondere die Verarbeitung im Lastschrifteinzugsverfahren mit der Zuordnung des korrekten SEPA-Mandats. Eine Buchung auf den falschen Geschäftspartner mit ungültigem SEPA-Mandat erhöht den manuellen Korrekturaufwand und die Aufwände in der Rückläuferverarbeitung.

Informationen für die Belegübernahme

Für eine Belegübernahme müssen z. B. folgende Informationen angelegt, geprüft und zugeordnet und in den Belegdaten bereits definiert oder über anschließende Übernahmelogiken angereichert werden.

- **Geschäftspartner**
  Hier geht es um das Identifizieren des richtigen Geschäftspartners, denn möglicherweise gibt es im System mehrere Geschäftspartner, die auf den Kunden im Beleg hinweisen. Um die Zuordnung erfolgreich durchführen zu können, müssen Sie dem liefernden System Informationen zur Zuordnung zur Verfügung stellen, oder Sie definieren eine Programmlogik, die einen eindeutigen Geschäftspartner findet.
- **Vertragskonto**
  Geschäftspartner können mehrere Vertragskonten haben oder sich Vertragskonten teilen. Genau wie die Geschäftspartnerfindung müssen Sie hier eindeutige Zuordnungen finden.
- **Abhängige Stammdaten und Objekte**
  Nachdem Sie die Hauptstammdatenobjekte zugeordnet haben, müssen Sie sicherstellen, dass der Beleg mit allen für den Zahlungsprozess not-

wendigen Daten gebucht wird. Dazu gehört, dass Daten abgeleitet oder angereichert werden. Es kann notwendig sein, z. B. ein SEPA-Mandat für einen Geldeinzug anzulegen oder auszuwählen. Hieran erkennen Sie schon die Komplexität der Ableitungslogiken und die Auswirkungen auf den Zusammenhang der Vertragskontoobjekte. Zusätzlich müssen Sie auch die Anforderungen an die übernommen Daten von den Systemen berücksichtigen, die Sie mit den Belegdaten beliefern, wie z. B. ein BI-System oder ein zentrales externes Zahlungsabwicklungssystem.

Übernahmeprogramm für Bewegungsdaten

Wenn das von Ihnen implementierte Customizing oder die Programmlogiken keine Zuordnung und Buchung vornehmen können, werden die Übernahmedaten zwischengespeichert und können manuell korrigiert werden.

Das Übernahmeprogramm in Abbildung 12.17 für Bewegungsdaten wird folgendermaßen angestoßen: Starten Sie Programm zur Datenübernahme, indem Sie im Feld **Identifikation** eine solche für den Lauf vergeben. Definieren Sie im Feld **Abstimmschlüssel** einen Schlüssel, unter dem die Buchungen zusammengefasst werden.

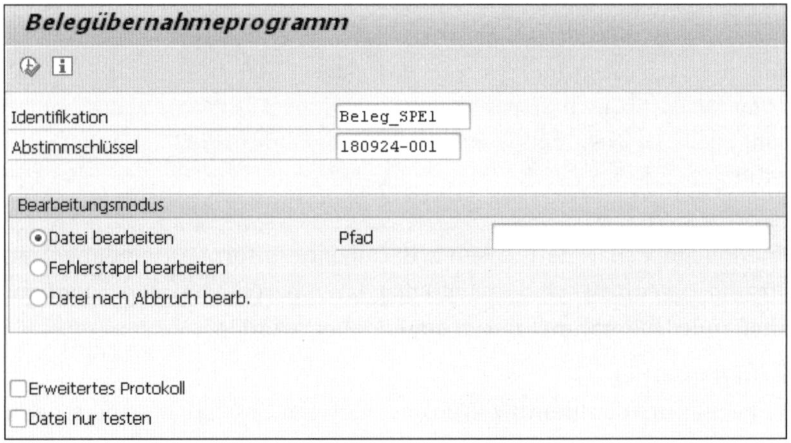

Abbildung 12.17 Belegdaten übernehmen

Geben Sie den Pfad zur Datei an. Daraufhin laufen die folgenden Schritte ab (siehe Abbildung 12.18):

1. Belegdaten übernehmen
2. Datenbuchen bzw. speichern
3. Fehlerdaten schreiben
4. Programm zur Fehlerberichtigung ausführen

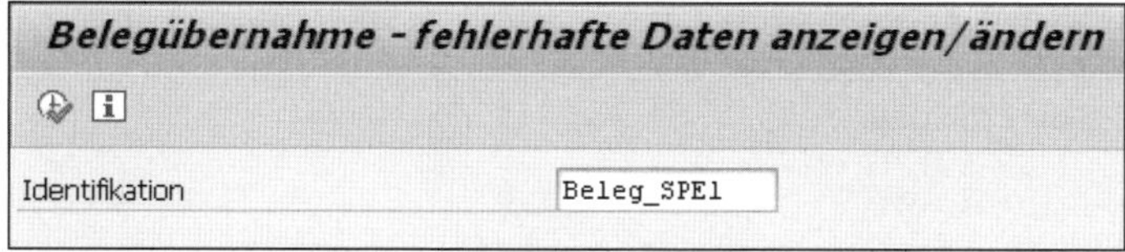

Abbildung 12.18 Korrekturdaten erstellen

Starten Sie das Programm zur Datenübernahme erneut, damit fehlerhafte Daten erneut verarbeitet werden können (siehe Abbildung 12.19).

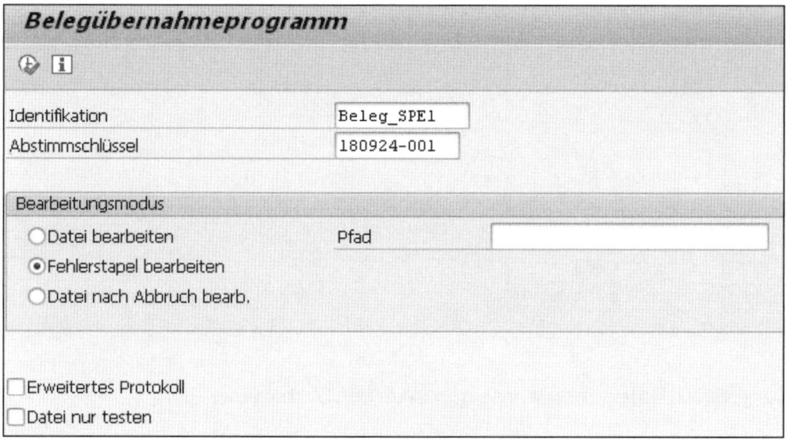

Abbildung 12.19 Korrekturdaten erneut verarbeiten

Ähnlich wie bei der Belegdatenüberahme, stehen Ihnen weitere Möglichkeiten zur Datenübernahme zur Verfügung:

- Belege
- Zahlungsstapel
- Rückläuferstapel
- Scheckausgang-/eingang
- elektronischer Kontoauszug und Multicash
- Zahlungsavise

Datenübernahme per IDoc

Zusätzlich zur Datenübernahme per Dateischnittstelle über den Application Server steht Ihnen noch die *Standard-IDoc-Schnittstelle* (IDoc = Intermediate Document) zur Verfügung. Diese können Sie für die Übernahme aus externen Billing-Systemen, wie z. B. in Abbildung 12.20 dargestellt, über das Customizing ausprägen oder für eigene Übernahmen per zugeordnetem Funktionsbaustein nutzen.

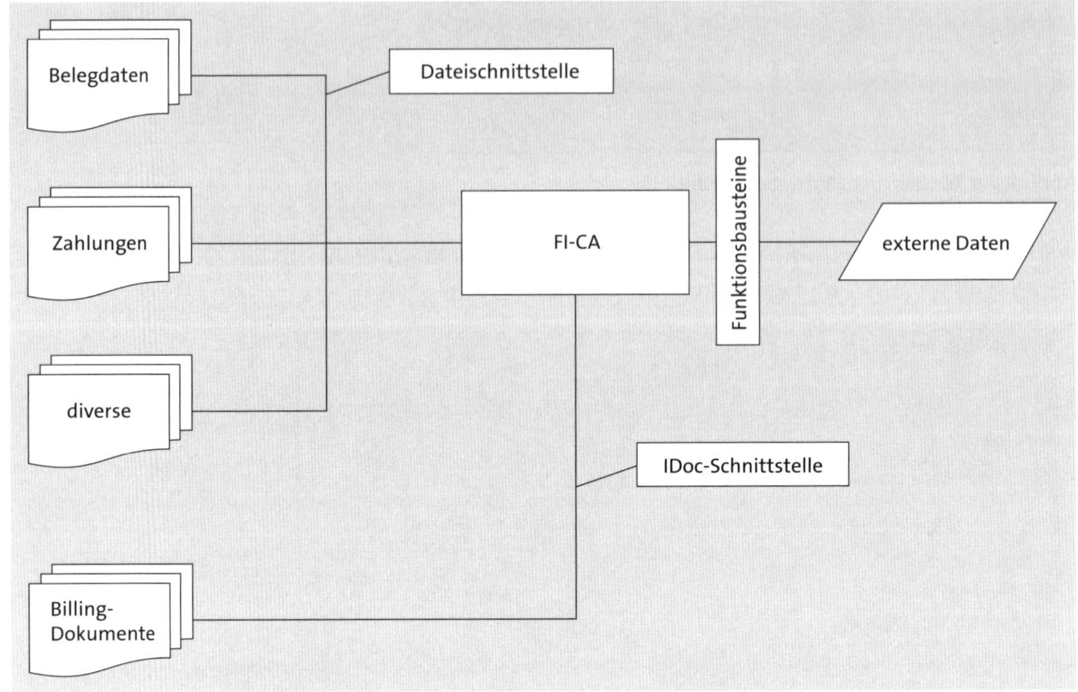

Abbildung 12.20 Datenübernahme aus externen Systemen

Funktionsbausteine zur Belegbuchung

Natürlich können Sie auch durch technische oder funktionale Begebenheiten darauf angewiesen sein, eine komplett eigenentwickelte Schnittstelle bereitzustellen. Selbst wenn Sie die Übernahme der Daten per Individualentwicklung umsetzen, können Sie die Buchungen über die Standardfunktionsbausteine implementieren; dies gibt Ihnen eine funktionsfähige Vorlage und die Sicherheit, dass die Belege die Anforderungen an eine funktionsfähige Buchung erfüllen, anstatt direkt in die Tabellen des SAP-Vertragskontokorrents zu buchen.

Funktionsbausteine testen

Wenn Sie sich bei der funktionalen Beschreibung für die Funktionsbausteine nicht über die notwendigen Eingabeinformationen oder die Auswirkungen im Klaren sind, können Sie die Funktionsbausteine über Transaktion SE37 (Function Builder) ausführen und mit manuellen Eingaben versorgen.

12.3.1 Identifikation für externes System hinterlegen

Als ersten Schritt definieren Sie die Identifikationsnummern für die externen Systeme über den folgenden IMG-Pfad:

IMG • Finanzwesen • Vertragskontokorrent • Integration • Datenübernahme

Hierzu speichern Sie, wie in Abbildung 12.21 beispielhaft dargestellt, Ihre Systemkennzeichnungen und Beschreibungen.

ID externes System

ExtSys	Bezeichung
B1	Belegübernahme System 1
B2	Belegübernahme System 2
EK1	Externer Elektronischer Kontoauszug 1

Abbildung 12.21 Identifikationsnummern für externe Systeme definieren

12.3.2 Einstellungen zur den Dateischnittstellen

Bei der Übernahme von Daten aus Dateien beachten Sie die genaue Reihenfolge der Zeilen und der Strukturen. Es gelten verschiedene Abhängigkeiten. So müssen z. B. die Statussätze zuerst verarbeitet werden, oder der Belegkopf vor der Belegposition.

Strukturen generieren

Für die verschiedenen Arten von Datenübernahmen müssen Sie anschließend eine Übernahmestruktur definieren. Wir gehen anhand des Beispiels der Belegbuchung vor; dieses kann auch auf die anderen Strukturen angewendet werden.

Tabellenstrukturen

Sie können anhand von vordefinierten Beispielstrukturen in Abbildung 12.22, die den Standardtabellen gleichen, die Struktur der angelieferten Struktur nachbilden. Im Beispiel sehen Sie die ZFKKKO-Kopfdaten der Belegbuchung für eine Datei, die exakt den Standardtabellen gleicht. Wenn Sie abweichende Felder definieren, prüft das SAP-System, ob diese zur Belegübernahme ausreichen und passgenau sind.

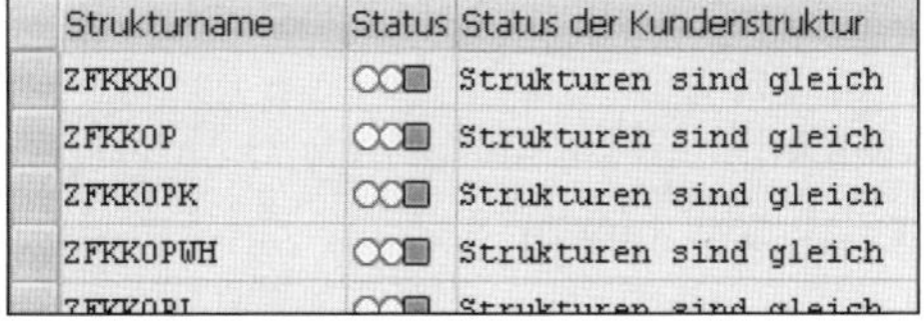

Strukturname	Status	Status der Kundenstruktur
ZFKKKO		Strukturen sind gleich
ZFKKOP		Strukturen sind gleich
ZFKKOPK		Strukturen sind gleich
ZFKKOPWH		Strukturen sind gleich

Abbildung 12.22 Strukturnamen für Belegübernahmen

Die Z-Struktur können Sie über Transaktion SE11 aufrufen und/oder sie verändern, wie es in Abbildung 12.23 dargestellt ist.

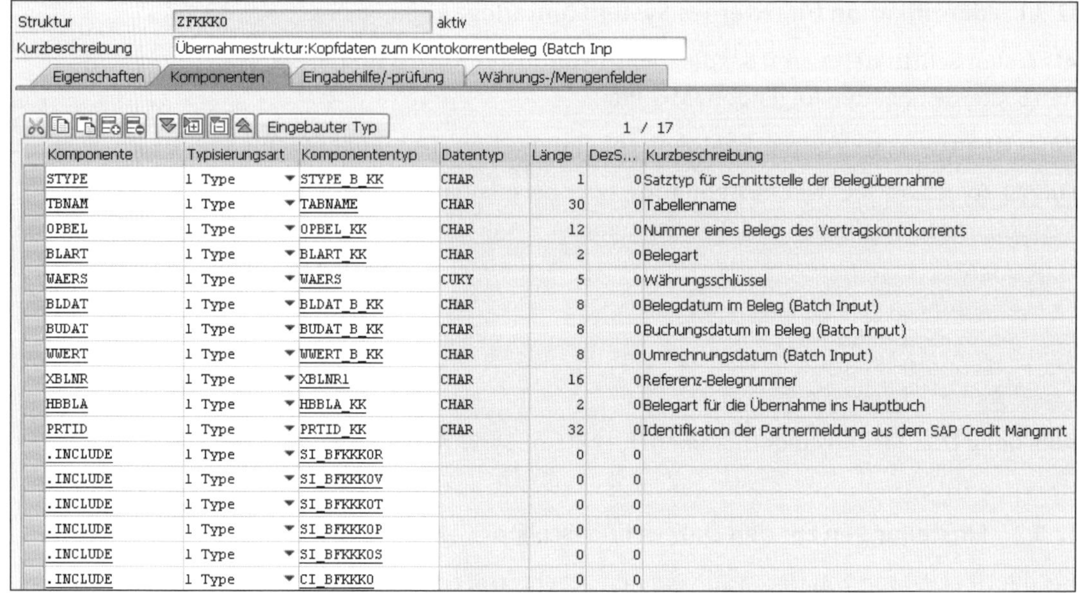

Struktur ZFKKKO aktiv
Kurzbeschreibung Übernahmestruktur:Kopfdaten zum Kontokorrentbeleg (Batch Inp
Eigenschaften | Komponenten | Eingabehilfe/-prüfung | Währungs-/Mengenfelder
Eingebauter Typ 1 / 17

Komponente	Typisierungsart	Komponententyp	Datentyp	Länge	DezS...	Kurzbeschreibung
STYPE	1 Type	STYPE_B_KK	CHAR	1	0	Satztyp für Schnittstelle der Belegübernahme
TBNAM	1 Type	TABNAME	CHAR	30	0	Tabellenname
OPBEL	1 Type	OPBEL_KK	CHAR	12	0	Nummer eines Belegs des Vertragskontokorrents
BLART	1 Type	BLART_KK	CHAR	2	0	Belegart
WAERS	1 Type	WAERS	CUKY	5	0	Währungsschlüssel
BLDAT	1 Type	BLDAT_B_KK	CHAR	8	0	Belegdatum im Beleg (Batch Input)
BUDAT	1 Type	BUDAT_B_KK	CHAR	8	0	Buchungsdatum im Beleg (Batch Input)
WWERT	1 Type	WWERT_B_KK	CHAR	8	0	Umrechnungsdatum (Batch Input)
XBLNR	1 Type	XBLNR1	CHAR	16	0	Referenz-Belegnummer
HBBLA	1 Type	HBBLA_KK	CHAR	2	0	Belegart für die Übernahme ins Hauptbuch
PRTID	1 Type	PRTID_KK	CHAR	32	0	Identifikation der Partnermeldung aus dem SAP Credit Mangmnt
.INCLUDE	1 Type	SI_BFKKKOR		0	0	
.INCLUDE	1 Type	SI_BFKKKOV		0	0	
.INCLUDE	1 Type	SI_BFKKKOT		0	0	
.INCLUDE	1 Type	SI_BFKKKOP		0	0	
.INCLUDE	1 Type	SI_BFKKKOS		0	0	
.INCLUDE	1 Type	CI_BFKKKO		0	0	

Abbildung 12.23 Übernahmestruktur für Belegkopfdaten

Felderweiterungen

Sie können die Felder verändern, löschen, in ihrer Reihenfolge ändern oder neue Felder hinzufügen. Beachten Sie aber, dass die Datei immer noch den Anforderungen für eine SAP-Vertragskontokorrent-Belegbuchung genügen muss.

Vorgehen bei der Dateiübernahme

Um die Übernahme auf die SAP-Vertragskontokorrent-Seite und die Fehleranalyse beim Betrieb der Datenübernahme möglichst einfach zu halten, können Sie die Eingangsdateien gleich beim Sender aufbauen oder eine Mapping Engine dazwischenschalten.

Zusätzlich ergibt sich auch dadurch der Vorteil, dass Sie nur eine Eingangsstruktur erstellen müssen.

In den weiteren Customizing-Punkten können Sie mit der gleichen Vorgehensweise die weiteren Übernahmearten definieren.

12.3.3 BAPI-Buchungen

Business Application Programming Interface

Eine weitere Möglichkeit, um Belege im SAP-Vertragskontokorrent zu erzeugen, ist die Verwendung von BAPIs (Business Application Programming Interfaces). Dies ist sinnvoll, wenn umfangreichere Logiken oder Datenableitungen zur Erstellung der Belege notwendig sind. Durch eigene Programmlogiken können Sie Fälle dann individuell abdecken.

Die BAPIs können durch externe Programme aufgerufen werden und mit den im BAPI zur Verfügung gestellten Funktionen, z. B. für Belege, gebucht werden. Sie können alle zur Verfügung stehenden BAPIs über Transaktion BAPI (BAPI Explorer) aufrufen.

Aufrufer-ID für externe Schnittstellen pflegen

In diesem Customizing-Schritt legen Sie in der Spalte **Aufrufer** die ID für den Aufrufer eines BAPIs fest und ermöglichen so die Erstellung eines dezidierten Abstimmschlüssels. Abbildung 12.24 zeigt die Aufrufer-ID und die dazugehörige Beschreibung.

Aufruf-ID für BAPI für Belegbuchung pflegen

Aufrufer	Bezeichung
001	Belegbuchung
002	Belegstorno

Abbildung 12.24 Aufrufer-Identifizierung

Für die beiden BAPIs `CrAcDocument.Create` und `CtrAcDocument.Reverse` werden dann pro Aufrufer und Tag die Abstimmschlüssel definiert.

12.3.4 Einstellungen zur Billing-IDoc-Schnittstelle

Über die IDoc-Schnittstelle können Sie z. B. Belegbuchungen und Stornierungen im SAP-Vertragskontokorrent auslösen.

IDoc-Verarbeitung

Durch zusätzliche Programmierung können Sie auch eigene Logiken und Strukturen zur Übernahme definieren. Die Verarbeitung der IDocs können Sie u. a. mit Transaktion BD87 (Statusmonitor für ALE-Nachrichten) überwachen und starten. Um ein IDoc manuell zu erstellen oder zu verändern, können Sie Transaktion WE19 (Testwerkzeug) nutzen.

Grundeinstellungen für die Belegübernahme

Um die Rechnungsdaten aus einen Billing-System per IDoc-Schnittstelle zu übernehmen, definieren Sie die folgenden Customizing-Schritte. Im Folgenden bestimmen Sie die allgemeinen Einstellungen für die zu übernehmenden IDocs in der IDoc-Schnittstelle (siehe Abbildung 12.25).

Ordnen Sie zuerst das zuvor hinterlegte System zu, und definieren Sie den Nachrichtentyp, wie in Abbildung 12.25 beispielhaft beschrieben. Dieser fungiert zugleich als BAPI für die Übernahme. Anschließend wählen Sie die Systemdaten aus, die als technische Systemverknüpfung im System eingetragen sind.

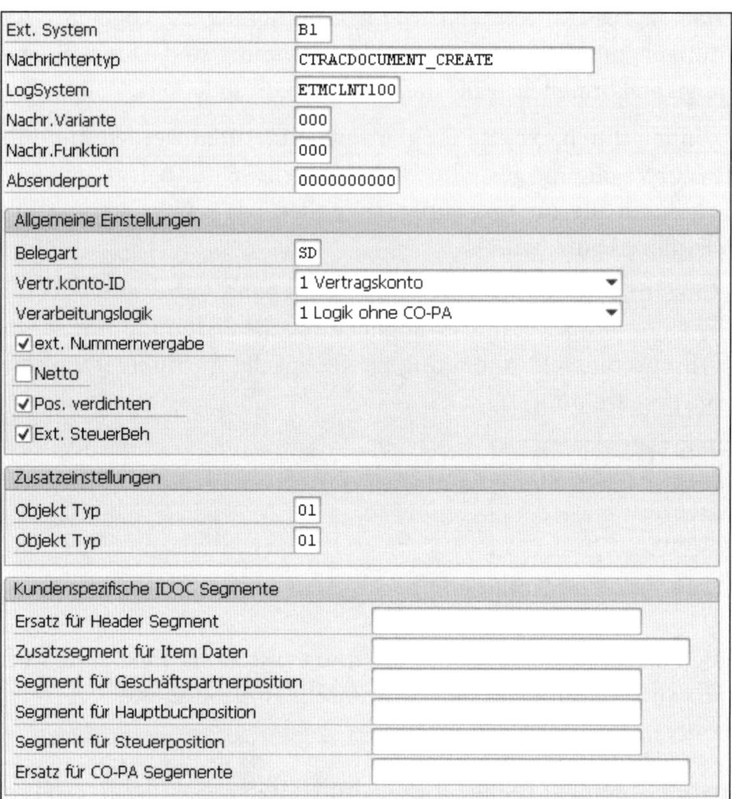

Abbildung 12.25 Einstellungen für zu übernehmende IDocs in der IDoc-Schnittstelle bestimmen

BAPI-Nutzung

Für die Buchung wählen Sie anschließend im Bereich **Allgemeine Einstellungen** im Feld **Belegart** die Belegart aus, die bei der Belegbuchung verwendet werden soll. Die Vertragskonto-ID im Feld **Vertr.konto-ID** beschreibt die Identifizierungsmethode des Vertragskontos, das bebucht werden soll. Auch haben Sie die Wahl, ob die CO-PA-Ableitung aktiv geschaltet werden soll.

Der Beleg kann mit der externen Nummernvergabe im Nettoverfahren gebucht werden, und Sie definieren, ob die Buchungszeilen aus dem externen System zusammengefasst werden sollen und ob die Steuermeldung aus dem SAP-Vertragskontokorrent oder aus dem externen System heraus prozessiert werden soll.

In den Zusatzeinstellungen definieren Sie die Objekttypen, wie z. B. den Typ **Rechnung**. Wenn Sie die Segmente des IDocs kundenindividuell ausgeprägt haben, können Sie die Segmentnamen hinterlegen, die bei der Verarbeitung berücksichtigt werden sollen.

Merkmalsableitungen für die CO-PA-Fortschreibung definieren

Wenn Sie die *CO-PA-Ableitung* nutzen möchten, definieren Sie in diesem Customizing-Punkt die Merkmale, anhand derer die Ableitungen der CO-PA-Objekte vorgenommen werden.

CO-PA-Ableitung

Sie können die Merkmale über das IDoc-Segment oder über eine Programmableitung zur Verfügung stellen. Dem Ergebnisbereich werden hierbei ein bzw. mehrere Merkmale mit Herkunft und Funktionsbaustein zugeordnet. Dies kann sowohl intern als auch extern erfolgen.

Vorgaben für die Übersetzung der externen Belegart hinterlegen

Für die Übernahme eines Belegs mit Erlöszeile können Sie im Buchungsbereich 1402 pro Dokumententyp die Belegart und den Objekttyp festlegen. Wenn Sie Belege ohne Erlöszeile in das IDoc übernehmen, benötigen Sie die Einstellung aus Abbildung 12.26 nicht. Im weiteren Verlauf springen wir in das Customizing für Belege mit Erlöszeilen.

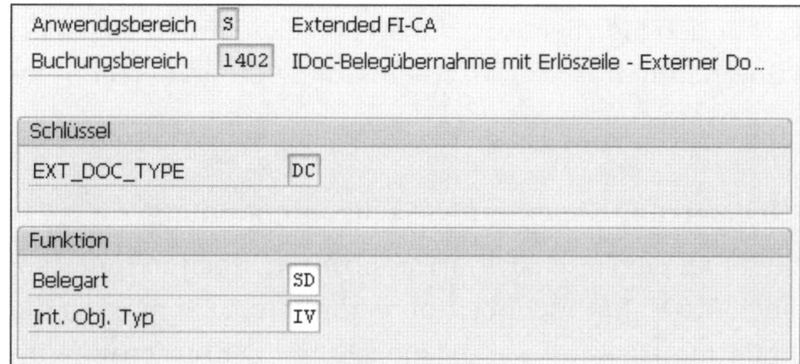

Abbildung 12.26 Dokumententyp verknüpfen

Externen Kennung der Geschäftspartnerposition

Bei der Übernahme der Positionsdaten aus der IDoc-Position können Sie diese den im SAP-Vertragskontokorrent hinterlegten Positionsinformationen zuordnen. Im Buchungsbereich 1403 in Abbildung 12.27 können Sie die externen Positionsnummern und das Soll-/Haben-Kennzeichen auf die Vertragskontofelder mappen und die Kontenfindung ableiten.

Übersetzung der externen Steuerkennung mit interner Behandlung

Steuerposition

Sie können den Steuerkennzeichen aus dem übermittelten IDoc interne Steuerkennzeichen des Finanzwesens und Steuerkennungen pro Konditionsart zuweisen. Hierdurch können die Steuern pro Steuerzeile durch die internen Steuerlogiken des SAP-Vertragskontokorrents und die Steuerzeile gebucht werden.

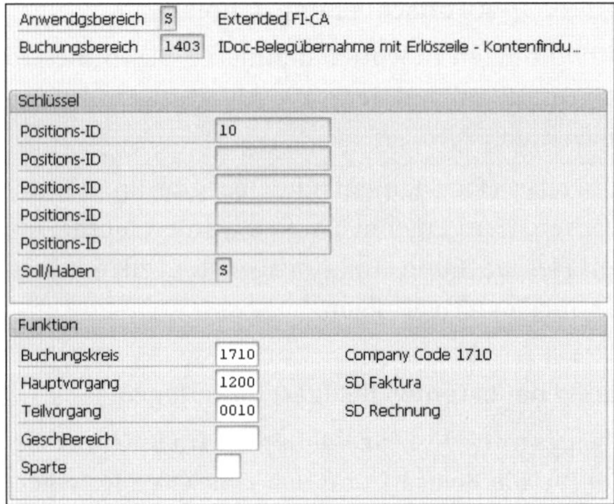

Abbildung 12.27 Geschäftspartnerposition im IDoc

Übersetzung der externen Steuerkennung mit externer Behandlung

Im Gegensatz dazu können Sie aber auch die Steuerzeilen durch das übertragende System übernehmen und eins zu eins ohne Steuerberechnung buchen lassen.

Vorgaben für die Übersetzung der externen Sachkontenfindung

Genauso wie Sie zuvor an der Geschäftspartnerposition arbeiten mussten, müssen Sie jetzt auch die Hauptbuchposition verknüpfen. Sie müssen die Erlöskonten in Abbildung 12.28 mit der gewünschten CO-Kontierung hinterlegen. Die Einstellungen zu den Belegzeilen sind gleich der Kontenfindung im SAP-Vertragskontokorrent aufgebaut.

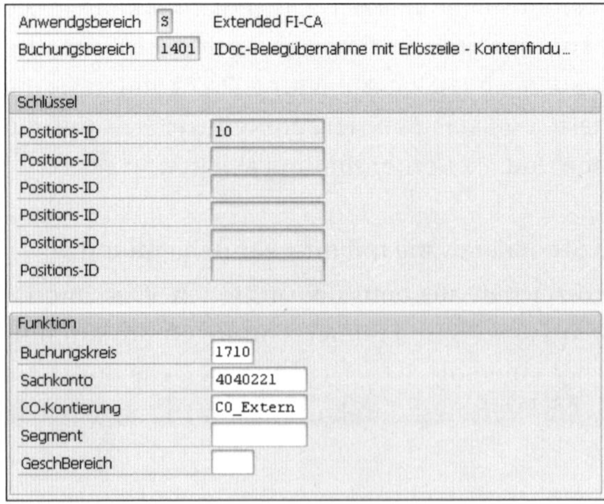

Abbildung 12.28 Hauptbuchposition ableiten

Vorgaben für die Übersetzung des externen Zahlwegs hinterlegen

Die Ableitung des Zahlwegs aus der IDoc-Information hinterlegen Sie im Buchungsbereich 1404 (siehe Abbildung 12.29).

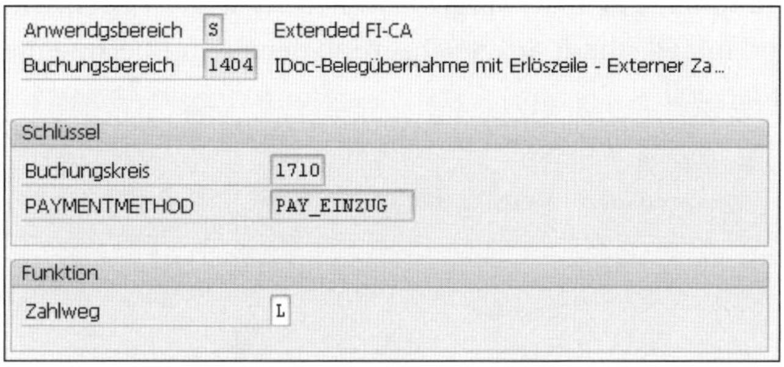

Anwendgsbereich S Extended FI-CA
Buchungsbereich 1404 IDoc-Belegübernahme mit Erlöszeile - Externer Za...

Schlüssel
Buchungskreis 1710
PAYMENTMETHOD PAY_EINZUG

Funktion
Zahlweg L

Abbildung 12.29 Zahlweg ableiten

Sie können die Ableitung pro Buchungskreis im Feld **Buchungskreis** und pro Zahlungsmethode im Feld **PAYMENTMETHOD** aus dem IDoc einem Zahlweg im SAP-Vertragskontokorrent zuordnen. In Abbildung 12.29 wurde der Zahlweg L für den Buchungskreis 1710 hinterlegt.

Datenübernahme ohne Erlöskontenzeile

Wenn Sie die Belege ohne Erlöskontenzeile aus dem IDoc erstellen lassen, müssen Sie nur die Positionskennung und die Steuerkennung im nachfolgenden Customizing zuordnen.

Verknüpfung von Rechnungen aus externen Systemen

Externer Rechnungsdruck

Vorausgesetzt, Sie verwenden das Standard-Archivverfahren und die Systemverbindungen über die Basiseinstellungen, können Sie auch im Customizing *externe Dokumente* als Rechnungsdokument im SAP-Vertragskontokorrent verknüpfen. Diese kann der Sachbearbeiter aufrufen und z. B. an den Kunden versenden. Hierzu benennen Sie die externe Systemkennung sowie das hierzu hinterlegte logische System und vergeben eine Beschreibung.

Im zweiten Customizing-Schritt hinterlegen Sie die Dokumentenbezeichnung aus dem externen System und die Dokumentenart, die im SAP-Vertragskontokorrent verwendet werden soll.

Stornierungen im externen Abrechnungssystem

Die im Vertragskonto durch die IDoc-Verarbeitung gebuchten Belege können auch storniert werden. Verwenden Sie hierzu den folgenden Customizing-Pfad:

IMG • Finanzwesen • Vertragskontokorrent • Integration • Datenübernahme • Kommunikation mit externen Billing-Systemen • Einstellungen für die Stornierung von Belegen

Sie können, wie es in Abbildung 12.30 dargestellt ist, lediglich festlegen, mit welcher Belegart und mit welchem Ausgleichsgrund der zuvor übertragene Beleg storniert werden soll.

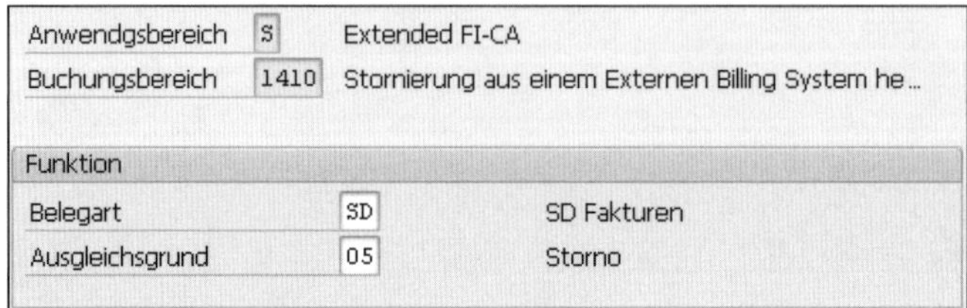

Abbildung 12.30 Belegstorno per IDoc

Zusätzliche Einstellungen

Des Weiteren können Sie noch Informationen über die Systemverbindung an das externe Fakturasystem versenden, um z. B. die Rechnungsdaten für den Druck oder die Intervallausprägung für die parallele IDoc-Verarbeitung zu übermitteln.

12.4 Hauptbuch und Controlling

Nachdem Sie in den vorangehenden Abschnitten dieses Kapitels die Übernahme von Stammdaten- und Fakturadaten in das SAP-Vertragskontokorrent kennengerlernt haben, betrachten Sie im vorliegenden Abschnitt die nachgelagerte Integration in Hauptbuch und Controlling.

12.4.1 FI-/CO-Integration – Einführung

Das SAP-Vertragskontokorrent ist, ebenso wie die klassische Debitorenbuchhaltung in FI-AR, ein Nebenbuch. Während die einzelnen Buchungsprozesse auf der detaillierten Ebene der unterschiedlichen Geschäftspartner im Nebenbuch geführt werden, reflektiert das Hauptbuch die Geschäftsvorfälle auf übergeordneten *Abstimmkonten*.

Abstimmkonten

Abstimmkonten spiegeln somit in gesammelter Form die einzelnen Forderungen des Nebenbuches auf der aggregierten Ebene der Bilanz im Hauptbuch wider. Kriterien zur Definition von Abstimmkonten können dabei aus Anforderungen der lokalen und internationalen Rechnungslegungsvorschriften sowie des internen Reportings resultieren. Beispielsweise erfordert das HGB eine Unterscheidung von Forderungen aus Lieferungen und Leistungen gegenüber sonstigen Dritten, gegenüber verbundenen Unternehmen und Unternehmen, mit denen ein Beteiligungsverhältnis besteht.

Zusätzlich können interne Anforderungen eine weitere Gliederung der Forderung nach Geschäftsbereichen, Kundengruppen oder nach einer regionalen Zuordnung erfordern. Die Zuordnung eines Geschäftspartners zu den übergeordneten Abstimmkonten des Hauptbuches erfolgt dabei über das Feld **Kontenfindungsmerkmal** auf der Registerkarte **Allgemeine Daten** des SAP-Vertragskontokorrents. Dieses wird, wie in Abschnitt 5.2, »Kontenfindung«, beschrieben, in der Kontenfindung des Hauptvorgangs verwendet, um das hinter dem Geschäftspartner liegende Abstimmkonto der Hauptbuchhaltung zu ermitteln. Die Erfassung eines Geschäftsvorfalls im Nebenbuch wird somit über die Verbindung des Abstimmkontos direkt einer Position in der Bilanz des Hauptbuches zugeordnet. Im Gegensatz zur Debitorenbuchhaltung von FI-AR werden die Forderungen des SAP-Vertragskontokorrents jedoch nicht als Einzelbuchungen auf den Abstimmkonten dargestellt, sondern als Summensätze (*Batch Processing*) in das Hauptbuch übergeleitet.

Summensatzüberleitung

Wie in Abbildung 12.31 dargestellt, werden bei der Übernahme in das Hauptbuch die Einzelbelege aller Vertragskonten mit demselben Kontenfindungsmerkmal zusammengefasst und als gesammelte Forderungen mit einem Einzelbeleg auf dem Abstimmkonto des Hauptbuches gebucht. Auch die Gegenbuchungen, die über die Teilvorgangsermittlung innerhalb der Kontenfindung gesteuert werden, werden innerhalb eines Übernahmelaufs zusammengefasst und auf den entsprechenden Hauptbuchkonten gebucht. Im Beispiel aus Abbildung 12.31 liegt eine Gruppierung der Forderungen auf der Basis der Kundengruppen B2B und B2C vor, während alle Gegenbuchungen der einzelnen Forderungsfälle als Verkaufserlöse gebucht wurden und daher als Buchungen auf dem entsprechenden Erlöskonto übernommen werden.

Verdichtungskriterien

Um legalen Anforderungen und den internen Kontierungsrichtlinien der Hauptbuchhaltung, aber auch dem Controlling gerecht zu werden, wird die Verdichtung der Einzelposten zu Summensätzen in der Überleitung nach verschiedenen Merkmalen gesteuert.

Neben dem Hauptbuchkonto können Sie weitere Kontierungsmerkmale als *Verdichtungskriterien* für die Überleitung festlegen, sodass nur Belege mit denselben Merkmalen in der Überleitung zusammengefasst und als Summe gebucht werden.

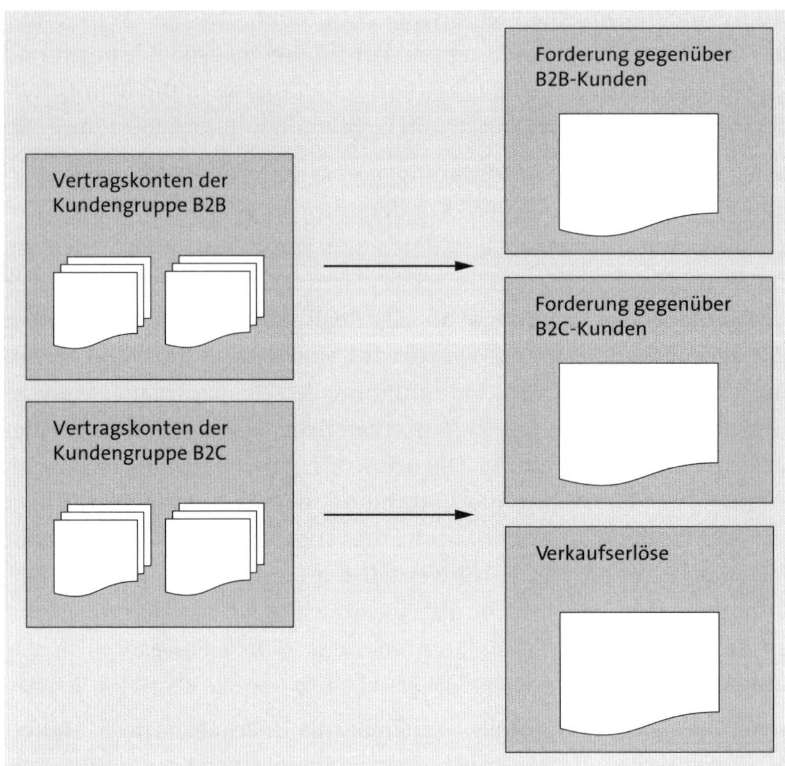

Abbildung 12.31 Überleitung der Einzelbuchung als Sammelbuchung in Hauptbuch und Controlling

Abstimmschlüssel zur Steuerung der Überleitung

Des Weiteren lernen Sie im Folgenden neben den Einstellungen zur Aggregation von Buchungssummen und den Regeln zur Hauptbuchübernahme den *Abstimmschlüssel* als Gruppierungsschlüssel der Hauptbuchüberleitung kennen. Nur Einzelposten, die innerhalb eines Abstimmschlüssels im SAP-Vertragskontokorrent gebucht werden, werden in der Überleitung nach den Verdichtungskriterien zusammengefasst und im Hauptbuch aggregiert gebucht.

[»]

Keine Realtime-Integration in das Hauptbuch

Das SAP-Vertragskontokorrent ermöglicht Ihnen die Massenverarbeitung von Einzelposten innerhalb der Debitorenbuchhaltung. Im Gegensatz zur klassischen Debitorenbuchhaltung von FI-AR werden die Forderungen nicht als Einzelposten, sondern nur als Summe auf den Abstimmkonten des Hauptbuches widergespiegelt. Um die Summensätze bilden zu können, werden gleichartige Geschäftsvorfälle unter einem Abstimmschlüssel gebucht; die Summe der getätigten Buchungen wird erst nach Beendigung aller einzelnen Prozessschritte zu einem Geschäftsvorfall ermittelt und in das Hauptbuch übergeleitet. Hintergrund dieser Verarbeitungslogik ist der Einsatz des SAP-Vertragskontokorrents in der Massenverarbeitung von debitorischen Forderungen.

Um die Verarbeitungszeiten im Hauptbuch nicht aufgrund der hohen Anzahl von Einzeltransaktionen, die bei einem Fakturalauf z. B. im Bereich der Versorgungsunternehmen (IS-U) oder der Telekommunikation (IS-T) am Monatsende durch die Abrechnung der Einzelverträge entstehen, zu belasten, wird die Verarbeitung dieser Posten zunächst nur im Nebenbuch durchgeführt. Es besteht somit jedoch keine Realtime-Integration, und erst nach dem Abschluss der einzelnen Buchungsvorgänge werden die Verkehrszahlen im Hauptbuch fortgeschrieben. Die Häufigkeit der Überleitung können Sie dabei jobbasiert steuern. Um eine zeitnahe Überleitung zu garantieren, sollten Sie nach Abschluss der einzelnen Vorgänge innerhalb eines Geschäftsvorfalls (z. B. nach dem Abschluss des Fakturalaufs) den Abstimmschlüssel schließen und die Summenerstellung in das Hauptbuch starten.

12.4.2 Abstimmschlüssel

Der *Abstimmschlüssel* dient Ihnen als Gruppierungsschlüssel von Einzelposten zur Bildung von Summensätzen in der Überleitung zum Hauptbuch. Der Abstimmschlüssel wird als technischer Schlüssel in den Belegkopf des gebuchten Postens im SAP-Vertragskontokorrent in das Feld FIKEY von Tabelle DFKKKO geschrieben. Der zwölfstellige alphanumerische Schlüssel wird bei den Buchungen maschinell durch das SAP-System für alle automatisierten Geschäftsvorfälle, die mittels Jobverarbeitung gesteuert werden und Teil der Massenverarbeitung sind, erstellt. Für manuelle Einzelbuchungen der Dialogverarbeitung muss der Abstimmschlüssel durch Ihre Endanwender direkt im Beleg gepflegt werden.

Aufbau des Abstimmschlüssels

Im Standard verwendet das SAP-System für den Aufbau des Abstimmstimmschlüssels eine Kombination aus den folgenden Angaben:

- JJ: Jahr (z. B.: 18 für 2018)
- TTT: Tag des Jahres (z. B. 001 für den ersten Tag und 365 für den letzten Tag des Jahres)
- NNNNN: Identifikationsschlüssel aus Zahllauf, Zinslauf oder Mahnlauf
- PP: automatisch vergebene Jobnummer durch das SAP-System
- HH: Belegherkunft
- LLL: Lauf-ID

Daraus ergibt sich der folgende Aufbau des Abstimmschlüssels für die jobbasierten Geschäftsvorfälle aus Tabelle 12.1.

Geschäftsvorfall	Abstimmschlüssel	Beispiel
Zahlungsstapel	XXXXXXXX	Name des Stapels
Zahllauf	JJ TTT NNNNN PP	18 101 SMK01 25
Zinslauf	JJ TTT NNNNN PP	18 025 SMK01 01
SD-Fakturierung	HH JJ TTT LLL	SD 18 225 001

Tabelle 12.1 Beispiel – Aufbau des Abstimmschlüssels

[»]

Vorgaben zum Aufbau des Abstimmschlüssels hinterlegen

Sie haben im Funktionsbaustein FKK_SAMPLE_1113 die Möglichkeit, den Aufbau des Abstimmschlüssels individuell pro hinterlegten Herkunftsschlüssel zu gestalten. Zusätzlich bietet Ihnen das SAP-System auch die Möglichkeit, benutzerabhängige Abstimmschlüssel zu erstellen. Pro Herkunftsschlüssel können Sie sowohl den Aufbau von Abstimmschlüsseln der Massenverarbeitung benutzerabhängig als auch für manuelle Buchungen aus der Dialogstruktur aufbauen. Im letzten Fall wird der Abstimmschlüssel als Vorschlagswert in Abhängigkeit der Benutzer im Belegkopf angezeigt und durch den Endanwender individuell überschrieben.

Verwenden Sie hierzu den Musterfunktionsbaustein FKK_SAMPLE_1113_USER, um auf der Basis der Selektionskriterien **Herkunftsschlüssel** und **Benutzergruppe** die Erstellung des Abstimmschlüssels zu steuern. Als Voraussetzung müssen Sie im Customizing sowohl die Herkunftsschlüssel für den Funktionsbaustein hinterlegen als auch die Endanwender den frei zu definierenden Abstimmgruppen zuordnen. Sie können dabei jedem Benutzer eine eigene Abstimmgruppe zuordnen oder mehrere Benutzer unter einer Abstimmgruppe zusammenführen. Jeder Benutzer kann jedoch nur einer Abstimmgruppe zugeordnet werden. Zum Hinterlegen der Herkunftsschlüssel und zur Anlage der Abstimmgruppen für einen benutzerdefinierten Aufbau des Abstimmschlüssels müssen Sie die beiden Punkte **Herkunftsschlüssel mit benutzerabhängigen Vorschlagswerten** und **Abstimmgruppen für Vorschlagswerte pflegen** über den folgenden Customizing-Pfad ausprägen:

IMG • Finanzwesen • Vertragskontokorrent • Grundfunktionen • Buchungen und Belege • Beleg • Hinterlegen von Vorschlagswerten • Regeln für Vorschlagswerte zum Abstimmschlüssel pflegen

Während Abstimmschlüssel, die im Rahmen von manuellen Buchungen durch Ihre Benutzer angelegt worden sind, auch manuell geschlossen werden müssen, werden maschinell erstellte Abstimmschlüssel nach Beendigung des Geschäftsvorfalls, d. h. z. B. nach Abschluss des SD-Fakturalaufs oder eines Zahllaufs, automatisch für weitere Buchungen gesperrt und geschlossen.

Aggregation von Abstimmschlüsseln

Pro einzelnen Joblauf wird somit ein Abstimmschlüssel erstellt und in der Überleitung als Gruppierungsschlüssel von Einzelposten vom SAP-System betrachtet. Um die Übernahme von Einzelpositionen in das Hauptbuch reduzieren zu können, haben Sie mit dem Punkt **Aggregation von Abstimmschlüsseln** die Möglichkeit, nicht nur die einzelnen Abstimmschlüssel eines Geschäftsvorfalls in der Übernahme zu betrachten, sondern diese zusammenzufassen und unter einem aggregierten Abstimmschlüssel als Summensätze in das Hauptbuch zu übergeben. Tragen Sie hierzu über den Customizing-Pfad alle Geschäftsvorfälle ein, die als Massenaktivität durch das SAP-System durchgeführt werden und in der Überleitung zusammenbetrachtet werden sollen:

IMG • Finanzwesen • Vertragskontokorrent • Integration • Hauptbuchhaltung • Aggregation von Abstimmschlüsseln festlegen

In der Spalte **RObj** (Reservierungsobjekt für die Aggregierung von Buchungen) wählen Sie die Massenaktivität aus, für die Sie eine Zusammenfassung der einzelnen Abstimmschlüssel pro Joblauf in der Überleitung und zur Bildung der Summensätze für das Hauptbuch wünschen (siehe Abbildung 12.32). Mittels der F4-Wertehilfe schlägt Ihnen das SAP-System die zur Auswahl stehenden Massenaktivitäten vor.

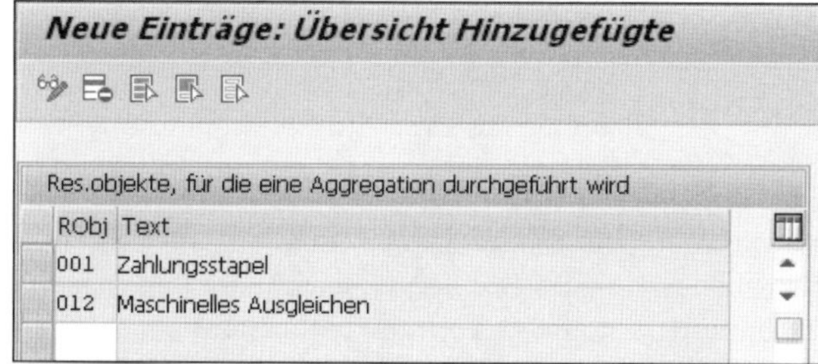

Abbildung 12.32 Aggregation von Abstimmschlüsseln

Möchten Sie die Aggregation von Abstimmschlüsseln für alle Massenaktivitäten des SAP-Vertragskontokorrents vorsehen, nehmen Sie im Feld **RObj** den Eintrag »*« vor.

Schließen und Überleiten von Abstimmschlüsseln

Vor der Überleitung in das Hauptbuch müssen die Abstimmschlüssel eines Systems, die noch nicht maschinell geschlossen wurden, manuell für weitere Buchungen geschlossen werden. Verwenden Sie hierzu Transaktion FPG4 (Automatisches Schließen von Abstimmschlüsseln). Zusätzlich können über diese Transaktion Abstimmschlüssel, die angelegt, jedoch nicht verwendet wurden, gelöscht werden. Erst nach dem Schließen der Abstimmschlüssel kann die Verdichtung der Einzelbelege erfolgen. Planen Sie den Abschluss und die Überleitung der Abstimmschlüssel als Jobsteuerung ein. Somit können Sie beispielsweise am Tagesende die gebuchten Einzelbeleg des SAP-Vertragskontokorrents stichtagsbezogen in das Hauptbuch überleiten. Alternativ können Sie auch in Anschluss an einen Job zur Massenverarbeitung der einzelnen Geschäftsvorfälle den Report zur Übernahme in das Hauptbuch laufen lassen. Die ausgewählten Reports aus Tabelle 12.2 dienen im Anschluss an die Überleitung zur Abstimmung zwischen Haupt- und Nebenbuch.

Report	Name	Beschreibung
RFKKABS30	Einzelnachweis für Buchungssummen	Der Report selektiert alle Einzelbelege, die innerhalb eines Abstimmschlüssels gebucht wurden.
RFKKGL00	Übernahme der FI-CA-Summensätze in das Hauptbuch	Übernahme und Buchung der Summensätze im Hauptbuch.
RFKKGL20	Hauptbuchbelege überprüfen	Abstimmung der gebuchten Summe im Hauptbuch mit den gebildeten Summensätzen des SAP-Vertragskontokorrents.
RFKKABS6	Nachweis für die Hauptbuchübernahme	Die in das Hauptbuch übergeleiteten Belege können als Saldenübersicht oder auf der Basis von Einzelpositionen angezeigt werden.
RFKKOP10	Abstimmung zwischen offenen Posten und Hauptbuch	Abstimmung des Saldos der Forderungen im Hauptbuch mit den offenen Posten aus dem SAP-Vertragskontokorrent.

Tabelle 12.2 Übersicht – Report zur Abstimmung der Abstimmschlüssel

12.4.3 Summensatzbildung

Die Belege werden zur Verdichtung in die Summensatztabelle DFKKSUM geschrieben. Neben dem Buchungskreis und den Hauptbuchkonten sind u. a. die folgenden Kriterien Teil der Verdichtungskriterien:

- Geschäftsbereich
- Währung
- Steuerkennzeichen
- Profit-Center
- Segment
- Kontierungen des Controllings: Kostenstelle, Innenauftrag, PSP-Element, Ergebnissegment
- Partnergesellschaft
- Zusatzkontierungen des Haushaltsmanagements, wie Finanzstelle und Finanzdisposition

Für die komplette Übersicht aller Verdichtungskriterien, rufen Sie im SAP-System die Summensatztabelle DFKKSUM über Transaktion SE11 (ABAP-Dictionary-Pflege) auf. Alle hier gelisteten Felder sind Teil der Summenbildung. Belege eines Abstimmschlüssels oder einer Aggregation von Abstimmschlüsseln werden auf diese Kriterien hin überprüft, zusammengefasst und als Summe im Hauptbuch gebucht. Ein weiteres wichtiges Kriterium der Belegübernahme in das Hauptbuch ist das Buchungsdatum. Die Überleitung erfolgt pro Buchungsdatum, wobei das Buchungsdatum dann auch als Buchungsdatum des Hauptbuchbelegs verwendet wird. Ein stichtagsgenauer Ausweis der Forderungen im Hauptbuch ist somit sichergestellt.

Übernahme auf der Einzelbelegebene

Wenn eine Übernahme auf der Einzelpostenebene für spezielle Buchungen gewünscht ist, haben Sie im Belegkopf die Möglichkeit, beim Buchen das Kennzeichen **Einzelbeleg** zu setzen. In diesem Fall wird in Tabelle DFKKKO_XEIBH das Kennzeichen für eine Einzelbelegübernahme gesetzt und der Beleg in der Verdichtung für die Hauptbuchübernahme nicht berücksichtigt. Dies ist sinnvoll, falls die Gegenbuchung auf einem Verrechnungskonto im Hauptbuch auf der Einzelpostenebene abgestimmt werden muss.

Einzelbelegübernahme für Intercompany-Buchungen

Offenen Posten aus Intercompany-Beziehungen sollten nicht in der Verdichtung der Summensatzbildung für die Hautbuchübernahme berücksichtigt werden, da ansonsten in der Intercompany Reconciliation keine Abstimmung der Forderungen und Verbindlichkeiten auf der Einzelpostenebene möglich ist. Nutzen Sie den Funktionsbaustein FKK_SAMPLE_0061, um für Buchungen mit Partnergesellschaften (DFKKOP_VBUND) die Einzelpostenübernahme über das Feld DFKKKO_XEIBH zu steuern.

12.4.4 Buchungsparameter der Hauptbuchübernahme

Belegart der Hauptbuchübernahme

Die Buchungsparameter für die Hauptbuchübernahme stellen Sie im Customizing des IMG über den folgenden Pfad ein:

IMG • Finanzwesen • Vertragskontokorrent • Integration • Hauptbuchhaltung • Buchungsvorgaben für die Hauptbuchübernahme hinterlegen

Hinterlegen Sie hier u. a. die Belegart, die Sie für den Buchungsbereich 0100, d. h. für die Buchung der Hauptbuchübernahme mitgeben wollen. Geben Sie hierzu im Feld **Belegart** die Belegart ein, mit der die Hauptbuchbuchung erfolgen soll (siehe Abbildung 12.33).

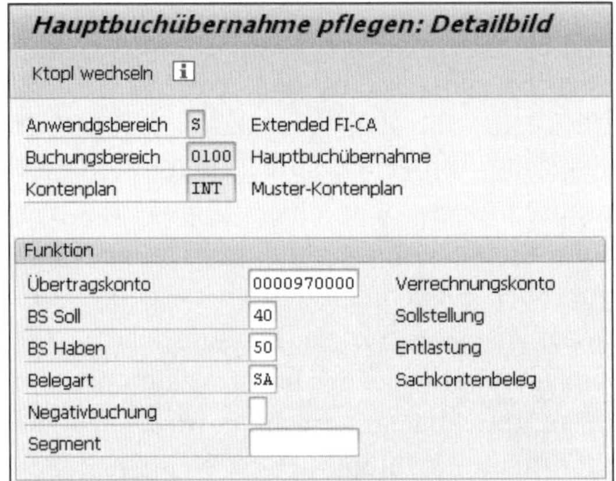

Abbildung 12.33 Buchungsparameter für die Hauptbuchübernahme

Im Standard haben Sie zunächst nur die Möglichkeit, eine Belegart für die Buchung der Übernahme zu bestimmen. Über die Schlüsselwahl (**Springen • Schlüsselwahl**) haben Sie zwar die Möglichkeit, die Wahl der Belegart um das Schlüsselfeld des Buchungskreises zu erweitern, es ist aber keine detaillierte Differenzierung auf der Basis weiterer Merkmale möglich. Falls Sie jedoch eine weitere Differenzierung im Hauptbuch wünschen und die Übernahme z. B. auf der Basis der verschiedenen Geschäftsvorfälle des SAP-Vertragskontokorrents im Hauptbuch ausweisen wollen, können Sie im Zeitpunkt 0061 unterschiedliche Belegarten für die Hauptbuchübernahme definieren. Mithilfe des Funktionsbausteins FKK_SAMPLE_0061 können Sie die Belegart für die Hauptbuchübernahme HBBLA übersteuern. Verwenden Sie unterschiedliche Hauptbuchbelegarten, um eine bessere Abstimmung der Summensätze mit dem Nebenbuch zu erzielen, wenn dies über die Gruppierung nach Abstimmschlüsseln nicht gegeben ist oder Sie auch auf Ihren Hauptbuchkonten auf der Basis der Belegart schnell nach den Summenbuchungen aus den einzelnen Geschäftsvorfällen des SAP-Vertragskontokorrents filtern möchten.

Übertragskonto

Neben der Belegart müssen Sie in Abbildung 12.33 auch die Werte für die zu verwendenden Buchungsschlüssel in den Feldern **BS Haben** und **BS Soll** pflegen. Verwenden Sie hier die Standardbuchungsschlüssel für Sachkontenbuchungen (**40** im Feld **BS Soll** und **50** im Feld **BS Haben**). Das **Übertragskonto** wird wiederum verwendet, falls die einzelnen Summenbuchungen der (aggregierten) Abstimmschlüssel die Anzahl der möglichen Positionen in einem Hauptbuchbeleg übersteigen. In diesem Fall ist ein Belegsplit erforderlich. Da der Belegsplit die einzelnen Buchungen und Gegenbuchungen auseinandernimmt, geben Sie ein technisches Übertragskonto an, das die Saldo-Null-Buchung der Gesamtbuchung sicherstellt, indem es die Belege miteinander verbindet.

Referenzangabe für den Hauptbuchbeleg

Der *Hauptbuchbeleg* wird schließlich mit dem Referenzvorgang FKKSU gebucht. Der Referenzschlüssel setzt sich in den Kopfdaten des Hauptbuchbelegs aus dem Abstimmschlüssel und einer fortlaufenden Nummer zusammen, die vom SAP-System während der Überleitung gesetzt wird. Mit dem Funktionsbaustein FKK_SAMPLE_0940 haben Sie zudem die Möglichkeit, die Zuordnung (BSEG_ZUONR), die Referenz (BSEG_XREF2), den Positionstext und kundenspezifische Felder des Hauptbuchbelegs individuell mit Informationen aus FI-CA zu füllen. Als Werte stehen Ihnen dabei die Felder aus der Summentabelle zur Verfügung.

Übernahme in das Controlling

Beachten Sie, dass für die Übernahme von Werten aus dem SAP-Vertragskontokorrent die Vollständigkeit der Beleginformationen sichergestellt sein muss. Insbesondere die Vollständigkeit der Kontierungsobjekte des Controllings sollten durch Sie beachtet werden, um eine korrekte Übernahme in das Hauptbuch zu gewährleisten. Nutzen Sie hierzu in der Kontenfindung der einzelnen Buchungsbereiche jeweils die Möglichkeit, die Kontierungsobjekte des Controllings mitableiten und automatisiert setzen zu können. Haben Sie den Belegsplit im Hauptbuch nach Profit-Centern und Segmenten aktiviert, müssen Sie des Weiteren sicherstellen, dass alle Buchungen mit entsprechenden Profit-Centern und Segmenten getätigt werden. Auch hier haben Sie in der Kontenfindung der einzelnen Buchungsbereiche die Möglichkeit, die Werte über Ableitungsregeln mitzugeben.

12.5 Abstimmarbeiten und Abschluss

Als letzten wichtigen Bestandteil der Integration lernen Sie im vorliegenden Abschnitt die Aktivitäten zu den Abschlussarbeiten kennen. Der Monats- und Jahresabschluss setzt sich aus verschiedenen Aktivitäten innerhalb der Haupt- und Nebenbücher zusammen. Während Sie mit der

Übernahme der Summensätze schon eine wichtige Voraussetzung kennengelernt haben, werden Sie im Folgenden weitere Einstellungen kennenlernen, die notwendig sind, um die Abschlussarbeiten im Nebenbuch durchzuführen bzw. vorzubereiten, sodass im Anschluss die Buchungen im Hauptbuch konsolidiert, überprüft und abgeschlossen werden können.

12.5.1 Vorgaben für die Steuermeldung beachten

Steuerkennzeichen

Die *Umsatzsteuervoranmeldung*, d. h. die Übermittlung an das Finanzamt über die in Rechnung gestellte Mehrwertsteuer und die abgeführte Vorsteuer, wird über das Hauptbuch als Teil der Monatsabschlussaktivitäten durchgeführt. Die Angaben zur Mehrwertsteuer werden dabei insbesondere über das SAP-Vertragskontokorrent gesteuert. Stellen Sie somit die richtige Erfassung der Steuerinformationen über das SAP-Vertragskontokorrent sicher. Hierzu müssen Sie zunächst die zu verwendenden Steuerkennzeichen der Mehrwertsteuerermittlung im Customizing des SAP-Vertragskontokorrents pflegen, zu erreichen über den folgenden IMG-Pfad:

IMG • Finanzwesen • Vertragskontokorrent • Grundfunktionen • Buchungen und Belege • Beleg • Mehrwertsteuerermittlung definieren

Pflege der Mehrwertsteuerermittlung

Bestimmen Sie ein zweistelliges alphanumerisches Kürzel, das als Steuerkennzeichen in Ihren Belegen verwendet werden soll. Tragen Sie dieses in der ersten Spalte **St** für die Steuerkennzeichenermittlung im in Abbildung 12.34 gezeigten Bild ein. Die Ermittlung der dahinterliegenden Steuerrate und des Kalkulationsschemas erfolgt in der zweiten **St**-Spalte, über die Sie die Verbindung zum Umsatzsteuerkennzeichen der Grundeinstellungen des Finanzwesens festlegen. Über diese Verbindung werden bei der Belegbuchung im SAP-Vertragskontokorrent alle steuerrelevanten Informationen abgeleitet, die zur automatischen Kalkulation der Steuer und zur Mitgabe aller relevanten Merkmale für die Steuertabelle als Basis der Umsatzsteuervoranmeldung sichergestellt werden. Voraussetzung ist somit die Ausprägung der Umsatzsteuerkennzeichen über die Grundeinstellungen des Finanzwesens im Punkt **Umsatzsteuer**.

Die Feldinhalte der Spalte **Bedeutung** werden automatisiert aus der Beschreibung des Umsatzsteuerkennzeichens der allgemeinen Grundeinstellungen des Finanzwesens gezogen.

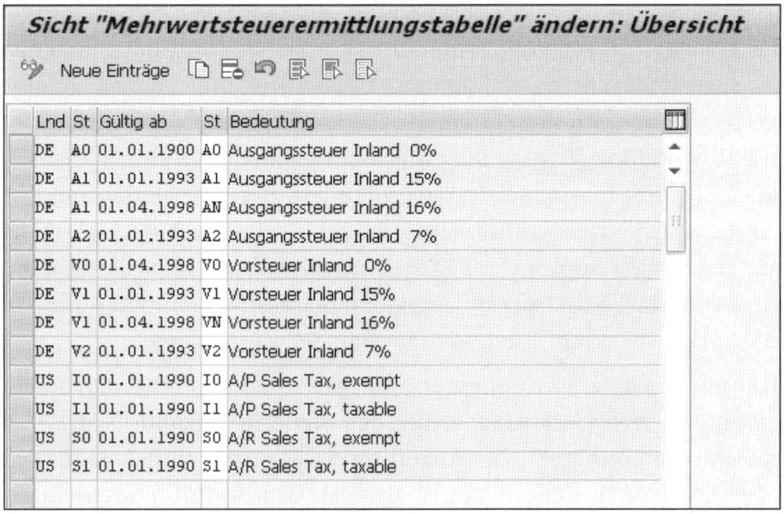

Sicht "Mehrwertsteuerermittlungstabelle" ändern: Übersicht

Neue Einträge

Lnd	St	Gültig ab	St	Bedeutung
DE	A0	01.01.1900	A0	Ausgangssteuer Inland 0%
DE	A1	01.01.1993	A1	Ausgangssteuer Inland 15%
DE	A1	01.04.1998	AN	Ausgangssteuer Inland 16%
DE	A2	01.01.1993	A2	Ausgangssteuer Inland 7%
DE	V0	01.04.1998	V0	Vorsteuer Inland 0%
DE	V1	01.01.1993	V1	Vorsteuer Inland 15%
DE	V1	01.04.1998	VN	Vorsteuer Inland 16%
DE	V2	01.01.1993	V2	Vorsteuer Inland 7%
US	I0	01.01.1990	I0	A/P Sales Tax, exempt
US	I1	01.01.1990	I1	A/P Sales Tax, taxable
US	S0	01.01.1990	S0	A/R Sales Tax, exempt
US	S1	01.01.1990	S1	A/R Sales Tax, taxable

Abbildung 12.34 Pflege der Steuerkennzeichen

Zeitabhängige Pflege der Steuerkennzeichen

Sie pflegen im SAP-Vertragskontokorrent das Steuerkennzeichen als zeitabhängigen Eintrag über das Feld **Gültig ab** (Abbildung 12.34). Sie verweisen damit auf das Steuerkennzeichen der Grundeinstellungen des Finanzwesens, hinter dem die eigentliche Steuerrate liegt. Dies hat den Vorteil, dass Sie innerhalb des SAP-Vertragskontokorrents nicht die technische Ausprägung der Steuerkennzeichen mit den Konditionen zur Berechnung pflegen müssen.

Bei einer Mehrwertsteueränderung durch die Steuerbehörden eines Landes müssen Sie demnach auch kein neues Steuerkennzeichen im Customizing des SAP-Vertragskontokorrents hinterlegen, sondern können über die Gültigkeit das bestehende Steuerkennzeichen zu dem neuen Umsatzsteuerkennzeichen der Grundeinstellungen des Finanzwesens zuordnen. Die zeitabhängige Pflege und Zuordnung der Steuerkennzeichen des SAP-Vertragskontokorrents zu den Steuerraten über die Gültigkeit hat in Bezug auf die Kontenfindungspflege einen Vorteil: Wie Sie es in Abschnitt 5.2.4, »Automatische Sachkontenfindung hinterlegen«, kennengerlernt haben, wird die Kontenfindung des Teilvorgangs für manuelle Buchungen über die Hinterlegung des Steuerkennzeichens vorgenommen. Mit der zeitabhängigen Zuordnung der Steuerkennzeichen zu den Umsatzsteuerkennzeichen vermeiden Sie eine Neupflege der Kontenfindung, da die Wertermittlung der Steuerrate über den Gültigkeitszeitraum vom System vorgenommen wird.

Steuermeldedatum

Der Zeitpunkt für die Umsatzsteuervoranmeldung wird über das Buchungs- oder das Belegdatum gesteuert. Alternativ können Sie im Hauptbuch das Feld **Steuermeldedatum** in den Buchungskreiseinstellungen der Grundeinstellungen des Finanzwesens aktivieren. Das Steuermeldedatum wird dabei zunächst als Wert (Belegdatum, Buchungsdatum oder Ableitung über einen Funktionsbaustein) für das Hauptbuch definiert. Bei der Überleitung aus dem SAP-Vertragskontokorrent wird dieser definierte Wert auch als Steuermeldedatum in den Hauptbuchbeleg der Summenüberleitung geschrieben. Alternativ können Sie im Customizing der Organisationseinheiten für das SAP-Vertragskontokorrent das Feld **Steuermeldedatum** aktivieren.

Zur Pflege der Organisationseinheiten springen Sie zu Kapitel 3, »Organisationseinheiten«. Nach der Aktivierung des Steuermeldedatums im Feld **Steuerpositionen** können Sie die Ableitung des Datums im Belegkopf des Feldes DFKKKO_VATDATE aus dem Vertragskonto bestimmen. Sie überschreiben damit die Definition des Steuermeldedatums aus dem Hauptbuch. Im Gegensatz zu den Belegen der Finanzbuchhaltung können Sie jedoch das Steuermeldedatum nicht manuell im Beleg des SAP-Vertragskontokorrents eingeben oder überschreiben. Verwenden Sie daher den Funktionsbaustein FKK_SAMPLE_0062 zur Ableitung des Steuermeldedatums. Nach dessen Aktivierung wird das Steuermeldedatum zudem in der Summentabelle DFKKSUM als Verdichtungskriterium in der Überleitung berücksichtigt.

Zusammenfassende Meldung

Neben der Umsatzsteuervoranmeldung ist die zusammenfassende Meldung (im Folgenden ZM genannt) ein weiterer Report, der als Teil der Monatsabschlussaktivitäten im Hauptbuch ausgeführt wird, jedoch die Daten aus dem SAP-Vertragskontokorrent bezieht. Über die ZM werden alle steuerfreien innergemeinschaftlichen Warenlieferungen oder innergemeinschaftlichen sonstigen Leistungen, die als umsatzsteuerfreie Umsätze dem Reverse-Charge-Verfahren unterliegen, an das Finanzamt gemeldet. Zur korrekten Aufzeichnung der relevanten Daten im SAP-Vertragskontokorrent müssen Sie pro Buchungskreis die Erstellung von Einträgen für die ZM im IMG über den Customizing-Pfad für das SAP-Vertragskontokorrent aktivieren:

IMG • Finanzwesen • Vertragskontokorrent • Grundfunktionen • Zusammenfassende Meldung • Vorgaben für zusammenfassende Meldung hinterlegen

Meldezeitpunkt pro Buchungskreis

Pflegen Sie anschließend pro Buchungskreis den Zeitpunkt der Meldung. Sie können dabei, wie in Abbildung 12.35 aufgezeigt, im Feld **Meldedatum** zwischen den folgenden Daten in der ZM unterscheiden:

- Buchungsdatum
- Belegdatum
- Nettofälligkeitsdatum

Definieren Sie das Meldedatum pro Buchungskreis, den Sie in der Spalte **BuKr** angeben. Zusätzlich können Sie über das Kennzeichen **Anz** definieren, ob Anzahlungen in der ZM berücksichtig werden sollen. Mit dem Ankreuzen des Feldes bewirken Sie die Berücksichtigung von Anzahlungen in der ZM.

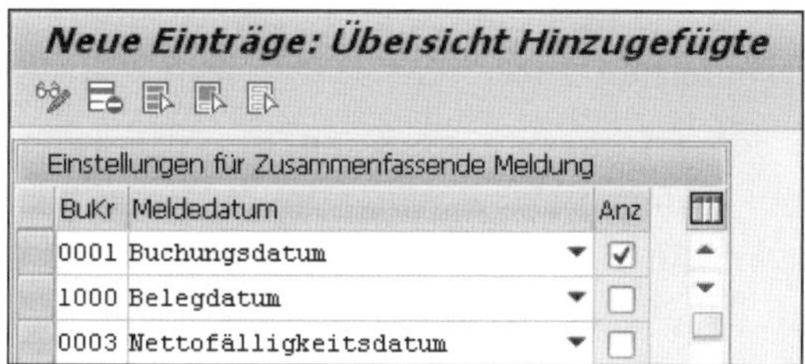

Neue Einträge: Übersicht Hinzugefügte

Einstellungen für Zusammenfassende Meldung

BuKr	Meldedatum	Anz
0001	Buchungsdatum	☑
1000	Belegdatum	☐
0003	Nettofälligkeitsdatum	☐

Abbildung 12.35 Zusammenfassenden Meldung aktivieren

Technische Tabellen der ZM in FI-CA

Nach der Aktivierung zeichnet das SAP-System die Daten für die ZM in Tabelle DFKKREPZM bei der Buchung oder Stornierung eines Belegs auf. Musterbelege und statistische Belege werden dabei nicht vom SAP-System berücksichtigt. Stellen Sie zudem sicher, dass in den Grundeinstellungen zu den Umsatzsteuerkennzeichen aus dem Customizing des Finanzwesens das EU-Kennzeichen für die relevanten Steuerkennzeichen der ZM gepflegt ist. Nur diese Steuerkennzeichen werden beim Fortschreiben der Informationen für die ZM berücksichtigt. Die Reports der Hauptbuchhaltung RFASLD20, RFASLD02 und RFASLM00 zur ZM rufen anschließend die Informationen mittels RFC-Verbindung aus der Tabelle des SAP-Vertragskontokorrents ab.

12.5.2 Fremdwährungsbewertung

Die *Fremdwährungsbewertung* bewertet zu einem definierten Stichtag alle Salden und/oder offenen Posten, die auf der Ebene des Belegs in einer Fremdwährung, d. h. einer abweichenden Währung zu Buchungskreis- und/oder Konzernwährung gebucht wurden. Sie ist Grundvoraussetzung zur vollständigen Darstellung der Bilanz zum Abschluss einer Periode, z. B. zum Monats- oder Jahresabschluss.

Funktionsweise der Fremdwährungsbewertung

Dabei ermittelt das SAP-System die Kursdifferenz zwischen der Belegwährung und der Buchungskreiswährung (Hauswährung) oder einer anderen parallelen Währung, wie der Konzernwährung, zum Stichtag der Buchung und zum Stichtag der Fremdwährungsbewertung. Während für Konten, die auf offenen Posten geführt werden, die Ermittlung der Kursdifferenzen auf der Einzelpostenebene durchgeführt wird, wird bei Bestandskonten der Saldo einer Periode bewertet. Die ermittelte Kursdifferenz zwischen Belegbuchung und Fremdwährungslauf wird anschließend als Gewinn oder Verlust auf die Erfolgskonten ausgeleitet. Die Verbuchung von Gewinnen und Verlusten aus Kursdifferenzen unterliegt jedoch verschiedenen Regeln der lokalen und internationalen Rechnungslegungsvorschriften. Um diese abbilden zu können, müssen Sie im Customizing die Bewertungsmethoden definieren und diese anschließend den Rechnungslegungsvorschriften im SAP-System mittels Bewertungsbereichen zuordnen.

Im Folgenden führen wir Sie daher in das Customizing zur Fremdwährungsbewertung ein. Sie werden lernen, die Bewertung Ihrer offenen Posten im SAP-Vertragskontokorrent, die in Fremdwährung gebucht wurden, einzustellen und durchzuführen. Während die Bewertung der Kontensalden im Hauptbuch durchgeführt wird, müssen die einzelnen Forderungen im Nebenbuch bewertet werden, da nur hier die Informationen auf der Einzelpostenebene vorliegen.

Voraussetzung für die Fremdwährungsbewertung

Voraussetzung zur Bewertung von offenen Posten in Fremdwährung ist die Pflege von Kurstypen und die dazugehörige Hinterlegung der Umrechnungskurse zu den einzelnen Stichtagen in den übergeordneten allgemeinen Währungseinstellungen des SAP-Systems, zu erreichen über den folgenden IMG-Pfad:

IMG • SAP NetWeaver • Allgemeine Einstellungen • Währungen

Stellen Sie unter dieser Einstellung sicher, dass alle von Ihnen verwendeten Umrechnungsverfahren über einen Kurstyp gepflegt sind. Im Standard werden u. a. die folgenden Kurstypen ausgeliefert: Geldkurs, Briefkurs und Mittelkurs. Überprüfen Sie zudem, dass den verwendeten Kurstypen die Währungspaare zugeordnet sind, in denen Sie Rechnungen und Überweisungen in der Debitorenbuchhaltung zulassen. Pflegen Sie somit die erlaubten Kombinationen von Fremdwährung in Belegwährung zu Buchungskreis und oder Konzernwährung.

Umrechnungskurse pflegen

Den Währungspaaren werden in einem letzten Schritt die tagesaktuellen *Umrechnungskurse* zugeordnet und zentral in Tabelle TCURR gespeichert. Als Teil der Stammdatenpflege sollte die Tabelle täglich mit den aktuellen Umrechnungskursen manuell oder automatisch upgedatet werden. Bei der Erfassung eines offenen Postens in Fremdwährung wird, basierend auf dem Währungspaar, der tagesaktuelle Kurs aus der Tabelle gelesen und in den Beleg geschrieben. Die Kursdifferenz im Fremdwährungslauf wird anschließend aus dem ermittelten Umrechnungskurs der Buchung und dem Umrechnungskurs zum Stichtag des Fremdwährungslaufs berechnet. Die zugrundeliegenden Bewertungsmethoden und Buchungsparameter werden dabei aus dem Customizing des SAP-Vertragskontokorrents unter dem Punkt **Anschlussarbeiten** gezogen. Navigieren Sie daher zur Pflege der Bewertungs- und Buchungseinstellungen für den Fremdwährungslauf über den IMG-Pfad, und starten Sie mit dem Customizing für die Methoden der Fremdwährungsbewertung:

IMG • Finanzwesen • Vertragskontokorrent • Abschlussarbeiten • Fremdwährungsbewertung • Methoden für die Fremdwährungsbewertung definieren

Bewertungsmethode anlegen

Die Methoden der Fremdwährungsbewertung umfassen dabei ein Set an Regeln und Buchungsparametern, um die Bewertung nach den betriebswirtschaftlichen Bewertungsverfahren der Rechnungslegung abbilden zu können. Legen Sie daher als ersten Schritt pro angewendetes betriebswirtschaftliches Bewertungsverfahren eine *Bewertungsmethode* im SAP-System an, indem Sie über den Button **Neue Einträge** einen dreistelligen alphanumerischen Schlüssel definieren. Ordnen Sie diesem Schlüssel des Weiteren den von Ihnen verwendeten Anwendungsbereich (Feld **Anwendungsbereich**) der aktivierten Business Function zu. Anschließend ordnen Sie, wie in Abbildung 12.36 dargestellt, über den Bereich **Bewertungsverfahren** das der Bewertungsmethode zugrundeliegende Bewertungsverfahren der Rechnungslegung zu.

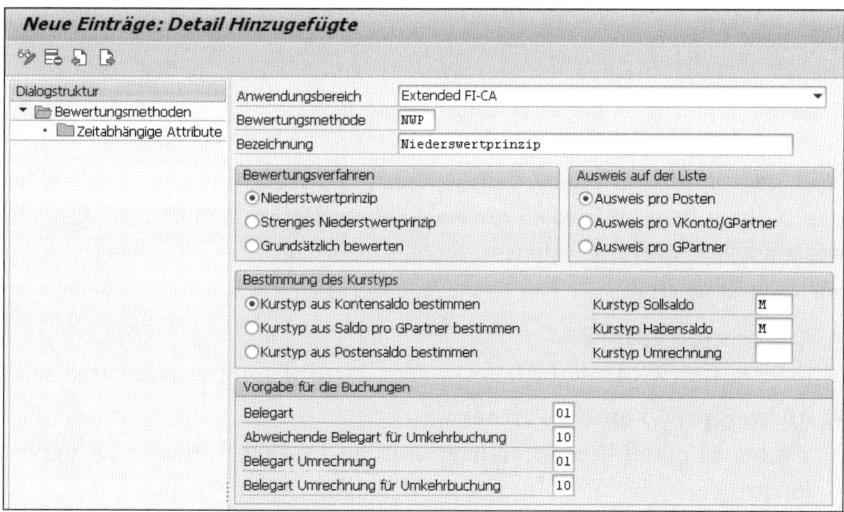

Abbildung 12.36 Bewertungsmethode der Fremdwährungsbewertung ausprägen

Bewertungsverfahren zuordnen

Sie haben dabei die Möglichkeit, zwischen den folgenden Bewertungsverfahren aus Tabelle 12.3 zu unterscheiden.

Bewertungsverfahren	Buchungsregel
Niederstwertprinzip	Nur Buchung von Kursverlust, d. h. wenn die gebuchte Forderung zur Bewertung des Stichtags niedriger als der Einstandswert bewertet wird. Die Bewertung wird dabei für jeden Lauf immer gegen die Kursdifferenz zum ursprünglichen Buchungsdatum vorgenommen. Ausnahme: Sie geben im Fremdwährungslauf manuell ein Vergleichsdatum (letzter Kurslauf) an. Dann können Sie auch über die Bewertungsmethode des Niederstwertprinzips das strenge Niederstwertprinzip anwenden.
strenges Niederstwertprinzip	Nur Buchung von Kursverlust, d. h. wenn die gebuchte Forderung zur Bewertung des Stichtags niedriger als der Vergleichswert ist. Der Bewertungslauf zieht dabei als Vergleichsdatum automatisch das Datum des letzten Fremdwährungslaufs heran.
grundsätzlich bewerten	Es werden neben Kursverlusten auch Kursgewinne ergebniswirksam gebucht. Ebenso wie beim Niederstwertprinzip wird als Vergleichswert der Umrechnungskurs zum Stichtag der ursprünglichen Buchung herangezogen. Sie können, abweichend im Fremdwährungslauf, jedoch auch ein anderes Vergleichsdatum manuell eintragen.

Tabelle 12.3 Übersicht der Bewertungsverfahren

Ausweis auf der Bewertungsliste

Nach der Definition des Bewertungsverfahrens bestimmen Sie als Nächstes den Listenaufbau im Bereich **Ausweis auf der Liste** aus Abbildung 12.36. In Abhängigkeit Ihrer Auswahl werden die zu berücksichtigen offenen Posten wie folgt dargestellt:

- **Ausweis pro Posten**
  Jeder Posten wird mit der berechneten Kursdifferenz einzeln dargestellt.
- **Ausweis pro Vkonto/GPartner**
  Die berechneten Kursdifferenzen werden summiert für alle Einzelposten pro Vertragskonto eines Geschäftspartners dargestellt.
- **Ausweis pro GPartner**
  Die berechneten Kursdifferenzen werden summiert für alle Einzelposten pro Geschäftspartner dargestellt.

Bestimmung des Kurstyps

Während die Buchung des offenen Postens nach dem Kurstyp bewertet wird, der in den Grundeinstellungen des Finanzwesen im Setup der Ledger-

Einstellungen unter dem Punkt **Einstellungen für Ledger und Währungstypen definieren** hinterlegt wurde, wird der Kurstyp für die Bewertung innerhalb des Fremdwährungslaufs aus den Einstellungen zur Bewertungsmethode bestimmt, wobei die Wahl des Kurstyps in Abhängigkeit des Saldos erfolgt. Definieren Sie daher zunächst, wie das System im Fremdwährungslauf den Saldo der Posten ermitteln soll, wobei Sie zwischen den folgenden Möglichkeiten aus Abbildung 12.37 wählen können:

- **Kurstyp aus Kontensaldo bestimmen**
  Der Saldo wird pro Vertragskonto und pro Fremdwährung bestimmt.
- **Kurstyp aus Saldo pro GPartner bestimmen**
  Der Saldo wird pro Geschäftspartner und pro Fremdwährung bestimmt.
- **Kurstyp aus Postensaldo bestimmen**
  Der Saldo wird pro Posten eines Belegs bestimmt.

Kurstyp in Abhängigkeit des Saldos

In Abhängigkeit des errechneten Saldos ermittelt anschließend das SAP-System anhand des in den Feldern **Kurstyp Sollsaldo** bzw. **Kurstyp Habensaldo** hinterlegten Kurstyps für das Währungspaar aus Beleg- und Buchungskreiswährung den Umrechnungskurs für die Bewertung. Die Bewertung wird jedoch unabhängig des Saldos auf der Einzelpostenebene vorgenommen. Die Einstellungen dienen somit allein der Ermittlung des Kurstyps.

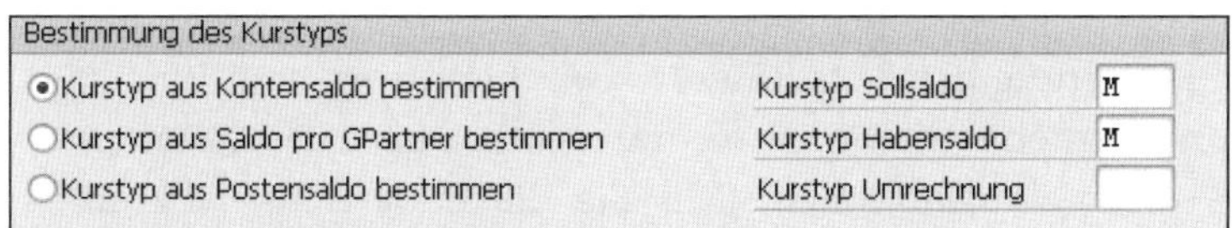

Abbildung 12.37 Kurstyp für die Fremdwährungsbewertung bestimmen

Berechnung des Saldos und Ermittlung des Kurstyps

Sie haben die Ermittlung des Kurstyps auf der Basis des Kontensaldos bestimmt. In Ihrem System wurden die in Tabelle 12.4 gezeigten Belege in Fremdwährung erfasst:

GPartner	Vkonto	Betrag	Währung
10000	100001	+ 100	USD
10000	100001	– 150	USD
10000	100002	+ 100	CHF

Tabelle 12.4 Belege in Fremdwährung

Während das System für die Posten des Vertragskontos 100001 einen Haben-Saldo ermittelt und somit der Kurstyp aus dem Feld **Kurstyp Habensaldo** bestimmt wird, wird für die Posten des Vertragskontos 100002, basierend auf dem vorliegenden Soll-Saldo, pro Fremdwährung der Kurstyp aus dem Feld **Kurstyp Sollsaldo** gezogen, mit dem anschließend die Zuordnung des Umrechnungskurses für die Bewertung der Einzelposten innerhalb der ermittelten Gruppe erfolgt.

Bei einer Ermittlung auf Basis des Postensaldos erfolgt die Wahl des Kurstyps wie in Tabelle 12.5 gezeigt.

Beleg	Vkonto	Betrag	Währung
20	100001	+ 100	USD
20	100001	– 150	USD
21	100002	+ 100	USD

Tabelle 12.5 Ermittlung auf Basis des Postensaldos: Wahl des Kurstyps

Während die Posten des Belegs 20 zu einem Haben-Saldo zusammengefasst werden, wird der Beleg 21 als Soll-Saldo mit dem entsprechenden Kurstyp aus dem Feld **Kurstyp Sollsaldo** bewertet.

Neben der Bewertung der Kursdifferenz zwischen Beleg- und Buchungskreiswährung werden auch die Umrechnungskurse für die weiteren parallelen Währungen vorgenommen. Falls Sie die Bewertung nach einem anderen Kurstyp vornehmen wollen, können Sie diesen im Feld **Kurstyp Umrechnung** hinterlegen. Wenn Sie keinen abweichenden Kurstyp für Ihre parallelen Währungen vornehmen wollen, lassen Sie das Feld leer, sodass auch für die parallelen Währungen die Bewertungsdifferenz auf der Basis des Kurstyps für die Buchungskreiswährung herangezogen wird.

Buchungsparameter

Nach der Definition der Bewertungsregeln bestimmen Sie als letzten Punkt des Customizings für die Bewertungsmethode die Buchungsparameter. Wie es in Abbildung 12.38 zu sehen ist, definieren Sie dabei in den Feldern **Belegart** und **Abweichende Belegart für die Umkehrbuchung** die Belegarten, die bei der Buchung der Bewertungsdifferenzen verwendet werden sollen. Da die Posten eines Vertragskontos nur zum Stichtag des Abschlusses einer Periode bewertet werden, handelt es sich um nicht realisierte Gewinne oder Verluste. Die erfolgswirksame Buchung einer Kursdifferenz zum Periodenabschluss wird daher am ersten Tag der neuen Periode automatisch wieder storniert. Das System verwendet hierzu die Belegart der Umkehrbuchung. Pflegen Sie zudem die Felder **Belegart Umrechnung** und **Belegart Umrechnung für Umkehrbuchung**, falls Sie für die Buchung der

Kursdifferenzen für parallele Währungen neben der Buchungskreiswährung eine andere Belegart verwenden möchten.

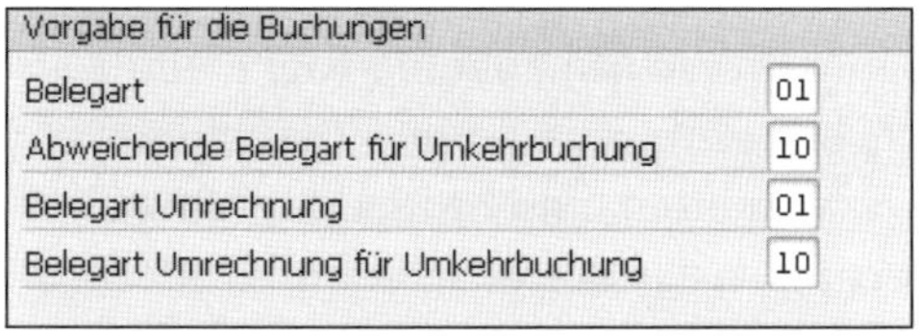

Vorgabe für die Buchungen	
Belegart	01
Abweichende Belegart für Umkehrbuchung	10
Belegart Umrechnung	01
Belegart Umrechnung für Umkehrbuchung	10

Abbildung 12.38 Buchungsparameter der Bewertungsmethode

Bewertungsbereiche definieren

Nach dem Abschluss der Definition der Bewertungsmethode hinterlegen Sie im System die *Bewertungsbereiche*, d.h. die Rechnungslegungsvorschriften, nach denen Sie eine Fremdwährungsbewertung vornehmen müssen. Rufen Sie hierzu den IMG-Pfad auf:

IMG • Finanzwesen • Vertragskontokorrent • Abschlussarbeiten • Fremdwährungsbewertung • Bewertungsbereiche definieren

Über den Button **Neue Einträge** definieren Sie einen dreistelligen alphanumerischen Schlüssel, der als Bewertungsbereich im SAP-System die anzuwendende Rechnungslegungsvorschrift präsentiert. Ordnen Sie zudem zusätzlich jedem Bewertungsbereich die korrespondierende *Ledger-Gruppe* in der Spalte **LedgerGrp** zu (siehe Abbildung 12.38).

Ledger-Gruppen

Ledger-Gruppen sind dabei Bücher, die im Hauptbuch angelegt werden und verschiedene Rechnungslegungsvorschriften Ihres Unternehmens präsentieren. Das führende Ledger wird dabei durch die Rechnungslegung bestimmt, in der Sie Ihre Konzernbilanz veröffentlichen. Die nicht führenden Ledger spiegeln wiederum lokale Bewertungsvorschriften Ihrer einzelnen Landesgesellschaften wider. Aber auch innerhalb eines Landes kann es nach Handels- und Steuerrecht unterschiedliche Bewertungsrichtlinien geben, die über weitere Ledger dargestellt werden können. Die Ledger-Lösung des Hauptbuches erlaubt es Ihnen daher, eine parallele Rechnungslegung zu führen und einen Vorgang, entsprechend den unterschiedlichen Richtlinien, anders zu bewerten.

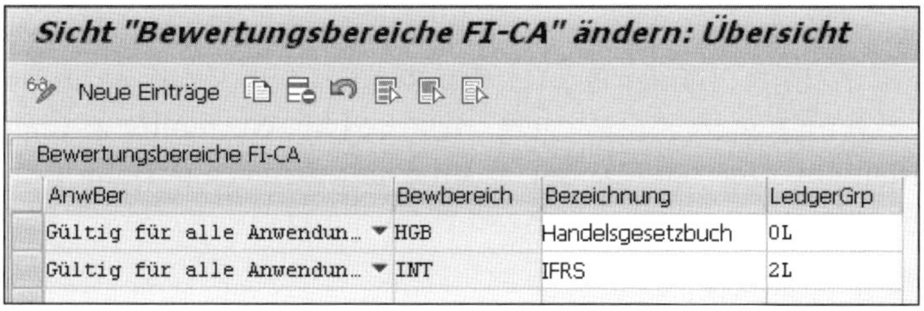

Sicht "Bewertungsbereiche FI-CA" ändern: Übersicht

Neue Einträge

Bewertungsbereiche FI-CA

AnwBer	Bewbereich	Bezeichnung	LedgerGrp
Gültig für alle Anwendun...	HGB	Handelsgesetzbuch	0L
Gültig für alle Anwendun...	INT	IFRS	2L

Abbildung 12.39 Bewertungsbereich hinterlegen

Bewertungsvariante anlegen

Nachdem Sie nun die betriebswirtschaftlichen Bewertungsmethoden definiert und zusätzlich die Rechnungslegungsvorschriften in Ihrem System angelegt haben, führen Sie diese im nächsten Schritt zu *Bewertungsvarianten* zusammen. Jede Rechnungslegungsvorschrift erlaubt in der Fremdwährungsbewertung unterschiedliche Bewertungsverfahren. Gruppieren Sie daher die Bewertungsmethoden zu Varianten, und ordnen Sie alle Bewertungsbereiche zu, die eine Bewertung nach der ausgewählten Methode erlauben. Die Bewertungsvariante ist daher auch die Basis, auf der Ihre Endanwender im Fremdwährungslauf die Bewertung und Buchung der Kursdifferenzen vornehmen. Zur Anlage der Bewertungsvariante rufen Sie im IMG den folgenden Customizing-Pfad auf:

IMG • Finanzwesen • Vertragskontokorrent • Abschlussarbeiten • Fremdwährungsbewertung • Bewertungsvarianten definieren

Über den Button **Neue Einträge** aus Abbildung 12.40 definieren Sie einen dreistelligen alphanumerischen Schlüssel für die Bewertungsvariante.

Sicht "Bewertungsvarianten" ändern: Übersicht

Neue Einträge

Dialogstruktur
- Bewertungsvarianten
  - Bewertungsmethoden

Bewertungsvarianten

AnwBer	Bew.var.	Bezeichnung
Gültig für alle Anwendungsb...	L1	Niederstwertmethode IFRS
Gültig für alle Anwendungsb...	L2	Niederstwertmethode Local Gaap

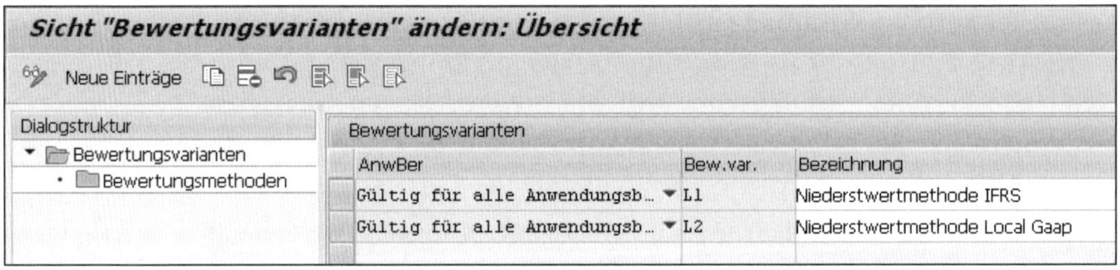

Abbildung 12.40 Bewertungsvariante anlegen

Zuordnung Bewertungsbereich und -methode

Für die Zuordnung des Bewertungsbereichs und der Bewertungsmethode markieren Sie anschließend die angelegte Bewertungsvariante und wählen den Punkt **Bewertungsmethoden** der Dialogstruktur aus. Die Zuordnung erfolgt anschließend pro Buchungskreis. Das Feld in der Spalte **Währung-Typ** aus Abbildung 12.41 bestimmt dabei, in welcher Hauswährung der anschließende Report des Fremdwährungslaufs angezeigt werden soll. Legen Sie so z. B. eine Variante für eine lokale Rechnungslegungsvorschrift an, sollten Sie die Buchungskreiswährung als erste Hauswährung verwenden. Bestimmt Ihre Variante jedoch die Bewertung nach der Konzernrechnungslegungsvorschrift, können Sie für den Report die Konzernwährung als Währungstyp im Report hinterlegen. Über die [F4]-Wertehilfe werden Ihnen außerdem in den Feldern der Spalten **Bewertungsmethode** und **Bewertungsbereich** die in den vorherigen Unterpunkten angelegten Einträge zur Auswahl angezeigt.

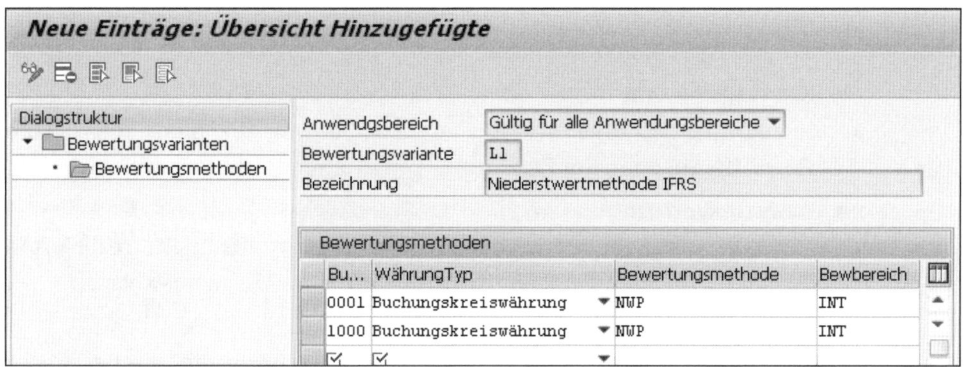

Abbildung 12.41 Bewertungsbereich und Bewertungsmethode zur Bewertungsvariante zuordnen

Kontenfindung definieren

Neben der schon definierten Belegart definieren Sie im folgenden Schritt die Konten, um die nicht realisierten Kursdifferenzen des Fremdwährungslaufs für die offenen Forderungen erfolgswirksam darstellen zu können. Beachten Sie dabei, dass das System eine Summenbuchung über alle bewerteten Einzelposten eines Fremdwährungslaufs pro Währung, und falls in der Schlüsselwahl der Kontenfindung hinterlegt, pro Forderungskonto vornimmt. Zur Pflege der Kontenfindung wählen Sie den folgenden IMG-Pfad:

IMG • Finanzwesen • Vertragskontokorrent • Abschlussarbeiten • Fremdwährungsbewertung • Konten für OP-Kursdifferenzen hinterlegen

Sie können dabei auf der Basis der folgenden Schlüsselfelder im Bereich **Schlüssel** unterschiedliche Konten für die Bewertung von Kursdifferenzen der offenen Posten einrichten:

- Buchungskreis
- Forderungskonto
- Währung
- Währungstyp

Kontenarten in der Kontenfindung

Die Schlüsselauswahl nehmen Sie über die Menüleiste des Customizing-Punkts zur Kontenfindung über **Springen • Schlüsselwahl** vor. Für die ausgewählten Schlüsselfelder geben Sie anschließend die Konten über die folgenden Felder aus dem Bereich **Funktion** aus Abbildung 12.42 an:

- **Bilanzkorrektur**
  Die Korrekturbuchung zur Auf- oder Abwertung der Forderung kann nicht direkt auf das Forderungskonto erfolgen, da dieses als Abstimmkonto nicht direkt bebuchbar ist. Hinterlegen Sie daher ein Bilanzkorrek-

turkonto, das im gleichen Knotenpunkt der Bilanzstruktur den Forderungskonten zugeordnet ist.

- **Bewertgsgewinn**
  Sachkonto, das ergebniswirksam den Gewinn aus nicht realisierten Kursdifferenzen in der Bewertung von offenen Posten ausweist.
- **Bewertgsverlust**
  Sachkonto, das ergebniswirksam den Verlust aus nicht realisierten Kursdifferenzen in der Bewertung von offenen Posten ausweist.
- **Realis.Gewinn**
  Ergebniswirksame Buchung von realisierten Gewinnen, die bei einem Ausgleich der offenen Punkte erzielt werden.
- **Realis.Verlust**
  Ergebniswirksame Buchung von realisierten Verlusten, die bei einem Ausgleich der offenen Punkte erzielt werden.

Die letzten beiden Konten greifen nur bei Ausgleich der offenen Posten und sind unabhängig des Fremdwährungslaufs. Sie spiegeln die Bewertung des offenen Postens mit Umrechnungskurs zum Zeitpunkt seiner Realisierung wider. Die dabei entstehenden Differenzen im Vergleich zum Zeitpunkt der ursprünglichen Erfassung (Buchungsdatum) können als realisierter Gewinn oder Verlust in der Ergebnisrechnung verbucht werden.

Kursdifferenzen pflegen: Detailbild

Ktopl wechseln

Anwendgsbereich	S	Extended FI-CA
Buchungsbereich	0070	Kursdifferenzen
Kontenplan	INT	Muster-Kontenplan

Schlüssel

Buchungskreis	0001	SAP A.G.
Forderungskonto	0000146000	Forderungen Konzern
Währung	*	
WährTyp/Bewertg	*	

Funktion

Bilanzkorrektur	0000143100	Deb.-Korr.n.rel.Kdif
Bewertgsgewinn	0000280100	Ertr.n.rel.Kursdiff.
Bewertgsverlust	0000230100	Aufw.n.rel.Kurs-Diff
Realis.Gewinn	0000230000	Währungskurs-Differ.
Realis.Verlust	0000280000	Ertr.Kursdifferenzen

Abbildung 12.42 Kontenfindung – Fremdwährungsdifferenzen

Weitere Einstellungen

Neben der vorgestellten Kontenfindung haben Sie auch die Möglichkeit, die Kontenfindung pro Bewertungsbereich auszusteuern. In der Regel wird eine Aussteuerung der Kontenfindung jedoch nicht nach Bewertungsbereich benötigt, da die unterschiedlichen Sichtweisen auf den Konten über die Ledger-Lösung abgebildet sind. Wählen Sie daher diesen Punkt nur, falls die angewendeten Bewertungsbereiche eine Aussteuerung auf unterschiedliche Erfolgskonten innerhalb der Ergebnisrechnung der Gewinn- und Verlustrechnung (GuV) erforderlich machen. Die Einstellungen hierzu finden Sie über den folgenden IMG-Pfad:

IMG • Finanzwesen • Vertragskontokorrent • Abschlussarbeiten • Fremdwährungsbewertung • Bewertungsbereichspezifische Konten für Kursdifferenzen hinterlegen

Wenn Sie des Weiteren in Ihren Buchungskreiseinstellungen aus Kapitel 3, »Organisationseinheiten«, das Kennzeichen **Fremdwährungsbewertung ausgehend von der ersten Hauswährung** gesetzt haben, um gemäß FASB 52 (US-GAAP) oder IAS 21 (IFRS) die Kontensalden von der Hauswährung in die Konzernwährung umzurechnen, müssen Sie zusätzlich die Konten für die Umrechnung im IMG hinterlegen:

IMG • Finanzwesen • Vertragskontokorrent • Abschlussarbeiten • Fremdwährungsbewertung • Konten für die Umrechnung von Kontensalden hinterlegen

Ihnen steht auch hier die Schlüsselauswahl aus der zuvor beschriebenen Kontenfindung zur Auswahl. Im Gegensatz zur Hauptkontenfindung geben Sie aber keine Konten für realisierte Gewinne und Verluste ein, da die Umrechnung auf der Basis der Hauswährung nur für die Fremdwährungsbewertung von offenen Posten vorgenommen wird.

12.5.3 Umgliederung von Forderungen und Verbindlichkeiten

Erlernen Sie nun als letzten Punkt des Integrationskapitels die Bewertung und *Umgliederung* von Forderungen und Verbindlichkeiten, d. h. den Ausweis von *kreditorischen Debitoren* kennen. Der Ausweis wird als Teil der Monatsabschlussaktivitäten zur Korrektur der Bilanz vorgenommen. Dabei werden die Verbindlichkeiten gegenüber Ihren Debitoren dargestellt, die u. a. aus der Erstellung von Gutschriften oder Überzahlungen resultieren. Diese Zahlungsverpflichtungen, die Sie gegenüber Ihren Kunden haben, müssen in der Bilanz zum Abschluss einer Periode im Bereich der Verbindlichkeiten ausgewiesen werden. Um eine automatisierte Ermittlung der kreditorischen Debitoren vornehmen zu können, pflegen Sie die Customizing-

Einstellungen im Punkt **Umgliederungen** im Bereich **Abschlussarbeiten** des IMG-Leitfadens.

Bewertungsebenen der Umgliederung

Im SAP-Vertragskontokorrent können Sie dabei die Umgliederung auf den folgenden Ebenen vornehmen:

1. Saldo eines Forderungskontos pro Geschäftspartner und Buchungskreis
2. Saldo einer Gruppe von Forderungskonten, gruppiert nach einem Verdichtungskonto
3. Saldo einer Gruppe von Forderungskonten, gruppiert nach einem Verdichtungsbuchungskreis
4. Saldo einer Gruppe von Forderungskonten in einer Gruppe von Buchungskreisen

Basierend auf der Wahl der Gruppierung, wird der Saldo zum Stichtag über die offenen Posten der entsprechenden Forderungskonten gezogen und im Fall eines Haben-Saldos als Teil der Umgliederung auf ein Verbindlichkeitskonto umgebucht. Verwenden Sie hierzu den Punkt **Offene Posten zum Stichtag (parallelisiert)**, zu erreichen über den Menüpfad **periodischen Arbeiten • Abschlussvorbereitungen** des SAP-Vertragskontokorrents. Auch wenn die Bewertung der offenen Posten dabei auf der Ebene von Verdichtungskonten und Verdichtungsbuchungskreisen erfolgen kann, wird die Umbuchung immer pro Einzelkonto und Buchungskreis vorgenommen. Die Verdichtungskriterien entscheiden daher nur über die generelle Umbuchung auf der Grundlage des ermittelnden Saldos einer Gruppe.

Ermittlung des Kontensaldos auf der Basis der verschiedenen Bewertungsebenen für die Umgliederung

Während bei einer Bewertung der offenen Posten pro Buchungskreis und Geschäftspartner der Saldo aller offenen Posten pro Forderungskonto eines Geschäftspartners gebildet wird, werden bei einer Verdichtung Forderungskonten zusammengezogen und unabhängig des Geschäftspartners betrachtet. Als Beispiel für den obenstehenden Auflistungspunkt 2 verdichten Sie die Forderungskonten für inländische und ausländische Forderungen gegenüber sonstigen Dritten der Konten 140000, 140030 und 141000 auf dem Verdichtungskonto 140001 und die Forderungskonten für die Intercompany-Forderungen der Konten 146000 und 146100 auf dem Konto 1460001. Die Betrachtung der Umgliederung ergibt sich nun als Saldo aller Einzelposten der Forderungskonten auf den zugeordneten Verdichtungskonten (siehe Tabelle 12.6).

Buchungskreis	Verdichtungskonto	Saldo
0001	140001	– 100
0002	140001	+ 100
0001	1460001	+ 100

Tabelle 12.6 Ermittlung des Kontensaldos auf der Basis der verschiedenen Bewertungsebenen für die Umgliederung

Nur für die Posten des Verdichtungskontos 140001 im Buchungskreis –100 muss eine Umgliederung der Forderungen vorgenommen werden. Alternativ können Sie auch eine Betrachtung nur auf Forderungskonten, unabhängig des Geschäftspartners, aber getrennt nach Buchungskreisen (obenstehende Bewertungsebene aus dem Auflistungspunkt 4) oder auch eine Verdichtung von Forderungskonten über mehrere Buchungskreise vornehmen (siehe Punkt 3). Der Saldo des Forderungskontos für inländische Forderungen aus Lieferungen und Leistungen 140000 wird dabei nicht mehr pro Buchungskreis, sondern pro definierte Buchungskreisverdichtung ermittelt. Fassen Sie somit z. B. in der Umgliederung die Buchungskreise 0001 und 0002 für eine gemeinsame Betrachtung zusammen.

Die Verdichtungsebenen pflegen Sie über den Customizing-Pfad:

IMG • Finanzwesen • Vertragskontokorrent • Abschlussarbeiten • Umgliederungen

– über den Punkt **Verdichtungskonten hinterlegen** für eine Verdichtung von Forderungskonten pro Buchungskreis oder über den Punkt **Buchungskreise für die Verdichtung hinterlegen** für eine Zusammenfassung von Buchungskreisen pro Forderungskonto. Sind hier keine Werte hinterlegt, nimmt das SAP-System die Prüfung der Umgliederung pro Forderungskonto und, wenn gewünscht, pro Geschäftspartner vor.

Forderungskonten definieren

Dabei werden jedoch nur die Forderungskonten berücksichtigt, die über den folgenden IMG-Pfad definiert worden sind:

IMG • Finanzwesen • Vertragskontokorrent • Abschlussarbeiten • Umgliederungen • Forderungs- und Verbindlichkeitskonten hinterlegen

Hinterlegen Sie über den Button **Neue Einträge** in der Spalte **Sachkonto** die Forderungskonten, die bei der Umgliederung berücksichtigt werden sollen (siehe Abbildung 12.43). Mit dem Kennzeichen **Soll** oder **Haben** bestimmen Sie, ob das angegeben Konto mit einem Soll-Saldo oder mit einem Haben-Saldo abgeschlossen werden soll.

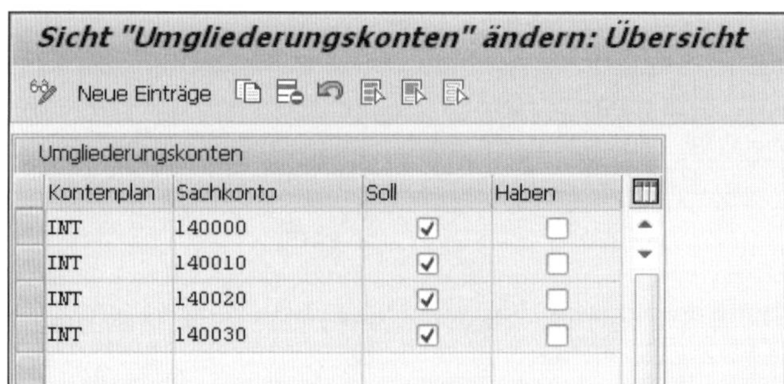

Abbildung 12.43 Forderungskonten für die Umgliederung definieren

Die Werte für einen Saldo definieren sich dabei wie folgt:

- **Soll-Saldo**
  Das Konto weist einen höheren Betrag im Soll auf. Der Saldo, d. h. die Differenz zwischen Soll und Haben, muss zum Abschluss des Kontos im Haben gebildet werden, um die Soll-Seite auszugleichen.
- **Haben-Saldo**
  Das Konto weist einen höheren Betrag im Haben auf. Der Saldo, d. h. die Differenz zwischen Soll und Haben, muss zum Abschluss des Kontos im Soll gebildet werden, um die Haben-Seite auszugleichen.

Forderungskonten werden im Haben mit einem Soll-Saldo abgeschlossen, weshalb für diese Konten das Kennzeichen **Soll** aktiviert werden muss. Im Fall eines Haben-Saldos wird das Forderungskonto für die Umgliederung berücksichtigt.

Kontenfindung für die Umgliederung

Die Korrekturbuchung zum Ausweis der kreditorischen Debitoren als Verbindlichkeit in Ihrer Bilanz wird über die Kontenfindung des folgenden Customizing-Pfads gesteuert:

IMG • Finanzwesen • Vertragskontokorrent • Abschlussarbeiten • Umgliederungen • Korrekturkonten hinterlegen

Für jedes Forderungskonto geben Sie ein Korrekturkonto im Feld **Korrekturkto.** und ein Zielkonto im gleichnamigen Feld **Zielkonto** ein (siehe Abbildung 12.44). Das Korrekturkonto wird benötigt, da das eigentliche Forderungskonto als Abstimmkonto nicht direkt bebuchbar ist. Das Korrekturkonto dient somit als technisches Konto, um die Korrektur der Forderung darstellen zu können und auf das Zielkonto, d. h. auf ein Konto des Verbindlichkeitsbereichs in der Bilanzstruktur umbuchen zu können. Während somit das Zielkonto einem Kontenpunkt der Verbindlichkeitskonten in der Bilanz zugeordnet ist, muss das Korrekturkonto dem eigentlichen Forderungskonto in der Bilanzstruktur zugewiesen sein.

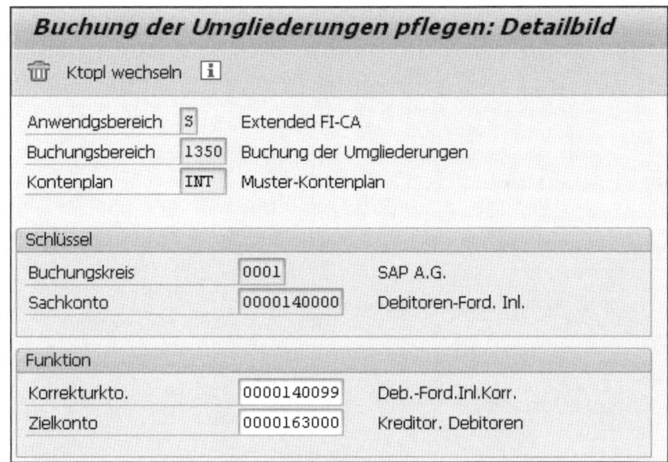

Abbildung 12.44 Kontenfindung für die Umgliederung

Rasterung der Fälligkeiten

Neben der Bewertung der Forderungen als kreditorische Debitoren haben Sie auch die Möglichkeit, die ausstehenden Forderungen nach der Zeitdauer ihrer Restlaufzeit zu gliedern und darzustellen. Sie verwenden hierzu denselben Report aus dem SAP-Menü, den Sie auch zum Umgliedern der Forderungen verwenden. Im Gegensatz zur Umgliederung werden bei der *Rasterung* von Fälligkeiten nur die offenen Forderungen der Soll-Seite betrachtet, die noch nicht fällig sind. Dabei können Sie zwischen offenen Posten aus Ratenplänen und offenen Posten aus Forderungen unterscheiden. Für den Ausweis der Forderung nach der Restlaufzeit hinterlegen Sie die Kontenfindung über den Customizing-Pfad:

IMG • Finanzwesen • Vertragskontokorrent • Abschlussarbeiten • Umgliederungen • Korrekturkonten für Umgliederung nach Fälligkeit hinterlegen

Definieren Sie im Feld **Rasterobergrenze in** die Obergrenze der Anzahl der Restlauftage, ab denen eine Rasterung mittels Umbuchung erfolgen soll (siehe Abbildung 12.45). Geben Sie zudem das Korrektur- und Zielkonto für die Rasterung für die offenen Posten aus Ratenzahlungen und für die offenen Posten aus Forderungen ein.

Belegart für die Umgliederung

Beachten Sie, dass Sie für die vorgestellten Umgliederungsbuchungen des Buchungsbereichs 1351 die Belegart als Buchungsparameter unter den Customizing-Einstellungen der Grundfunktionen zu Buchungen und Belegen vorgeben, zu erreichen über den IMG-Pfad:

IMG • Finanzwesen • Vertragskontokorrent • Grundfunktionen • Umgliederungen • Buchungen und Belege • Beleg • Pflegen der Belegkontierungen • Belegarten • Vorgabe Belegarten für Umgliederungen

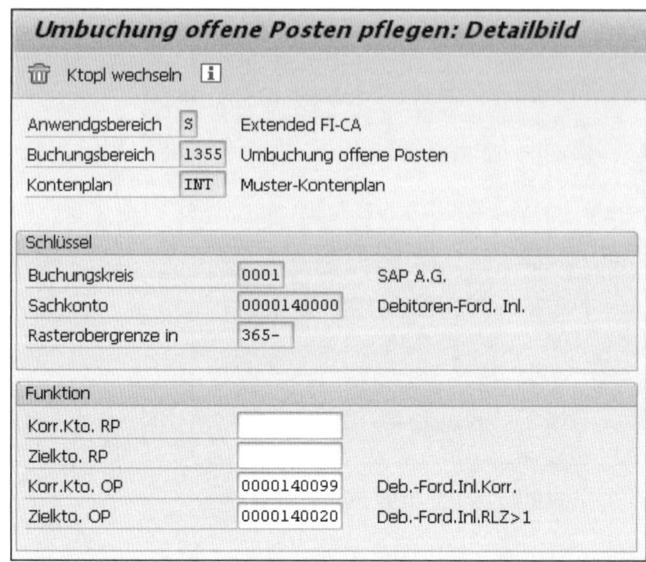

Abbildung 12.45 Kontenfindung für die Rasterung von Fälligkeiten

12.6 Fazit

Sie können Ihre Systemlandschaft auf der Basis der Komponentenauswahl aufbauen und die technische Integration des CRM als Stammdatensystem der vorgelagerten Fakturasysteme zur Übertragung der offenen Posten in das SAP-Vertragskontokorrent und zur nachgelagerten Integration in das Hauptbuch vornehmen. Auf der Basis der kennengelernten Integrationsaspekte und dem Zusammenspiel der verschiedenen Komponenten können Sie zudem relevante Design-Entscheidungen für die Einstellungen in den jeweiligen Komponenten ableiten und den Belegfluss über die Systeme ganzheitlich implementieren. Mit diesem Kapitel zum Thema Integration haben Sie den Belegfluss, von der Erstellung bis hin zur Überleitung in die Bilanz und GuV, mit einer ergebniswirksamen Darstellung der realisierten Erlöse vorgenommen. Zudem haben Sie wichtige Vorgänge innerhalb des SAP-Vertragskontokorrents kennengerlernt, die als Abschlussaktivitäten vorgenommen werden müssen, um im Hauptbuch Bilanz und GuV korrekt zum Stichtag ausweisen zu können.

Kapitel 13

Erweiterungen

Nicht jeder Kunde ist gleich dem anderen. Im folgenden Kapitel gehen wir auf die Möglichkeiten zur Individualisierung durch kundenspezifische Erweiterungen ein. Sie erfahren, wie Sie Funktionsbausteine einsetzen können, um FI-CA noch besser an Ihre Bedürfnisse anzupassen.

Obwohl die Zahlungsprozesse des Vertragskontos mit dem zur Verfügung stehenden Customizing ausgeprägt werden können, bedarf es in einigen Fällen einer Abweichung von der Standardausprägung, die durch Eigenentwicklung realisiert werden muss.

13.1 Kundenspezifische Erweiterungen

Einer der für Sie vorteilhaften Eigenschaften des SAP-Vertragskontokorrents gegenüber anderen Komponenten ist das Erweitern der Standardprogrammverarbeitungen über Zeitpunktbausteine. Bei der Implementierung des SAP-Vertragskontokorrents werden an bestimmten Stellen im Programm-Coding »Absprungpunkte« definiert; diese verweisen auf Funktionsbausteine, die im Customizing zugewiesen werden können.

Funktionsbausteine

Dies erleichtert signifikant den Prüfaufwand beim Release-Upgrade; die Standardprogramme werden weiterhin durch die SAP-Routinen sichergestellt. Gleichzeitig können Sie aber auch schnell Funktionen austauschen, anpassen und gekapselt an externe Implementierungspartner vergeben. Die neuen, zurückgelieferten *Funktionsbausteine* können dann von Ihnen im Customizing eingesetzt und getestet werden.

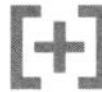

Testen

Wenn Sie externe Testprogramme verwenden, die z. B. Durchlaufzeiten oder Ein- und Ausgangswerte prüfen, kann es sinnvoll sein, diese Datenaufzeichnung in Funktionsbausteinen zu kapseln, sie bei Bedarf zu den entsprechenden Zeitpunkten einzubinden und sie dann auch schnell wieder zu deaktivieren, z. B. bei Programmstart und bei Programmende.

Um die Funktionsbausteine zu hinterlegen, öffnen Sie im Customizing den folgenden Pfad des Einführungsleitfadens (Implementation Guide, kurz IMG):

IMG • Finanzwesen • Vertragskontokorrent • Programmerweiterungen • Kundenspezifische • Funktionsbausteine hinterlegen

In der Customizing-Oberfläche erhalten Sie im linken oberen Fenster eine Themenübersicht (siehe Abbildung 13.1). In dieser können Sie nach bestimmten Überbegriffen suchen, z. B. Akonto-Zahlung. Wenn Sie einen solchen Überbegriff auswählen, werden Ihnen im unteren linken Fensterteil die Zeitpunkte angezeigt, die zu diesem Thema gehören.

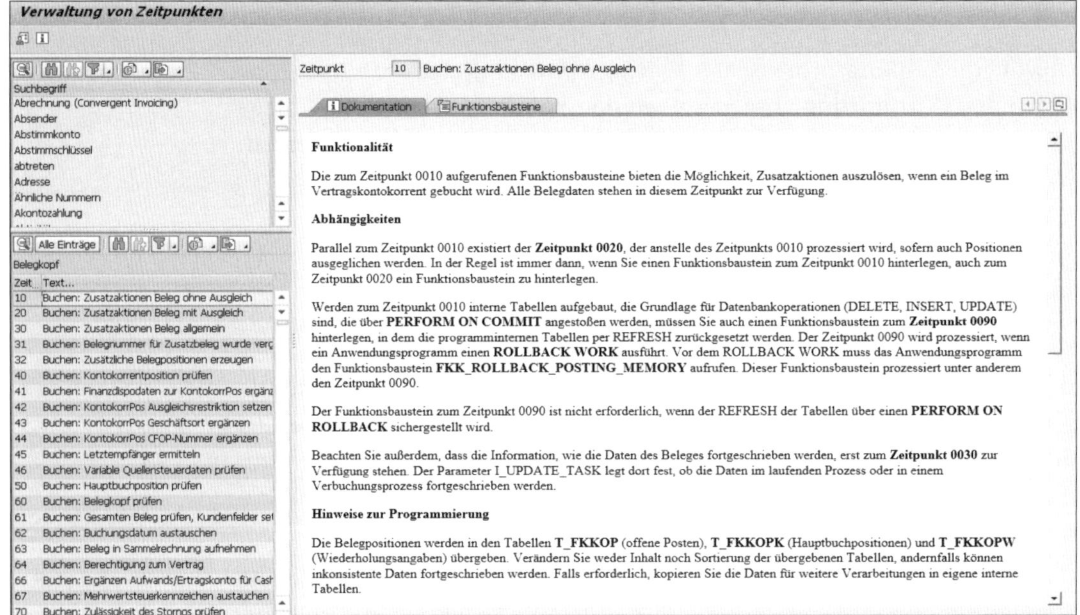

Abbildung 13.1 Zeitpunktübersicht

Zeitpunktbausteine

Wenn Sie keine Auswahl treffen, können Sie auch in den Hunderten Funktionsbausteinen nach Schlagwörtern suchen. In den meisten Fällen sind die Zeitpunkte in Gruppen zusammengefasst, die nach der Reihenfolge sortiert sind. Prüfen Sie bei der Verwendung genau, ob sie die Erweiterung an der zeitlich richtigen Stelle vornehmen oder ob vorangehende bzw. nachfolgende Aktionen besser geeignet oder negativen Einfluss auf Ihren Baustein haben.

Hilfreich ist hier die in den rechten Bildteil eingebettete Dokumentation. Zu jedem Zeitpunkt wird eine Beschreibung des Programmteils angeboten. Zusätzlich werden in einigen Fällen Beispiele angeboten und Abhängigkeiten zu anderen Programmteilen beschrieben. Für die Funktionsbaustein-Implementierung werden Eingabe- Verarbeitungs- und Ausgabemöglichkeiten beschrieben.

Wenn Sie mit diesen Informationen den passenden Zeitpunkt für die Erweiterung gefunden haben, wählen Sie diesen aus und klicken auf die Registerkarte **Funktionsbausteine**.

Ihnen stehen drei Arten zur Verfügung, um Funktionsbausteine in die Programmlogik der Standardverarbeitung einzubinden. Diese können Sie pro Zeitpunkt eintragen. Je nach Ausprägung, können nur ein oder mehrere Funktionsbausteine für diesen Zeitpunkt durchlaufen werden. Die Reihenfolge geben Sie durch die Nummerierung mit.

13.1.1 Musterfunktionsbausteine

Die *Musterfunktionsbausteine* können Sie als Template, also Vorlage für die anderen beiden Arten verwenden.

Hier sind Vorgaben für die Implementierung oder auch Programmbeispiele hinterlegt (siehe Abbildung 13.2). Mit einem Doppelklick auf den Funktionsbaustein kommen Sie auf die gewohnte Funktionsbaustein-Transaktion (Transaktion SE37). Hier können Sie auch den Funktionsbaustein testen bzw. ausführen und mit manuellen Daten, soweit vorgesehen, befüllen. Auf diese Weise können Sie im Vorhinein sicherstellen, dass das Programm Ihre Anforderungen erfüllt, oder diese Funktion nutzen, um Fehler im Programmablauf zu finden.

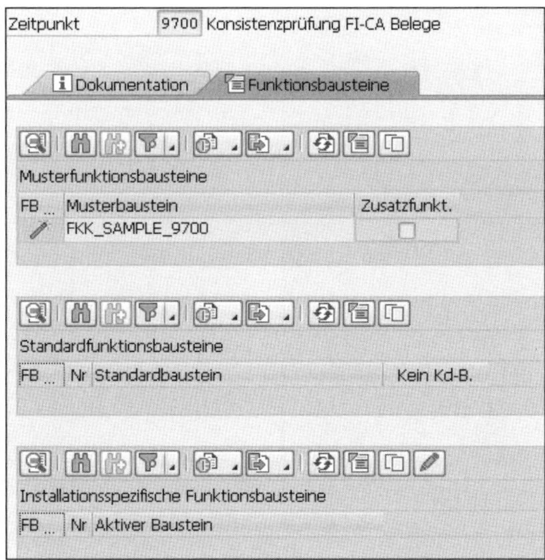

Abbildung 13.2 Musterfunktionsbausteine

13.1.2 Standardfunktionsbausteine

Übernehmen Sie bei den *Standardfunktionsbausteinen* die Logik der Musterbausteine; diese muss für die Ausprägung eingehalten werden (Ein-/Ausgangswerte).

Programmverarbeitung

Wenn Sie mehrere Funktionsbausteine nacheinander ausführen lassen möchten, aktivieren Sie das Kennzeichen **Zusatzfunkt.** und aktivieren die benötigten Funktionsbausteine in der Standard- und/oder installationsspezifischen Box. Diese werden dann nach ihrer Nummerierung und die Standardfunktionsbausteine vor installationsspezifischen Funktionsbausteinen durchlaufen (siehe Abbildung 13.3).

[»]

Rückgabewerte

Ein Funktionsbaustein kann sich wie eine Schnittstelle mit Verarbeitungsteil verhalten. Ihm werden Eingabewerte übergeben, die im Anschluss verarbeitet werden und zum Abschluss wieder an den Aufrufer zurückgegeben werden. Vermeiden Sie es bei der gleichzeitig mehrfachen Auswahl von Funktionsbausteinen, Funktionsbausteine mit Rückgabewerten zu selektieren. Dies kann zu aus der Rückgabe resultierenden Inkonsistenzen beim Empfänger führen.

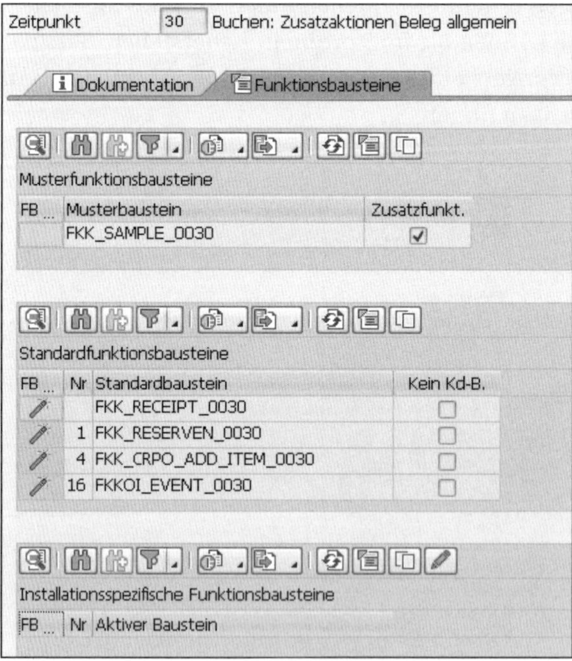

Abbildung 13.3 Standardfunktionsbausteine

Spezifische Bausteine

Um zu vermeiden, dass trotz aktivierter Zusatzfunktion installationsspezifische Funktionsbausteine durchlaufen werden, aktivieren Sie auch das Kennzeichen **Kein Kd-B.**; in diesem Fall werden dann nur die von Ihnen hinterlegten und aktivierten Standardfunktionsbausteine durchlaufen.

13.1.3 Installationsspezifische Funktionsbausteine

Nachdem der Standardbereich durchlaufen oder nicht aktiviert worden ist, werden die individuellen Funktionsbausteine für den Zeitpunkt im Standardprogramm des SAP-Vertragskontokorrents durchlaufen (siehe Abbildung 13.4).

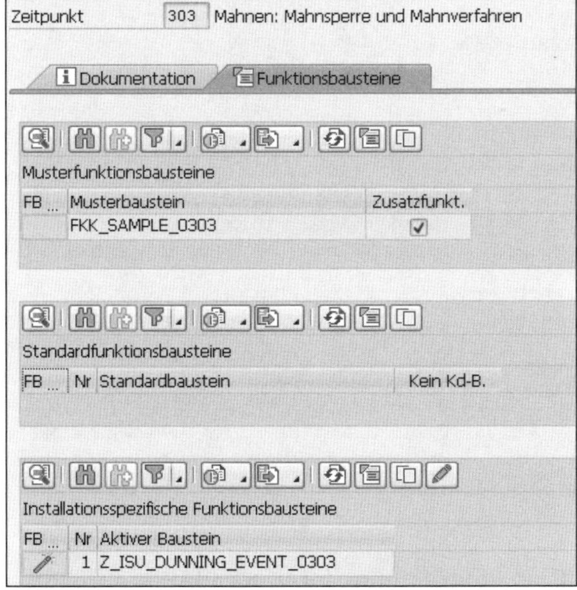

Abbildung 13.4 Installationsspezifische Funktionsbausteine

Funktionsgruppen

Hinterlegen Sie hier Ihre selbst entwickelten Funktionsbausteine, die genauso auch in einer eigens erstellen *Funktionsgruppe* zusammengefasst wurden, und aktivieren Sie sie. Die eigenen Funktionsbausteine können von der Logik der Musterbausteine abweichen und eigene Logiken empfangen und liefern.

Business Rule Framework plus

Wenn Sie Funktionen des BRF+ verwenden möchten, um bestimmte Business-Prozesse auszuführen oder mit Regel zu steuern, klicken Sie auf die Registerkarte **Funktionsbaustein** und definieren den Funktionsbaustein, der die BRF+-Funktion aufruft.

Eine schnelle Übersicht zu den drei Arten von Funktionsbausteinen und die Zeitpunkte finden Sie in Tabelle TFKFBM/S/C.

Zeitpunkte in Tabelle

Besonders wenn Sie prüfen möchten, ob ein Funktionsbaustein aktiv ist. Eine reine Liste der im SAP-System vorhandenen Funktionsbausteine, unabhängig von der Zeitpunktverwendung, finden Sie in Tabelle TFDIR (siehe Abbildung 13.5). Diese können Sie, ebenso wie in anderen Komponenten, per individuelle Entwicklung einbinden.

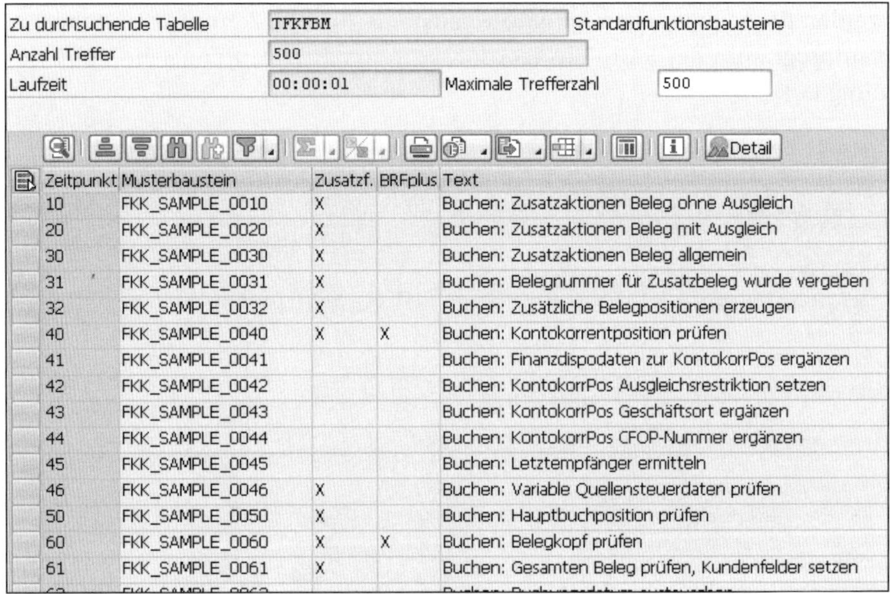

Zu durchsuchende Tabelle: TFKFBM Standardfunktionsbausteine
Anzahl Treffer: 500
Laufzeit: 00:00:01 Maximale Trefferzahl: 500

Detail

Zeitpunkt	Musterbaustein	Zusatzf.	BRFplus	Text
10	FKK_SAMPLE_0010	X		Buchen: Zusatzaktionen Beleg ohne Ausgleich
20	FKK_SAMPLE_0020	X		Buchen: Zusatzaktionen Beleg mit Ausgleich
30	FKK_SAMPLE_0030	X		Buchen: Zusatzaktionen Beleg allgemein
31	FKK_SAMPLE_0031	X		Buchen: Belegnummer für Zusatzbeleg wurde vergeben
32	FKK_SAMPLE_0032	X		Buchen: Zusätzliche Belegpositionen erzeugen
40	FKK_SAMPLE_0040	X	X	Buchen: Kontokorrentposition prüfen
41	FKK_SAMPLE_0041			Buchen: Finanzdispodaten zur KontokorrPos ergänzen
42	FKK_SAMPLE_0042			Buchen: KontokorrPos Ausgleichsrestriktion setzen
43	FKK_SAMPLE_0043			Buchen: KontokorrPos Geschäftsort ergänzen
44	FKK_SAMPLE_0044			Buchen: KontokorrPos CFOP-Nummer ergänzen
45	FKK_SAMPLE_0045			Buchen: Letztempfänger ermitteln
46	FKK_SAMPLE_0046	X		Buchen: Variable Quellensteuerdaten prüfen
50	FKK_SAMPLE_0050	X		Buchen: Hauptbuchposition prüfen
60	FKK_SAMPLE_0060	X	X	Buchen: Belegkopf prüfen
61	FKK_SAMPLE_0061	X		Buchen: Gesamten Beleg prüfen, Kundenfelder setzen

Abbildung 13.5 Zeitpunktetabelle TFKFBM

13.1.4 Business Application Programming Interface (BAPI)

Eine weitere Möglichkeit, um die Funktionalitäten des SAP-Vertragskontokorrents zu erweitern, ist die Verwendung der Business Add-Ins (BAdIs) mit den zur Verfügung gestellten Business Application Programming Interface (BAPIs).

Sie können sich mit Transaktion BAPI die im Standard zur Verfügung gestellten BAPIs anzeigen lassen (siehe Abbildung 13.6). Im Menüpfad unter **Finanzwesen • Vertragskontokorrent** sind diese nach bestimmten Themen sortiert.

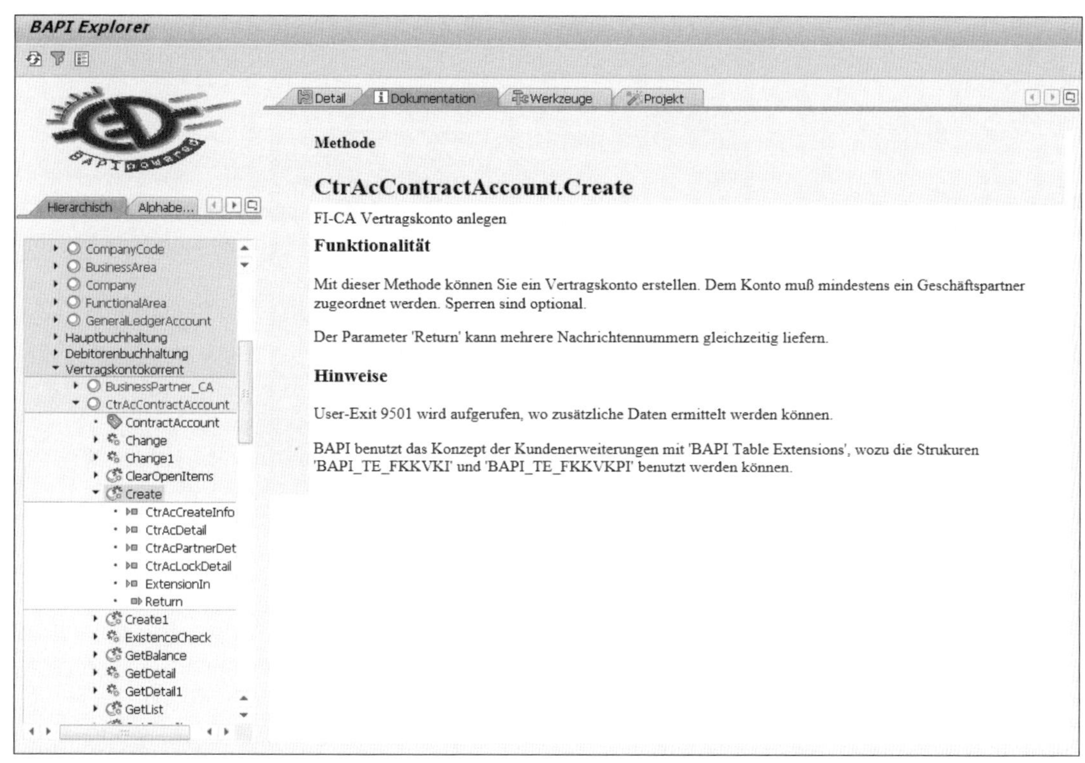

Abbildung 13.6 BAPI-Übersicht

13.2 Fazit

Das Vertragskonto bietet durch die Zeitpunktintegration eine übersichtliche Möglichkeit, um kundenindividuelle Implementierungen in der Gesamtlösung unterzubringen. Hierbei stehen ihnen, je nach Installation, schon in den Grundauslieferungen die unterschiedlichen Funktionsbausteine, z. B. in den Industrielösungen, zur Verfügung. Diese Ausprägungen oder Mustervorlagen können Sie bei Bedarf zur Erstellung eigener Funktionsbausteine verwenden, die Sie an die jeweilige Kundensituation anpassen können. Vorteil ist, dass jeder so verwendete Funktionsbaustein in der Customizing-Oberfläche zu sehen und zu aktivieren ist. Auch steht Ihnen eine große Anzahl von Programming Interfaces zur Verfügung, die die individuelle Anpassung der Lösung und die Integration von Schnittstellen unterstützen.

Kapitel 14
Jobkonzept und Automatisierung

Mithilfe von Jobs können Sie sich die Arbeit im SAP-Vertragskontokorrekt wesentlich erleichtern. Erfahren Sie in diesem Kapitel, wie Sie anhand der Verwendung von Jobs im Hintergrund Prozesse verarbeiten und automatisieren können.

Unter anderem wurde das SAP-Vertragskontokorrent zur Bewältigung großer Datenmengen entwickelt. Um dies zu realisieren, wurden die Tabellen vereinfacht, reduziert und die Möglichkeit geschaffen, das Vertragskonto vom Hauptbuch zeitlich zu entkoppeln. Zweiter neuer Bestandteil ist die parallelisierbare Jobsteuerung im SAP-Vertragskontokorrent, die über bestimmte Datenobjekte zugeordnet wird, wie z. B. der SAP-Geschäftspartner und/oder das Vertragskonto.

Massenläufe

Die beiden Reports die die größten Datenmengen verarbeiten und die meisten Abhängigkeiten zu verschiedenen Datenobjekten aufweisen sind Zahllauf und Mahnlauf. Beide Läufe benötigen zur Verarbeitung fast alle Stammdaten und Bewegungsdaten, die zu einem Geschäftspartner und auf einem Vertragskonto gebucht wurden. Es werden Fälligkeiten, Zahlwege und viele weitere Belegdaten sowie SEPA-Mandate, Einstellungen und Adressen geprüft, die im Geschäftspartner bzw. im Vertragskonto gespeichert sind.

Die für den Lauf zugrundeliegenden Daten sind in den meisten Tabellen mit der jeweiligen Geschäftspartner- und Vertragskontonummer gespeichert. Diese beiden Datenobjekte sind auch in der Standardausprägung als Parallelisierungsobjekte eingestellt. Anhand dieser können die Verarbeitungsläufe in Datenblöcke aufgeteilt und dann »gleichzeitig« bearbeitet werden.

Um diese beiden Aspekte einschätzen zu können, stellen wir zunächst den Aufbau und die technischen Einstellungen der SAP-Vertragskontokorrent-Programme (Reports) vor, siehe Abschnitt 14.1, »Reportaufbau«. Abschnitt 14.2, »Jobverarbeitung«, geht dann auf die Ablaufeinplanung im User-Menü (Jobsteuerung) ein.

14.1 Reportaufbau

Laufkennung

Im Gegensatz zu den z. B. im Hauptbuch verwendeten Programmen sind die im SAP-Vertragskontokorrent verfügbaren Programme über eine Laufkennung in der Oberfläche identifizierbar und gleichartig aufgebaut. In der oberen Zeile in Abbildung 14.1 können Sie Eingaben im Feld **Datumskennung** und im Feld **Identifikation** vornehmen. Zum einen können Sie dadurch beschreiben, wann der Report ausgeführt werden soll, und zum anderen können Sie eine eindeutige Identifikationskennung bestimmen. Die Kombination dieser beiden Werte macht den Programmlauf einzigartig identifizierbar. Dies ermöglicht eine schnelle Suche oder das Kopieren eines Laufes, z. B. auf einen anderen Tag.

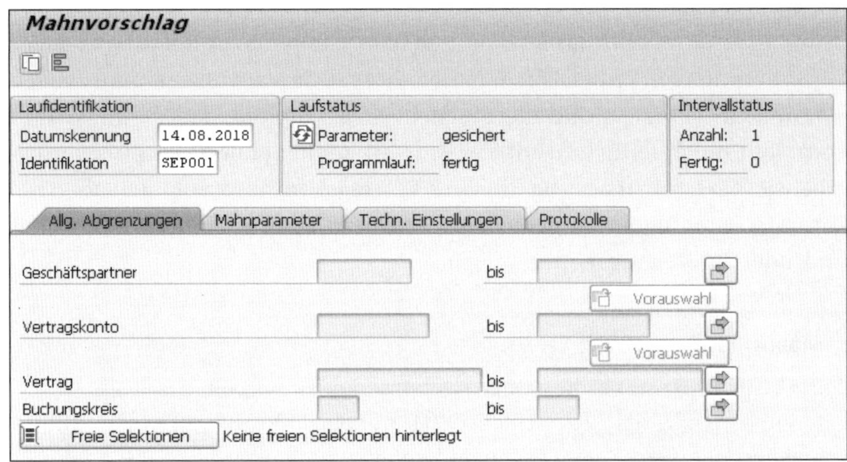

Abbildung 14.1 Reportaufbau am Beispiel des Mahnvorschlagslaufs

Laufparameter

Nachdem Sie die Identifikationsdaten und weitere Ausprägungsdaten (Parameter) eingegeben haben, müssen Sie den Lauf speichern. Nach der Speicherung werden die Parameter als gespeichert angezeigt. Solange Sie den Programmlauf noch nicht gestartet haben, können Sie allerdings noch die Parameter ändern.

Das Feld **Programmlauf** zeigt dann an, ob der Lauf eingeplant, gestartet oder bereits fertig ist. Diese Informationen können Sie durch einen Klick aktualisieren; dies hilf z. B. beim manuellen Starten des Laufs, der im Hintergrund ausgeführt wird. Hier bekommen Sie erst nach der Aktualisierung oder in der Jobübersicht (Transaktion SM37) die Mitteilung, in welchem Status sich der Lauf aktuell befindet.

Jobplanung

Wie es schon in der Einleitung beschrieben worden ist, können die recht umfangreichen Läufe auf selbst oder vom System definierte Intervalle aufgeteilt werden; diese Informationen finden Sie rechts von den Parameterinformationen. Im unteren Teil des Lauf-User-Interface finden Sie die Registerkarte **Allg. Abgrenzungen**, die zur Abgrenzung der Parameter dient. Sie können hier z. B. Geschäftspartner oder Vertragskonten vom Lauf ausschließen oder explizit miteinbeziehen.

Die Ausprägungen dieser Einschränkungen hängen stark von der Art des Laufs und dessen Aufgabe ab. In unserem Beispiel in Abbildung 14.2 wird eine zweite Registerkarte **Mahnparameter** mit Mahndaten zur Verfügung gestellt. Anschießend werden wieder zwei Registerkarten (**Techn. Einstellungen** und **Protokolle**) für die technischen Einstellungen und die Protokollierung angeboten, die sich fast über alle Laufarten gleichen.

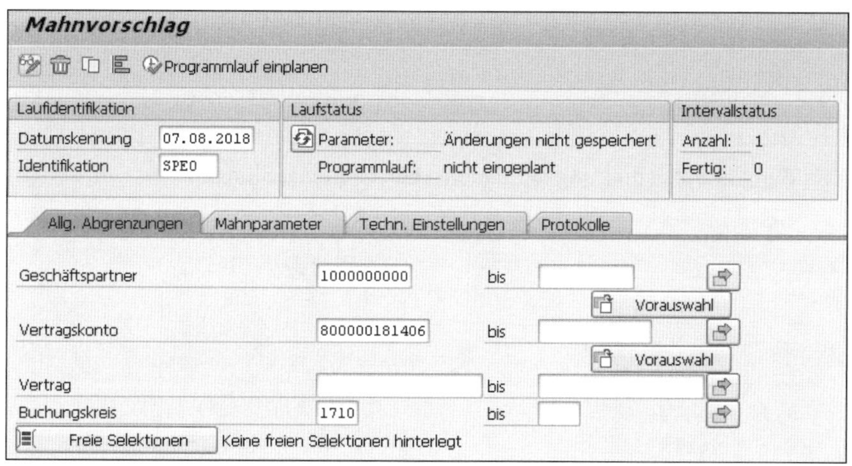

Abbildung 14.2 Laufparameter definieren

Technische Einstellungen

Die technischen Einstellungen geben Ihnen die Möglichkeit, Intervalle zu definieren und die Verteilung auf mehrere Jobs vorzunehmen (siehe Abbildung 14.3). In der Sektion zur Parallelisierung geben Sie zuerst die Datenstruktur an, auf die die Parallelisierung angewendet werden soll. Üblicherweise bieten sich hier der Geschäftspartner oder das Vertragskonto an.

Diese beiden Objekte sind an fast jeder Aktion im SAP-Vertragskontokorrent beteiligt und bilden als Stammdatenobjekte eine Zuordnung zu den Bewegungsdaten.

Legen Sie nur eine Variante für das Intervall an (siehe Abbildung 14.4). Vergeben Sie einen Intervallnamen und anschließend die Größe der Intervalle. Die Intervalle beziehen Sie dann immer auf das zuvor ausgewählte Datenobjekt, in unserem Fall auf den Geschäftspartner mit einer Anzahl von 1.000 Geschäftspartnern pro Arbeitspaket.

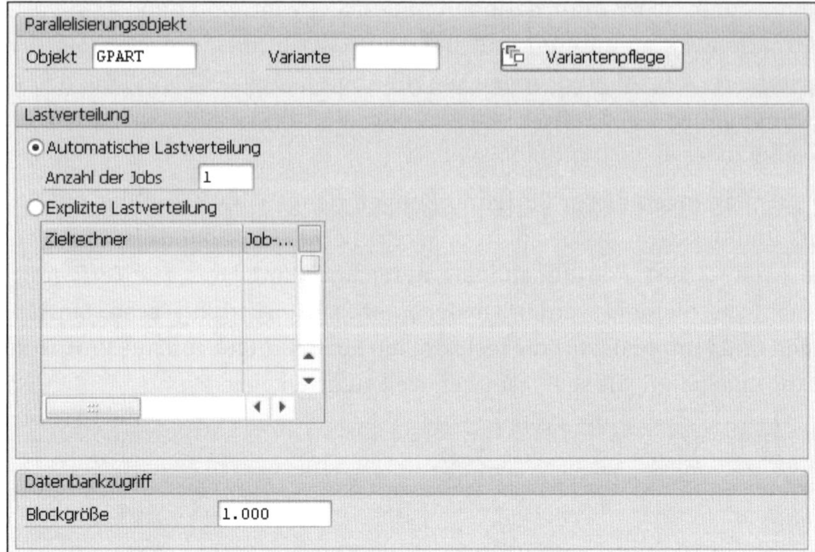

Abbildung 14.3 Ausprägung der technischen Laufeinstellungen

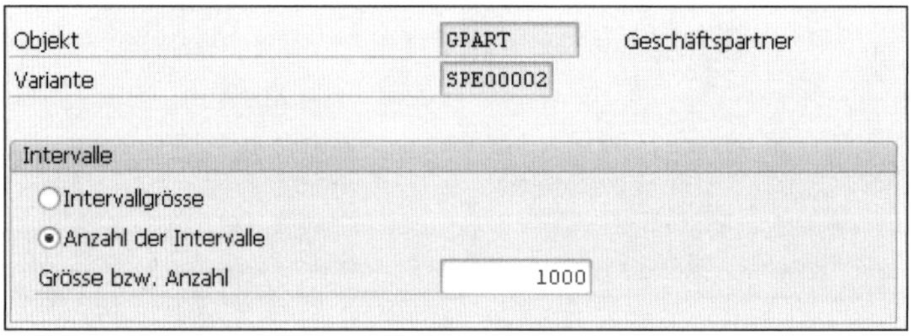

Objekt GPART Geschäftspartner
Variante SPE00002
Intervalle
Intervallgrösse
Anzahl der Intervalle
Grösse bzw. Anzahl 1000

Abbildung 14.4 Intervallvariante definieren

In der Variante können Sie dann auch eine detailliertere Aufteilung vornehmen und definieren (siehe Abbildung 14.5). Hierzu geben Sie pro Intervallnummer die Nummern der Datenobjekte an, bei denen das Intervall beginnen und enden soll. Wenn Sie keine Eingaben vornehmen, generiert das System automatisch die Grenzen.

Jobverteilung

Zusätzlich zur Aufteilung auf Intervalle können Sie noch den Lauf auf verschiedene Jobs aufteilen. Sie haben hierzu zwei Auswahlmöglichkeiten: Erstens können Sie die Jobverteilung durch das SAP-System verwalten lassen oder zweitens die Applikationsserver auswählen, auf denen die Jobs ausgeführt werden sollen (siehe Abbildung 14.6).

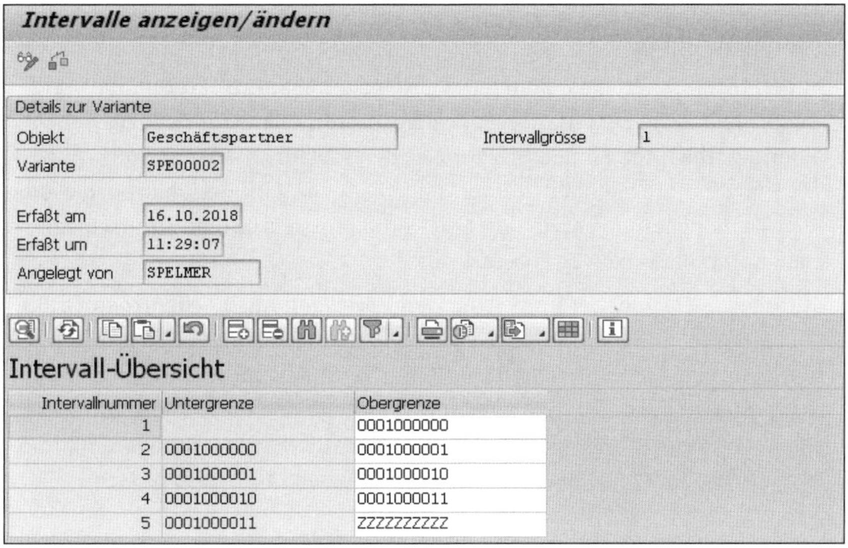

Intervalle anzeigen/ändern

Details zur Variante

Objekt	Geschäftspartner	Intervallgrösse	1
Variante	SPE00002		
Erfaßt am	16.10.2018		
Erfaßt um	11:29:07		
Angelegt von	SPELMER		

Intervall-Übersicht

Intervallnummer	Untergrenze	Obergrenze
1		0001000000
2	0001000000	0001000001
3	0001000001	0001000010
4	0001000010	0001000011
5	0001000011	ZZZZZZZZZZ

Abbildung 14.5 Intervalle aufteilen

Lastverteilung

- (●) Automatische Lastverteilung
  - Anzahl der Jobs: 10
- ( ) Explizite Lastverteilung

Zielrechner	Job-...

Abbildung 14.6 Lastverteilung auf verschiedene Jobs

In beiden Fällen geben Sie an, wie viele Jobs maximal für die Abarbeitung der Intervalle erzeugt werden sollen. Dies kann auch ein Job sein. Zuletzt können Sie noch auf der Registerkarte **Technische Einstellungen** die Blockgröße bestimmen (siehe Abbildung 14.7). Diese kann verschiedene Auswirkungen je Laufart haben, z. B. darauf, wie viele Datenobjekte im Arbeitsspeicher des Applikationsserver vorgehalten werden, bevor der nächste Block abgearbeitet werden darf.

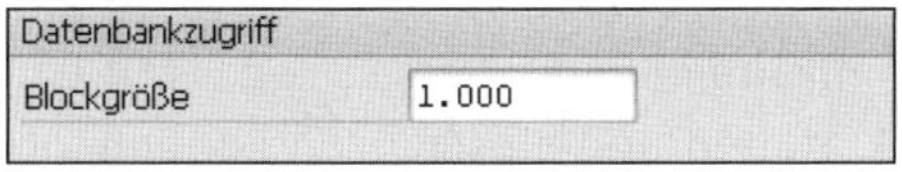

Datenbankzugriff

Blockgröße: 1.000

Abbildung 14.7 Blockgröße im Lauf

[»]

Laufabstimmung

In den technischen Einstellungen werden Datenbankstrukturen, Jobs und Intervalle auf die Serverlandschaft abgestimmt. Alle diese Aspekte haben einen signifikanten Einfluss auf Ihr Ziel, den Joblauf so akkurat und schnell wie möglich zu beenden. Leider sind auch die Einflussfaktoren dieser Aspekte voneinander abhängig und verhalten sich in den unterschiedlichen Kombinationen verschieden.

Stimmen Sie sich daher immer mit den jeweiligen Ansprechpartnern, z. B. den Application-Server-Verantwortlichen, ab. Diese können Sie mit Informationen zu Systemkonfigurationen und Verfügbarkeit unterstützen. Auch müssen Sie den zeitlichen Aspekt im Auge behalten, z. B. wann welche Anwendung zu welchen Datenobjekten auf welcher Hardware Aktionen ausführt, und ob die von Ihnen vorgesehenen Läufe dazu passen.

Auf der letzten Registerkarte finden Sie die Einstellungen zur Protokollierung des Laufs (siehe Abbildung 14.8).

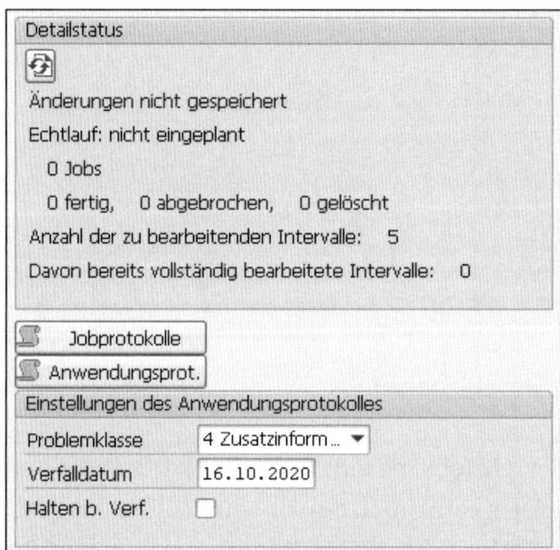

Abbildung 14.8 Protokollierungseinstellungen

Testen

Sie können entscheiden, welche Problemklasse Sie auf dem Protokoll ausgeben möchten. Je nachdem, in welcher Phase Sie sich in einem Projekt befinden, z. B. bei den ersten Tests der eigenen Einstellungen, ist es zu empfehlen, alle verfügbaren Informationen einblenden zu lassen, sodass Sie ein hoch detailliertes Bild zum Lauf bekommen und einschätzen können, ob Ihre Customizing-Einstellungen dem gewünschten Ergebnis entsprechen.

Im Betrieb der Anwendung kann es aber dann sinnvoll sein, den Speicherplatz für das Protokoll freizugeben und zugunsten der Übersichtlichkeit eine Problemklasse auszuwählen, die weniger Informationen bereitstellt.

Aufbewahrungsdauer

Zusätzlich können Sie auch die Aufbewahrungsdauer der Protokolle bestimmen und ob ein Protokoll vor dem Ablauf der Aufbewahrungsdauer gelöscht werden darf.

Nachdem wir den Aufbau und das Verhalten der SAP-Vertragskontokorrent-Programme kennengelernt haben, gehen wir auf die Einplanung und die Verknüpfung verschiedener Läufe ein. Dies ist der Schlüssel, um einen automatisierten Ablauf im SAP-Vertragskontokorrent zu gewährleisten.

14.2 Jobverarbeitung

Job-Commander

Sie haben die Möglichkeit, die verschiedenen Programme in Ketten zusammenzufassen; dies können Sie durch externe Programme gestalten oder durch den im SAP-Vertragskontokorrent zur Verfügung gestellten *Job-Commander*. Unabhängig davon, welches Vorgehen Sie im Projekt wählen, sollten Sie dieses in den Gesamtablauf einplanen. Denn nicht nur im SAP-Vertragskontokorrent werden Automatismen aufgebaut, sondern auch in den anderen Komponenten, die bestenfalls integriert agieren.

Eine übergreifende Vorgehensweise unterstützt über den gesamten Prozess einen koordinierten und effizienten Ablauf. Um dies sicherzustellen können, müssen Sie gemeinsam mit den anderen involvierten Bereichen folgende Abhängigkeiten aufeinander abstimmen:

- externe Anwendungen, die Daten in das integrierte System liefern, z. B. die externe Fakturierung
- zeitliche Zusammenhänge
- Daten- und Prozesszusammenhänge
- Fehlerkorrekturen und Monitoring

Hintergrundverarbeitung

Für die Planung im SAP-Vertragskontokorrent können Sie den Job-Commander bzw. die Hintergrundverarbeitung verwenden, die Sie im Benutzermenü über den folgenden Menüpfad finden:

SAP Menü • Rechnungswesen • Finanzwesen • Vertragskontokorrent • Period. Arbeiten • Administration Massenverarbeitung • Steuerung der Hintergrundverarbeitung

Um eine Jobkette zu erstellen, arbeiten Sie die Schritte, die als Buttons in der Menüleiste dargestellt sind, nacheinander ab (siehe Abbildung 14.9).

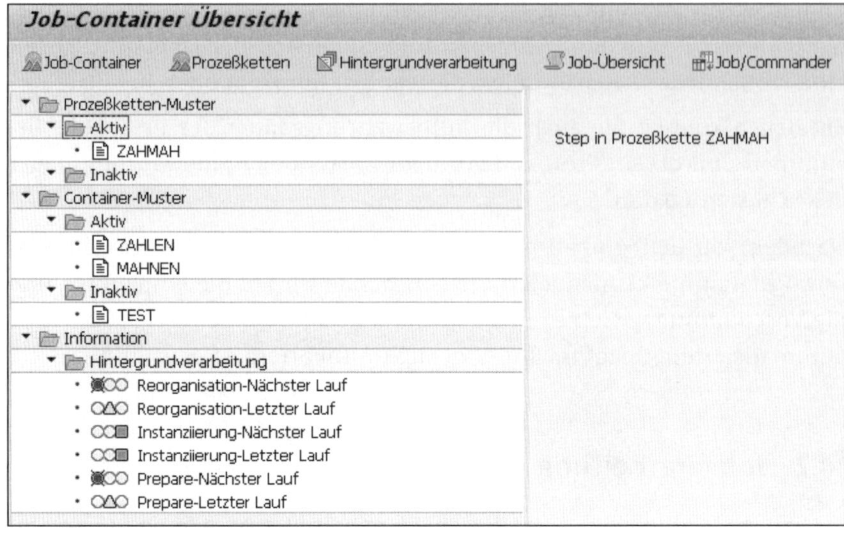

Abbildung 14.9 Jobkettenübersicht

14.2.1 Job-Container

Im *Job-Container* legen sie das Jobmuster an, das Sie später abarbeiten möchten. In unserem Beispiel sind zwei Container angelegt worden: einer für den Zahllauf und der andere für den Mahnvorschlagslauf (siehe Abbildung 14.10).

Container-Aufbau

Um einen neuen Container anzulegen, klicken Sie auf den Button **Anlegen**. Vergeben Sie einen Kurznamen für die Container-Muster-Kennung. Rechts neben der Kennung wird angezeigt, ob der Container aktiv ist. Fügen Sie nun noch eine Beschreibung und das Tagesdatum mit Uhrzeit hinzu (siehe Abbildung 14.11).

Container-Intervalle

Im Bereich **Periode** werden die zeitlichen Abgrenzungen festgelegt. Definieren Sie, wie oft und mit welchem Intervall der Container abgearbeitet werden soll, z. B. einmal am Tag. Anschließend legen Sie noch fest, ob die Arbeitstage nach Fabrikkalender berücksichtigt werden sollen.

Kopiervorlagen

In der *Kopiervorlage* verweisen Sie auf einen der als Vorlage für den Container-Report dienen soll. Auf diesen referenzieren Sie mit der Datumskennung und der Identifikation. Im letzten Schritt definieren Sie nun noch den Jobtyp, der sich im Job-Container befindet, wie z. B. der Zahllauf. Mit einem Doppelklick können Sie sich nach der finalen Anlage die einzelnen Einplanungen ansehen.

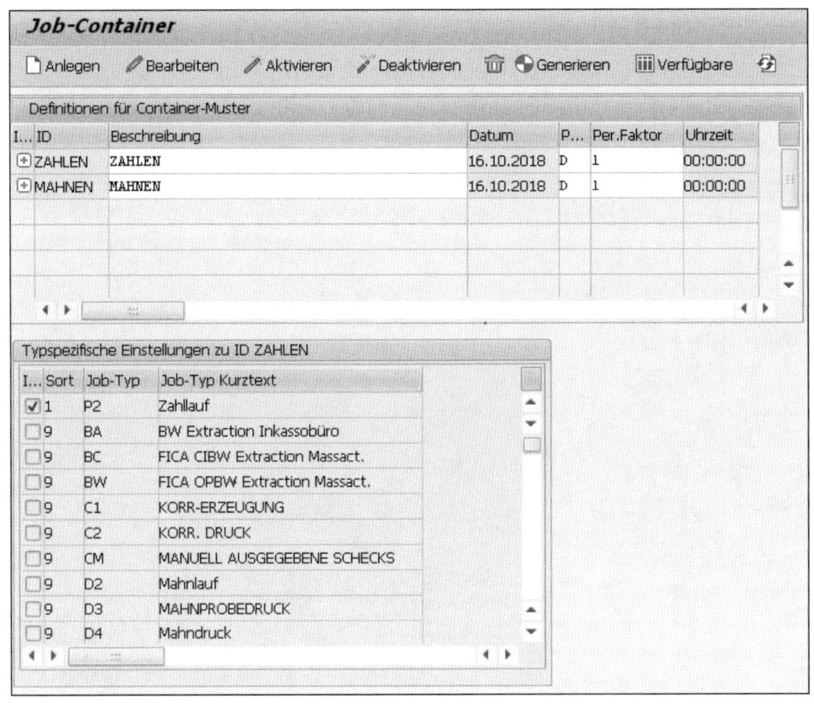

Abbildung 14.10 Job-Container

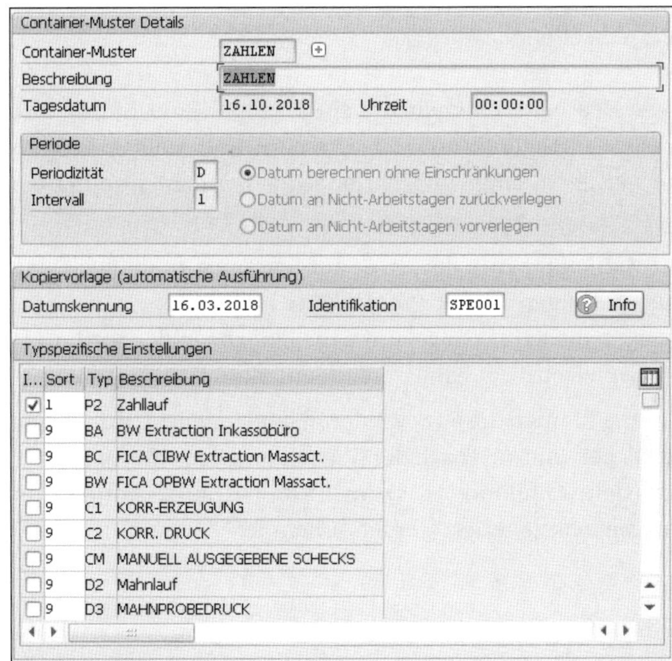

Abbildung 14.11 Container anlegen oder bearbeiten

14.2.2 Prozessketten

Ähnlich wie im Job-Container, erstellen Sie jetzt eine Hülle für mehrere Job-Container, die zusammen abgearbeitet werden sollen, sogenannte *Prozessketten* (siehe Abbildung 14.12).

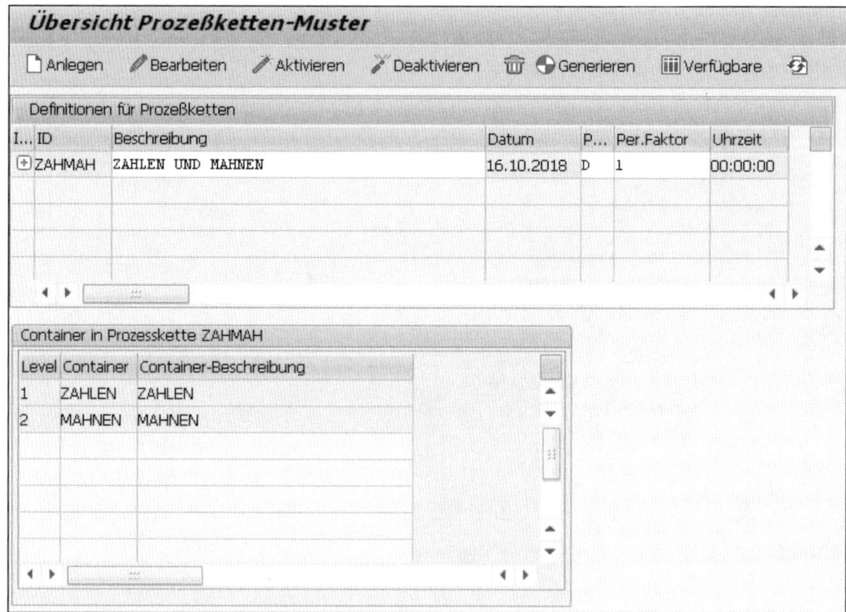

Abbildung 14.12 Prozesskettenmuster

Beim Anlegen oder Bearbeiten vergeben Sie auch eine Bezeichnung und Beschreibung sowie das Tagesdatum mit Uhrzeit – und auch gleich das Intervall und die Art der Ausführungsperiode mit Berücksichtigung der Arbeitstage.

Im letzten Schritt wählen Sie nun die zuvor ausgeprägten und angelegten Job-Container aus und fügen sie der Prozesskette hinzu (siehe Abbildung 14.13). Wählen Sie auch die Reihenfolge durch die Eingabe in der Sortierung aus. In unserem Beispiel wird der Zahllauf vor dem Mahnlauf ausgeführt.

Joblauf Nach der Speicherung können Sie jetzt wieder in der Übersicht auf die Job-Container doppelklicken und sich nach der Generierung die einzeln geplanten Läufe ansehen (siehe Abbildung 14.14). Auch können Sie bestimmen, für welchen Zeitraum die Jobs generiert werden sollen.

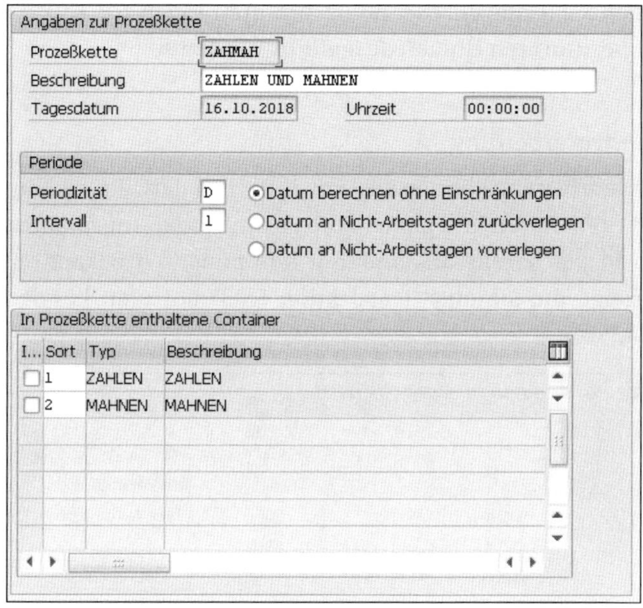

Abbildung 14.13 Prozesskette definieren

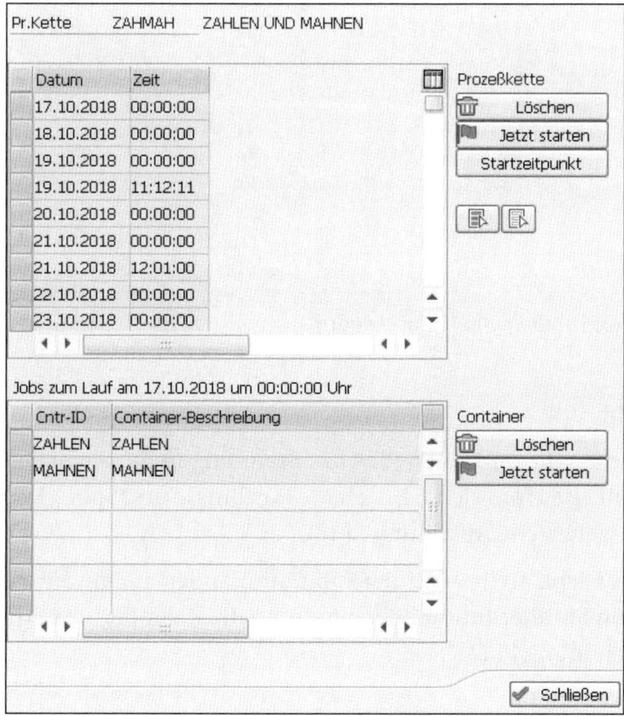

Abbildung 14.14 Läufe in der Prozesskette

Des Weiteren können Sie festlegen, dass an bestimmten Tagen z. B. nur ein Container zu einer bestimmten Uhrzeit ausgeführt werden soll.

14.2.3 Hintergrundverarbeitung

Jobübersicht

In der *Hintergrundverarbeitung* können Sie jetzt, je nach Bedarf, die Ausführungen der Jobs neu generieren und planen. Die von Ihnen so eingeplanten Jobs werden dann in der bereits aus anderen Komponenten bekannten Jobübersicht angezeigt, die Sie über Transaktion SM37 aufrufen können (siehe Abbildung 14.15).

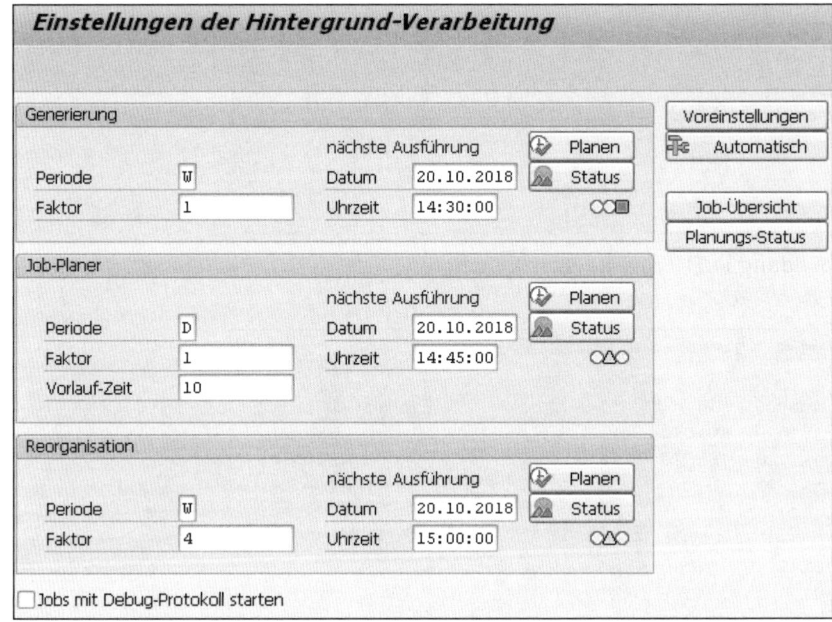

Abbildung 14.15 Hintergrundverarbeitung steuern

14.2.4 Jobübersicht

Spool-Einträge

In der Übersicht werden die einzelnen Jobs mit Staus angezeigt. Sie haben die üblichen Möglichkeiten, um sich z. B. sich die Ergebnisse und Spool-Einträge anzeigen zu lassen (siehe Abbildung 14.16).

Ähnlich wie die Übersicht, stellt auch der Job-Commander die einzelnen Jobs dar. Hier können Sie allerdings einfacher durch die Kalenderfunktion navigieren (siehe Abbildung 14.17).

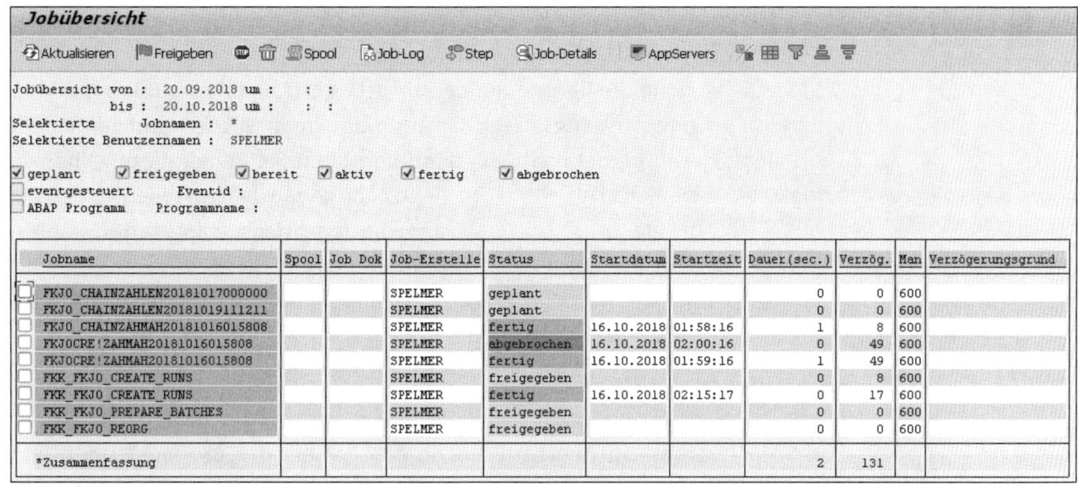

Abbildung 14.16 Jobübersicht

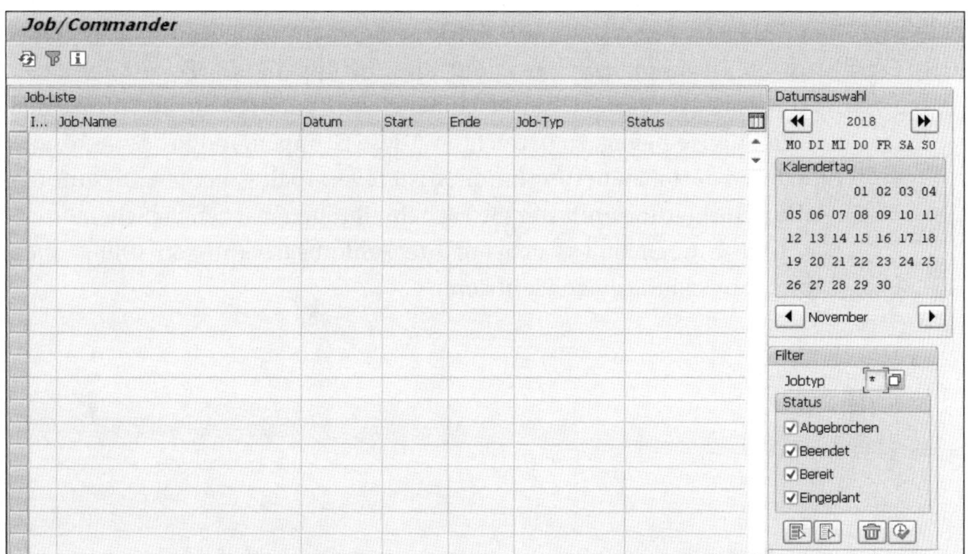

Abbildung 14.17 Job-Commander

Betriebsszenarien

Mit all diesen Funktionen können Sie nun zusammenhängende Jobketten erstellen und verwalten. Zusammen mit den anderen Komponenten und Komponenten, die außerhalb des Vertragskontos ähnliche Möglichkeiten bieten, lassen sich dann zusammenhängende Betriebsszenarien planen, die den Fachabteilungen des Unternehmens Zeit und Raum geben, sich um Fehlerberichtigungen und manuelle Vorgänge zu kümmern.

Planung zu Jobketten

Spätestens wenn Sie übergreifende Jobketten erstellen, die außerhalb liegende Ein- und Ausgangsereignisse bzw. abhängige Daten und zeitliche Abhängigkeiten berücksichtigen, dokumentieren Sie genau diese Abhängigkeiten und Schritte, damit im Fehlerfall genau festzustellen ist, wie etwas zu korrigieren ist und ab wann die Jobkette wieder starten kann bzw. welche Teile erneut gestartet werden müssen.

14.3 Fazit

Das SAP-Vertragskontokorrent wurde geschaffen, um große Mengen von debitorischen Kundenvorgängen abarbeiten zu können. Dies macht nicht nur eine Optimierung der technischen Strukturen notwendig, sondern auch die Organisation der Fachabteilungen, die das Vertragskonto bedienen. Das SAP-Vertragskontokorrent bietet die Möglichkeiten, Kunden in Gruppen zusammenzufassen und diese Gruppen, z. B. Privatkunden im E-Commerce-Bereich, in unterschiedlichen Varianten in den Prozessen, z. B. Zahlungseingang, zu betrachten. Diese Gruppen und Prozesse können nun durch die Jobsteuerung automatisiert verarbeitet werden. Die automatische Verarbeitung entlastet die Fachabteilungen in ihren täglichen Aufgaben und ermöglicht es, sich auf die Fehlerbearbeitungen und auf die Weiterentwicklung zu konzentrieren.

Kapitel 15

Migration

Haben Sie in Ihrem Unternehmen bislang SAP ERP eingesetzt, und wollen Sie nun auf SAP S/4HANA umsteigen? Lesen Sie in diesem Kapitel in einem kurzen Überblick, welche Migrationsaktivitäten Sie im Hinblick auf FI-CA einplanen sollten.

Die Migration und der Produktivstart schließen Ihre Einstellungen und Vorbereitungen im SAP-Vertragskontokorrent ab. Sie bereiten das SAP-System für die Übernahme der bestehenden Daten aus dem Altsystem vor und stellen die Grundlage für die neuen Daten nach dem Produktivstart bereit. Bevor Sie diese Schritte starten, stellen Sie durch Tests sicher, dass die Einstellungsprozesse genau den Erwartungen des Unternehmens entsprechen und für die Übernahme des Zahlungsprozesses geeignet sind.

15.1 Vorbereitungen des Produktivstarts

Cut-over-Phase

Das SAP-Vertragskontokorrent ist eine Komponente, die sich meistens relativ zentral in einer integrierten SAP-Landschaft befindet. In der Cut-over-Phase und in der Migration sind Sie also in hohem Maße von den Abläufen im Zusammenhang mit dem Vertragskonto abhängig. Außerdem dienen die Daten des Vertragskontos als Input für andere Systeme.

Besonders die Verwendung des SAP-Geschäftspartners hat Auswirkungen auf die Schritte im SAP-Vertragskontokorrent, da dieses Objekt über das gesamte System hinweg synchronisiert werden muss. So werden z. B. auch die Provider-Kontrakte von anderen Komponenten als Datenreferenz genutzt.

[+]

Datenobjekte in der Migration

Sie sollten für alle Datenobjekte für Stamm-/Bewegungsdaten im Vertragskonto prüfen, ob diese noch in weiteren Komponenten oder Systemen genutzt werden und aus welchen Daten diese generiert werden oder ob Daten in anderen Komponenten bzw. Systemen wiederum Daten generieren. Wenn Sie Abhängigkeiten feststellen, müssen Sie diese mit Ihren

> Kollegen aus den betreffenden Systemen abstimmen und die z. B. zeitlichen Schritte koordinieren, wann z. B. die Fakturierungen entstehen und später im SAP-Vertragskontokorrent die Belegbuchungen auslösen, oder ab wann zum ersten Mal die Belegbuchungen aggregiert an das Hauptbuch übergeleitet werden müssen. Gleiches gilt für die offensichtlichen Objekte, wie z. B. den SAP-Geschäftspartner.

Migrationsaktivitäten

Die Cut-over- und Migrationsaktivitäten und deren Auswirkungen können, je nach Projekt, stark abweichen. Es kann sein, dass Sie eine Neueinführung ohne Branchenlösung durchführen oder FI-AR durch FI-CA ersetzen bzw. FI-CA für einige Kundengruppen parallel zu FI-AR aufbauen. Aus diesem Grund sind die folgenden Beschreibungen eher als Hinweise als als Leitfaden zu verstehen. Denn es kann auch sein, dass Sie bestimmte Zeiträume abdecken oder im einfachsten Fall nur das System produktiv setzen müssen.

15.2 Zeitpunkte

Der Zeitpunkt einer Migration wird meistens vom Projekt-Team des Hauptbuches vorgegeben und nach einem Jahres-/Monatsabschluss eingeplant. Hierdurch bietet sich die Möglichkeit, eine Trennung von alten und neuen Buchungen auch in der Gesamtheit zu prüfen. Eine Besonderheit bei der Migration in FI-CA, im Gegensatz zu FI-AR, ist die Übernahme der Buchungen ins Hauptbuch erst bei der Überleitung der Abstimmschlüssel, also nicht in Realtime. Dies ermöglicht eine Migration der SAP-Vertragskontokorrent-Bewegungsdaten und Prüfung, abgekoppelt vom Hauptbuch, und beim Auftreten von Fehlern das Zurücksetzen der Bewegungsdaten und eine Neumigration (bzw. die Durchführung von Migrationstests).

15.3 Stammdaten

SAP-Geschäftspartner

Als zentrales Datenobjekt müssen Sie den *SAP-Geschäftspartner* abstimmen und übernehmen. Da in den meisten Fällen das SAP-Vertragskontokorrent nicht die einzige Komponente ist, die den SAP-Geschäftspartner verwendet, müssen Sie die von Ihnen verwendeten Daten, wie z. B. die Bankdaten, mit z. B. der Kreditorenbuchhaltung teilen und so aufbereiten, dass beide Seiten die Bankverbindung nutzen können.

Die gemeinsamen Daten müssen dann später auch aus den verschiedenen Komponenten mit der gleichen Prozesslogik verwendet werden. Dies zeigt, wie weitreichend die Ausprägungen und die Abhängigkeiten werden können.

Gemeinsame Datenobjekte

Wenn es in Ausnahmefällen zu kompliziert wird, gemeinsam verwendete Datenobjekte zu teilen, kann es ratsam sein, neue Duplikate anzulegen und für die verschiedenen Verwender unterschiedlich auszuprägen.

Ableitungslogiken

Sobald Sie Ableitungslogiken verwenden, z. B. wenn die Anlage des Vertragskontos durch eine Vorlage oder durch zusätzliche Erweiterungen realisiert worden ist, ist es ratsam, diese auch direkt oder indirekt durch die Migration zu starten. Dies gibt Ihnen die Gewissheit, dass die Vertragskonten den zukünftigen Ausprägungen entsprechen und die Bewegungsdaten aufnehmen können. Wenn Sie bei diesen Schritten auf Fehler stoßen, haben Sie zwar knapp vor Produktivbeginn, aber immerhin noch die Möglichkeit zur Korrektur in einem noch nicht produktiven System.

Altdatenreferenz

Im Vertragskontoobjekt können Sie bei der Erstellung auch eine Referenznummer mitgeben (siehe Abbildung 15.1). Diese kann z. B. aus der alten Debitorennummer bestehen. Dies ermöglicht dann z. B. die Übernahme von Zahlungen, die noch durch die Kunden unter der Angabe der alten Nummer erfasst wurden.

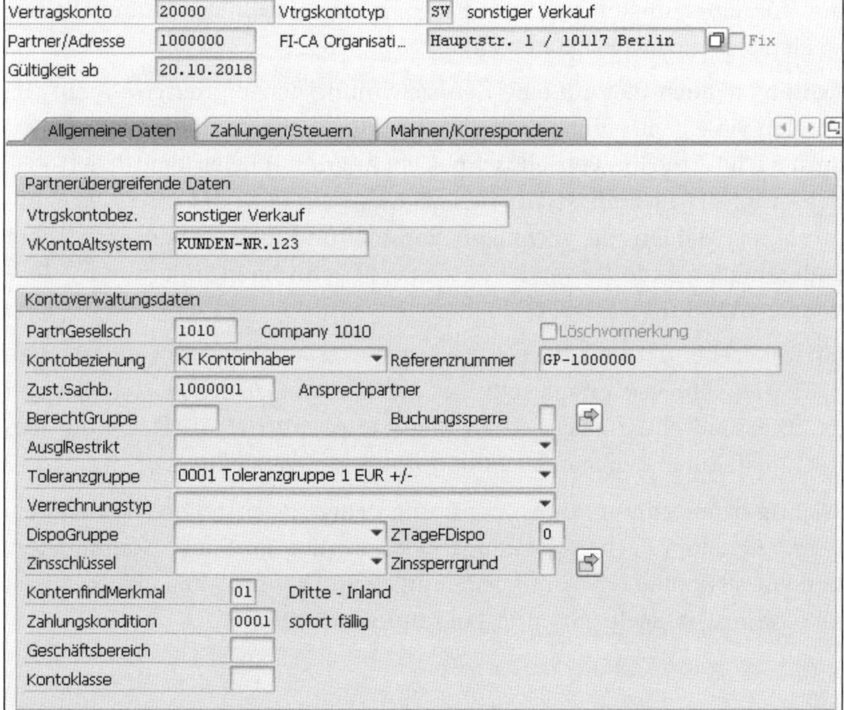

Abbildung 15.1 Vertragskontonummer im Altsystem

Kommunikation in der Migration

Wenn Sie die Benennung oder Nummerierung der Datenobjekte ändern müssen, was in den meisten Migrationen vorkommt, um z. B. Dubletten zu bereinigen oder Debitoren unter Geschäftspartnern zusammenzuführen, sollten Sie diese Informationen frühzeitig den Kunden des Unternehmens zur Verfügung stellen.

Diese können dann z. B. in Ihren Daueraufträgen die neuen Nummern hinterlegen, die dann bei der Findung von Zahlungen bzw. bei der Zuordnung zu den offenen Posten nach der Migration prozessiert werden können und somit manuellen Aufwand reduzieren.

Des Weiteren kann es auch sinnvoll sein, eine Migration zur Bereinigung des SAP-Systems zu nutzen und nur die aktiven Kundendaten zu migrieren oder einen Zeitraum zu bestimmen, der migrationsrelevant ist.

15.4 Bewegungsdaten

Nachdem Sie die notwendigen Stammdaten im SAP-System angelegt und die Voraussetzungen zur Bewegungsdatenmigration geschaffen haben, spielen Sie z. B. die Belegdaten ein.

Belegdaten

Achten Sie auch hier auf eine Kennzeichnung der migrierten Daten, z. B. können Sie eigene Nummernkreise für Buchungen definieren, mit denen auch nach Jahren des Betriebs schnell ein migrierter Beleg identifiziert werden kann. Zu beachten ist dabei aber, dass Sie ein Feld oder z. B. einen Nummernkreis wählen, die nicht von Verarbeitungslogiken verwendet oder anderenfalls gerade verwendet werden, z. B. wenn Sie alle migrierten Belege von der Mahnung ausschließen möchten.

Migrationsdaten zuordnen

Ein weiterer Punkt sind die relativ komplexen Datenobjekte, z. B. der Ratenplan. Hier kann es sinnvoll sein, erst den Ursprungsbeleg zu erstellen und anschließend einen zusätzlichen Migrationsschritt einzusetzen, der den Ratenplan durch den Standardfunktionsbaustein erstellt.

Wichtig ist auch die korrekte Zuordnung zu den neu erstellen Stammdaten. Da oft die alten Regelungen aufgehoben werden und neue Stammdaten, und vor allem neue Zusammenstellungen von Stammdaten entstehen, ist oft eine ausgeklügelte Findung/Zuordnung erforderlich.

15.5 Daten übernehmen

Das SAP-System stellt mehrere unterschiedliche Möglichkeiten zur Datenübernahme bereit. Prüfen Sie, welche Option für Ihre Zwecke die geeignetste ist und an welchen Stellen Sie zusätzliche individuelle Programmierung benötigen. Auch müssen Sie sich mit der Datenquelle beschäftigen und die Ursprungsdaten eventuell vorbereiten oder mit zusätzlichen Daten anreichern.

[+]

Datenübernahmen kombinieren

Manchmal kann es hilfreich sein, z. B. die Standard-FI-CA-Datenübernahmeprogramme, z. B. für die Belegübernahme, zu verwenden und/oder diese mit eigenen Funktionsbausteinen in den Zeitpunkten zu erweitern. Hier haben Sie den Vorteil, dass Sie die Daten in eine funktionierende Struktur übergeben.

Mapping

Des Weiteren ist es notwendig, ein Daten-Mapping aufzubauen. Entscheiden Sie anhand der bestehenden Daten und anhand der verwendeten Migrationstechniken, wo und ab wann Sie die Daten mappen.

15.6 Datenübernahme zurücksetzen

Die Migration ist einer der aufwendigsten und kompliziertesten Teilaspekte bei der Einführung des SAP-Vertragskontokorrents. Sie müssen alle Abhängigkeiten und die eigenen Vertragskonto-Restriktion zeitlich, mengenmäßig und anhand der fast immer wechselnden Anforderungen koordinieren.

Migrationstests

Um die Migration mehrfach zu testen, haben Sie die Möglichkeit, unter dem folgenden Pfad des Einführungsleitfadens (Implementation Guide, IMG) die Testmigrationsdaten wieder zu löschen:

IMG • Finanzwesen • Vertragskontokorrent • Grundfunktionen • Buchungen und Belege • Produktivstart.

Der Report **Bewegungsdaten pro Buchungskreis löschen** kann nur Bewegungsdaten aus einem oder mehreren Buchungskreisen löschen, wenn diese nicht als produktiv im Finanzwesen gekennzeichnet sind.

Testdaten löschen

Sie können die Löschungen für einen oder mehrere Buchungskreise bzw. für alle Buchungskreise starten (siehe Abbildung 15.2). Starten Sie zuvor den Testlauf, bleibt Ihnen noch die Möglichkeit zu prüfen, ob Löschungen wegen z. B. Abhängigkeiten nicht ausgeführt werden können.

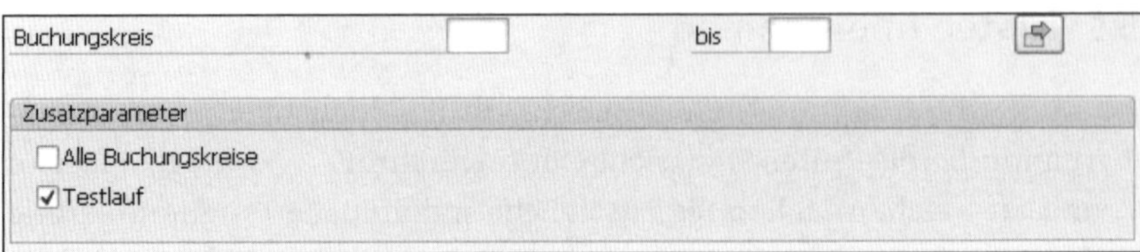

Abbildung 15.2 Migrationsdaten löschen

Löschroutinen

Nach dem Ausführen der Löschroutinen erhalten Sie pro Vertragskontotabelle eine Auflistung dazu, wie viele Objekte gelöscht worden sind und bei wie vielen es hierbei zum Fehler gekommen ist (siehe Abbildung 15.3).

Tabellenname	Gelöscht	Fehlerzahl	Kurzbeschreibung
DFK006B	0	0	Verwendungszweck - Texte
DFK006BX	0	0	Verwendungszweck - Texte
DFKCRPO	0	0	Klärbestand Guthaben
DFKKAWM	0	0	Außenwirtschaftsmeldung: Meldedatei
DFKKCFDUNTEL	0	0	Telefonliste für Mahnung
DFKKCFRLS	0	0	Klärungsfälle: Rückläuferstapel
DFKKCFZST	0	0	Klärungsfälle aus Zahlungstapel
DFKKCJC	0	0	Daten Kassenabschluß
DFKKCJF	0	0	Entgegengenommener Zahlungen transferieren
DFKKCJK	0	0	Daten für Rückgabebeträge an der Barkasse -andere Währung
DFKKCJO	0	0	Überzahlung in Fremdwährung und Wechselgeld in Landeswährung
DFKKCJT	0	0	Bewegungsdaten zum Kassenbuch
DFKKCMF	0	0	Stapel manuell erfasste Schecks: Abstimmschlüssel
DFKKCMK	0	0	Stapel für manuell ausgegebene Schecks: Kopfdaten
DFKKCMP	0	0	Stapel für manuell ausgegebene Schecks: Positionsdaten
DFKKCMP2P	0	0	Stapel manuell ausgegebene Schecks: Daten TwoPartySchecks
DFKKCMPE	0	0	Stapel manuell erfasste Schecks: Fehlernachrichten
DFKKCOD	0	0	Korrespondenz - Korrespondenzdaten
DFKKCODCLUST	0	0	Korrespondenz - Korrespondenzclusterdaten
DFKKCOH	0	0	Korrespondenz - Korrespondenzkopf
DFKKCOHARC	0	0	SAP ArchiveLink Objektidentifikatoren
DFKKCOHI	0	0	Korrespondenz - Korrespondenzhistorie
DFKKCOHINCORR	0	0	Korrespondenz - Daten zu Eingangskorrespondenzen
DFKKCOLL	0	0	Verwaltungsdaten zur Forderungsabgabe an Inkassobüro
DFKKCOLLH	0	0	Verwaltungsdaten zur Abgabe an Inkassobüro (Historie)
DFKKCOL_LOG	0	0	Inkassobürodatei: Abrechnungsprotokoll (Zahlungen)
DFKKCOMA	0	0	Korrespondenzmahnung
DFKKCOMAKT	0	0	Korrespondenzmahnaktivitäten
DFKKCR	0	0	Scheck-Repository
DFKKCR2P	0	0	Scheckverwaltung: zusätzliche Zahlungsempfänger
DFKKCRADD	0	0	CR: ergänzende Informationen zum Zahlungsträger
DFKKCRCASH	0	0	CR: eingelöste Schecks, die noch nicht im Register stehen
DFKKCRCL	0	0	Tabelle für zu klärende Schecks
DFKKCRCL_DOCS	0	0	Tabelle für zu klärende Schecks
DFKKCRDEL	0	0	CR: gelöschte Zahlungsträger / Grunddaten

Abbildung 15.3 Protokoll der Löschung

15.7 Fazit

Die Migration der SAP-Vertragskontokorrent-Daten ist eine der anspruchsvollsten Aufgaben in der Projektrealisierung. Sie müssen hier zum einen die Daten, die direkt bzw. nur im SAP-Vertragskontokorrent relevant sind, migrieren, aber zum anderen auch die Daten, die über die integrierten Komponenten hinweg verwendet werden, koordinieren.

Hierzu zählt sowohl der Geschäftspartner, der in fast jeder angrenzenden Komponentenlandschaft verwendet wird, als auch das Vertragskonto, das z. B. auch in SAP Billing and Revenue Innovation Management oder in SAP CRM verwendet wird.

Kapitel 16
Archivierung

Jedes neue System gerät früher oder später an zeitliche oder systembedingte Grenzen. Denn es laufen z. B. die Aufbewahrungsfristen oder der Speicherplatz aus. Um das System wieder für neue Daten verfügbar zu machen und um die Performance zu verbessern, können Sie Datenobjekte abhängig von den gesetzlichen Vorschriften oder, wenn diese nicht mehr benötigt werden, in ein Archivsystem auslagern.

Die Archivierung von Datenobjekten ist ein übergeordnetes Implementierungsthema, das nicht nur FI-CA betrifft. Aus diesem Grund sollte die Archivierung von Daten aus FI-CA mit der Archivierung von Daten anderer Komponenten und Systeme abgestimmt werden. Dies gilt insbesondere, weil das SAP-Vertragskontokorrent eng mit Billing-/Fakturasystemen, CRM-Systemen sowie der Hauptbuchhaltung integriert ist.

Bei der Archivierung werden Daten aus den Komponenten in ein Archivsystem geladen/kopiert und aus dem produktiven System gelöscht. In einem integrierten System basieren z. B. Buchungen auf sogenannten geteilten Datenobjekten, wie z. B. dem Geschäftspartner. Wenn jetzt ein System die Archiveinstellungen nicht in das Gesamtkonzept eingliedert und den Geschäftspartner zeitlich früher archivieren möchte, kommt es zu Fehlern, da die abgeleiteten Daten noch im System verwendet werden. Diese müssen im Vorhinein archiviert werden und natürlich auch auf Verknüpfungen und Abhängigkeiten geprüft werden.

Schwerwiegender, da die internen SAP-Prüfungen nicht angewendet werden können, ist es, wenn Schnittstellen aus externen Systemen Daten an das SAP-System versenden, die zugrundeliegenden Datenobjekte aber schon archiviert und gelöscht wurden.

Ein anderer technischer Aspekt ist auch mit Ihren Basisberater-Kollegen und der zuständigen IT abzustimmen. Diese Gruppen müssen entscheiden, welche Archivsoftware bzw. Datenhaltung zur Archivierung genutzt werden soll. Je nach Entscheidung hat dies Auswirkungen auf die Verwendung der Standard-Customizing-Einstellungen, die Sie im SAP-Vertragskontokorrent hinterlegen können, oder darauf, ob Sie eine andere Art der Datenübergabe ausprägen müssen, z. B. per Webservice, IDoc oder manuell, oder ob sie weitere Datentransfers nutzen.

16.1 Vertragskonto archivieren

Das zentralste Objekt im SAP-Vertragskontokorrent ist das Vertragskonto. Um es archivieren zu können, müssen Sie zuvor alle diesem Vertragskonto zugeordneten Datenobjekte, wie z. B. Belege, archivieren. Die Standardeinstellungen zum Archivieren finden Sie über den Pfad des Einführungsleitfadens (Implementation Guide, kurz IMG):

IMG • Finanzwesen • Vertragskontokorrent • Grundfunktionen • Vertragskonten • Archivinfostruktur für Vertragskontoarchiv aktivieren

Wählen Sie das Vertragskonto-Objekt im Feld **Archivierungsobjekt** aus, und selektieren Sie die gewünschten Felder für die Infostruktur (siehe Abbildung 16.1). Anschließend aktivieren Sie das Objekt in der Übersichtstransaktion.

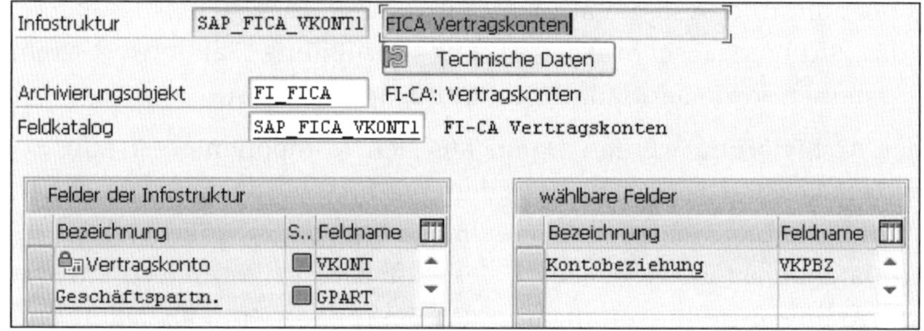

Abbildung 16.1 Vertragskonto archivieren

Verantwortlicher für die Archivierung

Weitere Einstellungen im Zusammenhang mit der Archivierung müssen mit dem zuständigen Teilprojekt, das die Archivierung betreut, abgestimmt werden. Im Customizing des SAP-Vertragskontokorrents werden nur die Infostrukturen zur Referenzfindung hinterlegt.

[»]

Archiveinstellungen

Die Customizing-Einstellungen zur Archivierung von Datenobjekten finden Sie in den meisten Fällen im jeweiligen Knotenpunkt im IMG-Pfad, z. B. die Belegeinstellungen über den folgenden Pfad:

IMG • Finanzwesen • Vertragskontokorrent • Grundfunktionen • Buchungen und Belege • Archivierung

Ausschlaggebend dafür, ob ein Vertragskonto archiviert werden kann, ist das Kennzeichen **Löschvermerkung** im Vertragskonto. Wenn dieses gesetzt wurde und keine abhängigen Daten mehr mit dem Vertragskonto verknüpft sind, kann das Vertragskonto in das Archivsystem kopiert und aus dem FI-CA-System gelöscht werden. Das Löschen und Übertragen wird erst vom Archivierungsreport ausgelöst; das Setzen des Kennzeichens **Löschvormerkung** markiert das Objekt nur und kann auch wieder entfernt werden (siehe Abbildung 16.2).

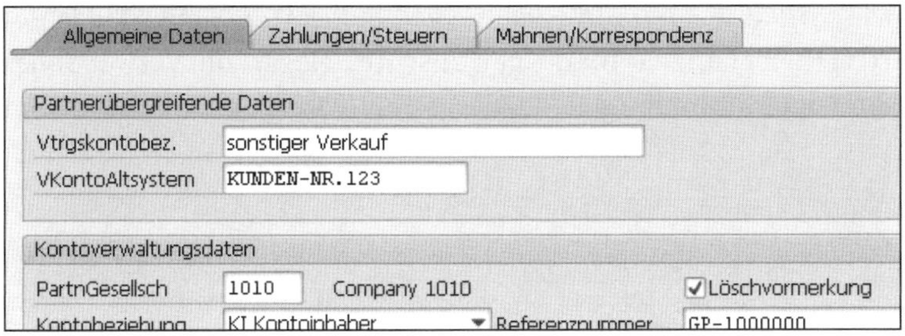

Abbildung 16.2 Löschkennzeichen im Vertragskonto

16.2 Archivobjekte

Ähnlich wie die Stammdatenobjekte Geschäftspartner oder Vertragskonto können auch Bewegungsdaten archiviert werden. Wie bereits in der Einleitung beschrieben, müssen diese vor der Stammdatenarchivierung archiviert werden – im Prinzip genau andersherum als bei der Einspielung von externen Schnittstellendaten oder der Migration. Sie müssen also bei den Archivierungsläufen die Abhängigkeiten der Datenobjekte berücksichtigen und Schritt für Schritt die Archivierungsobjekte aus dem produktiven System in das Archivsystem überführen.

Übergreifende Archivobjekte

Der SAP-Geschäftspartner mit seinen Einstellungen und Ausprägungen wird vor allem nach der S/4HANA-Umstellung auch in anderen Komponenten verwendet. Auch können Sie z. B. dieselben Bankverbindungen im Geschäftspartner übergreifend nutzen, z. B. in der Kreditorenbuchhaltung, in den Fakturakomponenten und im SAP-Vertragskontokorrent, wenn sich diese innerhalb eines Systems befinden. Wenn Sie diesen gemeinsam genutzten Geschäftspartner archivieren und löschen möchten, müssen Sie in allen Komponenten prüfen, ob Fakturabelege mit der Bankverbindung oder die kreditorischen Belege mit dieser Bankverbindung auch archiviert werden dürfen.

16.3 Verweildauer für Belegarten festlegen

Die Belegarchivierung können Sie über den folgenden IMG-Pfad anhand verschiedener Kriterien hinterlegen:

IMG • Finanzwesen • Vertragskontokorrent • Grundfunktionen • Buchungen und Belege • Archivierung

Beleglaufzeit festlegen

Die Dauer, für die ein Beleg im SAP-System vorhanden sein muss, wird pro Belegart festgesetzt. Sie erreichen über das Customizing das gleiche User Interface wie zum Anlegen und Verwalten von Belegarten. Geben Sie in der Spalte **BlartLfz** (Beleglaufzeit) für die gewünschte Belegart die Verweildauer in Tagen ein (siehe Abbildung 16.3). Dieses Feld wird dann im Archivlauf geprüft.

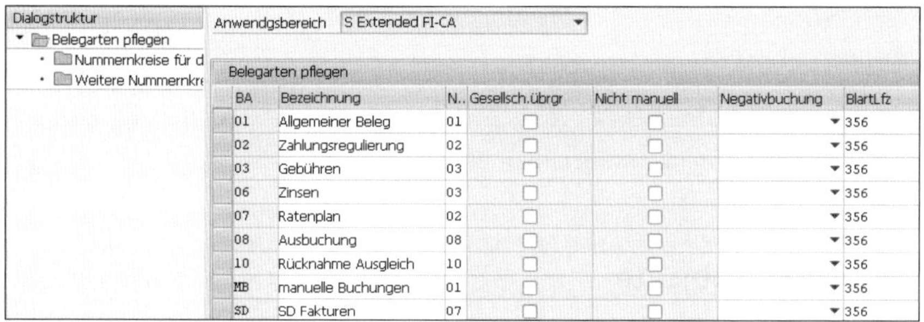
Dialogstruktur
- Belegarten pflegen
  - Nummernkreise für d
  - Weitere Nummernkr

Anwendgsbereich: S Extended FI-CA

Belegarten pflegen

BA	Bezeichnung	N..	Gesellsch.übgr	Nicht manuell	Negativbuchung	BlartLfz
01	Allgemeiner Beleg	01	☐	☐		356
02	Zahlungsregulierung	02	☐	☐		356
03	Gebühren	03	☐	☐		356
06	Zinsen	03	☐	☐		356
07	Ratenplan	02	☐	☐		356
08	Ausbuchung	08	☐	☐		356
10	Rücknahme Ausgleich	10	☐	☐		356
MB	manuelle Buchungen	01	☐	☐		356
SD	SD Fakturen	07	☐	☐		356

Abbildung 16.3 Verweildauer für Belege festlegen

16.4 Verweildauer für Musterbelege hinterlegen

Herkunftsart

Die Verweildauer für Musterbelege wird im Gegensatz zur Belegart bei den »normalen« Belegen anhand der *Herkunftsart* festgesetzt. Auch hier geben Sie die Dauer in Tagen an, für die das Datenobjekt im SAP-System verbleiben muss, bevor es archiviert werden kann (siehe Abbildung 16.4).

FI-CA: Verweildauer für Musterbelege

Herkunft	Text zur Herkunft	Arch. Obj. Verweil
01	Manuelle Buchung	365
10	SD Faktura	365
14	Korrespondenz	365

Abbildung 16.4 Verweildauer für Musterbelege festlegen

16.5 Archivinfostruktur für Belegarchiv aktivieren

Die Standard-Archivstruktur SAP_FICA_DOC001 für Belege muss aktiviert und mit den für das Unternehmen notwendigen Feldern für die Infostruktur ausgestattet werden. Über diese Infostruktur werden die Anzeigen und Verknüpfungen bei der Archivierung gebildet (siehe Abbildung 16.5).

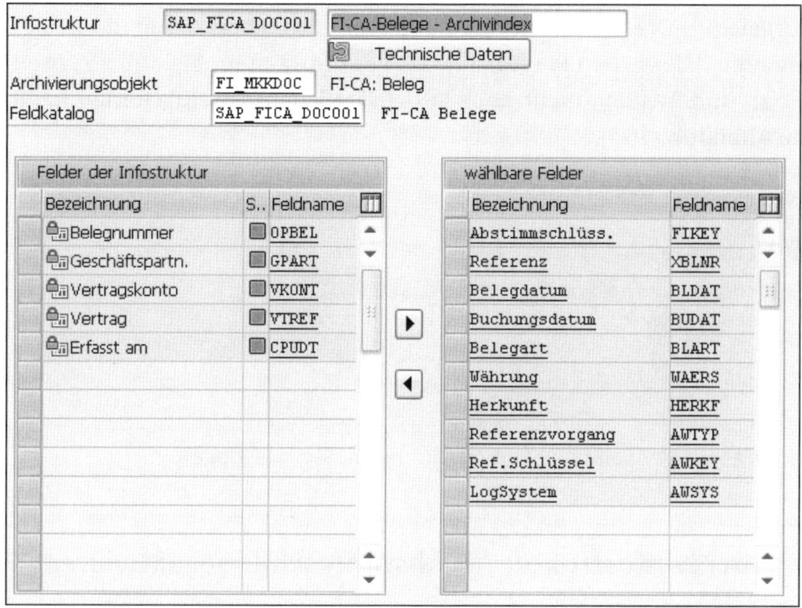

Abbildung 16.5 Beleginfostruktur aktivieren

Genau gleich verfahren Sie für die Musterbeleg-Archivstruktur (siehe Abbildung 16.6). Dabei ist die Auswahl der Felder anders, das Prinzip jedoch gleich.

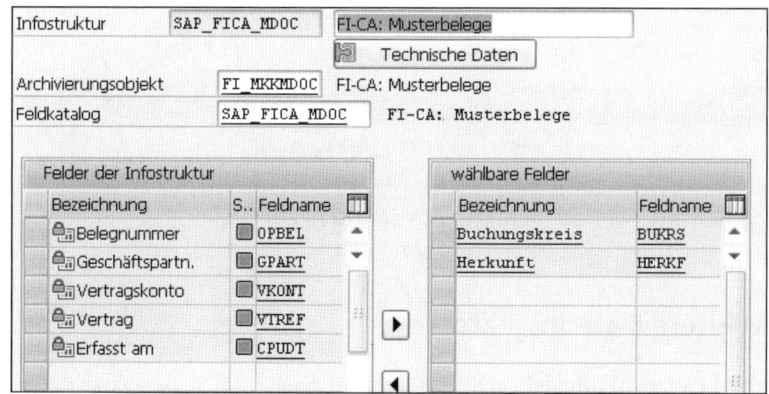

Abbildung 16.6 Archivstruktur für einen Musterbeleg definieren

Namensraum

Sie können bzw. sollten bei Abweichungen vom SAP-Standard kundeneigene Strukturen im Z*-Namensraum anlegen und bei der Archivierung verwenden.

16.6 Verweildauer für Abstimmschlüssel hinterlegen

Die Belege werden in *Abstimmschlüsseln* gebündelt und an das Hauptbuch weitergeleitet. Die Abstimmschlüssel lassen sich, ebenso wie die Belege, archivieren. Hier geben Sie nur für das gesamte Datenobjekt die Verweildauer an und brechen nicht noch auf zusätzliche Auswahlkriterien herab (siehe Abbildung 16.7).

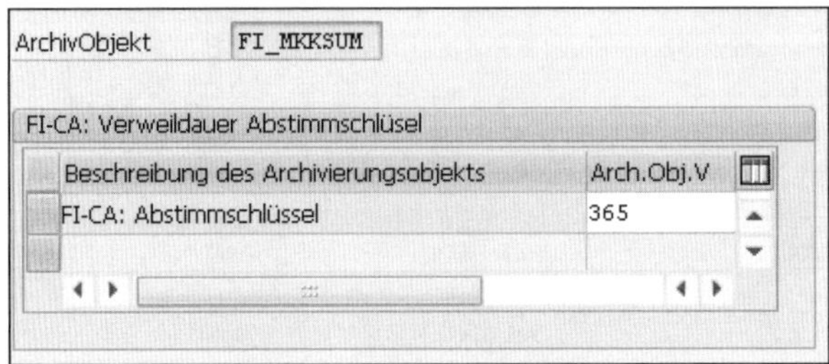

Abbildung 16.7 Verweildauer von Abstimmschlüsseln festlegen

16.7 Archivinfostruktur für Abstimmschlüssel aktivieren

Ebenso gehen Sie bei der Infostruktur für die Abstimmschlüssel vor und hinterlegen in der Struktur die gewünschten Felder (siehe Abbildung 16.8).

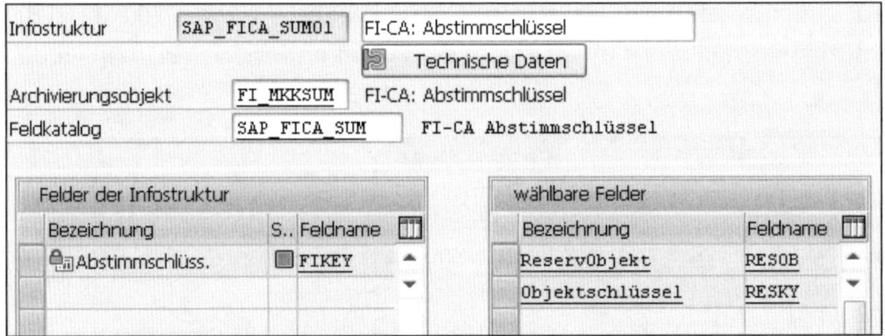

Abbildung 16.8 Archivinfostruktur für Abstimmschlüssel

16.8 Weitere Datenobjekte

Im Standard-Customizing gehen Sie fast immer nach dem Schema der Belegarchivierung vor. Zuerst definieren Sie die Verweildauer für das Datenobjekt und anschließend die Infostruktur, die Sie danach aktivieren.

Verweildauer

Sie haben nicht nur die Möglichkeit, die Archivierung für Datenobjekte, wie Belege, zu starten, sondern auch für Objekte, wie Mahnungen, Zahlungsstapel, SEPA-Vorankündigungen und viele weitere. Das jeweilige Customizing finden Sie in den entsprechenden Themengruppen, wie z. B. für den Zahlungsstapel über den folgenden IMG-Pfad:

IMG • Finanzwesen • Vertragskontokorrent • Geschäftsvorfälle • Zahlungen • Archivierung

Dies stellt einen direkten Bezug zu dem zuvor für das Thema umgesetzte Customizing da. Das heißt aber auch, dass Sie vor der Durchführungs des Customizings die Archivierungsstrategie und die Archivanbindung mit Ihren Kollegen zusammen definiert haben müssen.

16.9 Formulare archivieren

ArchiveLink

Die Archivierung von Formularen wird über den Korrespondenzschlüssel bestimmt. Weiteres Customizing, je nach Archivverwendung und Verknüpfung, müssen Sie für *ArchiveLink* für die Dokumentenart ausprägen.

ArchiveLink

ArchiveLink ist ein Verknüpfungsdienst zum Verbinden von SAP-Datenobjekten, wie z. B. von Buchungsbeleg und PDF-Dokument im Archivsystem.

16.10 Archive für Schriftstücke hinterlegen

Die Dokumentenart mit dem Objekttyp ordnen Sie der Korrespondenzart zu, wie z. B. dem Ratenplan (siehe Abbildung 16.9).

Korrespondenz - Archivobjekt für Ausgangsdokumente

KorrArt	Korr.-Bez.	Objekttyp	Dokum.art
0001	Rückläufer	BUS4401	FICAREFUSA
0002	Kontoauszug	BUS4401	FICAACCTBA
0003	Mahnung	BUS4401	FICADUNNIN
0005	Ratenplan	BUS4401	FICAINSTAL
0006	Zahlungsavise	BUS4401	FICAPAYMEN
0007	Zinsanschreiben	BUS4401	FICAINTERE
0008	Zahlschein für Ratenplan	BUS4401	FICAINSTPA
0009	Quittung Barkasse	BUS4401	FICACASHPA

Abbildung 16.9 Korrespondenzschlüssel zuordnen

Dokumentenart

Alle in der Korrespondenzhistorie erstellten und gedruckten *Dokumente*, die die Verweildauer überschritten haben, werden damit für die Archivierung vorgesehen. Ebenso wie bei den anderen Archivierungsarten legen Sie im Anschluss noch die Archivinfostruktur und die Verweildauer an (siehe Abbildung 16.10).

Korrespondenzlaufzeiten			
Ko...	Korrespondenzbezeichnung	KoartLfz	Löschen
0001	Rückläufer	356	☑
0003	Mahnung	356	☐
0006	Zahlungsavise	356	☐

Abbildung 16.10 Verweildauer und Löschkennzeichen

Korrespondenzart

Abweichend ist das Löschkennzeichen, das Sie pro Korrespondenzart aktivieren können. Wenn dieses Kennzeichen aktiv ist, wird das Dokument nicht für die Archivierung vorgesehen, sondern nur gelöscht. Dies ist z. B. bei Dokumenten sinnvoll, die keiner gesetzlichen Regelung unterliegen und die auch keine historische Relevanz für das Unternehmen haben.

16.11 Fazit

Das Customizing direkt im SAP-Vertragskontokorrent macht nur einen kleinen Teil der im Gesamtkontext anfallenden Arbeit aus. Zusätzlich müssen Sie müssen Sie organisatorische und rechtliche Aspekte im Archivierungsprozess berücksichtigen und zusammen mit den anderen, am Gesamtsystemverbund beteiligten Fachabteilungen und Beratern abstimmen. Wenn diese Aspekte geklärt wurden, müssen die verschiedenen Techniken und Softwarelösungen ausgewählt und abgestimmt werden. Diese können auf die im SAP-Vertragskontokorrent vorgenommenen Customizing-Einstellungen zugreifen, oder Sie müssen eventuell neue kundenindividuelle Einstellungen oder Entwicklungen bereitstellen.

Anhang

Anhang A
Wichtige Tabellen

Bei der Implementierung des SAP-Vertragskontokorrents, z. B. mit Drittanbieterlösungen oder im Rahmen von vom Standard abweichenden Geschäftsprozessen, ist es hilfreich, die Tabellen und Strukturen für die Erstellung von Design- und Implementierungskonzepten zu kennen.

Tabelle finden

Die hier aufgeführten Namen sind bei Weitem nicht alle relevanten Tabellen, sie vermitteln aber einen Eindruck, in welchen Bereichen Sie fündig werden können.

Zum Beispiel finden Sie einen Großteil des Customizings für das SAP-Vertragskontokorrent in den Tabellen, die mit TFK* beginnen.

Tabelle	Beschreibung
BUT000	Stammdaten zum Geschäftspartner
BUT020	Adressinformationen des Geschäftspartners
BUT021	Verwendung der Adressen des Geschäftspartners
BUT0BK	Bankdaten, z. B. IBAN und Kontoreferenzen am Geschäftspartner
BUT100	Rollen, denen ein Geschäftspartner zugeordnet ist
DFKKCOHI	Informationen zu den erzeugten Korrespondenzen
DFKKCOLL (H)	Informationen zu abzugebenden Forderungen an Inkassodienstleister
DFKKCR	Scheckverwaltung
DFKKKO	Belegkopfinformationen, inklusive Abstimmschlüssel
DFKKOP	Belegpositionen mit Geschäftspartner, Vertragskonto und Vorgängen
DFKKOPCOLL	Protokollinformationen zu abzugebenden Forderungen an Inkassodienstleister

Tabelle A.1 Tabellenübersicht

Tabelle	Beschreibung
DFKKOPK	Belegpositionen mit Hauptbuchinformationen
DFKKOPW	weitere Positionsinformationen zum Kontokorrentbeleg
DFKKRA	Kopfinformationen zu Belegrücknahmen und Ausgleichen
DFKKRAPT	Beleginformationen zu Belegrücknahmen und Ausgleichen
DFKKRH	Rückläuferdaten
DFKKRK	Kopfinformationen zum Rückläuferstapel
DFKKRP	Rückläuferstapel
DFKKSUM	Buchungssummen für das Hauptbuch
DFKKSUMC	Prüftabelle für Hauptbuchbuchungssummen
DFKKZK	Kopfinformationen zum Zahlungsstapel
DFKKZP	Zahlungsstapelinformationen
DPAYH	Zahlungsdaten
DPAYP	Posteninformationen für Zahlungsdaten
FKKVK	Kopfdaten des Vertragskontos die unter anderem Angaben zum Erstellungszeitpunkt oder Löschinformationen Altsystemdaten
FKKVKP	partnerspezifische Daten des Vertragkontos, wie z. B. die Referenzen zu den Bankverbindungen oder die Ausprägungen des Vertragskontos
TFK033D	Einstellungen zur Kontenfindung im Customizing

Tabelle A.1 Tabellenübersicht (Forts.)

Anhang B
Funktionsbausteine

Ein erheblicher Vorteil des Vertragskontokorrents ist das Zeitpunktkonzept, das es Ihnen ermöglicht, kundenspezifische Anpassungen oder Branchenerweiterungen einzurichten und auch für spätere Erweiterungen oder Anpassungen im Customizing sichtbar zu machen.

Wie in Kapitel 13, »Erweiterungen«, beschrieben, hinterlegen Sie die Funktionsbausteine über den folgenden Pfad des Einführungsleitfadens (Implementation Guide, kurz IMG):

IMG • Finanzwesen • Vertragskontokorrent • Programmerweiterungen • Kundenspezifische • Funktionsbausteine hinterlegen

Diese Funktionsbausteine können dann jederzeit gefunden, aktiviert bzw. deaktiviert und eingesehen werden.

Die Beispiele oder Vorlagen tragen den Vermerk SAMPLE und die Nummer des Zeitpunkts im Namen.

Eine zweite Möglichkeit, um Vorlagen in individuellen Programmen zu verwenden oder bestehende Programme zu erweitern, ist die Nutzung von vordefinierten Funktionsbausteinen. Diese können von Ihnen mit Daten beliefert werden. Die Funktionsbausteine verarbeiten diese Daten und führen verschiedene Routinen aus. Damit Sie einen ersten Eindruck der zur Verfügung stehenden Funkbausteine bekommen, haben wir die wichtigsten für Sie aufgelistet.

Name	Kurzbeschreibung
ALE_CTRACDOCUMENT_CREATE	Belegerstellung via BAPI/IDoc
ALE_CTRACDOCUMENT_GETDETAIL	Beleginformationen lesen via BAPI/IDoc
FKK_ACCOUNT_DETERMINE	Kontenfindung auslesen
FKK_BANK_DETAILS_DETERMINE	Bankverbindung zu einem Vertragskonto bzw. Geschäftspartner finden

Tabelle B.1 Wichtige Funktionsbausteine im Vertragskontokorrent

Name	Kurzbeschreibung
FKK_BP_LINE_ITEMS_DELETE	Posten in der DFKKOP löschen
FKK_BP_LINE_ITEMS_SELECT	Posten aus der DFKKOP lesen
FKK_CLEAR_ACCOUNT	Kontenpflege für Vertragskonten starten
FKK_COLL_ITEMS_GET	Inkassoeinträge lesen
FKK_COLLITEM_CREATE	Inkassoeintrag erzeugen
FKK_COMPLETE_ACCOUNT_READ	Alle Posten zu einem Geschäftspartner
FKK_CR_CHECK_CASH_POST	Scheck buchen
FKK_CREATE_DOC	FI-CA-Beleg buchen
FKK_CREATE_DOC_AND_CLEAR	Ausgleichen eines Belegs
FKK_CREDIT_NOTE_CREATE	Gutschrift auf einem Vertragskonto erstellen
FKK_CRM_GENERAL_FIKEY_GET	Abstimmschlüssel
FKK_DEQUEUE_EFKKGENVK	Sperren am Vertragskonto löschen
FKK_DISPLAY_CORRHIST	Korrespondenzhistorie lesen/anzeigen
FKK_DISTR_VBRK_DISPLAY	Faktura-Informationen aus SD anzeigen
FKK_DUNNING_GPART_TEXT	Kopfdaten der Mahnung lesen
FKK_ENQUEUE_EFKKGENVK	Sperren am Vertragskonto aktivieren
FKK_FICA_DOCUMENT_SENDER	Belegdaten aus FI-CA für die Rechnungswesenschnittstelle anzeigen
FKK_FIKEY_CLOSE	Abstimmschlüssel schließen
FKK_FIKEY_DELETE	Abstimmschlüssel löschen
FKK_FIKEY_OPEN	Öffnen eines Abstimmschlüssels
FKK_GET_OPEN_AMOUNT_FOR_OP	Offene Posten zum Stichtag lesen
FKK_ITEM_LIST_GET_ITEMS	Postendaten lesen
FKK_OPEN_ITEM_SPLIT	Postenaufteilung

Tabelle B.1 Wichtige Funktionsbausteine im Vertragskontokorrent (Forts.)

Name	Kurzbeschreibung
FKK_PAYMENT_DATA_CHANGE_H	Ausführungsdaten in der Zahldatei anpassen
FKK_POSTING_LOCKS_READ_BPLOCKS	Sperren am Geschäftspartner lesen
FKK_REFUSAL_POST	Rückläufer buchen
FKK_RESET_CLEARING	Ausgleichrücknahme
FKK_REVERSE_DOC	Beleg stornieren
FKK_RLS_CLOSE	Rückläuferstapel schließen
FKK_RLS_EXISTS	Rückläuferstapel prüfen
FKK_RLS_UNLOCK	Sperre eines Rückläuferstapels aufheben
FKK_SEPA_MANDATE_READ	SEPA-Mandatsdaten lesen
FKK_SEPA_PRENOT_SELECT	Pre-Notification-Daten lesen
FKK_WRITEOFF	Offene Posten ausbuchen

Tabelle B.1 Wichtige Funktionsbausteine im Vertragskontokorrent (Forts.)

Anhang C
Die Autoren

Simona Kohmann ist zertifizierte Senior-SAP-Beraterin Finance bei der Capgemini Deutschland GmbH. Mit Schwerpunkt auf den Prozessen des Hauptbuchs sowie der Nebenbücher Kreditoren- und Debitorenbuchhaltung hat sie in den letzten drei Jahren zwei Neuimplementierungen von SAP S/4HANA (Greenfield-Ansatz) von der Designphase bis zur Implementierung begleitet. Zusammen mit Sebastian Pelmer hat sie dabei auch in der Medienbranche die Implementierung der debitorischen Finanzprozesse auf Basis des Vertragskontokorrents (FI-CA) mitgestaltet und umgesetzt. Neben den Einstellungen zur Implementierung der Zahlprozesse liegt ihr Fokus insbesondere auf der Umsetzung der Werteflüsse des externen und internen Rechnungswesens über die Kontenfindung sowie auf der Integration und Überleitung des FI-CA in das Hauptbuch. Frau Kohmann hat an den Universitäten Freiburg und Straßburg Internationales Management studiert und mit einem Master abgeschlossen.

Sebastian Pelmer ist seit mehr als 10 Jahren in der IT- und Beratungsbranche tätig. Seit 2008 arbeitet er als Berater in den Schwerpunktthemen Finanzwesen und Billing-Integration. In den letzten Jahren war er an mehreren FI-CA-Implementierungen und -Erweiterungen in den Branchen Medien, Telekommunikation sowie Energie beteiligt. Hier hat er die verschiedenen Phasen der Implementierungsprojekte vom Beginn bis zur fertigen Umsetzung mitgestaltet und gesteuert.

Index

A

B

C

D

E

F

G

H

I

J

K

L

M

W

Z